Heino Engel   Tragsysteme   Structure Systems

Heino Engel

Tragsysteme # Structure Systems

mit einem Vorwort von
Ralph Rapson

und einem Beitrag von
Hannskarl Bandel

unter Mitarbeit von
Guntis Plēsums

with a preface by
Ralph Rapson

and an article by
Hannskarl Bandel

in collaboration with
Guntis Plēsums

Deutsche Verlags-Anstalt

Nymphe gewidmet

dedicated to Rose

4. Auflage 1977
Von diesem Buch erschienen
1971 eine amerikanische und englische,
1972 eine spanische und japanische,
1974 eine chinesische Ausgabe.

ISBN 3 421 02134 1
© 1967 by Deutsche Verlags-Anstalt GmbH, Stuttgart
Alle Rechte vorbehalten
Satz: Industrie-Druck, Geislingen
Druck- und Bindearbeiten: Süddeutsche Verlagsanstalt, Ludwigsburg
Printed in Germany

4th edition 1977
Published
1971 in USA and Great Britain,
1972 in Spain and Japan,
1974 in China.

ISBN 3 421 02134 1
©1967 by Deutsche Verlags-Anstalt GmbH, Stuttgart
All rights reserved
Typography: Industrie-Druck, Geislingen
Print and binding works: Süddeutsche Verlagsanstalt, Ludwigsburg
Printed in Germany

Anerkennung

Diese Arbeit hat der Unterstützung durch Einzelpersonen und Institutionen viel zu verdanken. Ihre Beteiligung bei der Erarbeitung der Unterlagen war unterschiedlich; ihr Beitrag zur Verwirklichung des Projektes war wesentlich; ihr Anteil am endgültigen Werk kann nicht mit Worten gewertet werden. Daher ist es die bestmögliche Form der Anerkennung, die Art ihrer Beteiligung einfach festzustellen; die Aufzählung dieser Beteiligung in chronologischer Reihenfolge entbindet nicht nur von der schwierigen Aufgabe, eine Rangfolge aufstellen zu müssen, sondern liefert auch den Beweis, wie sehr die Entstehungsgeschichte dieses Werkes tatsächlich die Geschichte von Anregungen, Ratschlägen und Hilfestellungen ist, die von Einzelpersonen und Institutionen zur Verwirklichung dieses Werkes gegeben wurden.

Acknowledgments

This book owes much to the assistance rendered by individuals and institutions. Their role in the realization of the project was diverse; their contribution to its materialization was essential; their part in the final product cannot be really estimated in words. Therefore, stating the bare facts of their participation in the project is the best possible tribute to them; and stating these facts in chronological order not only resolves the impossible task of establishing a scale of priority, but also gives hard evidence of how much the history of the project is indeed that of inspiration, advice, and assistance which individuals and institutions gave toward the realization of this work.

Professor Ralph Rapson,
Head of the School of Architecture, University of Minnesota

gab den Funken, an dem sich die Idee dieser Arbeit entzündete und schrieb das Vorwort
set the spark that ignited the idea of this work and wrote the foreword

Dr. Ing. Hannskarl Bandel,
partner of Severud – Perrone – Fischer – Sturm – Conlin – Bandel, Consulting Engineers, New York

regte durch seine Arbeiten als Ingenieur und Wissenschaftler viele Gedanken dieses Werkes an; ermutigte die intuitive Behandlung eines wissenschaftlichen Stoffes; schrieb den Schlußteil
inspired through his works as engineer and scientist many of the thoughts in this book; encouraged the intuitive approach to a scientific subject matter; wrote the final article

the University of Minnesota

schuf die Möglichkeit für ungebundenes Experimentieren und bot die geistige und physische Umwelt für erste Untersuchungen
provided the opportunity for unrestrained experiment and offered the intellectual and physical environment for the initial studies

the architectural students of the University of Minnesota

konstruierten die ersten Modelle und gaben Anlaß zur unkonventionellen Informationstechnik
constructed the first models and inspired the unconventional information techniques

the University Committee on Faculty Research Appointments, University of Minnesota

gewährte Mittel für grundlegende Studien
granted funds for the basic studies

Guntis Plesums, M. Arch.

arbeitete als enger Mitarbeiter von 1961 bis 1963 an dem Projekt; bearbeitete Teile des Kapitels über vektoraktive Tragsysteme; gab Hilfestellung in der kritischsten Phase des Projektes
worked as close collaborator to the project from 1961 to 1963; worked on major parts of the chapter 'Vector-active structure systems'; gave valuable support in the most critical phases of the project

die Architekturstudenten der Werkkunstschule Offenbach

nahmen aktiv an den letzten Untersuchungen teil; konstruierten Modelle; ermöglichten die grafische Bewältigung des Gesamtstoffes
participated actively in the final studies; constructed models; made possible the grafic elaboration of the whole.

Dipl. Ing. Gerhard Harmgart

prüfte Zeichnungen und Texte vom Standpunkt der Ingenieurspraxis und gab Hinweise zur Klarheit von Form und Inhalt
examined the drawings and text from viewpoint of engineering practice and made suggestions for clarification of the form and content

Dipl. Ing. Douglas Carter und Dipl. Ing. Murray Church

prüften den englischen Text
examined the English text

die Deutsche Verlags-Anstalt Stuttgart

zeigte Aufgeschlossenheit gegenüber dem Unkonventionellen; brachte Dynamik und Linie in die Überarbeitung des Gesamtmaterials; gab dem Werk seine endgültige Form
showed receptiveness toward the unconventional; brought dynamic momentum and style to the reworking of the whole; gave the work its final shape

Vorwort
von Ralph Rapson

Als Folge einer schnell zunehmenden Ausweitung und Kompliziertheit der Baupraxis sieht sich der Architekt heute, mehr als zu jeder anderen Zeit in der Geschichte, vor das verwirrende Problem gestellt, die vielen wissenschaftlichen und technologischen Fortschritte in die Kunst der Architektur umzugestalten. Eine wesentliche Phase dieses verwickelten Problemes ist die Integrierung schöpferischer, phantasievoller und wirtschaftlich makelloser Tragkonstruktion in den Entwurfsvorgang.

In seinem durchdachten und provozierenden Buch setzt sich Architekt Heinrich Engel mit diesem äußerst kritischen Thema auseinander und schlägt einen in seiner Art einmaligen und kühnen Weg vor, um die Kluft zwischen Theorie und Realität der Tragwerke zu überbrücken.

Das Buch beschäftigt sich mit den Systemen architektonischer Tragwerke, doch ist es eindeutig darauf ausgerichtet, was der Hauptgrund für solche Systeme ist: die Schaffung von architektonischer Form und architektonischem Raum. Indem die Mechanismen der baulichen Tragwerke hauptsächlich durch bildliche Mittel erklärt und ihre großen Möglichkeiten für das Entwerfen von Bauten aufgezeigt werden, wird ein vielschichtiger Faktor von den vielen, die die Umwelt gestalten, erfolgreich dem Verständnis des Architekten nahegebracht; wird ein unerschöpfliches Wissensgebiet von den vielen, die Entwurfsvorstellungen anregen können, scharf umrissen und der Handhabung durch den Architekten erschlossen.

Hierin liegt die Bedeutung dieses Buches. Hierin ist gleichfalls Bestätigung zu sehen für Richtlinien und Lehrplan, die ich während der zurückliegenden Jahre für die Architekturabteilung der Universität von Minnesota aufgestellt habe und für die Heinrich Engel während seiner achtjährigen Tätigkeit als Gastprofessor einen wichtigen und andauernden Beitrag geleistet hat.

Diese architektonische Auffassung hier im Vorwort zu bringen bedeutet nichts anderes, als das Buch in die rechte Perspektive zu setzen und die geistige Umwelt zu schildern, in der die Idee dieses Buches geboren und sein Fundament gelegt wurde.

Entwurf: Schöpferische Synthese

Architektonischer Entwurf ist Kunst und Akt, mit stofflichen Mitteln den Konflikt von Mensch und Umwelt zu lösen. Entwurf ist ein vielfältiger und verwickelter Vorgang, doch tief innerhalb einer vorhandenen umweltlichen Situation liegt eine natürliche oder organische Lösung. Viele Faktoren und Komponenten sind es, die die Umweltgestaltung mitbestimmen: geschichtliche Kontinuierlichkeit, regionale und örtliche Baulandgegebenheiten, physische und psychologische Wünsche der Gemeinde, konstruktive Neuerungen und technologischer Vorteil, ausdrucksvolle Form und schöpferischer Raum. Nur durch sorgfältige und sensitive Analyse und durch genaue Überprüfung aller Faktoren innerhalb des geistigen Gefüges unserer Zeit kann sich die schöpferische Synthese entwickeln.

Die vielseitigen Pflichten und Verantwortungen der Umweltgestaltung erfordern heute eine Universalität des Architekten, wie sie vorher unvorstellbar war. Wenn er hofft, bedeutsame, den großen Möglichkeiten unserer Zeit angemessene Lösungen zu finden, muß er einsehen, daß Architektur zwar in erster Linie Kunst ist, sich aber inzwischen auch zu einer äußerst präzisen Wissenschaft entwickelt hat, die sich auf koordinierte Anwendung der unterschiedlichsten Wissensgebiete gründet.

Heute mag jede vorhandene umweltliche Situation den Architekten in eine breite Spanne von Tätigkeiten verwickeln — von Werbung und Programmierung zu Forschung und statistischer Auswertung, von großmaßstäblicher Stadt- und Regionalplanung zu Detailentwurf und Bauführung. Es darf vom Architekten erwartet werden, daß er sowohl Universalist wie auch Spezialist sei oder daß er zumindest über genügende Kenntnisse in der Wirtschaftslehre und Soziologie, der Ästhetik und dem Ingenieurwesen, der Stadtplanung und dem Bauentwurf verfüge, um alle zu einer schöpferischen Synthese zu integrieren.

Praxis: Unterschiedliche Talente

In der Realität der Baupraxis wird jedoch solche umfassende Aufgliederung selten in irgendeinem einzelnen gleichmäßig vollzogen. Viel öfter wird diese erdrückende Aufgabe zu unterschiedlichen Ausmaßen durch koordinierte Gruppenanstrengung bewältigt. Dies muß nicht Entwerfen durch Komitees bedeuten. Denn wenn es auch viele sind, die zum Entwurfsvorgang beitragen und ihn stützen, so muß nach meiner Auffassung immer noch eine einzige zentrale Autorität für den Entwurf da sein.

Damit soll gesagt werden, daß Architekten im allgemeinen sehr unterschiedliche Talente und Interessen aufweisen, aber dennoch gute Arbeit in der Praxis leisten, wenn sie entsprechend ihrem Spezialgebiet eingesetzt werden. Ja, es mag sogar ein hohes Maß an Spezialisierung in der Entwurfspraxis notwendig und praktisch sein, doch diese umfassende Aufgliederung in die Ausbildung und die schulische Erziehung des einzelnen hineinzutragen, ist eine ganz andere Sache. Während der Schulausbildung ist die Entwicklung des jungen Verstandes noch nicht so weit fortgeschritten, daß er feststellen könnte, wo sein hauptsächliches Talent liegt. Erziehung kann nicht all ihre Produkte genau festgelegten Formen anpassen. Daraus folgt, daß das Allgemeine dem Besonderen vorangehen und das Augenmerk auf Grundlagen und Methodik gerichtet sein muß.

Ausbildung: Beschäftigung mit dem Einzelmenschen

Schulische Ausbildung des Architekten ist ein Vorgang, der zweierlei berücksichtigen muß. Einerseits ist es notwendig, eine groß angelegte, wohl durchdachte Haltung zum Bauen zu formulieren — eine architektonische Überzeugung —, die sich den hohen Zielen und Möglichkeiten unserer Zeit als würdig erweist; andererseits ist es notwendig, die vielen Fertigkeiten und Werkzeuge zu entwickeln — die detaillierte und technische Kenntnis —, die notwendig sind, um das koordinierte Gesamtprodukt zu erreichen.

Grundlegend für die Ausbildung ist die Einsicht, daß wir nicht völlige Gewißheit über die Endlichkeit von irgendwelchem Wissen oder von Tatsachen haben können und daß es keine absoluten Antworten auf jede Frage gibt. Auch Architektur, veranlaßt und erfüllt von den Problemen der Menschheit, wird selten nur eine Schwarzweiß-Lösung zu einer bestimmten umweltlichen Situation bieten. Vielmehr gibt es den großen Reichtum der gesamten Farbenpalette, der eigentlich nur durch angeborene oder erworbene Eigenschaften des Architekten begrenzt wird.

Grundsätzlich ist Ausbildung mit dem Individuum beschäftigt; sie muß Initiative und intellektuelle Fähigkeiten des einzelnen entwickeln. Es gibt drei breite Phasen in diesem Vorgang: erstens muß der Verstand lernen, klar und logisch zu analysieren oder schöpferisch zu denken; zweitens muß der Verstand die Fähigkeit entwickeln, Kenntnis mit Vernunft anzuwenden oder schöpferisch zu gebrauchen; und drittens muß der Verstand immer wach und beweglich bleiben, damit er die Fähigkeit zu fragen und zu lernen nicht verliert.

Vollständiges Begreifen dieses Lernvorganges ist wesentlich. Schöpferisches Denken ist weder ein mystisches noch ein isoliertes Phänomen; es kann nur Ergebnis systematischer Wissensaneignung von Tatsachen sein, die der weitgefaßten Zielsetzung zugrundeliegen.

Diese Disziplin ist Grundlage der Erziehung ungeachtet der Tatsache, daß die Entscheidung, wieviel fachliches Wissen nun ausgewählt werden und von welcher Art es sein soll, doch recht kritisch ist. Vertraute Gewohnheiten und Tätigkeiten und bekannte Antworten lassen oftmals keinen Raum mehr für Zweifel, und ohne den Zweifel ist einer der starken Beweggründe zum Lernen nicht mehr vorhanden. Auch hinter dem sich mehrenden Wissens- und Erfahrungsschatz, gesammelt aus vorangegangenen erfolgreichen Lösungen, lauert die allgegenwärtige Gefahr, daß die frische Vorstellungskraft lahmgelegt wird.

Gründlichkeit ist eine wesentliche Eigenschaft, ohne die der Architekt nicht auskommt. Erziehung muß dem Studenten ordentliche Gewohnheiten des Suchens und Vorgehens beibringen, Gewohnheiten, die ihn im späteren Leben befähigen, alle die Kenntnisse, die sich auf die jeweilige Aufgabe beziehen, mit Verstand zu erwerben, zu verarbeiten und anzuwenden.

Inspiration: Harte, geliebte Arbeit

Schöpferische Synthese ist vornehmlich das Lebensblut architektonischer Ausbildung und architektonischer Praxis. Die Fähigkeit, erworbenes Wissen mit Phantasie und Intelligenz anzuwenden, ist Voraussetzung für jeden schöpferischen Architekten. Es herrscht beträchtliche Verwirrung und wenig wirkliches Verständnis in bezug auf den schöpferischen Akt. Allgemein betrachtet, scheint mir schöpferisches architektonisches Wirken auf der Fähigkeit zu beruhen, breite und volle geistige Verbindung mit dem Gesamtgefüge erworbenen Wissens aufrechtzuerhalten.

Intuition oder Inspiration ist ein wesentlicher Faktor im schöpferischen Gestalten. Jedoch ist Inspiration nicht müßiges Träumen, wie viele sich einbilden; vielmehr ist es harte, geliebte Arbeit. Intuitives Handeln mag zwar manchmal keinen offensichtlichen Grund haben, vollzieht sich jedoch bestimmt niemals ohne Führung. Diese Führung erfährt der Architekt durch jenes Rahmenwerk, das aus Erziehung und erworbenen Kenntnissen, aus kulturellem Hintergrund und Elternhaus, aus Geschmack und Verstand, aus Weltanschauung und Ethik gebildet wird.

Ist auch die Aneignung von Kenntnissen wichtig, so ist doch Ausbildung nicht vornehmlich das Erwerben von Fakten und Daten; vielmehr muß Erziehung den Intellekt anstacheln und entflammen, den Horizont weiten und dem einzelnen das Denken lehren. Dabei soll Erziehung den Verstand bereichern und fördern, denn vieles von der dynamischen Qualität, die wir dem Verstand einträufeln möchten, wird nur dadurch erreicht, daß der Lernprozeß zu einem aufregenden Abenteuer gemacht wird — zu einer dauernden Suche nach dem Neuen und Unbekannten, die für den Architekten in schöpferischer Synthese gipfelt.

Architekt: Lehrer für Tragkonstruktionen

Als praktizierender Architekt und als Lehrer der Architektur bin ich mit Theorie und Praxis gleichermaßen verbunden. Schon seit langem habe ich festgestellt, daß die üblichen Methoden, den jungen Architekten in das Gebiet der architektonischen Tragwerke einzuführen, weit davon entfernt sind, um als zufriedenstellend zu gelten; sie sind viel zu kompliziert und verwirrend und fehlorientiert. Sie sind ungeeignet, eindeutige Beziehungen zum Gesamtakt des Bauentwerfens herzustellen, und sind nicht von einer Art, die eine schöpferische Anwendung von konstruktiven Prinzipien beim jungen Entwerfer anregen oder fördern könnte.

In der Überzeugung, daß die aktive Beteiligung am eigentlichen Bauen starke Impulse gerade für den Unterricht in irgendeinem spezifischen Fach des architektonischen Lehrstoffes bereithält, scheint mir der praktizierende Architekt, sofern er fortschrittlich eingestellt ist und Interesse und Talent in dem betreffenden Sondergebiet aufweist, am besten geeignet, spezialisierte Wissensgebiete dem jungen Architekten nahezubringen.

Aus diesem Grund bat ich 1959 Heinrich Engel, der damals schon seit drei Jahren an der Fakultät für Architektur lehrte, Vorlesungen und Übungen im Fach für architektonische Tragwerke vorzubereiten und abzuhalten, mit dem Ziel, die Grundsätze, die dem Ent-

Foreword
by Ralph Rapson

wickeln und Erfinden von Tragkonstruktionen zugrunde liegen, klarzustellen und die Gestaltungsmöglichkeiten der Tragsysteme aufzuzeigen.

Es ist höchst erfreulich, daß der brillante Vorlesungs- und Übungsstoff, den Heinrich Engel erarbeitete, die Grundlage für diesen neuen und originellen Weg zum Verständnis und zur Anwendung von architektonischen Tragwerken schuf.

Dieses Buch wird also jeden interessieren, der sich mit dem Entwerfen von Bauten befaßt: den Studenten, den schaffenden Architekten, den Architekturlehrer. Dem Studenten wird es eine positive Methode bieten, durch die er sich schnell umfassendes und sachdienliches Wissen über alle Tragwerke aneignen kann; dem Architekten wird es eine Fülle von Anregungen geben und neue Möglichkeiten für den Entwurf seiner Bauten aufzeigen; dem Lehrer wird es zusammengefaßtes Material vorweisen über ein Fachgebiet, das in der Architekturliteratur so weit verstreut ist, und wird ihm helfen, seine Untersuchungen zu programmieren.

Das Buch wird das Vorurteil beseitigen, daß ein höchst technisches Thema nicht auch mit bildlichen Mitteln gründlich und erschöpfend behandelt werden kann. Da es sich nur mit Systemen befaßt und daher die vielen Details ausschließt, die nur zu oft das eigentliche Problem verschleiern, ist es ein Prototyp seiner Art und mag daher ähnliche Systemuntersuchungen in den anderen vielen Spezialgebieten anregen, die alle das architektonische Gestalten in unserem modernen Zeitalter bestimmen.

Ralph Rapson

With the rapidly expanding scope and complexity of architectural practice, the architect today is faced, more so than at any other time in history, with the staggering problem of assimilating the many scientific and technological advances into the art of architecture. One main aspect of this intricate problem is the integration of creative, imaginative and economically pure structure into the design process.

In this thoughtful and provocative book Architect Heinrich Engel addresses himself to this most critical problem and advances a unique and challenging process to bridge the gap between structural theory and structural reality.

While this book concerns itself with the systems of architectural structures, it is clearly focused on what is the prime reason for such systems: the creation of architectural form and space. By explaining the mechanisms of architectural structures primarily through pictorial means and suggesting their vast potential for architectural design, one complex factor of the many that shape environment is effectively brought to the understanding of the architect; one inexhaustible body of knowledge of the many that may spark design imagination is brought clearly into focus and within reach of the architect.

This is the significance of this book. This is also acknowledgement of the architectural philosophy and the architectural program of the University of Minnesota that I have developed over the past years and to which Heinrich Engel in his eight years as a visiting professor made a significant and lasting contribution.

Stating this philosophy in this foreword is but to set the book into proper perspective and to describe the intellectual environment within which the idea of this book was conceived and its groundwork laid.

Design: Creative synthesis

Architectural design is physical art and the act of resolving the conflict of man and his environment. Design is a complex and intricate process, yet deep within any given environmental situation there lies a natural or organic solution. There are many factors and components — such as historical continuity, regional and specific site conditions, physical and psychological needs of society, structural innovations and technological advantage, expressive form and creative space — that shape our environment. Only by careful and sensitive analysis and by diligently sifting all factors within the framework of our times does the creative synthesis evolve.

The multi-faceted duties and responsibilities of total environmental design today require a comprehensiveness of the architect as never before imagined. If he hopes to produce significant solutions commensurate with the great potential of our times, he must recognize that architecture, while still primarily an art, has become an extremely precise science that is based on coordinated application of the most varied fields of knowledge.

Today any given environmental situation may involve the architect in a wide range of activities — from promotion and programming to research and statistical evaluation, from large scale urban and regional planning to detailed design and construction supervision. The architect may be expected to be both a generalist and a specialist, or at least he must be sufficiently knowledgeable in economics and sociology, aesthetics and engineering, planning and design to enable him to integrate all into creative synthesis.

Practice: Varying talents

In the reality of architectural practice, however, such a specification is seldom realized in any one individual. More often this overwhelming task is accomplished in varying degrees by coordinated group effort. This must not imply design by committees, for while many contribute and reinforce the design process, there still must be, in my judgement, only one central design authority.

That is to say that there are architects of varying talent and interest who do a fine job in practice if engaged in their special capacity. In fact, there even may be a high degree of specialization necessary and practical in the practice of architecture. However, to fill this comprehensive specification in the education and formal training of the individual, is quite another thing. In school education it is far too early in the development of the young mind to determine where his prime talent lies. Education cannot mold all its products to a narrow specification. It follows, then, that the general must precede the specific, with concern for basic principles and procedure.

Education: Concern with the individual

Formal education of the architect is a two-fold process. On the one hand it is necessary to have the broad, mature philosophy — an architectural concept and conviction —, worthy of the aspirations and capacities of our times; on the other hand it is necessary to develop the many skills and tools — the detailed and technical knowledge — necessary to achieve the coordinated whole product.

Basic to education is the understanding that we cannot have full assurance of the finality of any knowledge or facts and that there are no absolute answers to any question. Architecture concerned and motivated as it is with the problems of humanity, very seldom provides a black and white solution to any environmental situation. Rather there is the great richness of the entire palette limited basically only by the architect's inherent and developed qualities.

Fundamentally education is concerned with the individual; it must develop the individual initiative and intellectual powers. There are three broad phases to this process: first, the mind must learn to analyse clearly and logically, or to think creatively, second, the mind must develop the ability to employ knowledge with judgement, or to apply it creatively; and third, the mind must forever remain alert and fluid to continue the capacity to question and learn.

Complete understanding of this learning process is essential. Creative thinking is neither a mystical nor an isolated phenomenon; it can only be the result of orderly acquisition of factual knowledge basic to the broad objective.

This discipline is fundamental to education although just how much factual knowledge should be selected and of what quality it should be is a critical decision. Normal habits and practice and known answers often leave no room for doubt anymore, and without doubt one of the strong inducements for learning is no longer present. As more and more information and knowledge of previously successful solutions is acquired, there is the ever present danger of stultifying the imagination.

Thoroughness is a basic characteristic necessary to the architect; education must instill orderly habits of search and procedure into the student, habits that will in later life enable him to acquire wisely, digest and employ all the information relative to the particular assignment at hand.

Inspiration: Hard loving work

Creative synthesis is preeminently the life blood of architectural education and architectural practice. The ability to apply acquired knowledge with imagination and judgement is necessary to every creative architect. There is considerable confusion and little real understanding relative to the creative act. Broadly speaking it seems to me, creative architectural action is based upon the ability to maintain broad and full mental association within the framework of acquired knowledge.

Intuition, or inspiration, is a major factor in creative architecture. However, inspiration is not idle dreaming as many imagine; rather it is hard, loving work. Intuitive action, while sometimes without apparent reason, is certainly never without guidance. The architect is guided within the framework of his training and acquired knowledge, his cultural background and upbringing, his taste and judgement, his values and ethics.

While the acquisition of knowledge is important, education is not primarily the acquisition of facts and data; rather education must excite and inflame the intellect, widen horizons, and teach the individual to think. To this end it is imperative that education stimulate and nourish the mind, for much of the dynamic quality that we wish to instill in the mind is the result of making the learning process an exciting adventure — a continuous search for the new and unknown, culminating, for the architect, in creative synthesis.

Architect: Teacher on structures

As a practicing architect and as an architectural educator, I have been concerned with both theory and reality. I have long found that the normal methods of introducing and teaching architectural structures to the young architect have been far from satisfactory, overly complicated, and generally confusing and misguided. They fail to establish clear relationships to the total act of architectural design, and are not of a kind which stimulates creative application of structural basics on the part of the young designer.

In the conviction that active participation in actual building holds strong impulses especially for the teaching of any specific subject of architectural training, I consider the practicing architect, progressive in conception and with particular interest and talent in the given subject, most qualified to introduce a specialized subject matter to the young architect.

Therefore in 1959 I encouraged Heinrich Engel, then already teaching at the School of Architecture, to develop course work in architectural structures that would clarify basic principles underlying the invention of structures and would show the design possibilities of structural systems.

It is most gratifying that the brilliant course work that Heinrich Engel developed has provided the basis for this highly creative and original approach to the understanding and use of architectural structures.

This book will interest everyone engaged in the design of buildings: the architectural student, the practicing architect, the architectural teacher and scholar. To the student it will provide a positive method, by which he may rapidly acquire comprehensive and competent knowledge on all structures; to the architect it will give a rich stimulus and show new possibilities for the design of his buildings; to the teacher and scholar it will present collective materials on a subject so widely scattered in architectural literature and will aid him in programing his research.

The book will dissolve the preconception that a highly technical matter cannot be treated with thoroughness and depth by pictorial means. Being concerned only with systems and hence excluding the many details that only too often obscure the basic problem, the book is a prototype of its kind and thus may well encourage similar system research of the other and many specialized fields that determine architectural design in this modern age.

Ralph Rapson

Tragsysteme

Perspektive:
Dilemma der Architektenausbildung

Der Fortschritt von Wissenschaft und Technik hat das Entwerfen von Bauten und Städten sowie das Planen ihrer Weiterentwicklung zu einer recht umfassenden und komplizierten Sache gemacht. Bereits das Entwickeln von Formideen für einzelne Gebäude oder für städtische Bebauungen wird immer mehr zu einem sorgfältigen Prüfen und methodischen Anwenden des weiten Gebietes kollaborativer wissenschaftlicher Erkenntnisse und vollzieht sich immer weniger als unabhängiger Akt eines einzelnen schöpferischen Geistes.

Dieses von den Bauwissenschaften erschlossene Gebiet hat inzwischen eine derartige Ausdehnung erreicht, daß kein einzelner — sei er nun Architekt oder nicht — es voll ermessen und für seinen Entwurf nutzen kann. Das bedeutet: der einzelne allein besitzt nicht mehr die Fähigkeit, gemäß dem tatsächlichen Stand der Wissenschaft und Technik unserer Zeit — also zeitgemäß — zu entwerfen. Er ist weder in der Lage, die jüngsten Leistungen der Bautechnologie und des Städtebaues voll zu verwerten, noch all jene Faktoren auszunutzen und baulich zu integrieren, welche die wissenschaftliche Forschung längst als einflußreiche Elemente für das körperliche und seelische Wohlbefinden des Menschen bestätigt hat.

Aus diesem Grunde ist der Architekt und Planer bei der Gestaltung moderner Gebäude und Städte von Untersuchungen und Begründungen wissenschaftlicher Spezialisten abhängig. Das wenige, was er über ihre verschiedenen Wissensgebiete weiß, befähigt ihn kaum, gegensätzliche Gesichtspunkte zu beurteilen und aufeinander abzustimmen, noch weniger sie schöpferisch in sein Entwurfskonzept einzubauen. Ist er berühmt, so kann er sich einfach über die Gegenargumente der Spezialisten hinwegsetzen; ist er es nicht, so ist er ihnen wohl oder übel ausgeliefert.

Während diese Entwicklung eines immer größer werdenden Wissensgebietes den Ingenieur zwingt, sich auf ein Fachgebiet zu spezialisieren, und damit seine berufliche Existenz bestätigt, muß die gleiche Entwicklung die Existenz desjenigen Berufes bedrohen, dessen Orientierung universal statt speziell zu sein hat: des Architekten. Denn sie zwingt ihn, Ausbildung und Kenntnis über jedes der Spezialgebiete ständig so zu verkürzen, daß er von allem wenigstens etwas weiß.

Angesichts dieser Lage wurde der Gedanke erwogen, daß der Architekt selbst ein Spezialist werde innerhalb eines Teams von Spezialisten, die bei der Planung von Gebäuden und Städten zusammenarbeiten; daß er der Raum/Form-Spezialist werde, was die Raumnutzung und das Aussehen des Baues angeht. Tatsächlich arbeitet der Architekt schon vielfach in solcher Eigenschaft, wobei seine Führungsrolle oft mehr durch Vertrag als durch Qualifikation garantiert wird.

Jedoch, ebenso wie an einem ursprünglichen Denkvorgang nicht zwei oder mehr Individuen teilnehmen können — es ist die grundsätzliche Einsamkeit des Menschen —, so kann auch die Idee für die Gestaltung der physischen Umwelt — Haus, Nachbarschaft, Stadt oder Landschaft — nur dem einzelnen Verstand entspringen. Idee kann nicht die koordinierte Summe der Arbeit vieler Individuen sein, deren jedes um Vorherrschaft oder größten Anteil kämpft.

Andererseits aber ist der einzelne Verstand nur dann zu kritischem Urteil befähigt, wenn er selbst über eine gründliche Kenntnis der einzelnen Teilwissenschaften verfügt. Bloße Kenntnis einiger weniger wissenschaftlicher Grundlagen mag zwar befähigen, grobe Fehler im Bauen zu vermeiden, würde jedoch die Nutzung jenes Reichtums ausschließen, den die wissenschaftliche Erkenntnis über das Wesen von Mensch und Ding erschlossen hat. Was notwendig ist, ist eine Kenntnis, die den Architekten befähigt, wissenschaftliche Tatsachen schöpferisch zu interpretieren und von ihnen Ideen für seinen Entwurf abzuleiten.

Dies also ist das Dilemma des modernen Architekten: die Diskrepanz zwischen der Weite der erforderlichen Wissensgebiete einerseits und der Begrenzung des einzelnen Menschenverstandes andererseits. Diese Diskrepanz rührt an die Wurzeln der Probleme an den heutigen Architekturschulen. Sie beeinflußt einschneidend die Stellung des Architekten in der wissenschaftlichen Gesellschaft der heutigen Zeit. Die Frage, die daraus folgt, ist grundlegend: Gibt es Wege, diesen Zwiespalt zu lösen, und wenn ja, welcher Art sind sie?

Die Schwierigkeit, eine Antwort auf diese Frage zu finden, wird offenbar, wenn man die Vielfalt der Faktoren betrachtet, die das neuzeitliche Bauen mitbestimmen. Statik, Elektrotechnik, Heizungs- und Lüftungstechnik oder Akustik betreffen jedes moderne Bauwerk ebenso unabwendbar wie Überlegungen etwa der Finanzierung, Wirtschaftlichkeit, Soziologie, Hygiene oder Psychologie. Keines dieser Gebiete kann beim Entwurf eines Gebäudes außer acht gelassen werden, will man nicht Gefahr laufen, den Bau mit Eigenschaften zu belasten, die ihn schon vor Fertigstellung als veraltet und unwirtschaftlich charakterisieren.

All dies sehen Praktiker und Theoretiker gleichermaßen ein und sind sich darin einig, daß eine gründliche Kenntnis der verschiedenen Wissenszweige, die an einem Bau mitwirken, unumgänglich ist. Uneinig sind sie sich nur über das Ausmaß, in dem man die Kenntnisse beherrschen soll, und über die Methode, wie sie am besten erworben werden können.

Hier wird eine lebenswichtige Aufgabe des Architektenberufes erkenntlich:

+ Festlegung von Inhalt und Umfang dessen, was der Architekt über die einzelnen Bauwissenschaften wissen soll
+ Wahl von Methode und Mittel, wie der Architekt am besten zu diesem Wissen gelangen kann

Diese Entscheidungen sind dringend und sie wären grundlegend. Denn sie bestimmten mit über Erfolg oder Mißerfolg von Anstrengungen, den nachlassenden Einfluß des Architekten innerhalb der Berufsgruppen, die

die moderne Welt gestalten, zu stärken und sein Berufsbild im technischen Zeitalter eindeutig zu identifizieren.

Tragwerk im Bauen: Neue Situation

Von allen Bestandteilen, die zur Existenz von festen stofflichen Formen wie Haus, Maschine, Baum oder Lebewesen beitragen, ist das Tragwerk der wichtigste. Ohne Tragwerk kann stoffliche Form nicht erhalten bleiben und ohne Erhaltung der Form kann der innere Organismus nicht funktionieren. Daher: ohne stoffliches Tragwerk kein Organismus, belebt oder unbelebt.

Was das Bauen angeht, so gibt es natürlich noch viele andere Bestandteile, die ein Gebäude ausmachen, doch ist ihr Vorhandensein nicht Voraussetzung zur Existenz. Ein Gebäude kann ohne Farbanstrich und ohne Heizung existieren. Ein Gebäude kann nicht existieren ohne Tragwerk. Obwohl bloßes Tragwerk noch keine Architektur macht, so macht es doch Architektur überhaupt erst möglich. Dies gilt für die primitive Hütte ebenso wie für das moderne Hochhaus.

Folglich ist Kenntnis der statischen Voraussetzung der Architektur grundlegend für den Architekten. Während jedoch der Baumeister der Vergangenheit durch seine aus Erfahrung und Tradition gewonnene Kenntnis mit den wenigen Tragwerkproblemen seiner Bauten fertig werden konnte, sieht sich der fortschrittliche Architekt bei Tragwerkproblemen einem Wissensgebiet gegenüber, in dem nicht einmal der Ingenieur Anspruch auf Beherrschung aller Teilgebiete erheben wird.

Um so schwieriger wird es für den Architekten sein, jenen Wissenstand auf dem Gebiet der Statik zu erreichen, der ihn befähigt, Tragwerkideen zu formulieren und Tragwerksysteme vorzuschlagen. Denn für den Architekten ist die Tragwerklehre nur eine von vielen Disziplinen, die er beherrschen muß. Der naheliegende Ausweg aus dieser Schwierigkeit ist, den Umfang der Tragwerklehre wie den der anderen Disziplinen so zu konzentrieren, daß der Architekt sie erfassen und meistern kann.

Die traditionelle Methode solcher Versuche besteht darin, nur die Anfangsgründe eines Programms zu vermitteln, das von Ingenieuren gelehrt und für Ingenieure gedacht ist. Diese Methode mag zwar Kenntnisse über grundlegende Begriffe vom Verhalten der Tragwerke beibringen und Regeln zur Berechnung von einfachsten Tragwerken geben; sie ist jedoch nicht geeignet, eine genaue Beziehung zwischen architektonischem Tragwerk einerseits und Form und Raum im Bauen andererseits herzustellen. Sie mag Rezepte geben, wie man ein vorgegebenes Tragsystem analysiert, aber wird nicht das Talent anregen, neue Tragsysteme zu erdenken und zu entwickeln. Das Ergebnis dieser Lehrmethode ist ein Ingenieursdilettant, der unsicher im Entwurf von Tragsystemen, diesem Fachgebiet immer mit Argwohn und Widerwillen gegenüberstehen wird, mit Einstellungen also, die gemeinhin die Begleiter von Unwissenheit sind.

Eine Verbesserung wurde zwar dadurch erzielt, daß man Mängel und Unzulänglichkeiten des praktizierenden Architekten hinsichtlich der Tragwerklehre analysierte und dementsprechend die konventionelle Stoffbehandlung ausdehnte und bereicherte, in der Hoffnung, der gegenwärtigen Situation gerecht zu werden. Solche Verbesserung aber, die nur auf der Beobachtung von kleinen Mängeln der täglichen Praxis fußt, wird das Dilemma der wissenschaftlichen Ausbildung des heutigen Architekten nicht lösen können. Denn die Rolle des Tragwerkentwurfes im architektonischen Gestaltungsvorgang hat sich nicht nur geändert oder weiterentwickelt, sondern ist grundsätzlich neu:

1. In der Vergangenheit war das Vokabular des Tragwerkentwurfes auf verhältnismäßig wenige Standardsysteme und handwerkliche Techniken beschränkt, die beide die Möglichkeit hinsichtlich der Form und der Spannweite begrenzten und somit eine gesunde Kontrolle ausübten.
In der Gegenwart haben Ingenieurwissenschaften und Maschinentechnik die natürlichen Schranken der statischen Unausführbarkeit nahezu beseitigt. Fast jede Form kann gebaut werden, jeder statische Widersinn kann mit konstruktiven Mitteln dahin gebracht werden, daß er steht, hält und andauert.

2. In der Vergangenheit war die Kenntnis der richtigen Tragwerkform eine Erfahrungssache und somit recht vage. Hinzu kam, daß handwerkliche Techniken eine individuelle Abwandlung der Standardformen begünstigten.
In der Gegenwart schreiben mathematische Theorie wie auch Maschinentechnik genau die konstruktive Form und das Aussehen vor und erlauben individuelle Abweichungen nur auf Kosten der Wirtschaftlichkeit. Tragwerkformen sind zu absoluten und unanfechtbaren Normen der Architektur geworden.

3. In der Vergangenheit beeinträchtigte die geringe Auswahl bekannter Tragsysteme die ungebundene Verwirklichung der Ideen des Architekten. Eine beachtliche Kluft zwischen eigentlichem Tragwerk und architektonischer Form war unvermeidlich und die Wirtschaftlichkeit entsprechend niedrig.
In der Gegenwart sorgen zahllose erprobte Tragwerkformen dafür, daß jeder architektonische Raum genau mit einer positiven Tragwerkform synchronisiert werden kann, die die gestalterische Idee bestärken wird. Tragwerkform und Raumhülle haben nur eine sehr geringe Toleranz und können sogar Identität erreichen.

4. In der Vergangenheit spielte das Tragsystem eines Gebäudes nur eine geringe oder indirekte Rolle in dem ästhetischen Erlebnis der Baukunst. Unverkleidetes Tragwerk wurde selten als ästhetische Form an sich angewandt noch als solche empfunden.
In der Gegenwart leitet der Mensch ästhetische Empfindung zunehmend vom rein intellektuellen Erfassen eines logischen Systems ab und erlebt die Logik einer konstruktiven Form als Quelle ästhetischen Genusses.

5. In der Vergangenheit waren große Gebäude selten. Wegen ihrer sozialen Bedeutung war der Entwurf kaum an wirtschaftliche Erwägungen gebunden und die

Wahl ihres konstruktiven Schemas nicht eingeengt.

In der Gegenwart benötigt die Massenzivilisation einen immer größer werdenden Anteil von Bauten mit großen Spannweiten und vielen Einheiten. Da die Budgets begrenzt sind und aus Gründen der Größe enorme konstruktive Festigkeit benötigt wird, ist das Tragwerkkonzept von zwingender Konsequenz für Raum und Funktion des Gebäudes und demzufolge eine Angelegenheit des eigentlichen Bauentwurfs.

Die neue Bedeutung, die dem Tragwerk im Gefüge des Bauwerkes und seiner Gestaltung zukommt, verweist nachdrücklich auf die Notwendigkeit, neue Stellung zum Thema Statik zu beziehen, und rechtfertigt ein Überdenken der grundsätzlichen Fragen, die die Begriffe „architektonisches Tragwerk" und „Tragwerkentwurf" angehen. Eine Untersuchung, was technisches Tragwerk wirklich ist und welche Aufgabe es beim Entstehen des Bauwerkes hat, wird guten Untergrund schaffen für einen Vorschlag, was der Architekt über Tragwerke wissen und welcher Art dieses Wissen sein muß.

Technisches Tragwerk: Mittel der Humanisierung

Jede Tätigkeit des Menschen — wenn sie mehr ist als bloße Sicherung der Existenz, Steigerung der Bequemlichkeit und Befriedigung des Ego — strebt danach, der Umwelt das Maß des Menschen aufzuerlegen, so daß sie mit seinem körperlichen und geistigen Dasein harmoniere, sein Ebenbild widerspiegele und seine Existenz erhebe: Humanisierung der Umwelt.

Diese Umwelt umfaßt die sichtbaren und unsichtbaren Elemente, die belebten und unbelebten Seinsformen, die nähere Welt der Erde und die fernere Welt des Alls. Umwelt ist ebenfalls Mitmensch. Ständig ist der Mensch im Begriff, die bestehende Umwelt durch Erschließung, Bebauung, Entdeckung, Erziehung, Politik, aber auch durch Ausbeutung und Gewaltanwendung umzuformen und, wie er hofft, zu verbessern. Er humanisiert die Umwelt, und wenn sie bereits humanisiert ist, humanisiert er sie weiter zu angeblich höheren Stufen.

Jede Humanisierung ist im Ursprung Projektion eines geistigen Gefüges. Vor dem eigentlichen Beginnen, die Umwelt in Einklang mit sich zu bringen, bedenkt der Mensch die erforderlichen Handlungen und ordnet sie zu einem System von Abhängigkeiten; er bildet ein geistiges Tragwerk für seine Handlungen, d. h. er macht einen Plan. Indem er nun auf diese Weise geistiges Tragwerk auf naturgegebenes Gefüge anwendet, bildet er technisches Gefüge oder technisches Tragwerk.

Technisch ist also jede formgebende und formerhaltende Struktur der humanisierten Umwelt. Das bedeutet, daß technisches Tragwerk weniger als bloße stoffliche Konstruktion aufzufassen ist, sondern als angewandtes geistiges Gefüge. Technisches Tragwerk ist es, was die Sprache vom bloßen Laut unterscheidet und den Weg zur Dichtkunst und Musik öffnet; technisches Tragwerk ist es auch, was Wasser zu Energie und Materie zu Architektur macht; und technisch ist auch jenes Gefüge, das die Daseinsform des zivilisierten Menschen trägt und sie von der des Wilden unterscheidet.

Technisches Tragwerk ist daher nicht nur das grundsätzliche Instrument für die Humanisierung der Umwelt, sondern ist gleichzeitig auch das Kriterium jeder humanisierten Form.

Die Rolle, die das technische Tragwerk bei der Formgebung der Architektur spielt, ist eng mit der Aufgabe der Architektur verbunden: Schaffung von humanisiertem Raum. Durch Tragwerk allein kann Raum überspannt werden, so daß sich das Leben des Einzelmenschen, der Familie oder der Gesellschaft entfalten kann, kann Raum so kontrolliert werden, daß der Mensch sicher leben, sich bewegen und arbeiten kann. Tragwerk kann diesen Raum auch bereichern, ihm Maßstab und ästhetische Qualität geben. Tragwerk ist dem architektonischen Raum daher Mittler und Wesensteil zugleich.

Frühe primitive Bauten waren nichts als Tragwerke; der Raum wurde im wesentlichen durch das Tragsystem bestimmt. Doch im Laufe späterer Zeiten wurde der proportionale Beitrag des Tragwerks innerhalb der architektonischen Faktoren Gegenstand recht unterschiedlicher Interpretationen. Einige Epochen unterwarfen das Tragsystem bedingungslos räumlich-formalen Ideen dergestalt, daß das Tragwerk in der Fülle der formalistischen Masse untertauchte. Andere Epochen nahmen unterschiedslos Form und Raum an, wie es vom Tragsystem diktiert wurde, und wiederum andere Epochen gefielen sich in der Anwendung von Pseudo-Tragformen, die nur dem Auge und nicht der Überspannung des Raumes dienten.

Es mag Unsicherheit bestehen, wie die Verdienste oder Mängel dieser extremen Gesichtspunkte hinsichtlich der Aufgabe des Tragwerks in der Architektur zu beurteilen sind; feststeht aber, daß im Laufe der Geschichte die technischen Vorrichtungen der Raumüberspannung, d. h. die Tragsysteme, Architekten und Bauhandwerker in ihrem Schaffen anregten und Form und Raum der Architektur beeinflußten. Es ist sogar wahrscheinlich, daß es vielfach die Entwicklung eines neuen Tragsystems selbst war, das neue Erkenntnisse in der Handhabung des Raumes schaffte, und es ist kein Zufall, daß in der modernen Architektur die bedeutsamen Raum- und Formmerkmale mehr Ergebnis ingenieurwissenschaftlicher Erkenntnisse als architektonischen Entwurfes sind.

Hier bedarf es einer eindeutigen Feststellung: Zwar ist es das berechnete Tragwerk, das vielfach, wie z. B. bei Brücken, Häfen, Autobahnen und Fabriken, zum Endprodukt wurde und das mehr und mehr den von der menschlichen Gesellschaft bewohnten Raum bestimmt und kontrolliert; dennoch ist die dem Tragwerk gemäße Aufgabe, Mittel zu sein und nicht Zweck, Werkzeug zu sein und nicht Produkt. Wenn Architektur jene humanisierte materielle Welt ist, die über die Befriedigung der physischen und psychischen Bedürfnisse des Menschen hinaus die „humanitas" im Menschen schützt und fördert, dann kann das wirksame Überspannen von geeigneten Entfernungen durch Brücke, Dach oder Straße und die Gewährung von Sicherheit und Wirtschaftlichkeit nur Mittel und nicht Zweck bedeuten.

Es gibt viele Bauten, die, von Ingenieuren entworfen, hervorragende Beispiele für gute Architektur sind. Aber diese Bauten sind nicht deshalb gut, weil sie ein vorzügliches Tragsystem haben, sondern weil sie erfolgreich sind in der Erzeugung architektonischen Raumes. Jene Entwurfsingenieure zeichnen sich nicht durch ihr ingenieurtechnisches Können aus, sondern durch ihr architektonisches Verständnis, das sie befähigt, ihre Tragwerkideen in das richtige Verhältnis zur architektonischen Zielsetzung zu bringen.

Diese erfolgreichen Ingenieursbauten bestätigen auf ihre Art, aber nicht minder deutlich: Das konstruktive Tragwerk erhält Wesen und Sinn durch die Aufgabe, die es erfüllt. Seine Aufgabe ist, stoffliche Formen möglich zu machen, die dem körperlichen und geistigen Sein des Menschen dienstbar sind. Sein Verdienst wird allein daran gemessen, wie gut es diese Aufgabe erfüllt.

Notwendigkeit des Tragwerks: Konflikt der Richtungen

Tragwerk ist Notwendigkeit für Architektur: Ohne Tragwerk keine Architektur. Die Notwendigkeit des Tragwerks hat jedoch ihre eigene besondere Ursache. Diese ergibt sich aus einem Konflikt von Richtungen oder vielmehr verschiedenen solcher Konflikte, die gelöst werden müssen, um Raum für menschliches Wohnen und Arbeiten zu schaffen.

Diese Richtungskonflikte haben eines gemeinsam: Sie alle sind einem Phänomen unterworfen, das, existierte es nicht, architektonische Tragsysteme überflüssig machte, oder zumindest Tragsysteme erforderte, die von den uns gegenwärtig bekannten Systemen verschieden wären. Dieses Phänomen ist Gewicht. Nun ist aber Gewicht nichts anderes als eine Kraft, die durch die Masse der Erde ausgelöst wird. Die Erdanziehung ist also der endliche Grund für die Probleme des Tragwerkentwurfes. Erdanziehung ist integrales Element des Tragwerkes im Bauen.

Ohne die ständige Gegenwart der Schwerkraft wären stoffliche Tragwerke, wie sie hier auf der Erde bekannt sind, technische wie naturgegebene, ohne Sinn und sehr wahrscheinlich überhaupt nicht vorhanden. Das dauernde Wirken dieser Schwerkraft auf das Bauwerk wie auf jede Substanz ist jedoch durchaus nicht so selbstverständlich, wie es den Anschein hat. Im Zeitalter der Raumfahrt und des Vordringens des Menschen in den freien Weltenraum ist eine Architektur, deren Tragsysteme nicht mehr der Erdanziehung unterworfen sind, durchaus in den Bereich des Möglichen gerückt.

Auf dieser Erde indes besitzt jede Substanz Gewicht, und dieses Gewicht wird immer dort zu einem Problem, wo Substanz nicht in direkter und kürzester Verbindung zur Erde steht. Dies ist der Fall, wenn Raum horizontal mit stofflichen Mitteln nach oben überdeckt oder wenn aus solider Masse Freiraum ausgehöhlt wird. Gerade solcher mit Materie umschlossener Raum ist Ziel des Bauens und Wesen der Architektur.

Daraus ist ersichtlich, daß es nicht das Gewicht allein ist, das Tragsysteme zur Raumüberspannung erforderlich macht, sondern jener grundsätzliche Konflikt, der zwischen der Fortbewegungsrichtung des Menschen einerseits und der Richtung der Schwerkraft andererseits besteht. Der Körperbau des Menschen wie auch sein Orientierungsvermögen sind vorwiegend auf Bewegung in der horizontalen Ebene ausgerichtet. Sein Leben entfaltet sich in horizontaler Ebene und steht damit im Konflikt mit der vertikalen Dynamik aller Substanz.

Ebenso wird ein Konflikt von Kraftrichtungen durch horizontale Lasten hervorgerufen, die auf ein Gebäude einwirken, wie z. B. Wind. Hier steht die Richtung der äußeren Kräfte im Konflikt sowohl mit der vertikalen Ausdehnung des Innenraumes wie auch mit der außermittigen Richtung der Widerstand leistenden Verankerung. Von einer bestimmten Höhe über der Erde an mag dieser Richtungskonflikt so kritisch werden, daß seine Konsequenzen für das Tragwerk bei weitem die der Schwerkraft übertreffen und somit die Seitensteifigkeit zum Hauptproblem des Tragwerksentwurfs machen.

Wiederum können Konflikte auch durch Wärmeausdehnung (und Zusammenziehung), durch Altern des Materials oder durch Fundamentsetzungen hervorgerufen werden. Diese Veränderungen betreffen zwar unvermeidlich jede Substanz, doch wachsen sie sich zu Tragwerkproblemen aus, wenn sie in einer Richtung vor sich gehen, die im Konflikt mit der Raumausdehnung oder mit der Richtung der Widerstandskraft steht.

Tragwerkentwurf löst diese Richtungskonflikte, indem er die Kräfte zwingt, ihre Richtungen zu ändern, so daß der Raum für menschliche Bewegung weitgehend unbehindert bleibt. Wie ideenreich die Umlenkung der Kräfte veranlaßt wird und wie erfolgreich das Tragwerk dann die funktionelle, soziale und ästhetische Bedeutung des Raumes, den es überspannt, verstärken kann, ist kennzeichnend für die Qualität des architektonischen Tragwerkes.

Tragwerkentwurf ist also nicht nur Methode, Kräfte in andere Richtung zu leiten, sondern auch Kunst.

Tragwerkentwurf bringt Schwerkraftlasten, äußere Kräfte und innere Spannungen unter Kontrolle und leitet sie in bestimmte Bahnen; die Absicht ist, sie in ein System von gegenseitig abhängigen Aktionen und Reaktionen einzupassen, das Gleichgewicht innerhalb jedes Einzelteiles wie auch für das Tragsystem als Ganzes herstellt. Tragwerkentwurf hindert diese Kräfte daran, sich zu vernichtender Stärke zusammenzuballen.

Tragwerkentwurf ist Strategie, ist geistiger Plan eines dynamischen Systems, mit dem man einer Vielzahl von Kräften begegnen kann. Die Größe der Einheitskräfte wird hauptsächlich von der Art dieser Strategie bestimmt. Gleiches gilt für die Widerstandskräfte, die zur Abwehr aufgeboten werden müssen. Tatsächlich sieht sich der Entwerfer eines Tragwerks in der Rolle eines Feldherrn, der den verschiedenen Truppen des Feindes gegenübertreten und einen strategischen Plan ersinnen muß, um der Feinde Herr zu werden. Die Art, wie er mit den gegnerischen Kräften fertig wird, mit welchem eigenen Aufwand, mit welchem Witz und mit welcher Ausstrahlung auf das Ganze, unterscheidet den mittelmäßigen vom genialen Planer, sei er militärischer oder technischer Zunft.

Die Strategie des Tragwerkentwurfs ist vielfältig wie die spezifische Eigenschaft, die jede solche Strategie ausdrücken mag: Die geschwungene Flächigkeit, die die Kräfte gleichmäßig überallhin verteilt, so daß ihre Einheitskraft zu harmloser Größe zusammenschrumpft (Schalen); die transparente Vielgliedrigkeit, die die Kräfte in verschiedene Richtungen aufspaltet, wo sie einzeln gestellt werden können (Fachwerk); die biegsame Leichtigkeit, die dem natürlichen Weg der Kräfte nachgibt bis hin zu jenen Punkten, wo sie keinen Schaden mehr anrichten können (Seilwerke); die wuchtige Massigkeit, die den Hebelarm soliden Materials in Bewegung setzt und die Kräfte mit Gewalt umleitet und an allen kritischen Zonen vorbeiführt (Biegewerke). Sie alle sind im Grunde bloße mechanische Vorrichtungen, Kräfte zu kontrollieren, doch sind in der Vielfalt, Eindringlichkeit und Allgemeingültigkeit dieser Aussagen alle Voraussetzungen gegeben, auch Kunstform zu sein.

Am Ende jedoch werden diese Kräfte gesammelt und zum Boden geführt, zu dieser scheinbar soliden Masse der Erde, wo es mangels Bewegungsraum keinen Konflikt der Richtungen mehr gibt.

Tragwerkkenntnis: Umfang und Inhalt

Aufgrund dieser Erkenntnis kann die entscheidende Antwort auf die Frage nach Umfang und Inhalt des für den Architekten erforderlichen Tragwerkwissens gegeben werden. Wenn anerkannt wird, daß das Wesen des Tragwerkentwurfes die Entwicklung eines stofflichen Formsystems ist, welches Kräfte in bestimmte Richtungen umlenkt und mit einem Maximum an ästhetischer und stofflicher Wirksamkeit und mit einem Minimum an Innenraum-Behinderung zur Erde führt, dann sollte die Kenntnis des Architekten eben dieses Wesen betreffen:

+ Kenntnis der Mechanismen, Kräfte in andere Richtung umzulenken

+ Kenntnis der Systeme, Raum zu überspannen, Deformationen zu verhindern

Diese Zielsetzung führt nicht nur zu einer gesunden Begrenzung des weiten Gebietes der Statik, sondern erlaubt darüber hinaus eine einfache und überzeugende Gliederung der Tragsysteme:

1. Tragwerke, die hauptsächlich durch stoffliche Form wirksam sind:
   formaktive Tragsysteme oder
   Tragsysteme im einfachen
   Spannungszustand

2. Tragwerke, die hauptsächlich durch Komposition von zusammenwirkenden Druck- und Zuggliedern wirksam sind:
   vektoraktive Tragsysteme oder
   Tragsysteme im zusammenwirkenden
   Zug- und Druckzustand

3. Tragwerke, die hauptsächlich durch stoffliche Masse und Kontinuierlichkeit wirksam sind:
   massenaktive Tragsysteme oder
   Tragsysteme im Biegezustand

4. Tragwerke, die hauptsächlich durch Flächenkontinuierlichkeit wirksam sind:
   flächenaktive Tragsysteme oder
   Tragsysteme im Flächenspannungszustand

5. Tragwerke, die hauptsächlich durch vertikale Lastübertragung wirksam sind:
   senkrechte Tragsysteme

Nun gibt es allerdings kaum ein Tragsystem, das nur aufgrund seines Hauptmerkmales wirksam ist. So muß z. B. ein Stützbogen, der hauptsächlich auf formaktiver Festigkeit beruht, noch über ein gewisses Maß an massenaktivem Widerstand verfügen, um mit den asymmetrischen Belastungen oder Verkehrslasten fertig zu werden. Gleiches trifft für flächenaktive Tragwerke zu, die nicht nur massenaktive Steifigkeit gegen sekundäres Biegen benötigen, sondern auch formaktive Eigenschaft, ohne die die Kräfte nicht innerhalb der Ebene gehalten werden können, was Voraussetzung für flächenaktive Tragwerke ist.

Tatsächlich läßt sich in jedem Tragsystem neben seinem Hauptmerkmal immer eine Kombination von Eigenschaften finden, die charakteristisch für andere Tragsysteme sind. Wird jedoch die Haupttragwirkung, d. h. der vorherrschende Kraftumlenkungsmechanismus betrachtet, so kann jedes Tragwerk leicht einer dieser fünf Tragwerk-Familien zugeordnet werden. Diese Einteilung hat noch eine weitere Berechtigung. Da Form und Raum im Bauwerk weniger durch jene sekundären Eigenschaften beeinflußt werden, sondern Charakter und Eigentümlichkeit vornehmlich durch das jeweilige Hauptmerkmal des Tragsystems erlangen, können die sekundären Eigenschaften sowohl in der anfänglichen Tragwerkidee eines Baues als auch in der theoretischen Diskussion der Tragsysteme außer acht gelassen werden.

Daher ist es auch vertretbar, Hochhäuser in die Kategorie senkrechter Tragsysteme einzuordnen. Denn die primäre Aufgabe dieser Tragwerke besteht in der senkrechten Lastenübermittlung, und ihr hauptsächliches Kennzeichen ist durch die besonderen Systeme der Lastenbündelung, Lastenabführung und der Seitenversteifung gegeben, ungeachtet der Tatsache, daß diese Systeme notwendigerweise sich eines Umlenkungsmechanismus bedienen müssen, der einem der vier vorerwähnten angehört.

Innerhalb dieser Gliederung können die zahllosen Tragwerkmöglichkeiten dem Architekten zugänglich und verständlich gemacht werden. Da der Stoff ausschließlich nach den hauptsächlichen Systemen der Kraftumlenkung gegliedert ist, kann man erwarten, daß der Architekt zum Experten gerade in jener Phase der Tragwerkverwirklichung wird, die wegen ihrer Bedeutung für die Raumbildung nicht so sehr eine Angelegenheit des Statikers ist, sondern zu den Hauptaufgaben des Architekten zählt. Diese Aufgabe anderen zu überlassen oder zu übertragen, käme dem Entschluß des Architekten gleich, den Entwurf überhaupt aufzugeben.

Tragwerkkenntnis: Methode und Mittel

Die Wahl von Methode und Mittel, wie die

Kenntnis der Tragsysteme am wirksamsten vermittelt werden kann, wird durch die besonderen Merkmale dessen bestimmt, was vermittelt werden soll und an wen. Unter diesen Merkmalen sind drei richtungsweisend:

+ die vornehmlich bildliche Verständigungsweise des Architekten
+ das physisch-mechanische Wesen des Gegenstandes der Betrachtung
+ die Ausrichtung aller architektonischen Anstrengungen auf Form und Raum

Diese Gegebenheiten haben den Versuch inspiriert, Grundlagen und Wirkungsweise der Tragsysteme durch Zeichnungen und Modell-Fotografien darzustellen und dabei Textausführungen auf ein Minimum zu beschränken. Zweifellos läßt sich ein Mechanismus, der Raum überspannt und der Deformation entgegenwirkt, besser durch Bilder als durch Worte oder mathematische Formeln erklären.

Genaugenommen wickelt sich die Erarbeitung eines Tragsystems doch folgendermaßen ab: Skizzieren der grundsätzlichen Tragwerkform, grobes Bemessen der Komponenten, Einführen von Seitenversteifung, Abschätzen der möglichen Auswirkung von Temperaturänderungen, Fundamentsetzungen, Lastbedingungen und Altern, schließlich Wahl des Baustoffes und der Konstruktionsmethode. Keiner dieser Einzelvorgänge benötigt die Anwendung mathematischer Formeln. Das bedeutet, daß keine Phase in der Entstehung einer Tragwerkidee von der Anwendung der Mathematik abhängig ist. Erst nachdem alle diese Vorgänge abgeschlossen sind und das Tragsystem in seinen wesentlichen Elementen feststeht, können und müssen mathematische Formeln angewandt werden, um das System zu prüfen, seine Komponenten genau zu bemessen und somit Sicherheit und Wirtschaftlichkeit zu gewährleisten.

Zugegeben, einige Grundbegriffe der Tragwerklehre wie Widerstand, Hebelarm, Schwerpunkt, Trägheitsmoment oder Gleichgewicht sind am besten mit Hilfe einfacher Algebra zu verstehen. Doch wird bestritten, daß die Kenntnis der mathematischen Analyse Voraussetzung ist, um Einblick in das Verhalten von Tragwerken zu gewinnen, oder daß solche Kenntnis die schöpferische Anwendung von Tragwerkbegriffen anregt.

Konzentrierung auf das Typische und Ausschaltung des Zufälligen sind weitere Voraussetzungen, um das eigentliche Wesen eines vielgesichtigen Wissensgebietes deutlich zu machen. In der zeichnerischen Darstellung abstrakter Tragsysteme sind beide Maßnahmen ohne weiteres zu verwirklichen, nicht so in der fotografischen Wiedergabe ausgeführter Bauwerke. In der Praxis kommt es nämlich kaum vor, daß die ideale Form des Tragsystems nicht abgewandelt und sein raumformendes Potential nicht eingeengt werden muß, um den vielen anderen Problemen Rechnung zu tragen, die das Bauen in der Wirklichkeit aufwirft.

Deshalb ist es besser, die Wiedergabe von ausgeführten Bauten hier überhaupt auszuschließen und statt dessen Modelle typischer Tragsysteme vorzuführen. Hauptzweck solcher Modelle ist, die Möglichkeiten, die die Tragsysteme für Form und Raum bieten, zu demonstrieren und somit eine direkte Verbindung zu dem zu schaffen, was die Manifestierung der Architektur ist. Aus diesem Grunde sind es keine Versuchsmodelle im ingenieurtechnischen Sinne und daher auch kein Ersatz für Modellanalyse.

Zeichnung, Modell und Fotografie bedienen sich absichtlich weitgehender Abstraktion wie auch die Objekte, die sie darstellen. Denn jede realistische Darstellung würde von einer ganzen Reihe fester Annahmen abhängen und somit viel von der Allgemeingültigkeit des Beispiels opfern. Außerdem könnte die detaillierte Zeichnung eines Tragwerkvorschlages die originelle Anwendung eines Tragsystems in der Hand eines schöpferischen Architekten ausschließen. Dennoch sind in einige Zeichnungen menschliche Maßfiguren eingeführt, nicht um einen festen Maßstab zu setzen, sondern um die Illusion von Raum und Bauwerk zu geben.

Für das Verständnis des Mechanismus eines Tragsystems ist die Festlegung der Absolutgröße unnötig. Gleiches gilt für den Baustoff. Das grundsätzliche Funktionieren (wenn auch nicht die Größe der Spannungen und der Bereich der wirtschaftlichen und möglichen Spannweiten) eines Tragsystems ist unabhängig von seiner Absolutgröße oder seinem Baustoff. Die Mechanik in einer zylindrischen Betonschale von 7,5 m Spannweite ist im wesentlichen gleich der einer Kunststoffschale von 15 m Spannweite. Jedes Abgrenzen von Spannweite und Baustoff machte feste Entwurfsdaten erforderlich. Dies nähme dem Modell oder der Zeichnung die Allgemeingültigkeit und fügte dem grundsätzlichen Verständnis nichts weiter hinzu.

Konstruktionsmethode, Verbindungsdetails und Sekundär-Tragwerke für Gründung und Raumhülle (sogar seitliche Versteifung, wenn sie nicht integraler Teil des Tragmechanismus ist) sind ebenfalls von geringem Einfluß auf die grundsätzliche Tragwerkform. Erst nach der Ideenformulierung eines Tragsystems werden diese sekundären Entwurfskriterien wirklich bedeutsam. Sie sind Faktoren der Tragwerkentwicklung und nicht des anfänglichen Tragwerkkonzeptes oder der Tragwerkidee. Auch sie können daher ausgeschlossen werden.

Solch eine ausschließende und mit voller Absicht einseitige Methode führt zu einer starken Intensivierung und Konzentrierung des Gesamtstoffes der Tragwerklehre. Ungebunden an praktische Erwägungen befreit sie Einbildungsgabe und Vorstellungskraft, sich anhand von Zeichnung und Modellkonstruktion über die Grenzen erprobter (und bekannter) Tragkonstruktionen hinwegzusetzen und neue, unkonventionelle Formen abzuleiten.

Diese Formen repräsentieren keine TRAG-WERKE, die ohne weiteren Test in Grundriß oder Schnitt des Entwurfes übernommen werden können, sondern sind TRAGSYSTEME. Trag-WERKE sind Beispiele und daher Entwurfs-VORLAGEN; Trag-SYSTEME sind Ordnungen und daher Entwurfs-GRUNDLAGEN.

Als Systeme erheben sich die Mechanismen der Kraftumlenkung über die individuelle

Structure Systems

Form des Tragwerkes, das nur für eine einzige Aufgabe entworfen ist, und werden zum Ordnungsprinzip. Als Systeme sind sie nicht an den gegenwärtigen Stand der Kenntnis von Material und Konstruktion gebunden, noch an die besonderen örtlichen Gegebenheiten, sondern behalten Gültigkeit unabhängig von Zeit und Raum.

Als Systeme schließlich sind sie Teil eines größeren Sicherheitssystems, das der Mensch für die Erhaltung seiner Art geschaffen hat, wie dieses wiederum eingebettet ist in jenes System, dem die Bewegung der Gestirne ebenso untergeordnet ist wie die Bewegung der Atome.

Perspective: Dilemma of architectural education

The advance of science and technology has broadened and made complex the business of designing buildings and cities, and of planning their development. Thus, even the initial conceiving of form ideas for individual buildings or for urban patterns has become rather a matter of scrutinizing and applying the vast territory of collaborative scientific data, and hardly manifests itself anymore as the independent act of an individual creative mind.

This territory which the sciences of building has made accessible has meanwhile reached such an extent that no one individual — architect or other — can fully measure and exploit it for his design. That is to say, no single mind is capable anymore to do a design that justly can be called 'con-temporary'; a design that really is in step with this era of science and technology. For no individual is capable of completely evaluating the latest achievements of contemporary building technology and urban research or of fully utilizing and integrating into building all those factors which scientific investigation has long proven to be influential elements for the being of man.

Thus, in designing contemporary buildings and cities the architect and planner ist dependant on, and frequently subjected to, the findings and arguments of a number of science specialists. What little he knows about their different bodies of knowledge does not enable him to judge conflicting viewpoints and coordinate them, even less to imaginatively adapt them to his design concept. If he is famous, he may simply overrule the opposing arguments of the specialists; if he is not, he is at their mercy.

While this development of an ever increasing territory of knowledge forces the engineer to concentrate on but one subject and thus confirms his professional existence, the same development must endanger the existence of a profession, the orientation of which has to be universal instead of special: the architect. For it forces him to continually curtail training and knowledge on each of the specialized fields so that he may know about them all.

In the view of this situation the idea has been advanced that the architect become a specialist himself within a team of specialists that collaborate in the design of buildings and cities; that he act as the space/form specialist in both functional and aesthetic matters of building. In fact, in many cases of complex building the architect already functions in such a capacity, exerting leadership by contract rather than qualification.

However, much as any original thinking process cannot be shared by two or more individuals — the essential loneliness of man —, so too the idea for the design of physical environment, house, neighbourhood, city or landscape, can originate only in the single mind; idea cannot be just the coordinated sum of many minds each fighting for supremacy or major share.

On the other hand, the single mind is qualified for critical judgement only, if it commands a solid knowledge on each of the separate bodies of sciences. Mere knowledge of a few scientific elementaries may qualify to avoid any gross errors in building but would exclude utilization of that wealth which scientific search into the nature of man and matter has brought forth. What is needed is a knowledge that enables the architect to creatively interpret scientific facts and to deduce from them ideas for his design.

This then is the dilemma of the contemporary architect: the discrepancy that exists between the vastness of requisite knowledge on the one hand and the limitation of a single human mind on the other. This discrepancy is at the roots of current problems in schools of architecture; and also vitally affects the position of the architect in the scientific society of the contemporary epoch. The question that follows is fundamental: Are there ways to resolve this discrepancy and if so, what are they?

The difficulty of finding an answer to these

questions is manifested by the multiplicity of factors involved in contemporary building. Structural, electrical, mechanical or acoustical engineering are factors as integral to modern building as are considerations of financing, economy, sociology, hygiene or psychology. In designing a building none of these bodies of knowledge can be disregarded if the building is not to exhibit qualities that will stamp it as being inefficient and obsolete before it is completed.

All this is generally acknowledged by practitioners and educators alike, and there is agreement as to the necessity of a solid knowledge on each of the different sciences that contribute to building. Disagreement exists however as to the extent to which this knowledge should be commanded and as to the method by which this knowledge can best be acquired.

Here a vital task of the architectural profession is brought forth:

+ definition of content and extent of what the architect has to know on each of the separate sciences of building
+ choice of method and means of how the architect can best attain this knowledge

Such decision is imminent. Such decision is also basic; for it will decide on the success or failure of efforts to solidify the waning influence of the architect amongst the professionals that shape the contemporary world, and clearly indentify his professional image in the epoch of technique.

Structure in building: Novel situation

Of all component elements contributing to the existence of rigid material form — house, machine, tree or animate beings — structure is most essential. Without structure material form cannot be preserved and without preservance of form the inner organism cannot function. Hence: without material structure, no organism, animate or inanimate.

As to architecture there are, of course, many other elements that make up a building, but their presence is not vital to existence. A building can exist without paint, without heating; it cannot exist without structure. Although mere structure does not make architecture, it still makes architecture possible, the primitive shelter as much as the modern highrise.

Consequently knowledge on the structural origin of architecture is basic to the architectural profession. However, whereas the early master builder could handle the few structure problems of his buildings easily with a knowledge provided by experience and tradition, the progressive architect in solving the structural problems of his buildings is faced with a field so wide that no single engineer will raise claim to be proficient in all its many subjects.

All the more difficult will it be for the architect to attain that level of knowledge in the field of structural engineering that qualifies him to formulate structural ideas and to propose structure systems. For to the architect, structural engineering is but one of many disciplines he has to master in order to design a building. The only way out of this difficulty is to concentrate the volume of structural knowledge to a point where it can be fully measured and mastered by the architect.

The traditional way of such attempts is to teach only the first part of what is essentially a program taught by engineers for engineers. While this method may convey knowledge on basic concepts of structure behaviour and give rules of how to calculate the most simple structures, it yet fails to establish a concise relationship between architectural structure and architectural form and space. It may give recipes of how to analyse a given structure system, but does not stimulate the faculty of conceiving and developing new systems. The result of this method is an engineer dilettante, unsure of himself in matters of structure design and facing the field with a mixture of suspicion and aversion that always accompanies ignorance.

A marked improvement has been made through analyzing the needs and shortcomings of the practicing architect with regard to structural engineering and through providing expanse of, or addition to, the conventional approach hopeful that it will do justice to the current situation. Such an improvement, however, based only on observation of small shortcomings of everyday practice will not solve the dilemma of the contemporary architect's scientific training. For the role of structure design in architectural creation is not simply changed or developed from what it was before but is essentially novel.

1. In the past, the vocabulary of structure design was confined to relatively few standard systems and handicraft techniques, both of which limited the possibilities of form and span and exercised a healthy control.

    In the present, engineering science and machinecraft technique have nearly removed the natural barriers of structural unfeasibility. Almost any form can be built, and any structural contradiction can be made to stand, hold, and last.

2. In the past, knowledge of correct structure form was empirical and vague. In addition, handicraft technique always invited personal modification of standard form.

    In the present, both mathematical theory and machinecraft technique precisely prescribe structural form and expression and allow individualistic deviation only at the expense of economy. Structure forms have become absolute and indisputable standards of architecture.

3. In the past, the lack of variety of known structure systems encroached upon the free realization of the architect's ideas. A considerable gap between actual structure and architectural form was unavoidable and the economy low.

    In the present, innumerable well tested structure forms allow any architectural space to be precisely synchronized with a positive structure form that will enhance the architectural idea. Structural form, and space envelop, have but small tolerance and may even reach identity.

4. In the past, the structure system of a building played only a minor or indirect part in the aesthetic experience of architecture. Unadorned structure was rarely used as aesthetic form per se or experienced as such.

In the present, man increasingly derives aesthetic sensation from the purely intellectual comprehension of a logical system and hence experiences the logic of structural form as a source of aesthetic sensation.

5. In the past, there were few large buildings. Because of their social importance the design was hardly tied to economic considerations, and the choice of their structural scheme was not limited.

In the present, mass civilization necessitates an ever increasing proportion of large-scale and multi-unit buildings. Being bound to a tight budget and requiring because of size enormous structural resistance, the structural concept is of compelling consequence for the space and function of the building and hence is a matter of primary architectural design.

This new meaning of structure for the building and its design does suggest a novel approach, and justifies rethinking the basic issues underlying the concepts 'architectural structure' and 'structure design'. Analysis of what technical structure essentially is and what role structure has in the creation of architecture will give solid basis for a proposal of what the architect must know about structures and how well he should know it.

Technical structure: Means of humanization

All of man's work — if it goes beyond securing existence, increasing comfort and satisfying self — aims at imposing man's measure upon his environment so that it harmonizes with his physical and spiritual life, reflects his image, and may elevate his existence: humanization of environment.

This environment encompasses the visible and invisible elements, the animate and inanimate beings, the terrestrial and extraterrestrial world. Environment is also fellowman. Man constantly is in the process of transforming — and hopefully improving — the existing environment through cultivation, building, discovery, education and politics, but also through exploitation or use of force. He humanizes it, and if he already has, he further humanizes it to alleged higher standards.

All humanization is essentially extension of intellectual structure. Man, before his attempt to bring environment into accord with the self, contemplates the actions necessary to purpose and orders them into a system of interdependancies; he forms an intellectual structure for his actions, i.e. he makes a plan. Such intellectual structure, if imposed on existing natural structure turns it into technical structure.

Technical, therefore, is any structure in the humanized environment that produces and preserves form. This means that technical structure is to be considered less as mere material construction but as applied intellectual structure. Technical structure is what distinguishes language from mere sound and opens up the road to poetry and music; technical structure is what turns water into energy and matter into tool or architecture; and technical is also that structure which carries the existence of civilized man, and distinguishes it from that of the savage.

Technical structure, therefore, is not only the essential instrument for humanizing the total environment, but is also the criterion of any humanized form.

The part that technical structure plays in the formation of architecture is intimately associated with the function of architecture: creation of humanized space. Only through structure can space be spanned, so that the life of individual, family or society can unfold; through structure space can be controlled so that man can safely live, move and work; through structure this space can be enriched, be given scale and aesthetic quality. Structure thus is instrumental and integral to architectural space.

Early primitive buildings were but structures and space was almost totally determined by the structural system. But in the course of history, the proportional contribution of structure within the ensemble of architectural factors has been subject to widely different interpretation. Some epochs unconditionally subjugated structure systems to spatial-formal ideas, to a point where structure was submerged in the abundance of formalistic bulk; other epochs indiscriminately adopted form and space which the structure system dictated, and again other epochs found pleasure in the use of pseudo structure forms that served only the eye and not the spanning of space.

There may be uncertainty as to how to judge the merits and demerits of these extreme viewpoints regarding the role of structure in architecture; there cannot be uncertainty in the realization that throughout history the technical devices of spanning space, structure systems, stimulated architects and builders in their creations and influenced form and space in architecture. It is even likely, that often it was the emergence of a new structure system itself that brought new insights in to the manipulation of space, and it is no accident that the outstanding features of space and form in contemporary architecture are the result more of structural engineering, than of architectural design.

Here a clear statement is required: it is true that it is the engineered structure, such as with bridges, ports, highways and industrial plants, that in many cases has become the final building, and that increasingly determines and controls the space in which society lives; and yet the proper role of structure is means and not end, is tool and not product. If architecture is the humanized material environment that beyond complying with man's physical and psychical needs shelters and fosters the 'humanitas' in man, then the efficient spanning of distance through bridge, roof or road and the securing of safety and economy can only be means and not end.

Undoubtedly, there are many buildings designed by engineers that qualify as outstanding examples of good architecture. But they do so not because they exhibit an excellent structure system but because they are successful in generating architectural space. Those engineer designers do not excell for their engineering qualifications but for their architectural insight that makes them bring their structural ideas into the correct dependence on architectural objective.

These successful engineering structures confirm in their own way, but no less plainly, that architectural structure obtains reality and meaning by the purpose it fulfills. Its purpose is, to make possible material forms that serve the physical and spiritual being of man. Its merit is solely measured on how well it does this job.

Necessity of structure:
Conflict of directions

Structure is necessity for architecture: without structure there is no architecture. However, the necessity of structure has its own unique cause. The cause is a conflict of directions, or rather several such conflicts that have to be resolved in order to generate space for human living and working.

These directional conflicts have one thing in common: they are all subjected to a phenomenon that, if it did not exist, would make architectural structure systems superfluous, or at least would require structure systems essentially different from those presently known. This phenomenon is weight. Weight, on the other hand, is nothing but a force that is triggered by the mass of the Earth. The Earth's pull therefore is the final reason for the problems of structure design. The Earth's pull is integral element of structure in architecture.

Without the continous presence of gravity, the material structures as they are known on Earth, the technical and the natural, would be without meaning and most likely nonexistent. The continuous action of this gravity upon the building as upon any substance, however, is by no means such an inevitable condition as it seems to be. In the age of space aviation and man's intrusion into outer space an architecture with structures not subjected to the pull of the Earth has become quite a reasonable possibility.

On the Earth, however, all substance, such as that of a building, has weight, and this weight becomes a problem wherever substance is not directly and in the shortest way connected with the Earth. This is the case when space is horizontally covered with material means or when solid mass is hollowed out for open space. Just such space which is physically enclosed is the objective of building and the essence of architecture.

From this can be concluded that it is not weight alone that requires structure systems for spanning space, but the basic conflict that exists between the directions of man's movement and the Earth's gravity. Man's physical constitution, and also his sense of orientation, is geared to predominantly horizontal movement. His life unfolds in horizontal expanse, and thus it is in conflict with the vertical dynamics of all substance.

A conflict of stress directions is also produced by horizontal loads that work on the building such as wind. Here the direction of external forces is in conflict both with the vertical expanse of the interior space of the building and with the off center direction of the resisting anchorage. From a certain height above ground this directional conflict may become so critical that its structural consequences far outweigh those caused by gravity, making lateral stability the main issue of structure design.

Again there may be conflicts produced by such phenomena as thermal expansion (and contraction), aging of the material, or foundation settings. Naturally, these changes will inevitably affect any material substance, but they become structure problems, when they occur in a direction that is in conflict with the expanse of space or with the direction of the resisting force.

Structure design solves these directional conflicts by making the forces change their direction so that the space for human movement remains largely unobstructed. How imaginatively this redirecting of forces is done and how well the structure is able to enhance the functional, social, and aesthetic meaning of the space it spans, is measure of the quality of architectural structure.

Structure design, then, is not merely method of making forces change direction but is also art.

Through structure design gravitational loads, external forces, and internal stresses are brought under control and chanelled along prescribed paths; the intention is to fit them into a system of interdependent action and reaction that gives equilibrium within each individual component as well as to the structure system as a whole. Through structure design these forces are prevented from joining up to destructive concentration and are kept at bay.

Structure design is strategy, is the intellectual planning of a dynamic system of how to cope with a multiplicity of forces. The magnitude of unit stresses depends largely on the kind of strategy that is employed. The same goes for the resisting forces that have to be mustered. Indeed, the designer when developing a structure system finds himself in the role of a field commander who has to face the diverse forces of the enemy and has to devise a strategical plan of how to get control over them. The way he copes with the adversary forces — how rational the material engagement, how ingenious the scheme and how far reaching the consequences for the whole — distinguishes the mediocre planner from the genial, be his guild of the military or technical kind.

The strategy of structure design is multifold as is the specific character that each such strategy might express: the suaveness of surfaces that evenly distributes the forces so that their unit strength dwindles down to harmless size (shells), the multi-component articulateness that splits the forces into several directions where they can be taken measure of (trusses), the evasive lightness that gives way to the natural path of the forces on to those points where they cannot do harm (hung roofs), the heavy bulkiness that sets into action the lever arm of solid materials and redirects the forces with sheer mass to make them bypass all critical zones (bending structures). They are all basically mere mechanical devices of controlling forces, but in the variety, intensity and universality of these expressions all requisites are given to be also art.

In the end, however, these forces will be collected and led down to the ground, and to that seemingly solid mass of the Earth where there is no longer conflict of directions since there is no space for movement.

Structure knowledge: Extent and content

On the basis of this realization the question of extent and content of the architect's requisite knowledge in structure design can be precisely answered. For, if it is acknowledged that the essence of structure design is the development of a material form system that will direct forces in certain directions and bring them to the ground with the maximum of aesthetic and material efficiency and with the minimum of interior space obstruction, then the architect's knowledge on the subject should be predominantly concerned with just that:

+ knowledge of the mechanism of making forces to change their direction
+ knowledge of the systems of spanning space and resisting deformation

By this approach, not only a healthy limitation of the huge field of structural engineering is gained but also a simple and convincing organization of architectural structure systems can be established.

1. structures acting mainly through material form:

   form-active structure systems
   or structure systems in single stress condition

2. structures acting mainly through composition of compression and tension members:

   vector-active structure systems
   or structure systems in coactive tension and compression

3. structures acting mainly through material bulk and continuity:

   bulk-active structure systems
   or structure systems in bending

4. structures acting mainly through surface continuity:

   surface-active structure systems
   or structure systems in surface stress condition

5. structures acting mainly through vertical load transmittance:

   vertical structure systems

Still, there is hardly a structure system that will be active solely on account of its major distinction. A funicular arch, for example, although achieving its resistant quality mainly through form-active strength needs to command a certain amount of bulk-active resistance in order to cope with asymmetrical or live loads. The same will be the case with a surface-active structure that not only will require bulk-active strength against secondary bending gut also a high amount of form-active quality, without which the forces cannot be kept within its plane, a requisite for surface-active structures.

In fact, in each structure system there is always to be found, besides the major distinction, a combination of qualities that are distinctive of other structure systems. However, if the major spanning action, i.e. the dominant mechanism for redirection of forces is considered, each structure can easily be categorized into but one of these five families of structure systems. Such classification has further justification. Since form and space are less influenced by those secondary qualities but achieve character and distinction predominantly by the system that does the major spanning, these secondary qualities can be ignored both in the initial structure concept of a building and in the theoretical discussion of structure systems.

This makes it also possible to put the highrise structures into the separate category of vertical structure systems. For, the primary task of these structures is the vertical load transfer and their major distinction is given by the particular systems of load collection, load transmittance, and of lateral stabilization, regardless of the fact that these systems necessarily have to employ for redirection of forces a mechanism that belongs to one of the preceding four.

Within this framework then the innumerable structural possibilities can be made accessible to the architect and be brought to his thorough understanding. Since this framework is organized exclusively on the basis of major systems that can make forces change direction it is expected that the architect will be expert precisely in that phase of structure realization that by its very significance for the architectural space it forms is not so much the concern of the structural engineer but belongs to the primary function of the architect. Indeed delegating this function to others would amount to giving up design altogether.

Structure knowledge: Method and means

The choice of method and means of how the knowledge of structure systems can be most effectively communicated will be determined by the particular characteristics of what is to be communicated, and of who is to be communicated with. Among these characteristics three are compelling:

+ the predominantly pictorial nature of the architect's language
+ the physical-mechanical essence of the subject matter
+ the orientation of all architectural efforts to form and space

These circumstances have inspired the attempt to present the rudiments and behaviour of structure systems through drawing and model photography and to keep vesbalization at its minimum. Obviously, a mechanism that spans space and resists deformation can be better explained through pictorial means than through words or mathematical formulae.

Strictly speaking, the procedure of designing a structure system consists of the following phases: delineating the basic structure form, roughly proportioning its components, introducing lateral stiffness, checking against possible effects of thermal changes, foundation setting, load conditions and aging, and finally determining structure material and construction method. None of these separate steps in developing a structure system requires the use of mathematical formulae. That is to say, no phase in the formulation of a structure idea is dependant on the use of mathematics. Only after all separate phases have been examined and the structure system thus is conceived in its essential elements, can and must mathematical formulae be applied for checking the system, accurately dimensioning its components and thus guaranteeing safety and economy.

It is agreed that some rudiments of structure concepts such as resistance, lever arm, point of gravity, moment of inertia or equilibrium can be best understood if some simple algebra is used. But it is contested that the knowledge of mathematical structure analysis is requisite for gaining insight into the behaviour of structures or that such knowledge will stimulate the creative application of structure concepts.

Concentration on the typical, and elimination of the accidental, are other requisites for bringing out the underlying essence of a multifaceted body of knowledge. In the drawing of abstract structure systems both measures can be easily accomplished. Not so in the photographic reproduction of actual buildings, for in architectural practice it hardly happens that the ideal form of the structure system need not be altered and its spatial potential not be encroached upon, in order to meet the many other problems that building in practice poses. .

A better way, therefore, is to exclude the reproduction of actual buildings altogether and rely instead on models of typical structure systems. The main purpose of those models is to bring forth the potential of structure systems for architectural form and space and thus establish a direct link with what is the manifestation of architecture. For this reason the models are not test models in the engineering sense and hence are no substitute for model analysis.

Drawing, model and photography purposefully resort to abstraction as do the objects which they present. For any rendering of a more realistic kind would have to draw upon a set of definite conditions, and thus would sacrifice something of the universal validity of the meaning. Also, the detailed delineation of a structure proposal will preclude the imaginative application of a structure system in the hand of a creative architect. And yet, human figures are introduced into some of the drawings not to establish finite scale but to give illusion of space and building.

For understanding the mechanism of a structure system, commitment to absolute scale is not needed. The same applies to the building material. The basic functioning (although not the magnitude of stresses and the range of economical spans) of a structure system in independent from its size or its constituent fabric. The mechanics in a cylindrical concrete shell of 24 ft. span are essentially the same as in a shell of plastic with a span of 48 ft. Any commitment to span and material would necessitate definite design data. This would make model or drawing individual rather than universal and would not add anything to the basic understanding.

Likewise, construction methods, detail joinery and secondary structures for foundation and space envelopment (even lateral bracing if it is not integral to the spanning mechanism) are of little consequence in the discussion of basic structure forms. For it is only after the conception of a structure system that these secondary design criteria for structure have any bearing. They are factors of structure development and not of initial structure conception or structure idea; hence they can be excluded.

Such an exclusive and intentionally one-sided approach leads to a positive intensification and concentration of the total material on structures. Not bound to practical considerations, it will free imagination and inventive talent to proceed over the boundaries of well tested (and well known) structures, and deduce novel, unconventional forms. These forms do not represent STRUCTURES that without further test can be incorporated into the plan or section of a design, but are structure SYSTEMS. STRUCTURES are examples and hence design IMPLEMENTS; structure SYSTEMS are orders and hence design PRINCIPLES.

As systems, the mechanisms for redirection of forces rise above the individuality of a structure designed only for one specific task and become an ordering principle. As systems they are not bound to the present state of knowledge on material and construction, nor to the particular local conditions, but maintain validity independent of time and space.

As systems finally they are part of a larger security system that man has devised for the survival of his kind, as this again is inbedded in the very system that governs the movement of the stars as much as the movement of the atoms.

Formaktive Tragsysteme
Form-active Structure Systems

1

Nicht-steife, flexible Materie, in bestimmter Weise geformt und durch feste Endpunkte gesichert, kann sich selbst tragen und Raum überspannen: formaktive Tragsysteme.

Vorgänger der formaktiven Tragsysteme sind das senkrechte Hängeseil, das die Last direkt zum Aufhängepunkt abträgt, und die senkrechte Stütze, die in umgekehrter Richtung die Last direkt zum Fußpunkt weiterleitet.

Senkrechte Stütze und senkrechtes Hängeseil sind Prototypen der formaktiven Tragsysteme. Sie übertragen Lasten nur durch einfache Normalkräfte, d. h. entweder durch Druck oder durch Zug.

Durch Zusammenknüpfen zweier Hängeseile mit verschiedenen Aufhängepunkten entsteht das Tragseil, das sich selbst über freien Raum spannen und Lasten durch reine Zugkräfte seitlich abtragen kann.

Die Umkehrform des Tragseiles ist der Stützbogen. Die ideale Form eines Stützbogens für eine bestimmte Belastung ist die entsprechende Hängelinie für die gleiche Belastung.

Kennzeichen der formaktiven Tragsysteme ist also, daß sie die äußeren Kräfte durch einfache Normalkräfte umlenken: der Stützbogen durch Druck, das Tragseil durch Zug.

Formaktive Tragsysteme entwickeln an ihren Festpunkten horizontale Kräfte. Die Aufnahme dieser Kräfte ist ein wesentliches Problem des Entwurfes formaktiver Tragsysteme.

Der Tragmechanismus der formaktiven Systeme beruht vorherrschend auf stofflicher Form. Abweichung von der richtigen Form, wenn ausführbar, stellt die Wirkungsweise des Systems in Frage oder erfordert zusätzliche Umlenkungsmechanismen, die die Abweichung kompensieren.

Die Strukturform der formaktiven Tragsysteme entspricht im Idealfalle genau dem Kräfteverlauf. Formaktive Tragsysteme sind daher stoffgewordene Folge „natürlicher" Kraftrichtungen.

Die „natürliche" Kräftelinie des formaktiven Drucksystems ist die Stützlinie, die des formaktiven Zugsystemes die Hängelinie. Stützlinie und Hängelinie sind Ergebnis der auf das System einwirkenden Kräfte einerseits und der Pfeilhöhe und des Abstandes der Festpunkte andererseits.

Stützlinie oder Hängelinie sind also zweites Kennzeichen der formaktiven Tragsysteme.

Jede Veränderung der Lasten- oder Auflagerbedingungen verändert die Form der Stütz- oder Hängelinie und bedingt eine neue Strukturform. Während das Tragseil als „nach-gebendes" System bei Lastenveränderung von selbst die neue Hängelinie einnimmt, muß der Stützbogen als „widerstrebendes" System durch Steifigkeit (Biegemechanismus) den Unterschied der veränderten Stützlinie aufnehmen.

Weil das Tragseil bei unterschiedlicher Belastung seine Form ändert, muß es immer die Hängelinie für die jeweilige Belastung sein. Demgegenüber kann der Bogen, weil er seine Form nicht ändern kann, nur für eine ganz bestimmte Belastung Stützlinie sein.

Formaktive Tragsysteme sind wegen ihrer Abhängigkeit vom Belastungszustand streng der Disziplin des „natürlichen" Kräfteverlaufes unterworfen und entziehen sich daher der Willkür freier Formgebung. Bauform und Raumform sind Ergebnis der Tragmechanik.

Leichtigkeit des flexiblen Tragseiles und Schwere des gegen Lastenveränderung versteiften Stützbogens sind architektonische Nachteile formaktiver Tragsysteme. Sie können weitgehend durch Vorspannen der Systeme ausgeschaltet werden.

Ebenso wie das Tragseil durch Vorspannung so stabilisiert werden kann, daß es zusätzliche, auch aufwärts gerichtete Kräfte aufnehmen kann, ebenso kann der Stützbogen durch Zugglieder so weit vorkomprimiert werden, daß er ohne kritische Biegung asymmetrische Lasten umlenken kann.

Stützbogen und Tragseil sind aufgrund ihrer Beanspruchung durch einfachen Druck oder Zug das materialwirtschaftlichste System der Raumüberspannung.

Wegen ihrer Identität mit dem „natürlichen" Kräfteverlauf sind formaktive Tragsysteme die geeigneten Mechanismen, um große Spannweiten zu erzielen und weite Räume zu bilden.

Da formaktive Tragsysteme die Lasten auf direktem Wege abtragen, sind sie in Wirkung und Wesen Linienträger. Das gilt auch für Seitnetze, Membranen oder Gitterkuppeln, bei denen die Lastabtragung zwar in mehr als einer Achse aber dennoch mangels Scherkraftmechanismus linear erfolgt.

Formaktive Tragelemente können zu Flächenstrukturen verdichtet werden. Soll der einfache Spannungszustand, das Kennzeichen formaktiver Systeme, erhalten bleiben, sind auch sie den Gesetzen von Stütz- oder Hängelinie unterworfen.

Stützbogen und Tragseil sind jedoch nicht nur Grundelemente formaktiver Tragsysteme, sondern sind elementare Idee für jeden Tragmechanismus und damit Symbol technischer Raumerschließung durch den Menschen schlechthin.

Formaktive Eigenschaften können in allen anderen Tragsystemen zum Einsatz gebracht werden. Besonders in flächenaktiven Tragsystemen sind sie wesentlicher Bestandteil für das Funktionieren des Tragmechanismus.

Formaktive Tragsysteme haben wegen ihrer weitspannenden Eigenschaften eine besondere Bedeutung für die Massenzivilisation mit ihrem Bedarf an Großräumen. Sie sind potentielle Tragformen für zukünftiges Bauen.

Kenntnis der Gesetzmäßigkeit formaktiver Kraftumlenkung ist Voraussetzung für die Entwicklung jedes Tragsystemes und ist daher primäre Wissensgrundlage für den entwerfenden Architekten.

Non-rigid, flexible matter, shaped in a certain way and secured by fixed ends, can support itself and span space: form-active structure systems.

Predecessors of form-active structure systems are the vertical hanger cable that transmits the load directly to the point of suspension, and the vertical column that in reverse direction transfers the load directly to the base point.

Vertical column and vertical hanger cable are prototypes of form-active structure systems. They transmit loads only through simple normal stresses; i.e. either through compression or through tension.

Two cables with different points of suspension tied together form a suspension system that can carry itself clear over free space and transfer loads laterally by pure tensile stresses.

A suspension cable turned up forms a funicular arch. The ideal form of an arch for a certain load condition is the corresponding funicular tension line for the same loading.

Distinction of the form-active structure systems then is that they redirect external forces by simple normal stresses: the arch by compression, the suspension cable by tension.

Form-active structure systems develop at their ends horizontal stresses. The reception of these stresses constitutes a major problem in designing form-active structure systems.

The bearing mechanism of form-active systems rests essentially on the material form. Deviation from the correct form, if possible at all, jeopardizes the functioning of the system or requires additional mechanisms that compensate the deviation.

The structure form of form-active structure systems in the ideal case coincides precisely with the flow of stresses. Form-active structure systems therefore are the 'natural' path of forces expressed in matter.

The 'natural' stress line of the form-active compression system is the funicular pressure line, that of the form-active tension system the funicular tension line. Pressure line and tension line are determined by the forces working on the system on the one hand, and by the rise or sag and the distance of the ends on the other.

Funicular pressure line and tension line are then the second distinction of form-active structure systems.

Any change of loading or support conditions changes the form of the funicular curve and causes a new structure form. While the load cable as a 'sagging' system under new loads assumes by itself a new tension line, the arch as a 'humping' system must compensate the changed pressure line with stiffness (bending mechanism).

Since the suspension cable under different loading changes its form, it is always the funicular curve for the existing load. On the other hand the arch, since it cannot change its form, can be funicular only for one certain loading condition.

Form-active structure systems, because of their dependence on loading conditions, are strictly governed by the discipline of the 'natural' flow of forces and hence cannot become subject to arbitrary free form design. Architectural form and space are the result of the bearing mechanism.

Lightness of the flexible suspension cable and heaviness of the arch stiffened against a variety of additional loads are architectural demerits of form-active structure systems. They can be largely eliminated through prestressing the systems.

As the suspension cable can be stabilized by prestressing so that it can receive additional forces that also may be upward directed, so too the arch can be precompressed to a degree that it can redirect asymmetrical loading without critical bending.

Arch and suspension cable, because of their being stressed only by simple compression or tension, are with regard to weight/span ratio the most economical systems of spanning space.

Because of their identity with the 'natural' flow of forces the form-active structure systems are the suitable mechanisms for achieving long spans and forming large spaces.

Since form-active structure systems disperse loads in the direction of resultant forces they are in effect and essence linear girders. This is true also for cable nets, membranes or lattice domes in which the loads, though being dispersed in more than one axis, are still transferred in a linear way because of lack of shear mechanism.

Form-active structure elements can be condensed to form surface structures. If the single stress condition, the distinction of form-active systems, is to be maintained, they too are submitted to the rules of funicular pressure line and tension line.

Arch and suspension cable, however, are not only the material essence of form-active structure systems, but are the elementary idea for any bearing mechanism and consequently the very symbol of man's technical seizure of space.

Form-active qualities can be brought to bear on all other structure systems. Especially in surface-active strukture systems they are an essential constituent for the functioning of the bearing mechanism

Form-active structure systems, because of their longspan qualities, have a particular significance for mass civilization with its demand for large scale spaces. They are potential structure forms for future building.

Knowledge of the laws of form-active redirection of forces is requisite for the design of any structure system and hence is essential for the architect who wants to design a building.

Seilsysteme / cable systems

Beziehung zwischen Kraftrichtung und Tragwerkform des Seiles   relationship between stress direction and structure form of cable

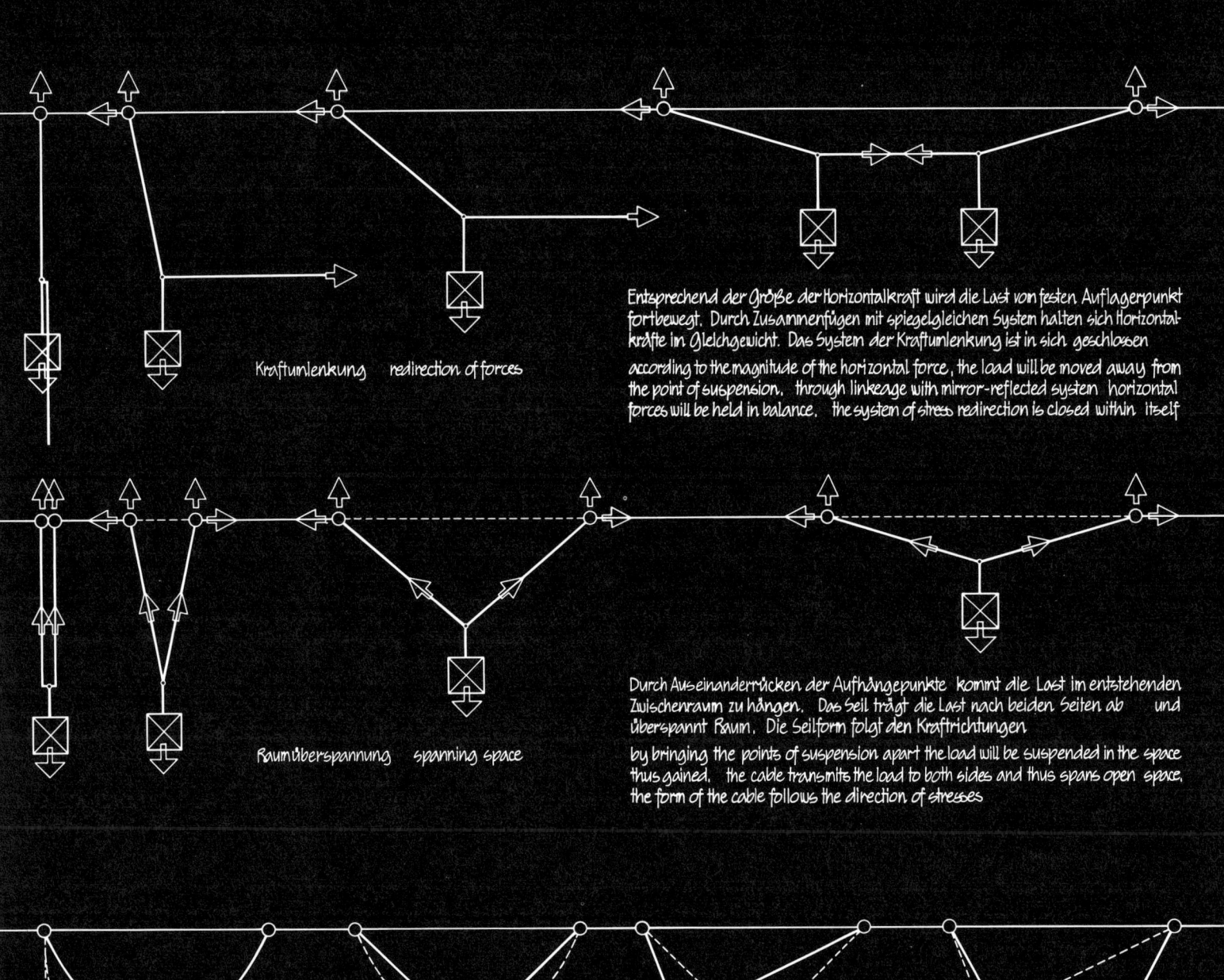

Kraftumlenkung   redirection of forces

Entsprechend der Größe der Horizontalkraft wird die Last von festen Auflagerpunkt fortbewegt. Durch Zusammenfügen mit spiegelgleichem System halten sich Horizontalkräfte im Gleichgewicht. Das System der Kraftumlenkung ist in sich geschlossen

according to the magnitude of the horizontal force, the load will be moved away from the point of suspension. through linkeage with mirror-reflected system horizontal forces will be held in balance. the system of stress redirection is closed within itself

Raumüberspannung   spanning space

Durch Auseinanderrücken der Aufhängepunkte kommt die Last im entstehenden Zwischenraum zu hängen. Das Seil trägt die Last nach beiden Seiten ab und überspannt Raum. Die Seilform folgt den Kraftrichtungen

by bringing the points of suspension apart the load will be suspended in the space thus gained. the cable transmits the load to both sides and thus spans open space, the form of the cable follows the direction of stresses

Flexibilität   flexibility

Wegen seines geringen Querschnittes im Verhältnis zu seiner Länge kann das Seil keine Biegung aufnehmen und verändert seine Form mit jedem neuen Belastungszustand.

because of its small cross section in relation to its length, the cable cannot resist bending and thus changes its shape with each new loading condition

Seilsysteme / cable systems

Hebelmechanismus des Tragseiles / lever mechanism of suspension cable

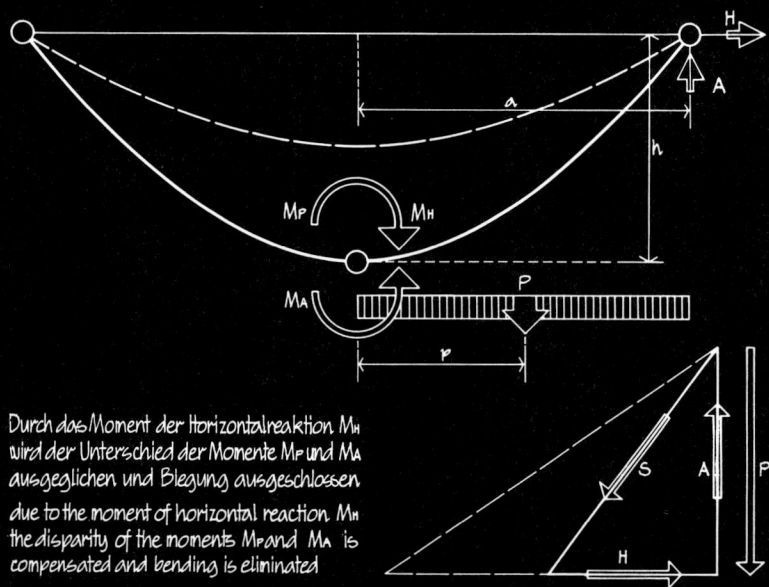

Durch das Moment der Horizontalreaktion M_H wird der Unterschied der Momente M_P und M_A ausgeglichen und Biegung ausgeschlossen.

due to the moment of horizontal reaction M_H the disparity of the moments M_P and M_A is compensated and bending is eliminated

Einfluß der Pfeilhöhe auf Kraftverteilung / influence of sag on stress distribution

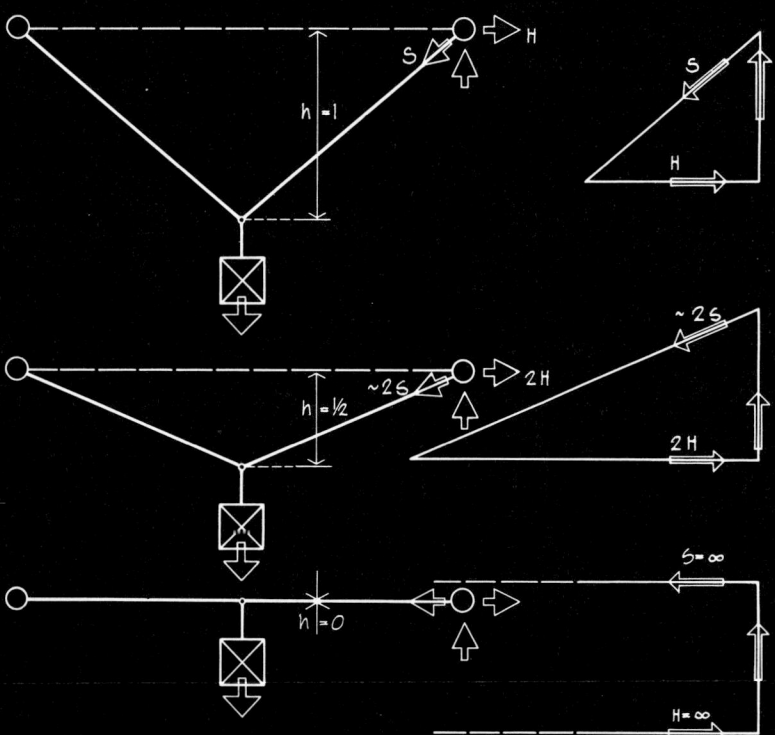

Seilkraft S und Horizontalschub H eines Tragseiles sind umgekehrt proportional zu seiner Pfeilhöhe h. Ist Pfeilhöhe gleich Null, so werden Seilkraft und Horizontalschub unendlich groß, d.h. das Tragseil kann die Last nicht aufnehmen.

cable stress S and horizontal thrust H of a suspension cable are inversely proportional to its sag h. if the sag is zero, cable stress and horizontal thrust will become infinite, i.e. the suspension cable cannot resist to the load

Geometrische Seillinien-Formen / geometric funicular forms

Kettenlinie / catenary
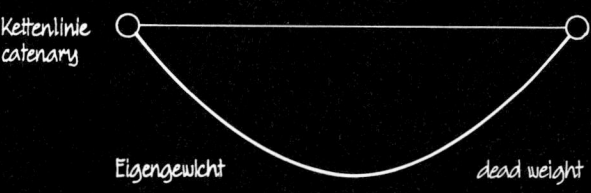
Eigengewicht — dead weight

Parabel / parabola
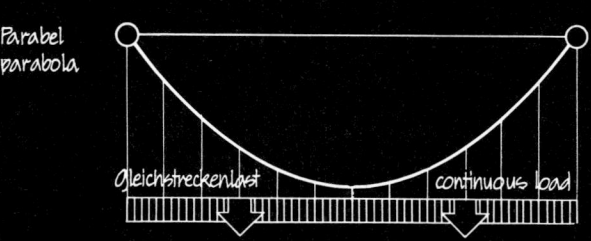
Gleichstreckenlast — continuous load

Ellipse / ellipse
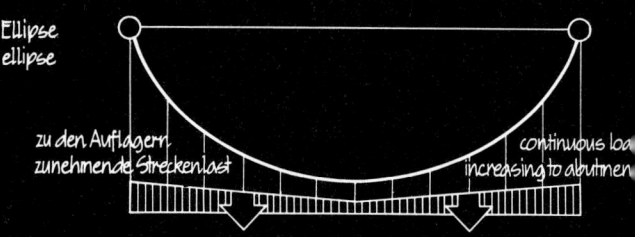
zu den Auflagern zunehmende Streckenlast — continuous load increasing to abutmen

Dreieck / triangle
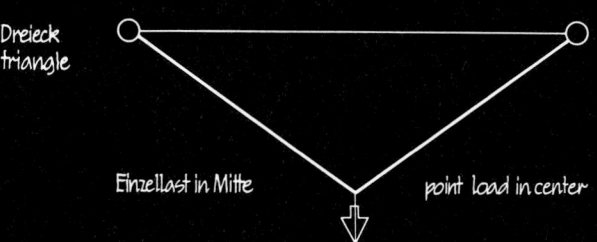
Einzellast in Mitte — point load in center

Trapezoid / trapezoid
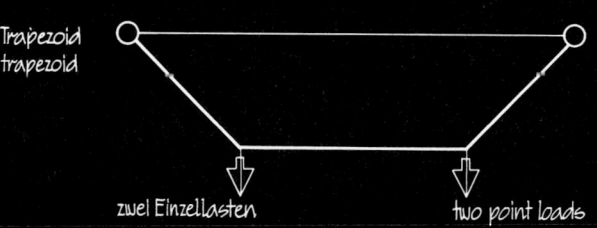
zwei Einzellasten — two point loads

Polygon / polygon
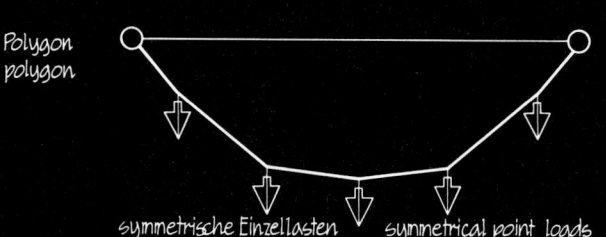
symmetrische Einzellasten — symmetrical point loads

Seilsysteme / cable systems

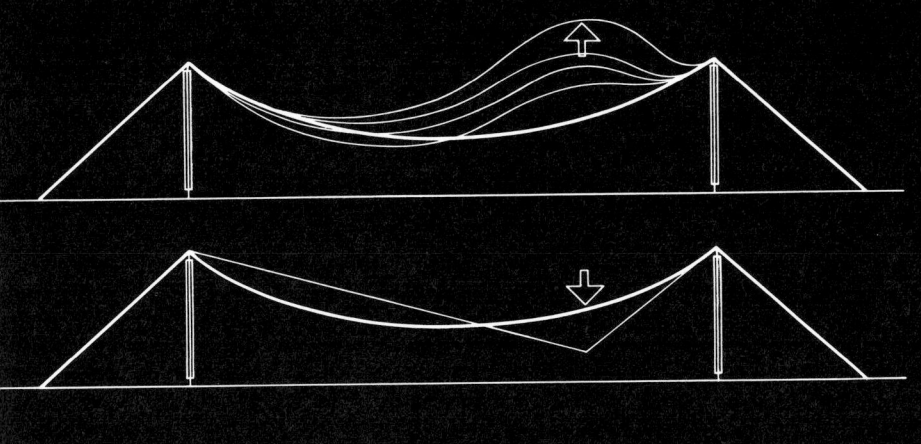

Kritische Verformungen des Tragseiles
critical deflections of the suspension cable

Wegen seines geringen Eigengewichtes im Verhältnis zur Spannweite und wegen seiner Flexibilität ist das Tragseil sehr anfällig für: Windsog, Schwingungen, antimetrische und bewegliche Lasten
due to its small dead weight in relation to its span and because of its flexibility, the suspension cable is very susceptible to: wind uplift, vibrations, asymmetrical and moving loads

Stabilisierung des Tragseiles
stabilization of suspension cable

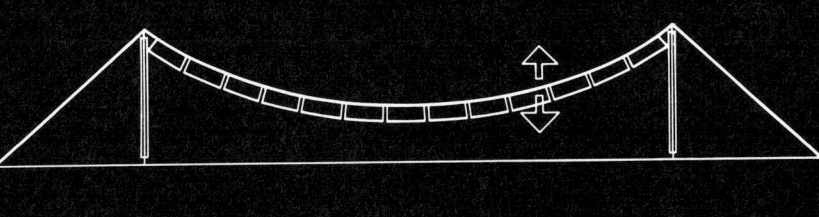

Erhöhung des Eigengewichtes   increase of dead weight

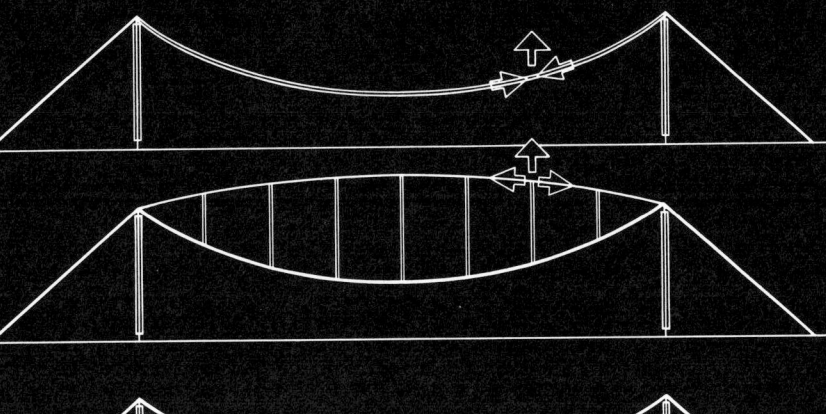

stiffening through construction as inverted arch (or shell)
Versteifung durch Ausbildung als umgekehrter Bogen (oder Schale)

spreading against cable with opposite curvature
Verspannung mit gegensinnig gekrümmten Seil

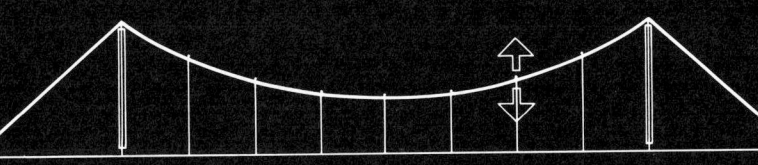

fastening with transverse cables anchored to ground
Verspannung mit bodenverankerten Querseilen

Rückhalte-Systeme für Parallel-Tragseile
Restraining systems for parallel suspension cables

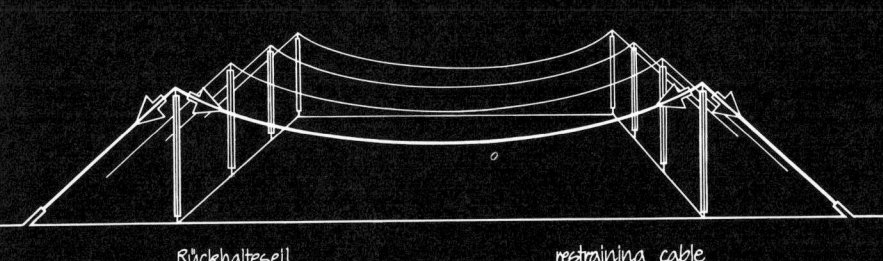

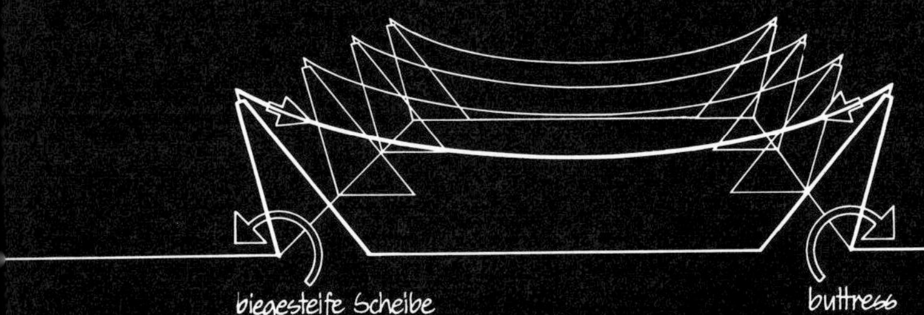

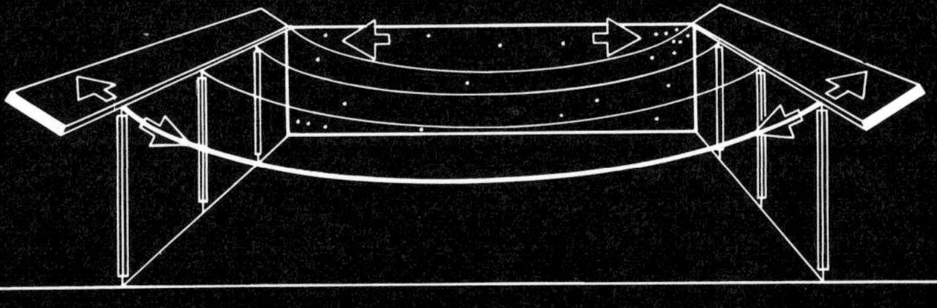

Rückhalteseil   restraining cable   Endscheiben   end panels

biegesteife Scheibe   buttress   Horizontalträger   horizontal beam

Seilsysteme / cable systems

30

Einfache Parallelsysteme mit Stabilisierung durch Dachlast — simple parallel systems with stabilization through roof weight

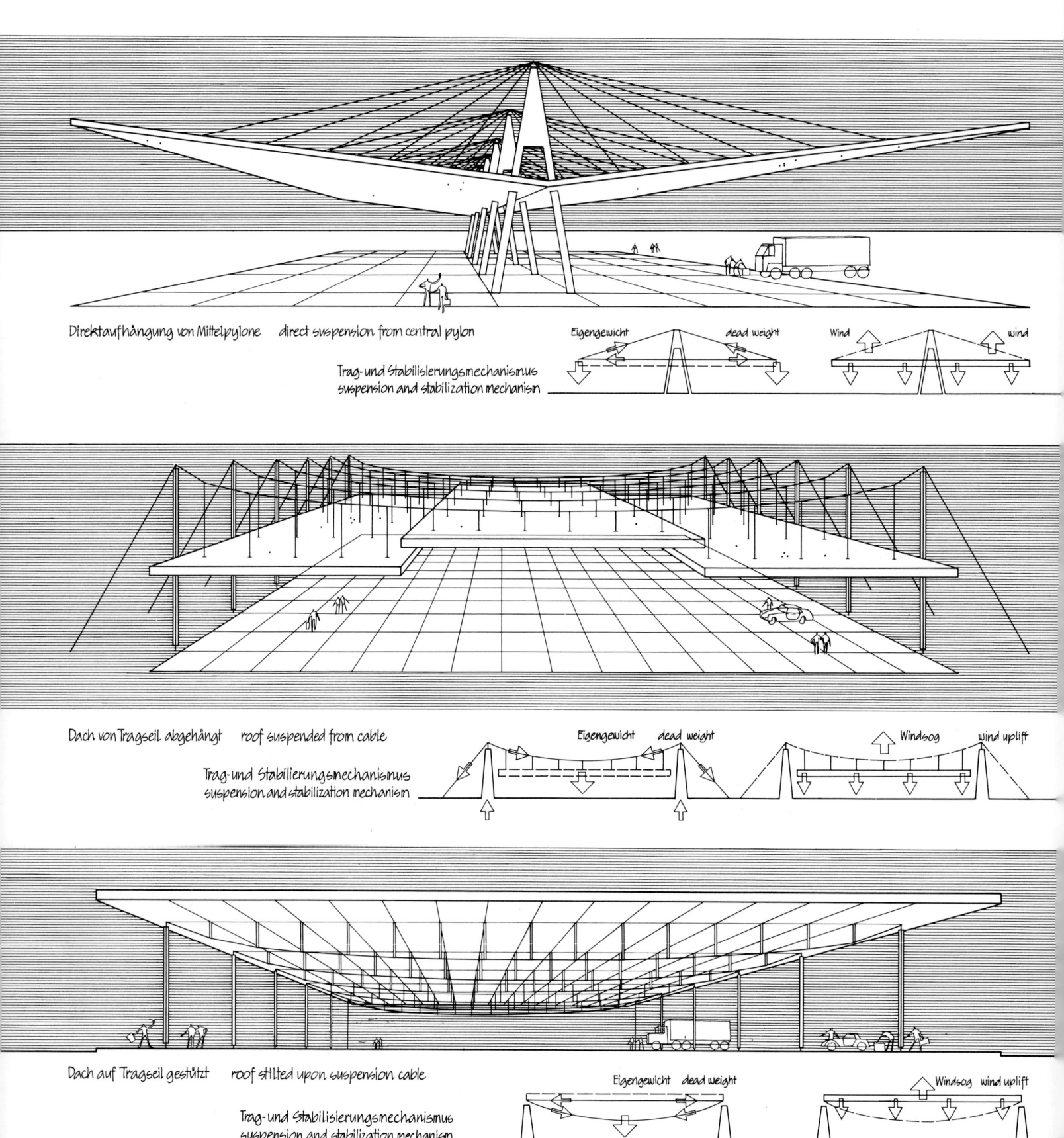

Direktaufhängung von Mittelpylone — direct suspension from central pylon

Trag- und Stabilisierungsmechanismus
suspension and stabilization mechanism

Eigengewicht — dead weight   Wind — wind

Dach von Tragseil abgehängt — roof suspended from cable

Trag- und Stabilisierungsmechanismus
suspension and stabilization mechanism

Eigengewicht — dead weight   Windsog — wind uplift

Dach auf Tragseil gestützt — roof stilted upon suspension cable

Trag- und Stabilisierungsmechanismus
suspension and stabilization mechanism

Eigengewicht — dead weight   Windsog — wind uplift

Seilsysteme / cable systems

Trag- und Stabilisierungsmechanismus der vorgespannten Systeme bearing and stabilizing mechanism of prestressed systems

Tragseil unter Stabilisierungsseil
suspension cable below stabilization cable

Tragseil über Stabilisierungsseil
suspension cable above stabilization cable

Tragseil teils über teils unter Stabilisierungsseil
suspension cable partly above partly below stabilization cable

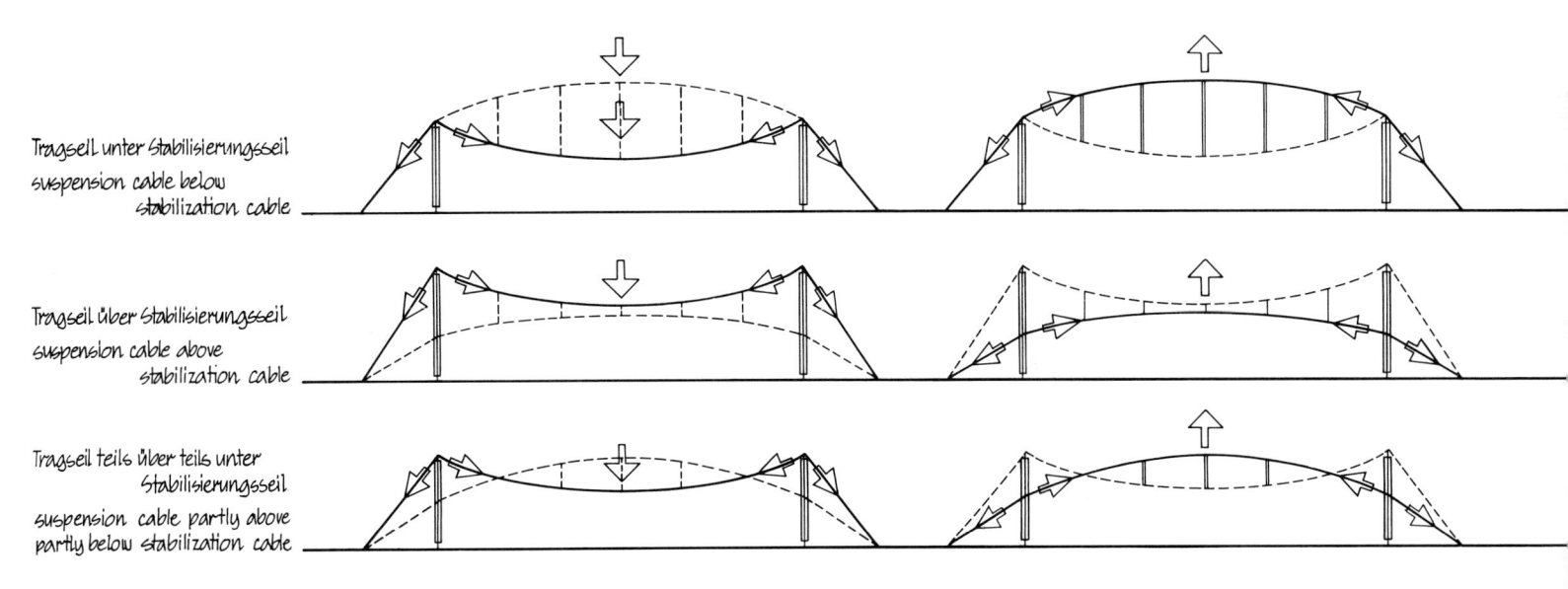

Tragmechanismus / bearing mechanism   Stabilisierungsmechanismus / stabilizing mechanism

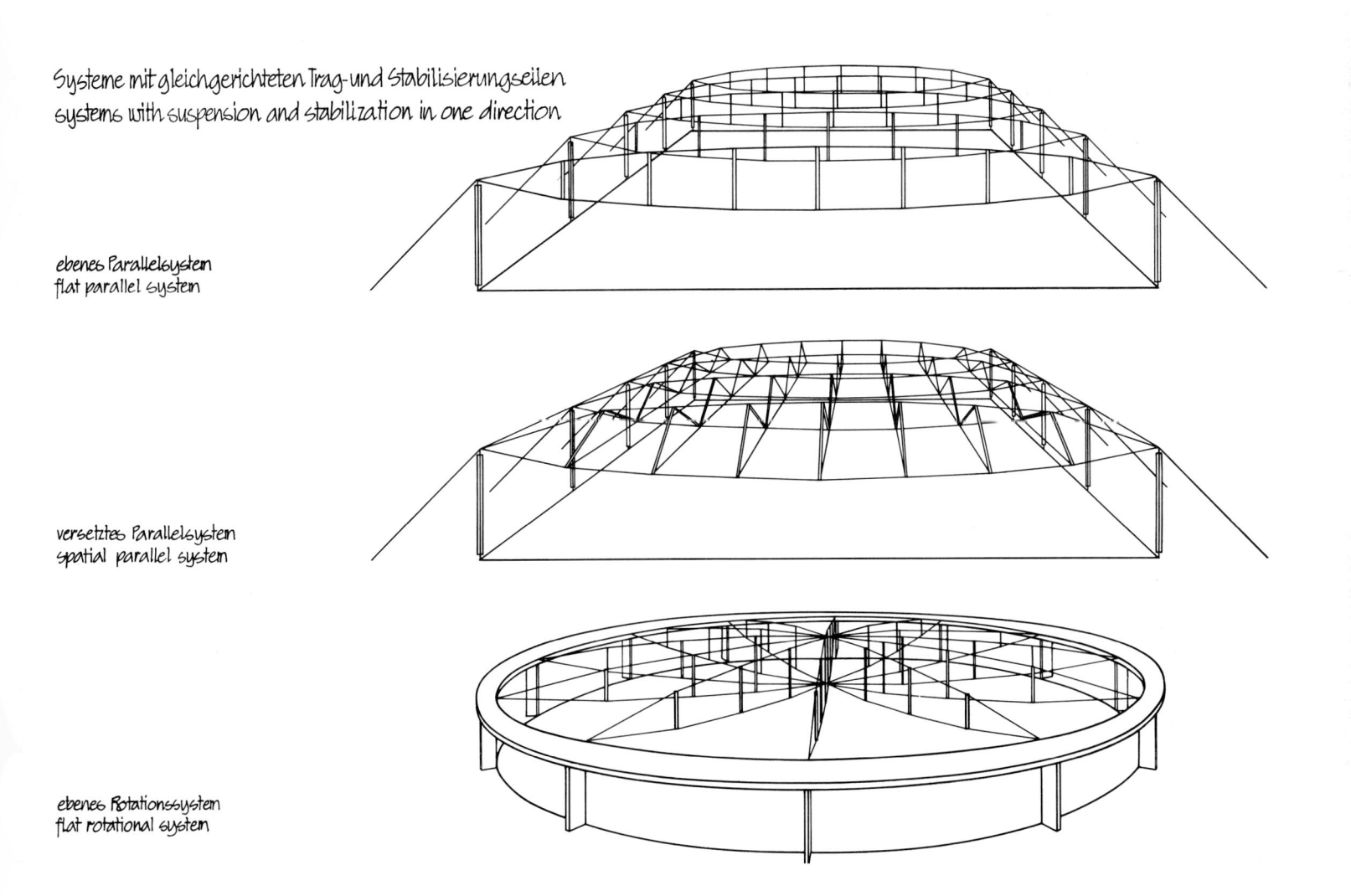

Systeme mit gleichgerichteten Trag- und Stabilisierungsseilen
systems with suspension and stabilization in one direction

ebenes Parallelsystem
flat parallel system

versetztes Parallelsystem
spatial parallel system

ebenes Rotationssystem
flat rotational system

Seilsysteme / cable systems

Ebene Parallelsysteme mit Stabilisierung durch Gegenseile
Tragseil und Stabilisierungsseil in einer Ebene

flat parallel systems with stabilization through counter cables
suspension cable and stabilization cable in one plane

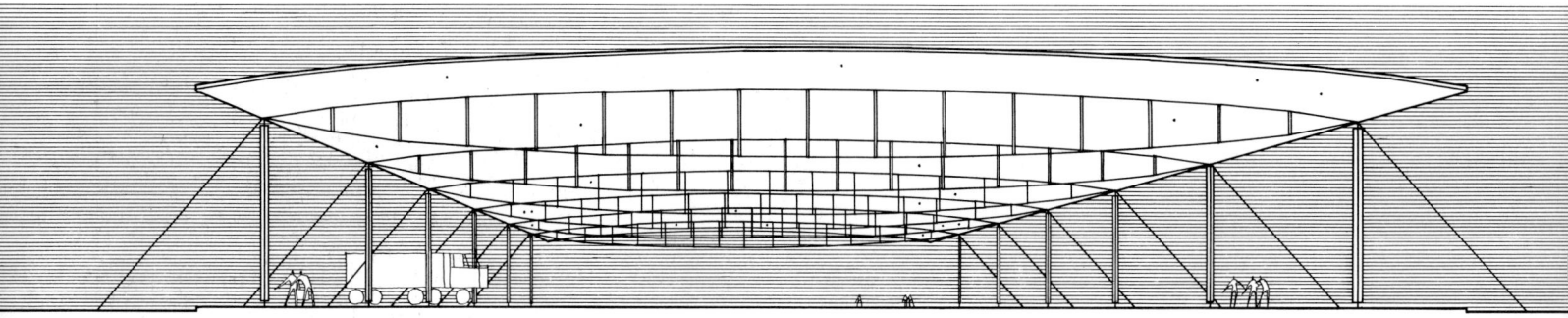

Stabilisierungsseil über Tragseil — stabilization cable above suspension cable

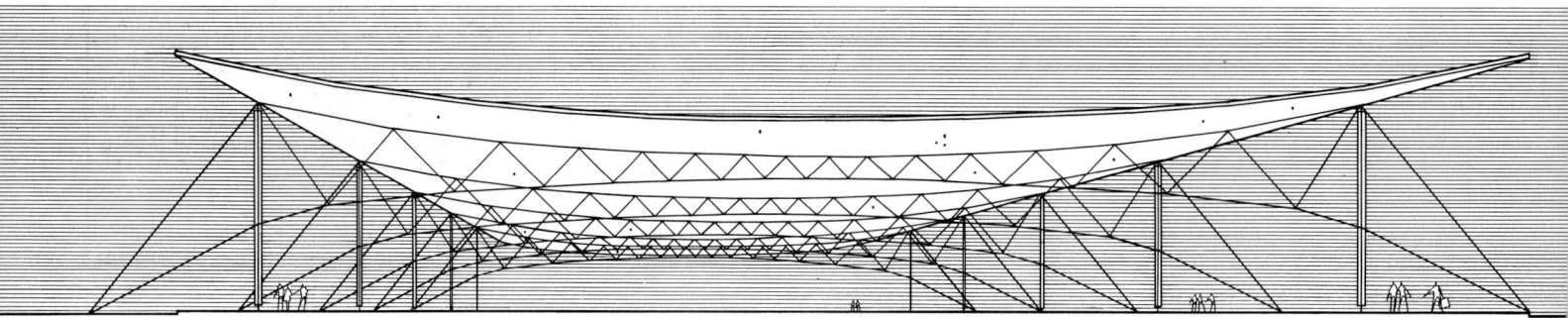

Stabilisierungsseil unter Tragseil — stabilization cable under suspension cable

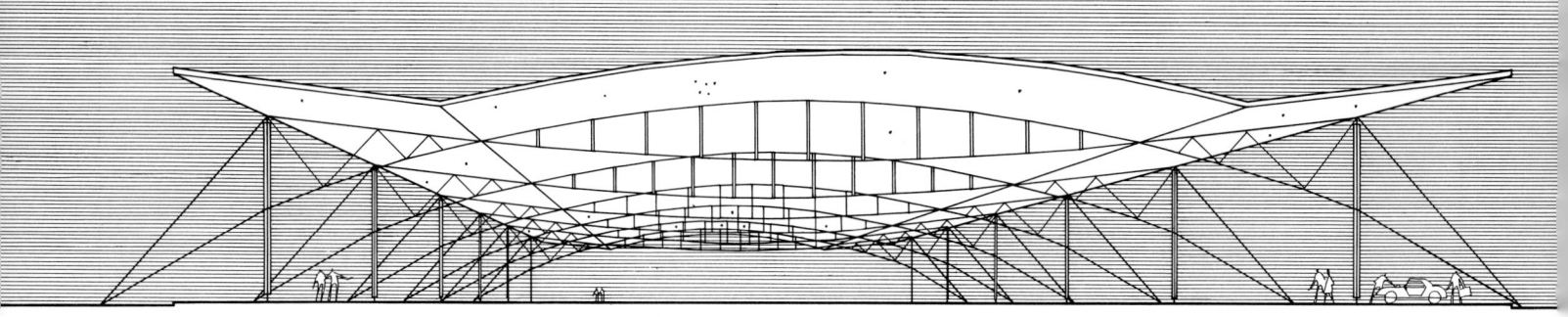

Stabilisierungsseil teils über teils unter Tragseil — stabilization cable partly above partly below suspension cable

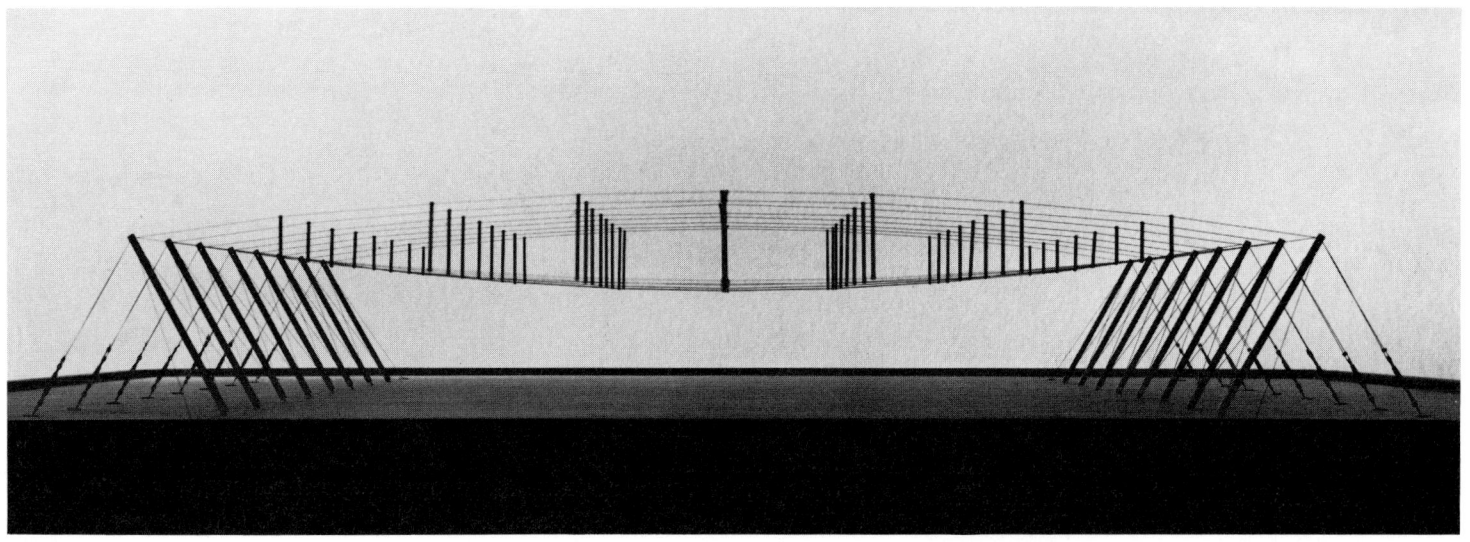

Ebenes Parallelsystem mit Stabilisierungsseil über Tragseil

flat parallel system with stabilization cable above suspension cable

Seilsysteme / cable systems

Versetzte Parallelsysteme mit Stabilisierung durch Gegenseil

Tragseil und Stabilisierungsseil in verschiedenen Ebenen

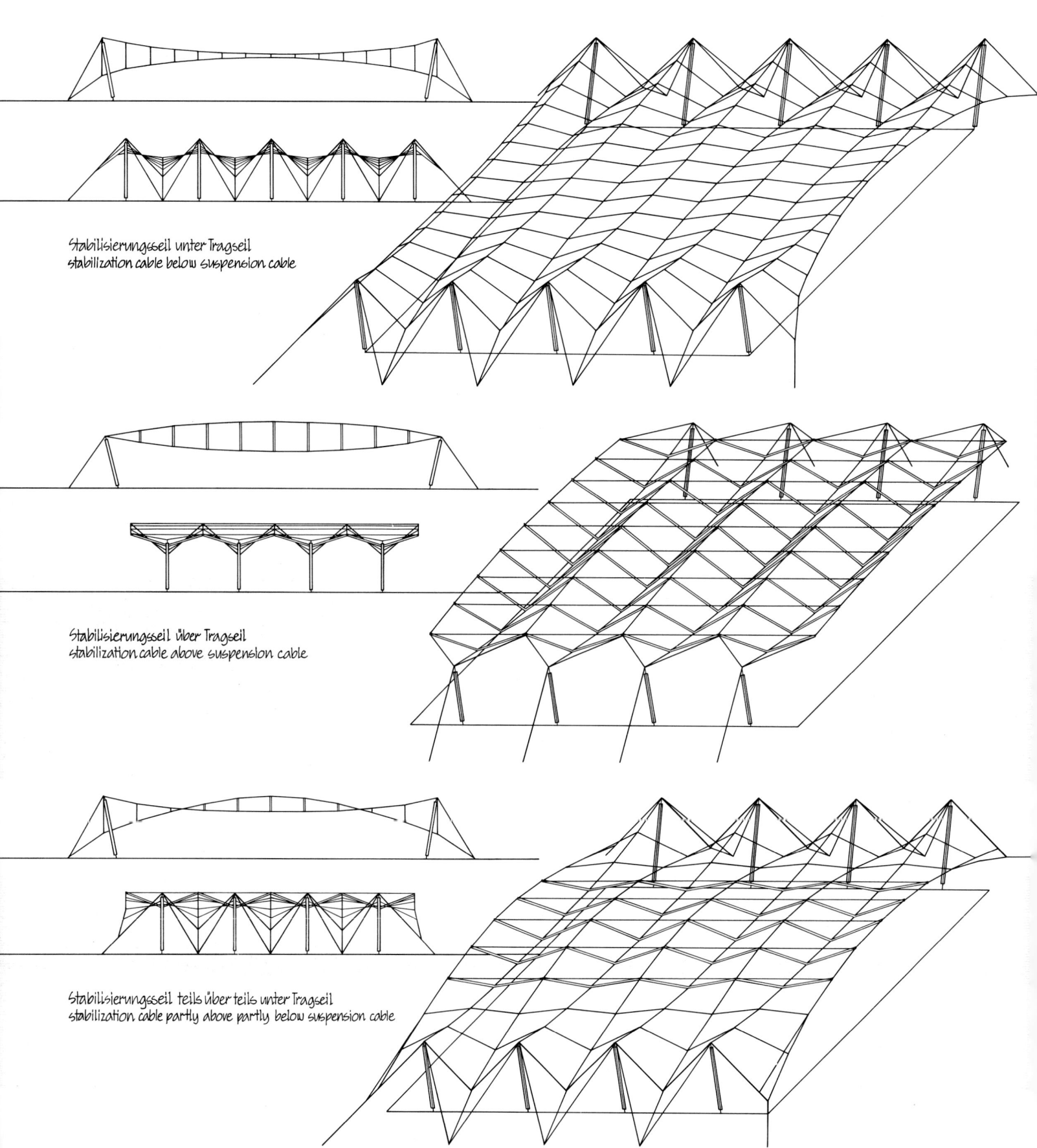

Stabilisierungsseil unter Tragseil
stabilization cable below suspension cable

Stabilisierungsseil über Tragseil
stabilization cable above suspension cable

Stabilisierungsseil teils über teils unter Tragseil
stabilization cable partly above partly below suspension cable

Seilsysteme / cable systems

spatial parallel systems with stabilization through counter cables   suspension cable and stabilization cable in different planes

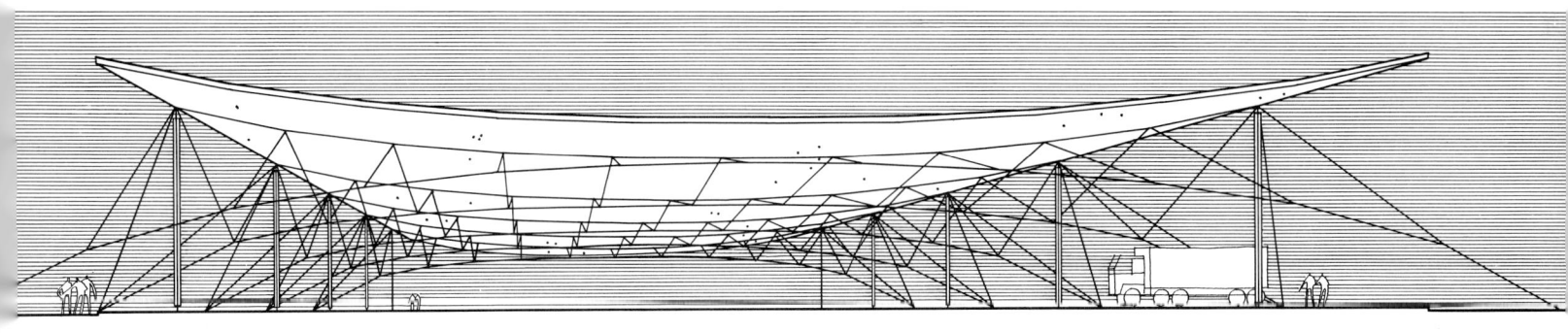

Stabilisierungsseil unter Tragseil   stabilization cable below suspension cable

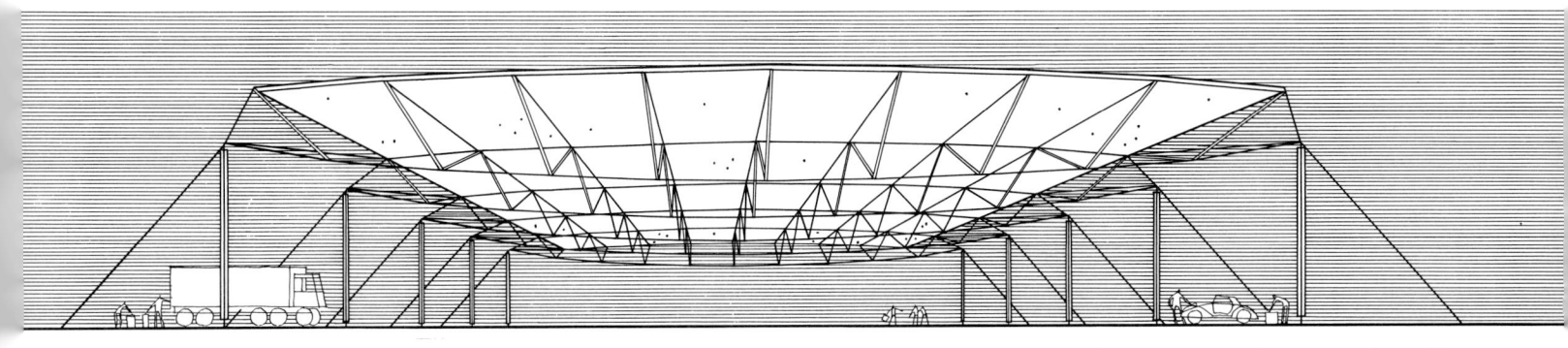

Stabilisierungsseil über Tragseil   stabilization cable above suspension cable

Seilsysteme / cable systems

Ebene Rotationssysteme mit Stabilisierung durch Gegenseile   flat rotational systems with stabilization through counter cables

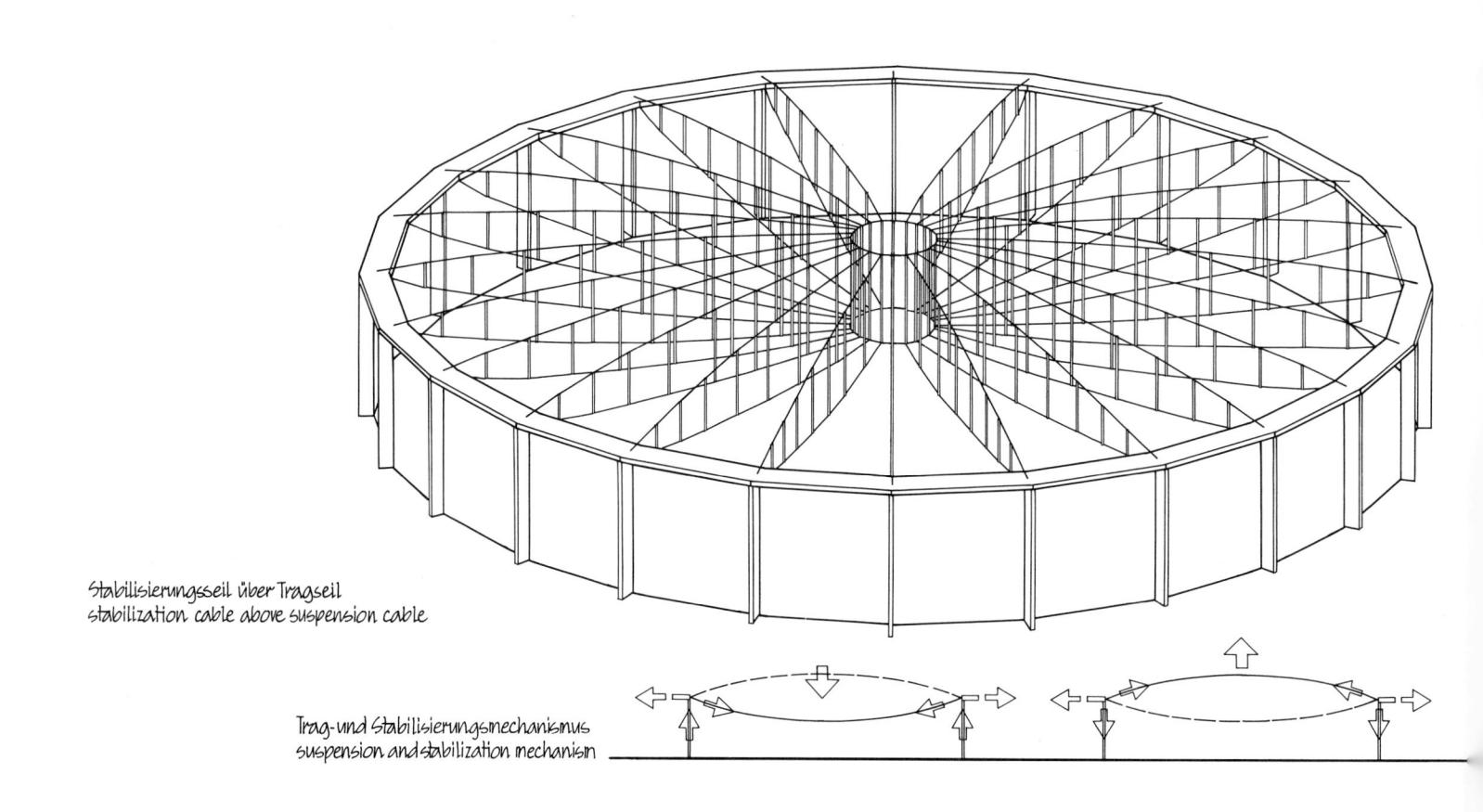

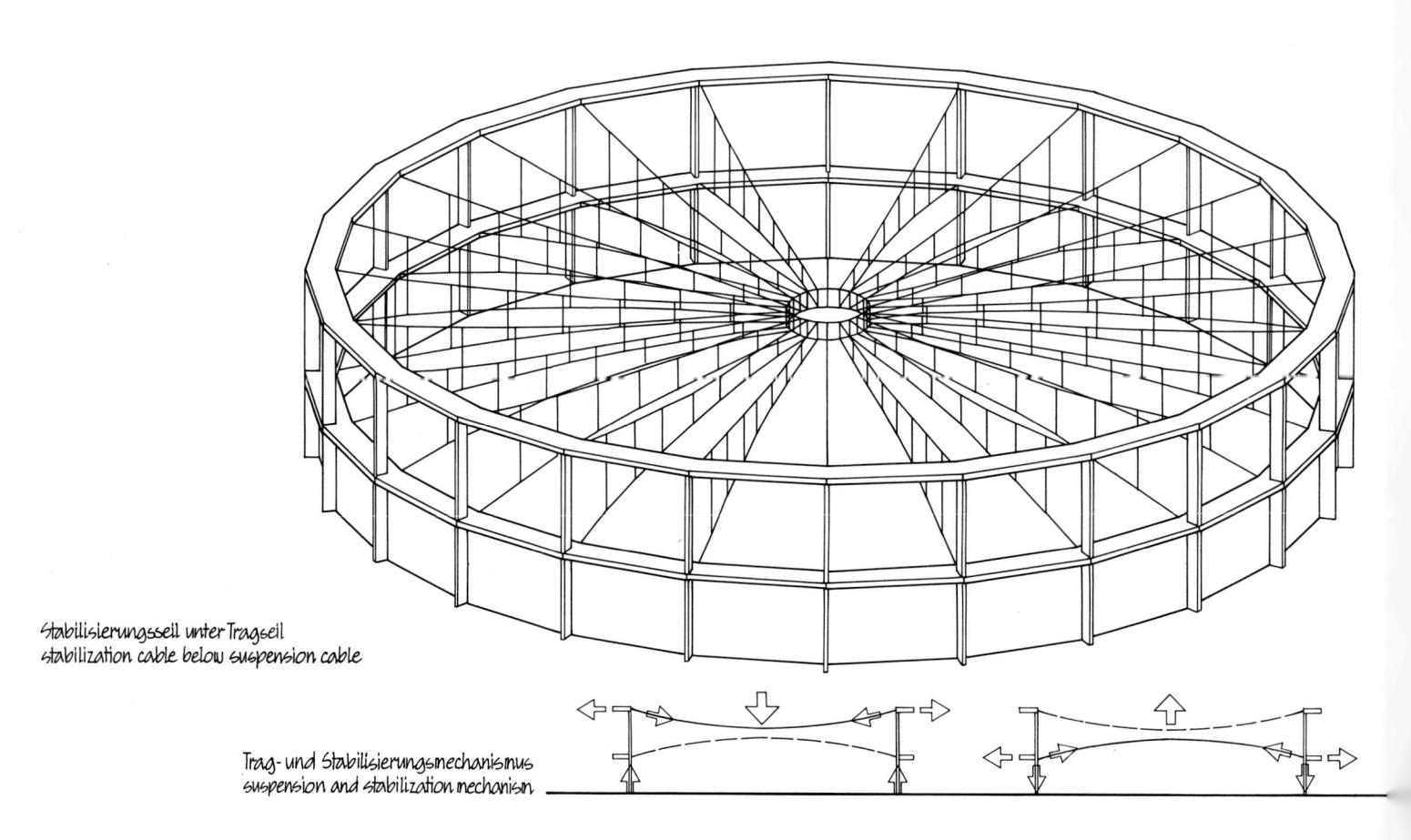

Stabilisierungsseil über Tragseil
stabilization cable above suspension cable

Trag- und Stabilisierungsmechanismus
suspension and stabilization mechanism

Stabilisierungsseil unter Tragseil
stabilization cable below suspension cable

Trag- und Stabilisierungsmechanismus
suspension and stabilization mechanism

37 Seilsysteme / cable systems

Ringaufbau-Systeme mit zentraler Überhöhung   system with ring-type buildup rising toward center

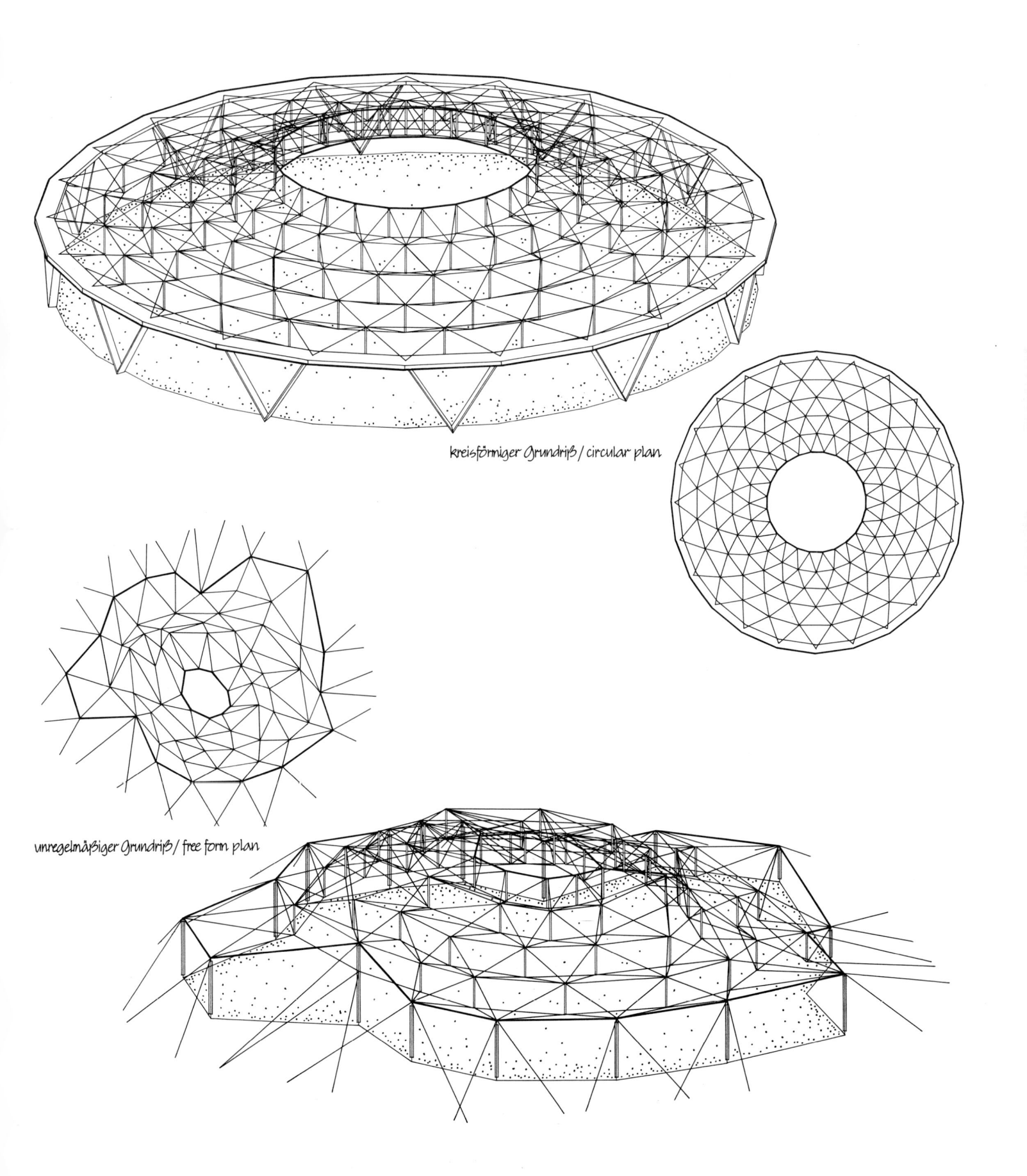

kreisförmiger Grundriß / circular plan

unregelmäßiger Grundriß / free form plan

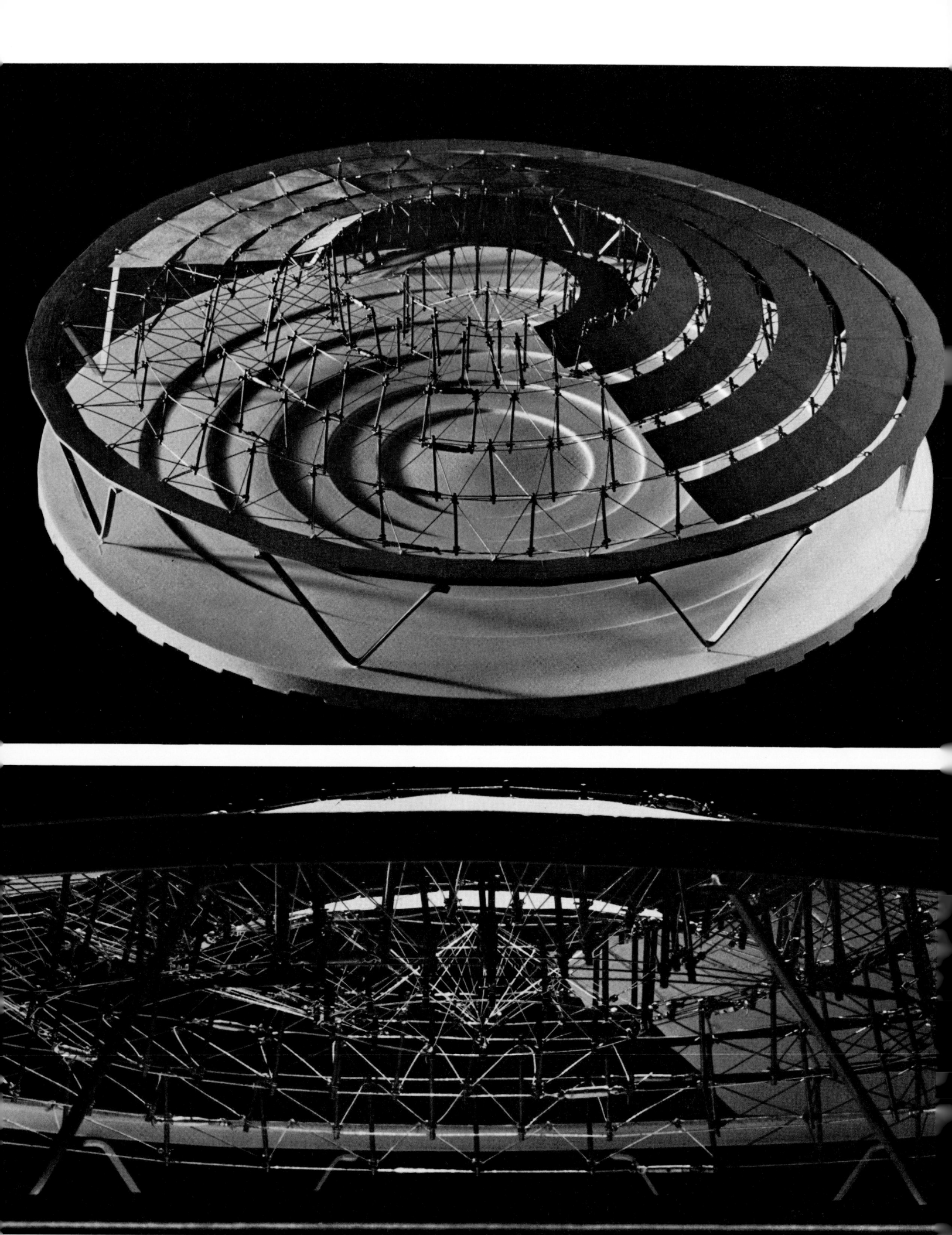

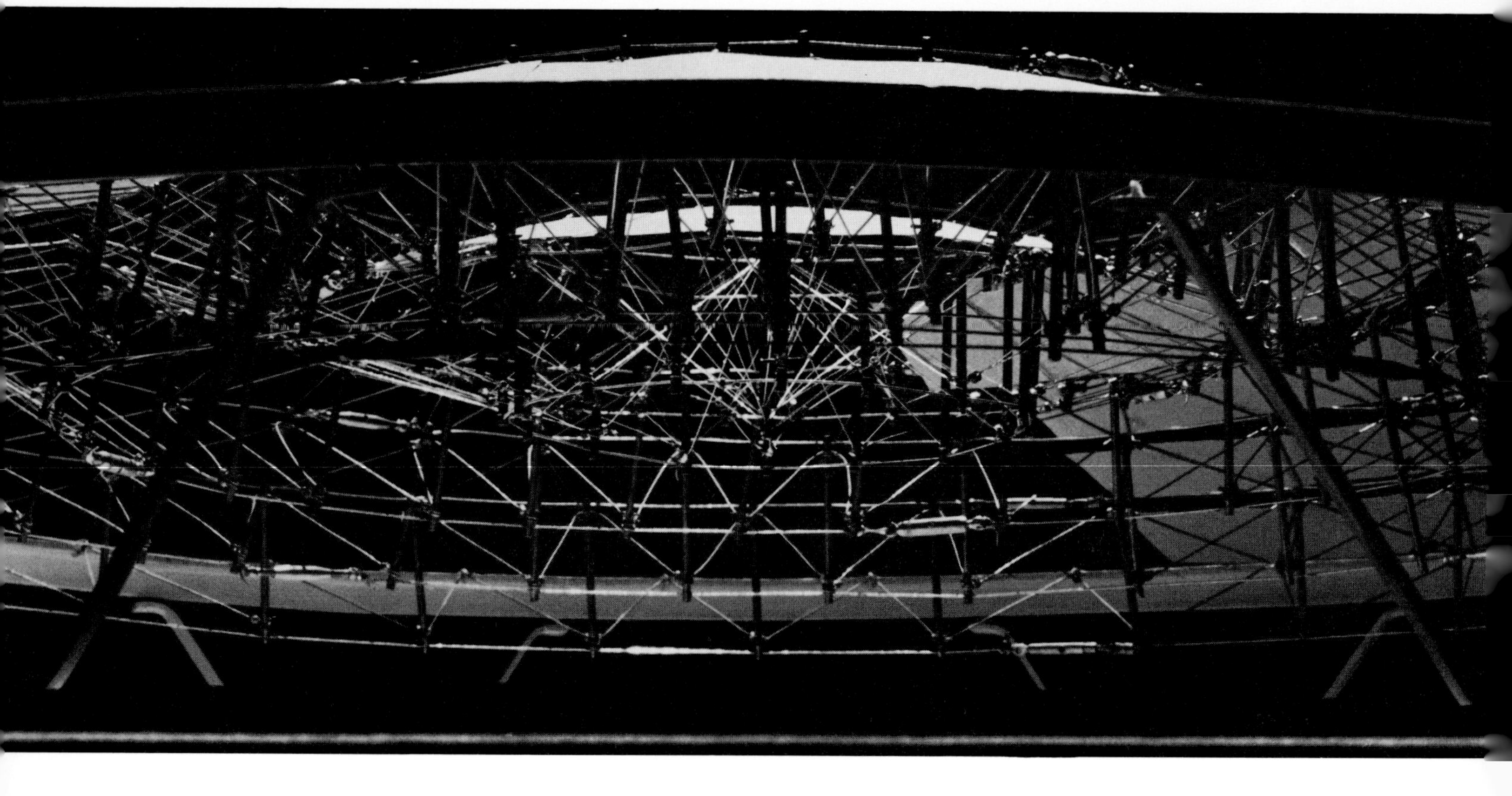

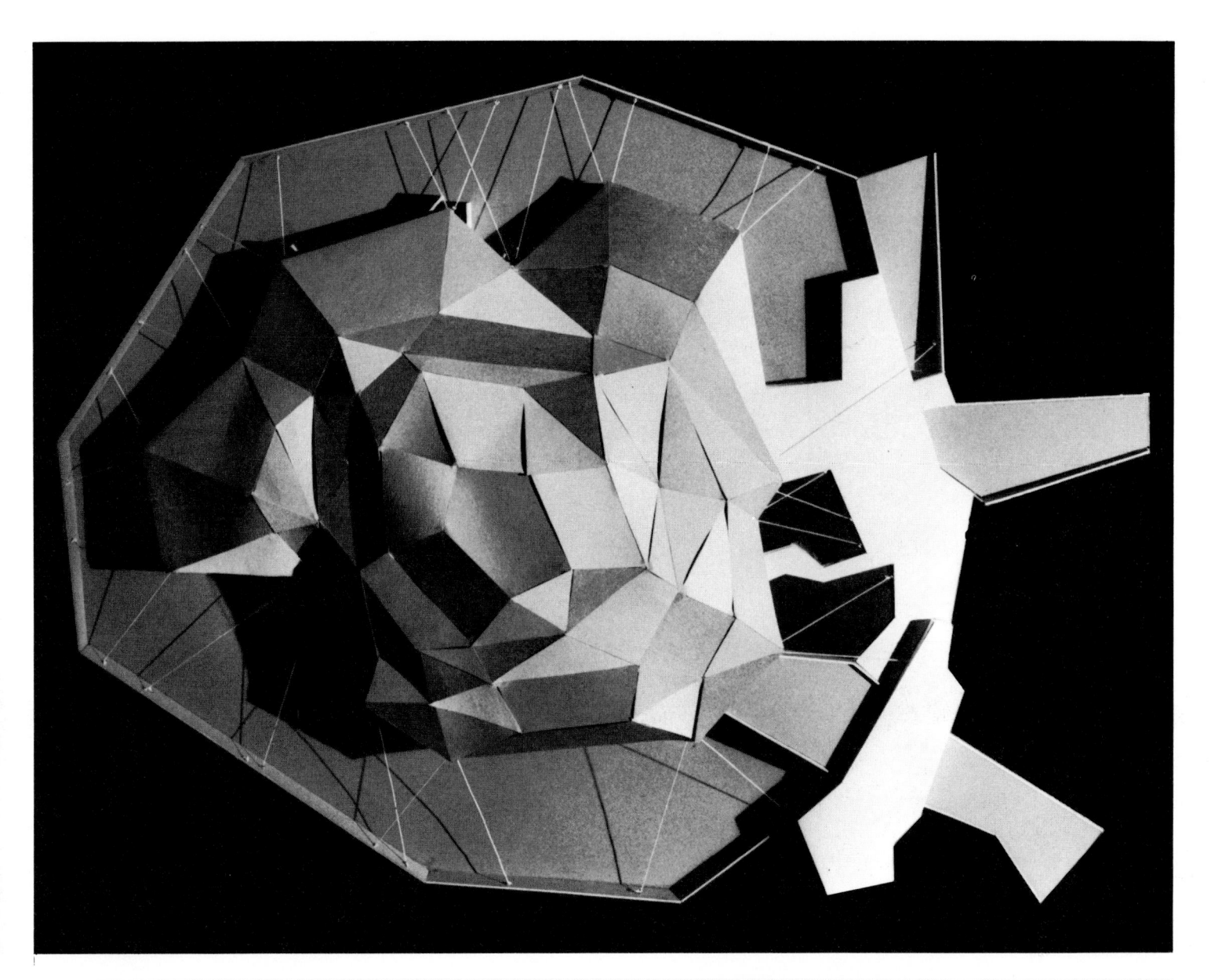

Oben:
Ringaufbausystem für unregelmäßigen Grundriß

Links:
Ringaufbausystem für kreisförmigen Grundriß

above:
system with ring-type buildup for free-form plan

left:
system with ring-type buildup for circular plan

Hängesystem mit Halbrahmen und Dreigelenk-Rahmen

suspension system with half frames and three-hinged frames

Vorgespannte Systeme mit querlaufenden Stabilisierungsseilen
Entwicklung vom einfachen Tragseil zum gegensinnig gekrümmten Seilnetz

prestressed systems with transverse stabilization cables
development from simple suspension cable to the cable net with opposite curvature

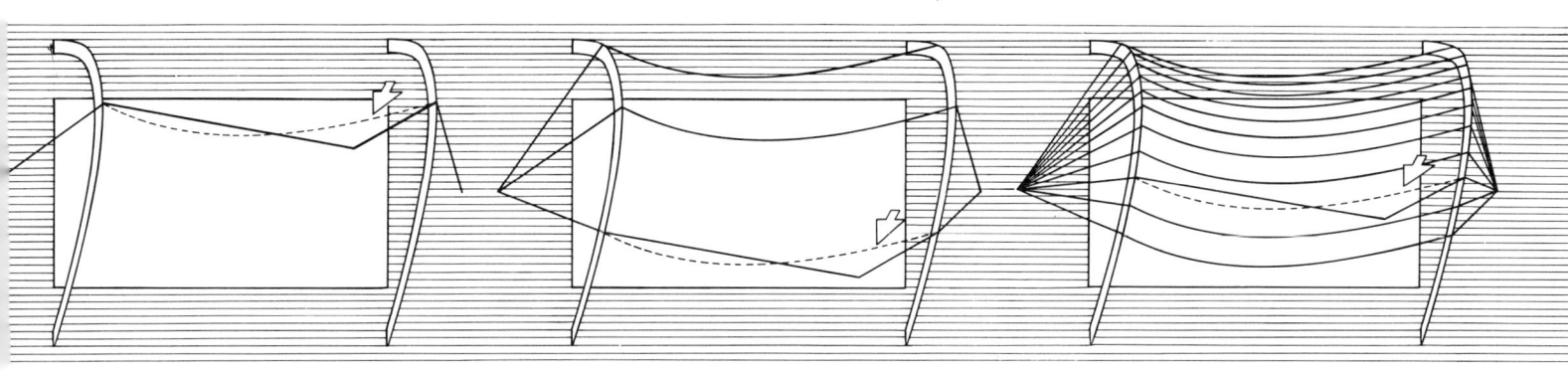

Einzellast verursacht größere Deformation, die sich nur auf betroffenes Seil erstreckt

single load causes major deflection that remains localized to the cable under load

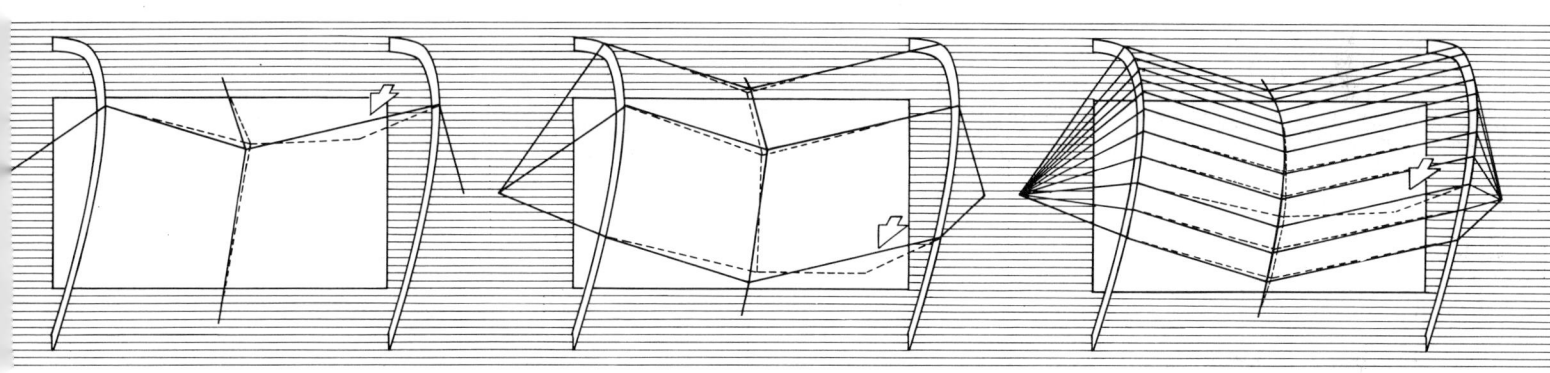

Querlaufendes Stabilisierungsseil spannt Tragseil und verhindert größere Deformation

transverse stabilization cable stresses suspension cable and resists deflection

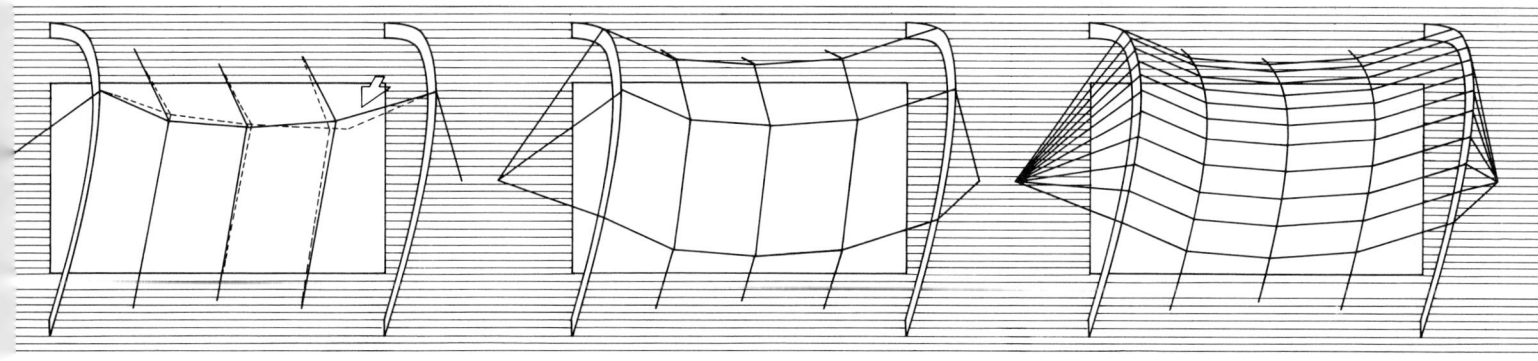

Vermehrung der Stabilisierungsseile verstärkt Widerstandskraft gegen Einzellasten

increase of stabilization cables strengthens resistance against point loads

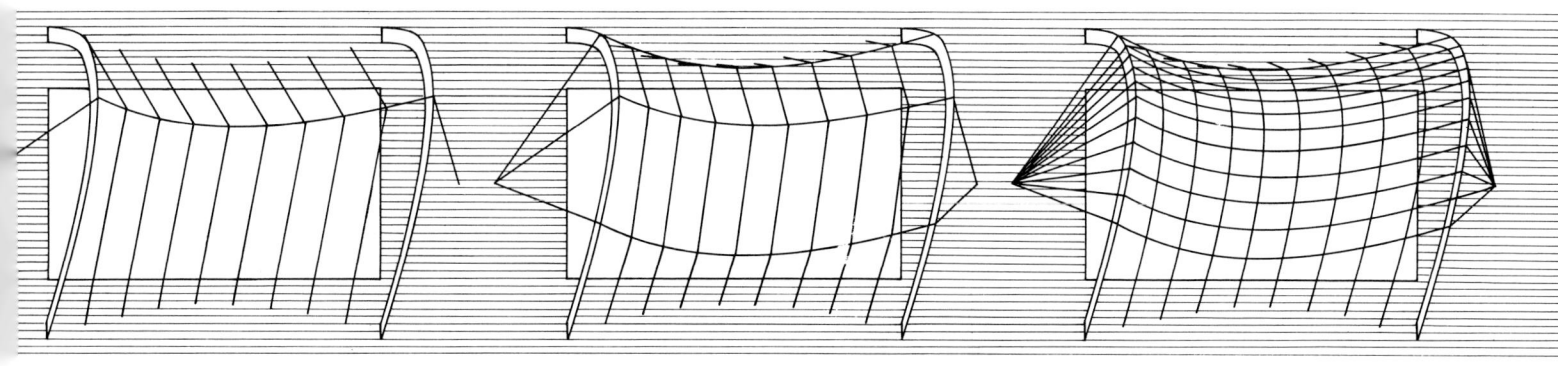

Sämtliche Seile sind am Widerstandsmechanismus gegen Verformung beteiligt

all the cables are participating in the mechanism of resisting single load deflection

Seilsysteme / cable systems

Systeme der Randausbildung für gegensinnig gekrümmte Seilnetze
Ableitung von quadratischer Grundrißform

systems of edge design for cable nets with opposite curvatures
derivation from square floor plan

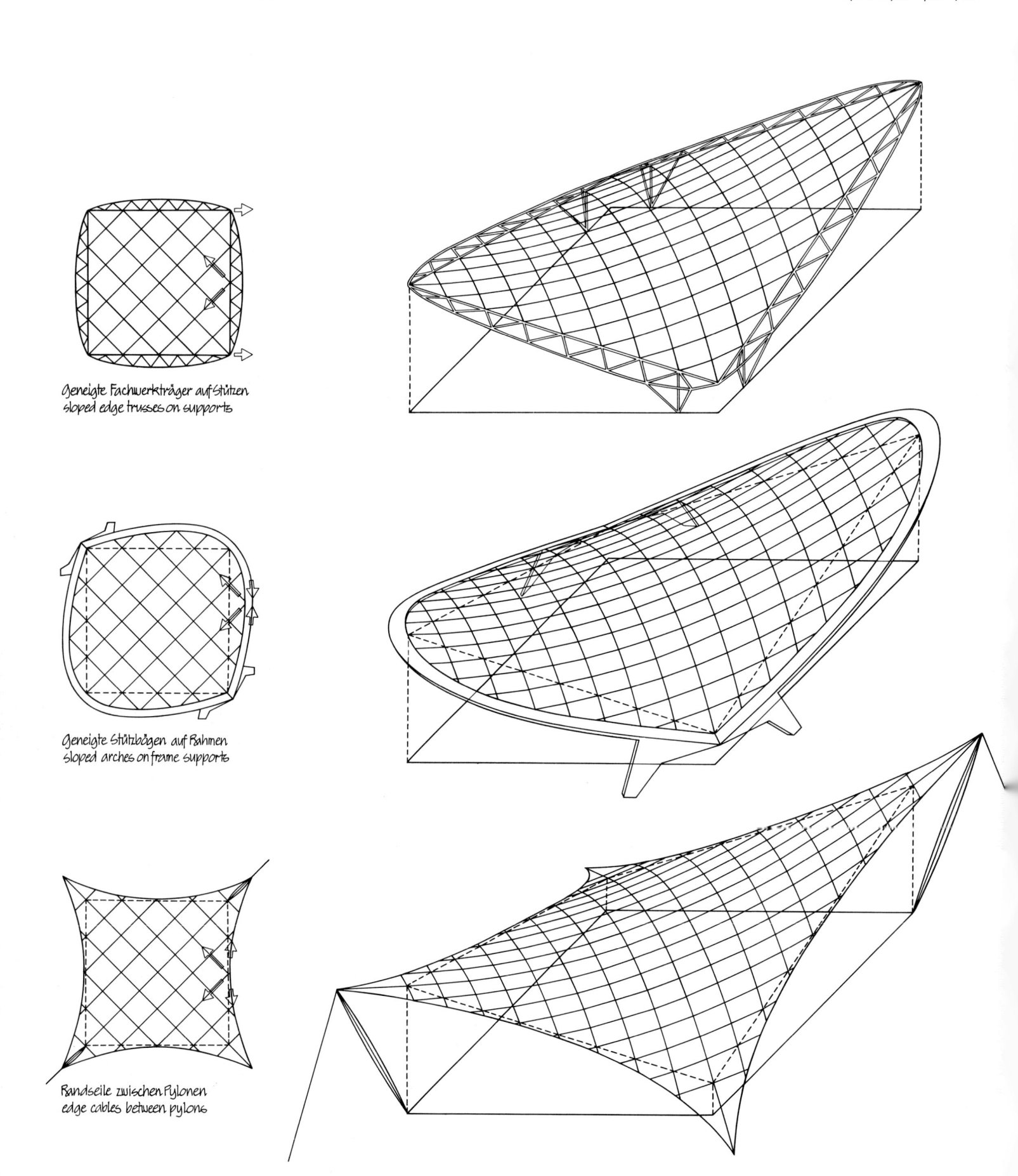

Geneigte Fachwerkträger auf Stützen
sloped edge trusses on supports

Geneigte Stützbögen auf Rahmen
sloped arches on frame supports

Randseile zwischen Pylonen
edge cables between pylons

Seilsysteme / cable systems

Vorgespannte Systeme mit querlaufender Stabilisierung   prestressed systems with transverse stabilization

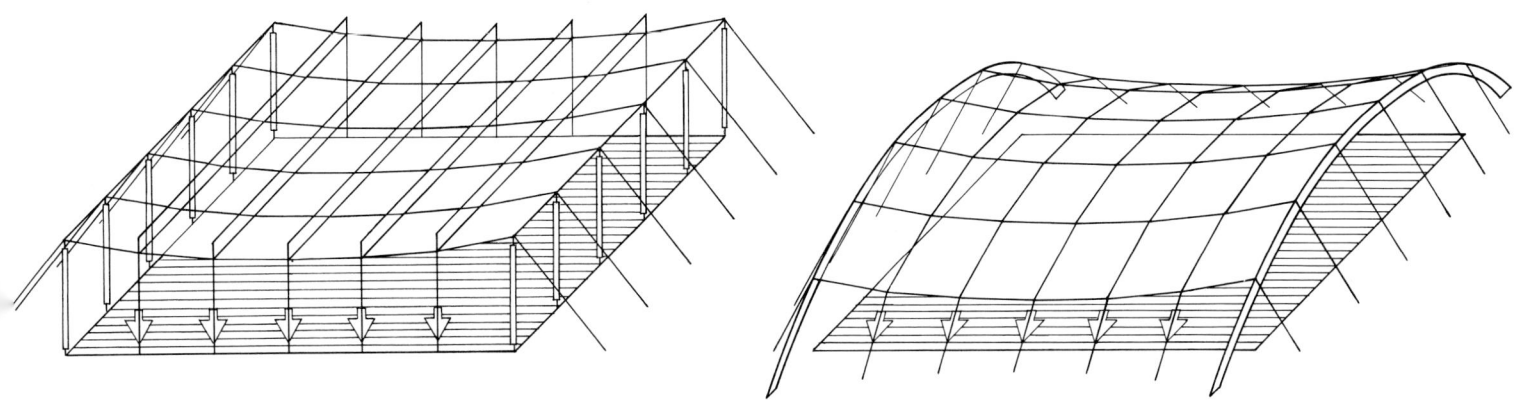

Stabilisierung durch bodenverankerte Biegeträger
stabilization through transverse beams tied to ground

Stabilisierung durch bodenverankerte Seile mit gegensinniger Krümmung
stabilization through transverse cables with opposite curvature

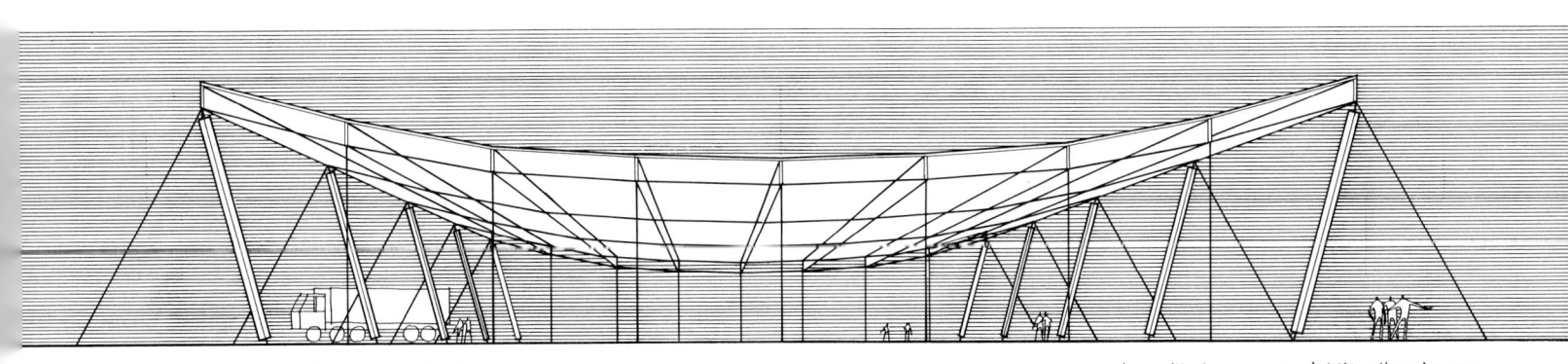

System mit querlaufenden Stabilisierungsbalken   system with transverse stabilization beams

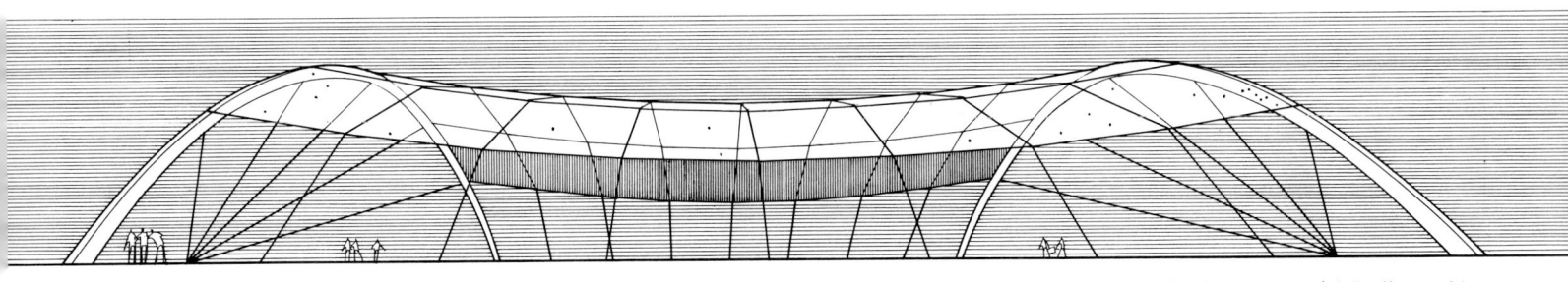

System mit querlaufenden Stabilisierungsseilen   system with transverse stabilization cables

Vorgespanntes System mit querlaufenden Stabilisierungsbalken

prestressed system with transverse stabilization beams

Vorgespanntes System mit querlaufenden Stabilisierungsseilen

prestressed system with transverse stabilization cables

Seilsysteme / cable systems

Stützbogen-Systeme für gegensinnig gekrümmte Seilnetze — arch systems for cable nets with opposite curvatures

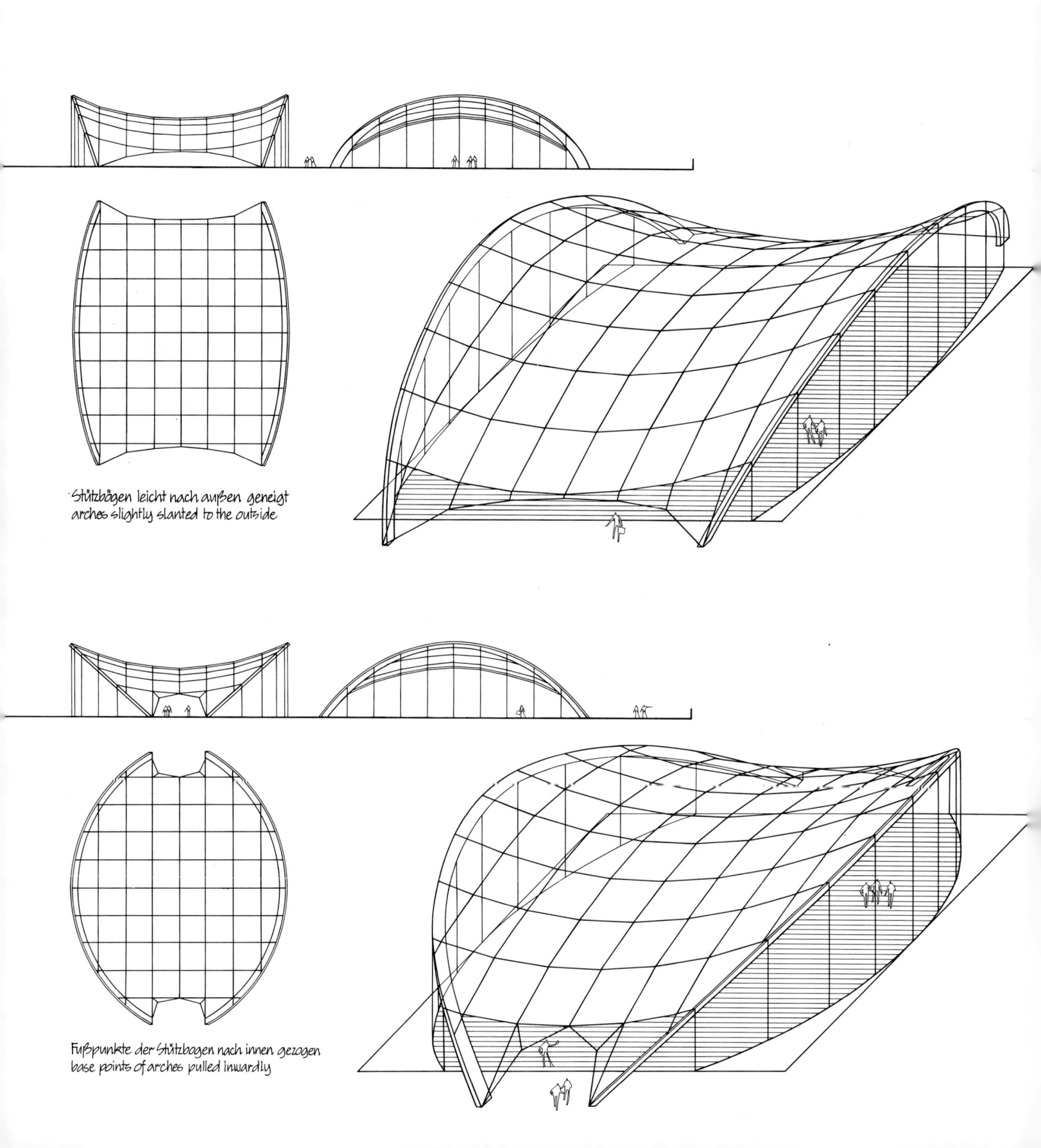

Stützbögen leicht nach außen geneigt
arches slightly slanted to the outside

Fußpunkte der Stützbogen nach innen gezogen
base points of arches pulled inwardly

Seilsysteme / cable systems

Stützbogen-Systeme für gegensinnig gekrümmte Seilnetze
Übergang vom Stützbogen zum Ringträger

arch systems for cable nets with opposite curvature
transition from arch to base ring

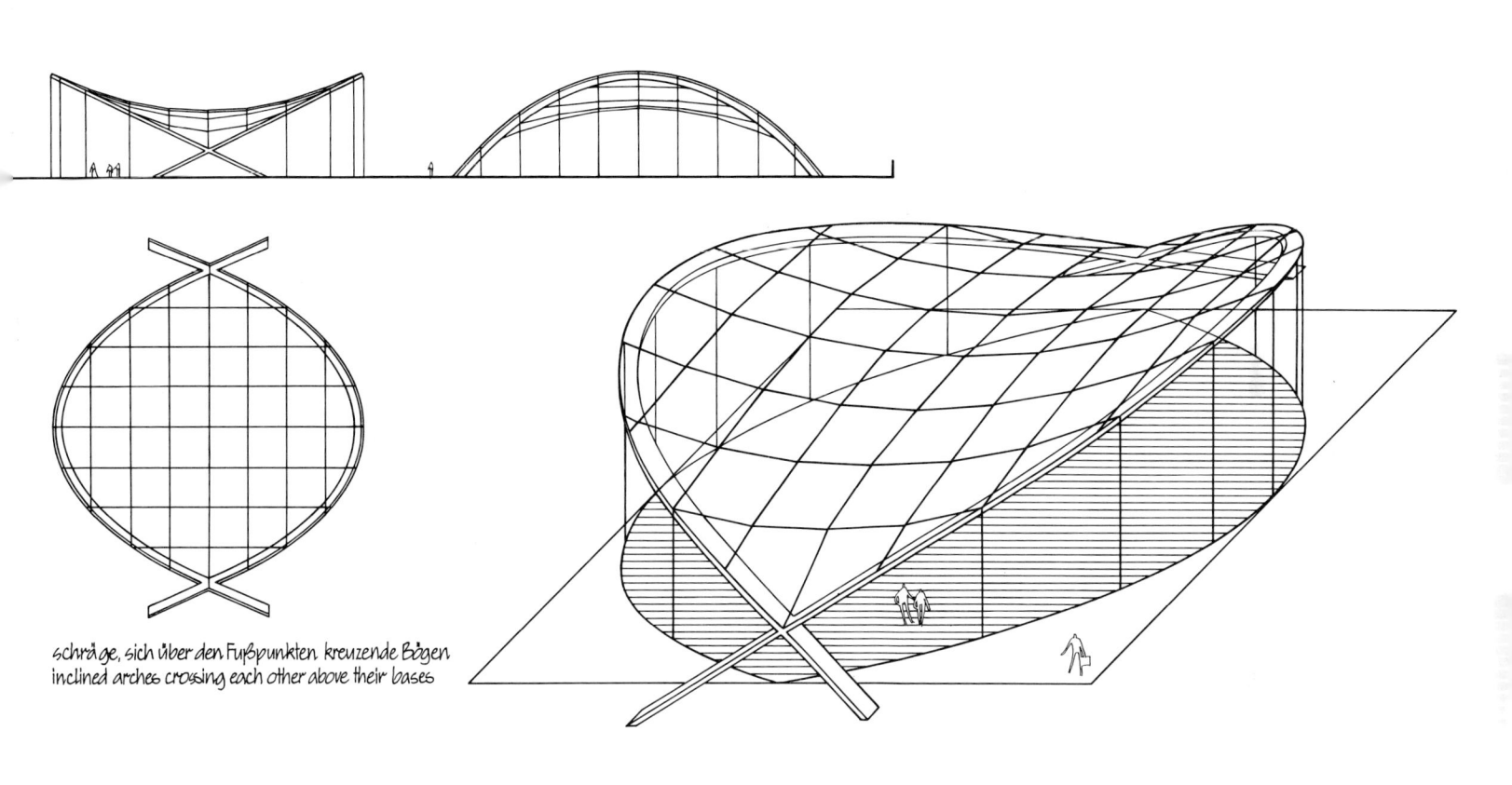

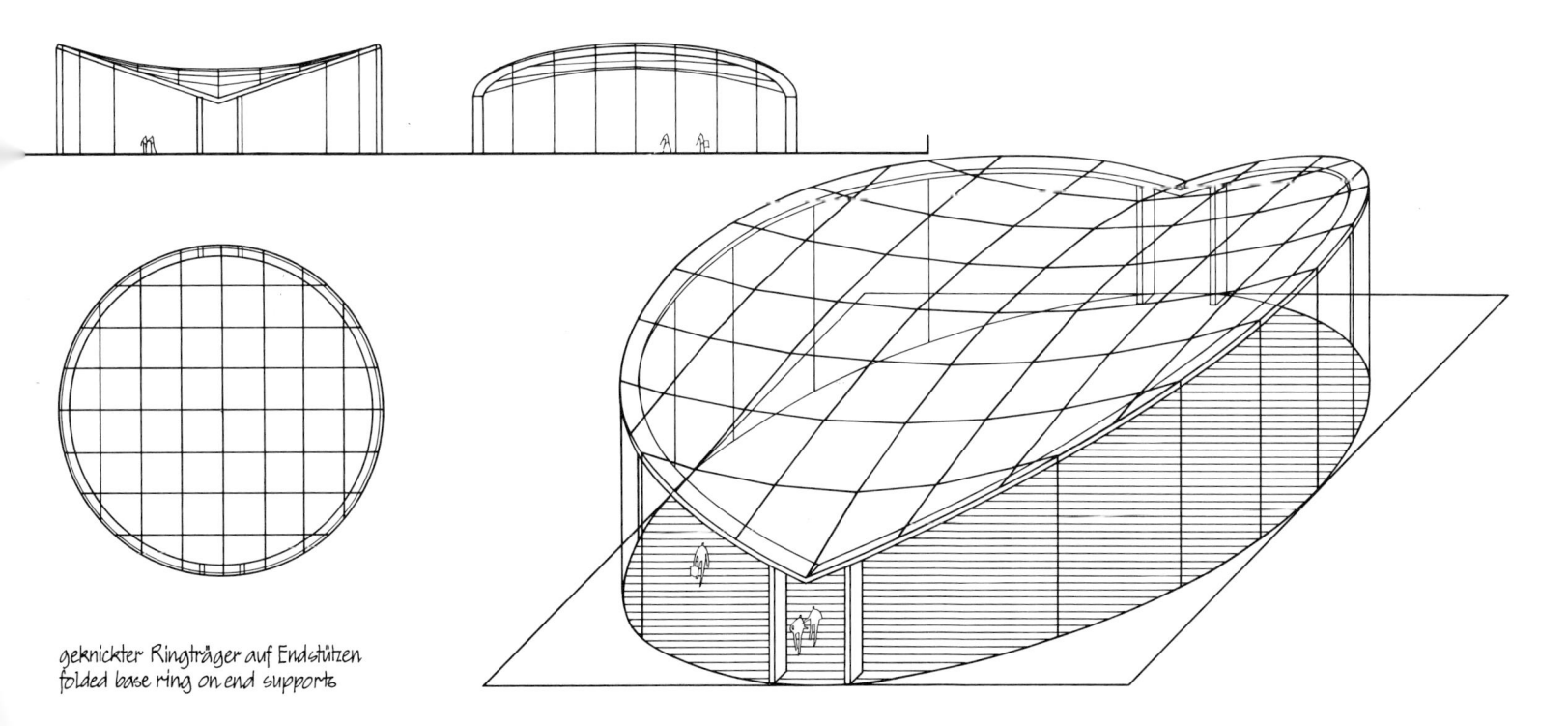

schräge, sich über den Fußpunkten kreuzende Bögen
inclined arches crossing each other above their bases

geknickter Ringträger auf Endstützen
folded base ring on end supports

Seilsysteme / cable systems

Komposition von gegensinnig gekrümmten Seilnetzen mit geraden Rändern / combination of reversely curved cable nets with straight edges

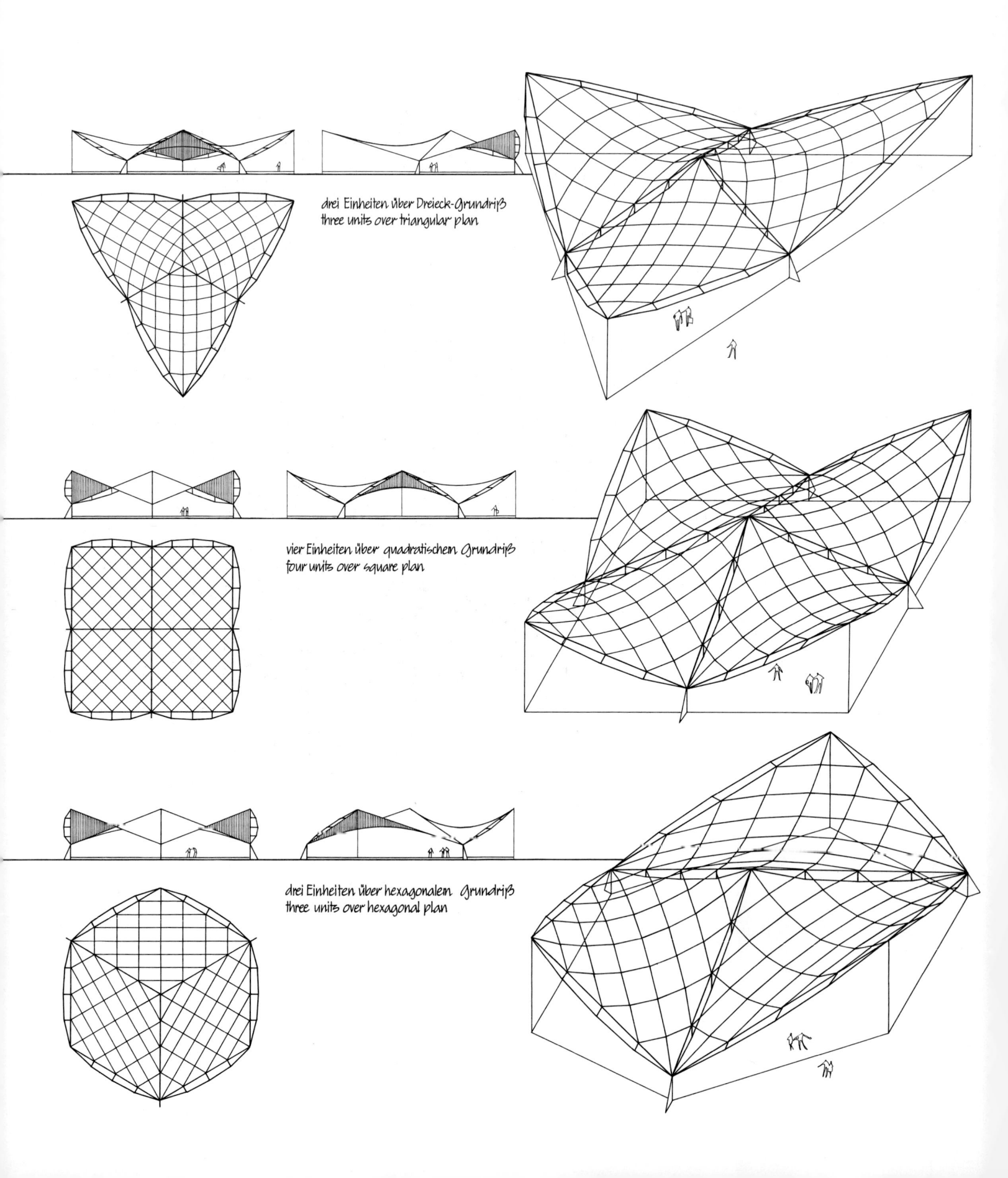

drei Einheiten über Dreieck-Grundriß
three units over triangular plan

vier Einheiten über quadratischem Grundriß
four units over square plan

drei Einheiten über hexagonalem Grundriß
three units over hexagonal plan

Vorgespanntes System zusammengesetzt aus geradlinig begrenzten Seilnetzen mit gegensinniger Krümmung

prestressed system composed of straight-edged cable nets with opposite curvatures

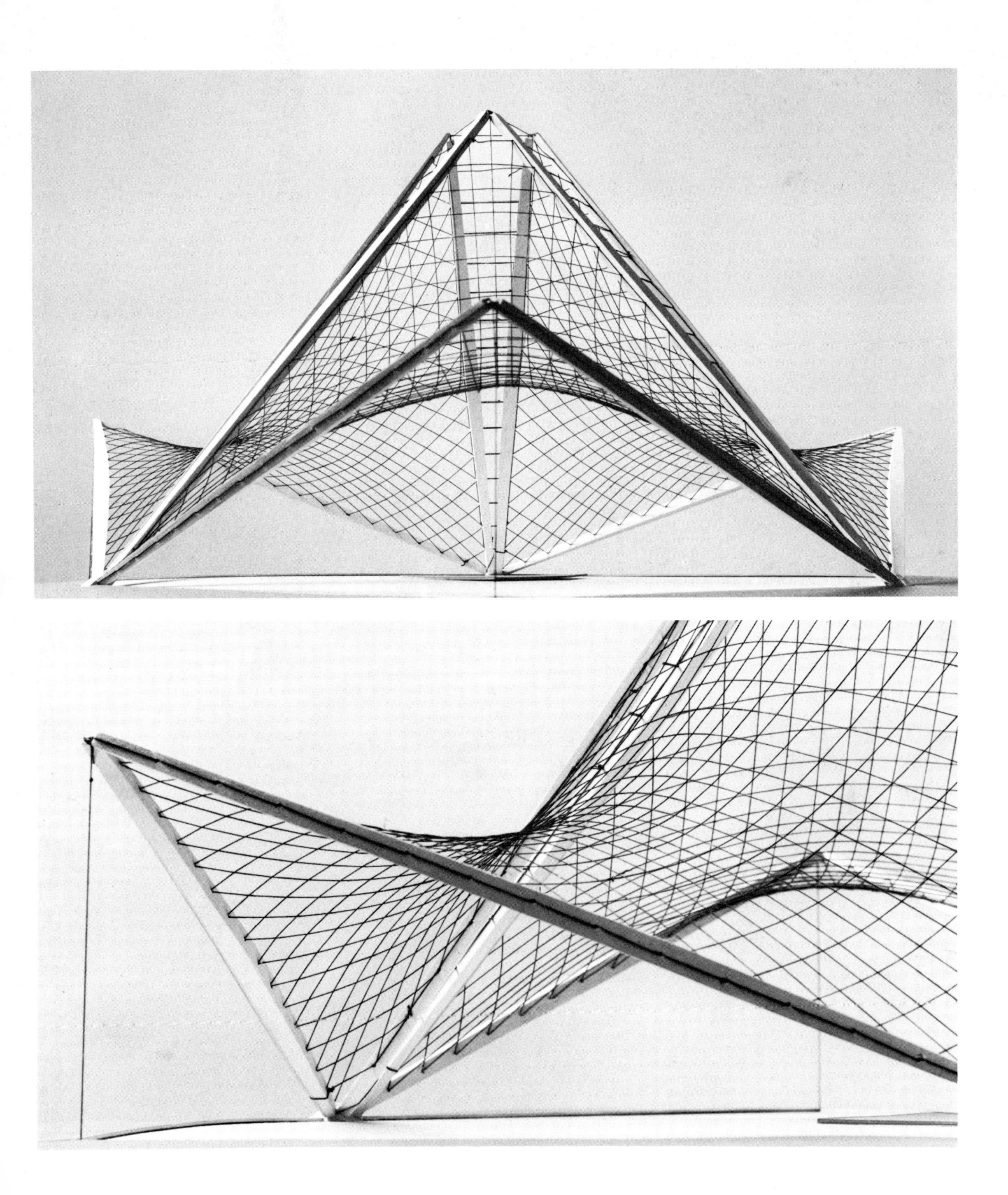

Seilsysteme / cable systems

Komposition von gegensinnig gekrümmten Seilnetzen mit Randbögen / combination of reversely curved cable nets with boundary arches

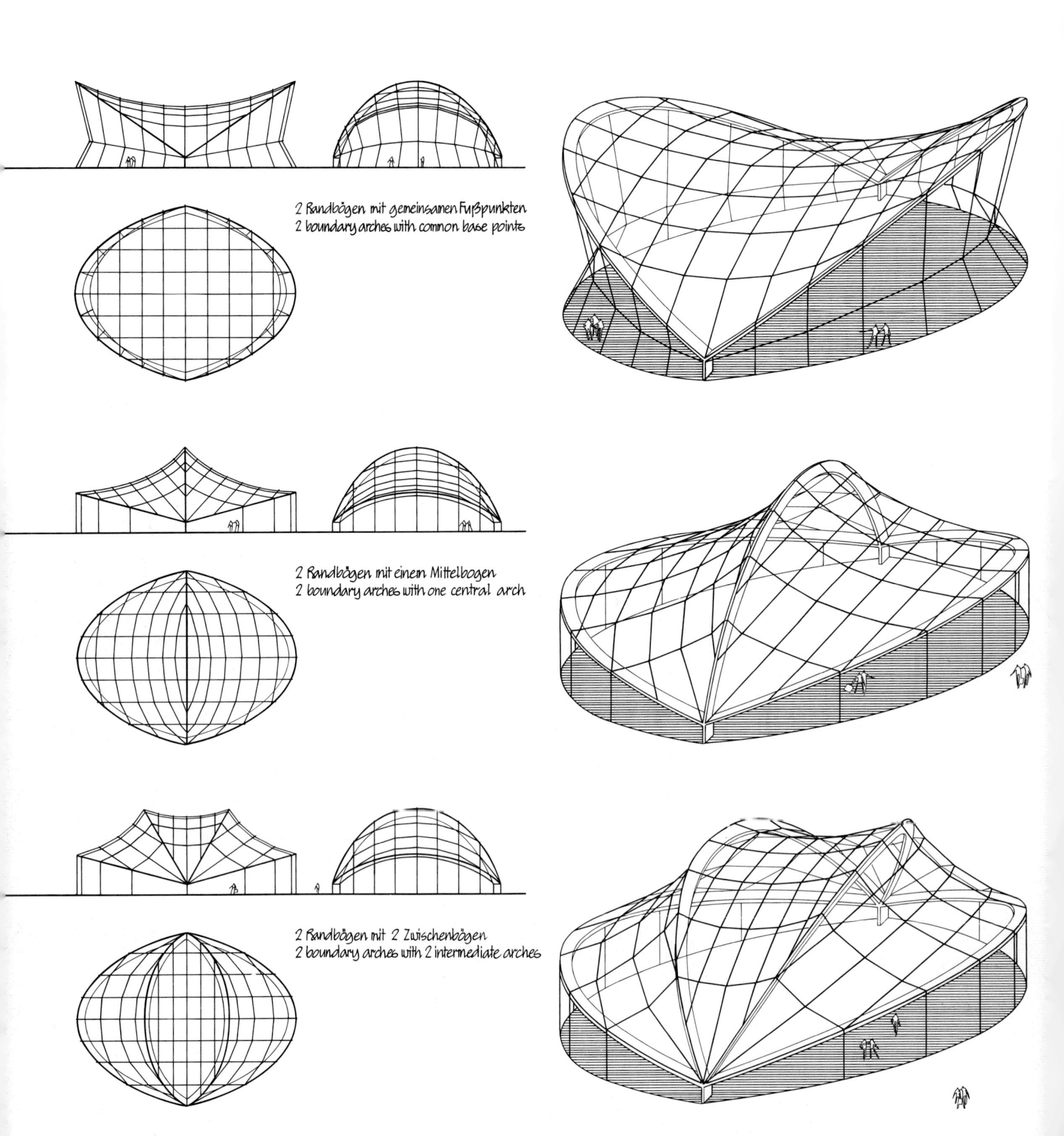

2 Randbögen mit gemeinsamen Fußpunkten
2 boundary arches with common base points

2 Randbögen mit einem Mittelbogen
2 boundary arches with one central arch

2 Randbögen mit 2 Zwischenbögen
2 boundary arches with 2 intermediate arches

Zeltsysteme / tent systems

Zeltsysteme mit äußerer Unterstützung durch Druckstäbe
Systeme mit einfachen Sattelflächen

tent systems with exterior support through compression members
systems with simple saddle surfaces

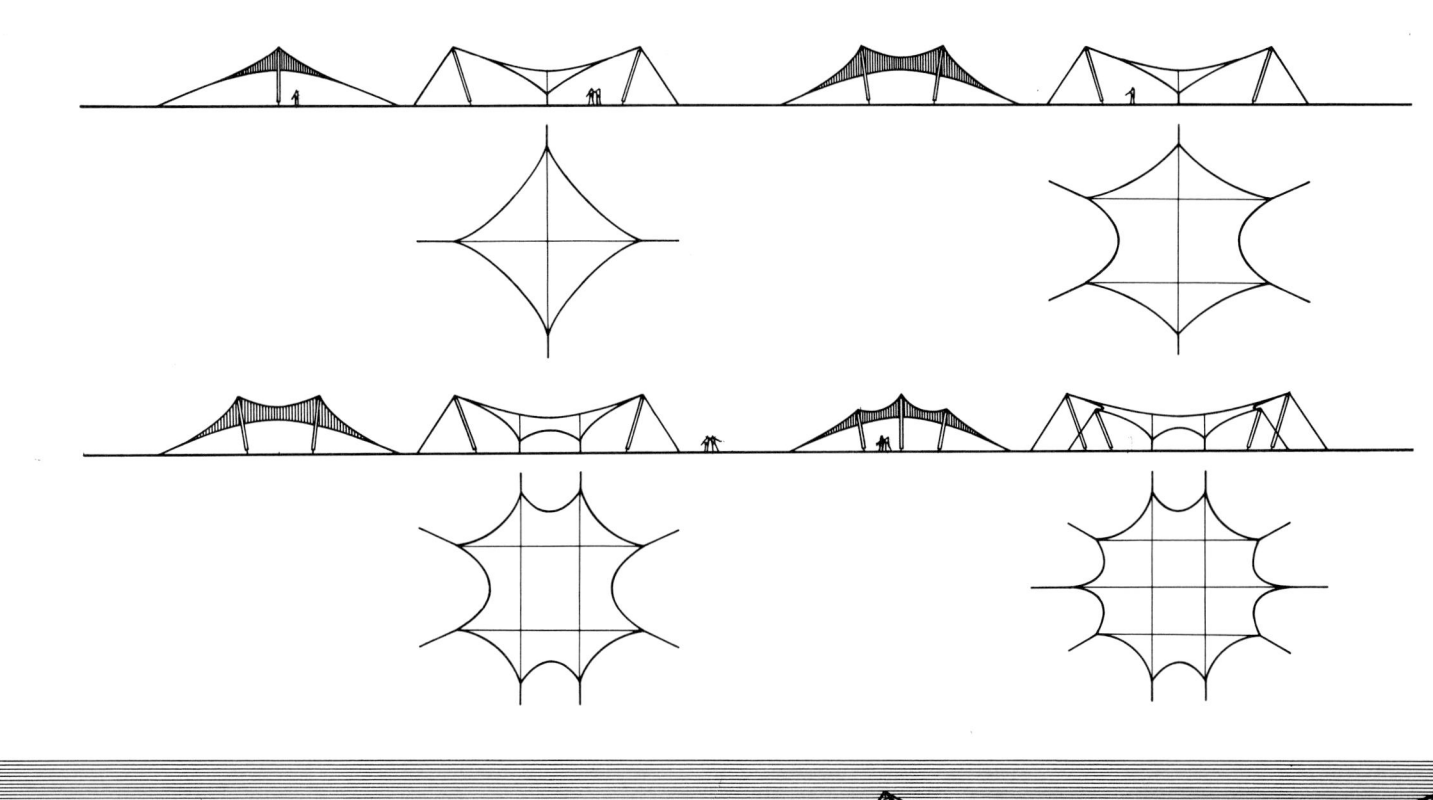

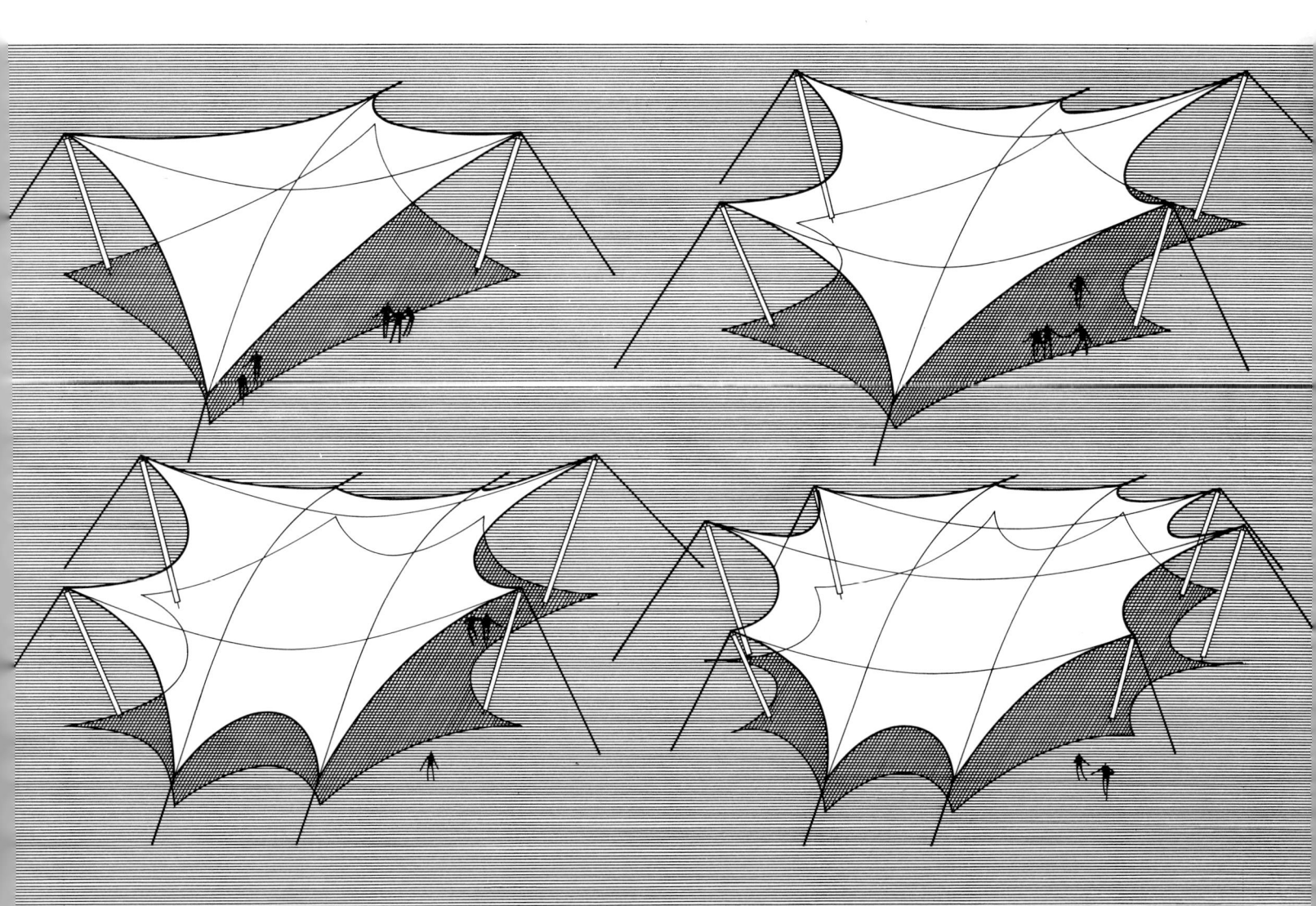

Zeltsysteme / tent systems

Zeltsysteme mit innerer Unterstützung durch Druckstäbe — **tent systems with interior support through compression members**

Systeme mit Buckelflächen — systems with hunched surfaces

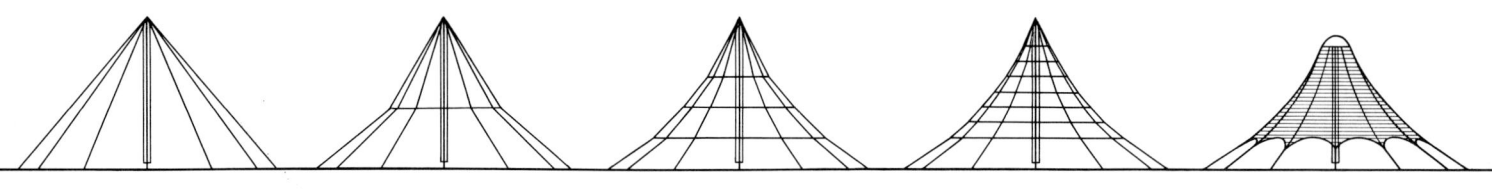

Ableitung der Buckelfläche vom kegelförmigen Seilnetz — derivation of hunched surface from cone-shaped cable net

Durch Einschnürung mit horizontalen Ringseilen wird Widerstandsfähigkeit gegen asymmetrische Lasten erhöht. Verdichtung der Ringseile und Meridianseile führt zur Zeltmembrane. Wegen Konzentration der Kräfte in Hochpunkt muß Fläche des Hochpunktlagers verbreitert werden. Es entsteht die Buckelfläche

through indentation with horizontal ring cables resistance against asymmetrical loads is increased. condensation of circular and meridional cables leads to the tent membrane. because of concentration of forces in the high point the top must be flattened for enlargement of surface. the form becomes hunched

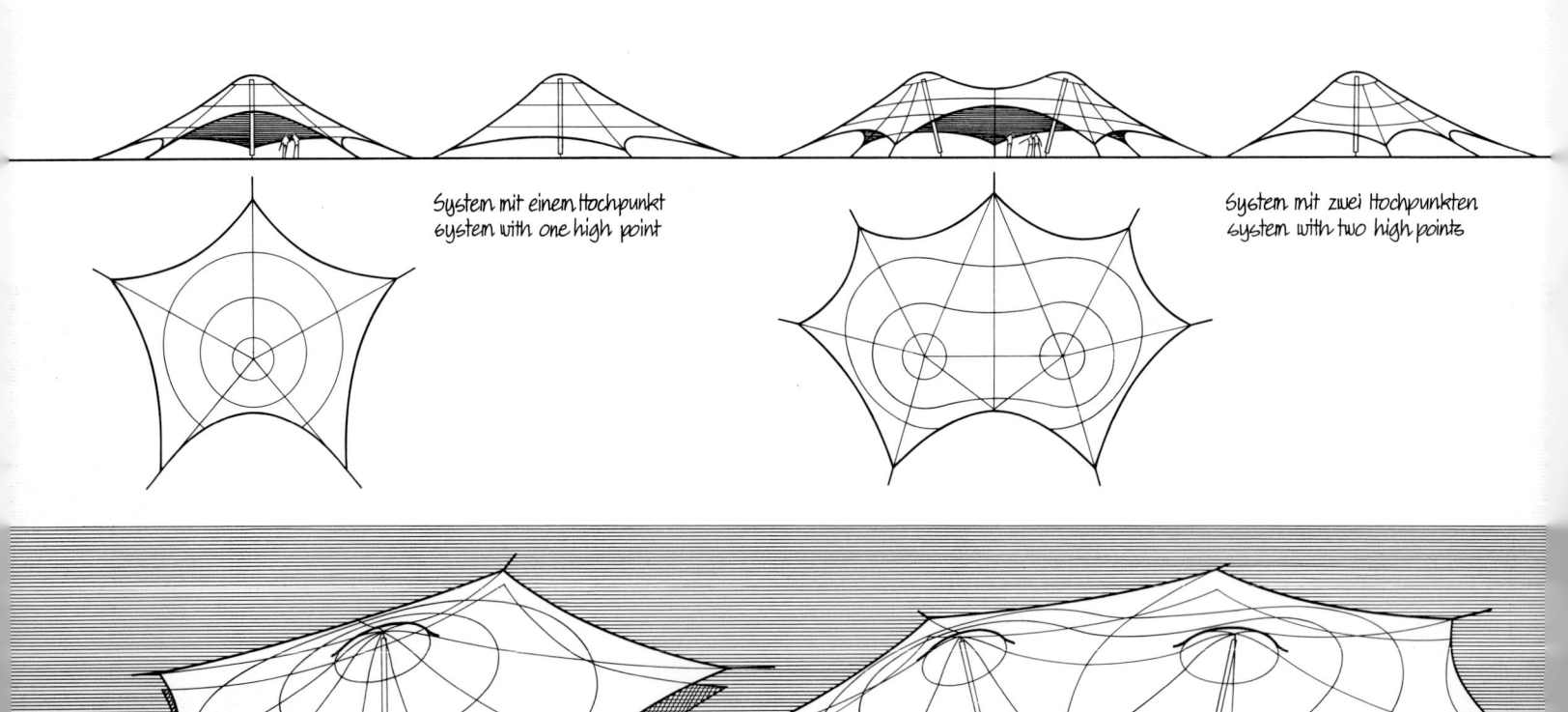

System mit einem Hochpunkt — system with one high point

System mit zwei Hochpunkten — system with two high points

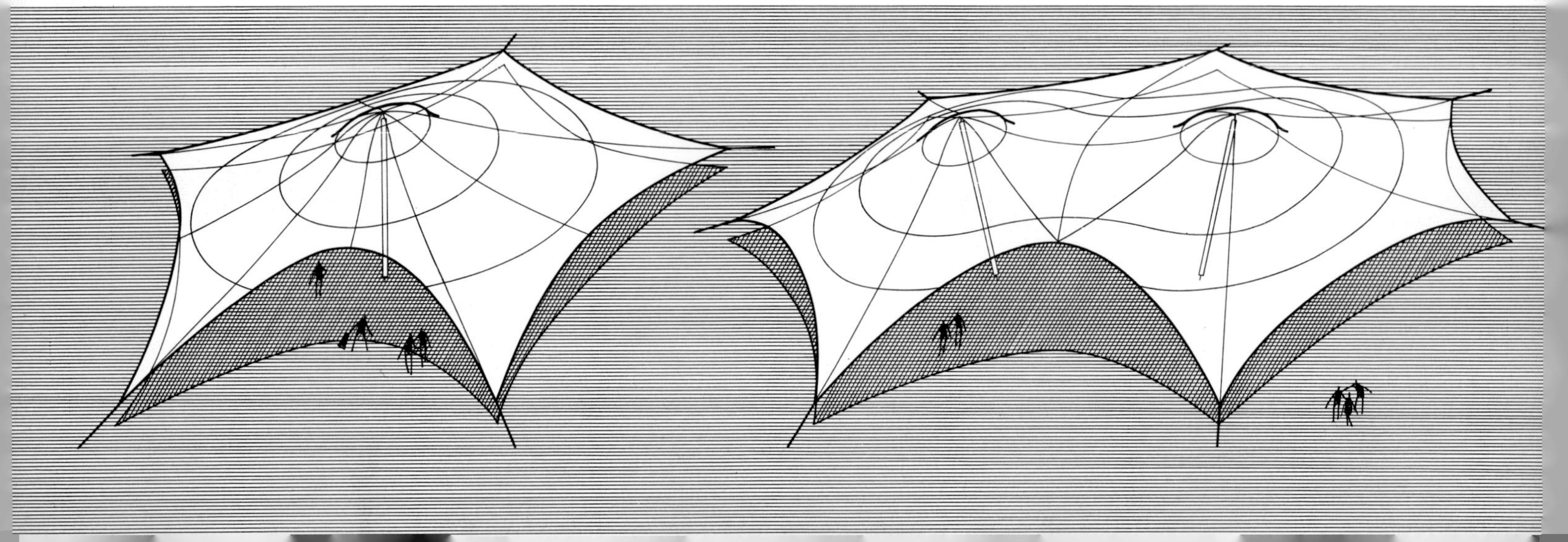

Zeltsysteme / tent systems

Zeltsysteme mit innerer Unterstützung durch Druckstäbe — tent systems with interior support through compression members

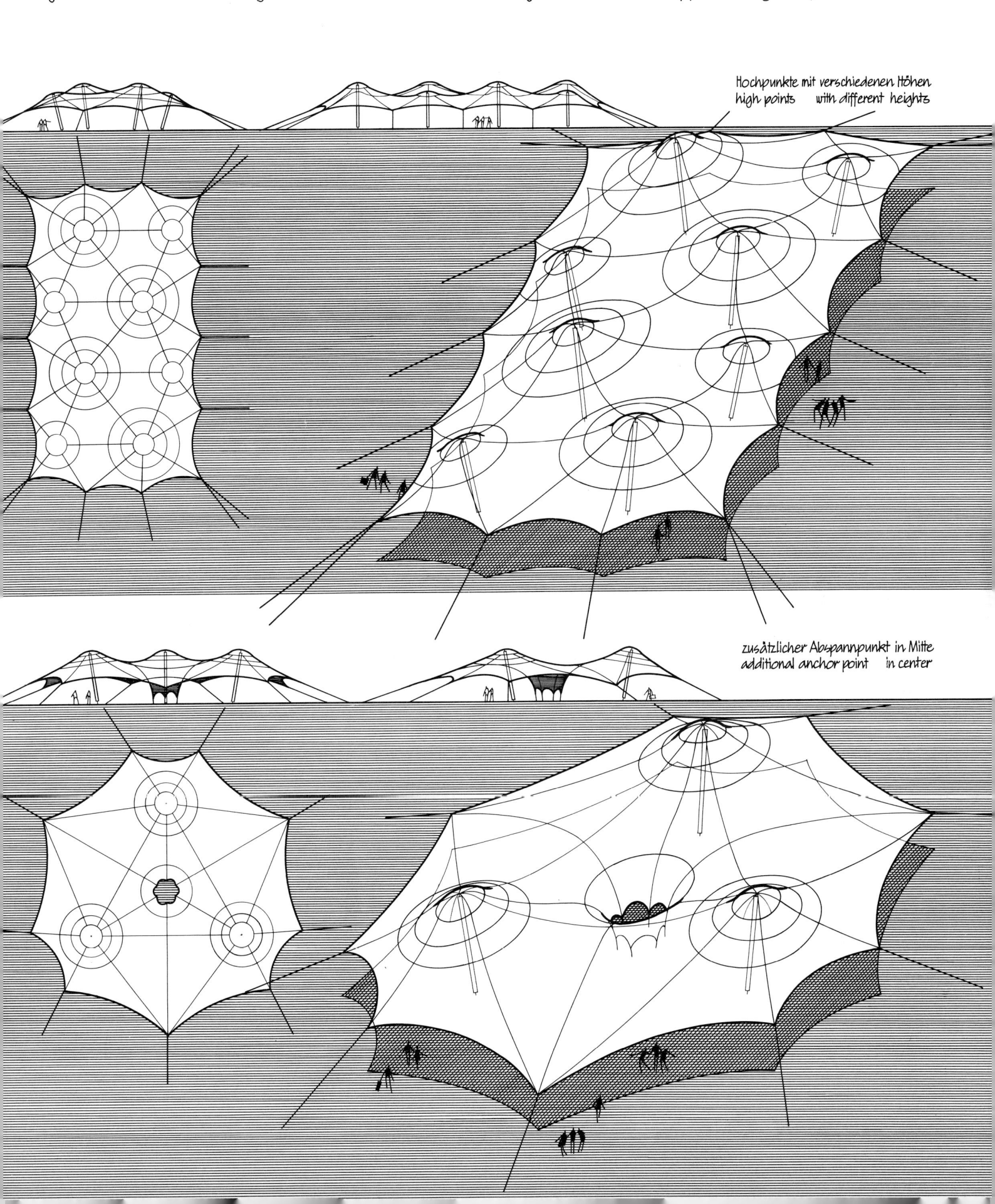

Hochpunkte mit verschiedenen Höhen
high points with different heights

zusätzlicher Abspannpunkt in Mitte
additional anchor point in center

Zeltsysteme / tent systems

Zeltsysteme mit innerem Stützbogen als Hochpunkt-Konstruktion   tent systems with interior arch for high point construction

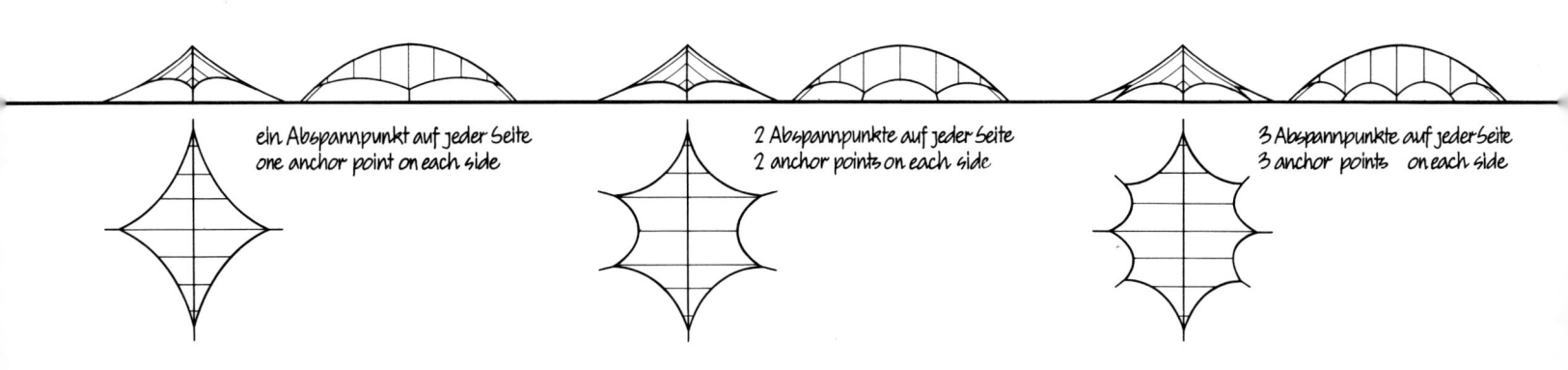

ein Abspannpunkt auf jeder Seite
one anchor point on each side

2 Abspannpunkte auf jeder Seite
2 anchor points on each side

3 Abspannpunkte auf jeder Seite
3 anchor points on each side

55 Zeltsysteme / tent systems

Zeltsysteme mit zwei inneren Stützbogen als Hochpunktkonstruktion / tent systems with two central arches for high point construction

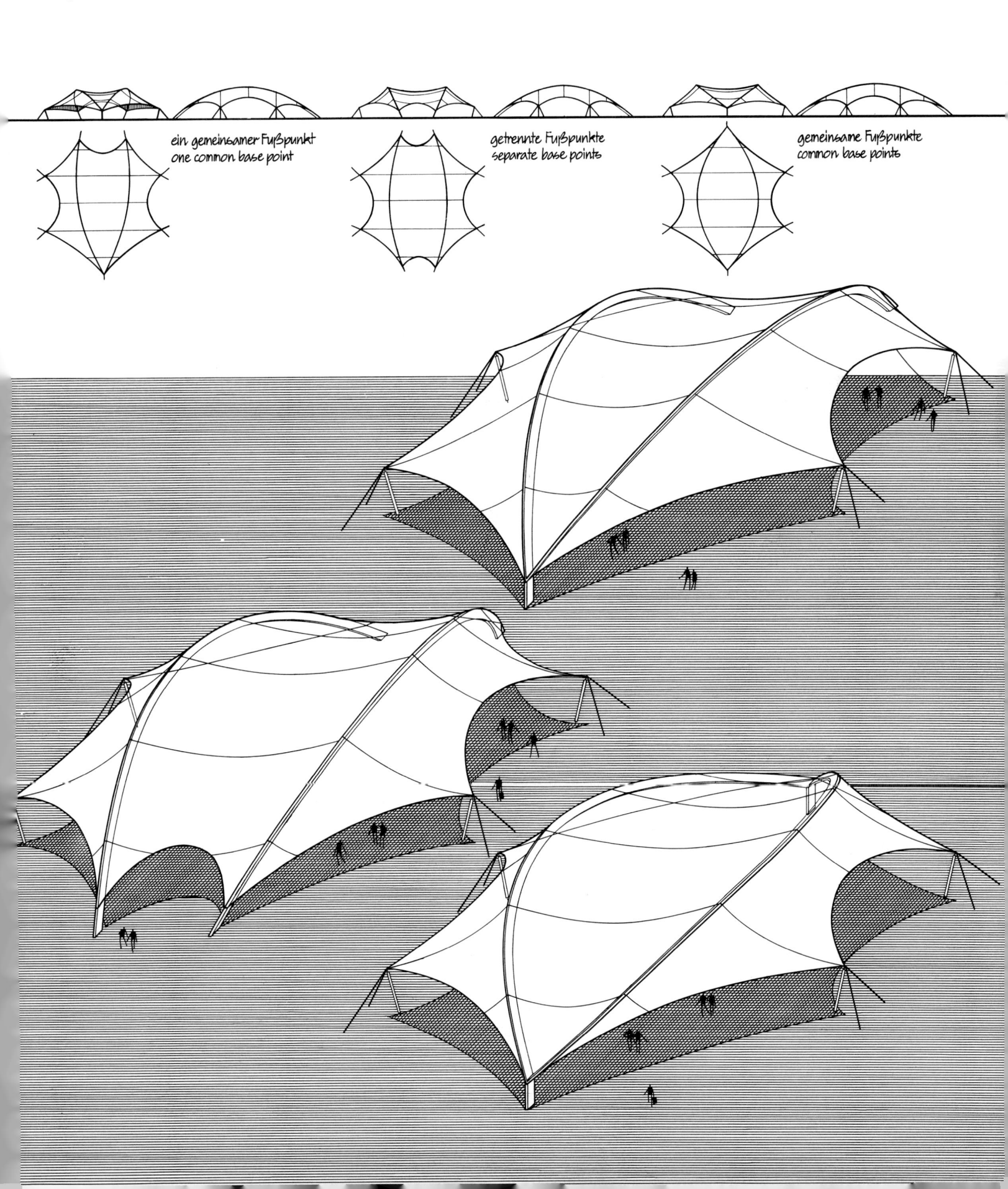

ein gemeinsamer Fußpunkt / one common base point

getrennte Fußpunkte / separate base points

gemeinsame Fußpunkte / common base points

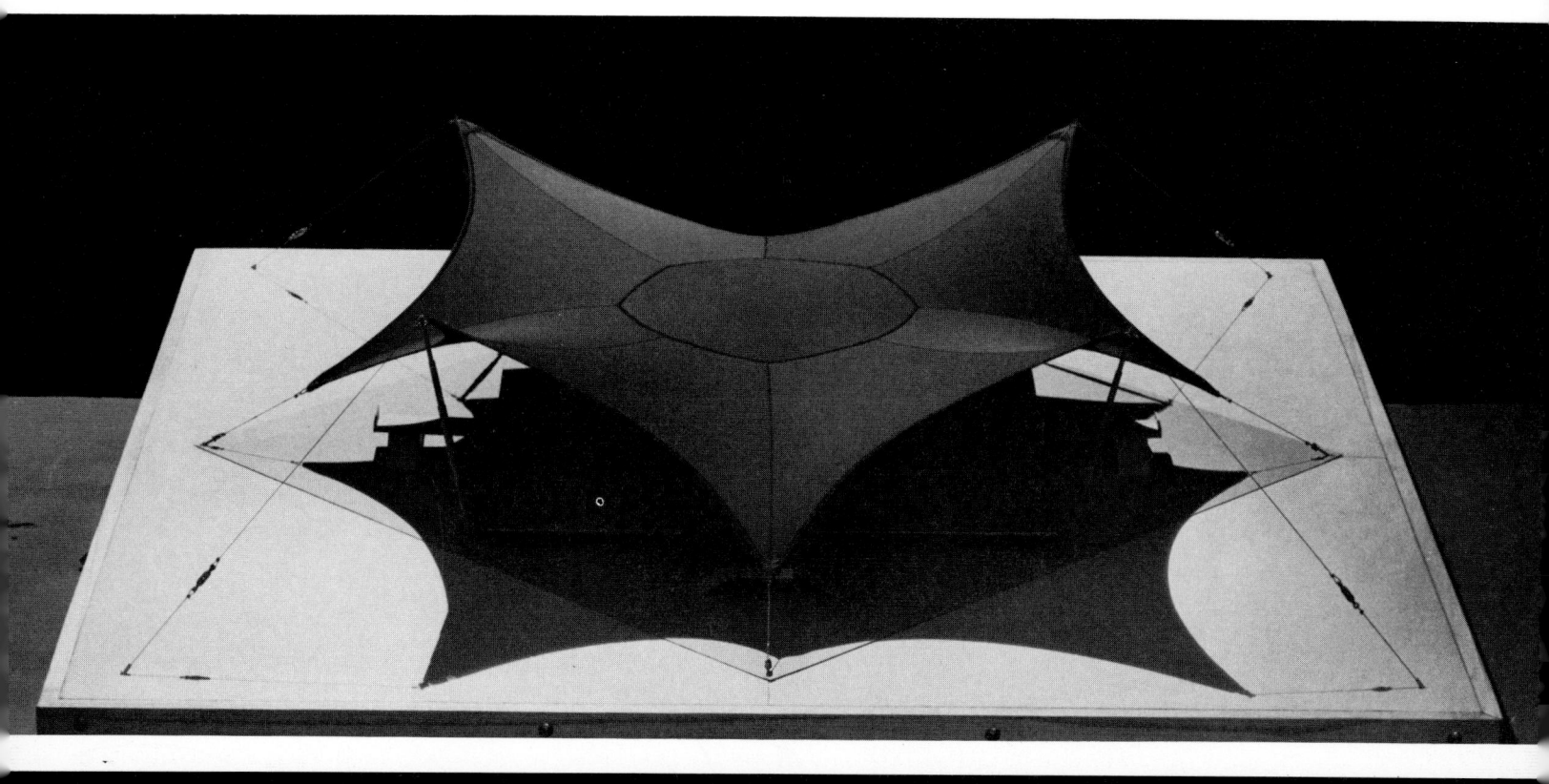

Zeltsystem mit abwechselnden Unterstützungs- und Abspannpunkten

tent-system with supports and anchor points alternating

Zeltsysteme / tent systems

Zeltsysteme mit abwechselnden Unterstützungs- und Abspannpunkten
Systeme mit Wellenflächen

tent systems with supports and anchor points alternating
systems with undulating surfaces

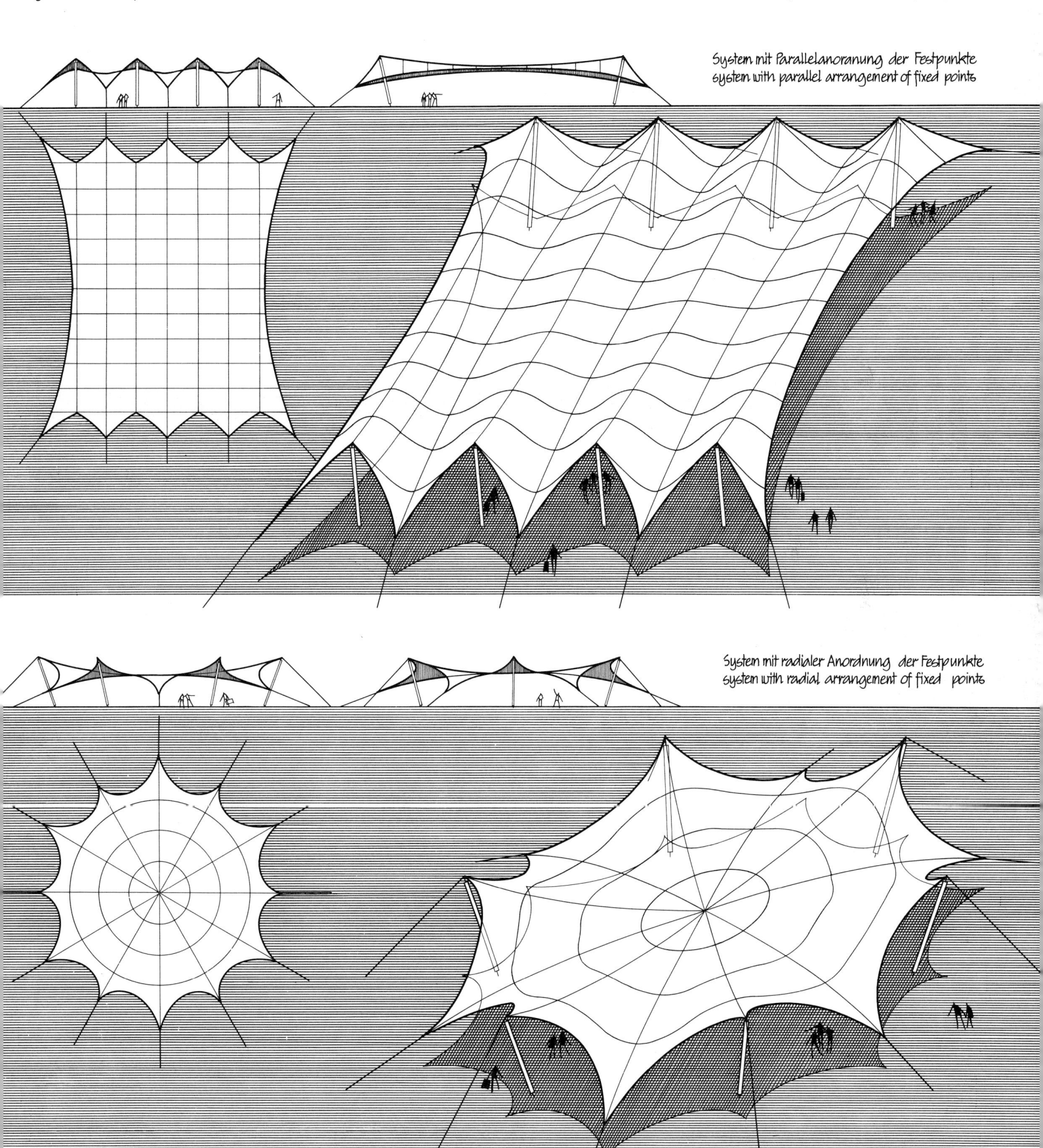

System mit Parallelanordnung der Festpunkte
system with parallel arrangement of fixed points

System mit radialer Anordnung der Festpunkte
system with radial arrangement of fixed points

Pneusysteme / pneumatic systems

**Direkte Konstruktionssysteme für Hochpunkte
direct construction systems for high points**

Außenstützen für peripherisch angeordnete Hochpunkte / exterior supports for high points arranged peripherally

Innenbogen für axial (linear) angeordnete Hochpunkte / interior arch for high points arranged axially

Innenstützen für mittig angeordnete Hochpunkte / interior supports for high points arranged centrally

Außenstützen für mittig angeordnete Hochpunkte / exterior supports for high points arranged centrally

**Indirekte Konstruktionssysteme für Hochpunkte
indirect construction systems for high points**

Außenstützen mit Abspannseilen für mittig angeordnete Hochpunkte / exterior supports with hanger cables for high points arranged centrally

Außenstützen mit Tragseil für Abhängung von mittig angeordneten Hochpunkten / exterior supports with load cable for suspension of high points arranged centrally

Innenstützen mit Tragseil für Unterstützung von mittig angeordneten Hochpunkten / interior supports with load cable for support of high points arranged centrally

Außenstützen für peripherische Hochpunkte mit Abspannseil für zusätzlichen mittig angeordneten Hochpunkt / exterior supports for peripheral high points with hanger cable for additional high point arranged centrally

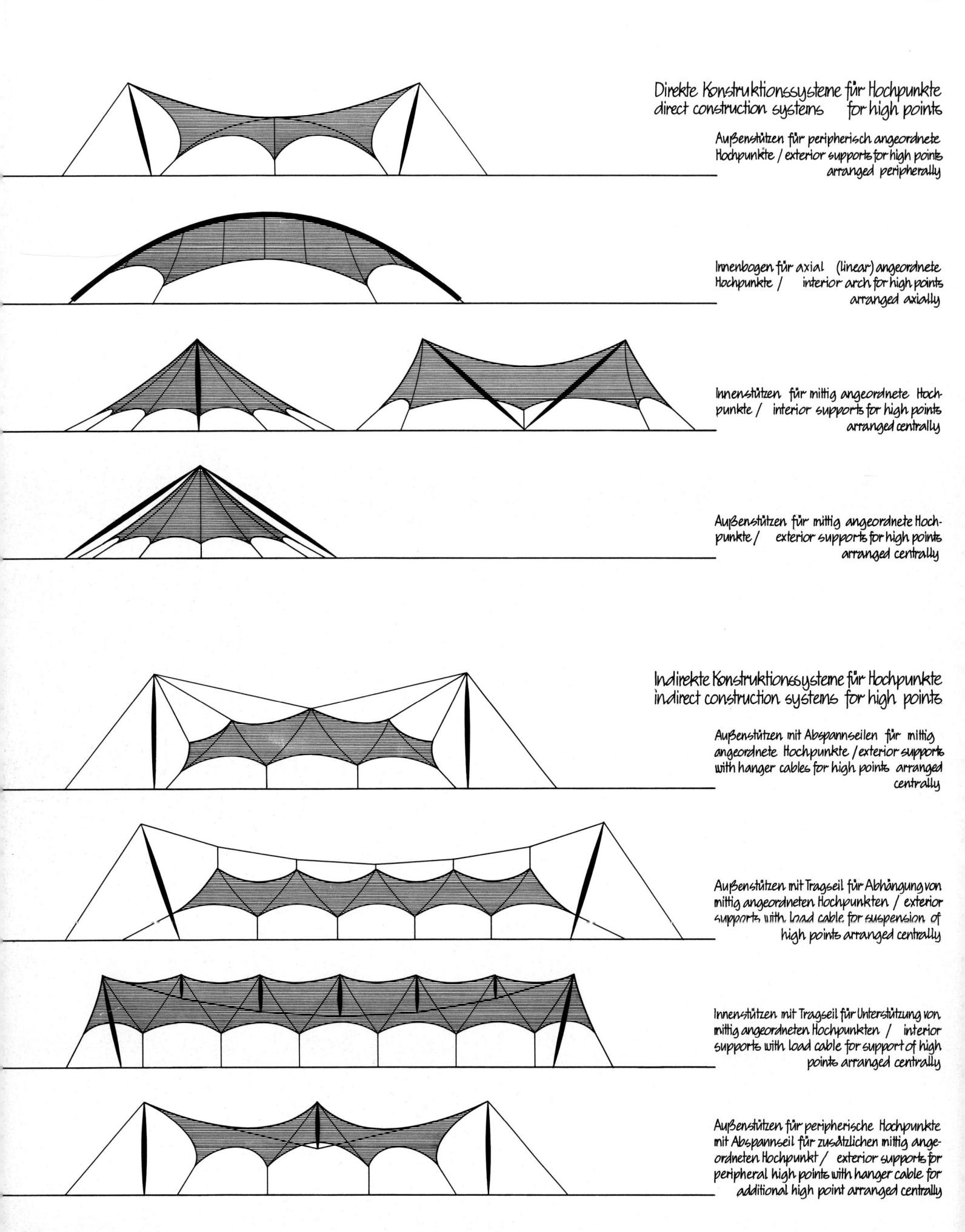

Pneusysteme / pneumatic systems

Pneumatischer Tragmechanismus: Vergleich mit Membranbehälter / pneumatic structure mechanism: comparison with membrane container

Luftgestützte Tragsysteme — air-supported structure systems

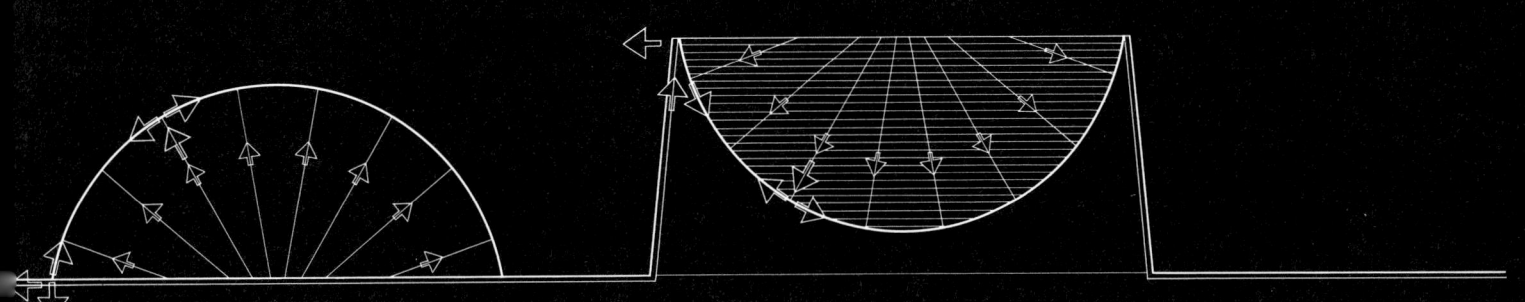

Durch Überhöhung des inneren Luftdruckes wird nicht nur das Eigengewicht der Raumhülle aufgewogen, sondern die Membrane so weit vorgespannt, daß sie durch asymmetrische Belastung nicht eingedrückt werden kann. Die Kraftumlenkung durch Membrane betrifft also nur nach außen gerichtete Resultierende ähnlich der Wirkungsweise eines Membranbehälters, der nur dem Druck seines Inhaltes (Flüssigkeit, Schüttgüter) ausgesetzt ist.

through increasing the inside air pressure not only the dead weight of the space envelop is balanced, but the membrane is stressed to a point where it cannot be indented by asymmetrical loading. redirection of forces by the membrane therefore involves only centrifugal resultants, similar to the action of a membrane container that is exposed only to the pressure of its content (liquids, granular solids)

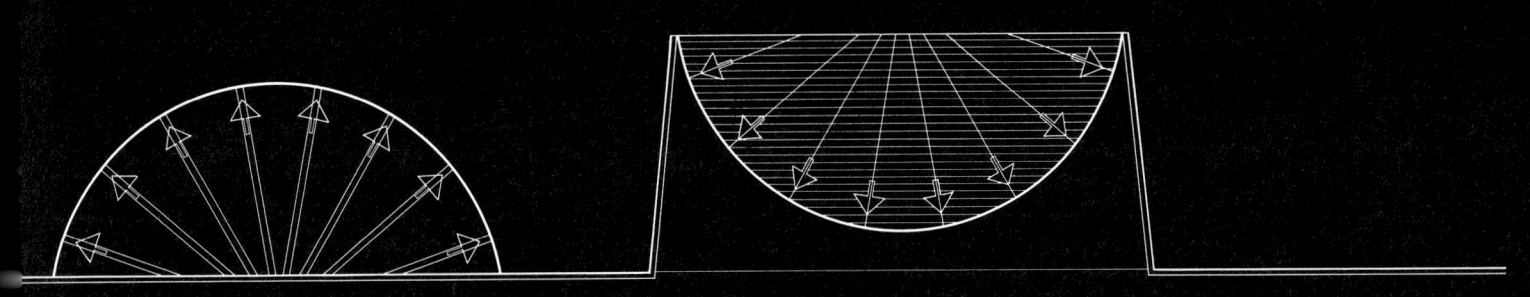

Der Innendruck wirkt sich wie eine fortlaufende elastische Unterstützung der Membrane an jeder Stelle aus. Ähnlich wird die Form eines Membranbehälters durch den zentrifugalen Druck seines Inhaltes stabilisiert. Der Vorteil der pneumatischen Stützung ist, daß sie die freie Nutzung des Raumes nicht beeinträchtigt.

the inside pressure functions like a continuous flexible support of the membrane at any point. similarly, the form of a membrane container is stabilized by the centrifugal pressure of its content. the advantage of the pneumatic support is that it does not encumber the free use of space.

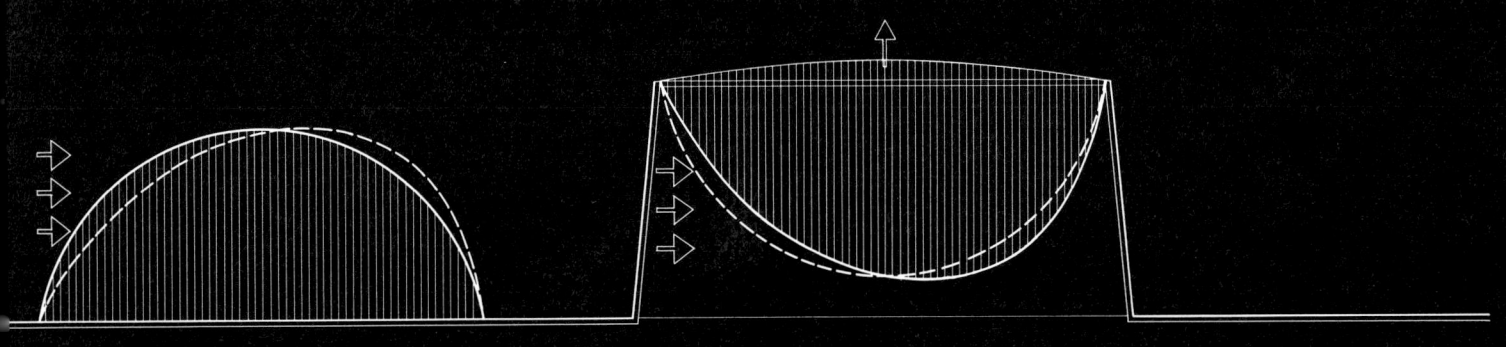

Der Widerstand gegen Deformation wird durch luftdichten Abschluß und Zugfestigkeit der Membrane gewährleistet. Nur unter Verlust des Volumens oder Flächenausweitung der Hülle kann sich die Tragform verändern im Gegensatz zum aufgehängten Membranbehälter, dessen Inhalt nach der offenen Seite (oben) ausweichen kann und Deformation zuläßt.

resistance against deflection is provided by the air-tight enclosure and the tensile strength of the membrane. the structure form can deflect only at a loss of volume or at an increase of surface, contrary to the hung membrane container in which the content can evade to the open (upper) side and thus allows deflection

Pneusysteme / pneumatic systems

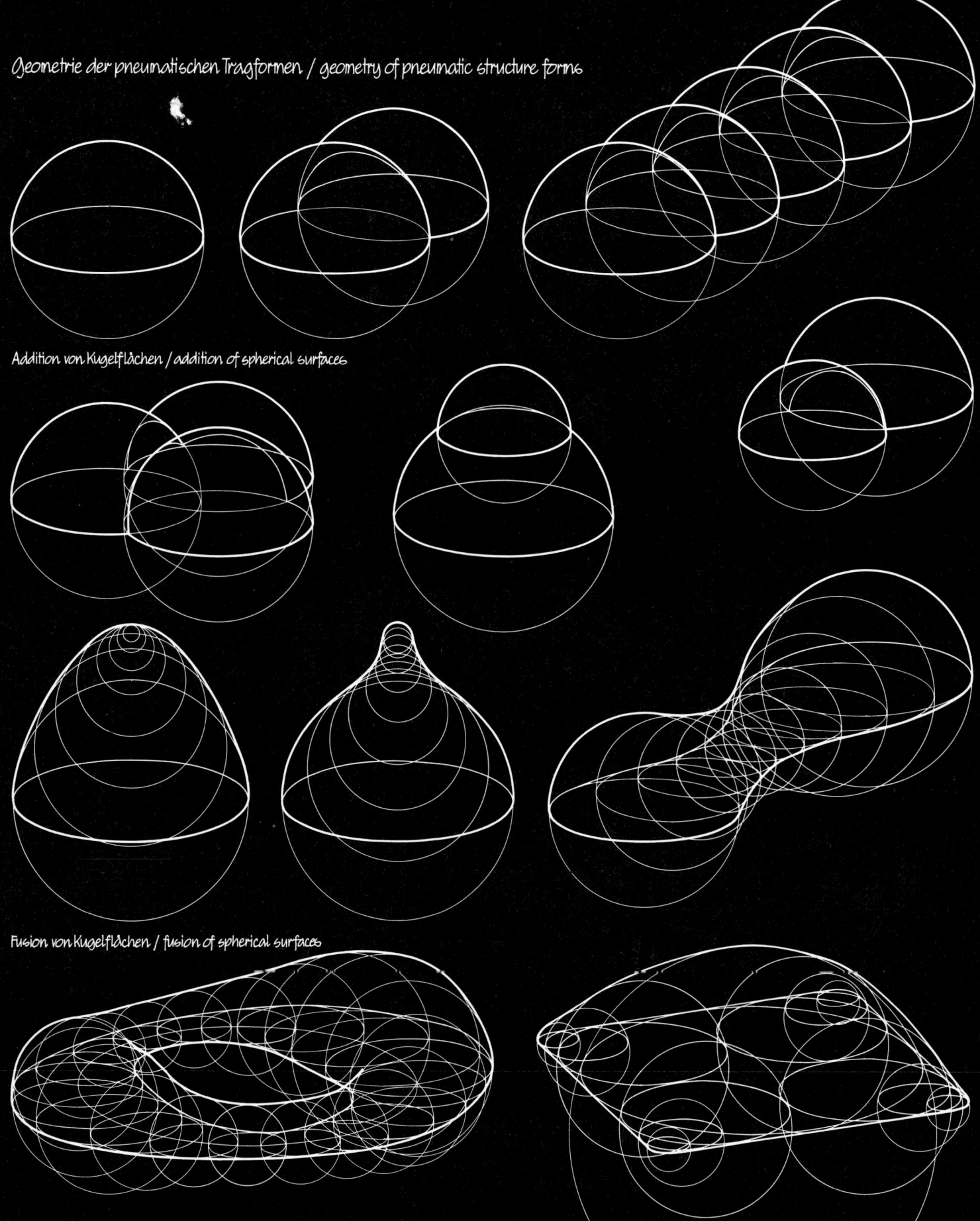

Geometrie der pneumatischen Tragformen / geometry of pneumatic structure forms

Addition von Kugelflächen / addition of spherical surfaces

Fusion von Kugelflächen / fusion of spherical surfaces

Ausgangspunkt für pneumatische Tragformen ist die Kugelfläche, bei der unter gleichmäßigem Innendruck die Membranspannungen überall gleich sind. Weitere Tragformen können durch Addition oder Fusion von Kugelflächen entwickelt werden

basic shape for all pneumatic structure forms is the sphere for which under uniform inside pressure the membrane stresses are equal at any point. other structure forms can be developed by addition or fusion of spherical surfaces

Pneusysteme / pneumatic systems

Grundtypen pneumatischer Tragsysteme / basic types of pneumatic structure systems

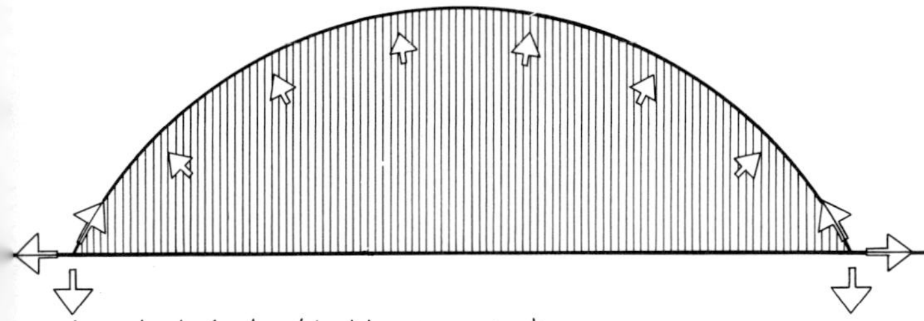

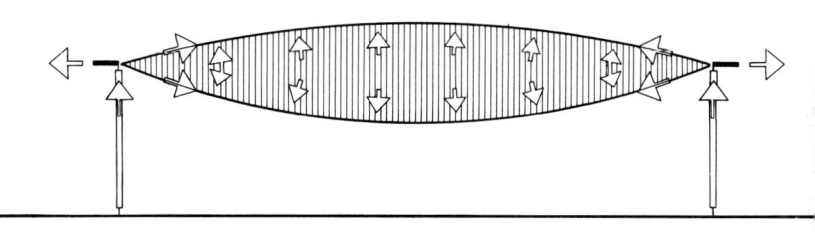

Innendruck-System / inside pressure system

Der Luftüberdruck im umschlossenen Raum trägt die Raumhülle und stabilisiert sie gegen asymmetrische Belastung

the pressurized air in the enclosed space supports the space envelope and stabilizes it against asymmetrical loading

Doppelmembran-System / double membrane system

Der Luftüberdruck im "Kissen" dient nur der Stabilisierung der tragenden Membrane. Der überdeckte Raum bleibt ohne Überdruck

the pressurized air in the "pillow" serves only to stabilizing the load-carrying membrane.   the covered space is not pressurized

Innendruck-Systeme mit Hauptlastabtragung durch Seile / inside pressure systems with major load transfer through cables

Durch Überspannen mit einzelnen Seilen kann Kuppelfläche in Teilflächen mit kleinerem Krümmungsradius und daher geringeren Membranspannungen aufgegliedert werden. Die Seile tragen die Hauptkräfte ab, während die Membrane die Funktion von Zwischenträgern ausübt

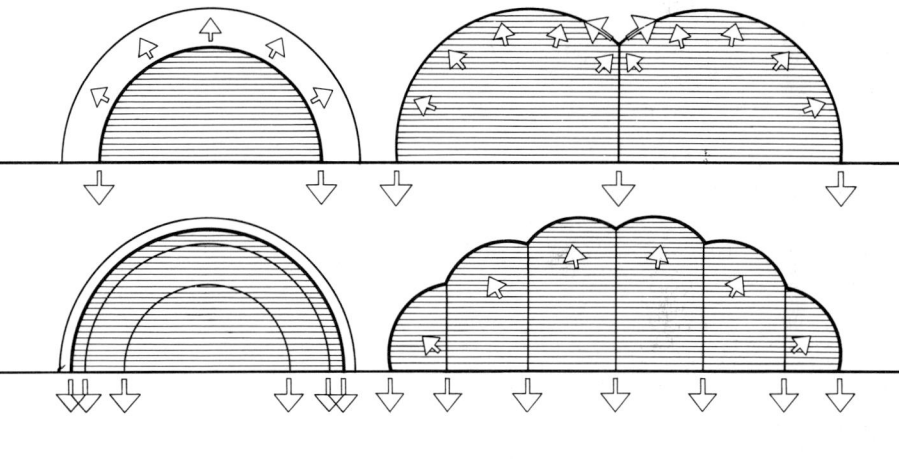

by means of spanning single cables the spherical surface can be divided into sections with smaller radius of curvature and therefore smaller membrane stresses.   the cables transfer the major forces while the membrane functions as intermediate secondary structure

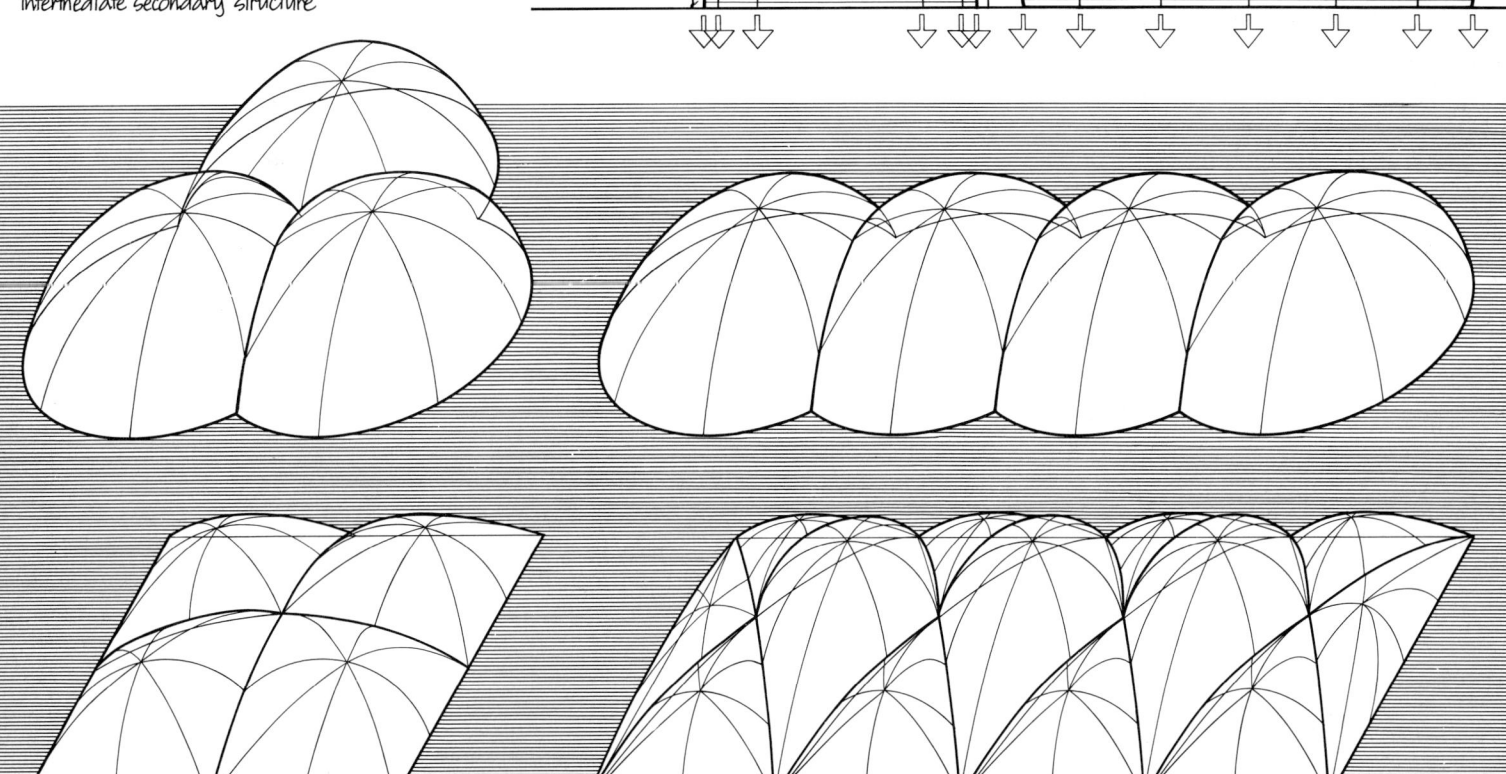

Pneusysteme / pneumatic systems

Innendruck-Systeme mit Tiefpunkten / inside pressure systems with interior anchor points

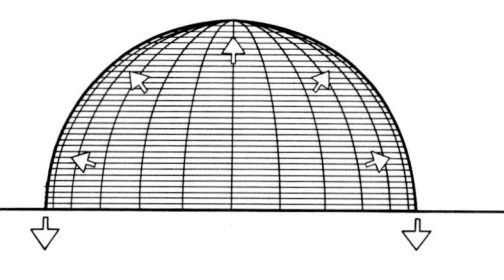

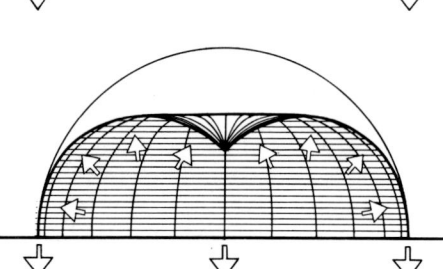

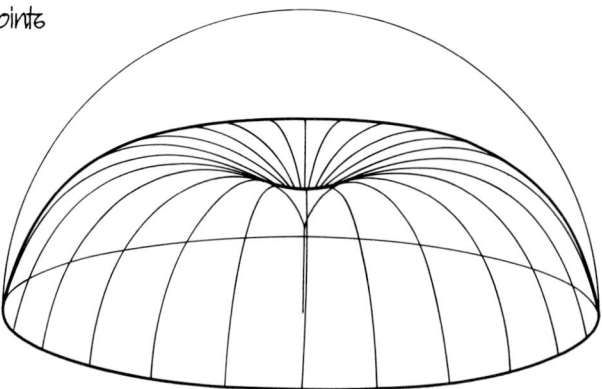

Durch Verankerung der Membrane nicht nur am Rande sondern auch im mittleren Bereich werden der Krümmungsradius und damit auch die Membranspannungen reduziert. Dadurch ist die Überdeckung und Einschließung weiter Räume ohne größere Konstruktionshöhe möglich

through fastening the membrane not only along the edge but also in the central portion, the radius of curvature and thus also the membrane stresses are reduced. in this way the covering and enclosement of wide spaces is possible without increasing construction height

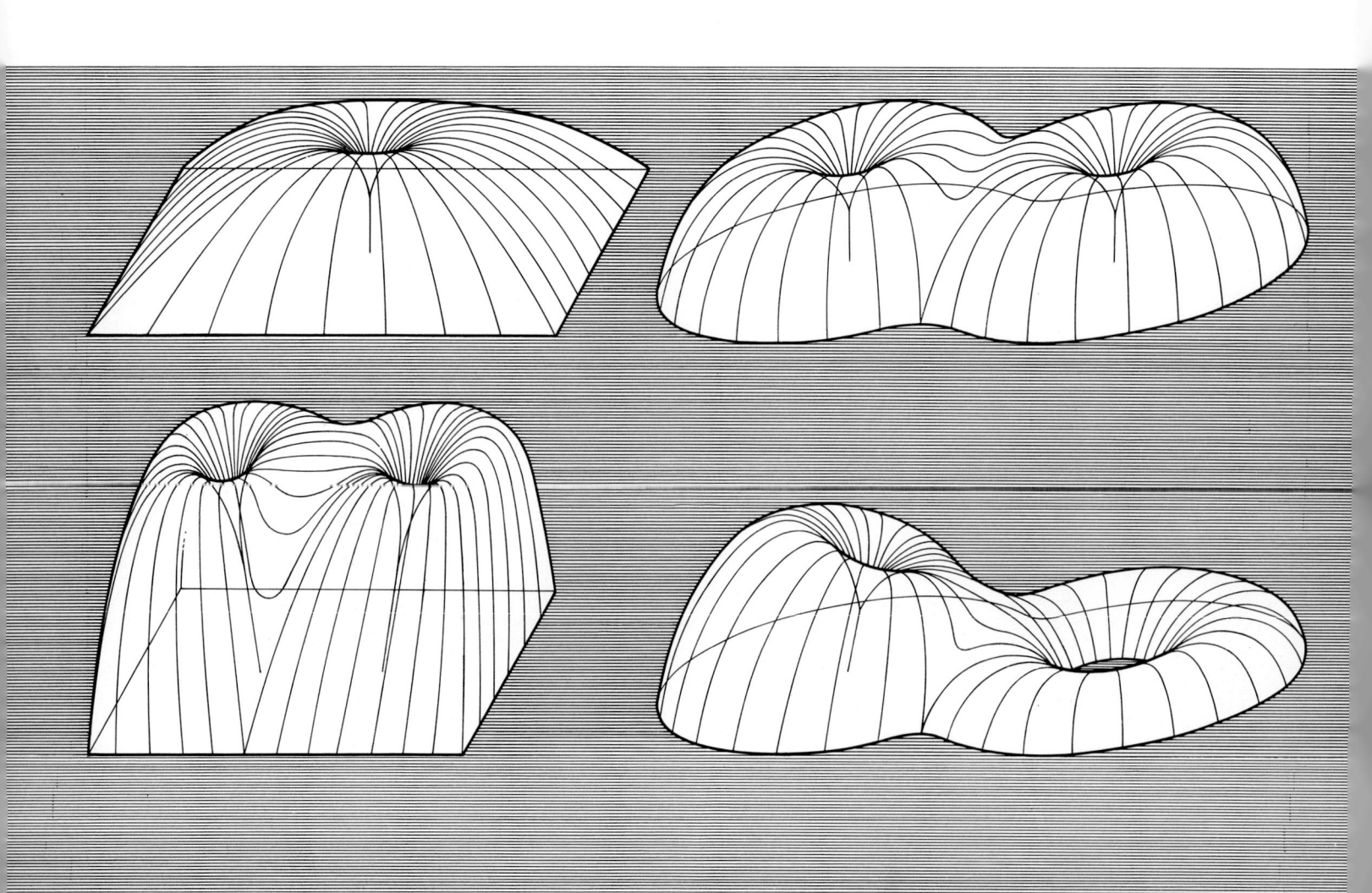

Pneusysteme / pneumatic systems

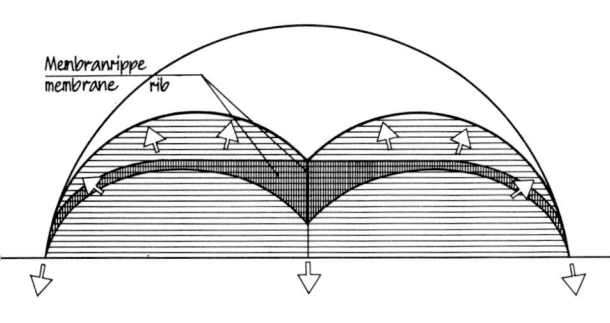

Pneumatische Innendruck-Systeme mit Hauptlastabtragung durch Membranrippen
pneumatic inside pressure systems with major load transfer through membrane ribs

Anstelle von einzelnen Seilen kann Kuppelfläche auch durch senkrechte, nach unten abgespannte Membranflächen (Membranrippen) in kleinere Teilflächen mit geringerem Krümmungsradius und demzufolge geringeren Membranspannungen aufgeteilt werden. Da es auf diese Weise möglich ist, gerade Dachkehlen zu bilden, können sehr weite Räume überspannt werden.

not only by single cables but also by using vertical membranes (membrane ribs) and fastening them to the ground. the spherical surface can be subdivided into smaller sections with smaller radius of curvature and therefore smaller membrane stresses. since it is possible by this way to form straight roof valleys, wide floor areas can be spanned

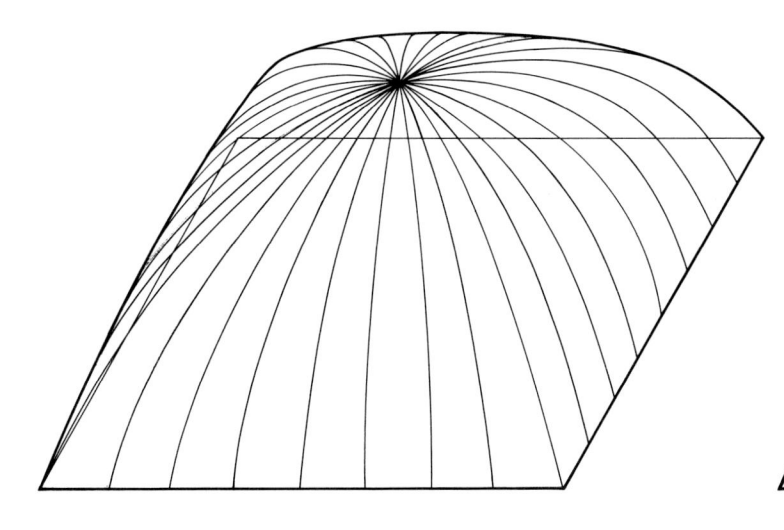

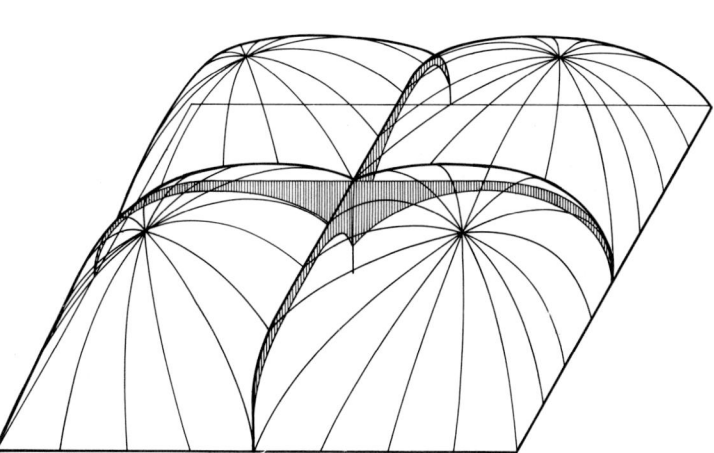

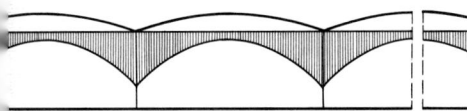

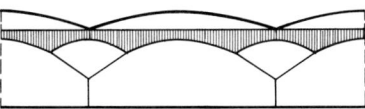

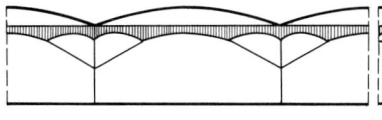

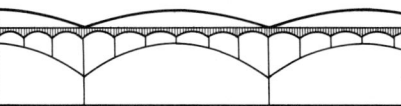

Membranrippe / membrane rib

Ausbildung der Membranrippen / design of membrane ribs

Pneusysteme / pneumatic systems

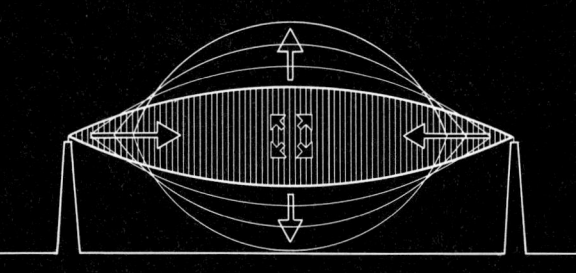

Doppelmembran-Systeme / double membrane systems

Durch unteren Abschluß des Überdruck-Raumes mit zweiter Membrane (statt Einbeziehung des Fußbodens) können Räume überspannt werden, die nach außen offen sind. Voraussetzung für die Tragmechanik ist, daß kugelförmiges Aufbauchen der Mitte infolge Innendruck verhindert wird

through closing the pressurized air space with another membrane underneath (instead of incorporating the floor) spaces can be spanned that are open to the outside. prerequisite to the bearing mechanism is that the membrane is kept from bulging in its middle toward a spherical shape

Rückhaltesysteme gegen Ausbauchen / restraining systems against bulging

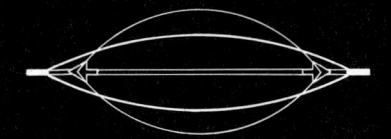

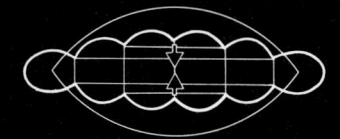

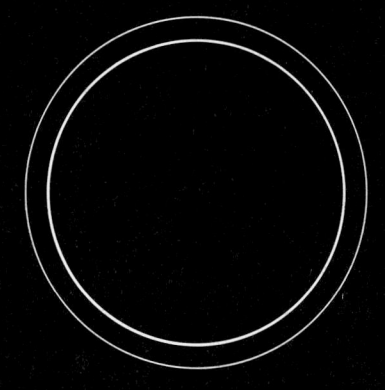

Randbefestigung mit Druckring
edge control with compression ring

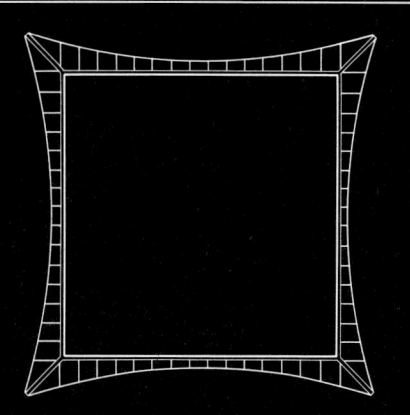

Randbefestigung mit Druckstab und Tragseil
edge control with compression members and suspension cables

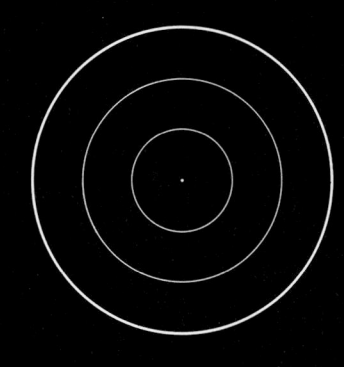

Höhenkontrolle durch innere Seile oder Rippen
height control with inside cables or ribs

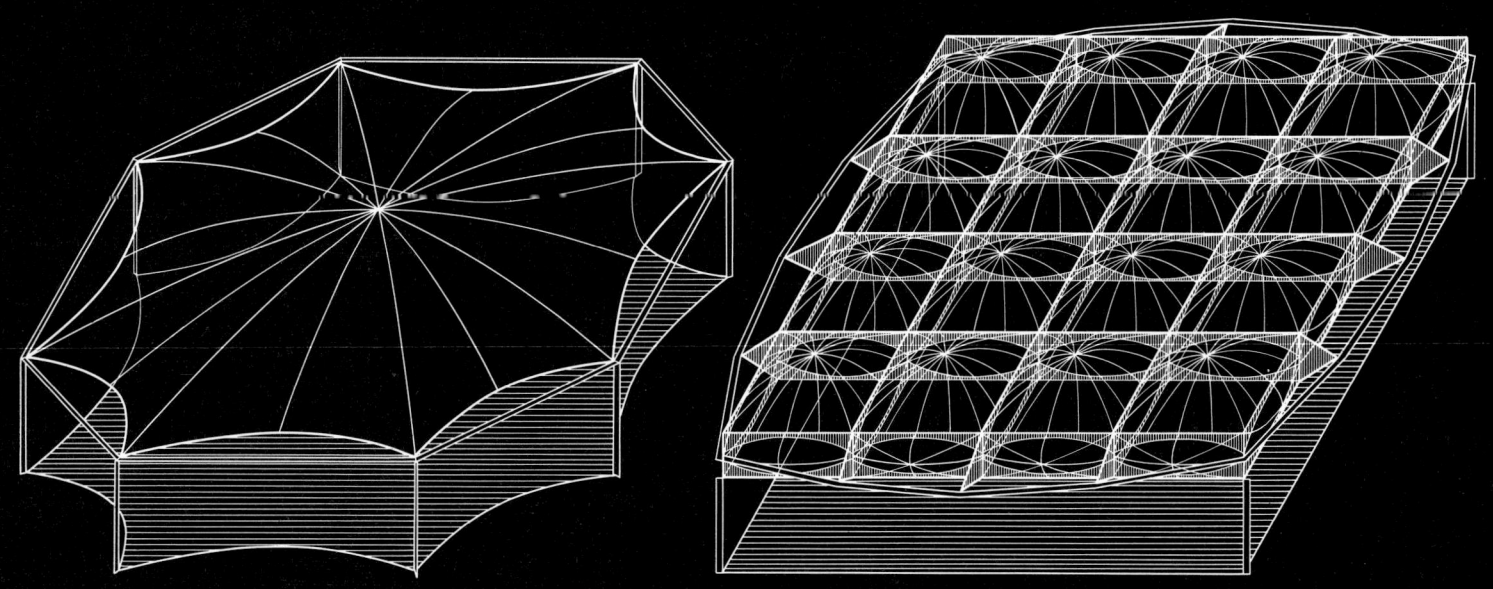

Einkammersystem mit Druckstabring als Rückhaltemechanismus
single chamber system with polygonal compression ring

Mehrkammersystem mit Membranrippen und Druckbögen als Rückhaltemechanismus
multichamber system with membrane ribs and arches as restraining mechanism

Bogensysteme / arch systems

Selbsttragende Formen im einfachen Hänge-oder Stützzustand   self-supporting forms in single compression or tension condition

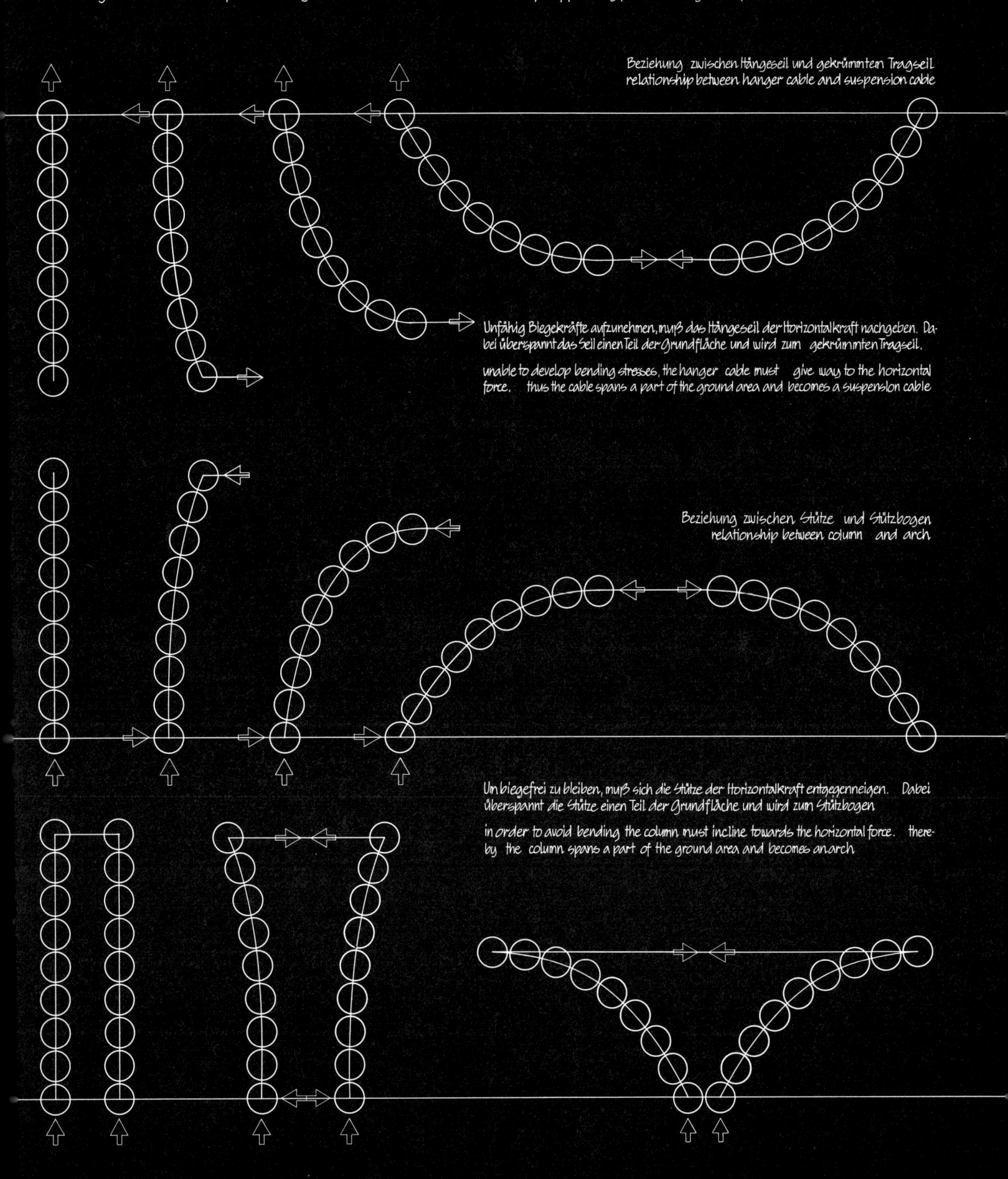

Beziehung zwischen Hängeseil und gekrümmtem Tragseil
relationship between hanger cable and suspension cable

Unfähig Biegekräfte aufzunehmen, muß das Hängeseil der Horizontalkraft nachgeben. Dabei überspannt das Seil einen Teil der Grundfläche und wird zum gekrümmten Tragseil.

unable to develop bending stresses, the hanger cable must give way to the horizontal force. thus the cable spans a part of the ground area and becomes a suspension cable

Beziehung zwischen Stütze und Stützbogen
relationship between column and arch

Um biegefrei zu bleiben, muß sich die Stütze der Horizontalkraft entgegenneigen. Dabei überspannt die Stütze einen Teil der Grundfläche und wird zum Stützbogen

in order to avoid bending the column must incline towards the horizontal force. thereby the column spans a part of the ground area and becomes an arch

Bogensysteme / arch systems

Tragseil und Stützbogen: Tragwerk - Mechanismus
suspension cable and arch   spanning mechanism

Tragseil — suspension cable

Das Tragseil kann nur Zugkräfte aufnehmen. Unter Eigengewicht nimmt es die Gestalt einer Kettenlinie an

the suspension cable is able to develop only tensile stresses. under its own weight it assumes the shape of a catenary

½ Eigengewicht / ½ dead weight
Seilkraft / cable stress
horizontal reaction
vertical reaction

Stützbogen — funicular arch

Das umgekehrte "Tragseil" nimmt nur Druckkräfte auf und zwar von der gleichen Größe wie die Zugkräfte im Tragseil. Die Stützlinie eines Bogens unter Eigengewicht ist daher eine umgekehrte Kettenlinie

the "cable" turned upside down develops only compressive stresses of the same magnitude as the tensile stresses in the cable. the funicular shape for an arch under its own weight thus is an inverted catenary

½ Eigengewicht / ½ dead weight
Stützkraft / arch stress
vertical reaction
horizontal reaction

Stützbogen / Tragseil - Verbindung
arch / suspension cable combination

Die Verbindung von Tragseil und Stützbogen löst keine horizontale Reaktion aus, da die horizontalen Komponenten beider entgegengesetzt sind und einander aufheben

the combination of suspension cable and arch will not produce any horizontal reaction since the horizontal components of both have opposite direction and nullify each other

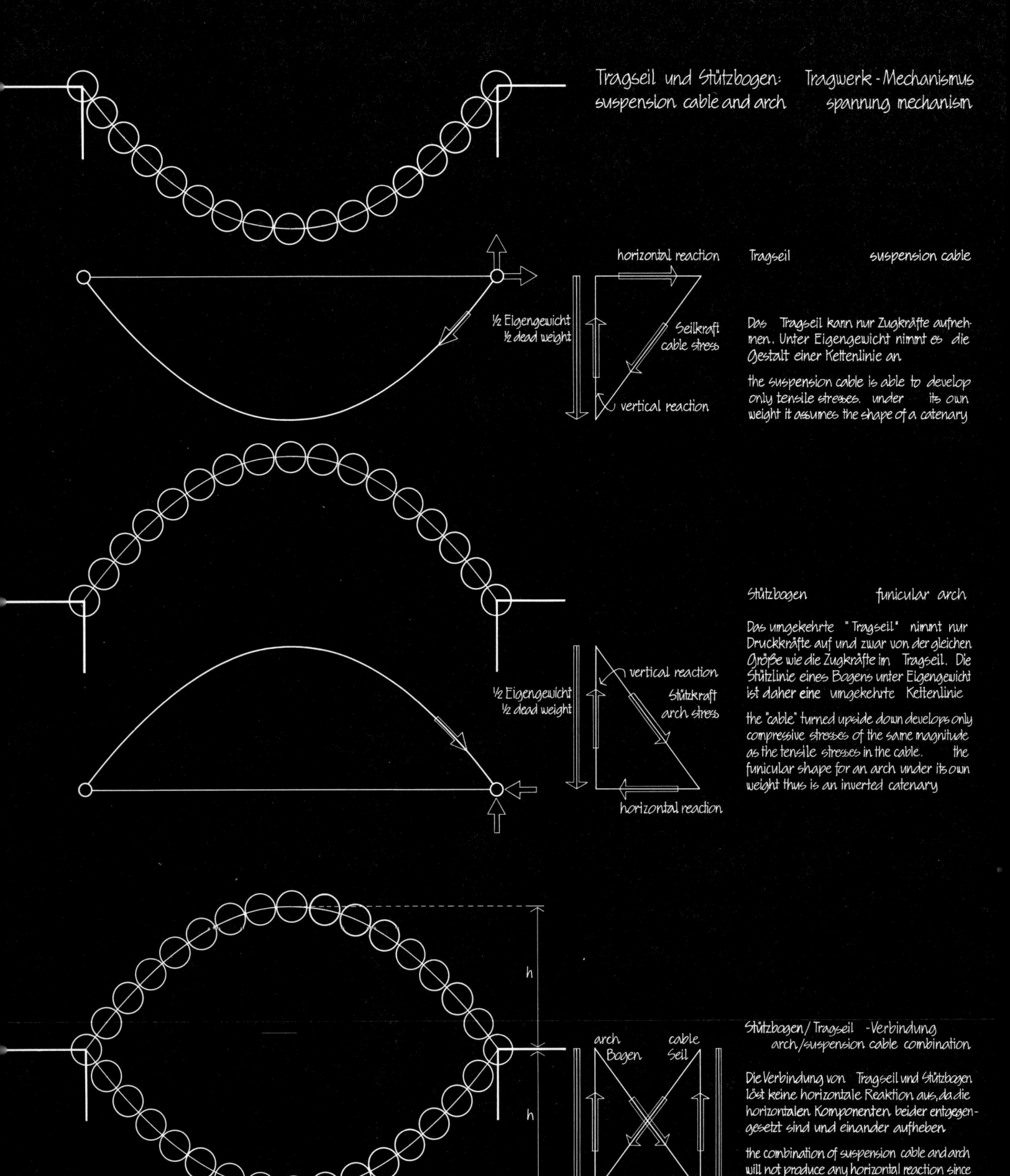

arch / Bogen
cable / Seil
vertical reaction

Bogensysteme / arch systems

Hebelmechanismus des Stützbogens   lever mechanism of funicular arch

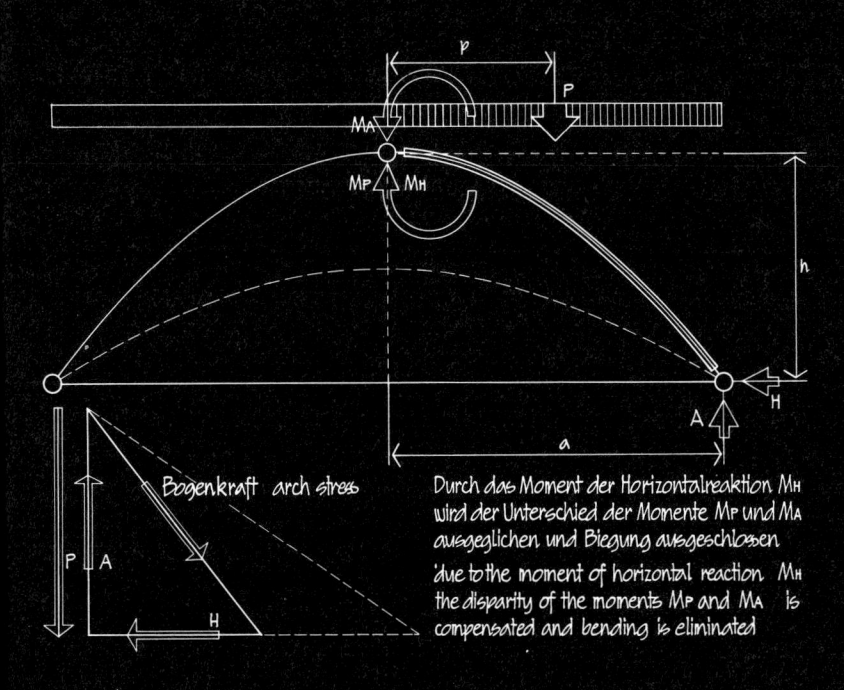

Bogenkraft   arch stress

Durch das Moment der Horizontalreaktion M_H wird der Unterschied der Momente M_P und M_A ausgeglichen und Biegung ausgeschlossen
due to the moment of horizontal reaction M_H the disparity of the moments M_P and M_A is compensated and bending is eliminated

Bogensysteme gekennzeichnet durch Art der Horizontalschub-Aufnahme
arch systems characterized by method of horizontal thrust resistance

erdverankerter B.   foundation arch

Mehrfeldbogen   continuous arch

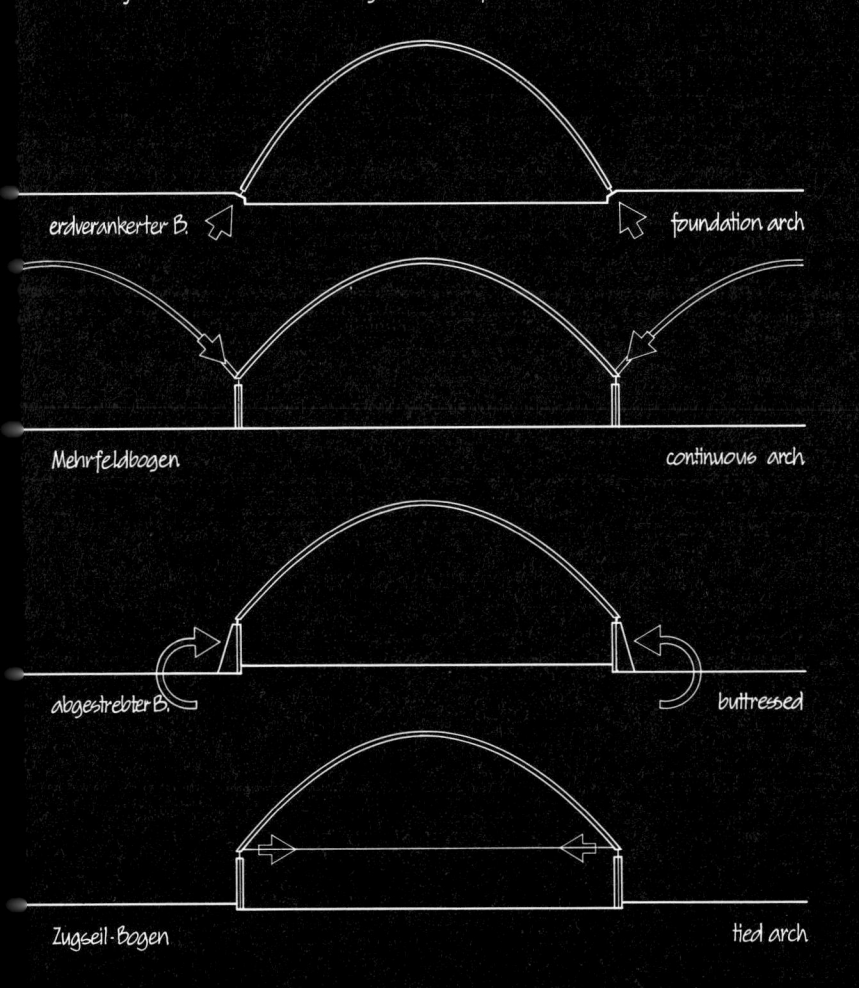

abgestrebter B.   buttressed

Zugseil-Bogen   tied arch

Geometrische Formen   geometrical forms
in Abhängigkeit von Belastungszustand / dependance on load condition

Kettenlinie
catenary

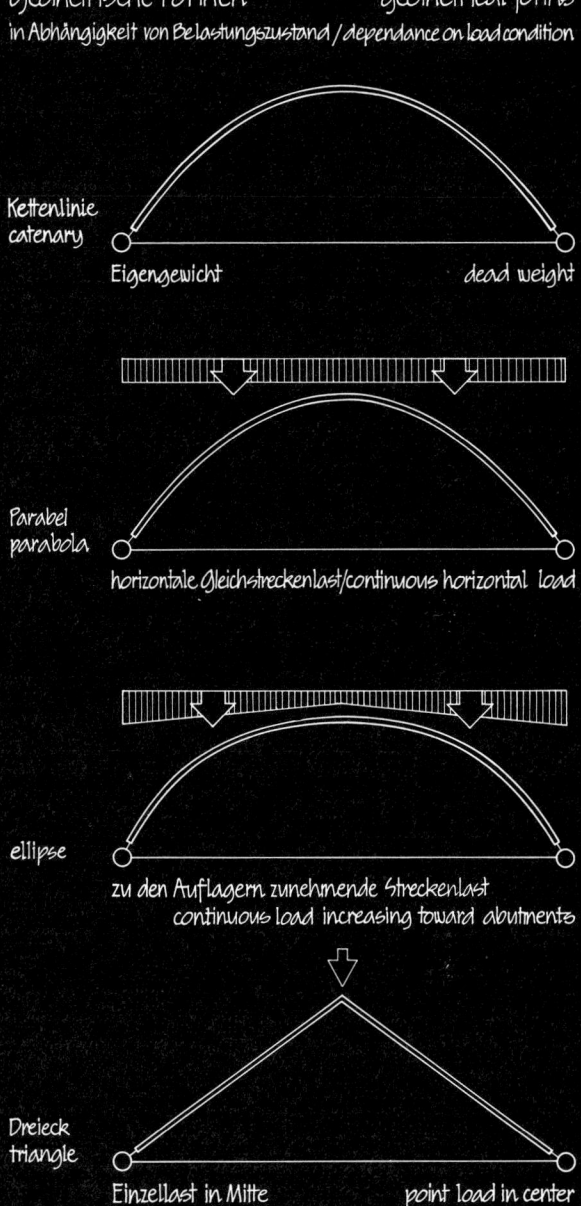

Eigengewicht   dead weight

Parabel
parabola

horizontale Gleichstreckenlast/continuous horizontal load

ellipse

zu den Auflagern zunehmende Streckenlast
continuous load increasing toward abutments

Dreieck
triangle

Einzellast in Mitte   point load in center

trapezoid

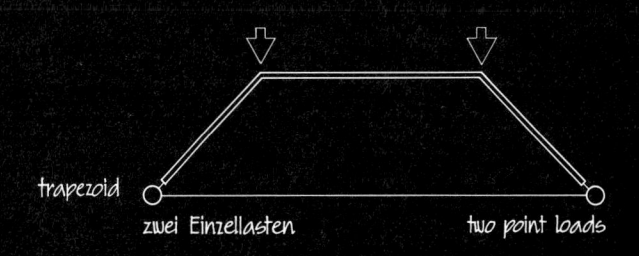

zwei Einzellasten   two point loads

polygon

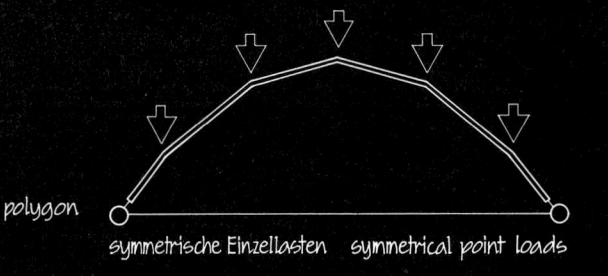

symmetrische Einzellasten   symmetrical point loads

Bogensysteme / arch systems

Einfluß der Scheitelhöhe auf die Auflagerkräfte
influence of arch rise on hinge stresses

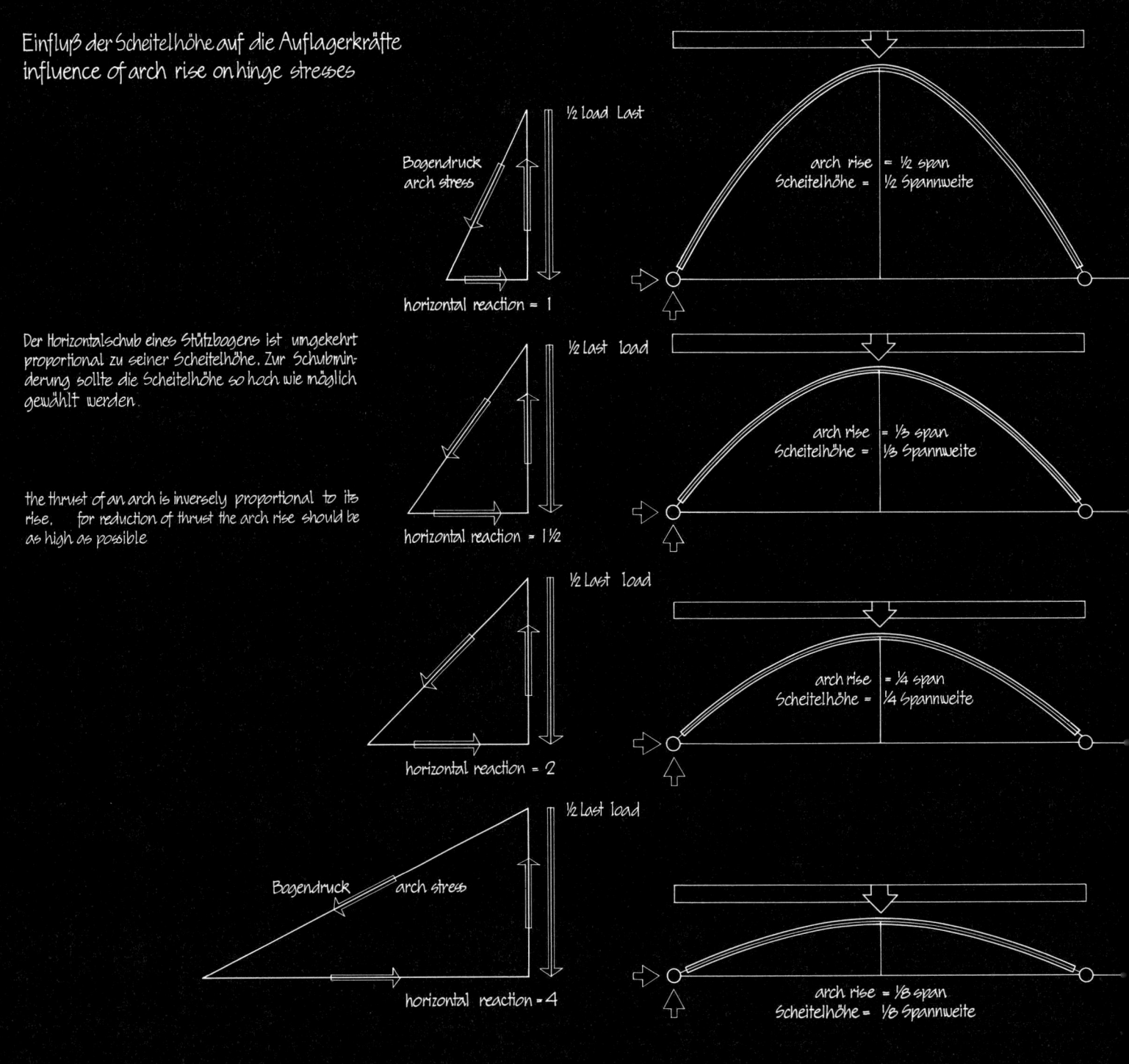

Der Horizontalschub eines Stützbogens ist umgekehrt proportional zu seiner Scheitelhöhe. Zur Schubminderung sollte die Scheitelhöhe so hoch wie möglich gewählt werden.

the thrust of an arch is inversely proportional to its rise. for reduction of thrust the arch rise should be as high as possible

½ load Last
Bogendruck / arch stress
horizontal reaction = 1
arch rise = ½ span
Scheitelhöhe = ½ Spannweite

½ Last load
horizontal reaction = 1½
arch rise = ⅓ span
Scheitelhöhe = ⅓ Spannweite

½ Last load
horizontal reaction = 2
arch rise = ¼ span
Scheitelhöhe = ¼ Spannweite

½ Last load
Bogendruck arch stress
horizontal reaction = 4
arch rise = ⅛ span
Scheitelhöhe = ⅛ Spannweite

Vergleich zwischen Balkenmechanismus und Bogenmechanismus
comparison between beam mechanism and arch mechanism

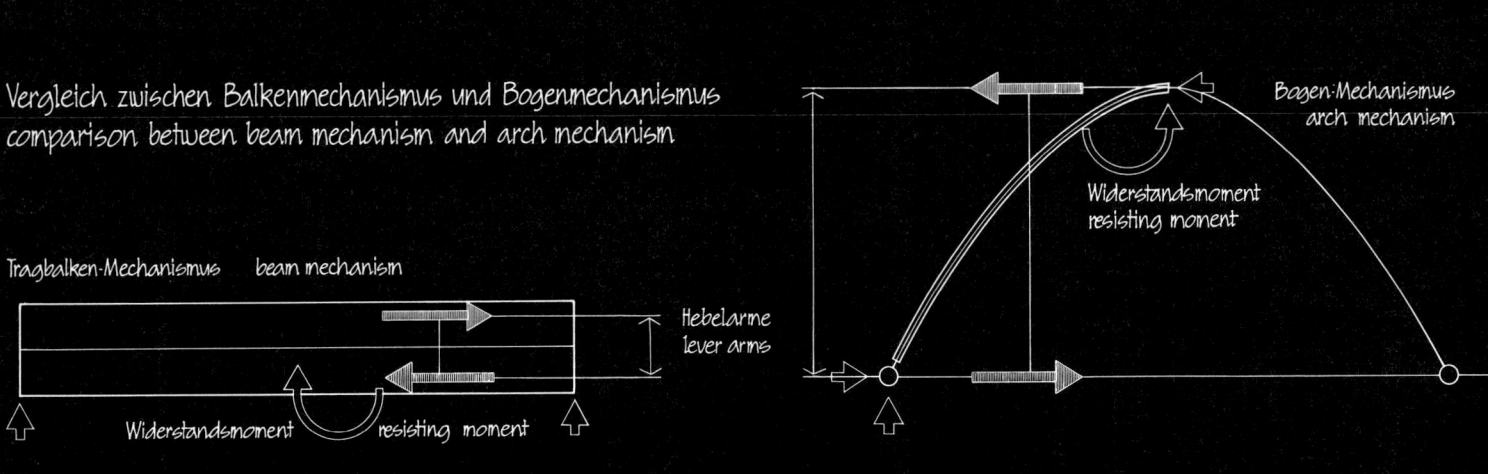

Tragbalken-Mechanismus beam mechanism
Hebelarme / lever arms
Widerstandsmoment / resisting moment

Bogen-Mechanismus / arch mechanism
Widerstandsmoment / resisting moment

Bogensysteme / arch systems

Beziehung zwischen Tragseil und Stützbogen — relationship between suspension cable and funicular arch

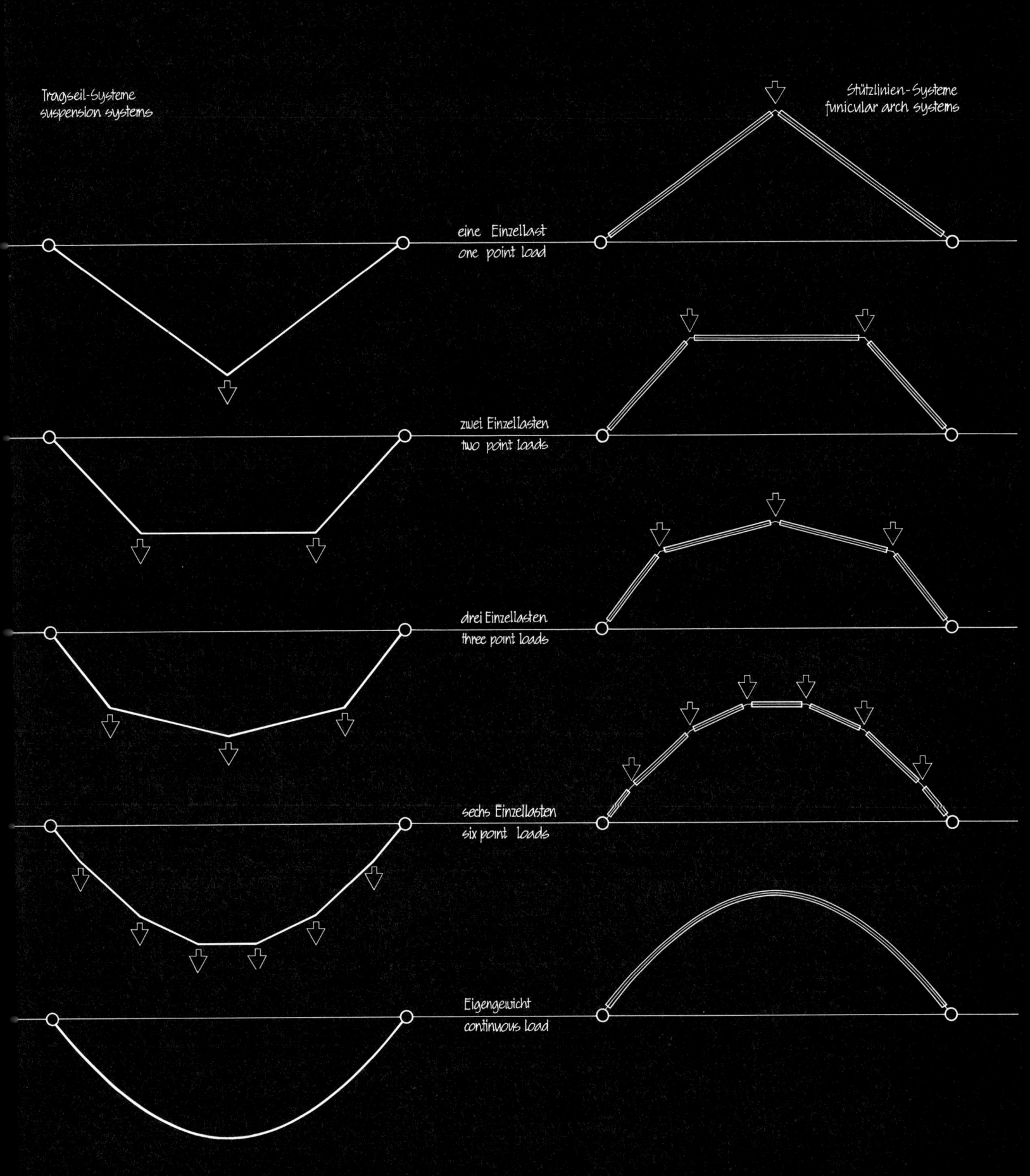

Tragseil-Systeme / suspension systems

Stützlinien-Systeme / funicular arch systems

eine Einzellast / one point load

zwei Einzellasten / two point loads

drei Einzellasten / three point loads

sechs Einzellasten / six point loads

Eigengewicht / continuous load

Bogensysteme / arch systems

Biegung infolge Abweichung der Bogenmittellinie von der Stützlinie
bending due to deviation of center line from funicular curve

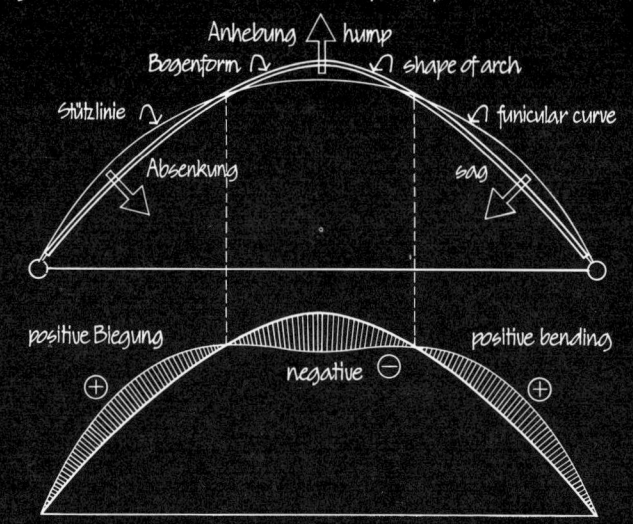

Jede Abweichung der Bogenmittellinie von der Stützlinie bewirkt, daß der Bogen sich entweder hebt oder senkt, und verursacht dadurch Biegung
any deviation of the arch center line from the funicular compression line will cause either hump or sag of the arch resulting in bending

Biegung infolge vertikaler oder horizontaler Zusatzlasten
bending due to additional vertical or horizontal loading

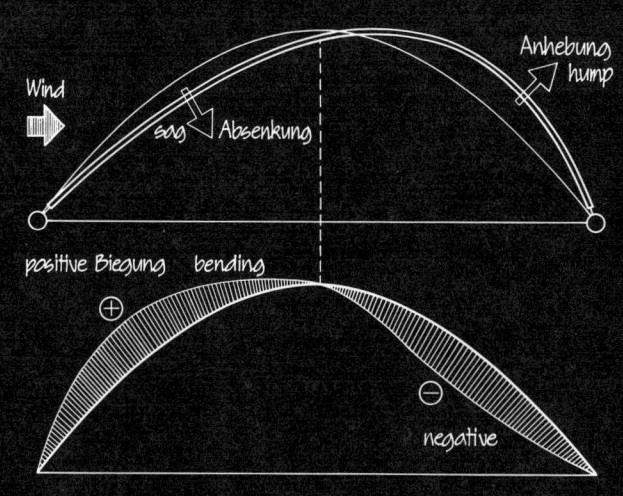

Jede Zusatzlast bewirkt, daß die Bogenform sich ändert und somit die Mittellinie von der Stützlinie abweicht. Es entsteht Biegung
any additional load will cause deflection of the arch and hence deviation from the funicular line of compression resulting in bending

Temperaturveränderungen   thermal changes
Fundamentsetzungen   foundation settings

Ausdehnung (Kontraktion) durch Temp. Änderung verursacht Biegung
extension (contraction) due to thermal changes introduces bending

verschobene Belastung durch ungleiche Setzungen bewirkt Biegung
different loading caused by unequal setting produces bending

Bogensysteme / arch systems

Vergleich zwischen Zweigelenkbogen und Dreigelenkbogen — comparison between two-hinged arch and three-hinged arch

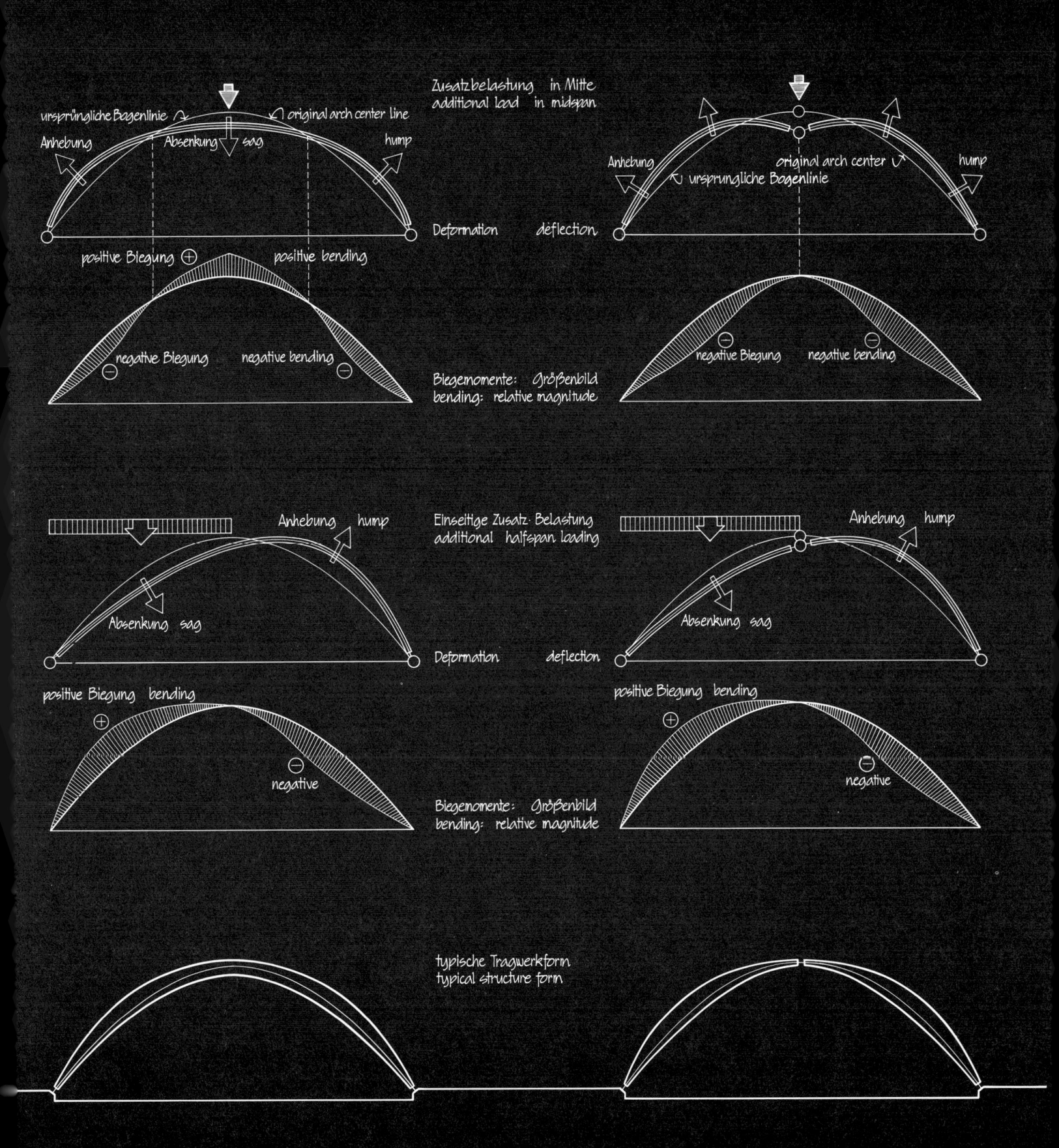

Zusatzbelastung in Mitte / additional load in midspan

ursprüngliche Bogenlinie / original arch center line
Anhebung — Absenkung / sag — hump
Deformation / deflection

positive Biegung ⊕ / positive bending
negative Biegung ⊖ / negative bending
Biegemomente: Größenbild / bending: relative magnitude

Einseitige Zusatz-Belastung / additional halfspan loading

Anhebung / hump
Absenkung / sag
Deformation / deflection

positive Biegung / bending ⊕
negative ⊖
Biegemomente: Größenbild / bending: relative magnitude

typische Tragwerkform / typical structure form

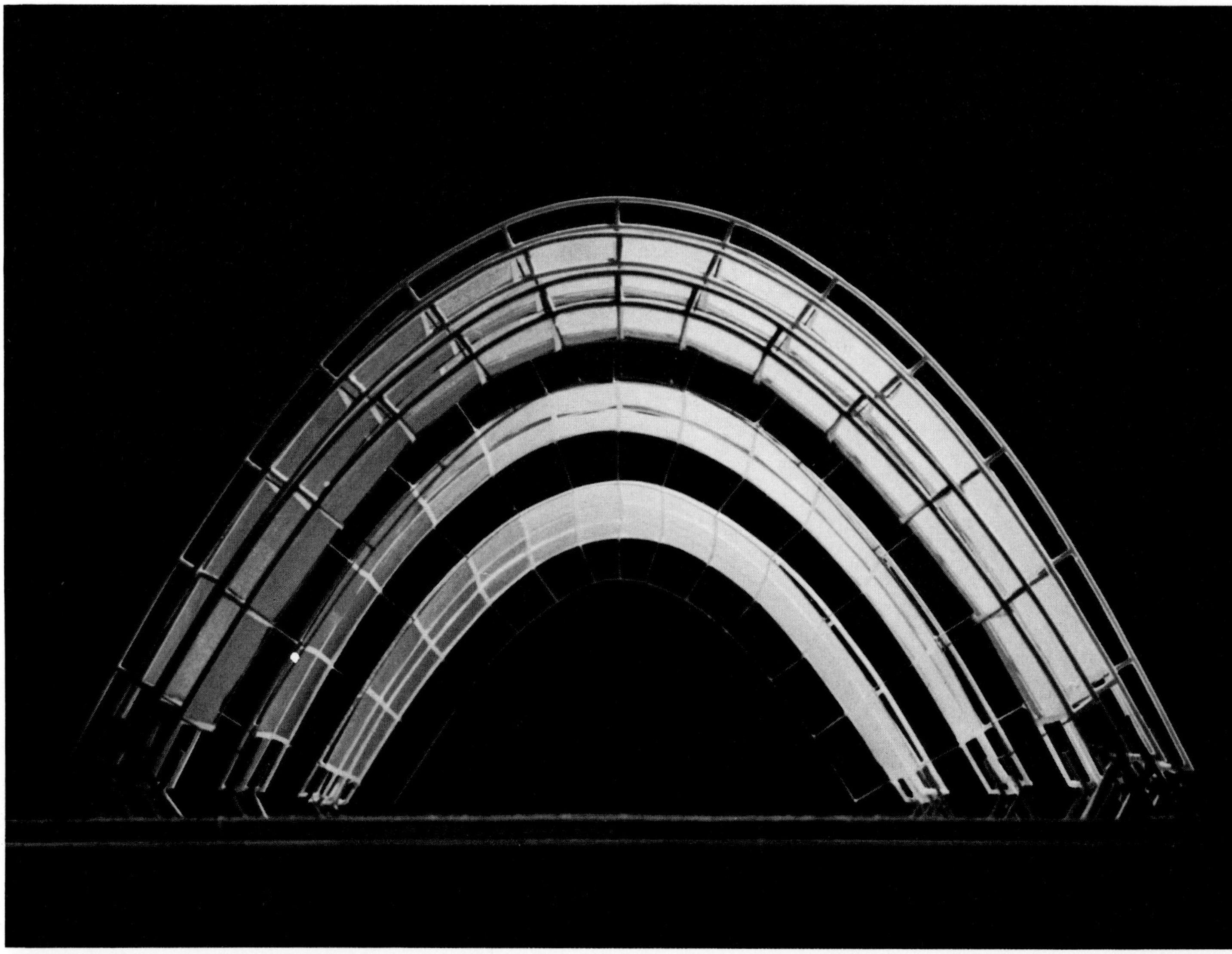

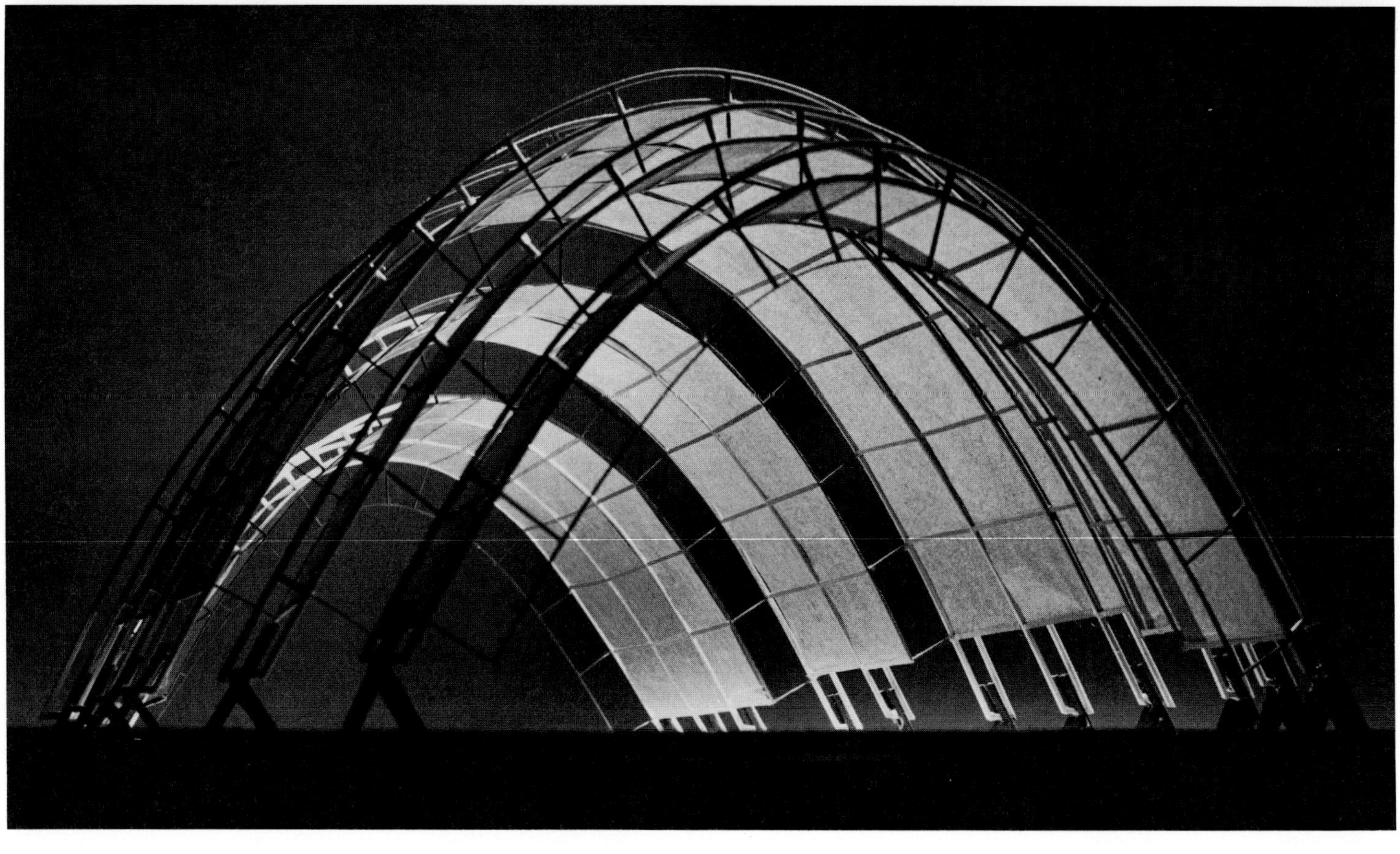

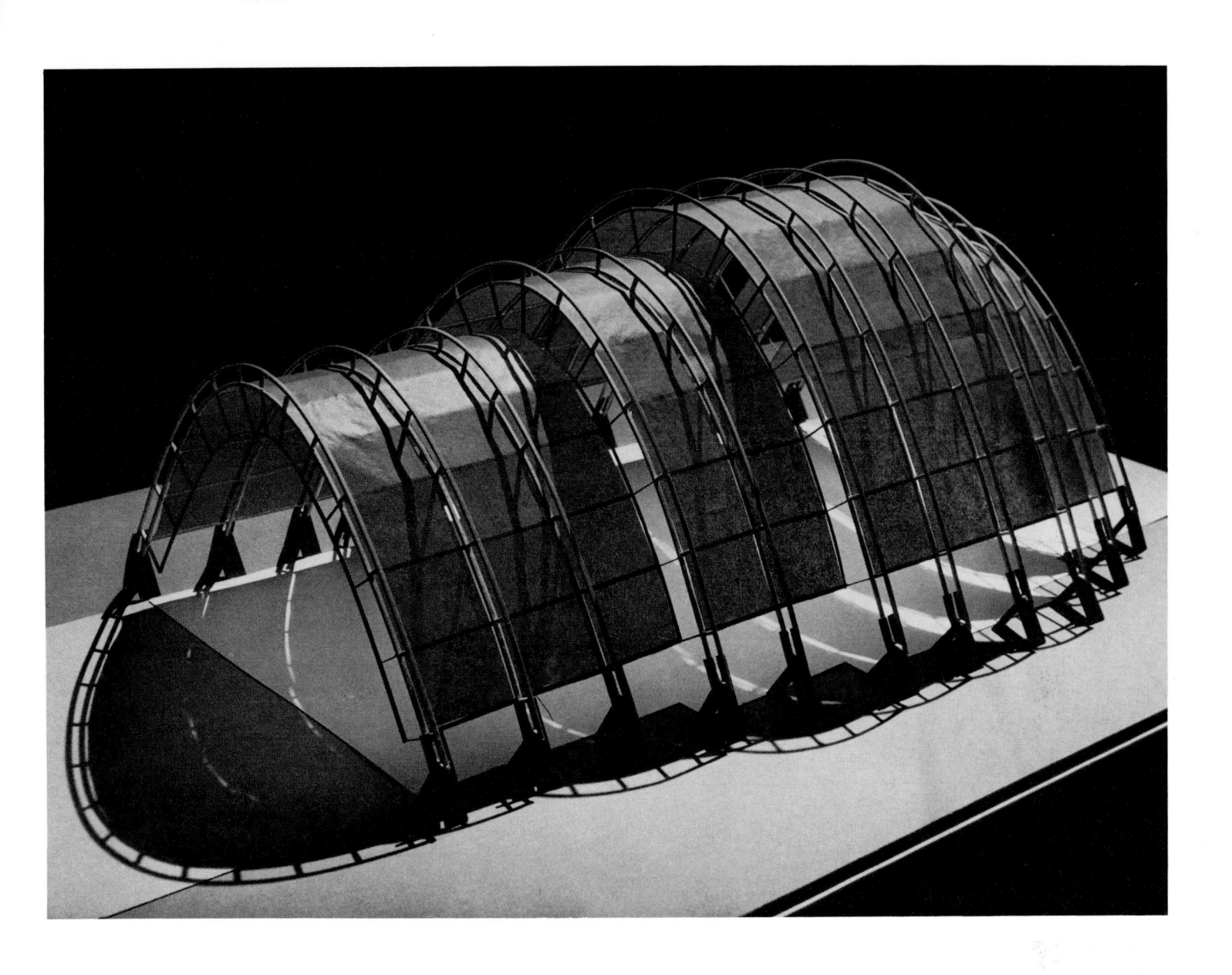

Bogensystem mit verschieden großen Zweigelenkbögen

arch system with different-sized two-hinged arches

Bogensysteme / arch systems

Weitgespannte Tragsysteme mit Zweigelenkbögen — longspan structure systems with two-hinged arches

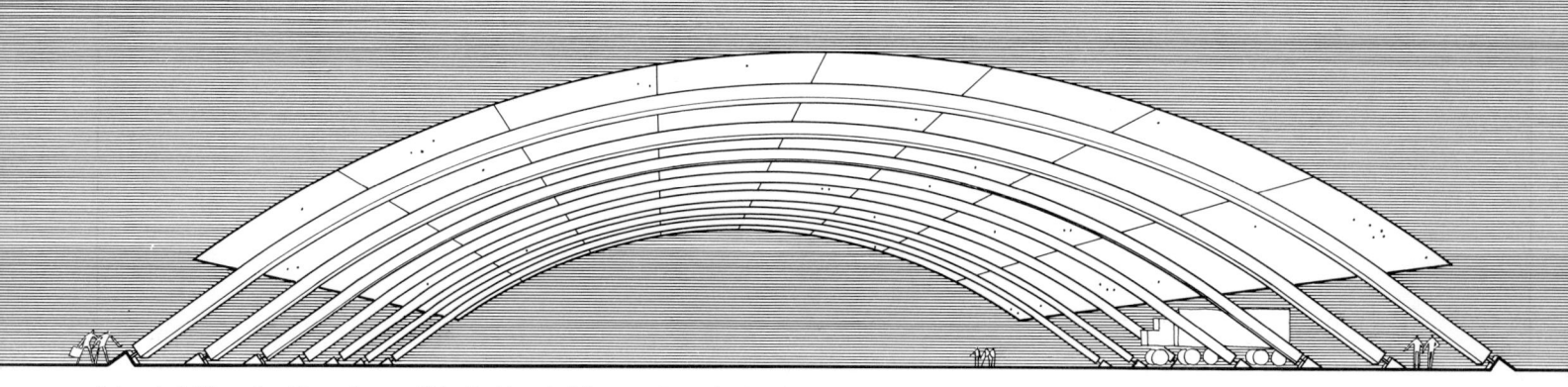

Erdverankerte Bögen mit aufliegender gewölbter Dachkonstruktion   Form der Stützlinie: Kettenlinie   Scheitelhöhe = 1/5 Spannweite
foundation arches with curved roof structure on top   funicular curve: catenary   arch rise = 1/5 span

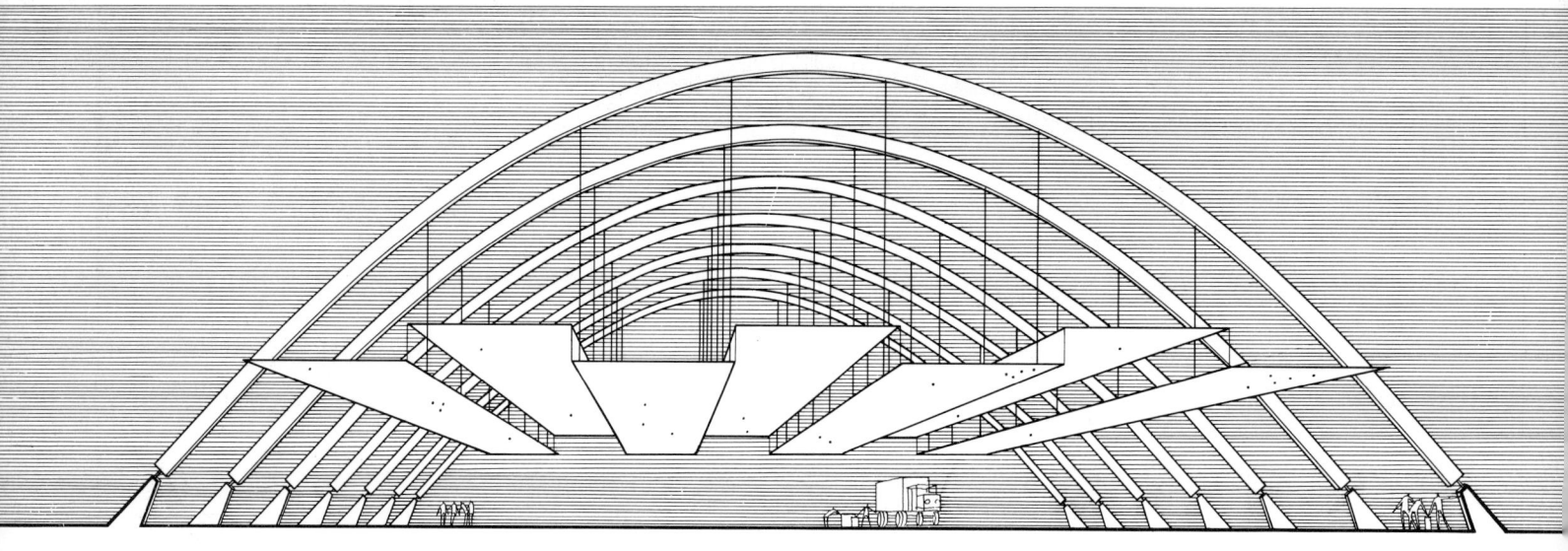

Abgestrebte Bögen mit abgehängter horizontaler Dachkonstruktion   Form der Stützlinie: parabolisches Polygon   Scheitelhöhe = 1/3 Spannweite
buttressed arches with suspended horizontal roof structure   funicular curve: parabolic polygon   arch rise = 1/3 span

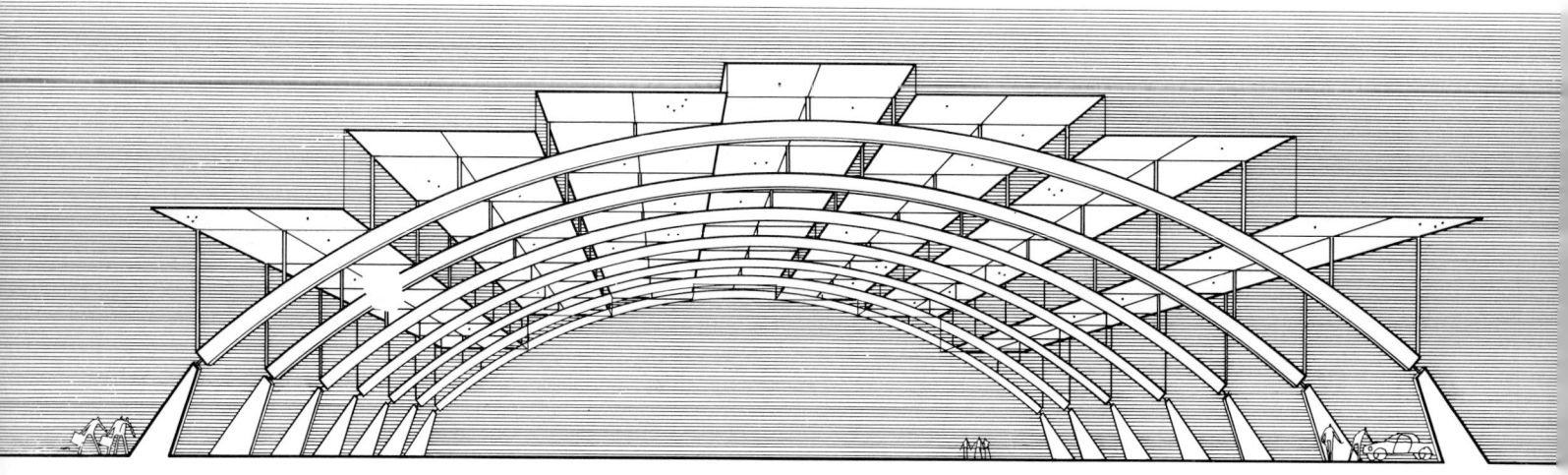

Abgestrebte Bögen mit aufgesetzter horizontaler Dachkonstruktion   Form der Stützlinie: parabolisches Polygon   Scheitelhöhe = 1/5 Spannweite
buttressed arches supporting horizontal roof structure atop   funicular curve: parabolic polygon   arch rise = 1/5 span

Weitgespannte Tragsysteme mit Dreigelenkbögen — longspan structure systems with three-hinged arches

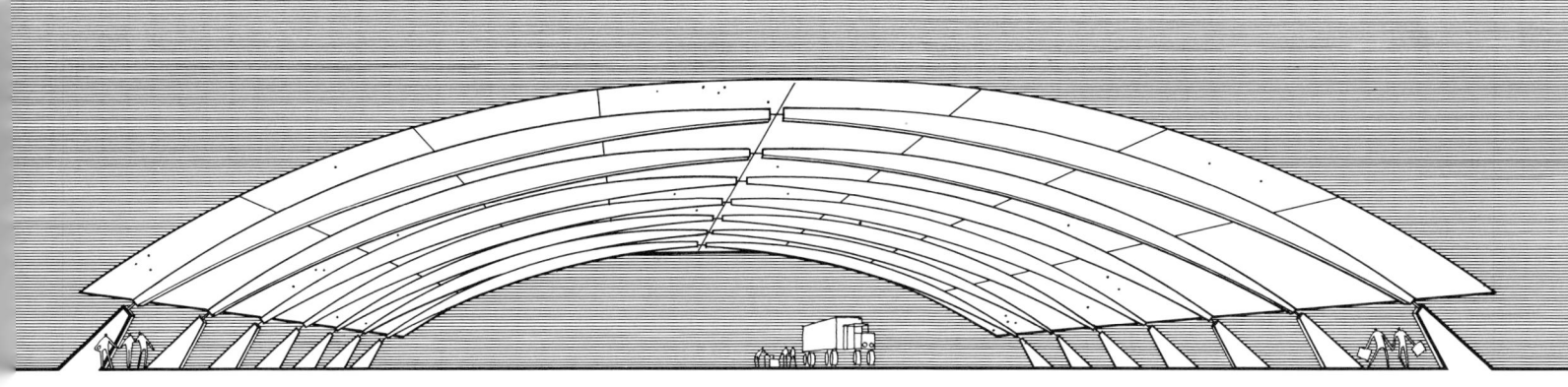

Abgestrebte Bögen mit aufliegender gewölbter Dachkonstruktion — Form der Stützlinie: Kettenlinie — Scheitelhöhe = 1/7 Spannweite
buttressed arches with curved roof structure atop — funicular curve: catenary — arch rise = 1/7 span

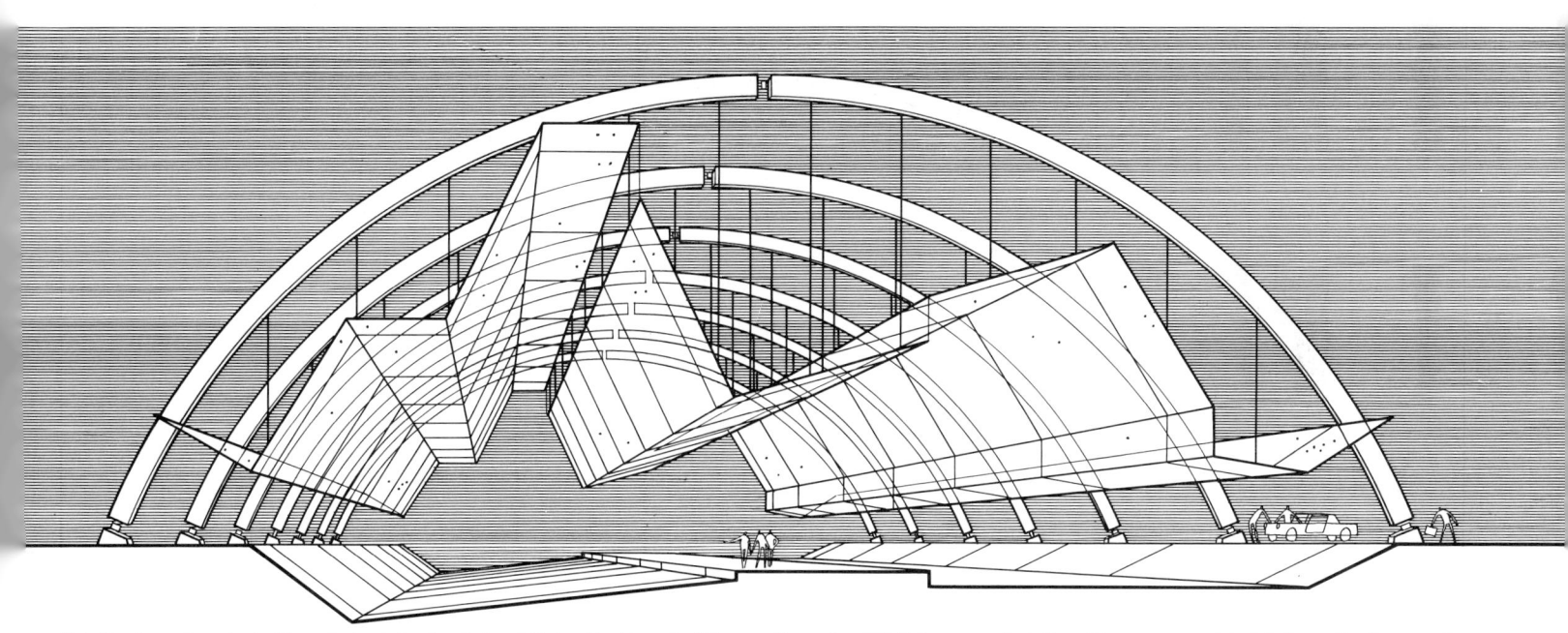

Kreisförmige erdverankerte Bögen mit abgehängter freigestalteter Dachkonstruktion — Form der Stützlinie: unregelmäßiges Polygon — Scheitelhöhe = 1/3 Spannweite
segmental foundation arches with suspended free-form roof structure — funicular curve: irregular polygon — arch rise = 1/3 span

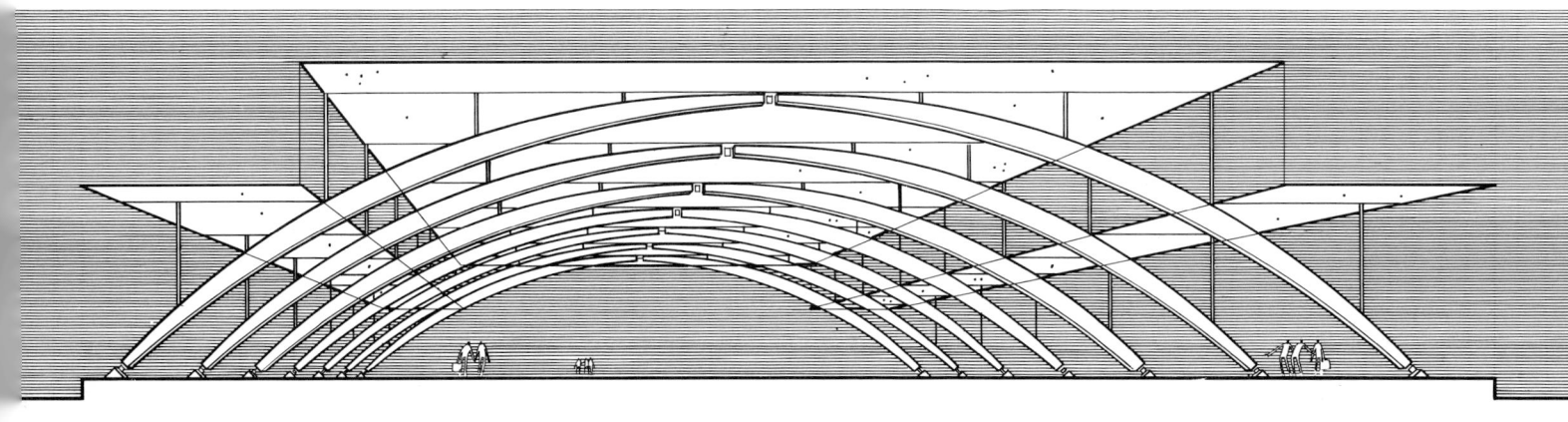

erdverankerte Bögen mit aufgesetzter horizontaler Dachkonstruktion — Form der Stützlinie: parabolisches Polygon — Scheitelhöhe = 1/5 Spannweite
foundation arches supporting horizontal roof structure atop — funicular curve: parabolic polygon — arch rise = 1/5 span

Vektoraktive Tragsysteme
Vector-active Structure Systems

2

Kurze, feste, geradlinige Elemente, d. h. Stäbe, sind Konstruktionsglieder, die wegen ihres geringen Querschnittes im Verhältnis zur Länge nur Kräfte in Stabrichtung, d. h. Normalkräfte (Zug und/oder Druck) übertragen können: Druck- und Zugstäbe.

Druck- und Zugstäbe im Dreiecksverband bilden ein stabiles in sich geschlossenes Gefüge, das bei entsprechender Auflagerung unterschiedliche und asymmetrische Lasten an die äußeren Endpunkte abträgt.

Druck- und Zugstäbe, in bestimmter Weise geordnet und zusammengefügt zu einem System mit gelenkigen Knotenpunkten, bilden Mechanismen, die Kräfte umlenken und Lasten über weite Räume stützenfrei abtragen können: vektoraktive Tragsysteme.

Kennzeichen der vektoraktiven Tragsysteme ist der Dreiecksverband.

Vektoraktive Tragsysteme bewirken die Kraftumlenkung, indem sie die äußeren Kräfte mittels zweier oder mehrerer Stäbe in verschiedene Richtungen aufspalten und sie durch geeignete Gegenkräfte, Vektoren, im Gleichgewicht halten.

Die Stellung der Stäbe gegenüber der Richtung des äußeren Kraftangriffes in vektoraktiven Tragsystemen bestimmt die Größe der Vektorkräfte in den Stäben. Günstig ist ein Winkel von 45° – 60° gegenüber der Kraftrichtung; er bewirkt eine wirksame Umlenkung mit geringen Vektorkräften.

Vektoraktive Tragsysteme sind Stabgefüge, deren Wirkungsweise auf einem vielgliedrigen Zusammenspiel von einzelnen Zug- und Druckelementen beruht.

Kenntnis, wie Kräfte durch Vektorenspaltung umgelenkt und Vektorkräfte selbst in ihrer Größenordnung kontrolliert werden können, ist unerläßliche Voraussetzung für die Entwicklung von Tragwerkideen auf vektoraktiver Grundlage.

Da Kräftezerlegung und Kräftezusammensetzung im Grund der Kern jeder physisch-mechanischen Umbildung und daher Wesen des Entwurfes jedes Tragmechanismus ist, betreffen die Grundlagen der vektoraktiven Mechanismen nicht nur Fachwerksysteme, sondern jedes Formgebilde, das die Aufgabe hat, Kräfte umzulenken, um Freiraum zu schaffen.

Kraftumlenkung durch Vektorenmechanismus muß nicht nur in einer Ebene und Lastabtragung nicht nur in einer Achse erfolgen. Kräftespaltung kann sich sowohl in gekrümmten Flächen als auch in dreidimensionaler Richtung vollziehen.

Durch Anordnung von Stäben in einfach- oder doppelt gekrümmten Flächen wird der Vorteil der formaktiven Kraftumlenkung integriert und dadurch ein zusammenhängender Trag- und Widerstandsmechanismus geschaffen: gekrümmte Fachwerksysteme.

Durch zweiachsige Ausbreitung von Stabsystemen im Dreiecksverband entsteht das ebene Raumfachwerk.

Kenntnis der Raumgeometrie, der Systematik der Vielflächner und der Gesetzmäßigkeit der sphärischen Trigonometrie ist Voraussetzung für die Anwendung der vielfältigen Gestaltungsmöglichkeiten räumlicher Fachwerke.

Vektoraktiver Umlenkungsmechanismus kann auch auf andere Tragsysteme angewandt werden, besonders wenn diese wegen zu großen Eigengewichtes an die Grenzen der Unausführbarkeit gelangt sind. Stützbögen, Rahmen oder Schalen können also auch als Fachwerksystem ausgebildet werden.

Vektoraktive Tragsysteme können hinsichtlich ihrer Kräfteverteilung auch mit denjenigen kompakten Tragwerken verglichen werden, denen sie ihrer äußeren Form nach entsprechen: in einem beidseitig unterstützten Fachwerkträger mit Parallelgurten ähneln die Stabkräfte hinsichtlich Richtung und Größenrelation den inneren Kräften eines Balkenträgers auf zwei Stützen.

Wegen der hohen Wirksamkeit gegenüber wechselnden Lastbedingungen und wegen der Zusammensetzung aus kleinmaßstäblichen, geradlinigen Elementen eignen sich vektoraktive Gefüge hervorragend als vertikale Tragsysteme für Hochhäuser.

Vektoraktive Systeme haben große Vorteile als senkrechte Tragsysteme für Hochhäuser. In geeigneter Zusammensetzung können sie die statischen Funktionen linearer Lastenbündelung, direkter Lastenabtragung und seitlicher Windaussteifung kombinieren.

Wegen ihrer unbegrenzten Möglichkeiten, mit standardisierten Elementen bei geringster Raumbehinderung sich in drei Dimensionen auszubreiten, sind vektoraktive Tragsysteme die geeignete Tragform für die dynamischen Stadtgebilde der Zukunft.

Vektoraktive Tragsysteme sind Voraussetzung für ein breites Eindringen des Städtebaues in die dritte Dimension der Höhe. Nur durch vektoraktive Raumtragwerke kann die technische Erschließung des dreidimensionalen Raumes im urbanen Maßstab erfolgen.

Kenntnis der vektoraktiven Tragsysteme ist also nicht nur Wissensgrundlage für den Entwerfer von Hochhäusern, sondern auch für den Planer zukünftiger dreidimensionaler Stadtstrukturen.

Vektoraktive Tragsysteme sind in ihrer skelettartigen Transparenz überzeugender Ausdruck des Erfindungsgeistes, Kräfte zu manipulieren und Schwerkraft zu meistern.

Wegen der bislang rein ingenieursmäßigen Behandlung der Fachwerke ist das ästhetische Potential der vektoraktiven Systeme bis heute ungenutzt geblieben. Ihre Anwendung im Hochbau ist daher gekennzeichnet durch hohes Leistungsvermögen einerseits und durch Vernachlässigung der gestalterischen Möglichkeiten andererseits.

Mit der Entwicklung klarer, akzentuierter Knotenpunkte und einfacher, schlanker Stabquerschnitte werden Dreiecksverband und Fachwerksystem im zukünftigen Bauen auch ästhetisch gemeistert werden und jene formbestimmende Rolle spielen, die ihnen aufgrund von Gestaltungspotential und Leistungsfähigkeit zukommt.

Short, solid, straight-line elements, i.e. lineal members are structural components that because of their small section in comparison to their length can transmit only forces in direction of their length, i.e. normal stresses (tension and/or compression): compressive and tensile members.

Compressive and tensile members in triangular assemblage form a stable composition complete in itself, that, if suitably supported, receives asymmetrical and changing loads and transfers them to the ends.

Compressive and tensile members, arranged in a certain pattern and put together in a system with hinged joints, form mechanisms that can redirect forces and can transmit loads over long distances without intermediate supports: vector-active structure systems.

Distinction of vector-active structure systems is the triangulated assemblage of straight-line members: triangulation.

Vector-active structure systems effect redirection of forces in that external forces are split up into several directions by two or more members and are held in equilibrium by suitable counter forces, vectors.

The position of truss members in relation to the external stress direction determines in vector-active structure systems the magnitude of vector stresses in the members. Suitable is an angle between 45°–60° to the direction of force; it achieves effective redirection with relatively small vector forces.

Vector-active structure systems are multi-component systems, the mechanism of which rests upon the concerted action of individual tensile and compressive members.

Knowledge of how forces can be made to change direction by means of vector fissure and how the magnitude of vector forces themselves can be checked is indispensable prerequisite for the evolution of structure ideas on a vector-active basis.

Since resolution and combination of forces is basically the core of any physico-mechanical transformation and consequently the essence of the design of any bearing mechanism, the basics of the vector-active mechanisms concern not only the truss systems but any form creation that is intended to redirect forces in order to provide open space.

Redirection of forces through vector mechanism has not necessarily to occur in but one plane, nor load distribution in but one axis. Fissure of forces can be also accomplished both in curved planes or three-dimensional directions.

By arranging the members in singly or doubly curved planes the advantage of form-active redirection of forces is integrated and thus a cohesive load-carrying and stress resisting mechanism is set up: curved truss system.

Biaxial expansion of triangulated lattice girders leads to the planar space truss.

Knowledge of space geometry, the systematics of polyhedra and the laws of spherical trigonometry is prerequisite for utilizing the multiple design possibilities of space trusses.

The mechanism of vector-active redirection of forces can be applied also to other structure systems, especially if these, because of dead weight increase, have reached the limits of feasibility. Thus arches, frames, or shells can also be designed as trussed systems.

With regard to the distribution of stresses vector-active structure systems can be compared with those compact structures that have the same shape: in a simply supported trussed girder with parallel chords the member stresses with regard to direction and relative magnitude are similar to the inner stresses of a straight beam likewise supported at both ends.

Since vector-active compositions are very efficient with respect to changing load conditions and since they are composed of small-scale, straight-line elements, they are eminently suited to form vertical structure systems for highrise buildings.

Vector-active systems have great advantages as vertical structure systems for highrise buildings. Composed in a suitable pattern they can combine the structural functions of linear load collection, direct load transmission, and lateral wind stability.

Vector-active structure systems, because of their unlimited possibility for three-dimensional expansion with standardized elements at a minimum of space obstruction, are the suitable structure form for the dynamic cities of the future.

Vector-active structure systems are prerequisite for a broad intrusion of city planning into the third dimension of height. Only through vector-active space structures can full technical seizure of three-dimensional space be achieved on urban scale.

Knowledge of vector-active structure systems therefore is not only basic to the designer of highrise buildings, but also for the planner of future three-dimensional city structures.

Vector-active structure systems in their skeletal transparency are convincing expression of man's inventive genius of manipulating forces and mastering gravity.

Because of the purely technical treatment of trusses to date, the aesthetic potential of vector-active systems has remained unused. The employment of vector-active structure systems in building construction therefore is characterized by high-level structural performance on the one hand and low-level aesthetic refinement on the other.

With the development of clean, accentuated joints and simple, lean member sections, triangulated structure and truss systems in future building will be also mastered aesthetically and will play that form-determining role which design potential and structural quality deserve.

Ebene Fachwerksysteme / flat truss systems

Fachwerkmechanismus   Vergleich mit anderen Mechanismen der Kraftumlenkung
truss mechanism   comparison with other mechanisms of redirecting forces

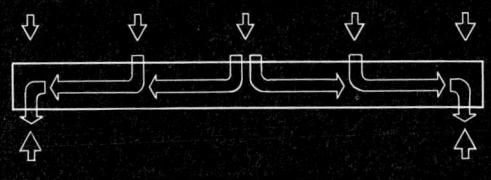

Fachwerksteifigkeit durch Dreiecksverband
truss rigidity through triangulation of frame

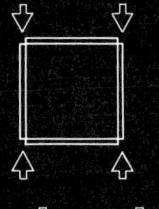

Tragbalken-Mechanismus   beam mechanism

Umlenkung der Außenkräfte durch steifen Materialquerschnitt
redirection of external forces through rigid material section

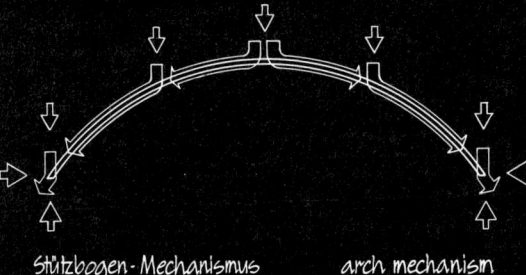

Rahmen mit vier Eckgelenken ist nur theoretisch im Gleichgewicht
frame with four corner hinges is only theoretically in equilibrium

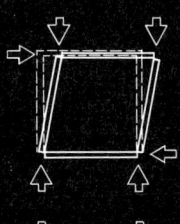

Stützbogen-Mechanismus   arch mechanism

Umlenkung der Außenkräfte durch geeignete Materialform
redirection of external forces through suitable material form

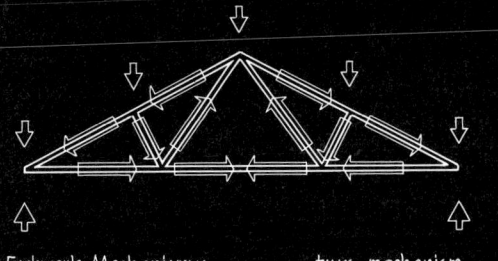

Unter einseitiger Belastung versagt das System, wenn Ecken unversteift bleiben
under asymmetrical load the system will fail as long as corners remain flexible

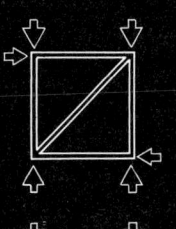

Diagonalstab verhindert Deformation. Der Rahmen wird zum Fachwerk
diagonal member resists deflection. the frame becomes a truss

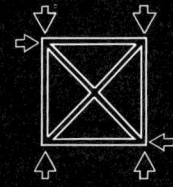

Fachwerk-Mechanismus   truss mechanism

Umlenkung der Außenkräfte durch geeignete Anordnung der Einzelstäbe
redirection of external forces through suitable pattern of individual members

Zweiter Diagonalstab erhöht Versteifung, ist jedoch nicht nötig für Vektorwirkung
second diagonal member increases stiffness, but is not requisite for vector action

System der Vektorenspaltung   system of vector separation

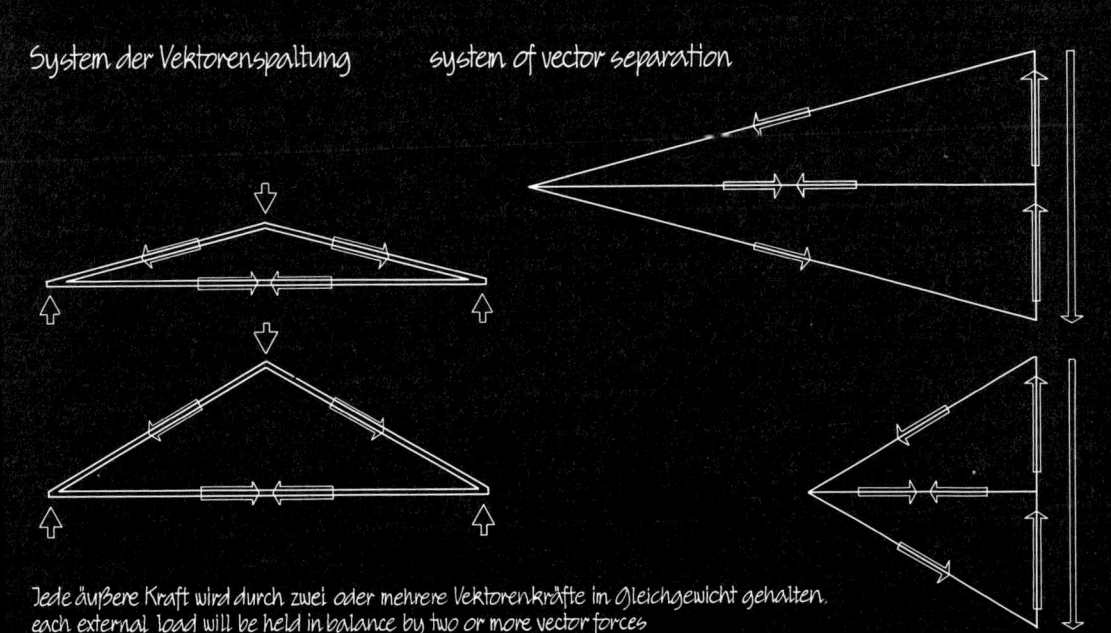

Konstruktionshöhe reduziert =
Die Stabkräfte werden größer, da ihre Komponente in Richtung der äußeren Kraft kleiner und weniger wirksam wird

construction height reduced =
the member forces will increase because their component in direction of external load will decrease and become less efficient

Konstruktionshöhe vergrößert =
Die Stabkräfte werden geringer, da ihre Komponente in Richtung der äußeren Kraft größer und wirksamer wird

construction height increased =
the member forces will decrease because their component in direction of external load will increase and become more effective

Jede äußere Kraft wird durch zwei oder mehrere Vektorenkräfte im Gleichgewicht gehalten.
each external load will be held in balance by two or more vector forces

Ebene Fachwerksysteme / flat truss systems

Einfluß der Felderteilung auf das Spannungsbild
influence of panel division on stress distribution

Belgisches Fachwerk
Belgian truss

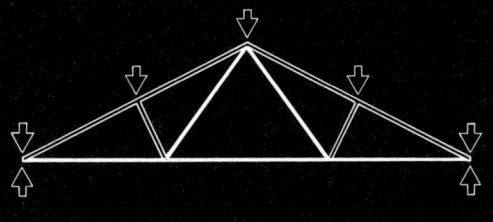

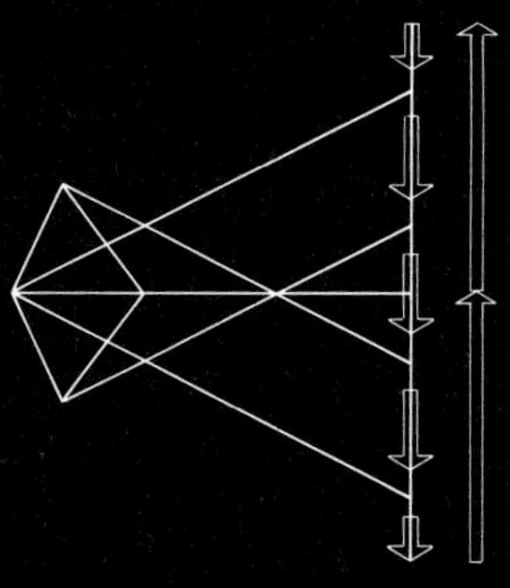

Aufteilung in 4 Felder
design with 4 panels

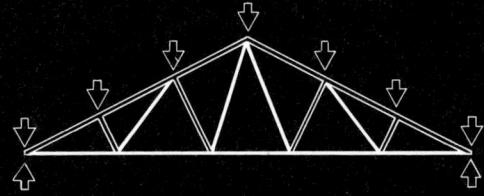

4 Felder   4 panels

Hauptspannungen (Druck) in Obergurtstäben mit kritischen Knicklängen

main stressing (compression) in upper chord members with critical buckling lengths

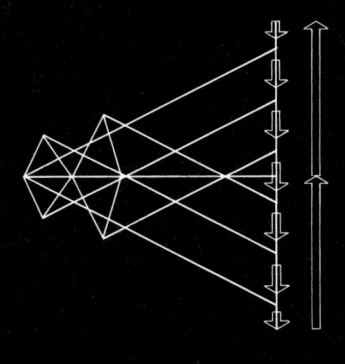

Aufteilung in 6 Felder
design with 6 panels

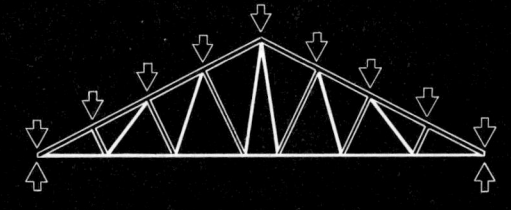

6 Felder   6 panels

Beträchtliche Verkürzung der Knicklängen der Obergurtstäbe. Deutlicher Spannungsrückgang in den Diagonalstäben

considerable reduction of buckling length in the upper chord. definite decrease of stresses in diagonal members

Aufteilung in 8 Felder
design with 8 panels

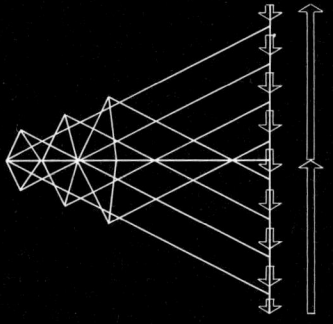

8 Felder   8 panels

Geringfügige Verkürzung der Knicklänge der Obergurtstäbe. Kaum Spannungsrückgang in den Diagonalstäben

minor reduction of buckling length of upper chord members. no sizeable decrease of stresses in diagonal members

Vergleichsgrößen der einzelnen Stabspannungen
comparative stress magnitudes of members

Einfluß der Gittergestaltung auf das Spannungsbild in den Knotenpunkten
influence of web design on stress distribution at joints

Gleichmäßige Belastung des Fachwerkes
uniform loading of truss

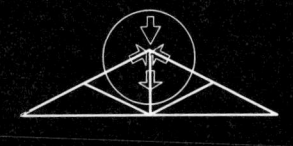

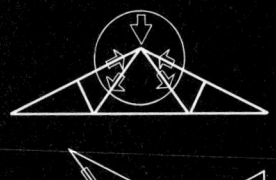

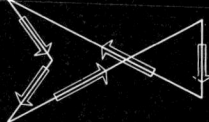

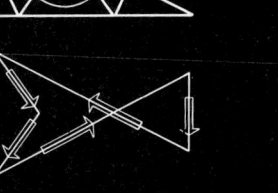

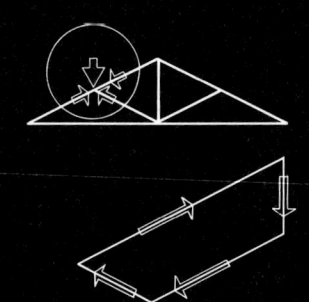

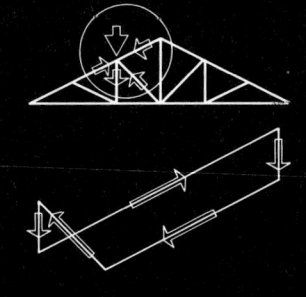

Trotz eines zusätzlichen Stabes erhöhen sich die Stabspannungen am First wegen der unwirksameren Winkel der Zwischenstäbe

inspite of an additional web member the stresses at the ridge joint will increase because of the less effective angle of web members

Trotz Vermehrung der Felder gehen die Stabspannungen am Knotenpunkt kaum zurück wegen der Winkelveränderung der Zwischenstäbe

inspite of increase of panels the stresses in the members at the joint will hardly decrease because of the different angle of web members

Ebene Fachwerksysteme / flat truss systems

Einfluß der Konstruktionshöhe auf Belastung der Gitterstäbe — influence of construction height on stresses in web members

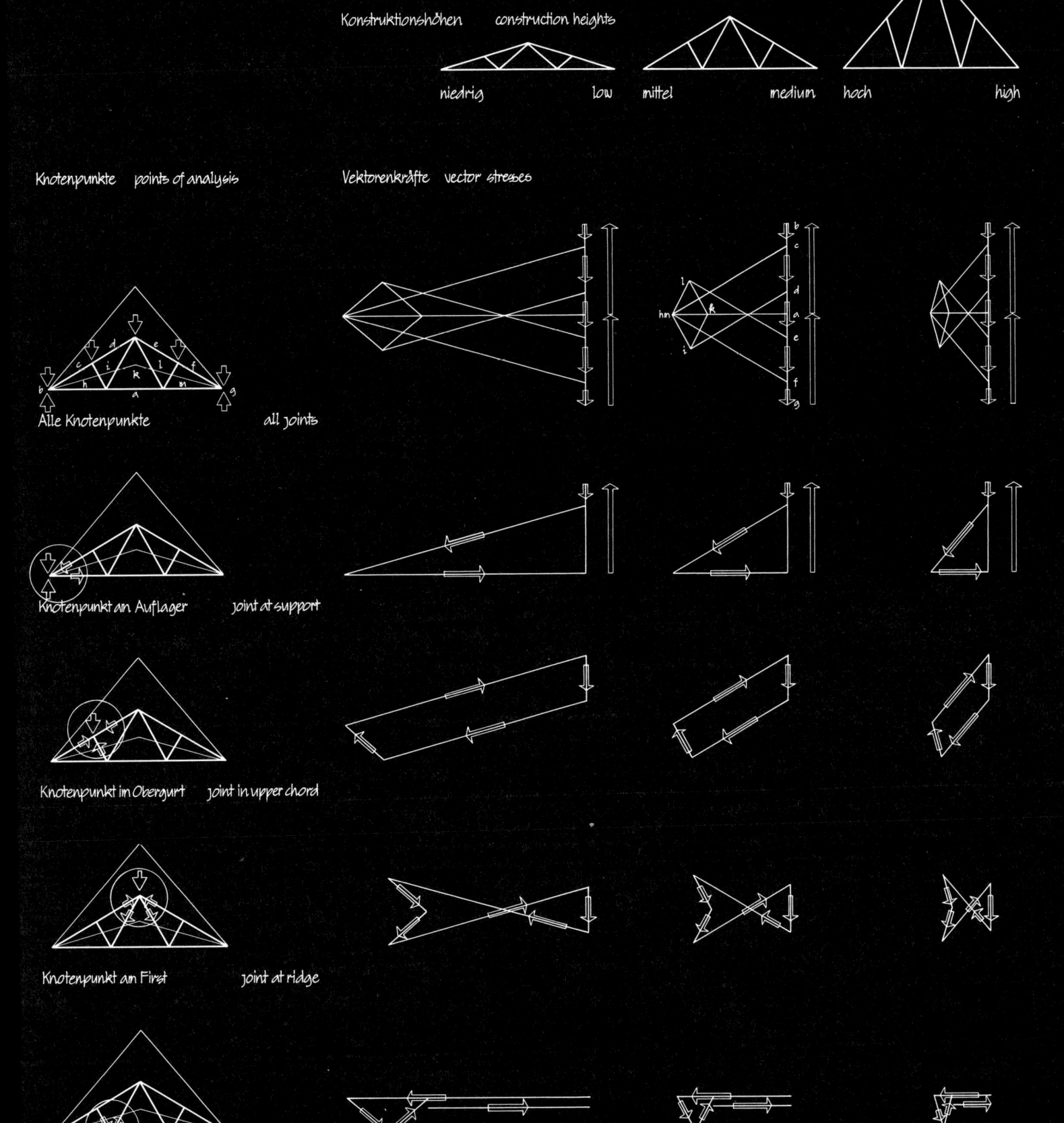

Konstruktionshöhen — construction heights

niedrig — low   mittel — medium   hoch — high

Knotenpunkte — points of analysis   Vektorenkräfte — vector stresses

Alle Knotenpunkte — all joints

Knotenpunkt an Auflager — joint at support

Knotenpunkt im Obergurt — joint in upper chord

Knotenpunkt am First — joint at ridge

Knotenpunkt im Untergurt — joint at lower chord

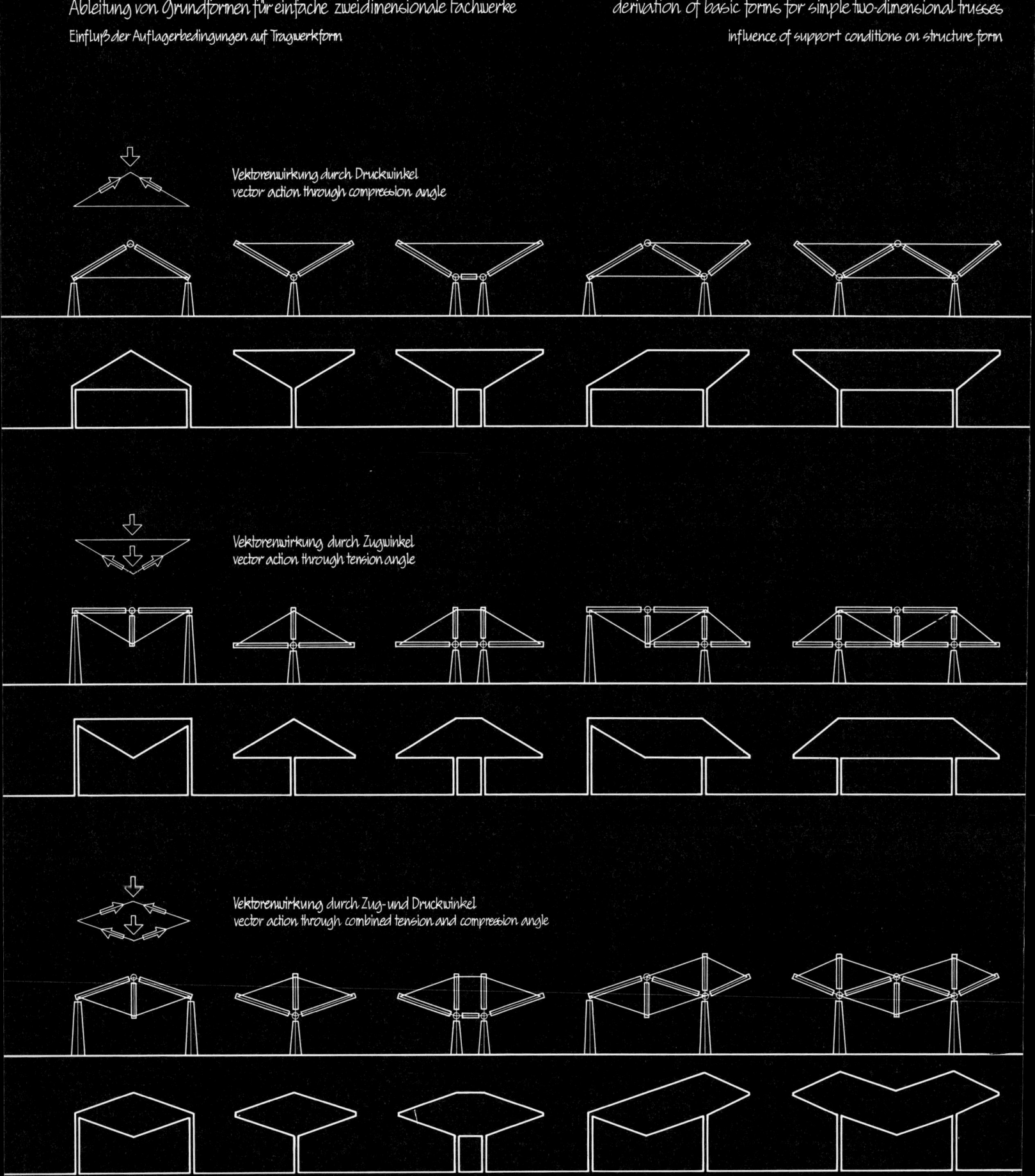

Ableitung von Grundformen für einfache zweidimensionale Fachwerke — derivation of basic forms for simple two-dimensional trusses
Einfluß der Auflagerbedingungen auf Tragwerkform — influence of support conditions on structure form

Vektorenwirkung durch Druckwinkel
vector action through compression angle

Vektorenwirkung durch Zugwinkel
vector action through tension angle

Vektorenwirkung durch Zug- und Druckwinkel
vector action through combined tension and compression angle

Ebene Fachwerksysteme / flat truss systems

Gestaltungsmöglichkeiten durch Dachflächendifferenzierung bei durchlaufenden Fachwerkträgern
design possibilities through differentiation of roof planes in continuous trusses

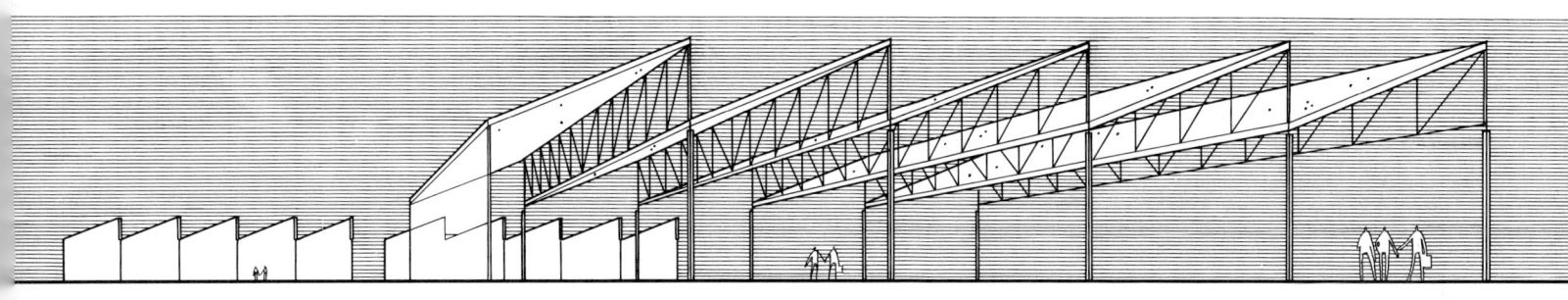

Geneigte Dachflächen beidseitig unterstützt — inclined roof planes with both ends supported

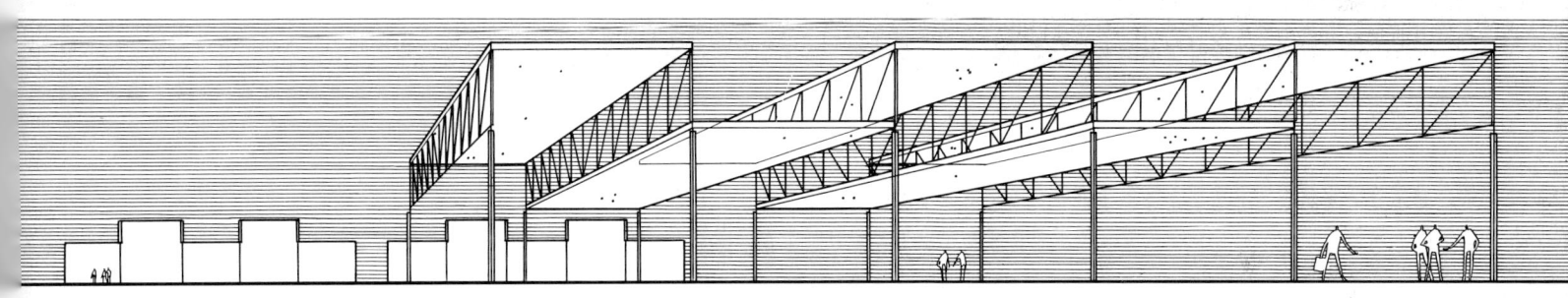

Abwechselnde horizontale Dachflächen beidseitig unterstützt — alternating horizontal roof planes with both ends supported

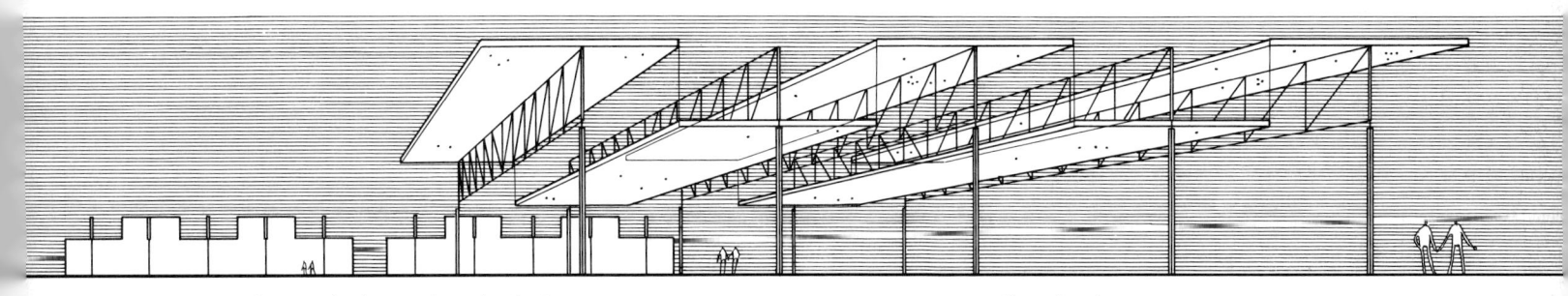

Abwechselnde horizontale Dachflächen mittig unterstützt — alternating horizontal roof planes centrally supported

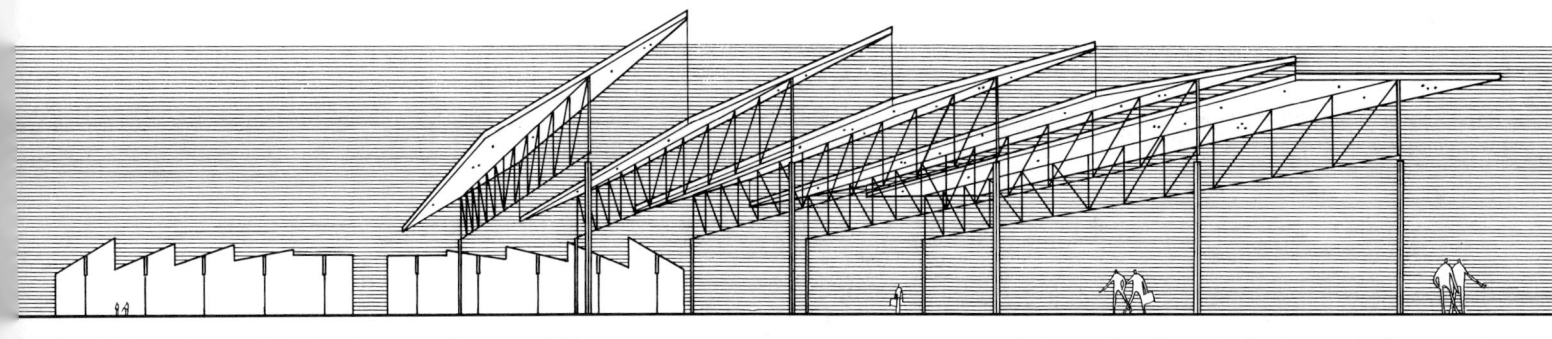

Dachflächen mit unterschiedlicher Neigung mittig unterstützt — roof planes with differing inclination centrally supported

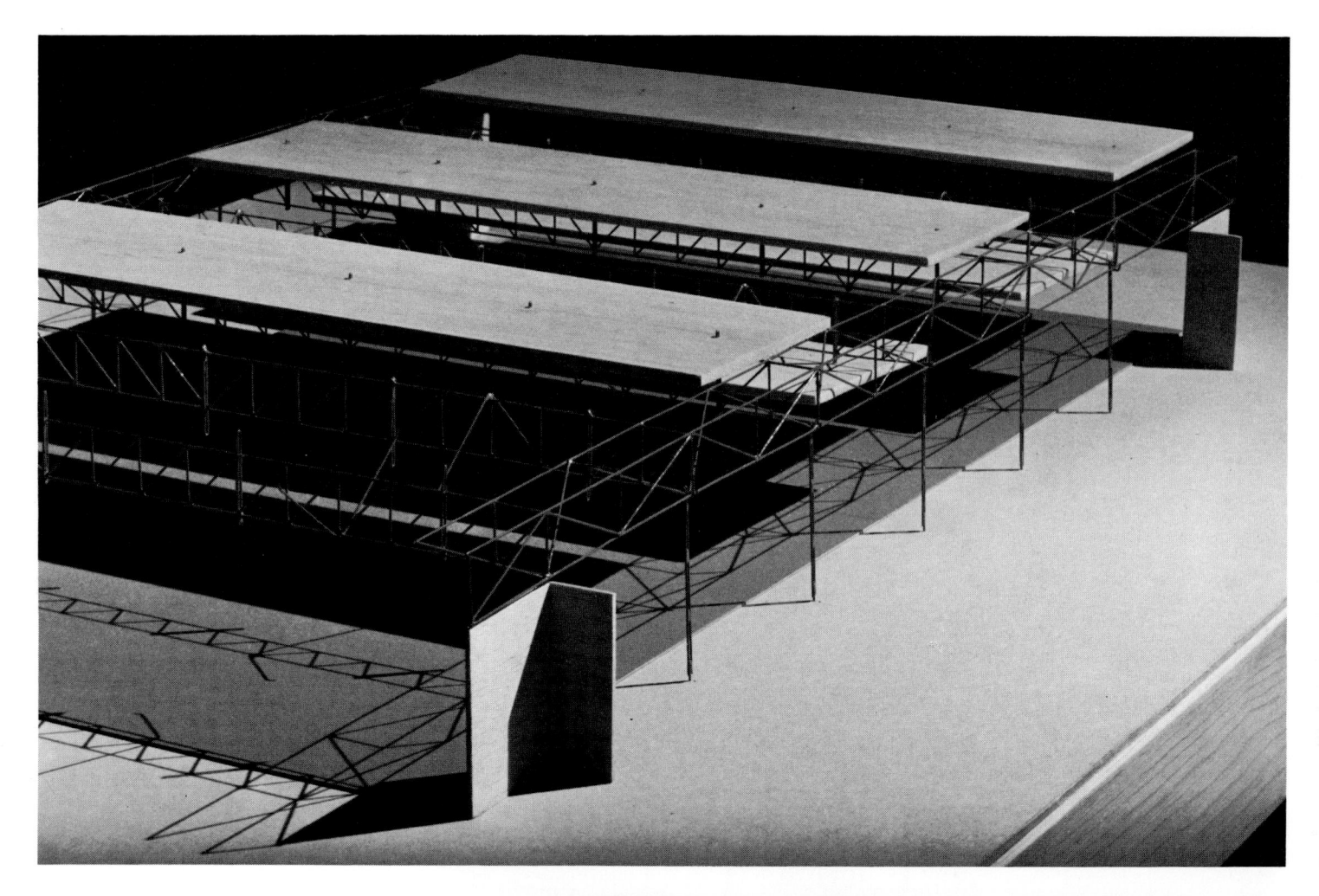

Oben:
System zusammengesetzt aus ebenen Fachwerkträgern mit abwechselnder Höhe der Dachflächen

Unten:
Fachwerksystem für dreieckige Grundrißgliederung

above:
system composed of flat trusses with alternating roof elevation

below:
truss system for triangular organization of floor plan

Ebene Fachwerksysteme / flat truss systems

Komposition von weitgespannten und nahgespannten Fachwerkträgern   composition of long-span and short-span trusses

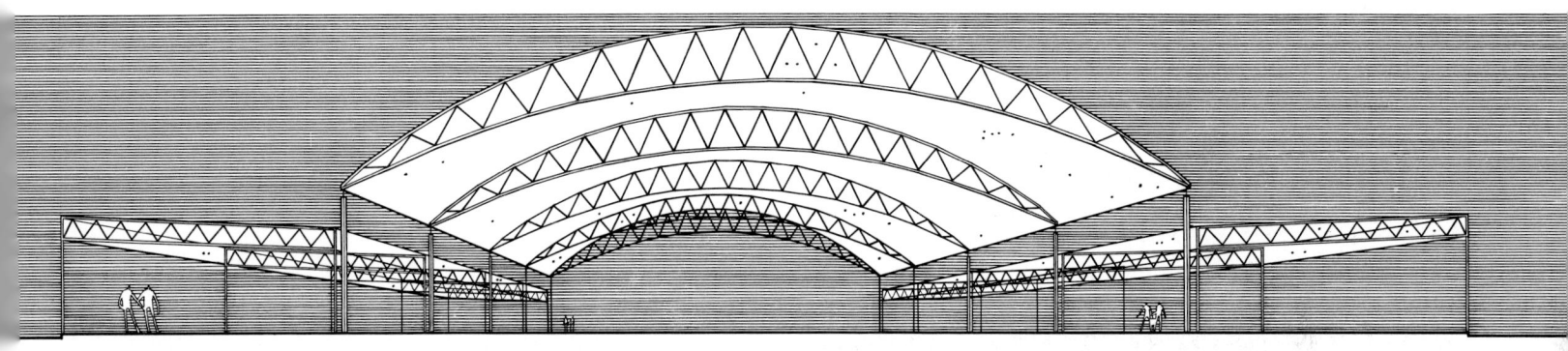

Symmetrische Komposition mit weitgespannten Fachwerkträgern in Mitte   symmetrical composition with long-span truss in center

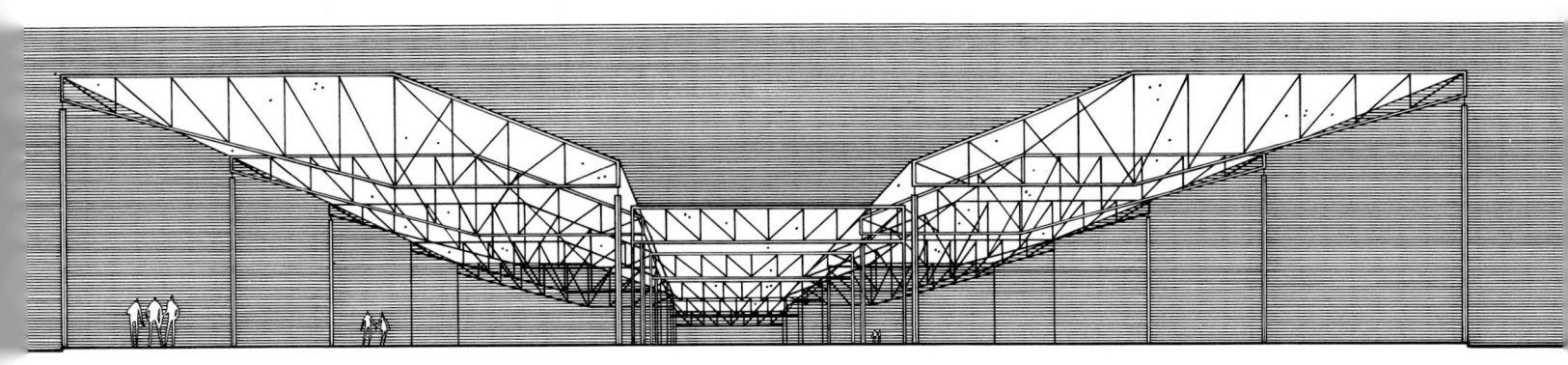

Symmetrische Komposition mit weitgespannten Fachwerkträgern an den Seiten   symmetrical composition with long-span trusses at the sides

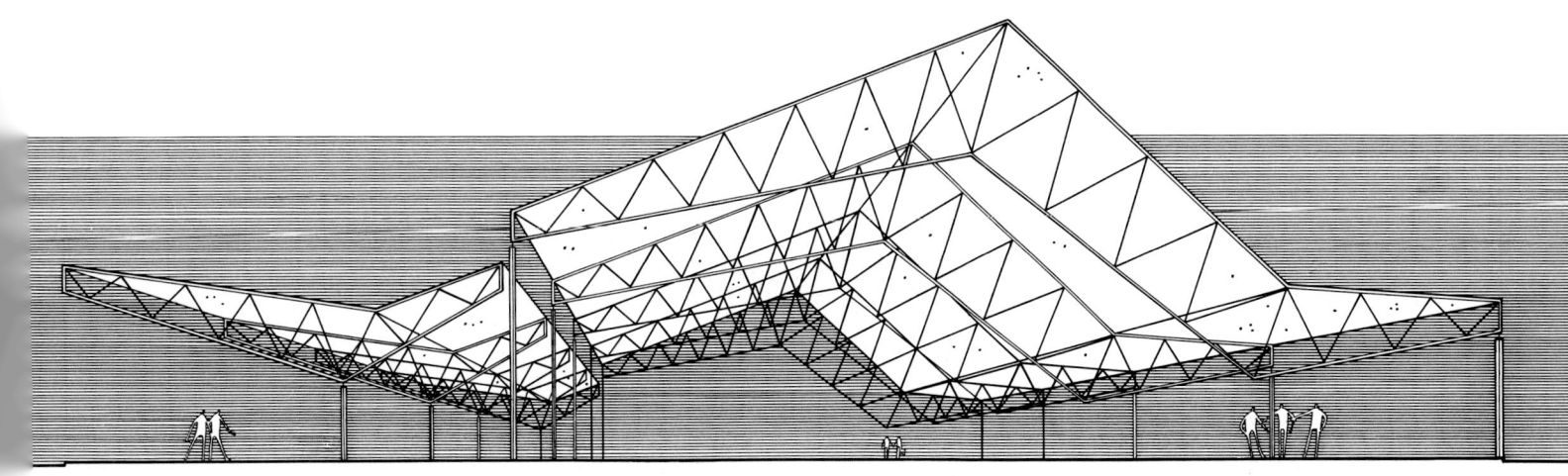

Asymmetrische Komposition von weitgespannten und nahgespannten Fachwerkträgern   asymmetrical composition of long-span and short-span trusses

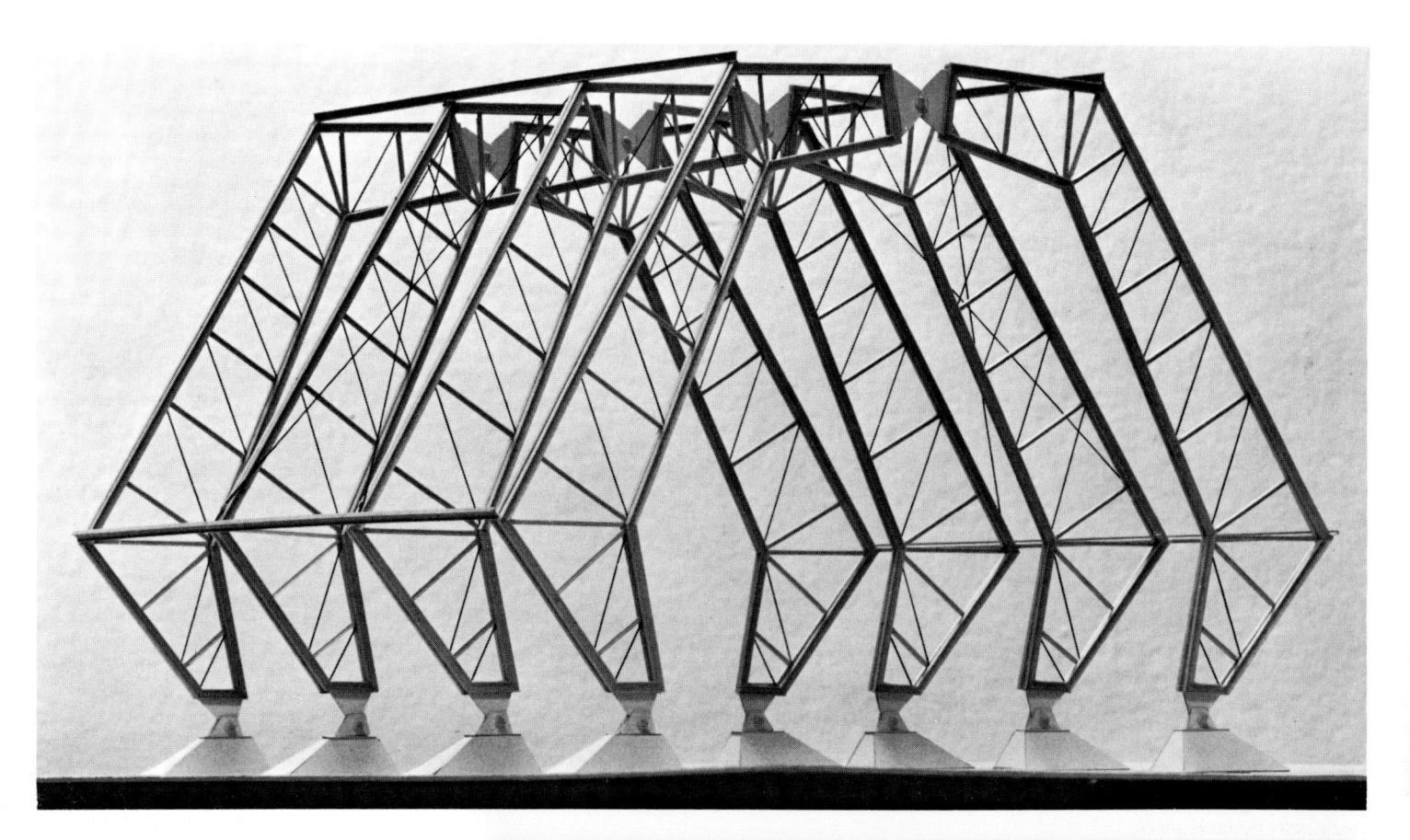

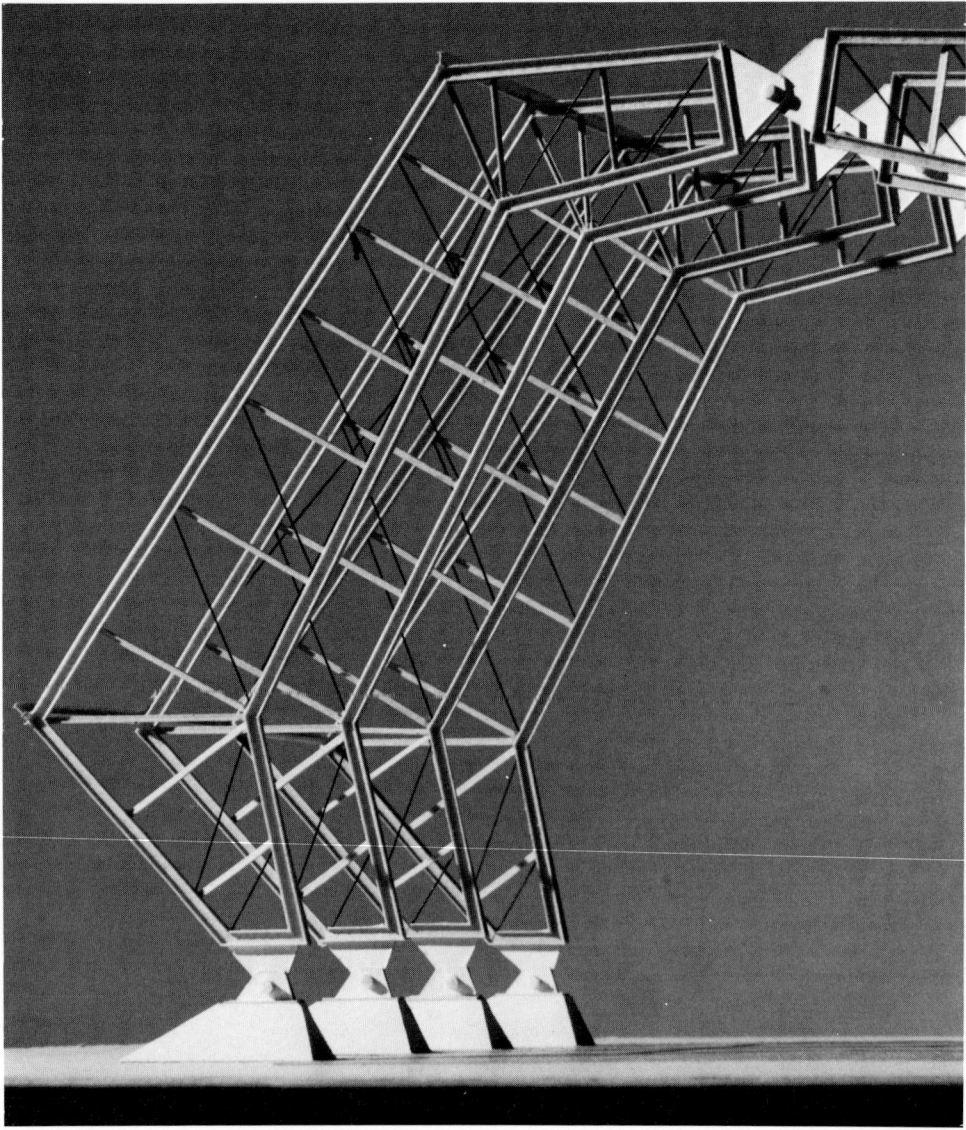

Ebenes Fachwerksystem zusammengesetzt aus Dreigelenk-Fachwerkbögen

flat truss system composed of trussed three-hinged arches

Ebene Fachwerksysteme / flat truss systems

Anwendung des Fachwerkmechanismus für andere Tragsysteme — application of truss mechanism for other structure systems

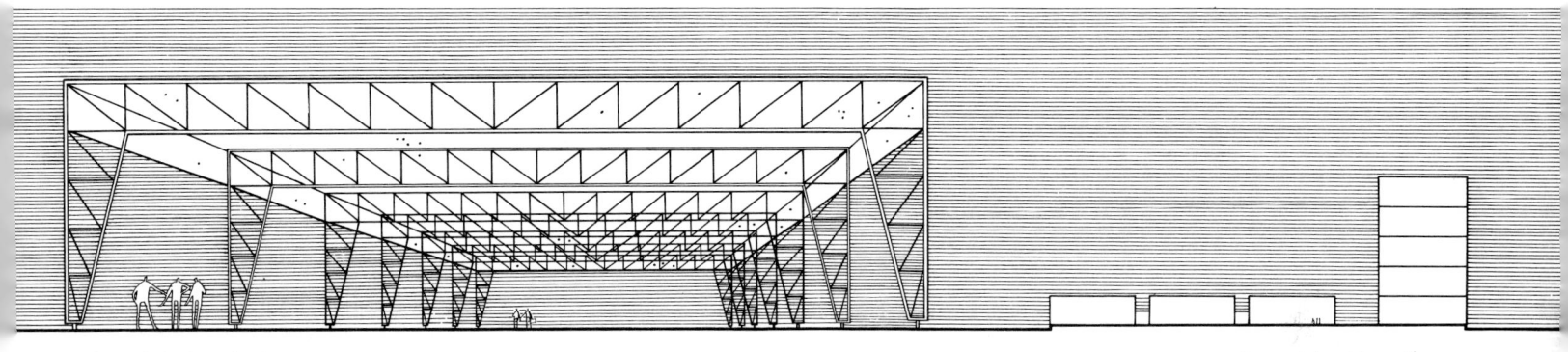

Zweigelenk-Fachwerkrahmen — trussed two-hinged frame

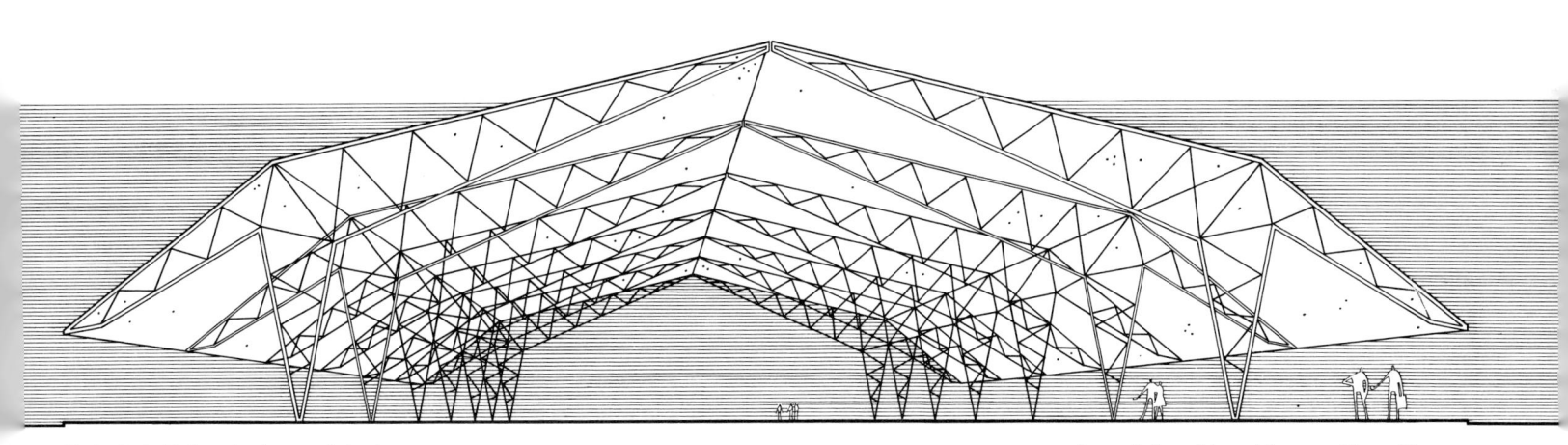

Dreigelenk-Fachwerkrahmen mit Auskragungen — trussed three-hinged frame with cantilevers

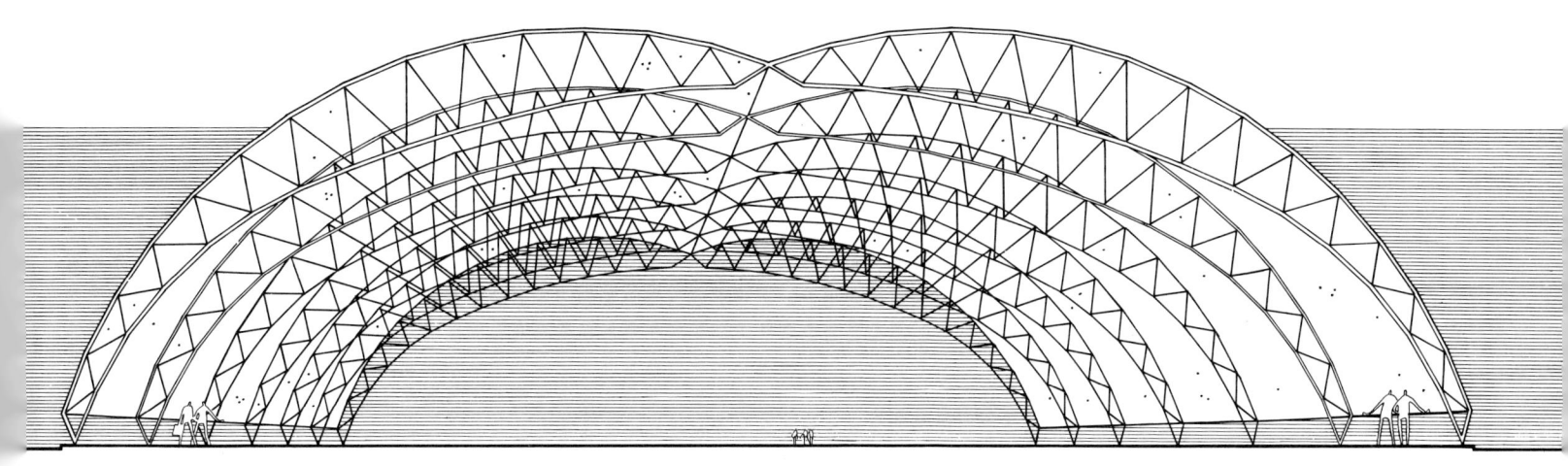

Dreigelenk-Fachwerkbogen — trussed three-hinged arch

Ebene Fachwerksysteme / flat truss systems

Weitgespannte Fachwerkträger mit verschiedenen Auflagerbedingungen   longspan trusses with different support conditions

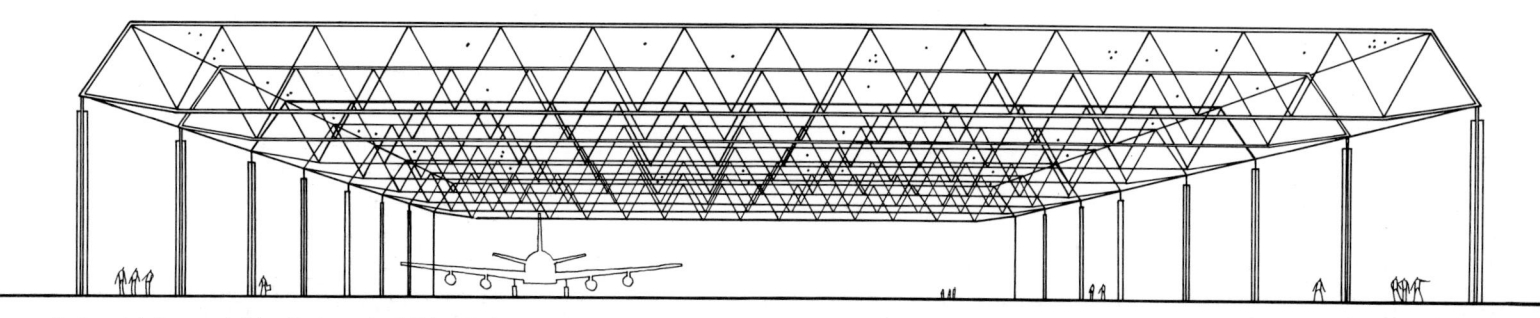

Fachwerkträger an beiden Enden unterstützt: Freispann-Tragwerk   trusses supported at both ends: free-span structure

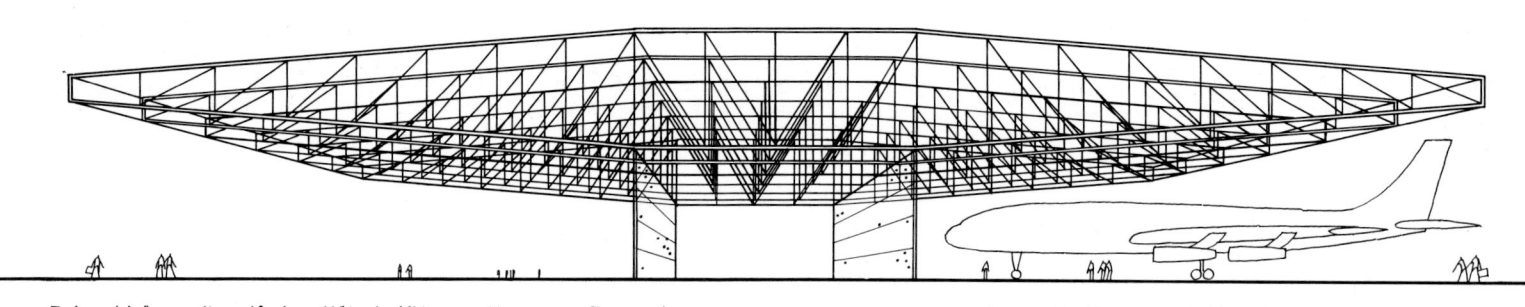

Fachwerkträger mit zweifacher Stütze in Mitte: Kragspann-Tragwerk   trusses doubly supported in center: cantilevered structure

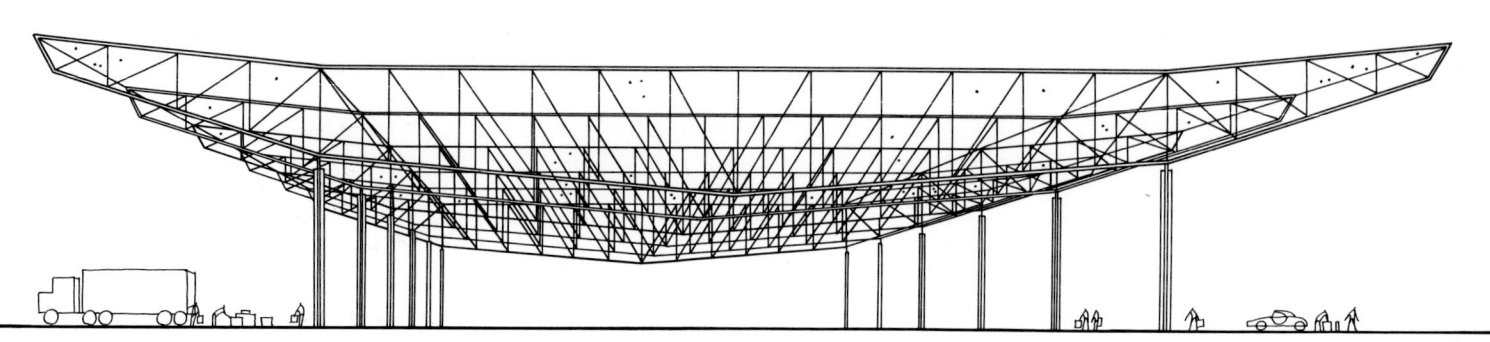

Fachwerkträger mit überkragenden Enden: auskragendes Freispann-Tragwerk   trusses with cantilevered ends: cantilevered free-span structure

Oben und Mitte:
System zusammengesetzt aus ebenen Fachwerkträgern beidseitig unterstützt

Unten:
System ebener Fachwerkträger mit weiten Auskragungen an den Seiten

top and above:
system composed of flat trusses supported at both ends

below:
system of flat trusses with large cantilevers at both ends

Zusammensetzung ebener Fachwerkträger zur Bildung von Fachwerksystemen für gefaltete oder gekrümmte Flächen
combination of flat trusses to form truss systems for folded or curved planes

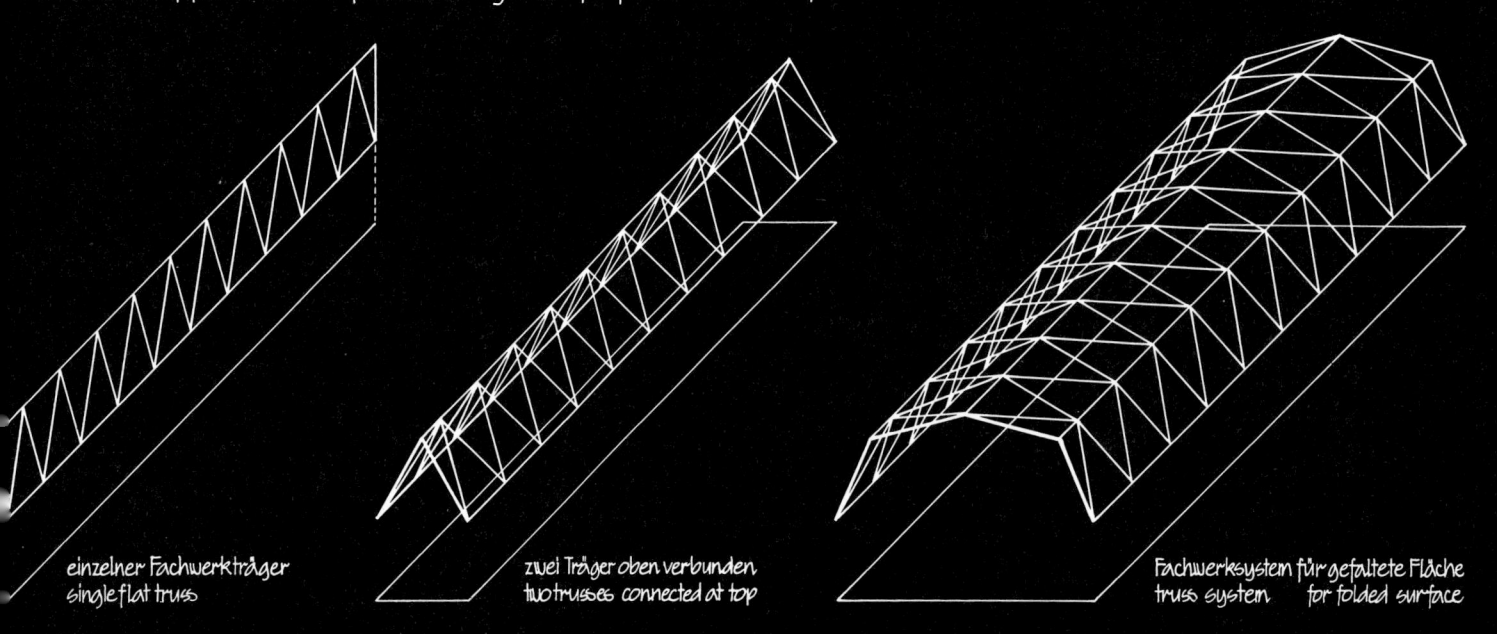

einzelner Fachwerkträger
single flat truss

zwei Träger oben verbunden
two trusses connected at top

Fachwerksystem für gefaltete Fläche
truss system for folded surface

Dreifache Tragwirkung des prismatischen Raumfachwerkes

threefold bearing action of the prismatic space truss

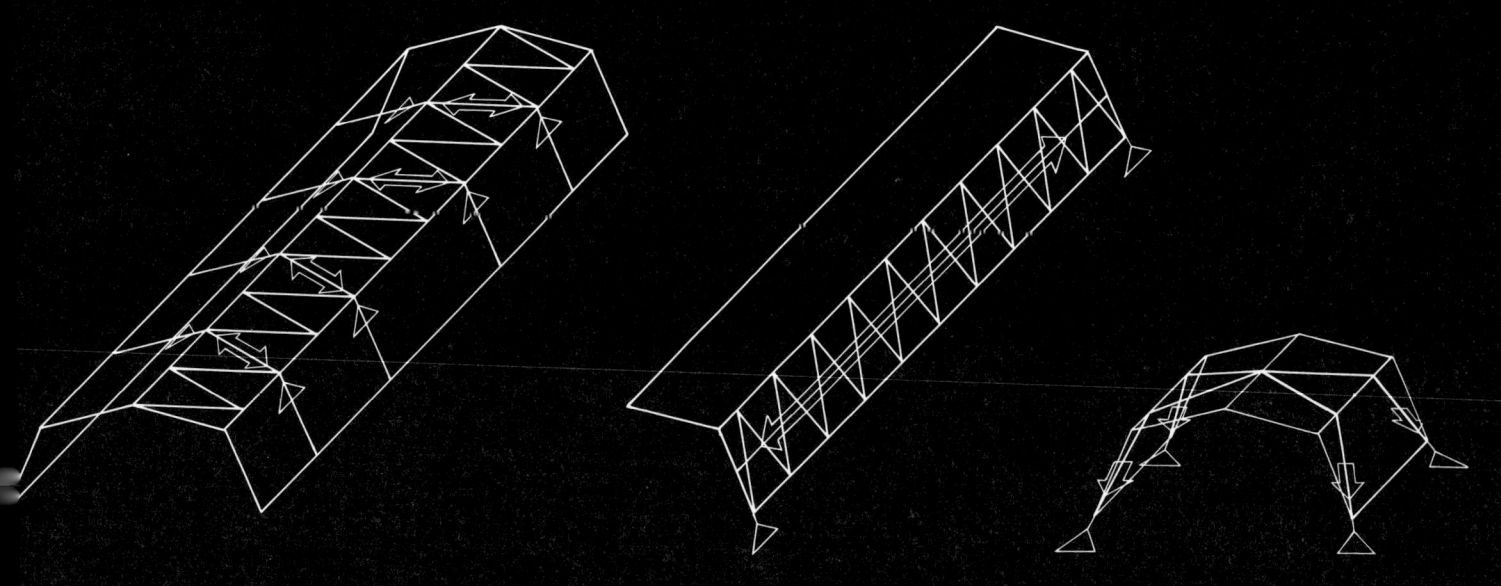

Quertragwirkung zwischen den Gurten als einzelne Tragbalken
transverse bearing action between chords as separate beams

Längstragwirkung als einzelne Fachwerkträger
longitudinal bearing action as separate trusses

Quertragwirkung als einzelne Diagonalbögen
transverse bearing action as diagonal arches

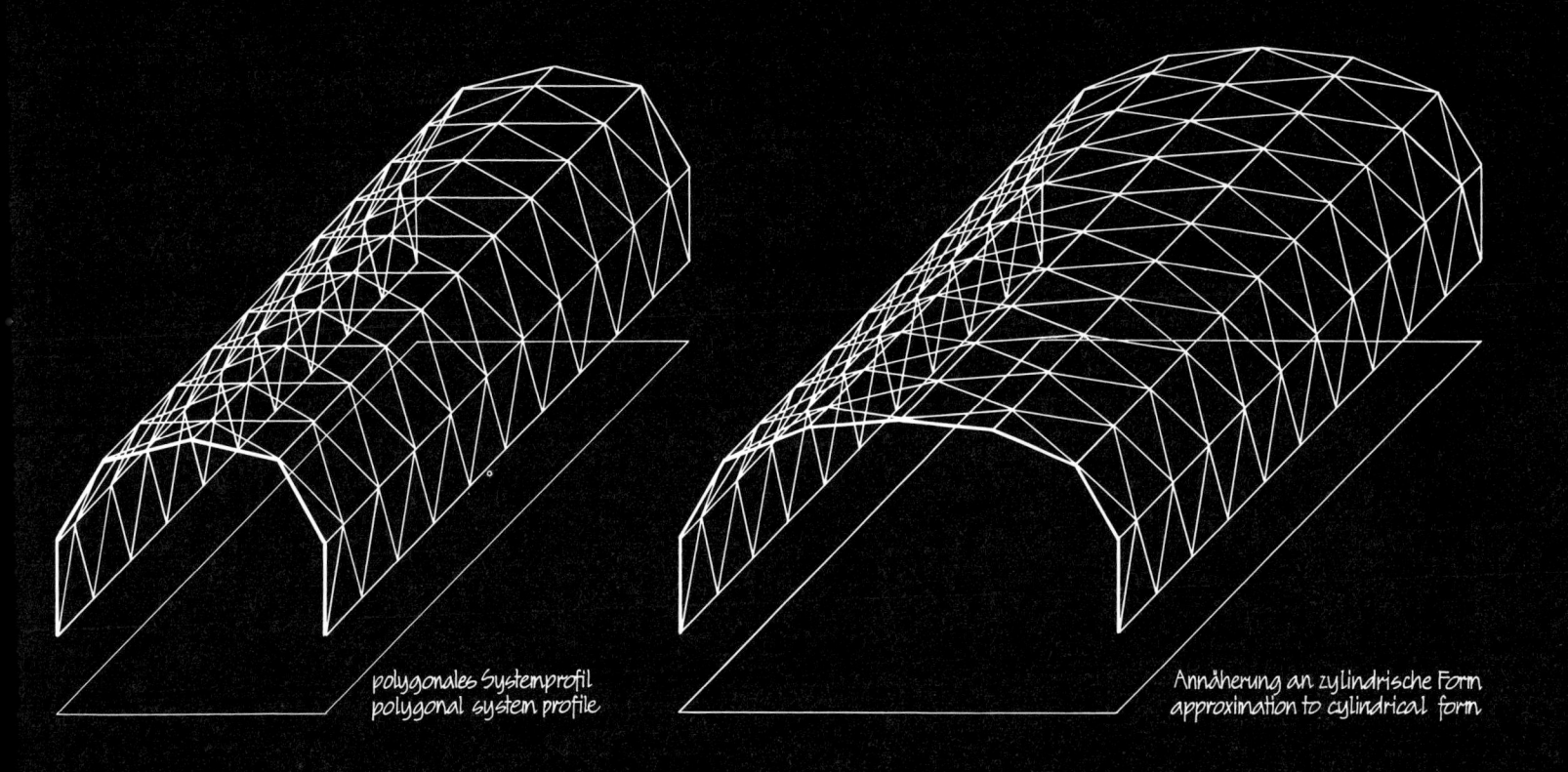

Gekrümmte Fachwerksysteme / curved truss systems

polygonales Systemprofil
polygonal system profile

Annäherung an zylindrische Form
approximation to cylindrical form

Kritische Verformung des Querprofiles im prismatischen Raumfachwerk / critical deformation of transverse profile

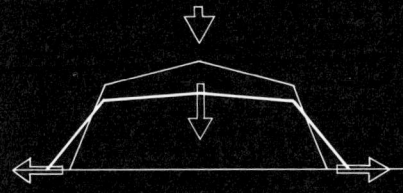

Seitliches Ausweichen der Fußpunkte
lateral dislocation of base points

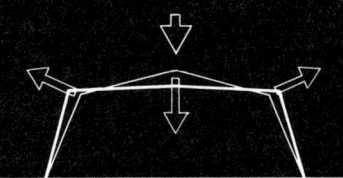

Absenkung des Firstpunktes
lowering of the ridge point

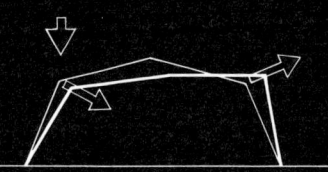

Veränderung der Profilwinkel
change of profile angles

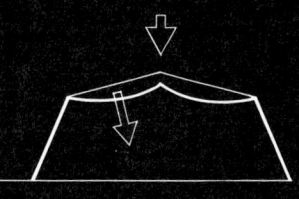

Biegung (Knickung) der Seiten
bending (buckling) of the sides

Standardformen für Fachwerk-Querversteifer / typical forms of trussed transverse stiffeners

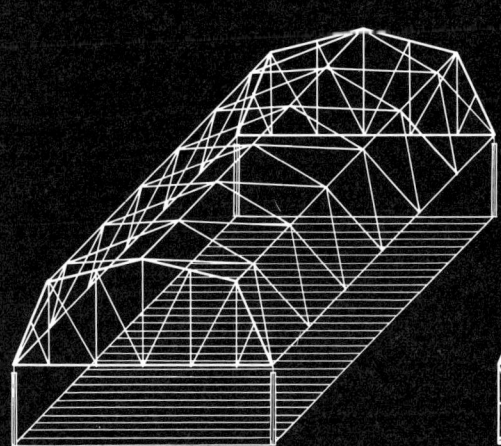

Fachwerkschotte auf Stützen
diaphragm truss on supports

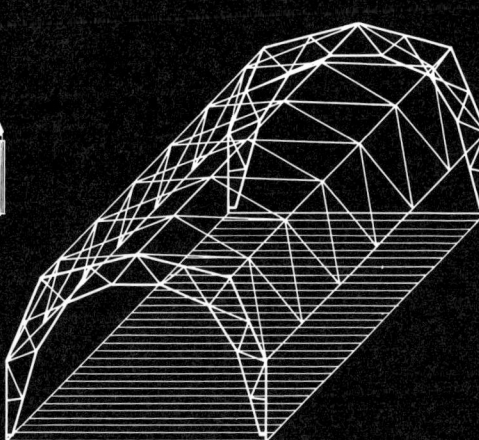

Zweigelenk-Fachwerkbogen auf Fundamenten
trussed two-hinged foundation arch

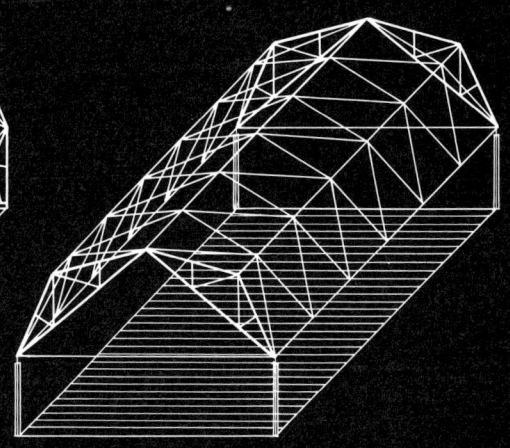

Dreigelenk-Fachwerkrahmen mit Zugband auf Stützen
trussed three-hinged frame with tension cable on supports

Gekrümmte Fachwerksysteme / curved truss systems

Fachwerksysteme für einfach gekrümmte Flächen

truss systems for singly curved planes

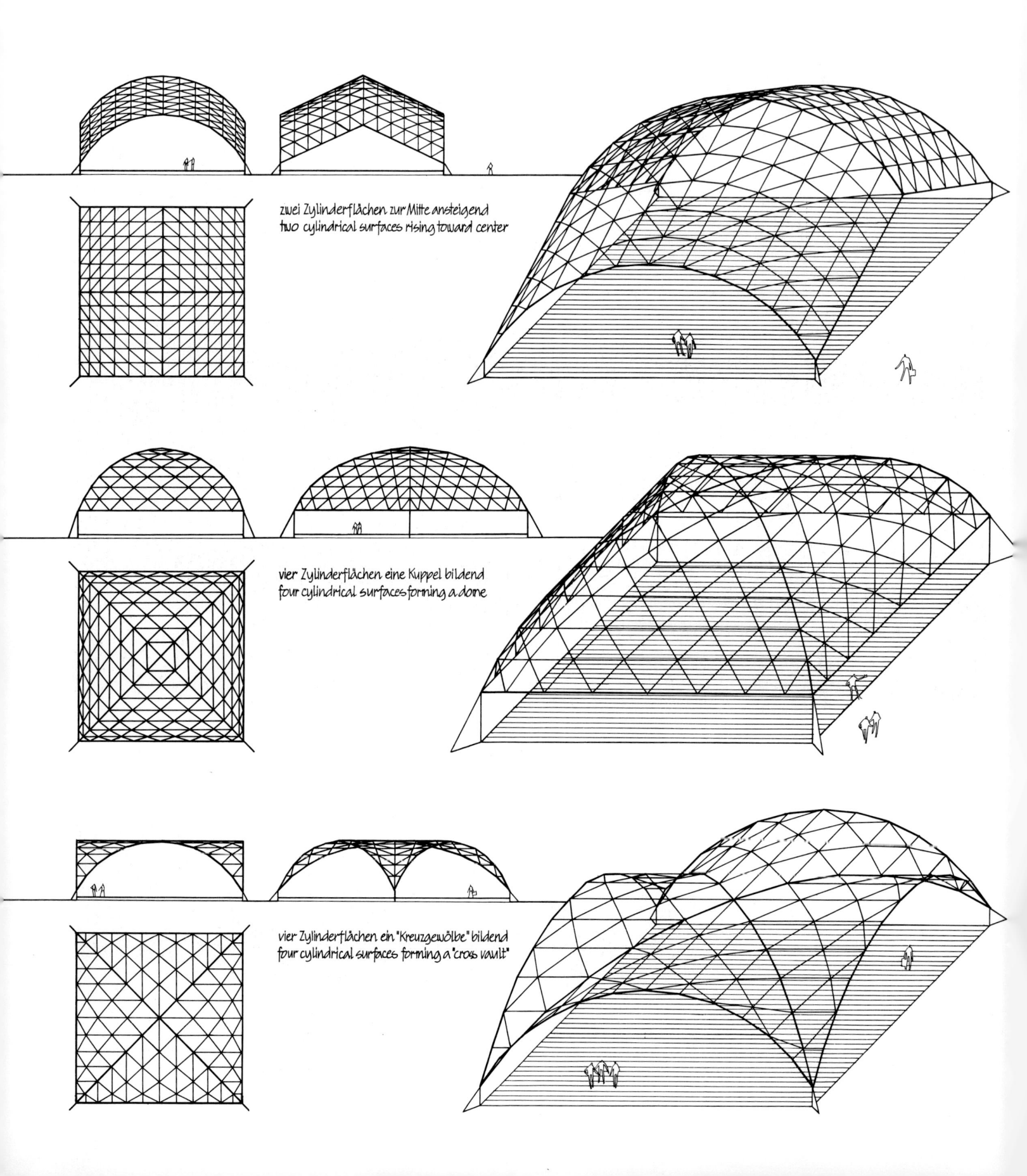

zwei Zylinderflächen zur Mitte ansteigend
two cylindrical surfaces rising toward center

vier Zylinderflächen eine Kuppel bildend
four cylindrical surfaces forming a dome

vier Zylinderflächen ein "Kreuzgewölbe" bildend
four cylindrical surfaces forming a "cross vault"

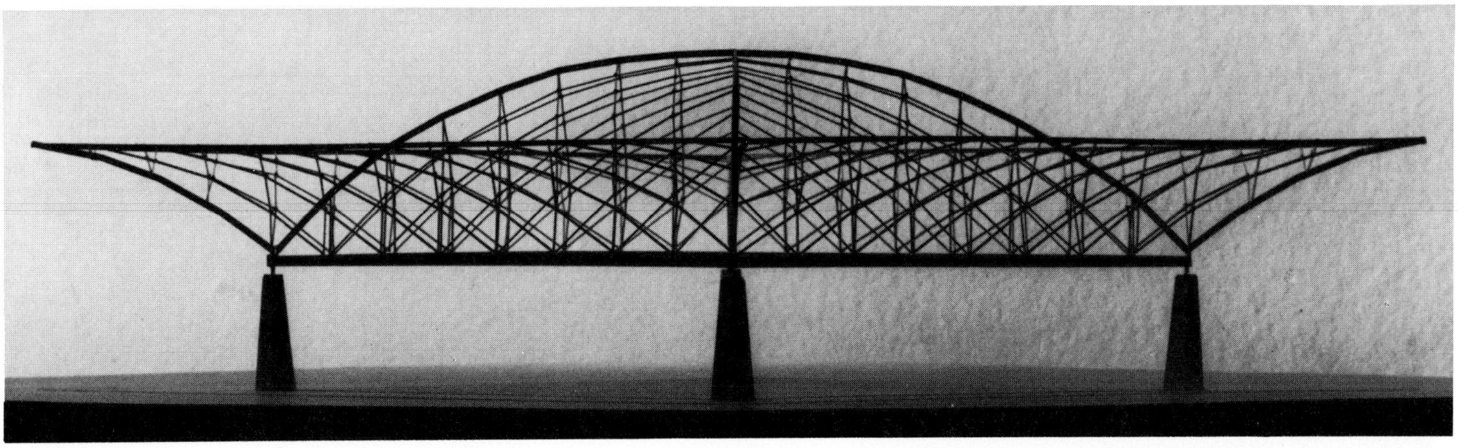
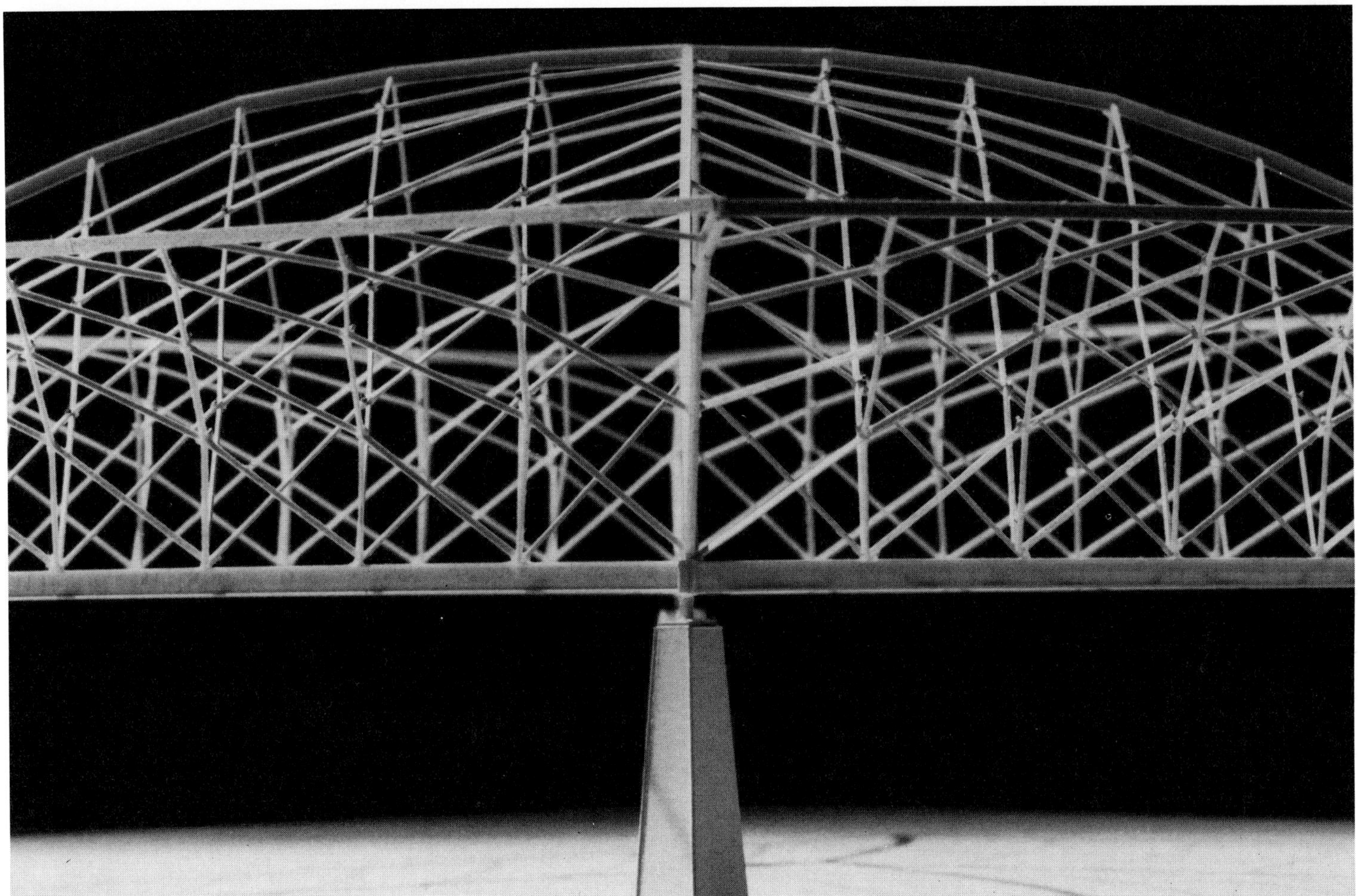
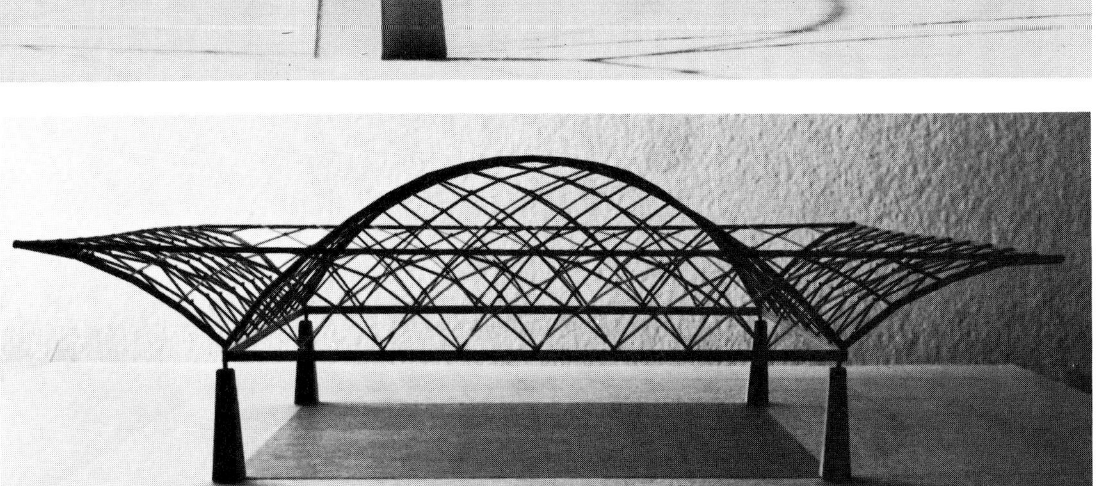

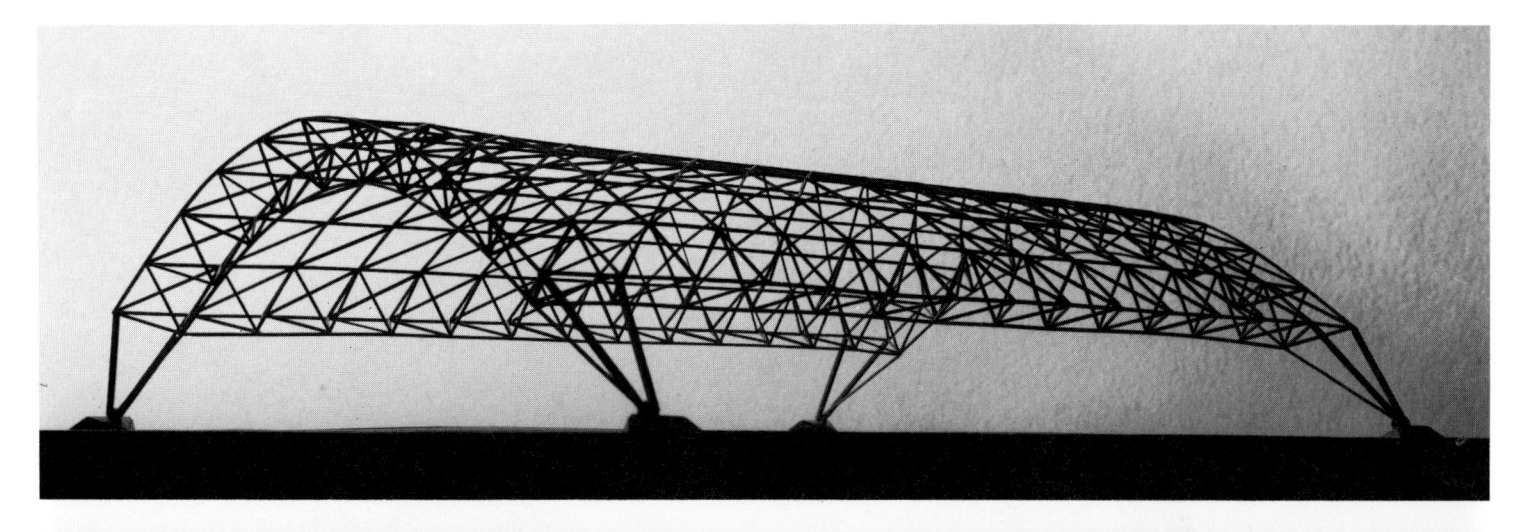

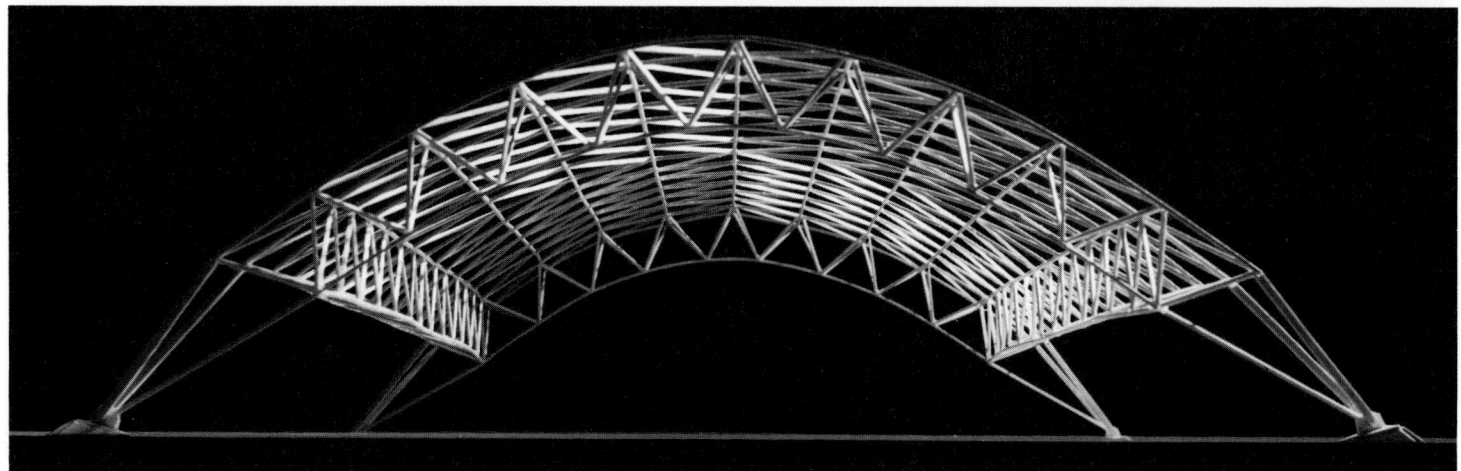

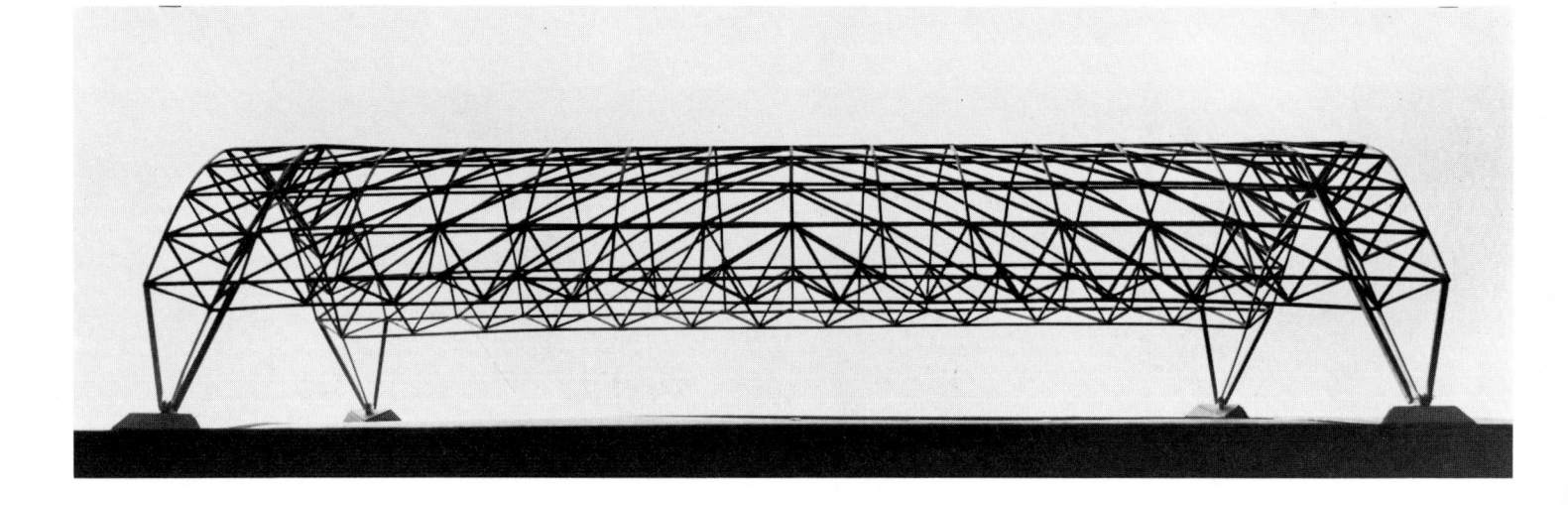

Oben:
Einfach gekrümmtes Fachwerksystem für Rechteck-Grundriß

Rechts:
Fachwerksystem für sich durchdringende Zylinderflächen

Seite 93:
Fachwerksystem für Kuppel aus Zylindersegmenten

Seite 96:
Doppelt gekrümmtes Fachwerksystem für sechseckigen Grundriß

above:
singly curved truss system for rectangular plan

right:
truss system for intersecting cylindrical surfaces

page 93:
truss system for dome composed of cylindrical segments

page 96:
doubly curved truss system for hexagonal plan

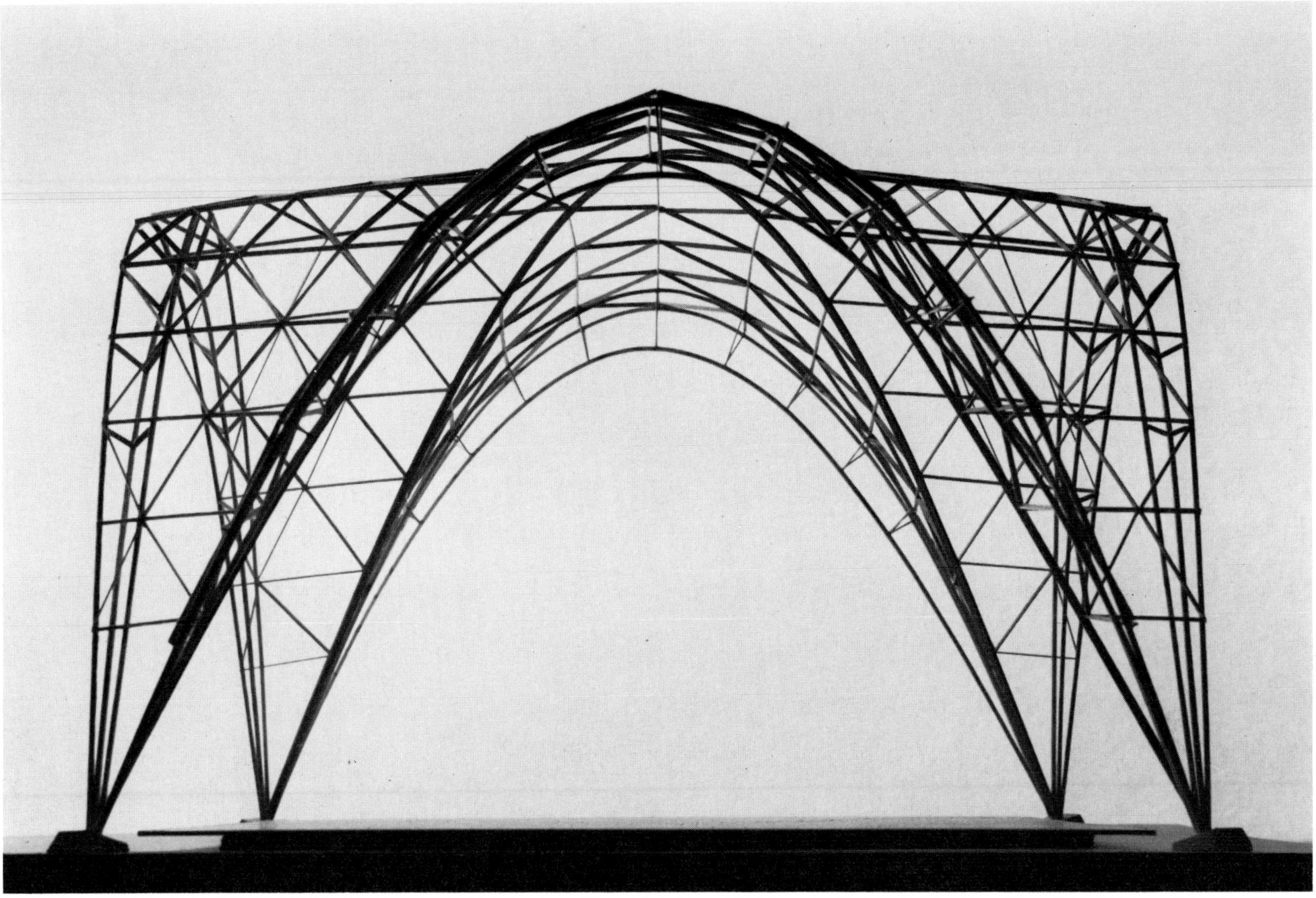

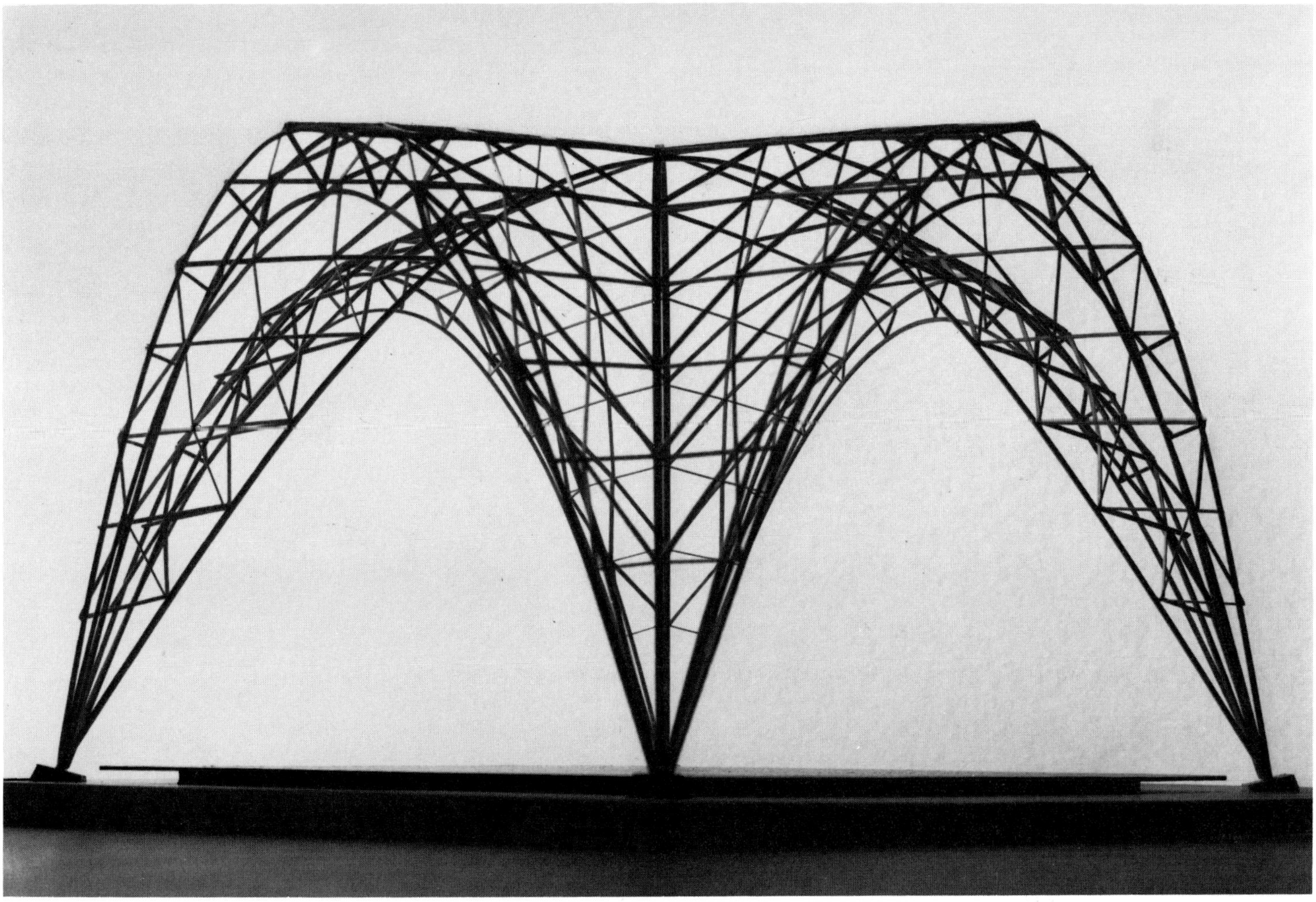

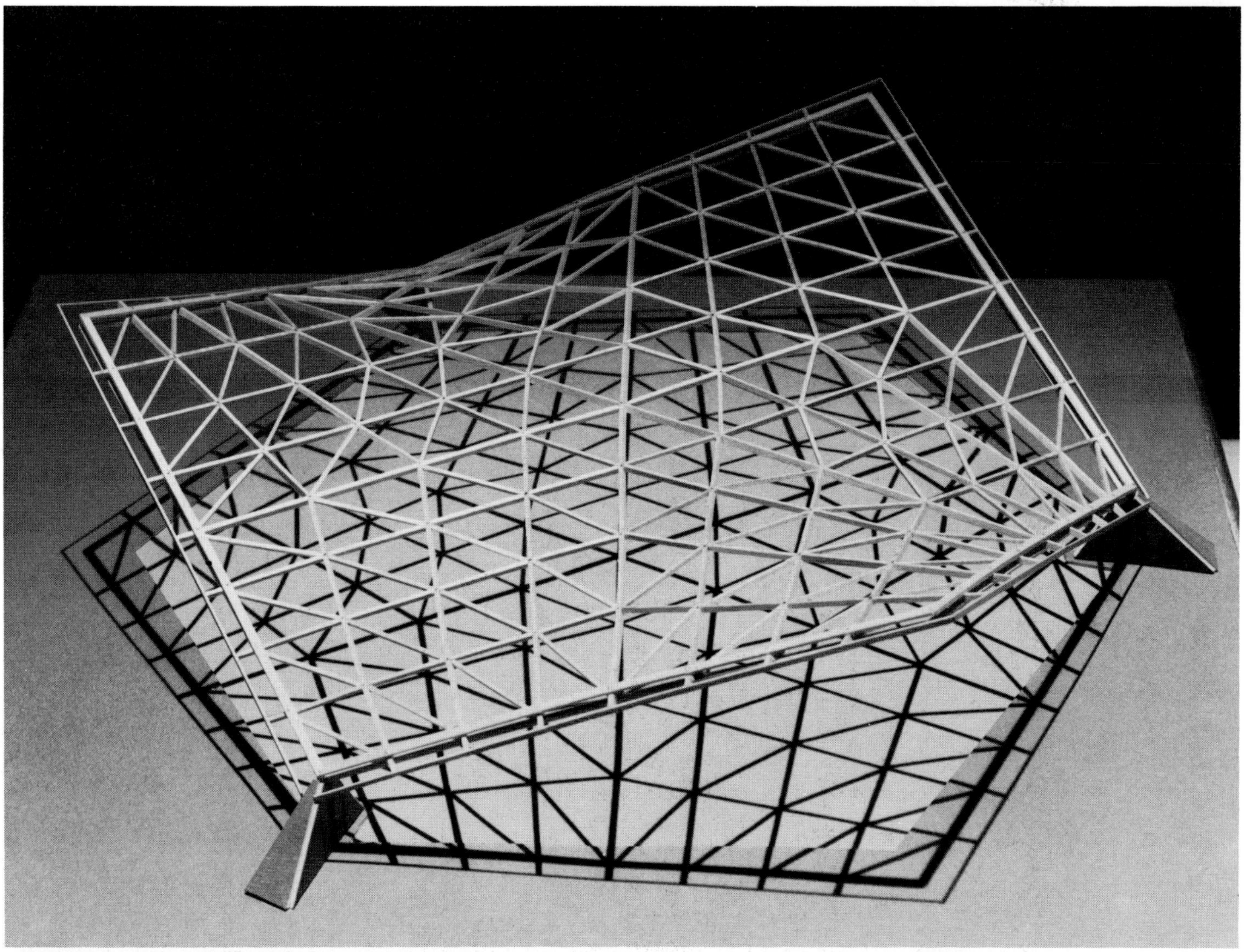

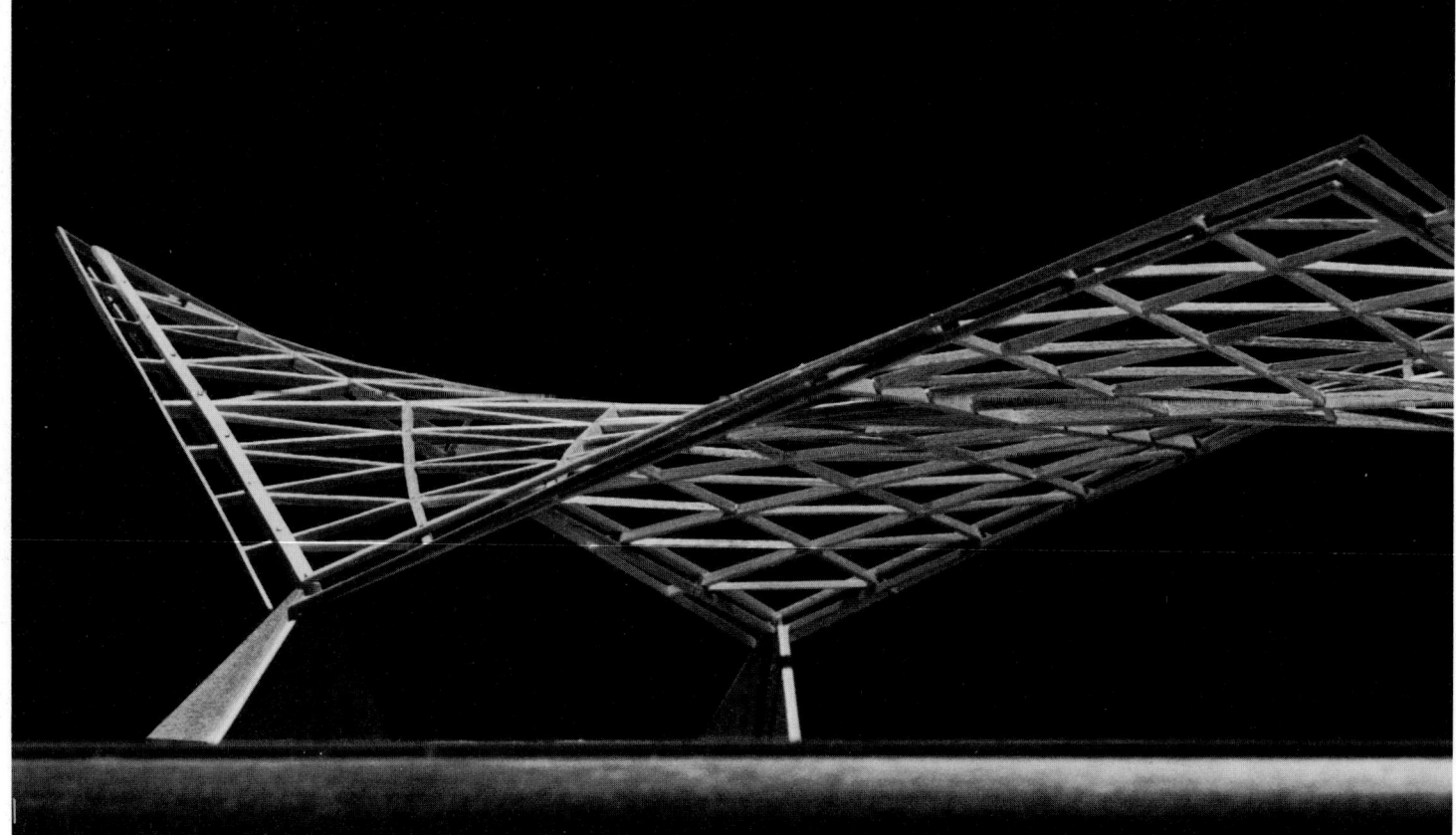

Gekrümmte Fachwerksysteme / curved truss systems

Fachwerksysteme für doppelt gekrümmte Flächen

truss systems for doubly curved planes

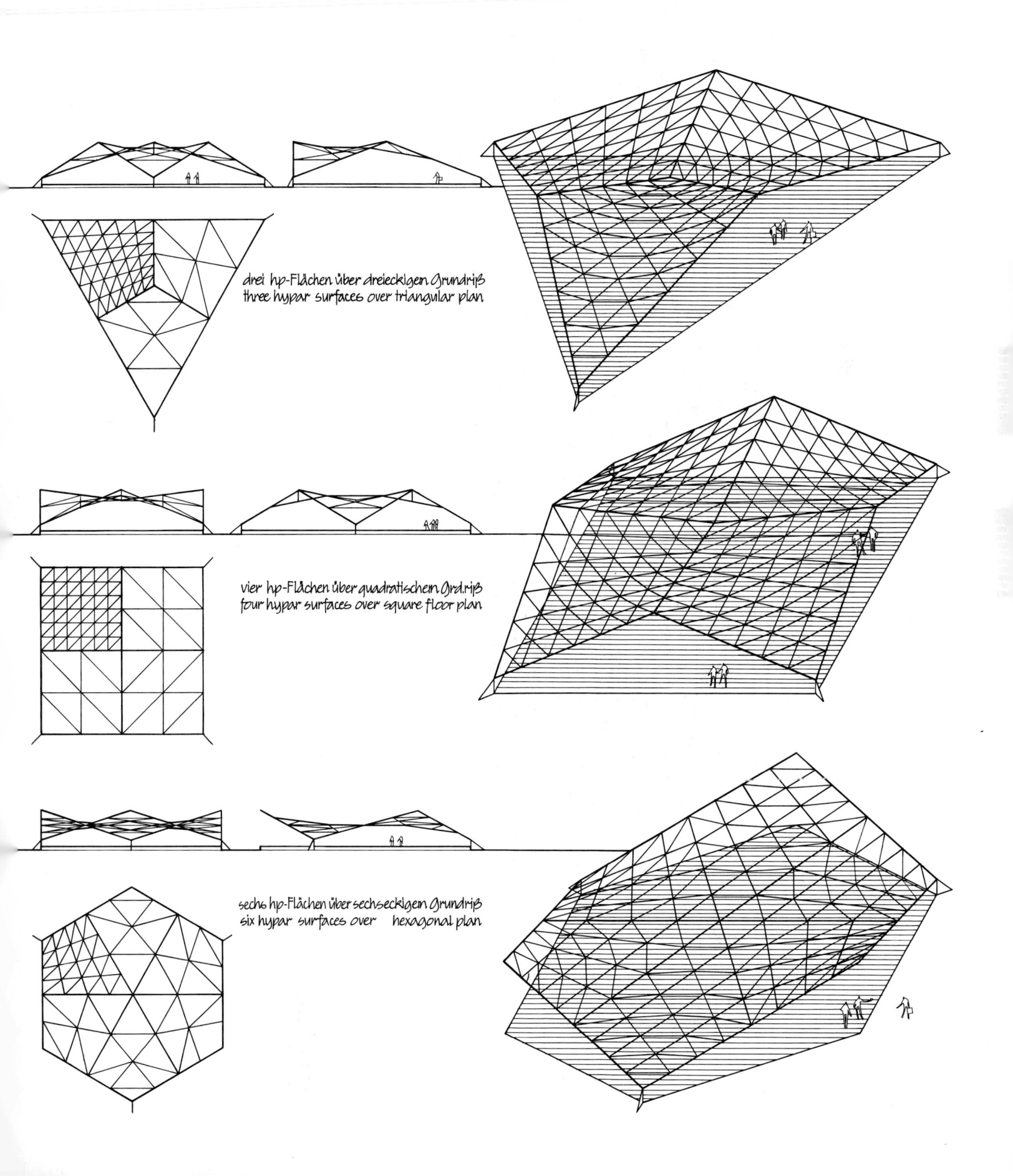

drei hp-Flächen über dreieckigem Grundriß
three hypar surfaces over triangular plan

vier hp-Flächen über quadratischem Grd.riß
four hypar surfaces over square floor plan

sechs hp-Flächen über sechseckigem Grundriß
six hypar surfaces over hexagonal plan

Gekrümmte Fachwerksysteme / curved truss systems

Fachwerksysteme für Kugelflächen

truss systems for spherical planes

Kugelringe mit links-diagonaler Fachwerkteilung
sphere rings with left-diagonal trussing

Schwedler Kuppel
Schwedler dome

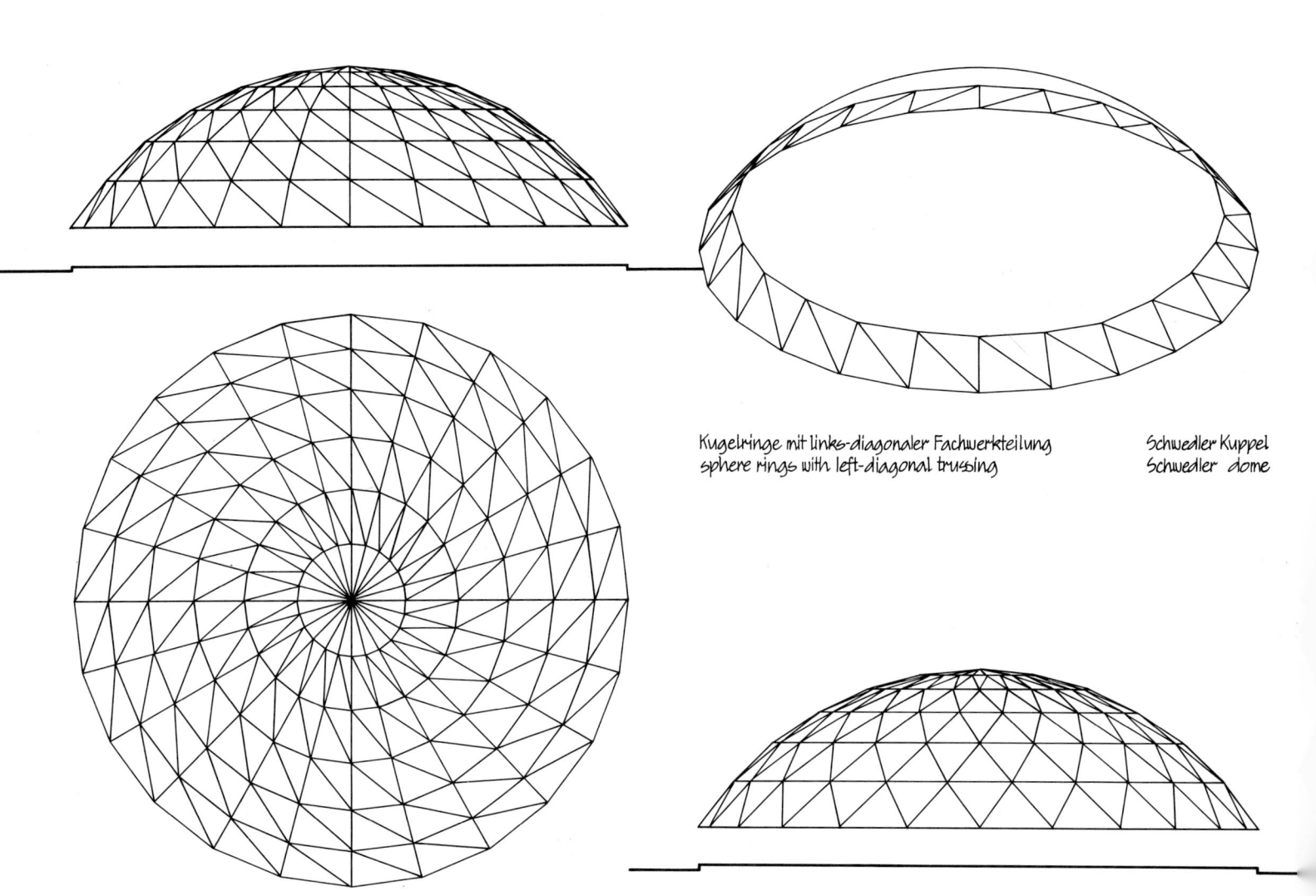

Kugelringe mit beidseitig-diagonaler Fachwerkteilung:
sphere rings with two-way diagonal trussing:

Gitterkuppel
lattice dome

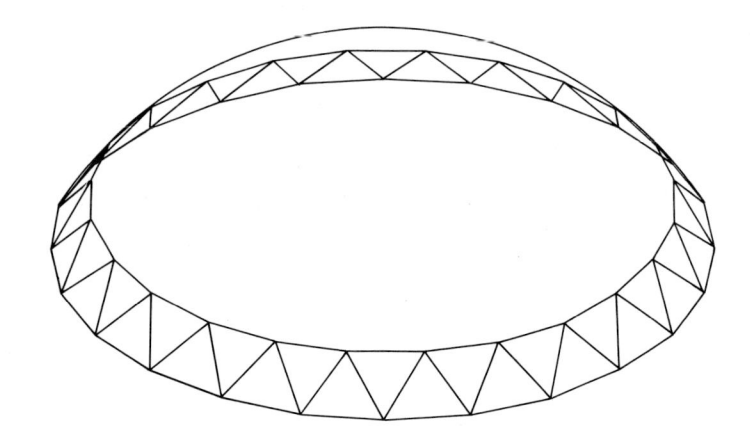

Fachwerksysteme für Kugelflächen — truss systems for spherical planes

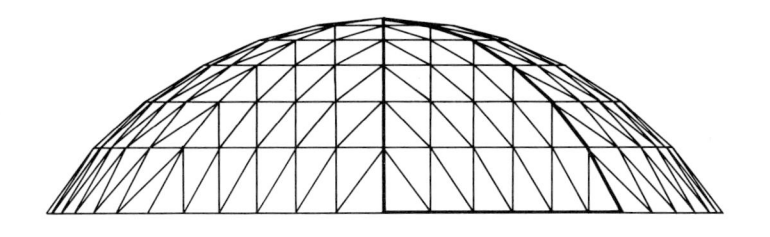

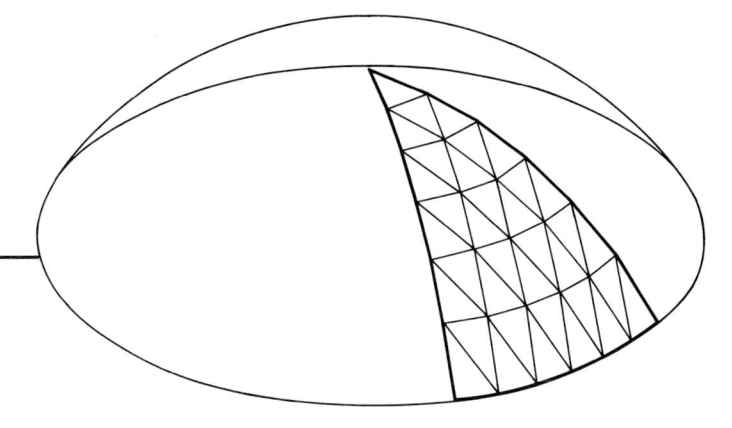

Kugelsegmente mit paralleler Fachwerkteilung
spherical segments with parallel trussing

Parallelgitter-Kuppel
parallel lattice dome

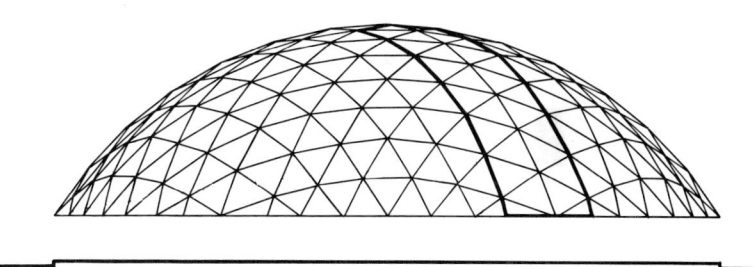

Kugelstreifen mit hexagonaler Fachwerkteilung
spherical strips with hexagonal trussing

hexagonale Lamellenkuppel
hexagonal lamella dome

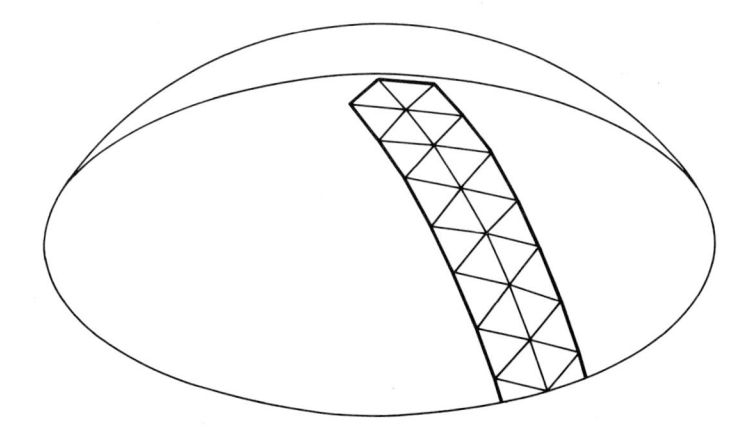

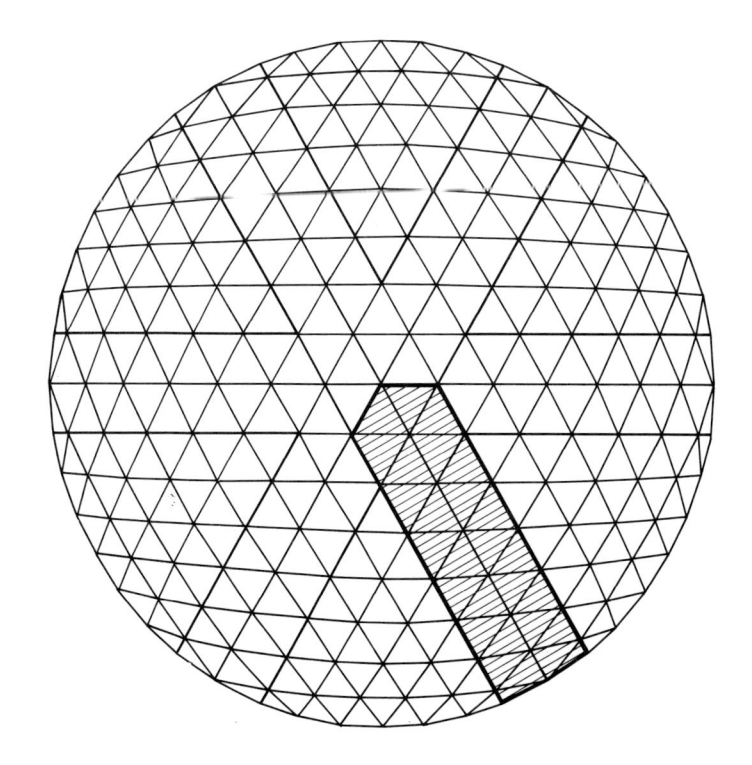

Gekrümmte Fachwerksysteme / curved truss systems

Geometrische Ableitung der geodätischen Kuppel

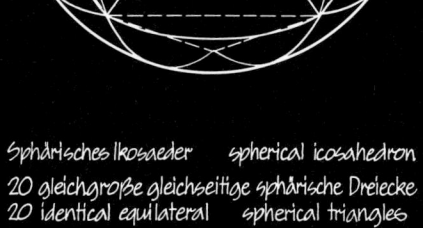

geometric derivation of geodesic dome

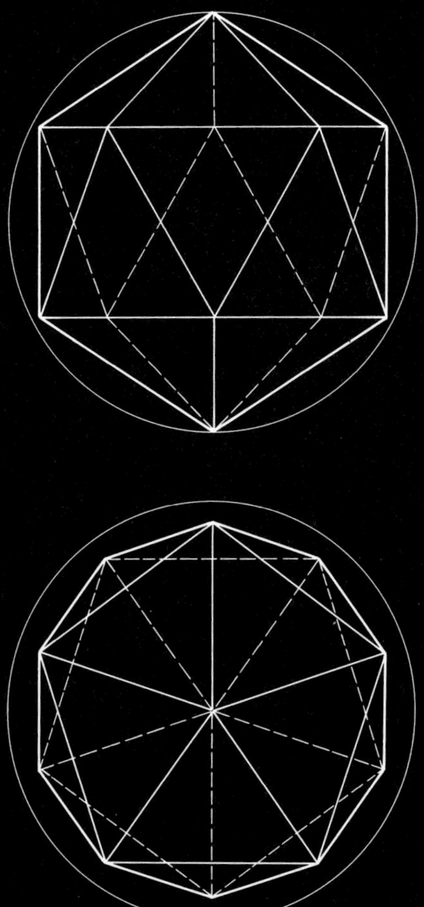

Ikosaeder — icosahedron
20 gleichgroße gleichseitige Dreiecke
20 identical equilateral triangles

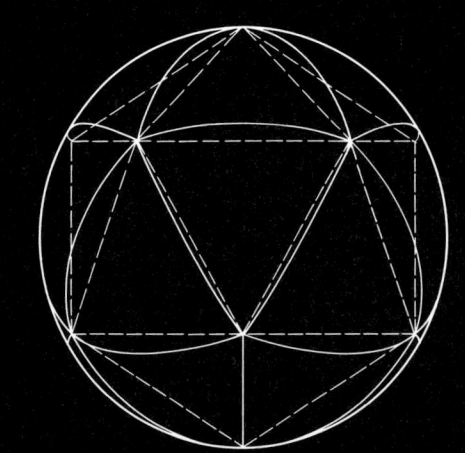

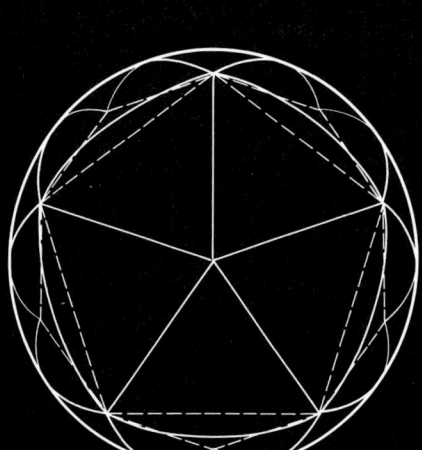

Sphärisches Ikosaeder — spherical icosahedron
20 gleichgroße gleichseitige sphärische Dreiecke
20 identical equilateral spherical triangles

Winkelhalbierung
60 gleiche Dreiecke gebildet von 15 Großkreisen
60 identical triangles formed by 15 great arcs

Typische Rasternetze für geodätische Kuppeln

typical grid patterns for geodesic domes

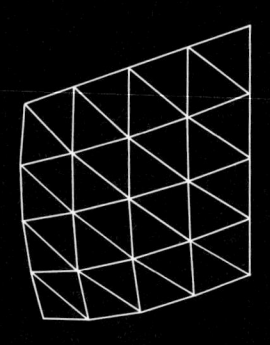

dreieckig / triangular

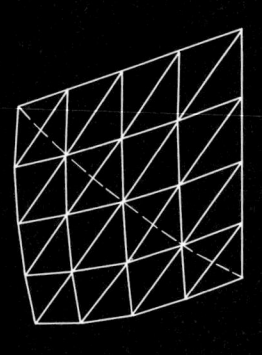

halbrhombisch / half rhombic

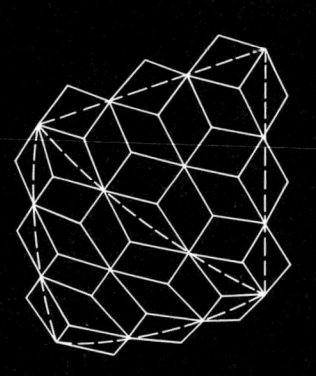

rhombisch / rhombic

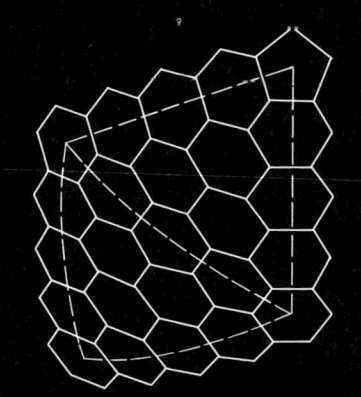

sechseckig / hexagonal

Fachwerksysteme für Kugelflächen   Sphärische Raumfachwerke

Gekrümmte Fachwerksysteme / curved truss systems

truss systems for spherical planes

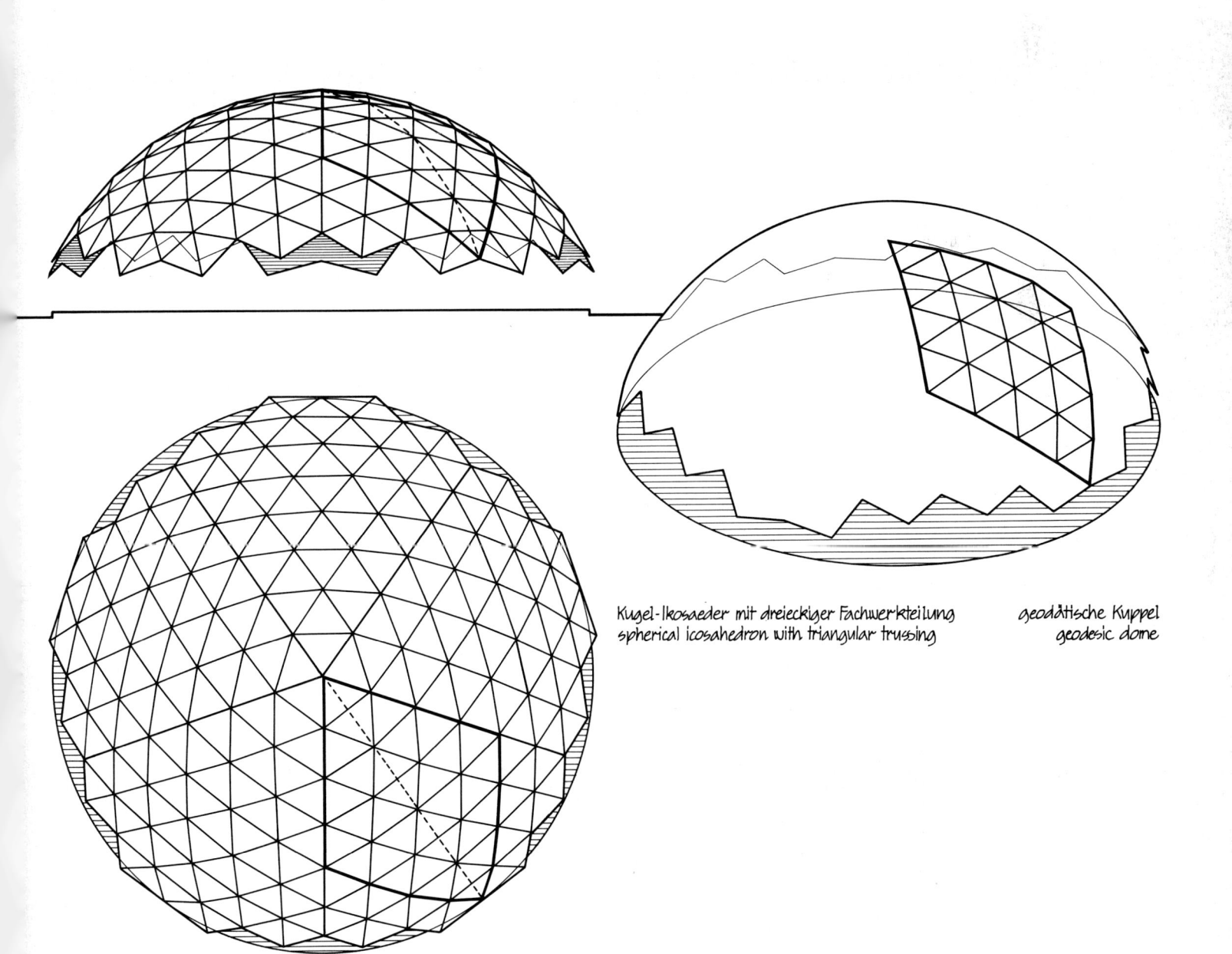

Kugel-Ikosaeder mit dreieckiger Fachwerkteilung
spherical icosahedron with triangular trussing

geodätische Kuppel
geodesic dome

Räumliche Fachwerksysteme / space truss systems

Tragmechanismus des räumlichen Fachwerkes

bearing mechanism of space truss

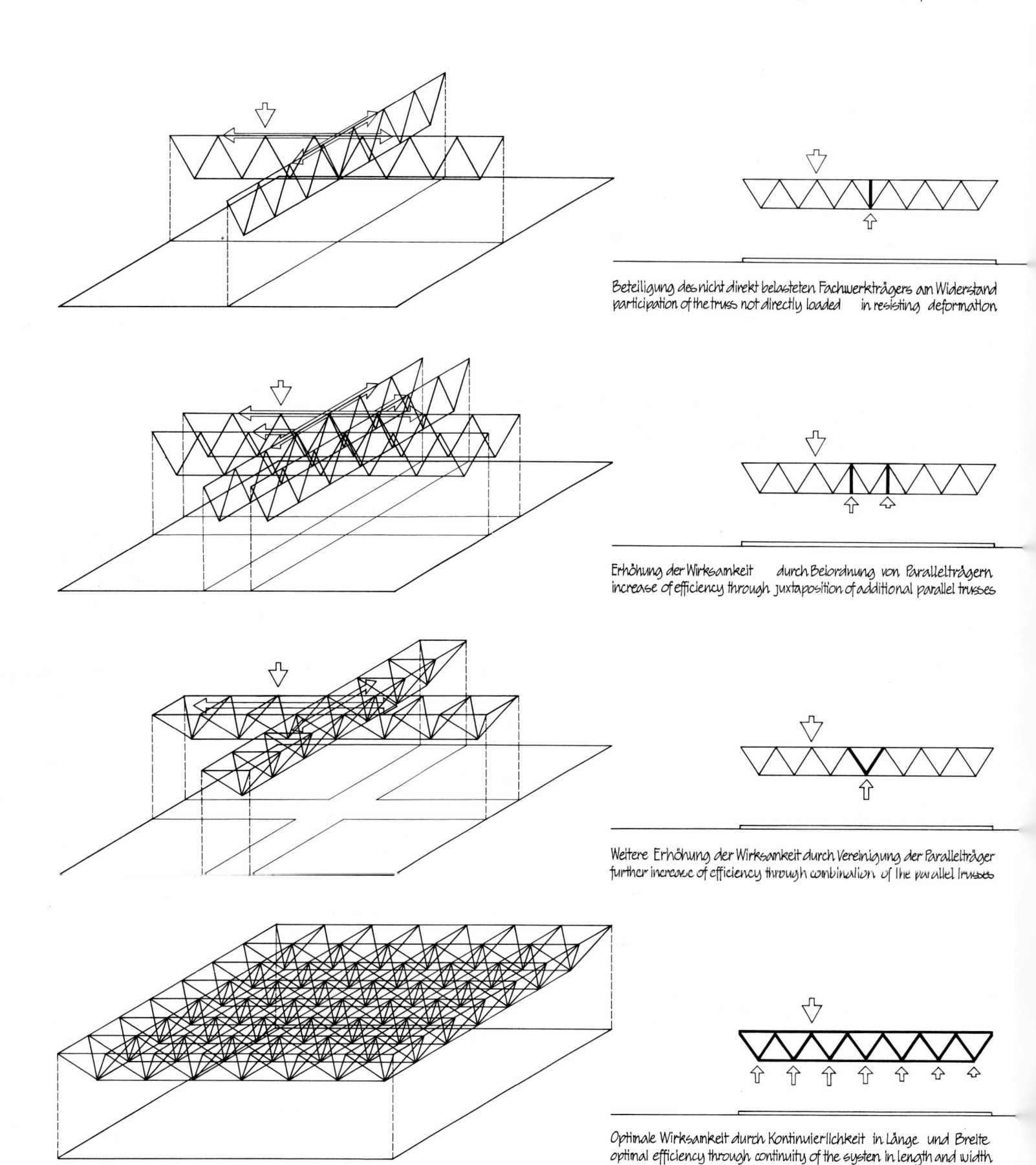

Beteiligung des nicht direkt belasteten Fachwerkträgers am Widerstand
participation of the truss not directly loaded in resisting deformation

Erhöhung der Wirksamkeit durch Beiordnung von Parallelträgern
increase of efficiency through juxtaposition of additional parallel trusses

Weitere Erhöhung der Wirksamkeit durch Vereinigung der Parallelträger
further increase of efficiency through combination of the parallel trusses

Optimale Wirksamkeit durch Kontinuierlichkeit in Länge und Breite
optimal efficiency through continuity of the system in length and width

Räumliche Fachwerksysteme / space truss systems

Ebene Raumfachwerk-Systeme aus rechteckigen Prismen / flat space truss systems composed of rectangular prisms

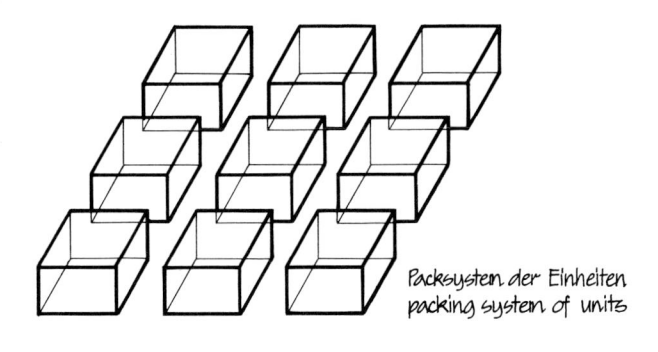

Packsystem der Einheiten / packing system of units

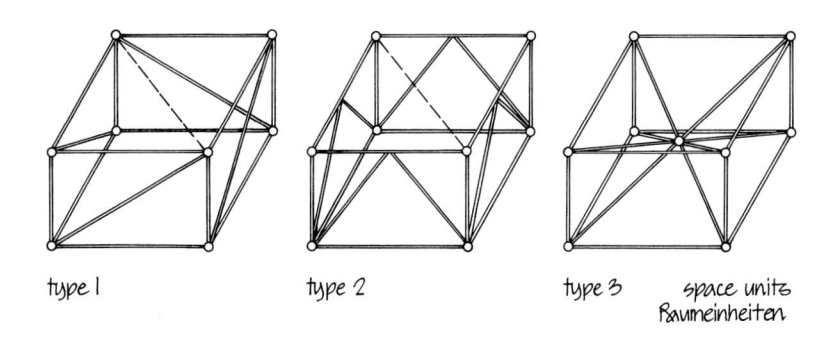

type 1   type 2   type 3   space units / Raumeinheiten

System mit einfacher Aussteifung der senkrechten Prismenseiten
system with single trussing of vertical prism faces
type 1

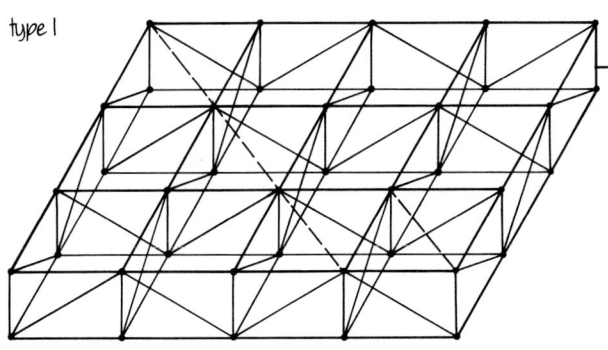

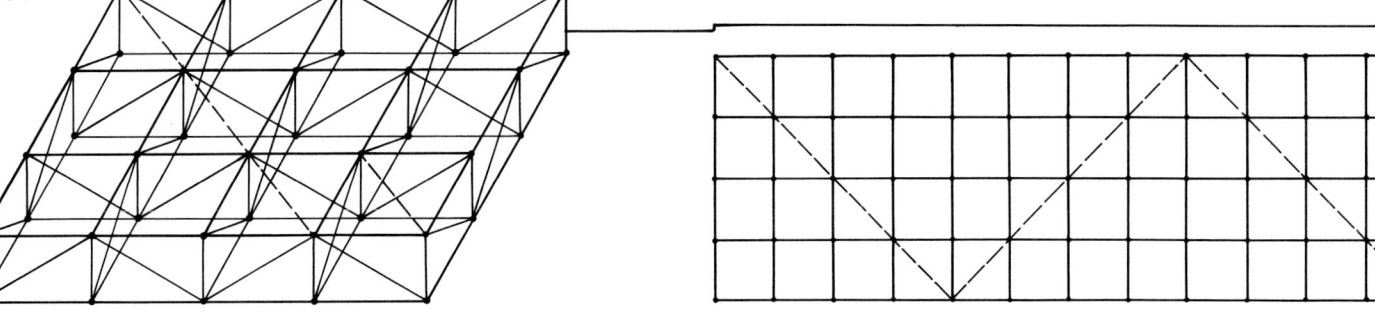

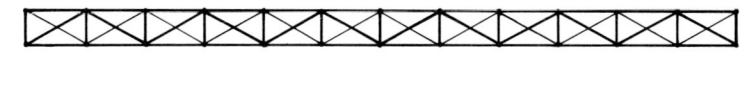

System mit doppelter Aussteifung der senkrechten Prismenseiten
system with double trussing of vertical prism faces
type 2

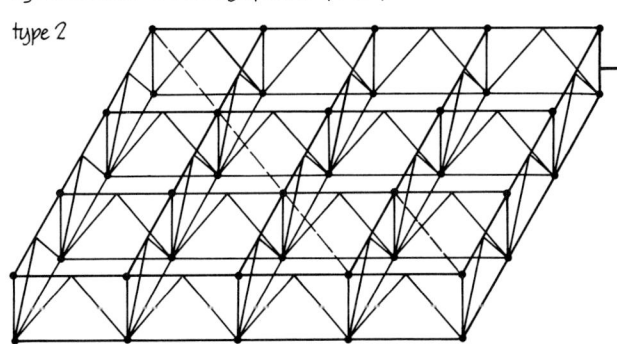

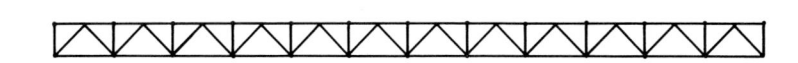

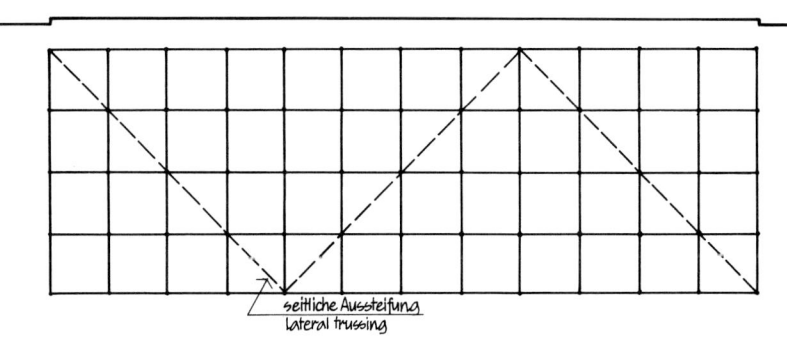

seitliche Aussteifung / lateral trussing

System mit kreuzweiser Aussteifung der diagonalen Prismenschnitte
system with crosswise trussing of diagonal prism sections
type 3

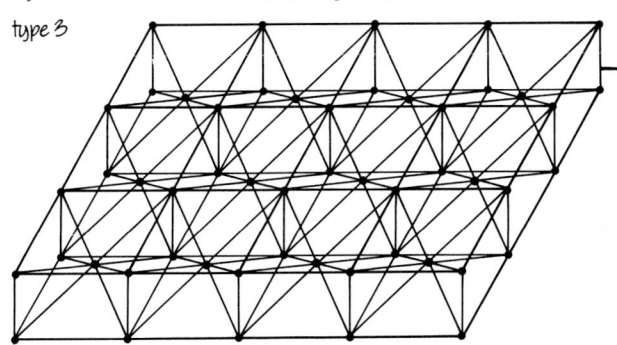

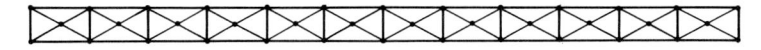

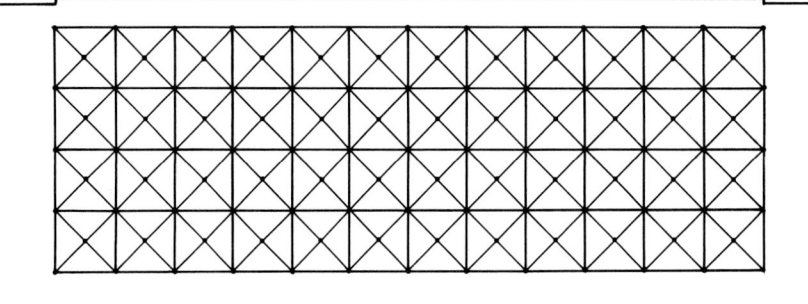

Räumliche Fachwerksysteme / space truss systems

Ebene Raumfachwerk-Systeme aus dreieckigen Prismen

flat space truss systems composed of triangular prisms

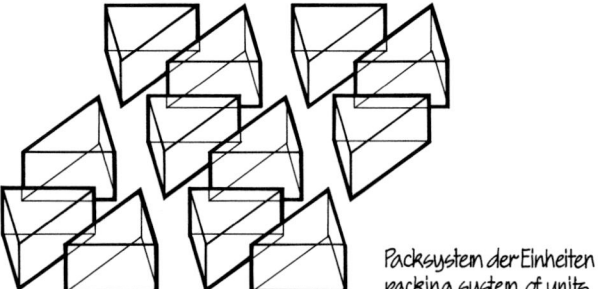

Packsystem der Einheiten
packing system of units

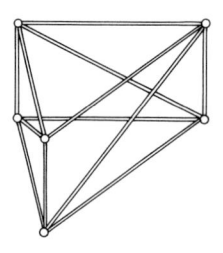

type 1 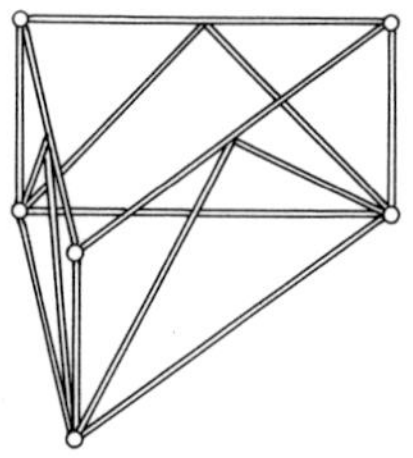   type 2   space units
Raumeinheiten

System mit einfacher Aussteifung der rechteckigen Prismenseiten
system with singular trussing of rectangular prism faces

type 1

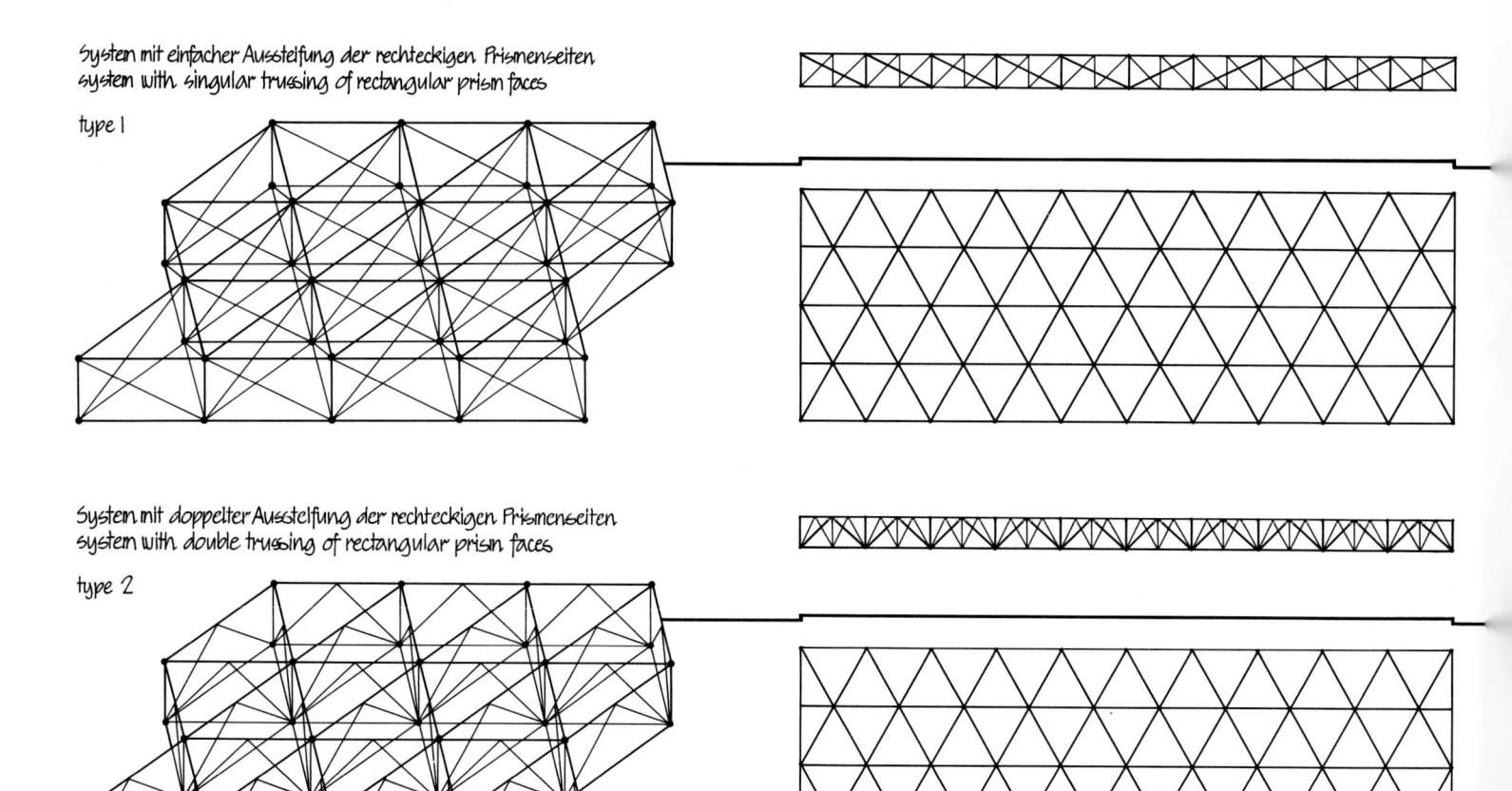

System mit doppelter Aussteifung der rechteckigen Prismenseiten
system with double trussing of rectangular prism faces

type 2

Ebene Raumfachwerk-Systeme aus dreieckigen Prismen · flat space truss systems composed of triangular prisms

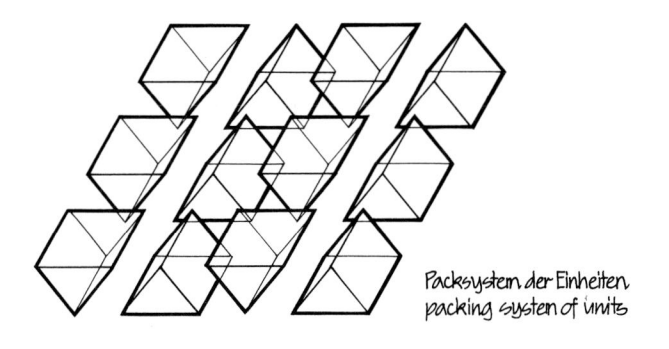

Packsystem der Einheiten / packing system of units

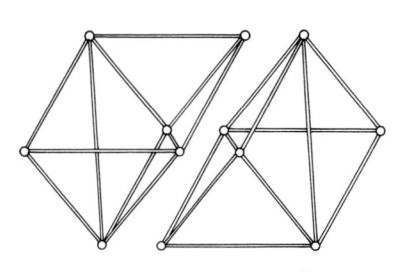

type 1 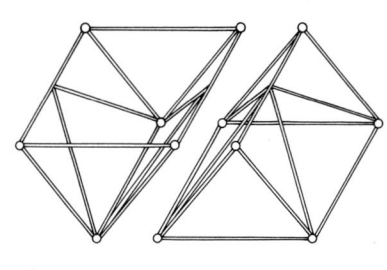 · type 2 · space units / Raumeinheiten

System mit einfacher Aussteifung der rechteckigen Prismenseiten
system with single trussing of rectangular prism faces
type 1

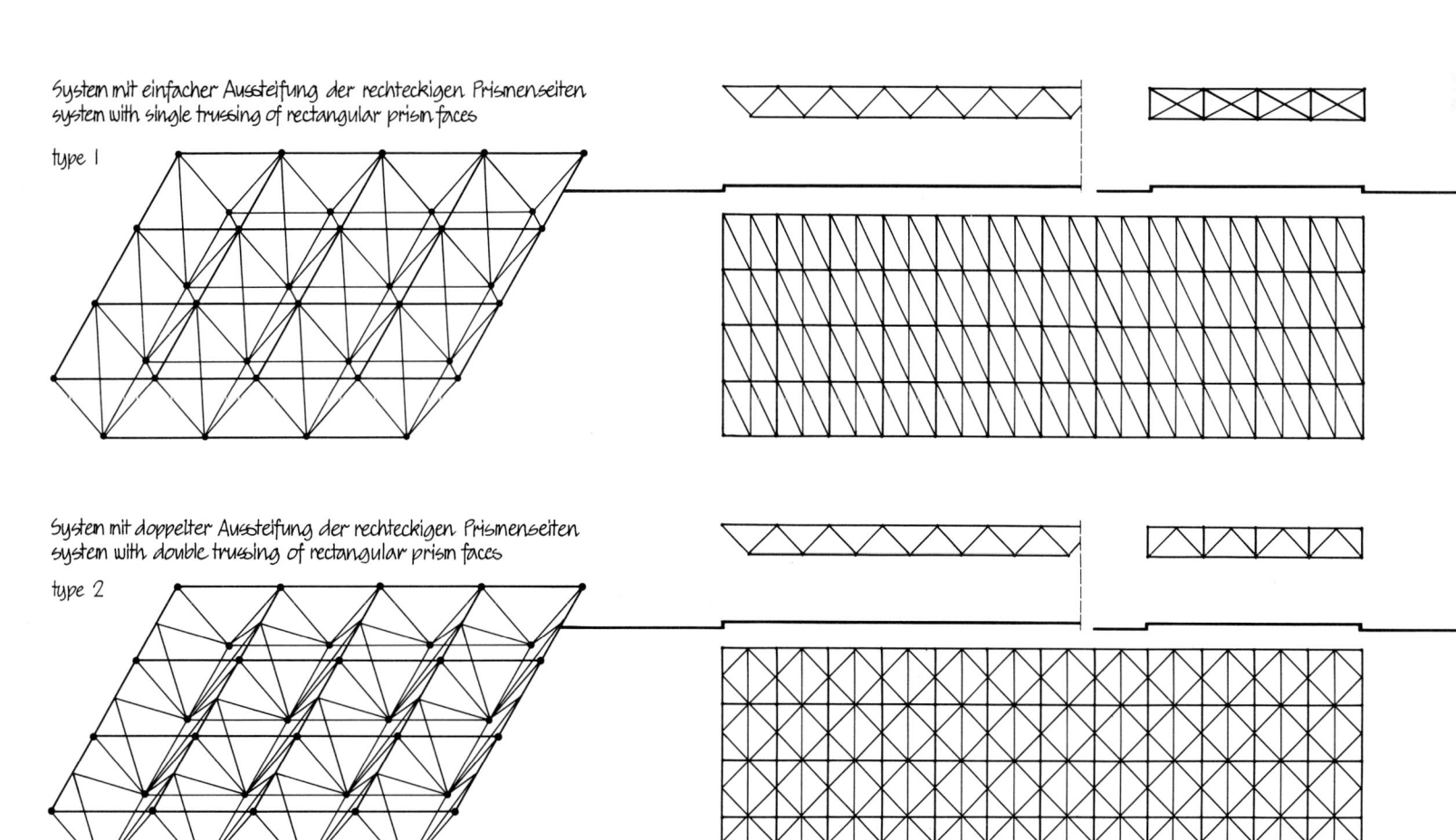

System mit doppelter Aussteifung der rechteckigen Prismenseiten
system with double trussing of rectangular prism faces
type 2

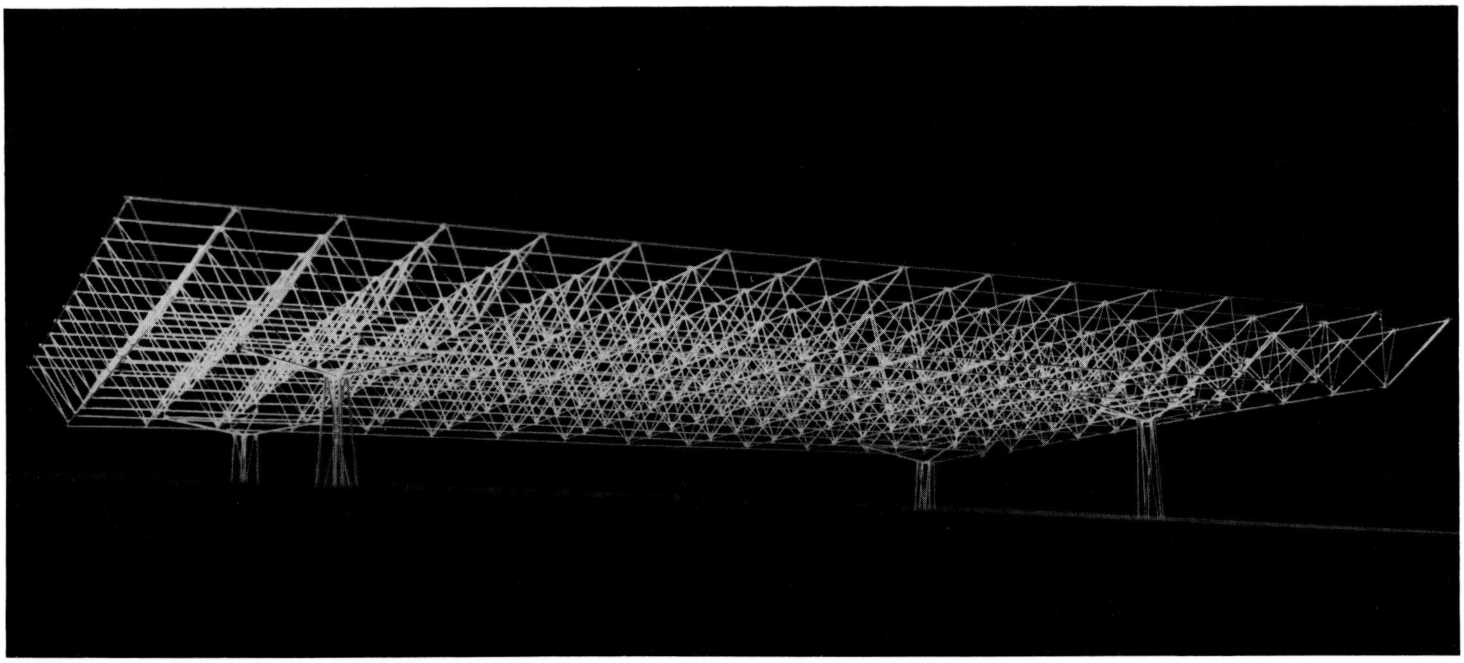

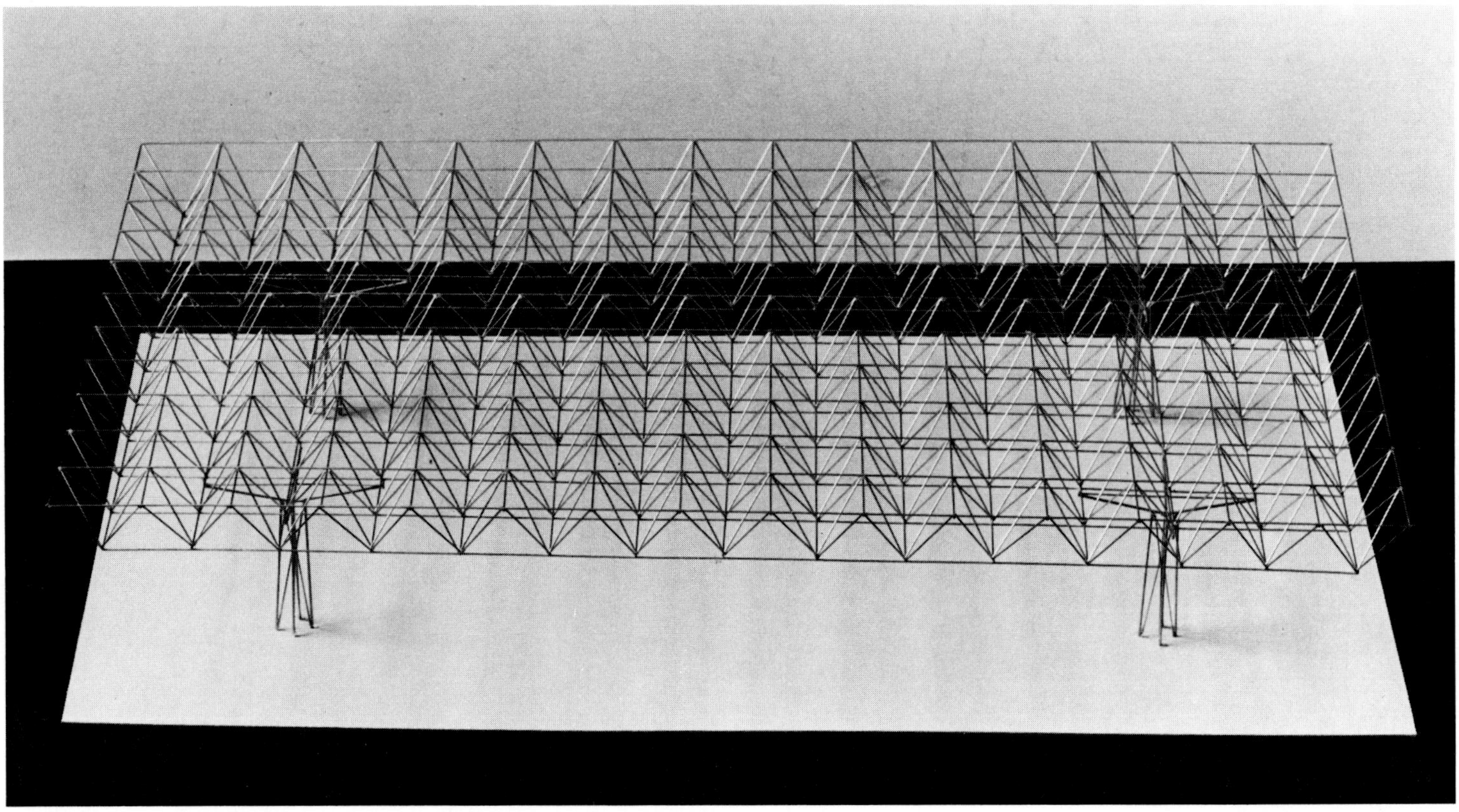

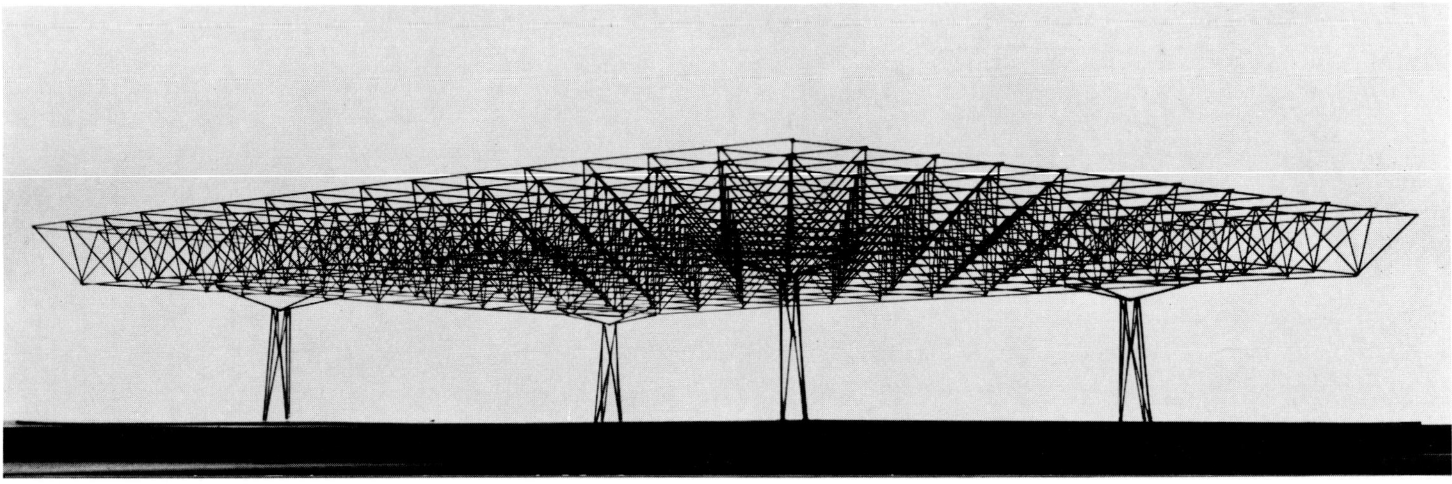

Räumliche Fachwerksysteme / space truss systems

Ebenes Raumfachwerk-System aus Tetraeder und Halb-Oktaeder

flat space truss system composed of tetrahedra and semi-octahedra

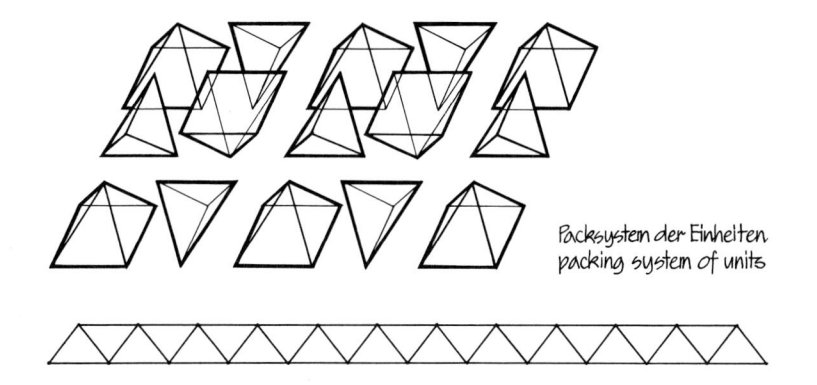

Packsystem der Einheiten / packing system of units

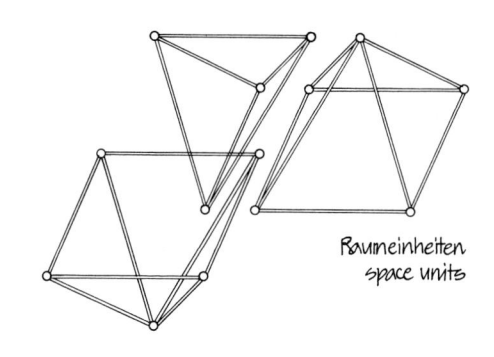

Raumeinheiten / space units

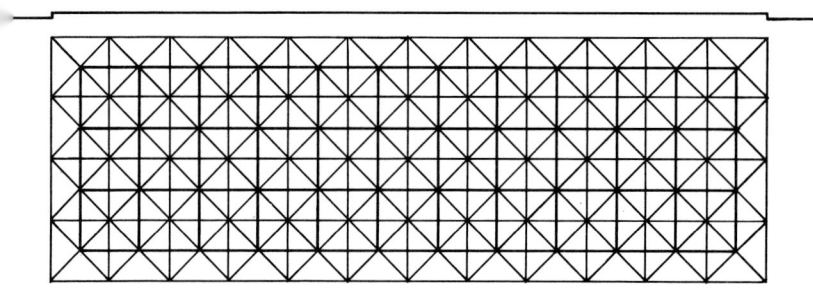

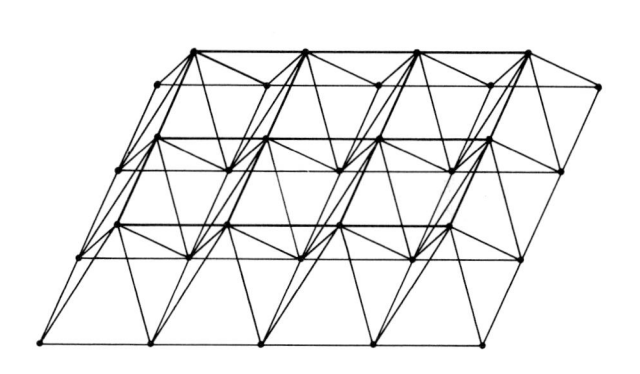

Ebenes Raumfachwerk-System aus Tetraeder und Oktaeder

flat space truss system composed of tetrahedra and octahedra

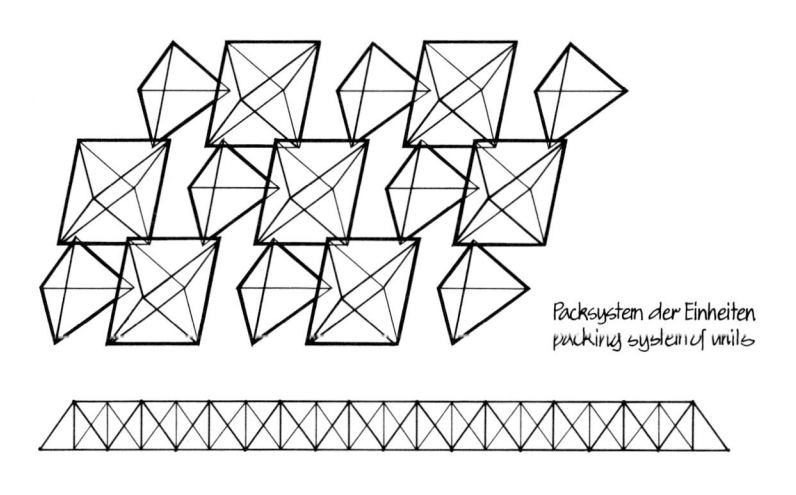

Packsystem der Einheiten / packing system of units

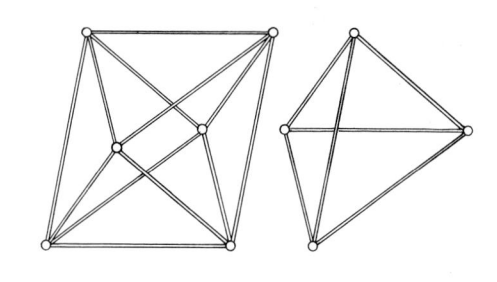

Raumeinheiten / space units

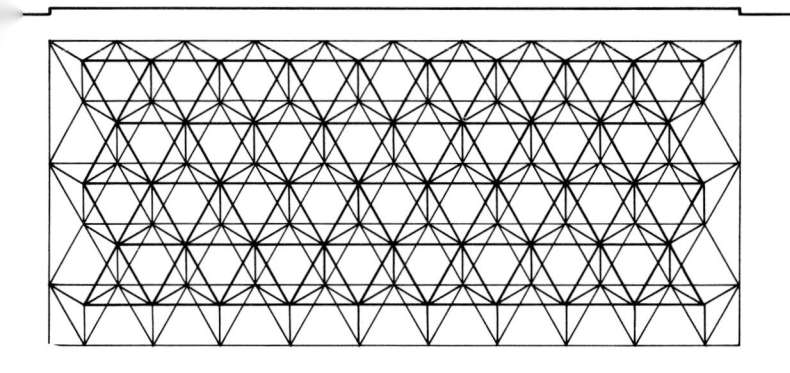

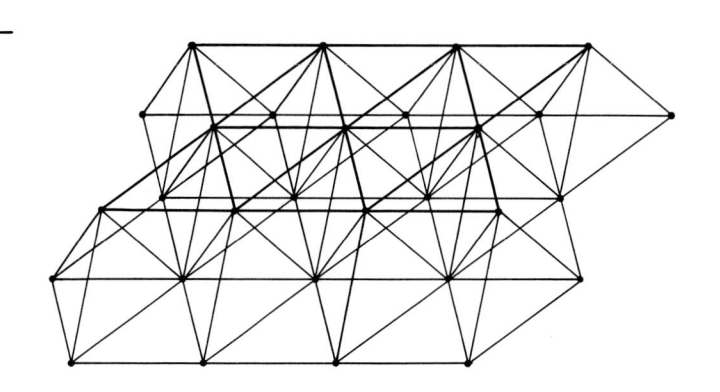

Räumliche Fachwerksysteme / space truss systems

Ebenes Raumfachwerk-System auf Grundlage der sechseckigen Pyramide   flat space truss system based upon hexagonal pyramid

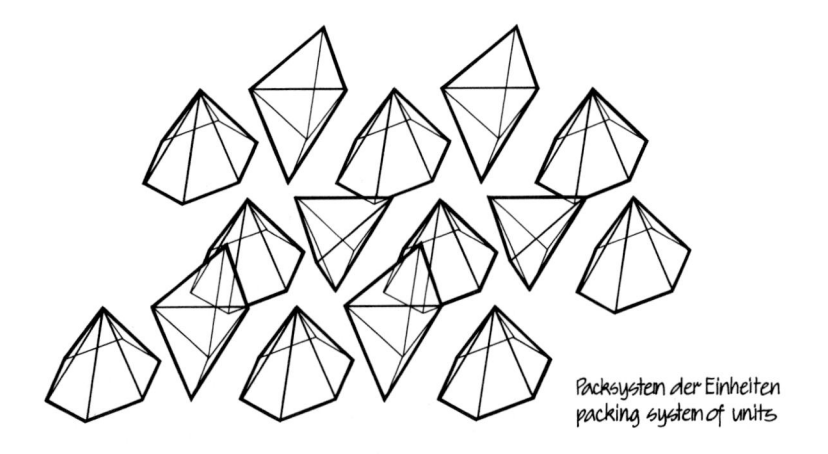

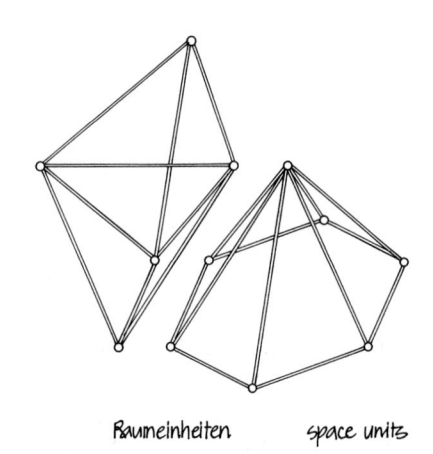

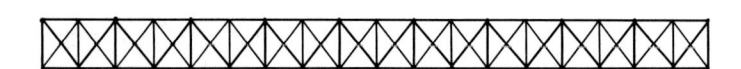

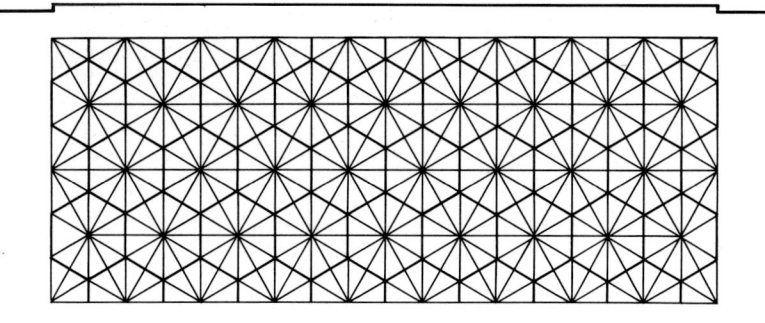

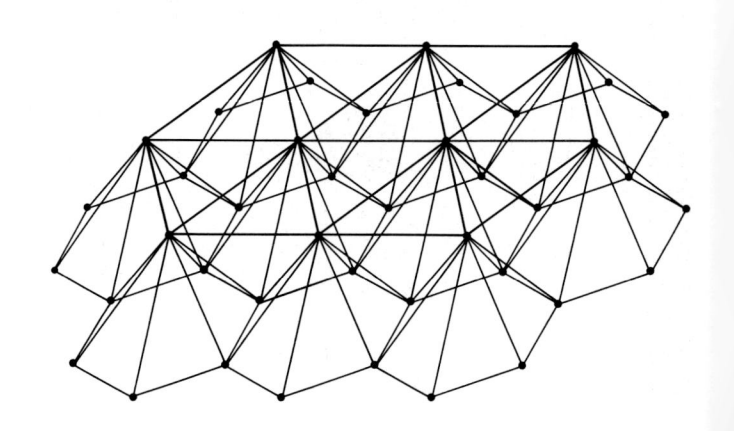

Packsystem der Einheiten
packing system of units

Raumeinheiten   space units

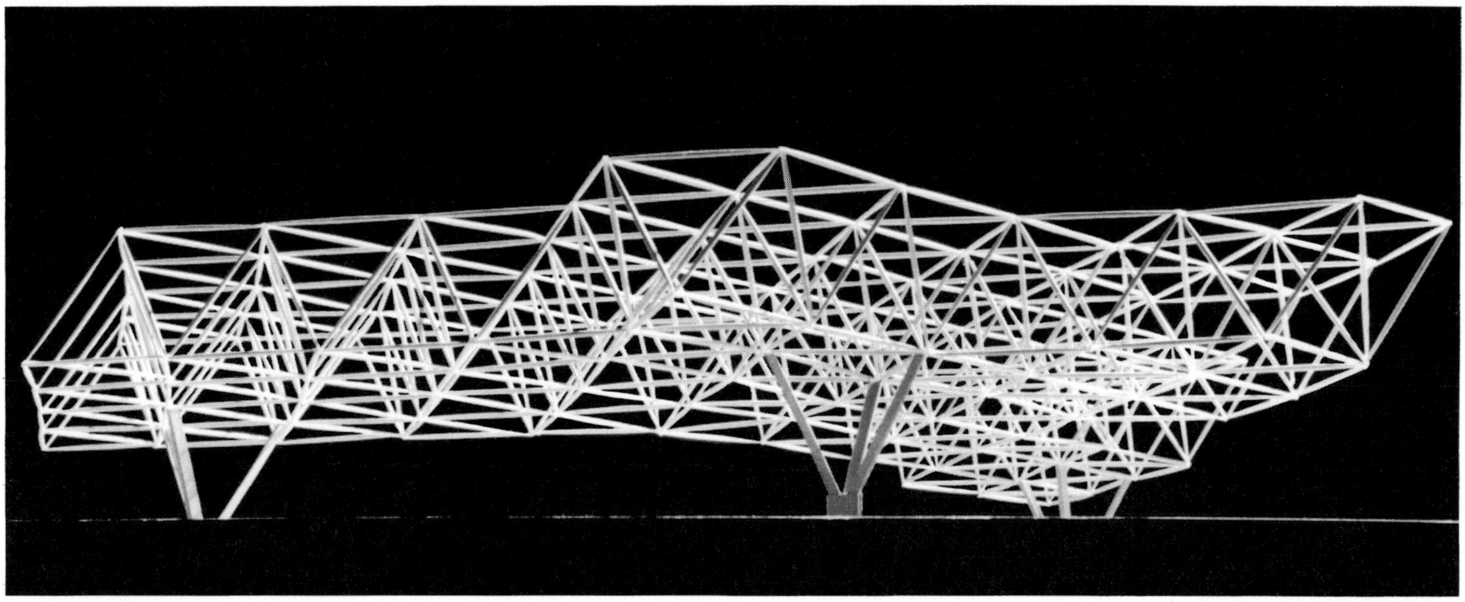

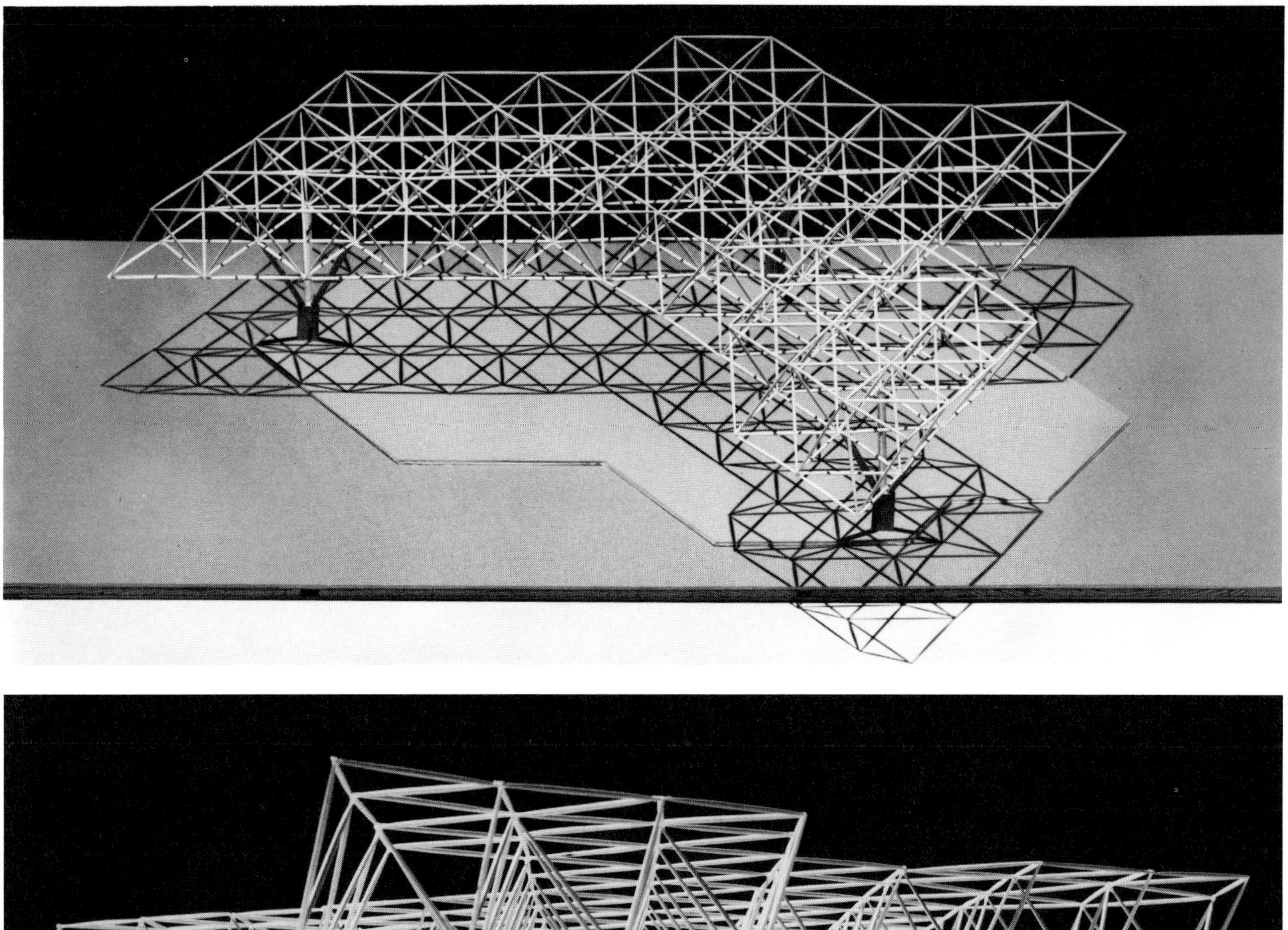

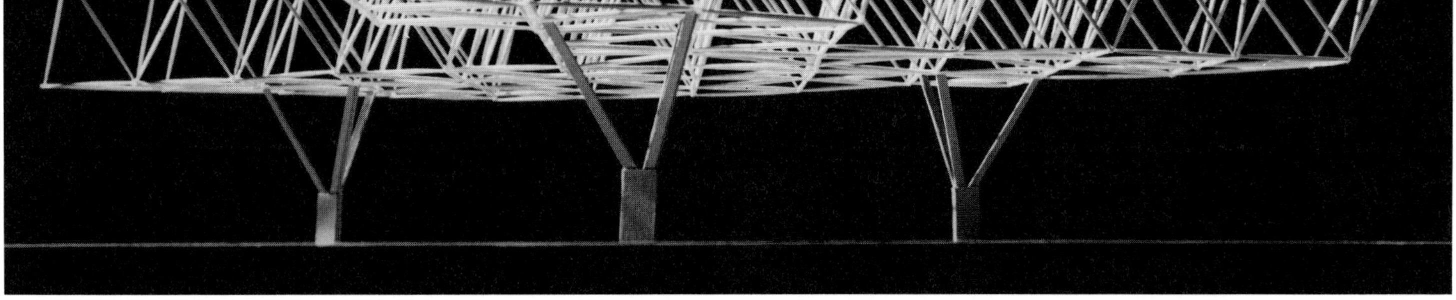

Seite 106:
Ebenes Raumfachwerk-System aus Halboktaeder und Tetraeder

page 106:
flat space truss system composed of semi-octahedra and tetrahedra

Seite 109:
Ebenes Raumfachwerk-System aus Tetraeder und Oktaeder

page 109:
flat space truss system composed of tetrahedra and octahedra

Oben:
Ebenes Raumfachwerk-System auf Grundlage der sechseckigen Pyramide

above:
flat space truss system based upon hexagonal pyramid

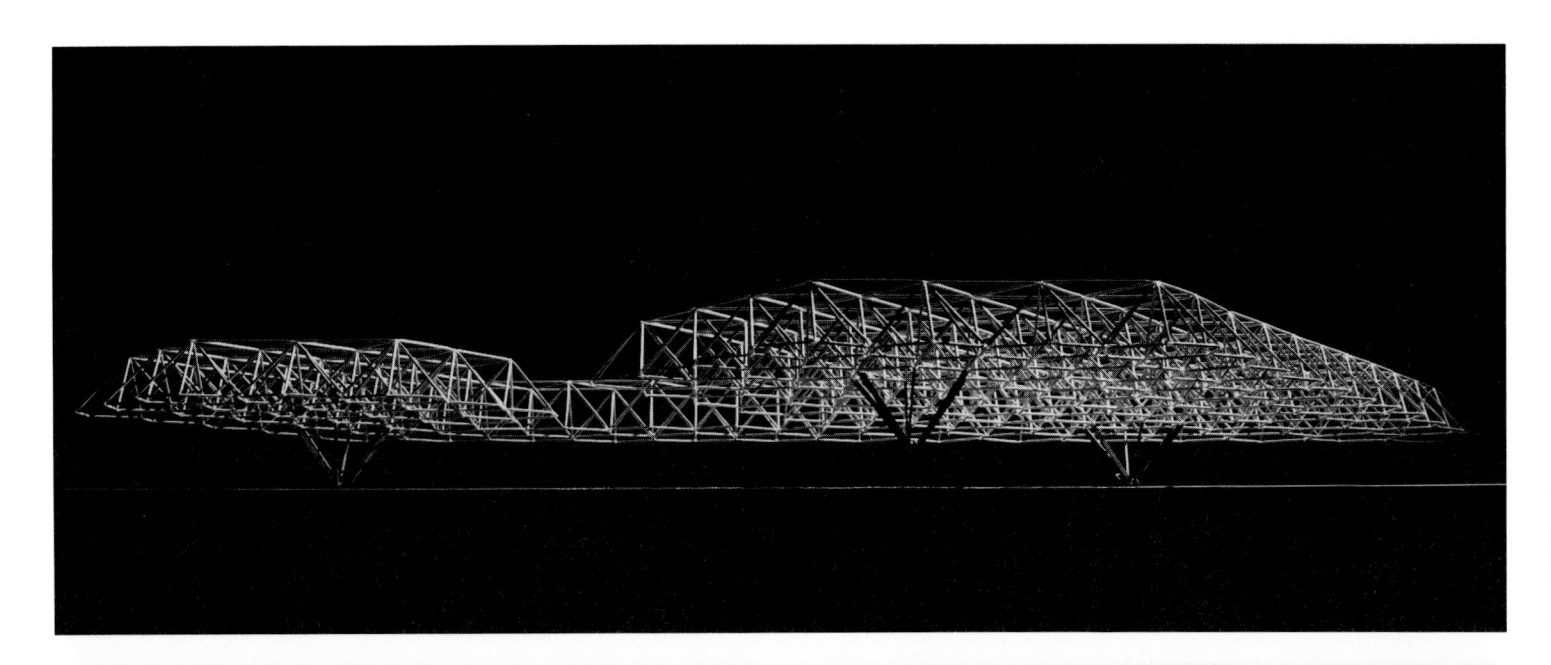

Räumliche Fachwerksysteme / space truss systems

Anwendung räumlicher Fachwerksysteme für weitgespannte Tragwerke — application of space trusses for long-span structures

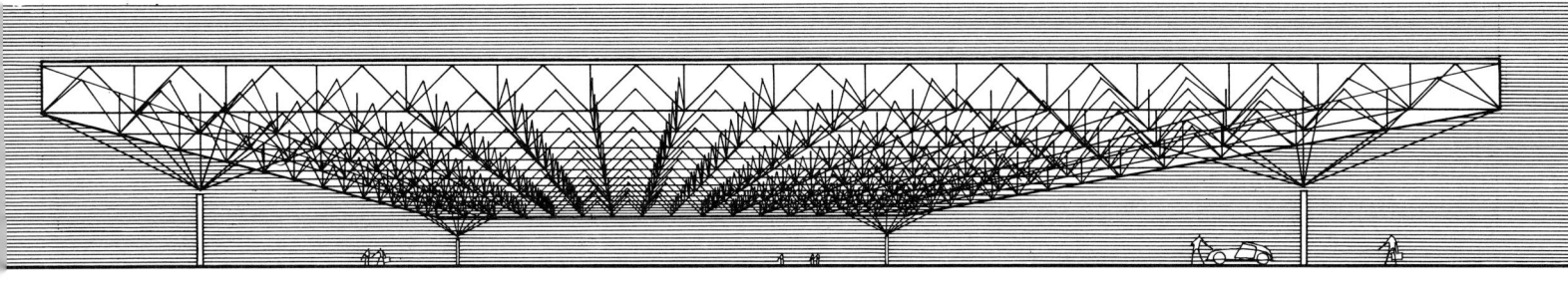

Ebenes Raumfachwerk für weitgespanntes Dach — planar space truss for long-span roof

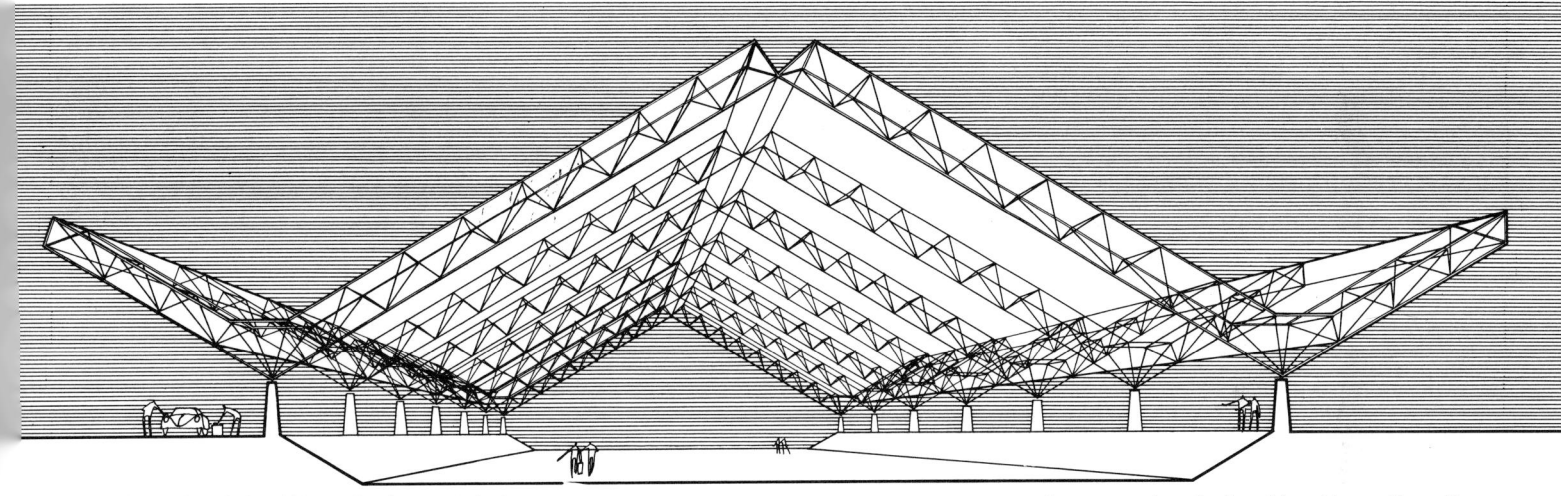

lineares Raumfachwerk für Dreigelenkrahmen mit Auskragung — linear space truss for three-hinged frame with cantilevers

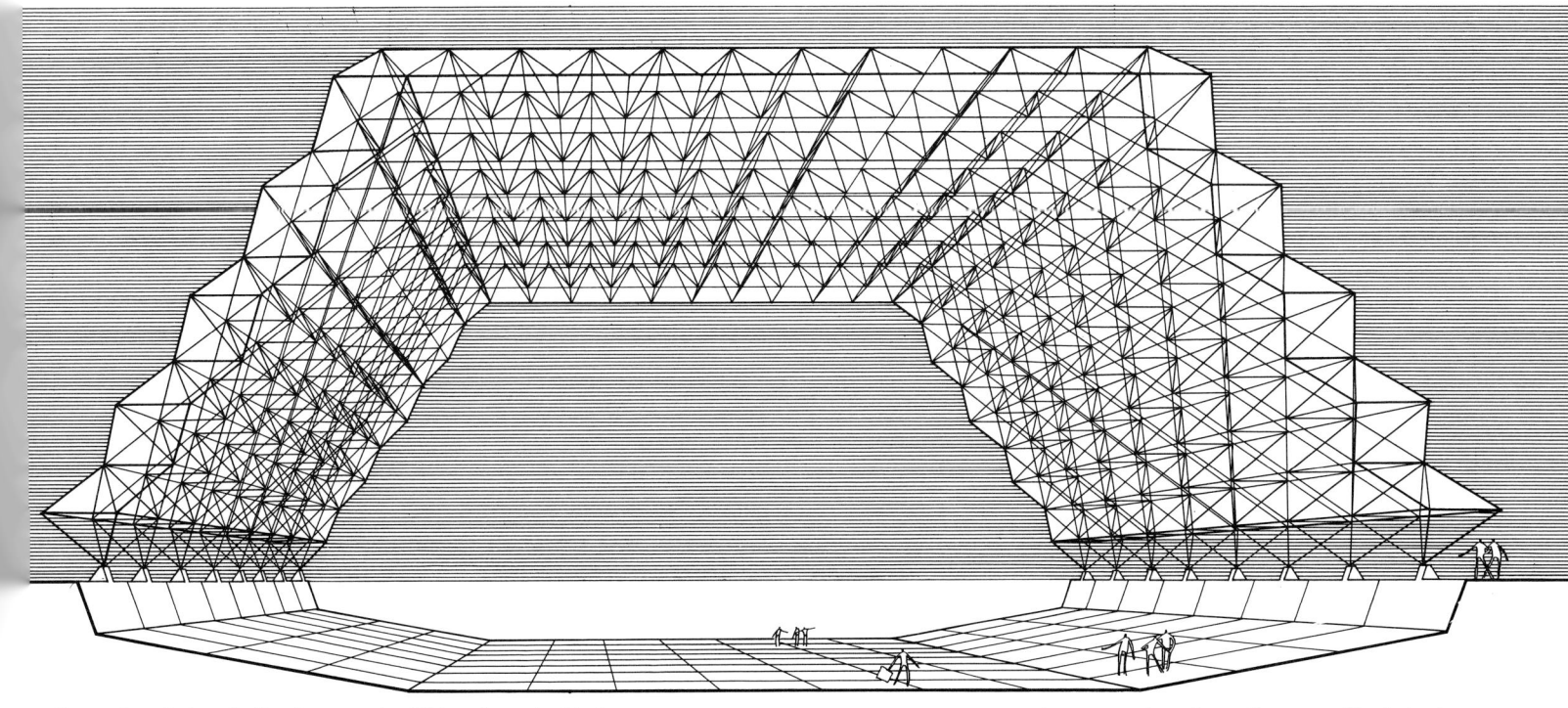

Ebenes Raumfachwerk für oberen und seitlichen Raumabschluß — planar space truss for continuous roof/wall structure

3

Massenaktive Tragsysteme
Bulk-active Structure Systems

Gerade, in ihrer Länge fixierte Linienelemente sind geometrisches Mittel, Flächen zu definieren und durch ihre Lage im Raum dreidimensionale Beziehungen herzustellen.

Gerade Linienelemente können Achsen und Dimensionen festlegen: Länge, Höhe und Breite. In dieser Eigenschaft sind Linienelemente Voraussetzung für die geometrische Erschließung des dreidimensionalen Raumes.

Gerade Linienelemente können, mit stofflicher Festigkeit versehen, statische Funktionen ausüben. Bei Druckfestigkeit können sie als Druckstäbe, bei Zugfestigkeit als Zugstäbe verwandt werden. Weisen sie außerdem weitgehende Biegesteifigkeit auf, können sie als Linienträger verwandt werden.

Linienträger sind geradlinige, biegesteife Bauelemente, die nicht nur Kräfte, die in Richtung der Stabachse wirken, aufnehmen, sondern auch Kräfte senkrecht zu ihrer Achse durch innere Querschnittkräfte umlenken und in Achsenrichtung seitlich abtragen können. Linienträger sind Grundelemente der massenaktiven Tragsysteme.

Prototyp der massenaktiven Tragsysteme ist der Linienträger auf zwei Stützen. Mit der Masse seines Querschnittes dreht er die Kraftrichtungen um neunzig Grad und trägt sie auf seine Endstützen ab.

Der Linienträger auf Stützen ist Symbol für den grundsätzlichen Konflikt der Richtungen, der durch Tragwerkentwurf gelöst werden muß: Vertikale Dynamik der Last gegen horizontale Dynamik nutzbaren Raumes. Der Linienträger begegnet diesem elementaren Zusammenprall von Naturgesetz und Menschenwillen frontal und mit Masse.

Wegen seiner Eigenschaft, senkrechte Lasten unter Beibehaltung der für die dreidimensionale Raumerschließung günstigen Horizontalbegrenzung seitlich abzutragen, ist der Linienträger das am meisten verwandte Tragelement im Bauen.

Mittels biegesteifer Verbindung können einzelne Linienträger und Stützen zu einem einzigen zusammenwirkenden, vielgliedrigen System kombiniert werden, in denen jedes Glied durch Achsenkrümmung an dem Widerstandsmechanismus gegen Verformung beteiligt ist: massenaktive Tragsysteme.

Krümmung der Mittelachse, d. h. Biegung, ist Kennzeichen der massenaktiven Tragwirkung, hervorgerufen durch teilweise Drehung des Linienelementes infolge äußerer nicht in einer Wirkungslinie liegender Kräfte.

Der Tragmechanismus massenaktiver Tragsysteme besteht aus dem Zusammenwirken von Druck- und Zugkräften im Trägerquerschnitt im Verein mit Scherkräften: Biegewiderstand. Infolge Durchbiegung wird ein inneres Drehmoment aktiviert, das das äußere Drehmoment im Gleichgewicht hält.

Der Trägerquerschnitt, d. h. seine Massenverteilung in bezug auf die neutrale Achse ist entscheidend für den Widerstandsmechanismus massenaktiver Tragsysteme. Je weiter die Masse von der neutralen Achse entfernt ist, desto größer ist der Widerstand gegen Biegung.

Wegen der sehr unterschiedlichen Verteilung der Biegebeanspruchung auf die Trägerlänge und wegen der sich daraus ergebenden unterschiedlichen Erfordernisse der Querschnittsbemessung können massenaktive Tragsysteme durch wechselnde Konstruktionshöhe ihres Querschnittes den Verlauf der inneren Biegespannungen ausdrücken. Massenaktive Tragsysteme können daher lebendiger Ausdruck des Ringens um Gleichgewicht zwischen inneren und äußeren Drehmomenten sein.

Durch steife Verbindung mit Stützen wird nicht nur die senkrechte Durchbiegung reduziert, sondern auch ein Mechanismus zur Umlenkung von Horizontalkräften geschaffen. Kontinuierliche Steifigkeit in zwei oder auch drei Dimensionen ist zweites Kennzeichen massenaktiver Tragsysteme.

Massenaktive Tragsysteme haben als Durchlaufträger, Gelenkrahmen, Vollrahmen, Mehrfeldrahmen und Mehrgeschoßrahmen die Mechanik der Kontinuierlichkeit voll zum Tragen gebracht. Mittels dieser Systeme ist es möglich, große Spannweiten zu erzielen und stützenfreie Geschosse zu schaffen, ohne den Vorteil der Rechteckgeometrie preiszugeben.

Massenaktive Linienträger zweiachsig, rasterförmig angeordnet und biegesteif verbunden, aktivieren zusätzliche Widerstandsmechanismen, die eine Verminderung von Konstruktionshöhe und Materialmasse bewirken: Trägerraster.

Verdichtung der zweiachsigen Anwendung von Linienträgern führt zur Tragplatte. Die Tragplatte ist massenaktives Flächenelement, das die vielfältigste Biegemechanik integriert und daher innerhalb eines bestimmten Spannweitenbereiches höchst leistungsfähig ist.

Massenaktive Tragsysteme haben vornehmlich rechteckige Systemform im Grundriß und Aufriß. Einfachheit der Rechteckgeometrie in der Bewältigung statischer und gestalterischer Probleme ist Vorteil der massenaktiven Systeme und Ursache für die universelle Anwendung im Bauen.

Wegen der Überlegenheit ihrer Rechteckgeometrie im Bauen eignen sich massenaktive Tragmechanismen als übergeordnete raumdefinierende Systeme für Ausführung mit Einheiten anderer Tragsysteme. Massenaktive Tragsysteme sind daher diejenige Überstruktur, in der alle anderen Tragmechanismen eingesetzt werden können.

Die zukünftige Entwicklung massenaktiver Tragsysteme wird dem Nachteil des niedrigen Gewicht/Spannweite-Verhältnisses nicht nur durch Anwendung von Vorspanntechniken begegnen, sondern auch indem zunehmend der massive Trägerquerschnitt durch formative, vektoraktive oder flächenaktive Formen ersetzt werden wird.

Kenntnis der massenaktiven Mechanik, der vielfältigen Vorgänge, die durch die Durchbiegung von Linienelementen ausgelöst werden, sowie ihre Folgen müssen daher als Wissensgrundlage für den Architekten gelten nicht nur für die Planung von tragenden Skeletten, sondern für das Entwerfen in der Rechteckgeometrie überhaupt.

Linear elements, straight and fixed in their length, are geometric means of defining planes and of establishing three-dimensional relationships by their position in space.

Straight linear elements can determine axes and dimensions: length, height, and width. In this capacity linear elements are prerequisite for the geometric seizure of three-dimensional space.

Straight linear elements, if equipped with material strength, can perform structural functions. With compressive strength, they can be used as compression members, with tensile strength as tension members. If in addition they command definite bending rigidity, they can be used as beams.

Beams are straight-line, bending-resistant structural elements that cannot only resist forces that act in the direction of their axis, but by means of sectional stresses can receive also forces perpendicular to their axis and transport them laterally along their axis to the ends. Beams are basic elements of bulk-active structure systems.

Prototype of bulk-resistant structure systems is the beam simply supported at its ends. With the bulk of its section the beam turns the direction of the forces by ninety degrees and makes them travel along its axis to the end supports.

The beam on supports is symbolic of the basic conflict of directions that has to be solved by structure design: vertical dynamics of load against horizontal dynamics of usable space. The beam meets this elementary clash of natural law and human will head-on and with bulk.

Because of its capacity to laterally transfer loads and still maintain the horizontal space enclosure that is so convenient for the three-dimensional space seizure, the beam is the structure element most frequently used in building construction.

By means of rigid connections, separate beams and columns can be combined to form one coactive multi-component system in which each member through deflection of its axis is participating in the mechanism of resisting deformation: bulk-active structure systems.

Deflection of middle axis, i. e. bending, is the distinction of bulk-active bearing action. It is caused by the partial rotation of the linear element due to external forces that are not in one line of action.

The bearing mechanism of bulk-active structure systems consists of the combined action of compressive and tensile stresses within the beam section in conjunction with shear stresses: bending resistance. Due to bending deflection an internal rotation moment is activated that counterbalances the external rotation moment.

The beam section, i. e. the distribution of its bulk in relation to the neutral axis, is decisive for the resisting mechanism of bulk-active structure systems. The farther the bulk is from the neutral axis, the greater is the resistance against bending.

Because of the very unequal distribution of bending stresses along the beam length and because of the resulting unequal requirements for dimensioning the cross section, bulk-active structure systems can express the magnitude of internal bending stresses through changing construction height of component sections.

Bulk-active structure systems, therefore can be live expression of the struggle for equilibrium between internal and external rotation moments.

Through rigid connection with supports not only is the vertical bending deflection reduced, but also a mechanism is set up for resisting horizontal forces. Continuous rigidity in two or three dimensions is the second distinction of bulk-active structure systems.

As continuous beam, hinged frame, complete frame, multipanel frame, and multistory frame the bulk-active structures have brought to full expression the mechanics of continuity. By means of these systems it is possible to achieve long spans and provide free floor space unencumbered by supports, without having to give up the advantage of rectangular geometry.

Bulk-active linear elements, arranged in biaxial grid patterns and rigidly connected, activate additional resistance mechanisms that effect reduction of both construction height and material bulk: beam grids.

Condensation of the biaxial application of beams leads to the structural slab. The structural slab is a bulk-active planar element that integrates the most diverse bending mechanisms and hence is most effective within a certain limit of span.

Bulk-active structure systems have predominantly rectangular system form in plan and section. Simplicity of the rectangular geometry in coping with structural and aesthetic problems is an advantage of bulk-active systems and cause for the universal application in building.

Because of the superiority of rectangular geometry in building, the bulk-active structure mechanisms qualify as space defining superstructures for performance with units taken from other structure systems. Bulk-active structure systems therefore are the superstructure within which all other structure mechanisms can be put to action.

The future development of bulk-active structure systems will meet the disadvantage of low weight/span ratio not only by increasingly employing prestressing techniques, but also by replacing the massive beam section with form-active, vector-active, or surface-active forms.

Knowledge of the bulk-active mechanics, of the multiple actions and their consequences as they are prompted by the bending deflection of linear elements, therefore must be considered basic for the architect not only for the planning of structural skeletons but no less for design in rectangular geometry as a whole.

Trägersysteme / beam systems

Definition der massenaktiven Tragsysteme / definition of bulk-active structure systems

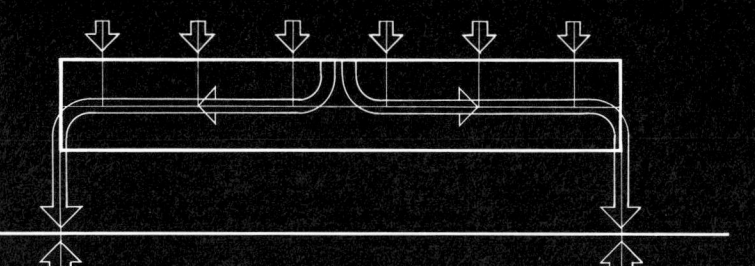

System der Kraftumlenkung · system of redirecting forces

Äußere Kräfte werden durch stoffliche Masse und stoffliche Kontinuierlichkeit umgelenkt
external forces are redirected through material bulk and material continuity

Mechanismus der Biegung und des Biegewiderstandes / mechanism of bending and bending resistance

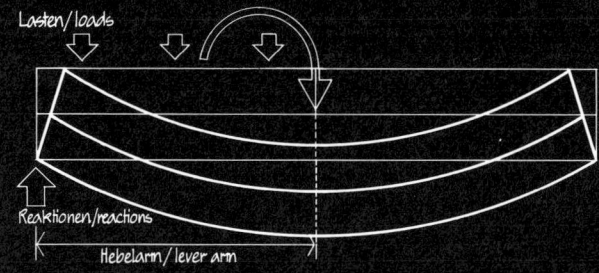

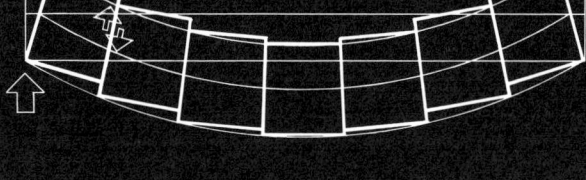

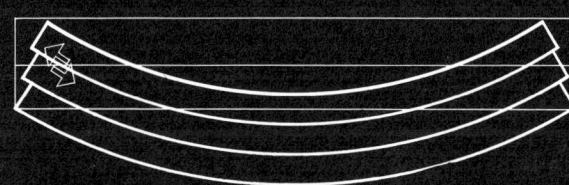

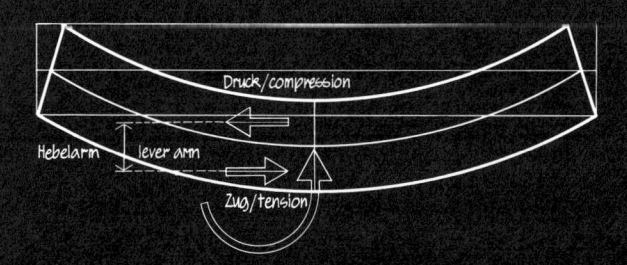

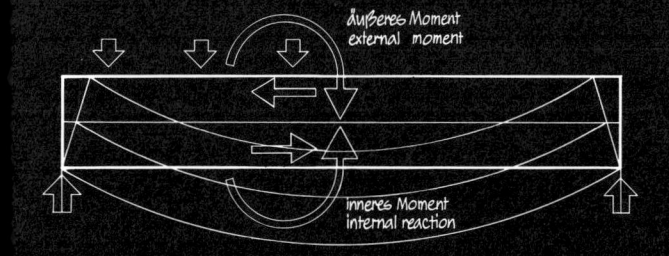

Lasten/loads
Reaktionen/reactions
Hebelarm / lever arm

Äußeres Drehmoment (Biegung) · external rotation moment (bending)
Die Summe der äußeren Kräfte (Lasten und Reaktionen) bewirkt Drehung der freien Enden (Auflagerpunkte), die zur Krümmung der Längsachse führt: Biegung
the sum of external forces (loads and reactions) generates a rotation of the free ends (points of support) that causes the longitudinal axis to curve: bending

Querkräfte (vertikale Scherkräfte) · vertical shear
Wegen der Seitendifferenz der Richtungen von Last und Reaktion versuchen die äußeren Kräfte die vertikalen Fasern gegeneinander zu verschieben
since the directions of load and reaction do not meet, the external forces make vertical fibres tend to slip and introduce vertical shear

Horizontale Scherkräfte · horizontal shear
Die Durchbiegung verursacht Verkürzung der oberen und Verlängerung der unteren Schichten, wodurch die horizontalen Fasern gegeneinander verschoben werden
bending deflection causes contraction of the upper layers and expansion of the lower layers. horizontal fibres tend to slip introducing horizontal shear

Inneres Drehmoment (Reaktion) · internal rotation moment (reaction)
Druck/compression
Hebelarm / lever arm
Zug/tension
Infolge Durchbiegung werden mittels Scherkraftübertragung Zug- und Druckkräfte im Querschnitt aktiviert, die ein inneres Drehmoment bewirken
Due to bending deflection tensile and compressive stresses are generated in the cross section by means of shear. they produce an internal rotation moment

Äußeres Moment / external moment
inneres Moment / internal reaction

Biegung und Biegewiderstand · bending and bending resistance
Das Drehmoment der äußeren Kräfte bewirkt Durchbiegung bis zu dem Punkt, wo das innere reaktive Drehmoment groß genug geworden ist, um das äußere aufzuhalten.
rotation moment of external forces produces bending deflection until a point is reached where the internal reactive moment has grown big enough to compensate the external moment

Trägersysteme / beam systems

Zusammenwirken von Scher-, Zug- und Druckkräften bei Biegung
relationship between shear, tension and compression in bending

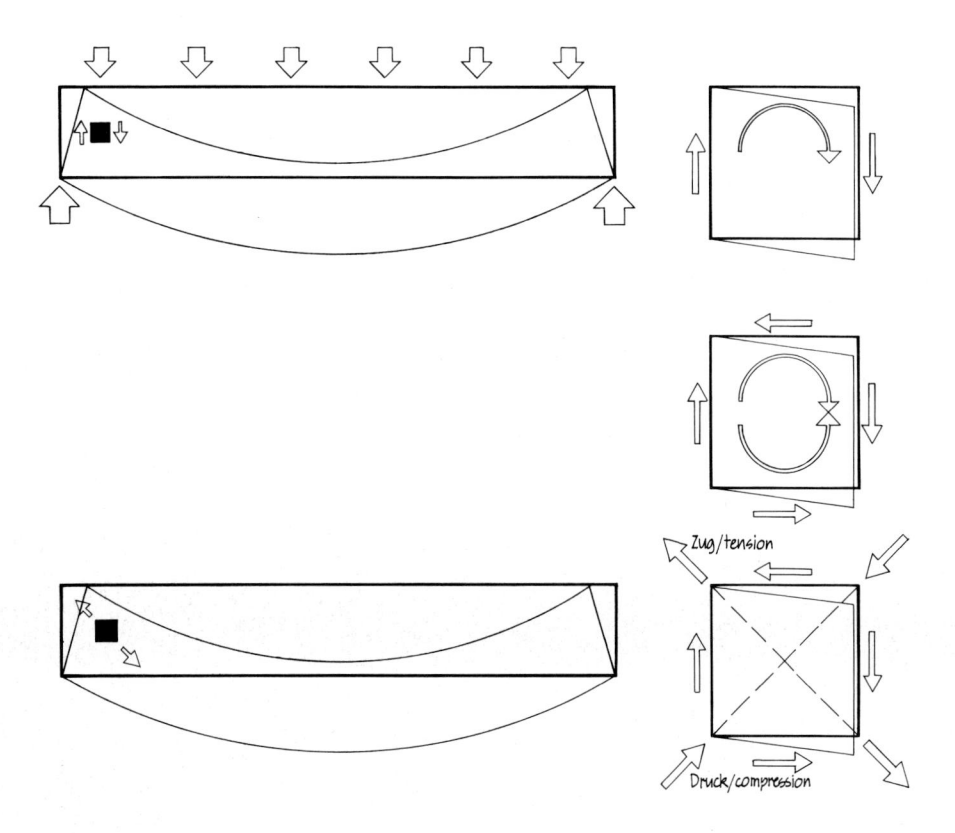

Durch äußere Kräfte werden Querkräfte erzeugt, die die Elemente (Rechteck) eines Trägers zu drehen versuchen und damit Durchbiegung bewirken

due to external forces vertical shear stresses are generated which tend to rotate the elements (rectangle) of a beam and cause bending deflection

Infolge Durchbiegung werden horizontale Scherkräfte erzeugt, die die Elemente (Rechteck) in umgekehrter Richtung zu drehen versuchen und dadurch Rotationsgleichgewicht herstellen

due to bending deflection horizontal shear stresses are generated which tend to rotate the elements (rectangle) in reverse direction and establish equilibrium in rotation

Querkräfte und horizontale Scherkräfte vereinigen sich zu Zug- und Druckkräften, die die Elemente zu Rauten verformen. Der Verformung steht die Festigkeit des Materials entgegen

vertical and horizontal shear stresses combine for both, tensile and compressive stresses that give the elements a rhombic shape. this deformation is resisted by the material strength

Linien der Hauptkraftrichtungen = isostatische Netzlinien
lines of principal directions of stress = isostatics

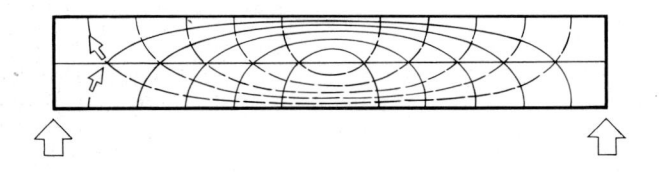

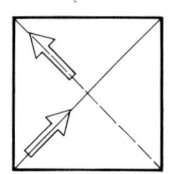

Kraftrichtungen im Träger bilden zwei Gruppen, die sich immer rechtwinklig überschneiden: Druckrichtungen haben Stützlinienform, Zugrichtungen haben Kettenlinienform

stress pattern in beam indicates two sets of stress directions that always intersect at right angles: compressive stress directions assume arch shape, tensile stress directions assume catenary shape

Spannungsverteilung im Träger mit rechteckigem Querschnitt
stress distribution in beam with rectangular section

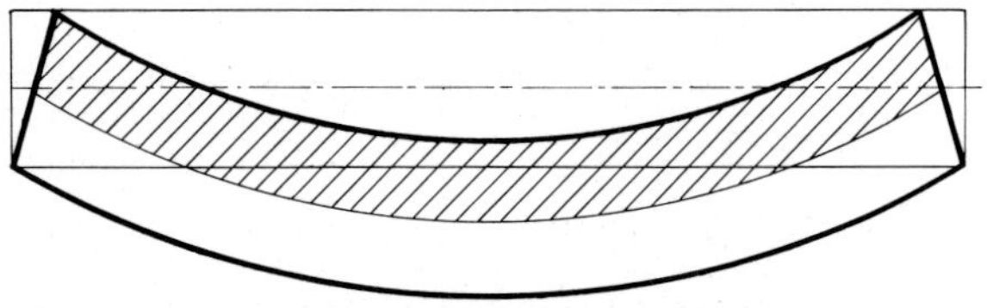

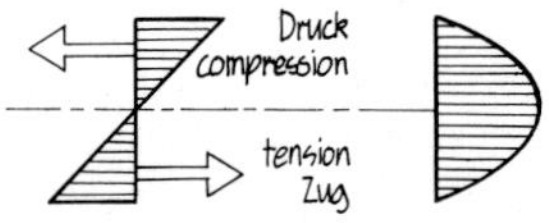

Druck compression / tension Zug
Druck/Zug — Querkraft
compression/tension — shear

Spannungsverteilung im Trägerquerschnitt
stress distribution across beam section

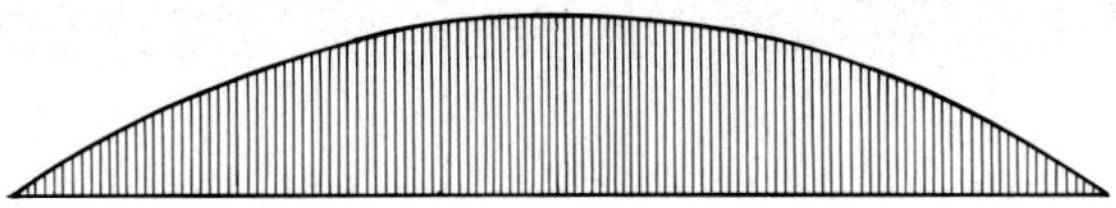

Biegung — bending

Biegespannungen sind bei Gleichstreckenlast parabolisch über die Länge des Trägers verteilt, mit max Spannung in Trägermitte.
bending stresses for continuous load are parabolically distributed over length of beam, max stresses occurring in midspan

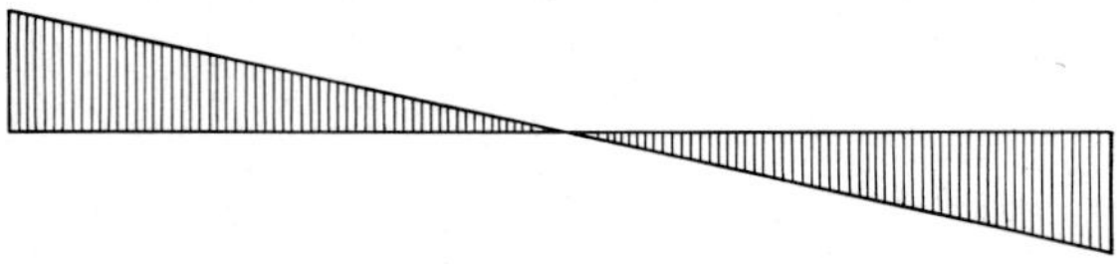

Querkraft — vertical shear

Querkräfte sind max über den Auflagern und nehmen nach der Mitte zu ab. Sie werden Null in Balkenmitte
vertical shear stresses are max over supports and decrease toward center. they are zero in midspan

Einfluß der Auskragung auf Leistungsfähigkeit des Tragbalkens

influence of cantilever action on beam efficiency

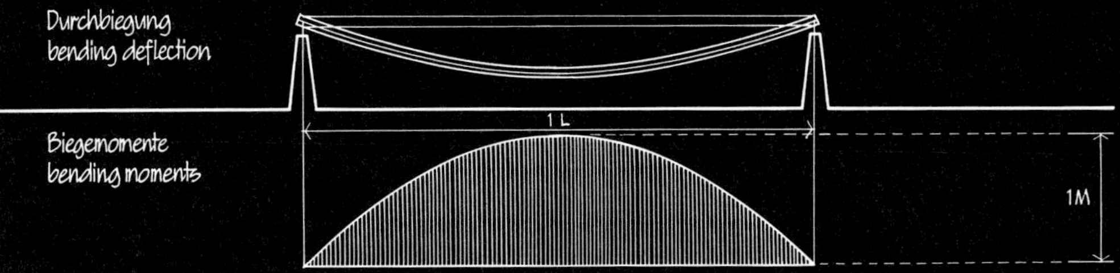
Durchbiegung
bending deflection
Biegemomente
bending moments
1 L
1 M

Träger auf zwei Stützen ohne Auskragungen
simply supported beam without cantilevers

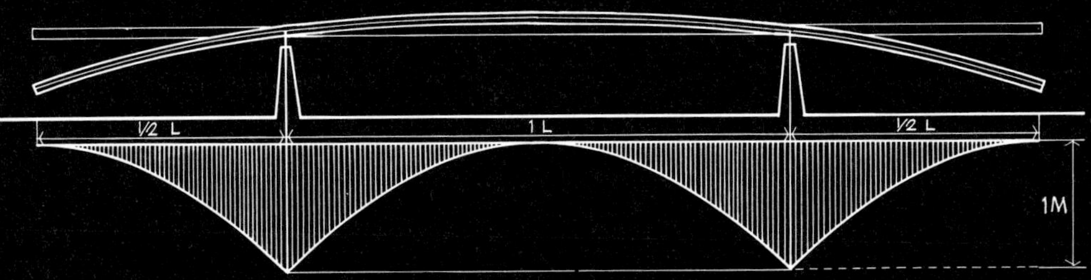
1/2 L
1 L
1/2 L
1 M

Träger mit beidseitiger Auskragung um 1/2 Stützenabstand
beam with both ends cantilevered by 1/2 of column span

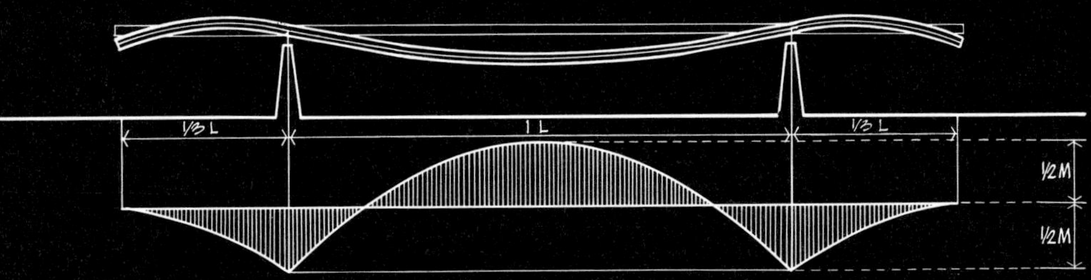
1/3 L
1 L
1/3 L
1/2 M
1/2 M

Träger mit beidseitiger Auskragung um 1/3 Stützenabstand
beam with both ends cantilevered by 1/3 of column span

Einfluß der Auflagerbedingungen auf Leistungsfähigkeit des Tragbalkens

influence of support conditions on beam efficiency

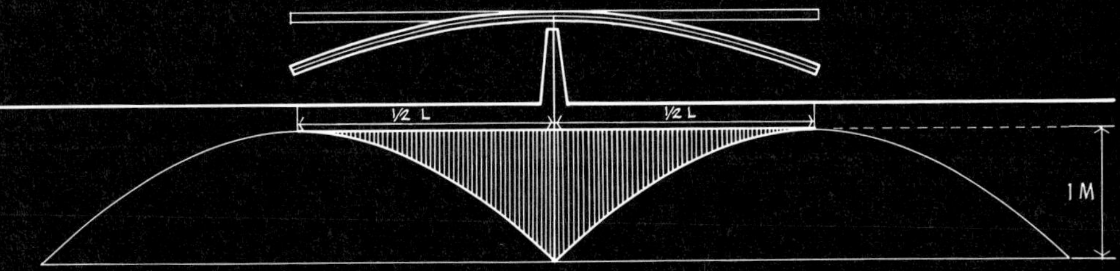
1/2 L
1/2 L
1 M

Träger mit Einzelstütze in dem 1/2-Punkt der Trägerlänge
beam with single support in the 1/2 point of beam length

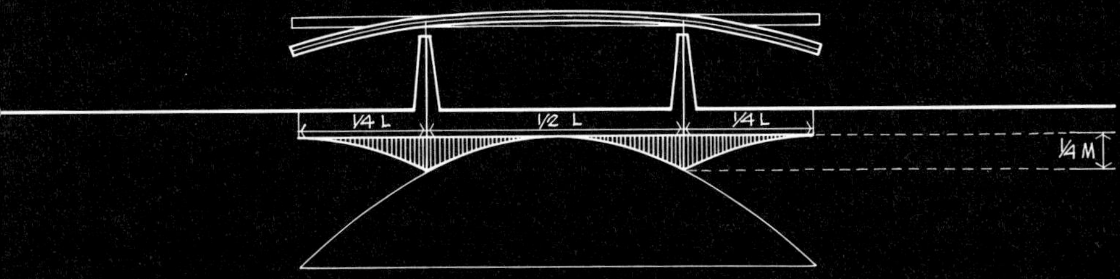
1/4 L
1/2 L
1/4 L
1/4 M

Träger mit Stützen in den 1/4-Punkten der Trägerlänge
beam with supports at the 1/4 points of beam length

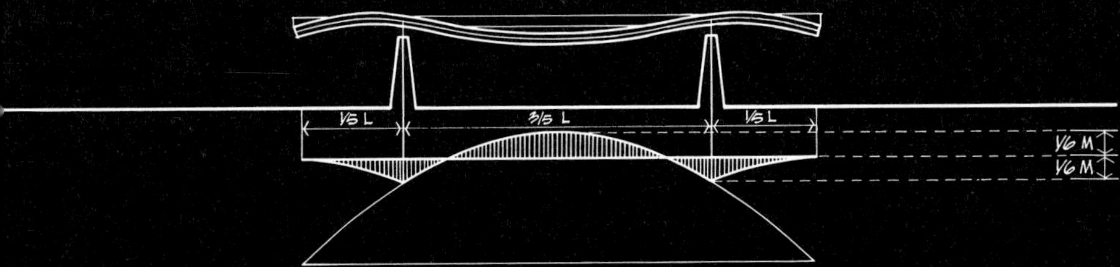
1/5 L
3/5 L
1/5 L
1/6 M
1/6 M

Träger mit Stützen in den 1/5-Punkten der Trägerlänge
beam with supports at the 1/5 points of beam length

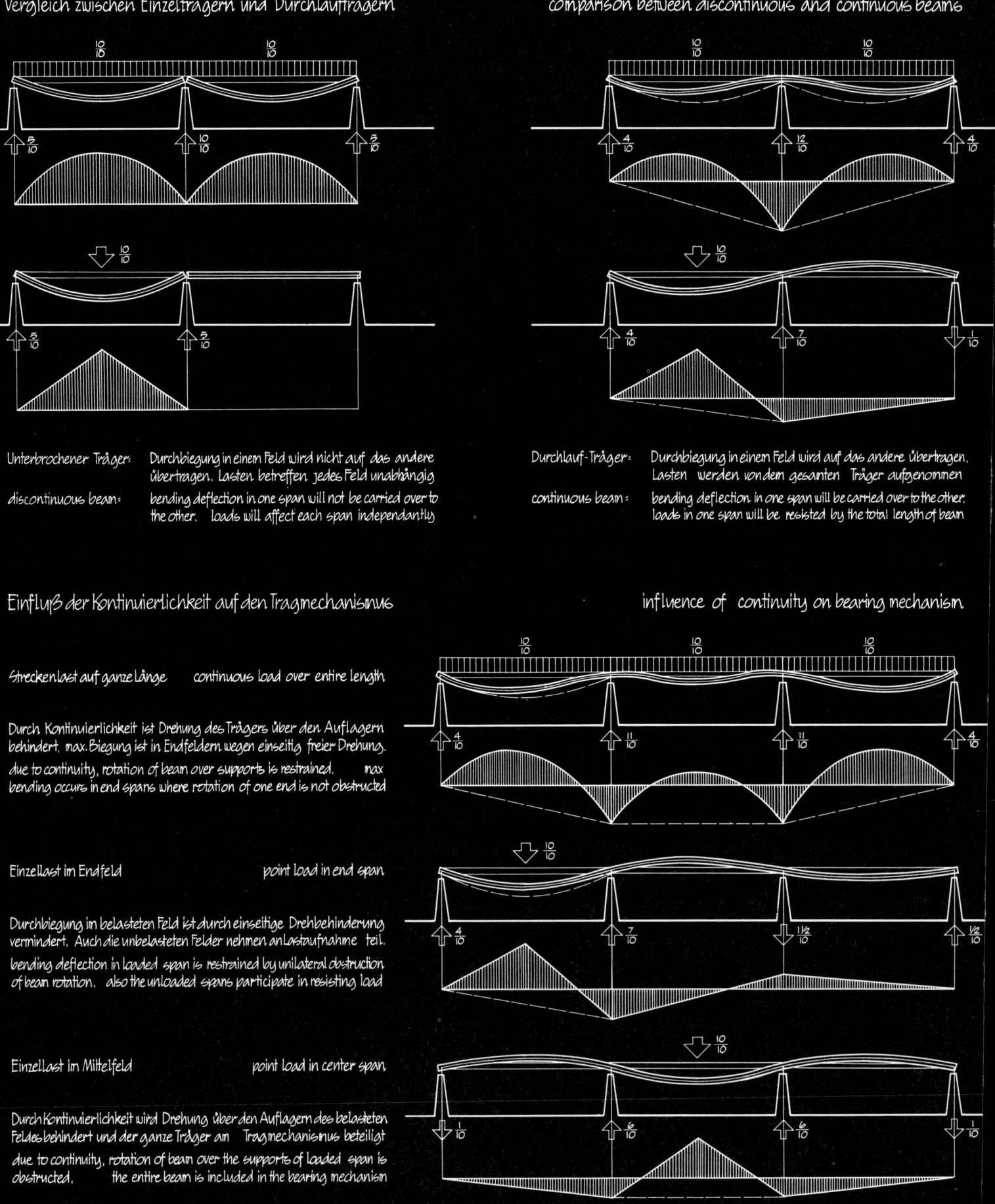

Vergleich zwischen Einzelträgern und Durchlaufträgern   comparison between discontinuous and continuous beams

Unterbrochener Träger: Durchbiegung in einem Feld wird nicht auf das andere übertragen. Lasten betreffen jedes Feld unabhängig

discontinuous beam: bending deflection in one span will not be carried over to the other. loads will affect each span independantly

Durchlauf-Träger: Durchbiegung in einem Feld wird auf das andere übertragen. Lasten werden von dem gesamten Träger aufgenommen

continuous beam: bending deflection in one span will be carried over to the other. loads in one span will be resisted by the total length of beam

Einfluß der Kontinuierlichkeit auf den Tragmechanismus   influence of continuity on bearing mechanism

Streckenlast auf ganze Länge   continuous load over entire length

Durch Kontinuierlichkeit ist Drehung des Trägers über den Auflagern behindert. max. Biegung ist in Endfeldern wegen einseitig freier Drehung.
due to continuity, rotation of beam over supports is restrained.   max bending occurs in end spans where rotation of one end is not obstructed

Einzellast im Endfeld   point load in end span

Durchbiegung im belasteten Feld ist durch einseitige Drehbehinderung vermindert. Auch die unbelasteten Felder nehmen an Lastaufnahme teil.
bending deflection in loaded span is restrained by unilateral obstruction of beam rotation. also the unloaded spans participate in resisting load

Einzellast im Mittelfeld   point load in center span

Durch Kontinuierlichkeit wird Drehung über den Auflagern des belasteten Feldes behindert und der ganze Träger am Tragmechanismus beteiligt
due to continuity, rotation of beam over the supports of loaded span is obstructed.   the entire beam is included in the bearing mechanism

Trägersysteme / beam systems

Biegemechanismus in Durchlaufträger über 5 Felder — bending mechanism in continuous beam over 5 spans

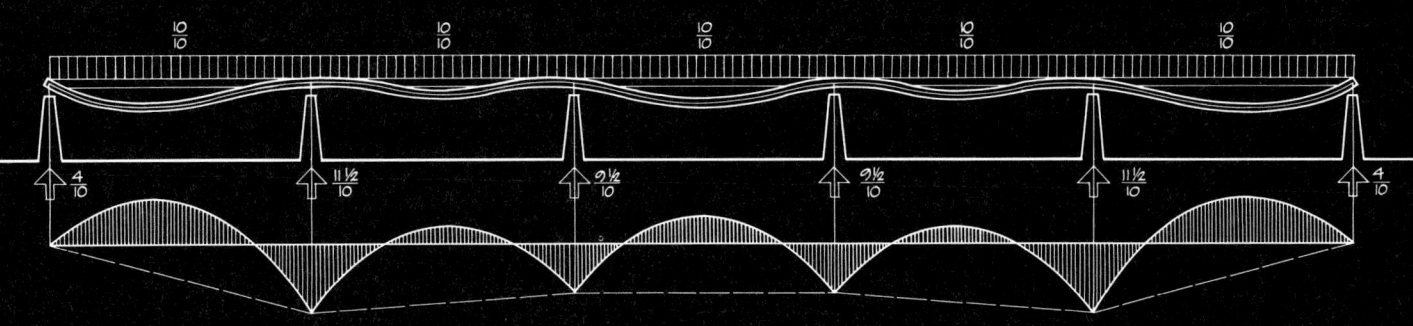

Größe der Biegung unter Gleichstreckenlast
max. Biegung tritt in Endfeldern auf, wo Drehung über Außenstütze nicht behindert wird. min. Biegung ist in Feldern neben Endfeldern

magnitude of bending under continuous load
max bending occurs in end span where rotation over exterior support is not restrained. min bending occurs in spans next to end spans

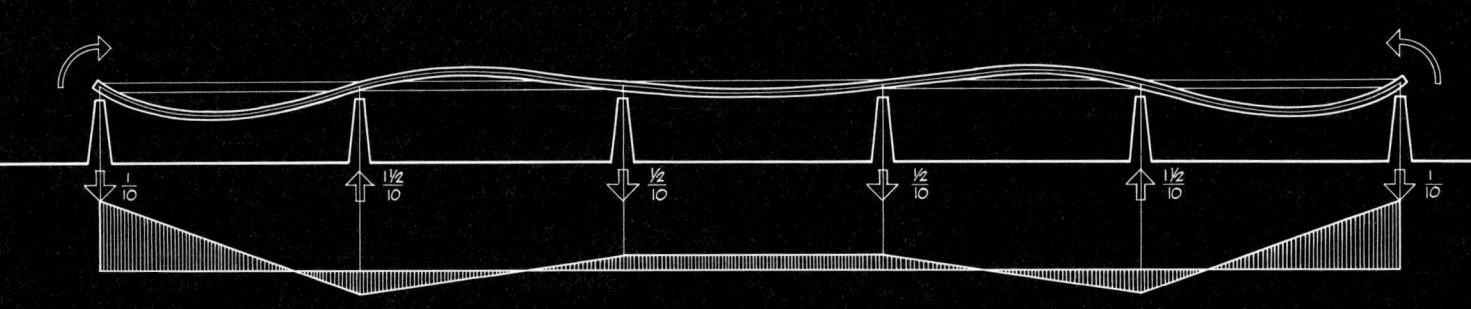

Einfluß des größeren Endfeld-Momentes
Mangel an Drehbehinderung über den Endstützen beeinflußt die Biegung der anderen Felder in gleicher Weise wie ein zusätzliches Drehmoment

influence of major moment in end span
lack of restraining moment over end supports influences the deflections of the other spans in the same way as does an additional rotation moment

Möglichkeiten gleichmäßiger Biegeverteilung in Durchlaufträger — possibilities of equal distribution of bending in continuous beam

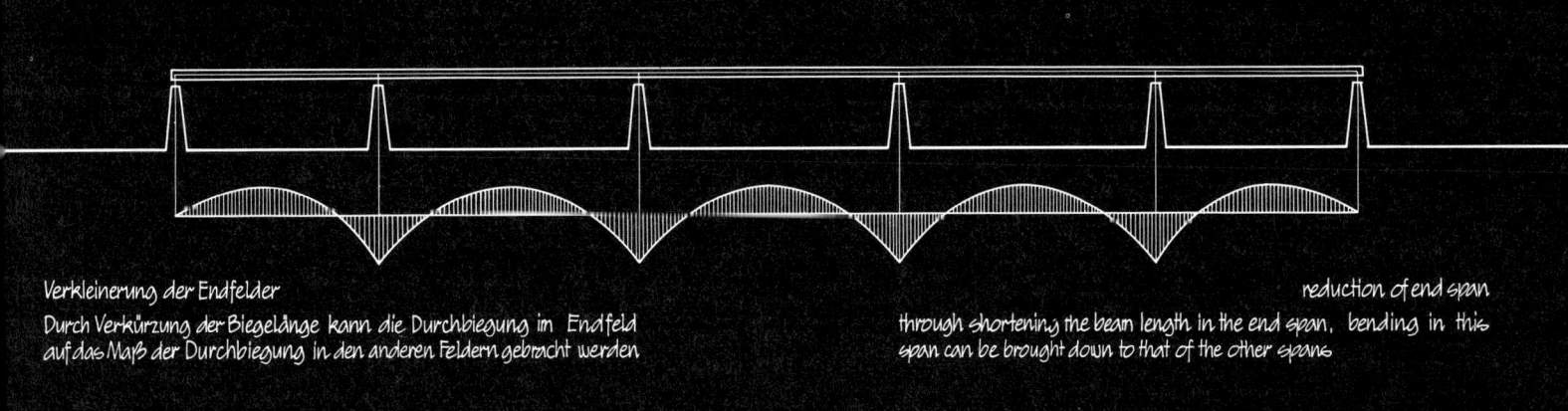

Verkleinerung der Endfelder
Durch Verkürzung der Biegelänge kann die Durchbiegung im Endfeld auf das Maß der Durchbiegung in den anderen Feldern gebracht werden

reduction of end span
through shortening the beam length in the end span, bending in this span can be brought down to that of the other spans

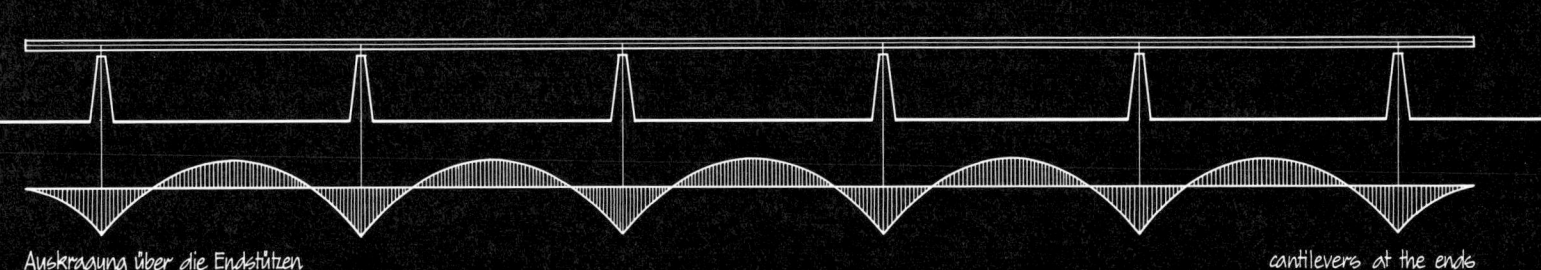

Auskragung über die Endstützen
Durch die Gegendrehung der Auskragung wird die Durchbiegung im Endfeld auf das Maß der Durchbiegung in den anderen Feldern gebracht

cantilevers at the ends
due to the reverse rotation of the cantilevers, bending in the end span can be brought down to that of the other spans

Trägersysteme / beam systems 120

Tragsysteme und Gestaltungsmöglichkeiten für Träger über fünf Felder

Einzelträger (unterbrochener Tr.) für jedes Feld:
Spannungsverteilung für jedes Feld gleich

discontinuous beam   one for each span:
stress distribution equal for each span

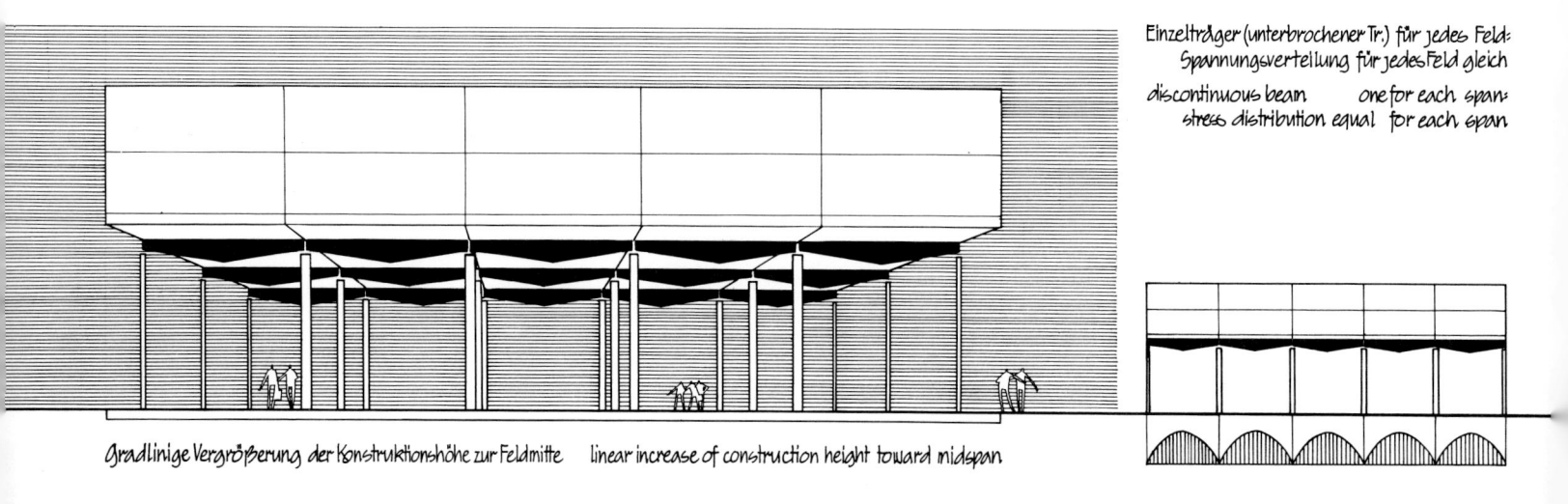

Gradlinige Vergrößerung der Konstruktionshöhe zur Feldmitte   linear increase of construction height toward midspan

Durchlaufträger   über fünf gleiche Felder:
Spannungverteilung   je Feld verschieden

continuous beam   over five equal spans:
stress distribution different for each span

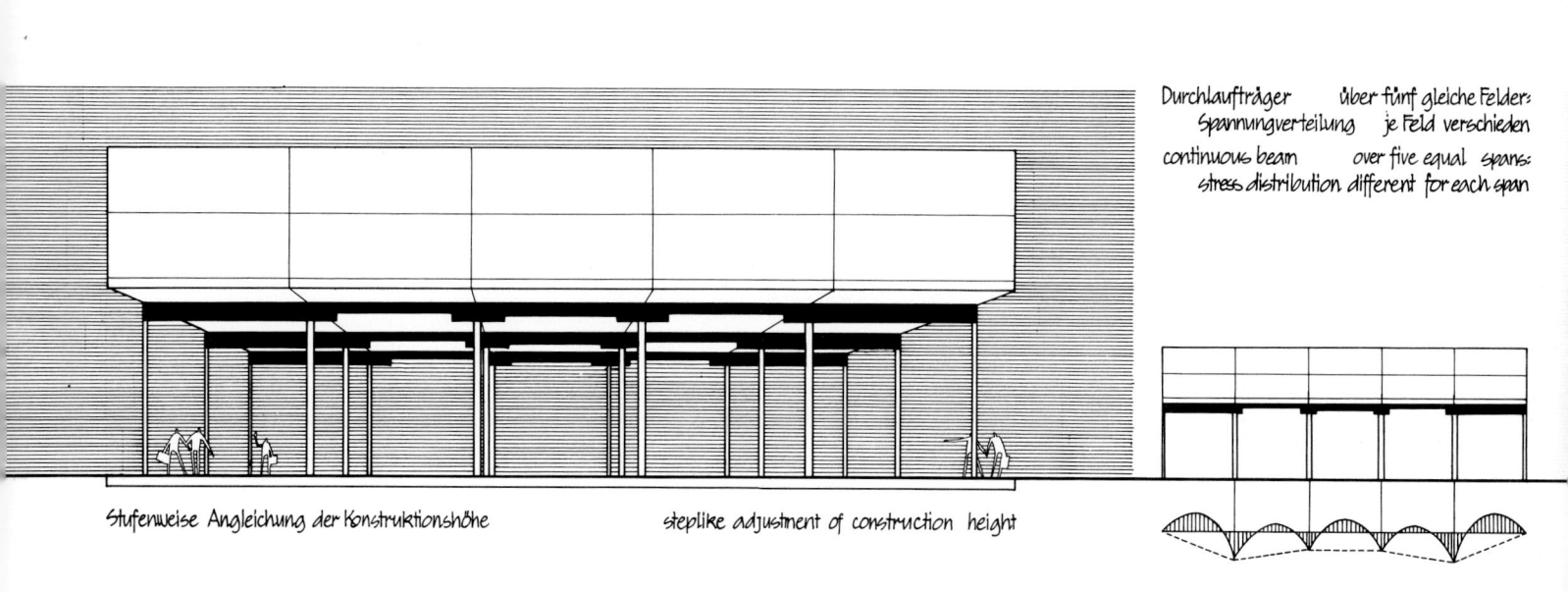

Stufenweise Angleichung der Konstruktionshöhe   steplike adjustment of construction height

Durchlaufträger mit Kragarmen an den Enden:
Spannungsverteilung für jedes Feld gleich

continuous beam   with cantilevered ends:
stress distribution equal for each span

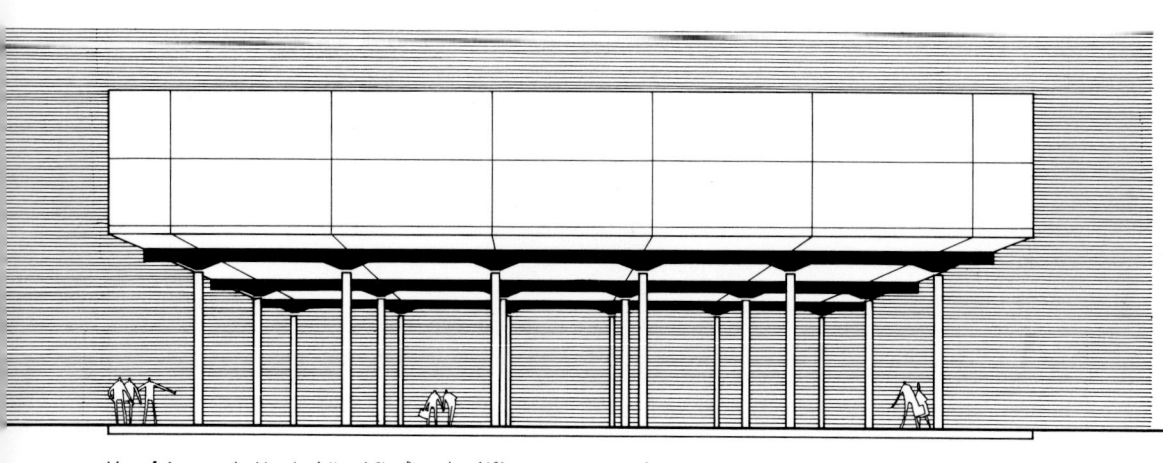

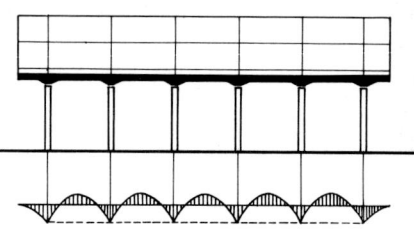

Vergrößerung der Konstruktionshöhe über den Stützen   increase of construction height over supports

Trägersysteme / beam systems

structure systems and design possibilities for beam over five spans

Durchlaufträger mit Reduzierung der Endfelder:
max Spannungen für alle Felder ausgeglichen

continuous beam with reduction of end spans:
max stresses for all spans evenly distributed

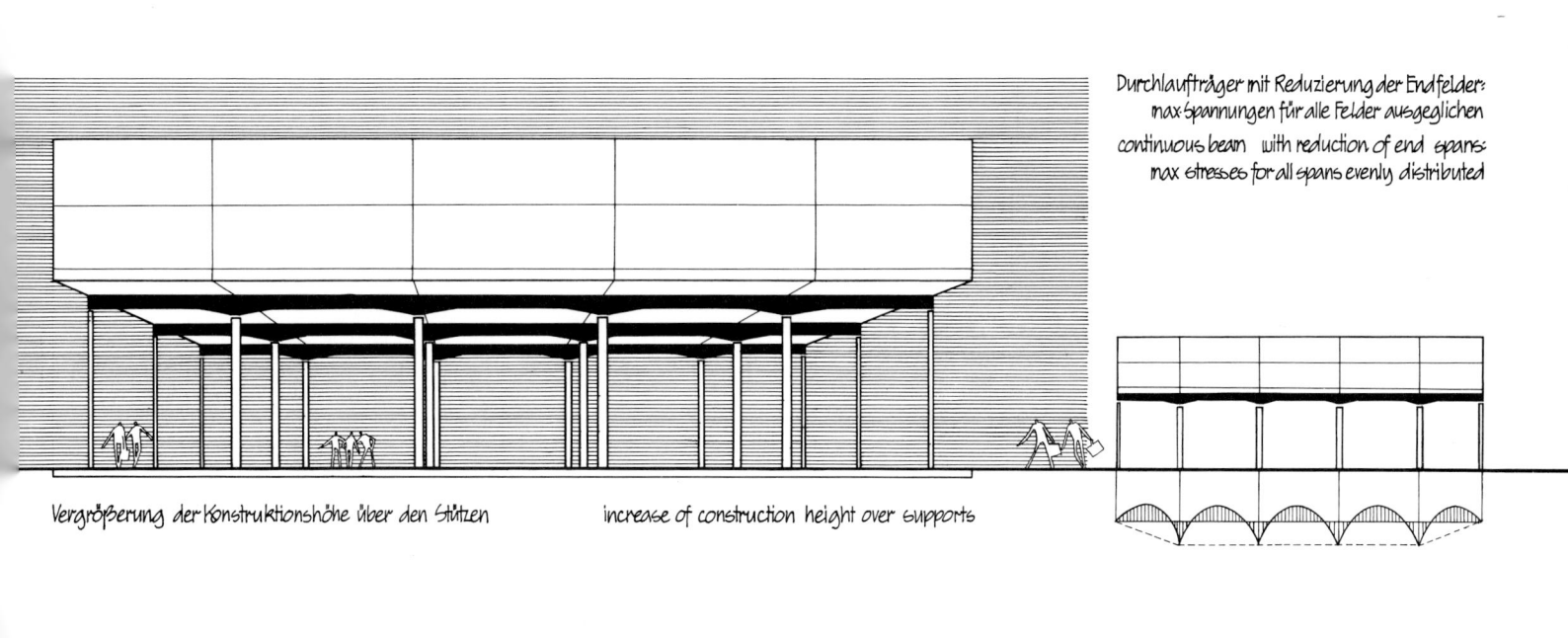

Vergrößerung der Konstruktionshöhe über den Stützen   increase of construction height over supports

Drei Einzelträger mit Kragarmen an den Enden:
Spannungsverteilung für jeden Träger gleich

three discontinuous beams with cantilevered ends:
stress distribution equal for each span

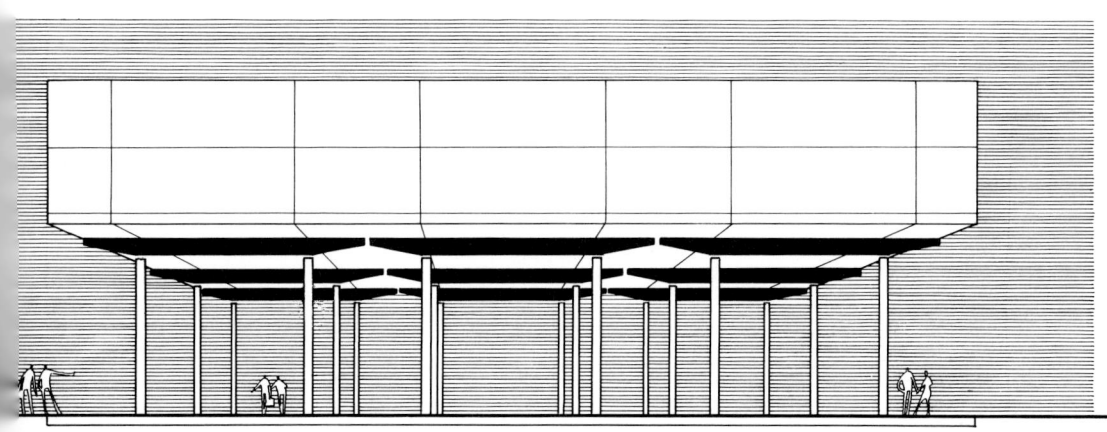

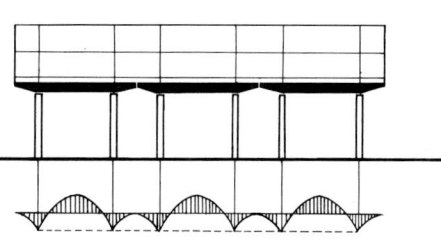

Verringerung der Konstruktionshöhe nach den Enden   reduction of construction height toward the ends

Rahmensysteme / frame systems

Rahmen-Mechanismus und seine Beziehung zum Träger mit Kragarmen — mechanism of frame and its relationship to the beam with cantilevers

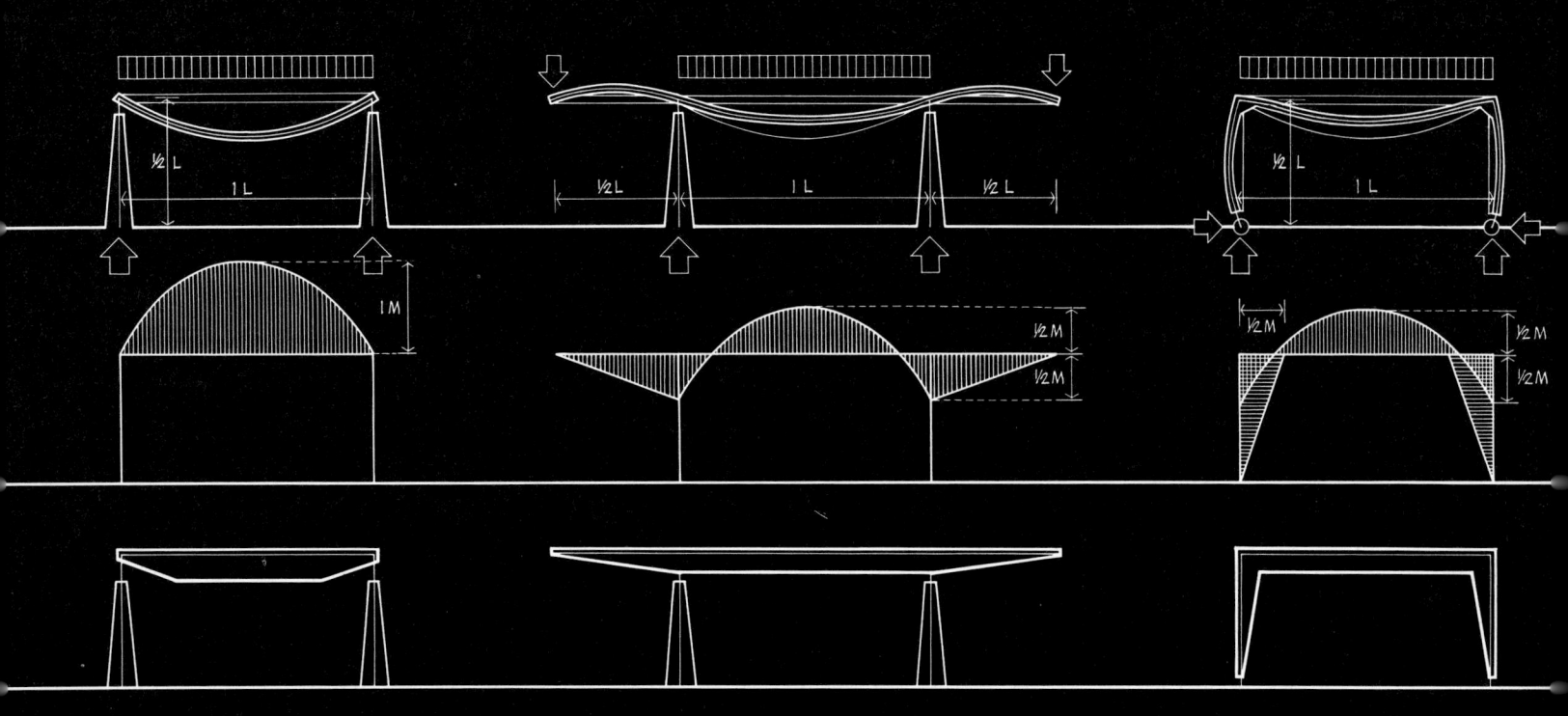

Die Horizontalkräfte an den Fußpunkten des Rahmens schränken Drehung der Rahmenecke ein und verringern Durchbiegung des Riegels in gleicher Weise wie die Einzellasten an den Enden eines Trägers mit Kragarmen

the horizontal reactions at the bases of the frame obstruct rotation of the frame corners and reduce deflection of the frame beam in the same way as do the point loads at the ends of a beam with cantilevers

Einfluß der Rahmensteifigkeit auf Spannungsverteilung und Tragwerkform

Beziehung zwischen Träger, Zweigelenk-Rahmen und Dreigelenk-Rahmen

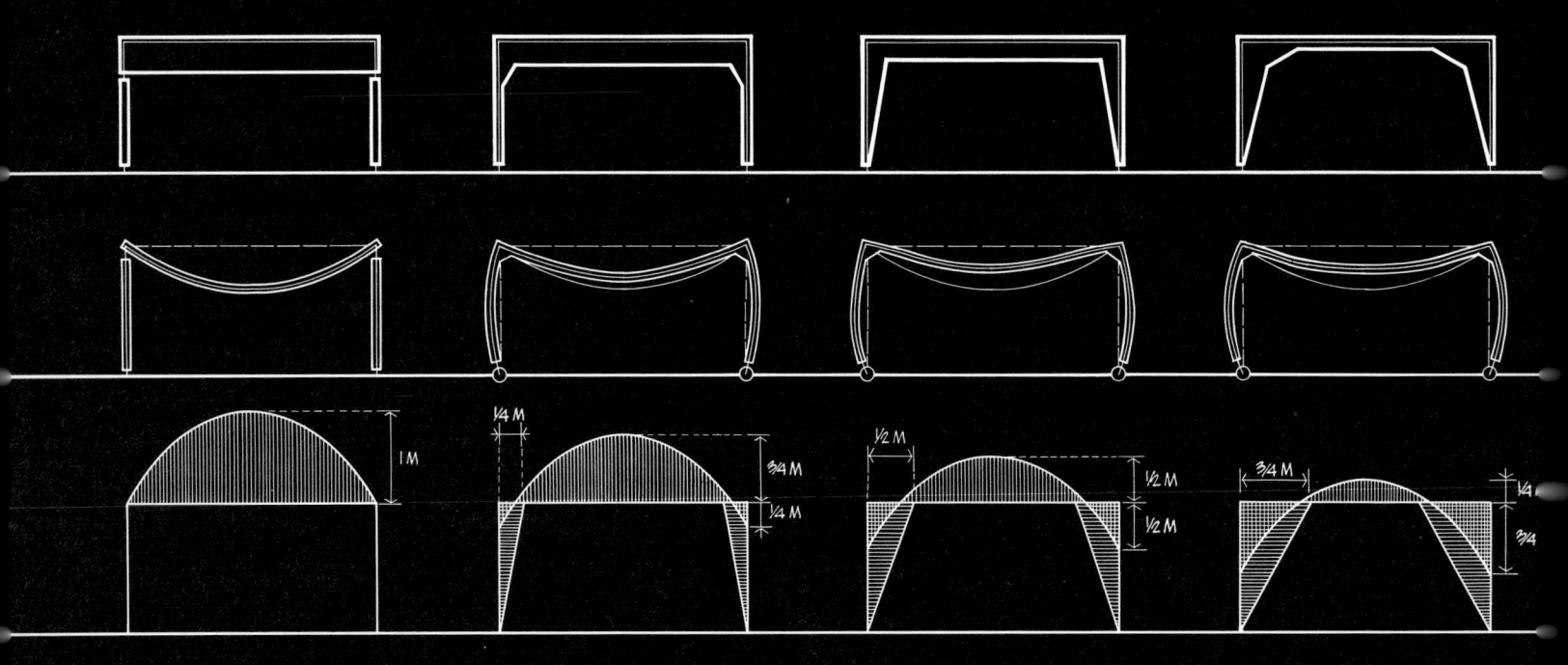

Widerstand-Mechanismus gegen seitliche Belastung / mechanism of resisting lateral forces

Biege-Deformation / bending deflection

Biegespannungen / bending stresses

Tragwerksform / structure form

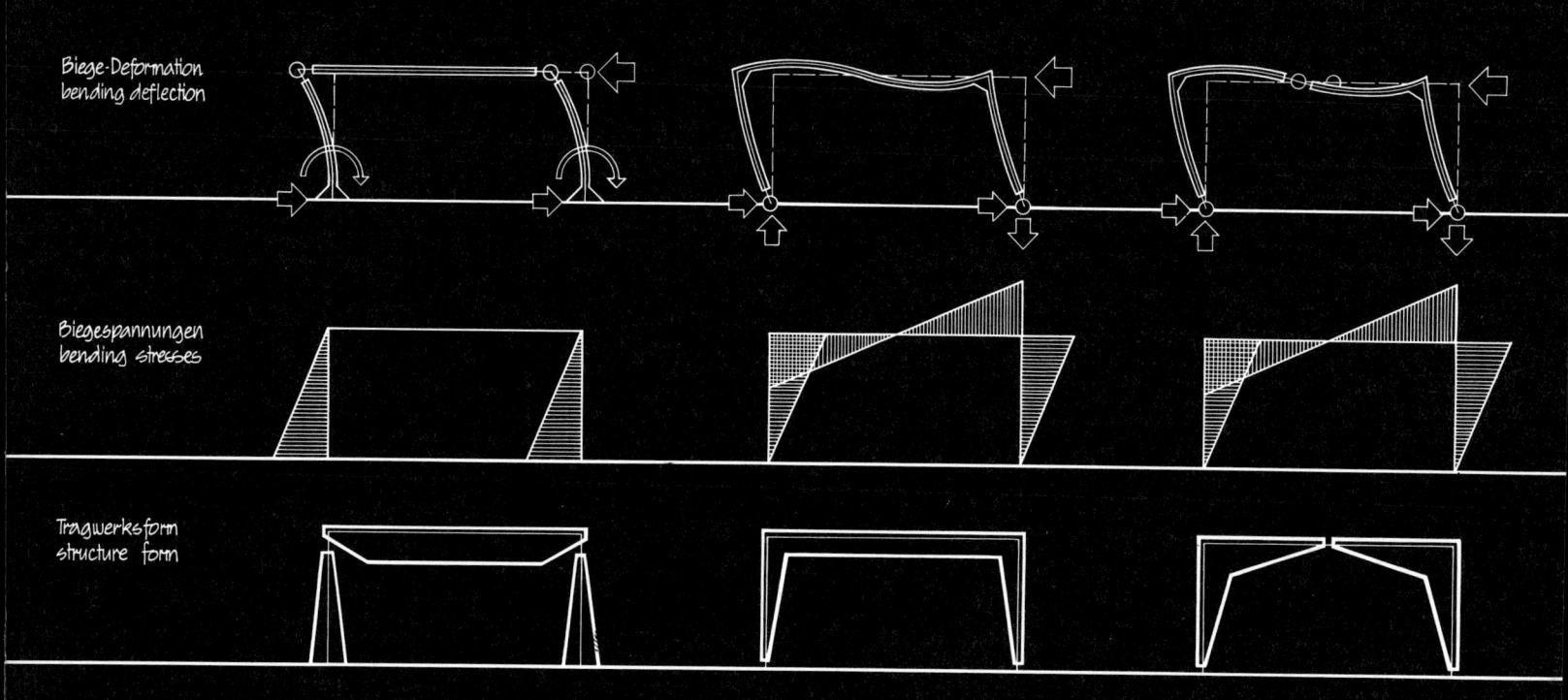

Im Gegensatz zum einfachen Träger, der zusätzliche Aussteifung der Stützen benötigt, um das Drehmoment aufzunehmen, werden im Gelenkrahmen durch die Verformung selbst senkrechte Auflagerkräfte aktiviert, die eine gegenläufige Drehung auslösen

contrary to the simple beam that needs additional stiffening of supports for receiving the rotation moment, in the rigid frame by its own deflection vertical reactions are generated that produce a reverse rotation

influence of frame stiffness on stress distribution and structure form
relationship between beam, two-hinged frame and three-hinged frame

Rahmensteifigkeit / frame stiffness

Infolge Kontinuierlichkeit über die Rahmenecken kann der Rahmenriegel je nach Steifigkeit der Stützen verschieden entlastet werden. Dadurch ergibt sich Kontrolle über Maß der Durchbiegung und über Tragwerksform

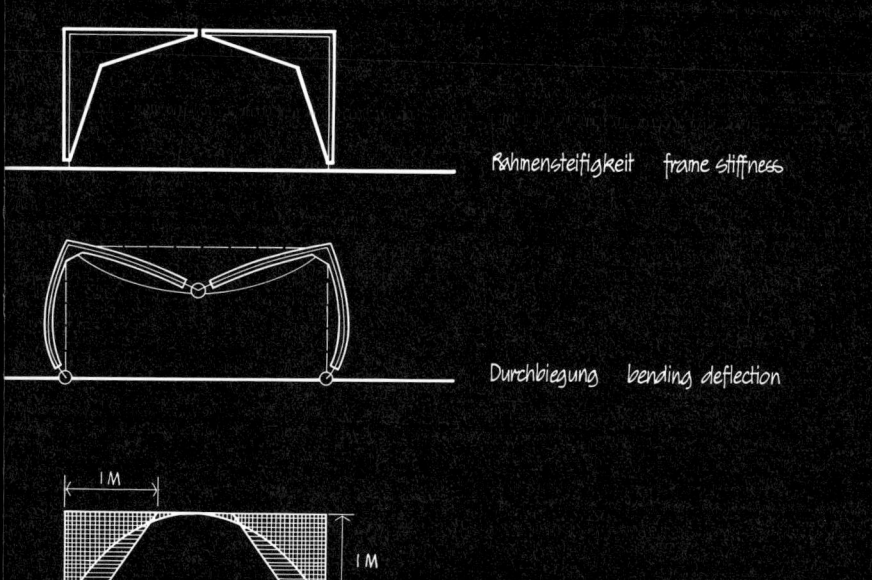

Durchbiegung / bending deflection

Biegespannungen / bending stresses

due to continuity over the frame corners, deflection of the beam can be reduced differently according to the degree of column stiffness. this results in control over degree of deflection and hence over structure form

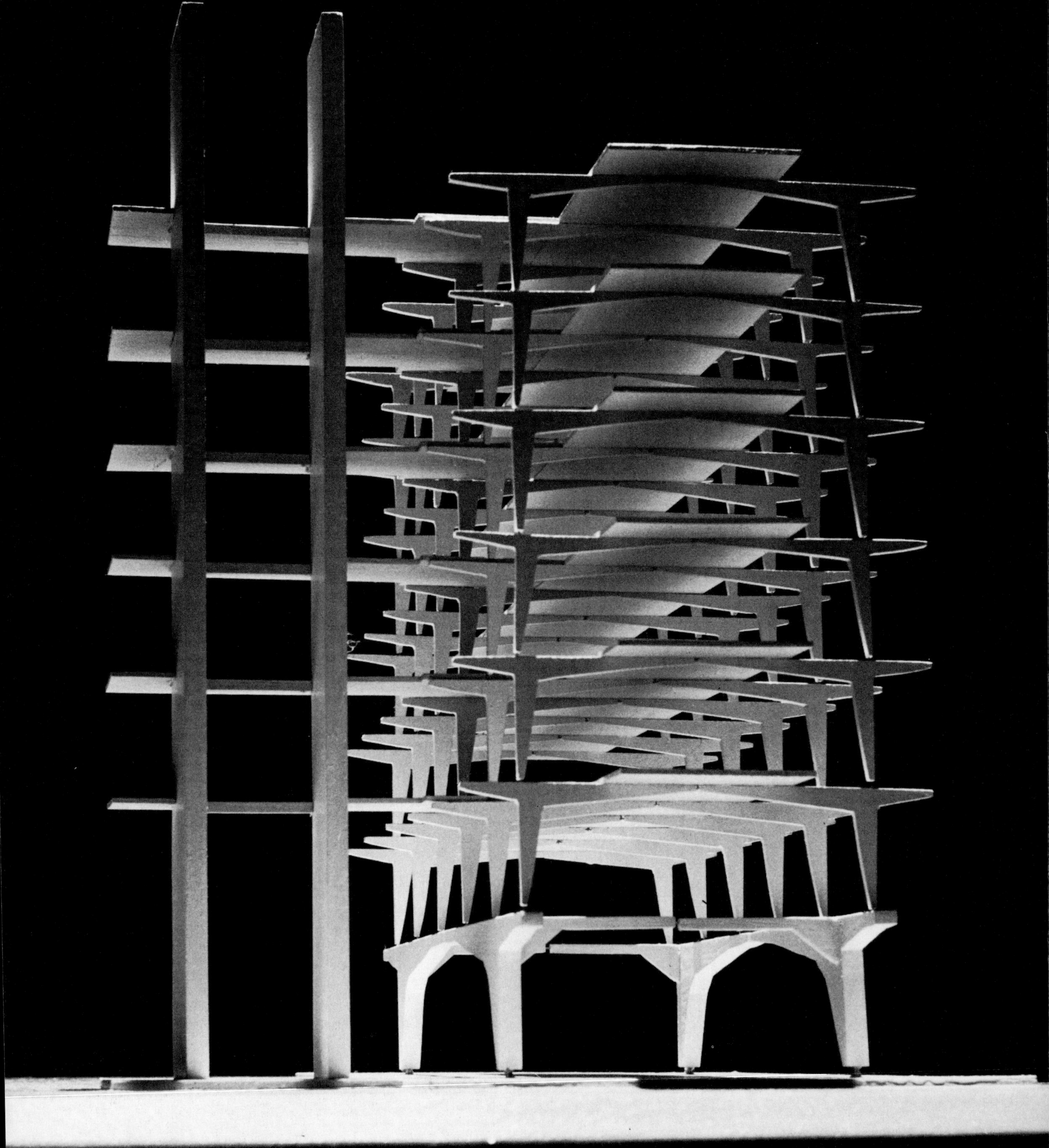

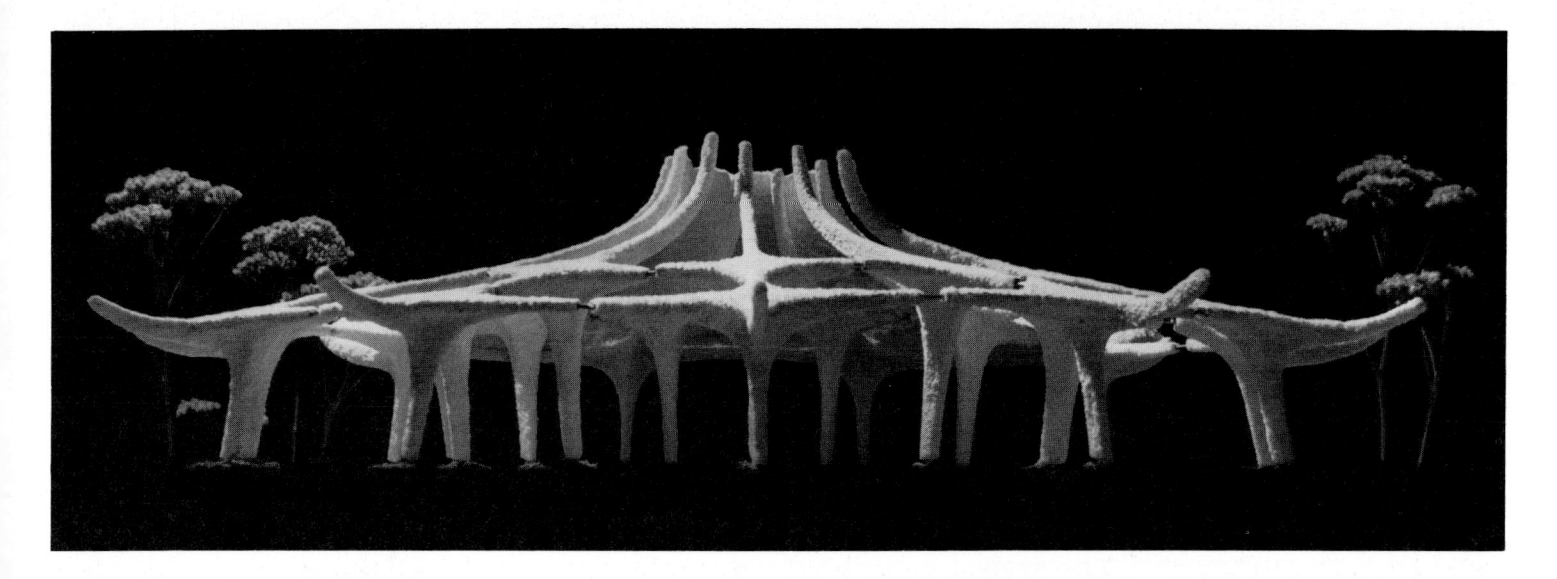

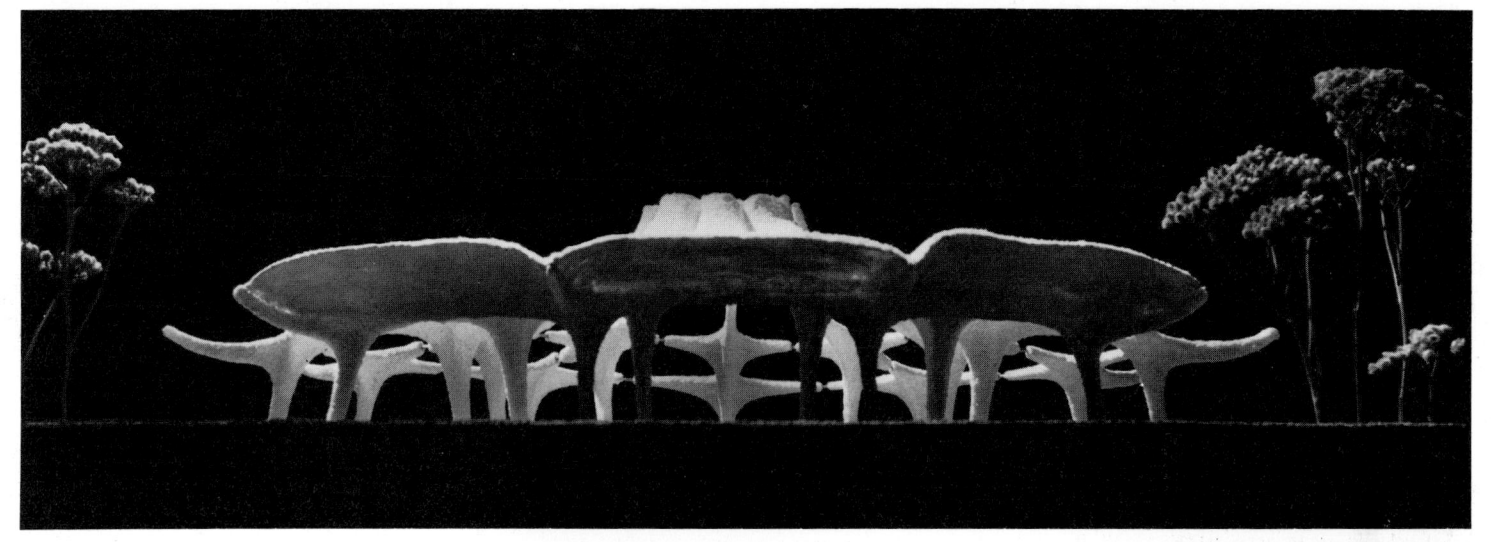

Oben und rechts:
Kreisförmiges System zusammengesetzt aus zweiachsigen Dreigelenk-Rahmen

Links:
Mehrgeschoß-System aus Dreigelenk-Rahmen

above and right:
circular system composed of biaxial three-hinged frames

left:
multistory system composed of three-hinged frames

Rahmensysteme / frame systems

Horizontale und vertikale Tragsysteme aus Gelenkrahmen — horizontal and vertical structure systems composed of hinged frames

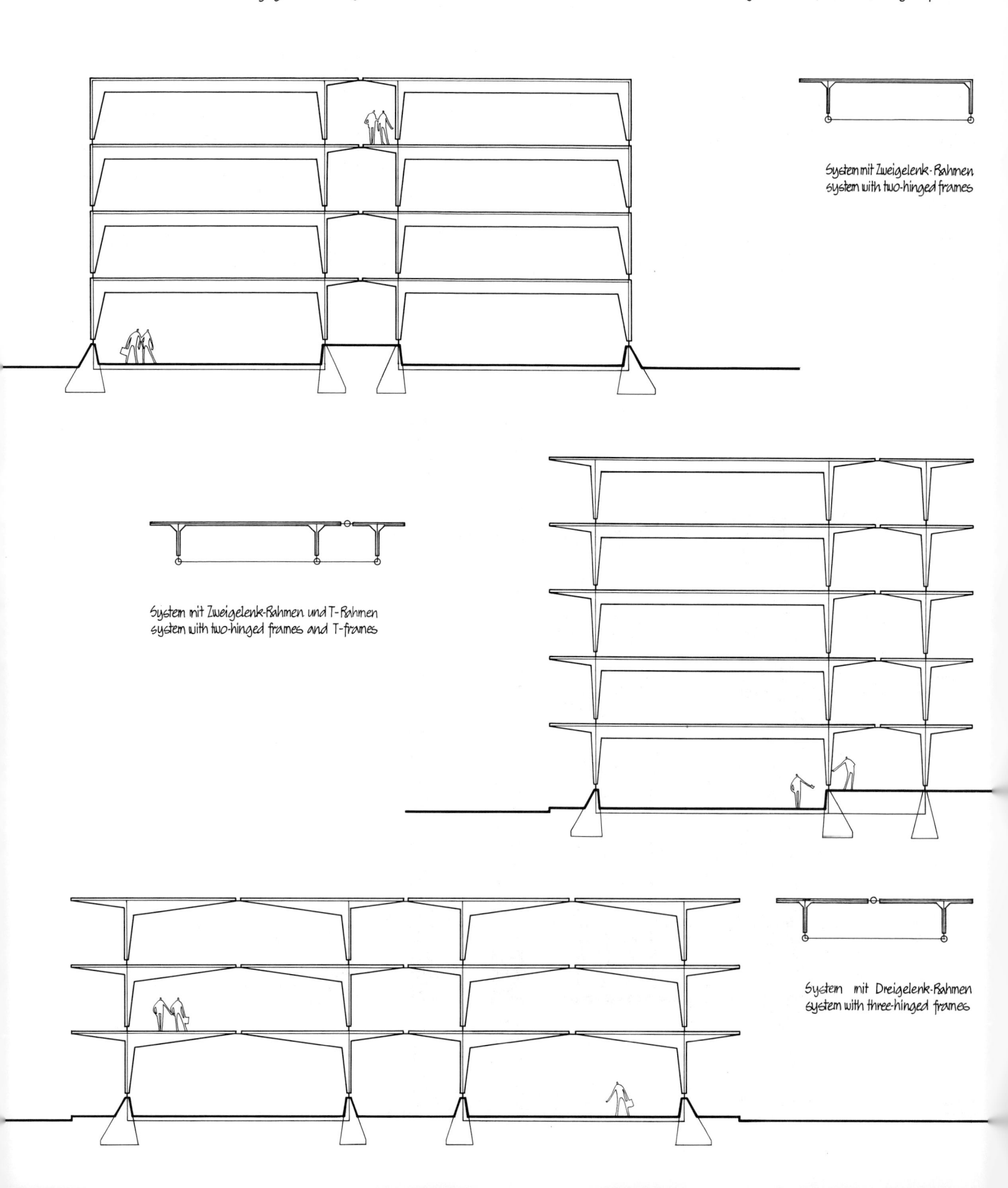

System mit Zweigelenk-Rahmen
system with two-hinged frames

System mit Zweigelenk-Rahmen und T-Rahmen
system with two-hinged frames and T-frames

System mit Dreigelenk-Rahmen
system with three-hinged frames

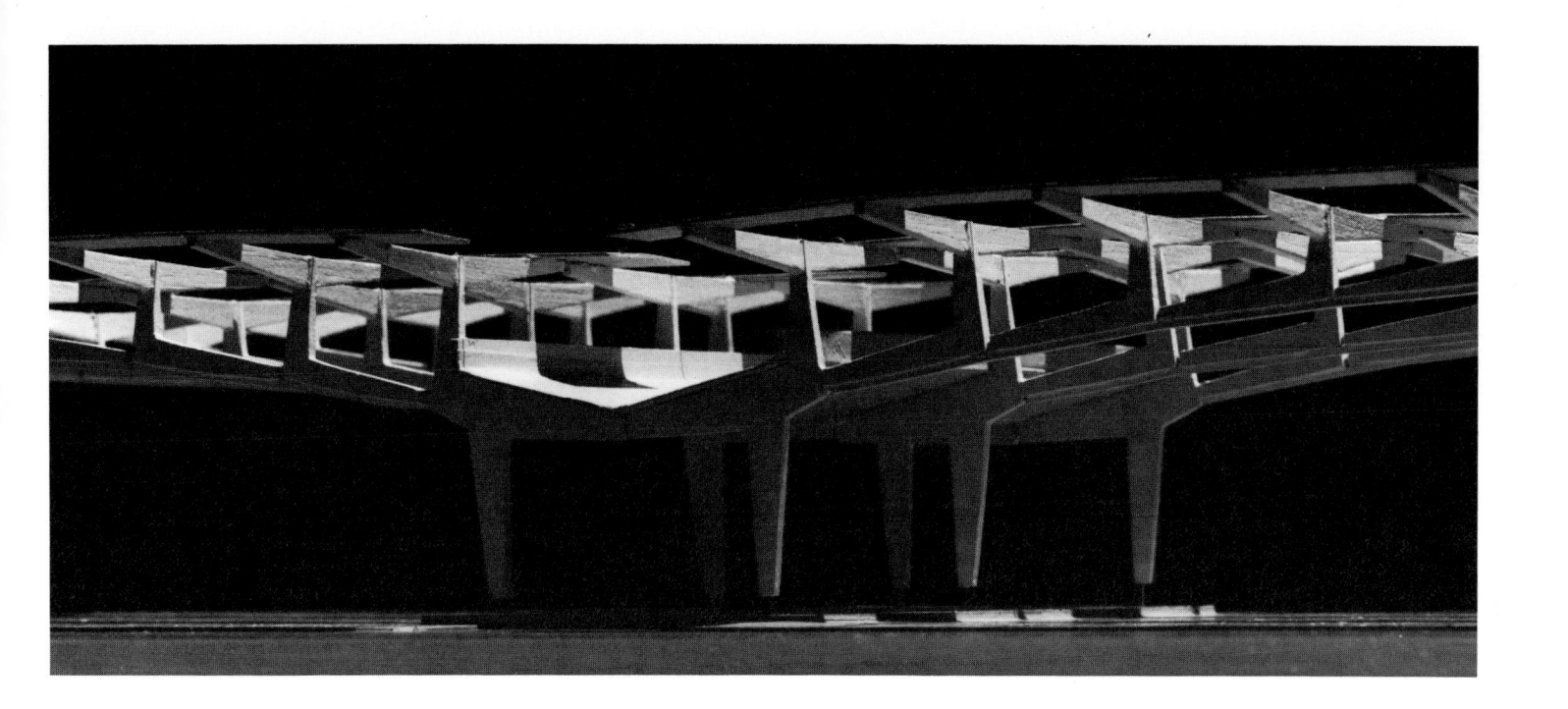

Oben:
Hängesystem mit zweiachsigen Dreigelenk-Rahmen (s. Seite 40)

Unten:
System mit übereinandergesetzten Drei-gelenk-Rahmen

above:
suspension system with biaxial three-hinged frames (see page 40)

below:
system with stacked up three-hinged frames

Mechanismus der Umkehr- und Doppelform des Zweigelenk-Rahmens — mechanism of the reverse and doubled form of two-hinged frame

Tragwerk-System / structure system

unter Vertikal-Last / under vertical load

unter Horizontal-Last / under horizontal load

typische Tragwerkform / typical structure form

Der typische Tragmechanismus des Zweigelenk-Rahmens bleibt auch nach Umkehrung des Rahmens oder Aufdoppelung von zusätzlichen Stielen unvermindert wirksam

the typical bearing mechanism of the two-hinged frame will function with undiminished efficiency also after reversal of the frame or after doubling up additional columns

Mechanismus der Umkehr- und Doppelform des Dreigelenk-Rahmens
mechanism of the reverse and doubled form of three-hinged frame

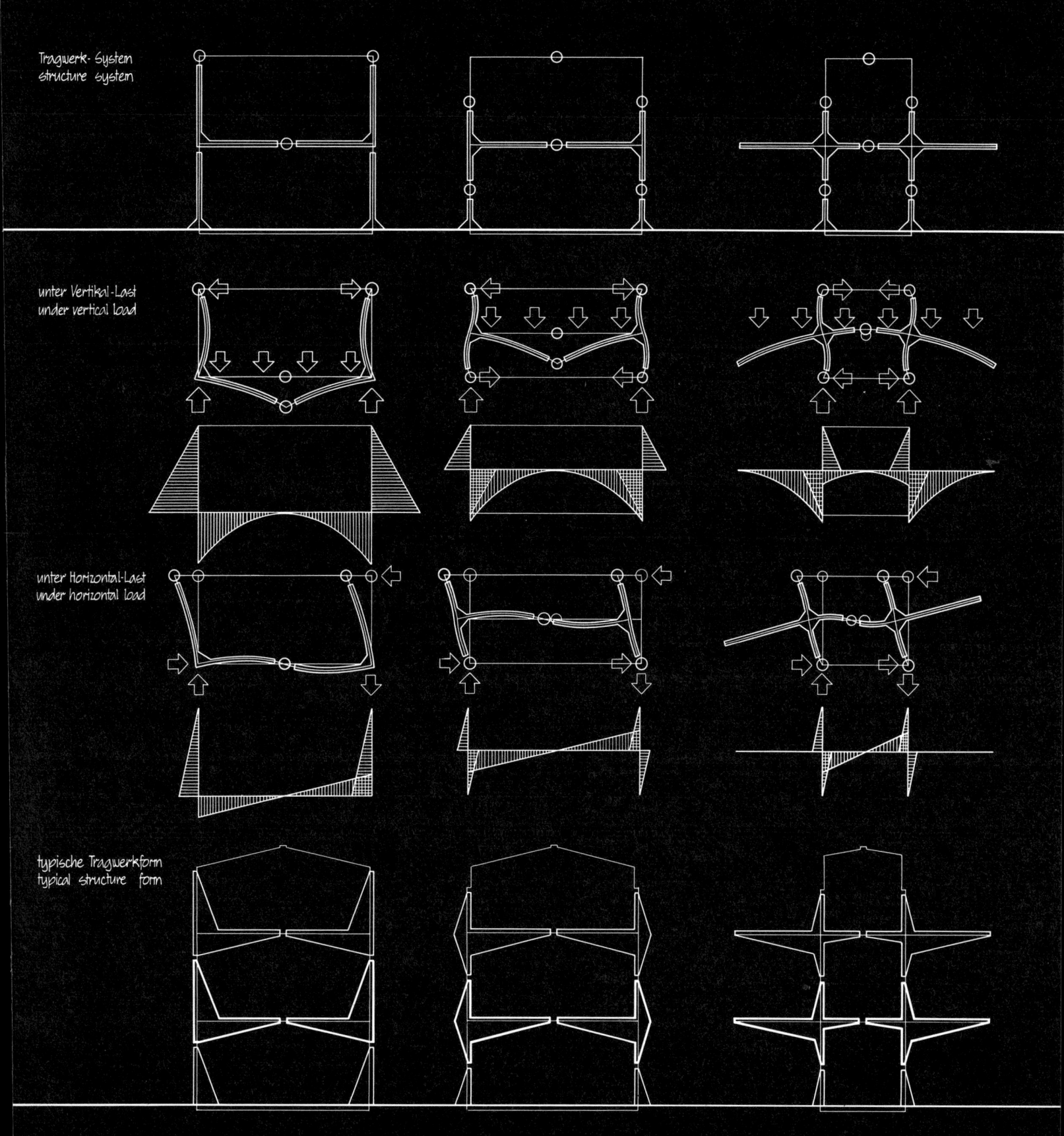

Tragwerk-System
structure system

unter Vertikal-Last
under vertical load

unter Horizontal-Last
under horizontal load

typische Tragwerkform
typical structure form

Der typische Tragmechanismus des Dreigelenk-Rahmens bleibt auch nach Umkehrung des Rahmens oder Aufdoppelung von zusätzlichen Stielen unvermindert wirksam.

the typical bearing mechanism of the three-hinged frame will function with undiminished efficiency also after reversal of frame or doubling up additional columns.

Rahmensysteme / frame systems

Vertikale Tragsysteme aus Rahmen mit aufgedoppelten Stielen — vertical structure systems composed of frames with doubled-up columns

System aus Zweigelenk-Rahmen mit Kragarmen
system of two-hinged frames with cantilevers

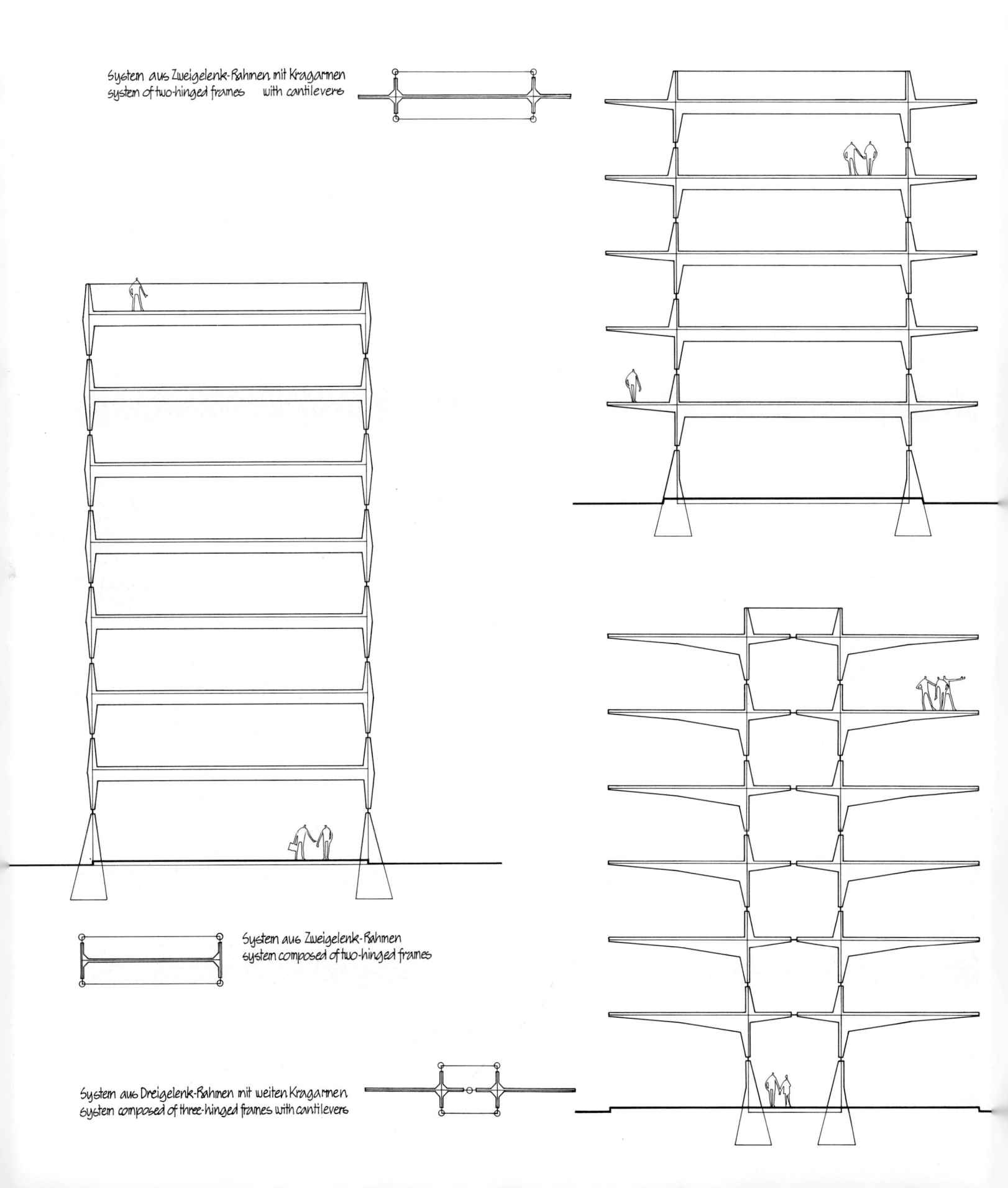

System aus Zweigelenk-Rahmen
system composed of two-hinged frames

System aus Dreigelenk-Rahmen mit weiten Kragarmen
system composed of three-hinged frames with cantilevers

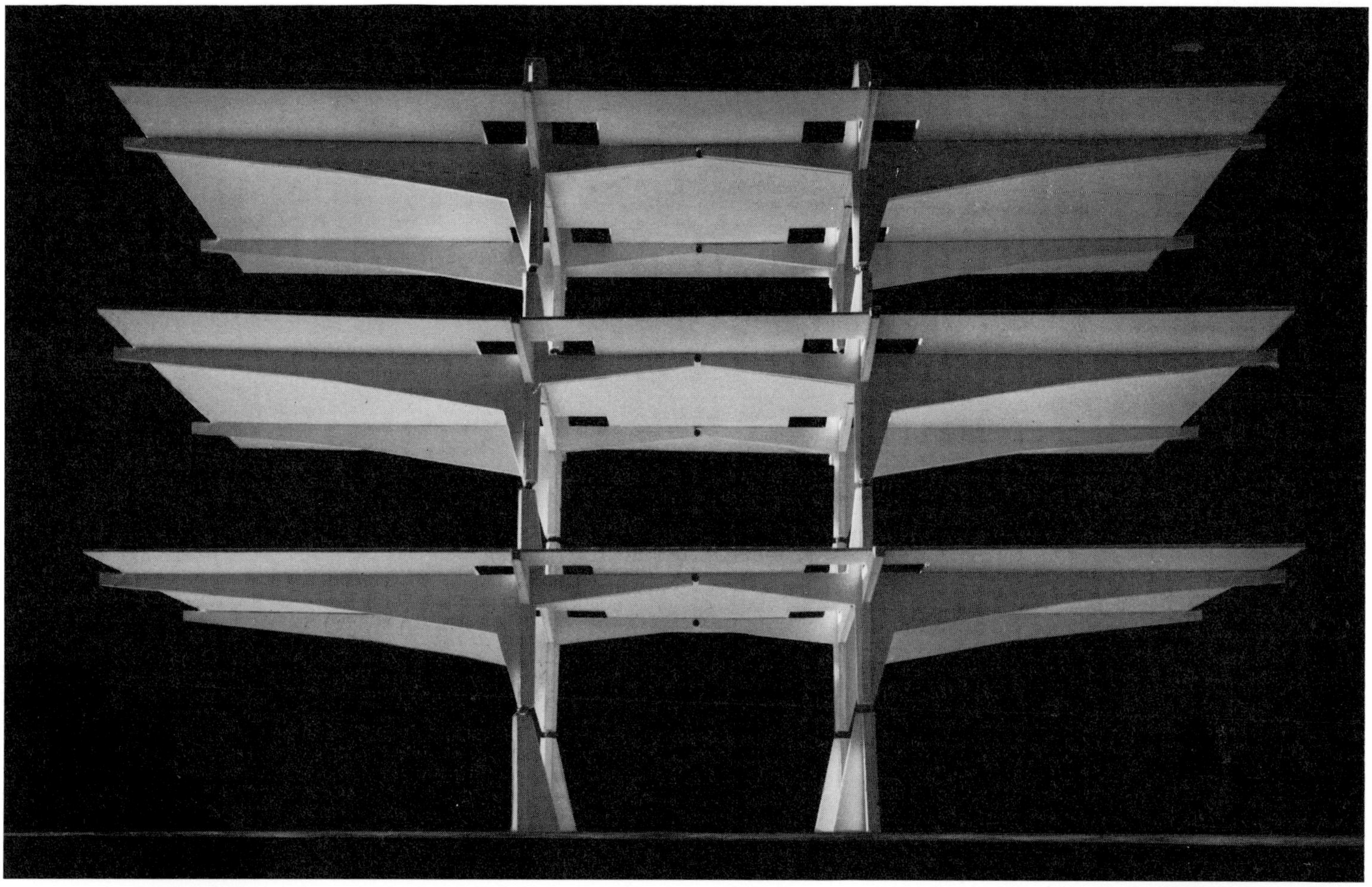

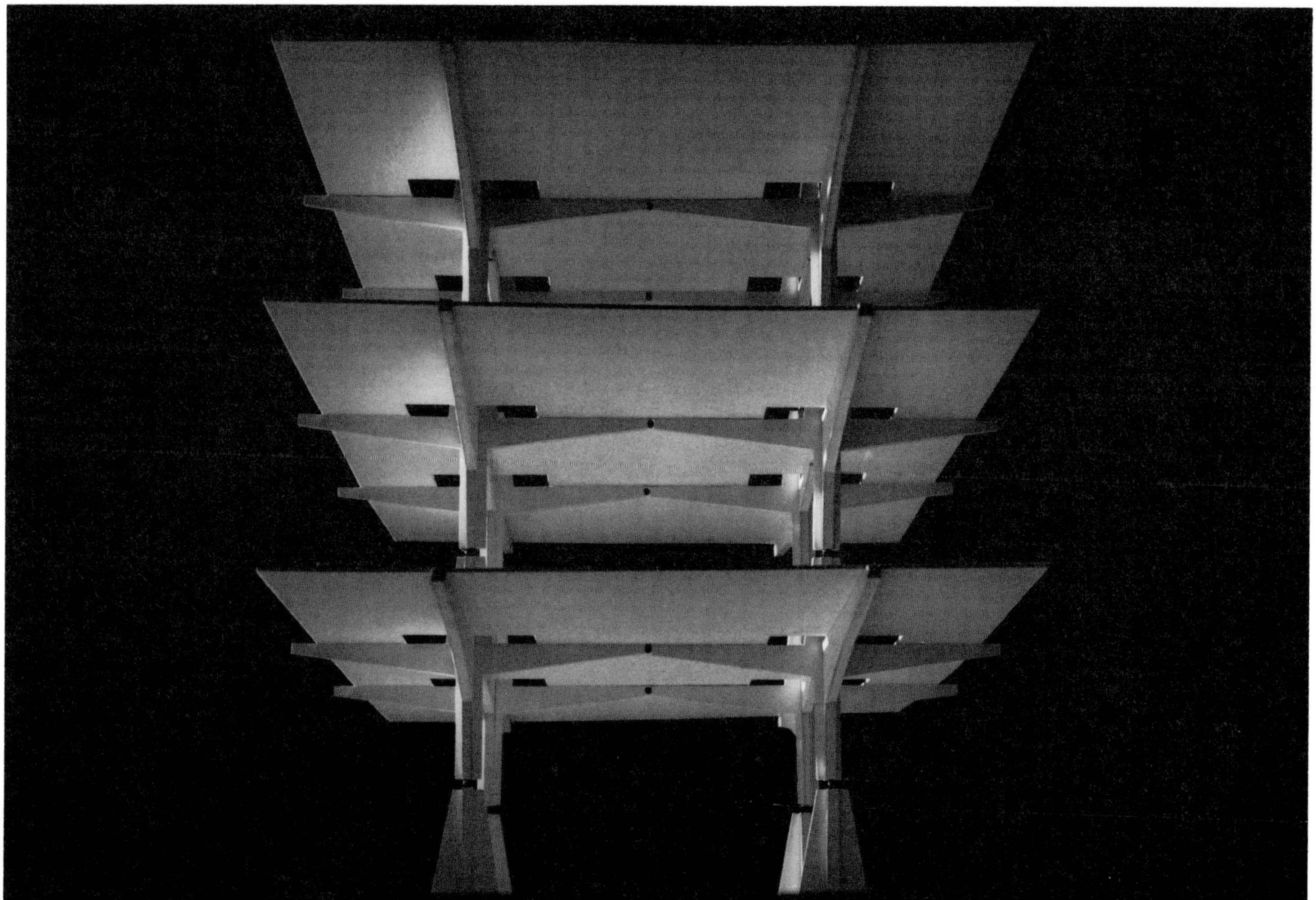

Rahmensysteme / frame systems

Tragsysteme aus Gelenkrahmen mit aufgedoppelten Stielen   structure systems composed of hinged frames with doubled-up columns

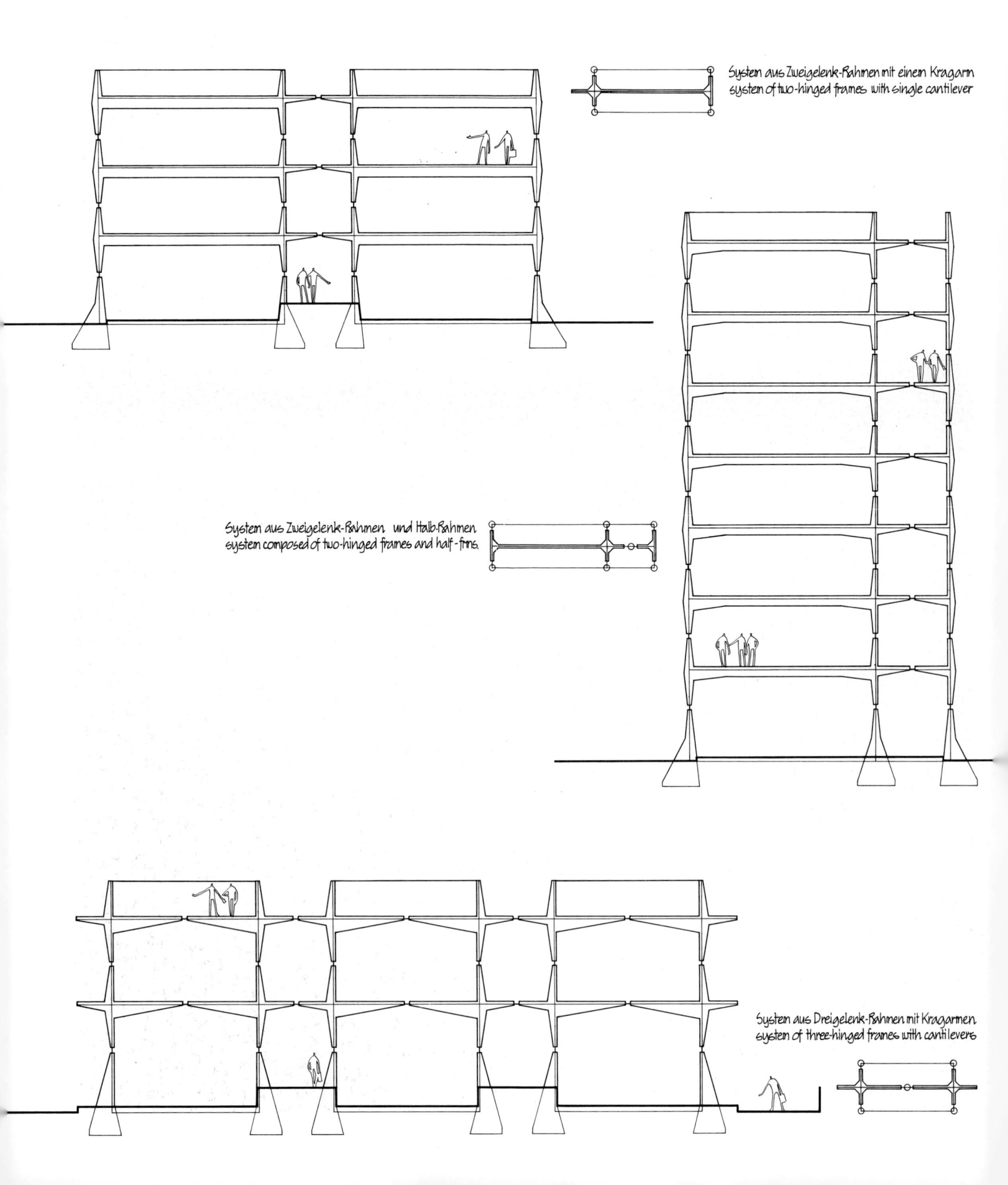

System aus Zweigelenk-Rahmen mit einem Kragarm
system of two-hinged frames with single cantilever

System aus Zweigelenk-Rahmen und Halb-Rahmen
system composed of two-hinged frames and half-frms

System aus Dreigelenk-Rahmen mit Kragarmen
system of three-hinged frames with cantilevers

Oben:
Mehrgeschoß-System aus Zweigelenk-Rahmen mit aufgedoppelten Stielen

Seite 131:
Mehrgeschoß-System aus zweiachsigen Dreigelenk-Rahmen mit weiten Auskragungen

above:
multistory-system composed of two-hinged frames with doubled-up columns

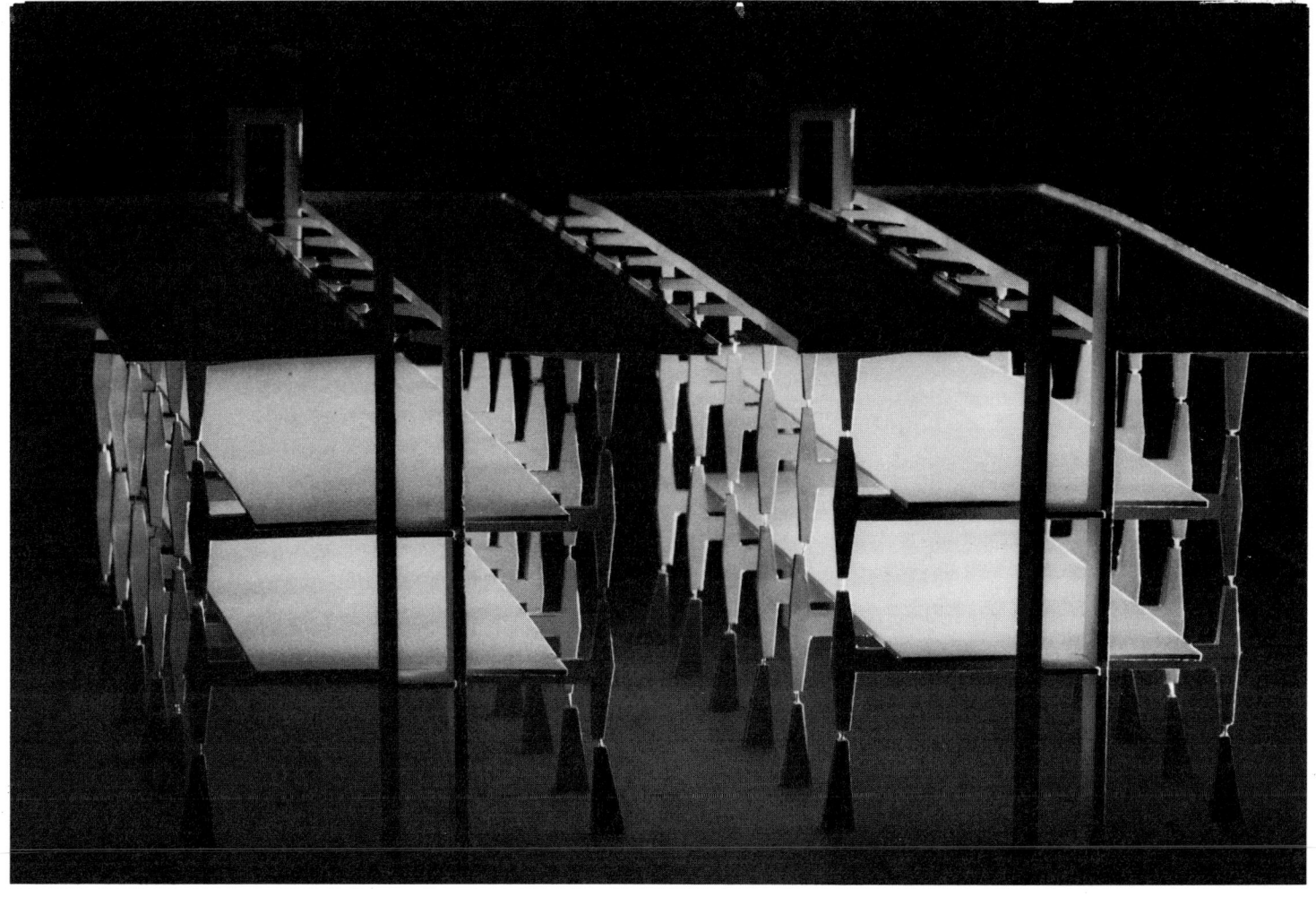

page 131:
multistory-system composed of biaxial three-hinged frames with large cantilevers

Rahmensysteme / frame systems

Gestaltungsmöglichkeiten mit Gelenkrahmen-Systemen — design possibilities with hinged frame systems

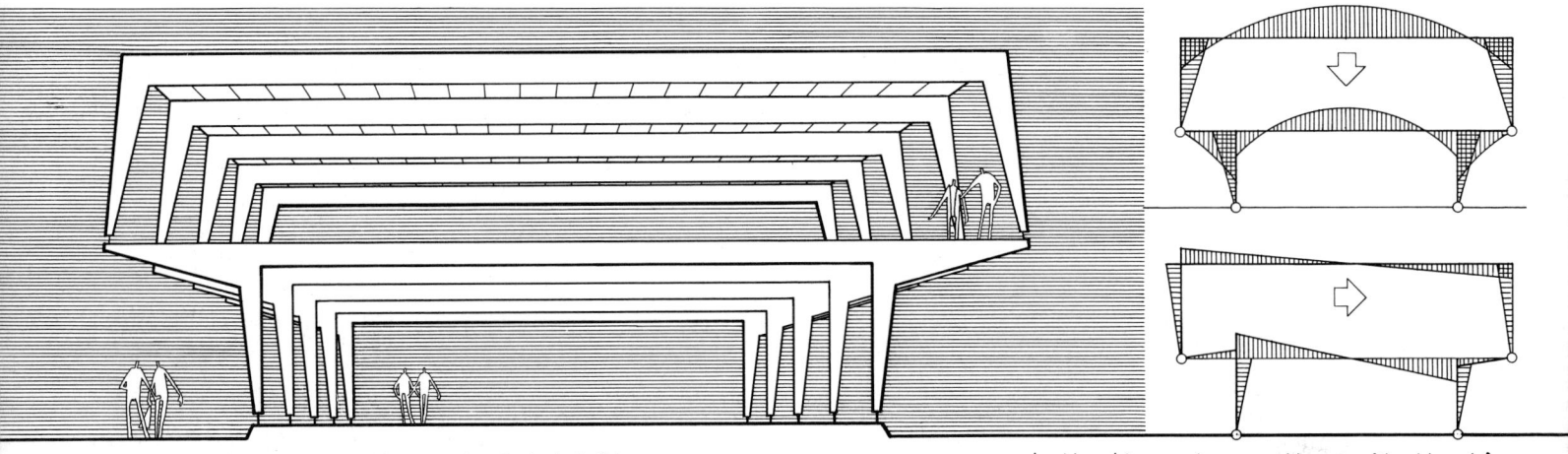

Zweigelenk-Rahmen aufgesetzt auf Kragarme eines Zweigelenk-Rahmens — two-hinged frame set upon cantilevers of two-hinged frame

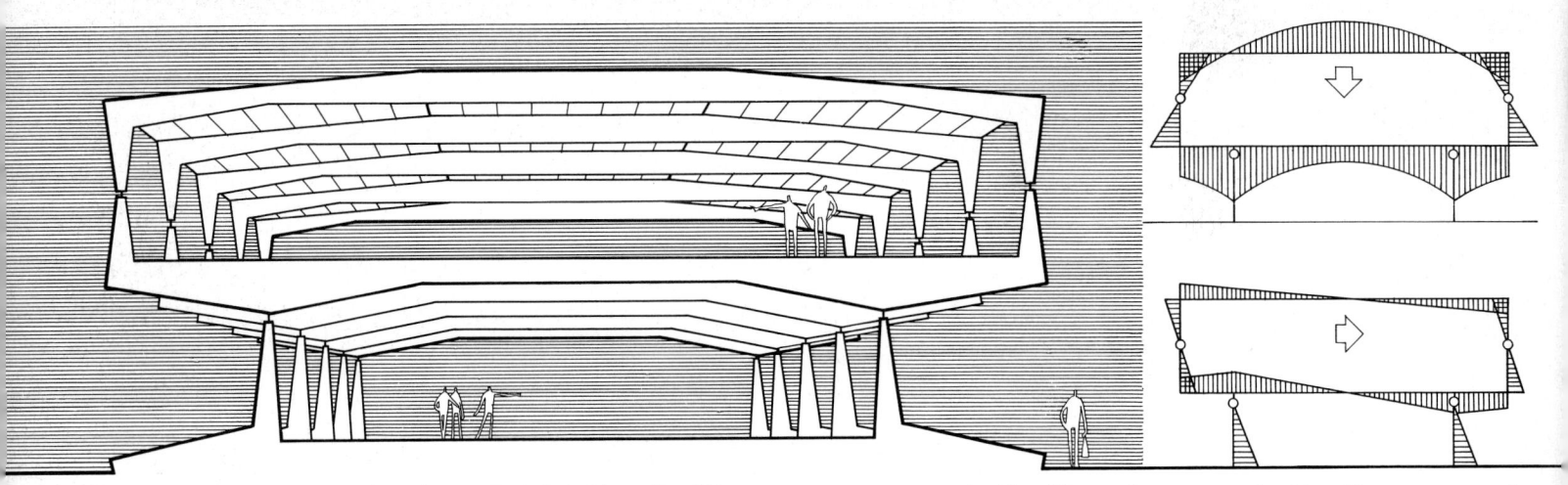

Zweigelenk-Rahmen aufgesetzt auf umgekehrten Zweigelenk-Rahmen über Stützen — two-hinged frame set upon reverse two-hinged frame upon supports

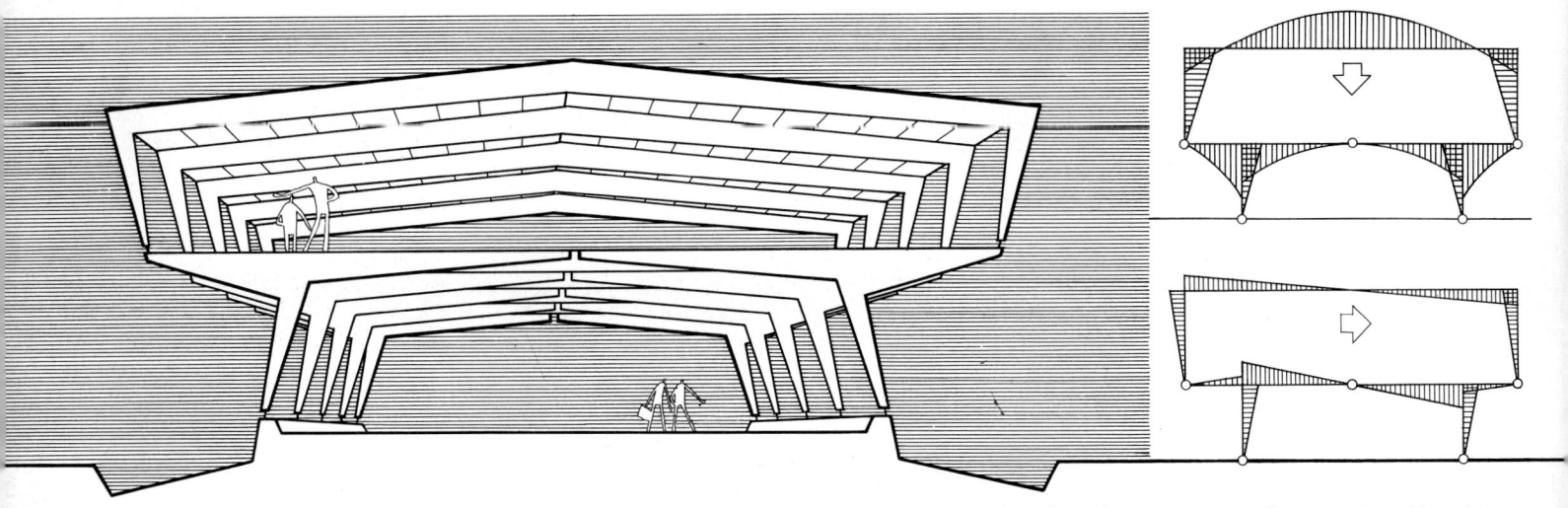

Zweigelenk-Rahmen aufgesetzt auf Kragarme eines Dreigelenk-Rahmens — two-hinged frame set upon cantilevers of three-hinged frame.

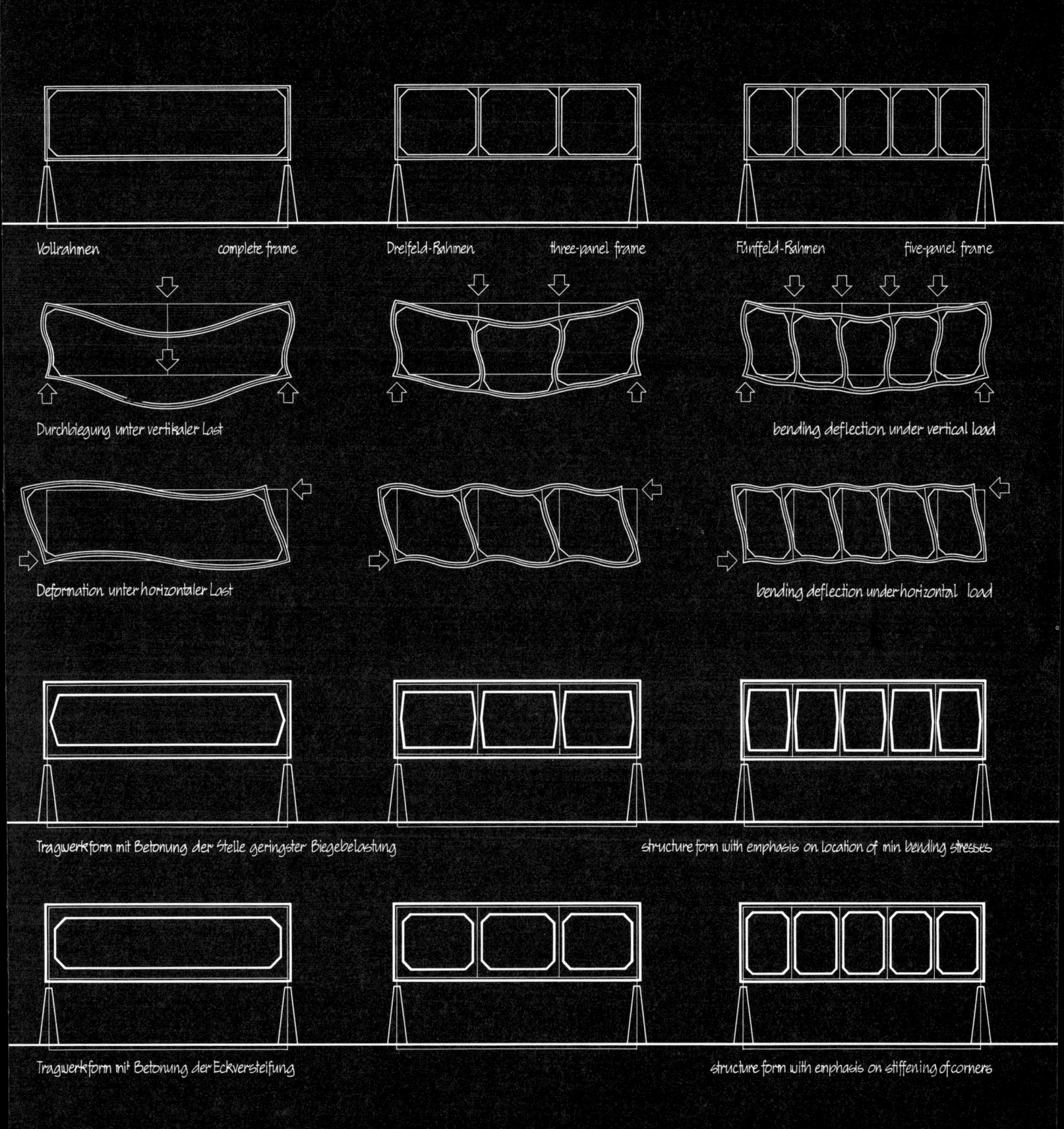

Mechanismus des Vollrahmens und Mehrfeldrahmens   mechanism of complete frame and multi-panel frame

Vollrahmen — complete frame   Dreifeld-Rahmen — three-panel frame   Fünffeld-Rahmen — five-panel frame

Durchbiegung unter vertikaler Last   bending deflection under vertical load

Deformation unter horizontaler Last   bending deflection under horizontal load

Tragwerkform mit Betonung der Stelle geringster Biegebelastung   structure form with emphasis on location of min bending stresses

Tragwerkform mit Betonung der Eckversteifung   structure form with emphasis on stiffening of corners

Infolge Durchbiegung der Riegel werden die Enden der Stiele mitgedreht und zwar oben   due to bending deflection of beams, the ends of columns will be rotated, the upper end
in entgegengesetzter Richtung wie unten. Dadurch wird die Drehung im Stiel aufgenommen in opposite direction from the lower end.   thus rotation will be resisted by the column
und Durchbiegung eingeschränkt. Wirksamkeit erhöht sich mit Anzahl der Stiele (Felder) and deflection is obstructed.   efficiency will increase with number of columns (panels)

Beziehung zwischen Rahmenteilung und Mechanismus des Mehrfeld-Rahmens / relationship between panel design and mechanism of multi-panel frame

Tragwerk-System
structure system

Mehrfeld-Rahmen auf zwei Stützen / multi-panel frame supported at both ends

Mehrfeld-Rahmen auf Mittelstütze / multi-panel frame on central support

Deformation
deflection

System mit Stielen ohne Biegesteifigkeit

system with columns having no bending resistance

Deformation
deflection

System mit biegesteifen Stielen

system with bending-resistant columns

typische Tragwerkform
typical structure form

Verbreiterung der Stiele nach den Auflagern zu bei gleichgroßen Feldbreiten

increase of column section toward supports at regular column spacing

typische Tragwerkform
typical structure form

Verkleinerung der Felder nach den Auflagern zu bei gleichbleibenden Stielen

reduction of panel width toward supports with columns of same section

Entsprechend der Scherkraftverteilung im Vollträger, werden die Stiele sehr unterschiedlich auf Biegung beansprucht. Dem Unterschied kann durch Verkleinerung der Felder nach dem Auflager zu oder durch Verbreiterung der Stiele entsprochen werden

according to shear distribution in a beam the columns are subjected to very different degrees of bending. this difference can be integrated by reduction of panel width toward supports or by increase of column section

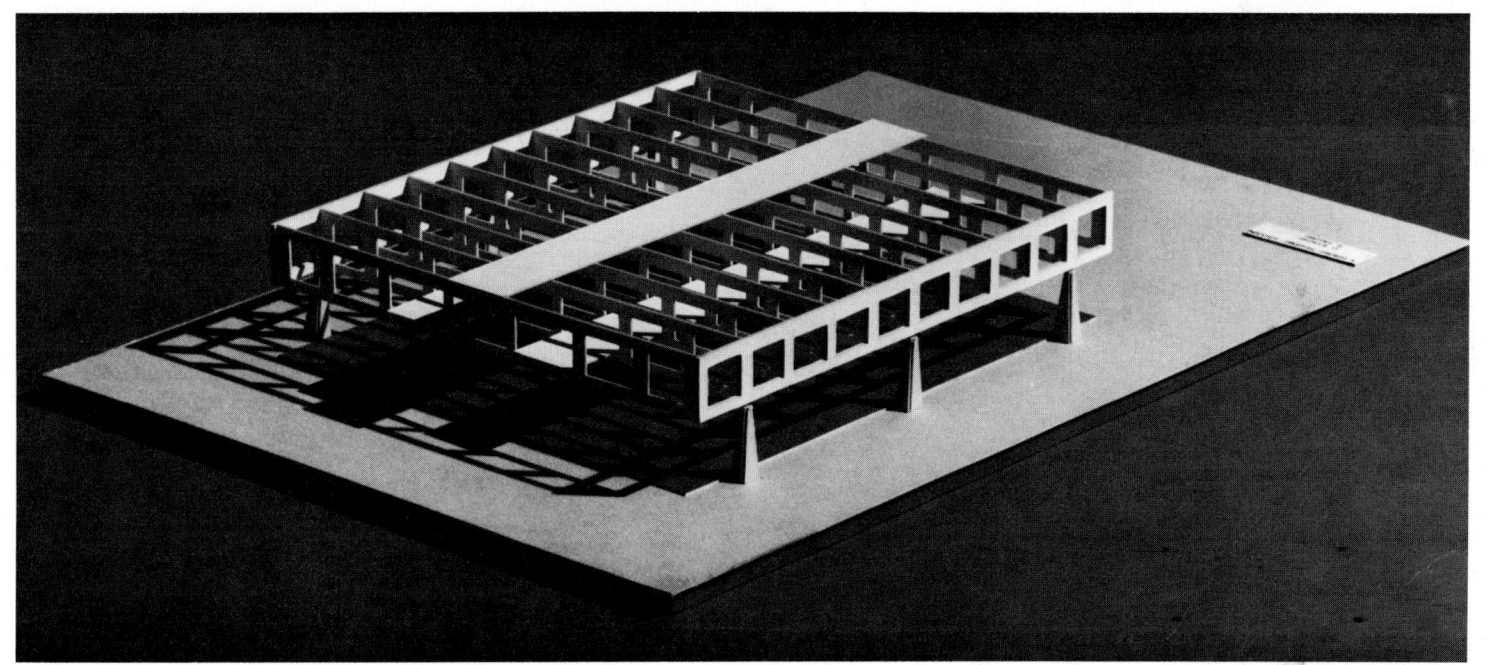

System aus Mehrfeldrahmen freitragend zwischen seitlichen Querrahmen

system composed of multipanel frames spanning between frames at the ends

System aus Mehrfeldrahmen auf Dreigelenk-Rahmen aufgesetzt

system composed of multipanel frames set upon three-hinged frames

Rahmensysteme / frame systems

Weitgespannte Tragsysteme aus Mehrfeld-Rahmen — longspan structure systems composed of multi-panel frames

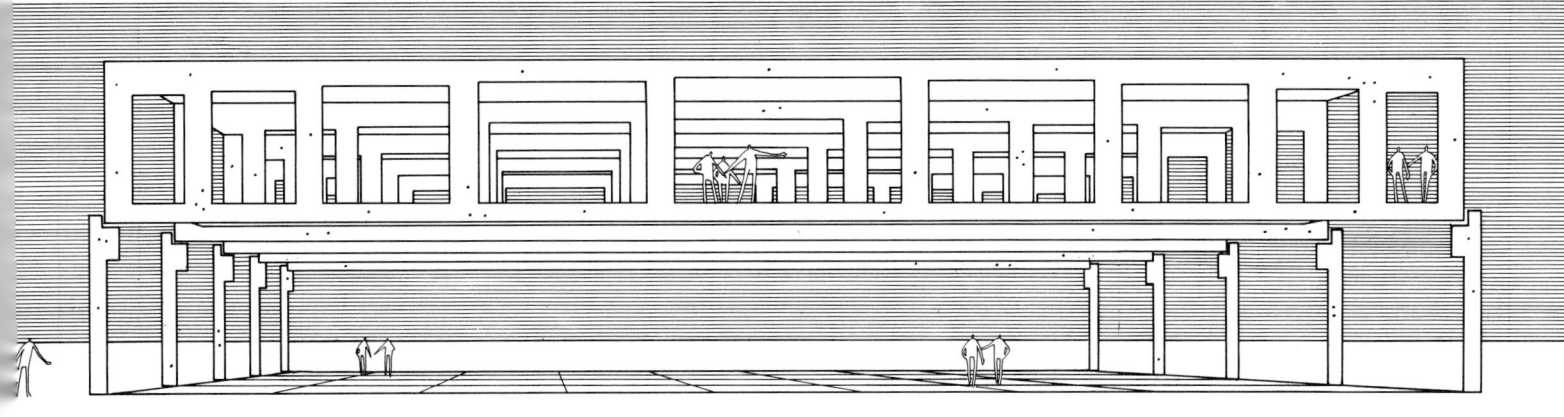

Eingeschossiger Mehrfeldrahmen auf zwei Stützen — single-story multi-panel frame supported at both ends

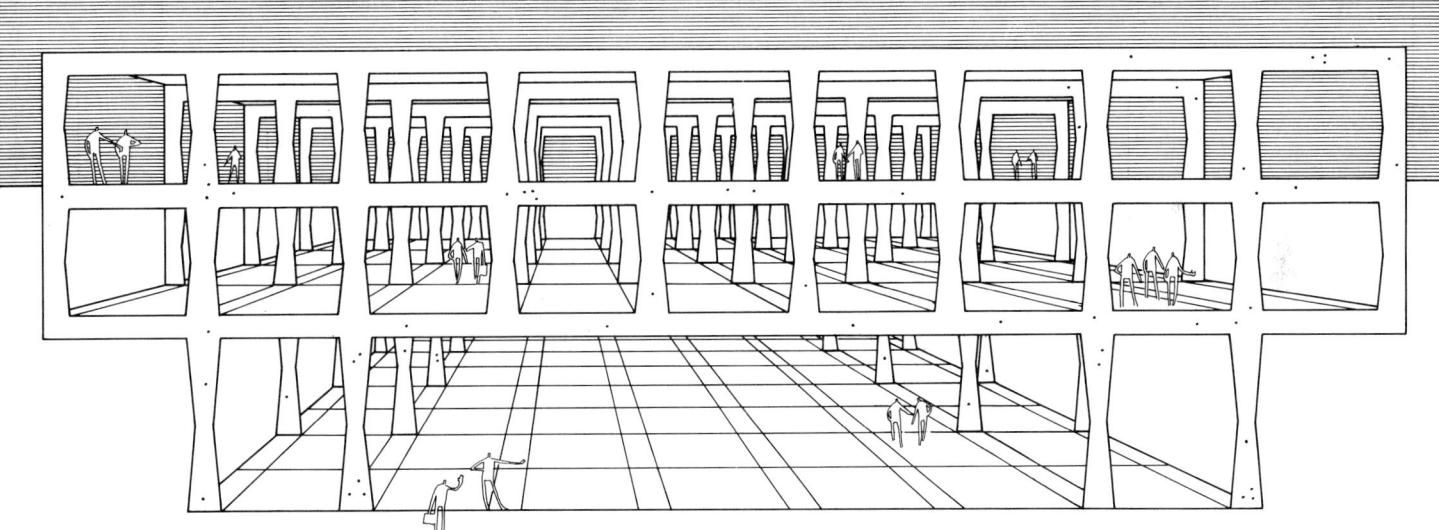

Zweigeschossiger Mehrfeldrahmen mit beidseitiger Auskragung — two-story multi-panel frame with cantilevers at both ends

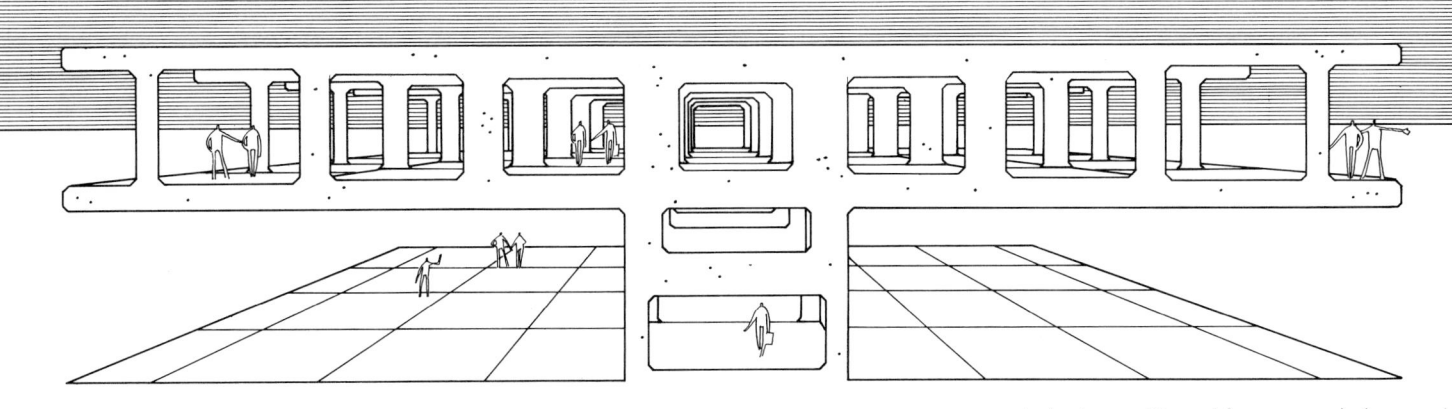

Eingeschossiger Mehrfeldrahmen auf Mittelstützen — single-story multi-panel frame on central-supports

Rahmensysteme / frame systems

Mehrgeschoß-Tragwerksysteme aus Mehrfeld-Rahmen — multi-story structure systems composed of multi-panel frames

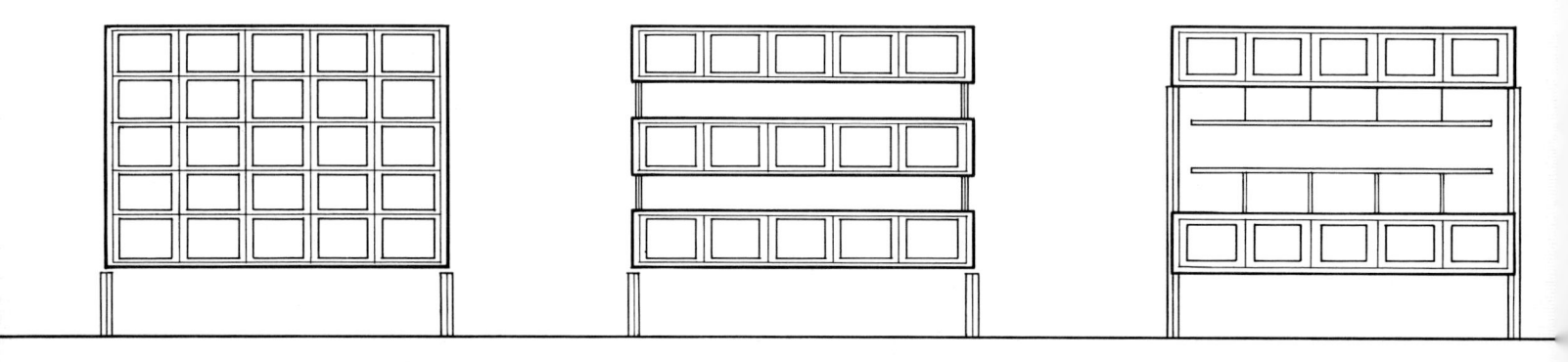

Mehrgeschoß-Tragwerk durch alle Stockwerke
multi-story structure through all floors

Eingeschoß-Tragwerk für zwei Stockwerke
single-story structure supporting two floors

Eingeschoß-Tragwerk für drei Stockwerke
single-story structure supporting three floors

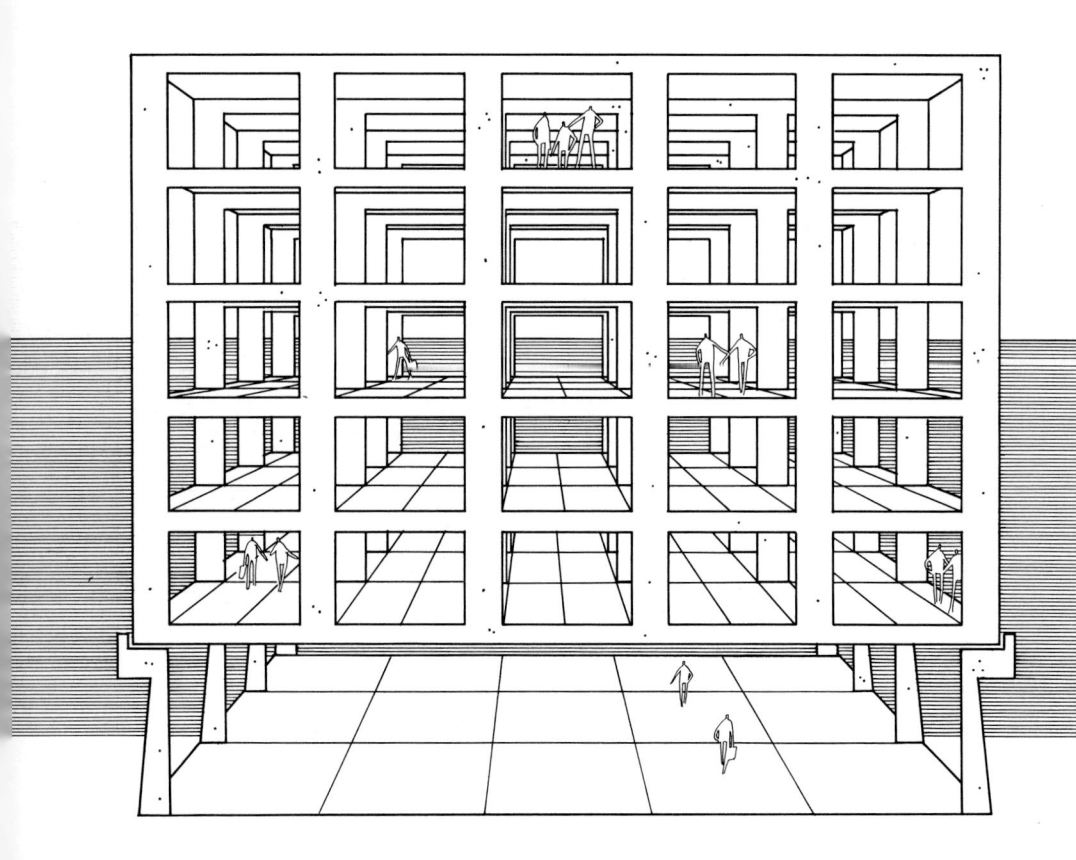

Mehrfeld-Rahmen durchgehend durch alle Geschosse
multi-panel frame continuous through all floors

Rahmensysteme / frame systems

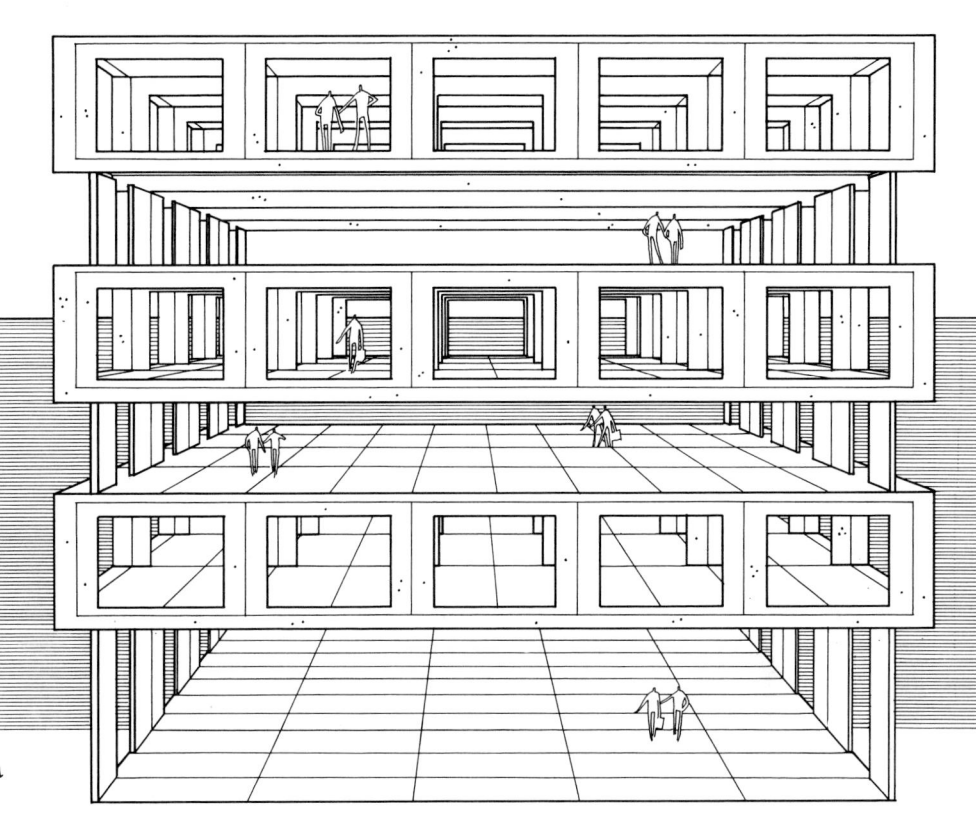

eingeschossiger Mehrfeld-Rahmen als Tragwerk für je zwei Ebenen
single-story multi-panel frame as support for each two floors

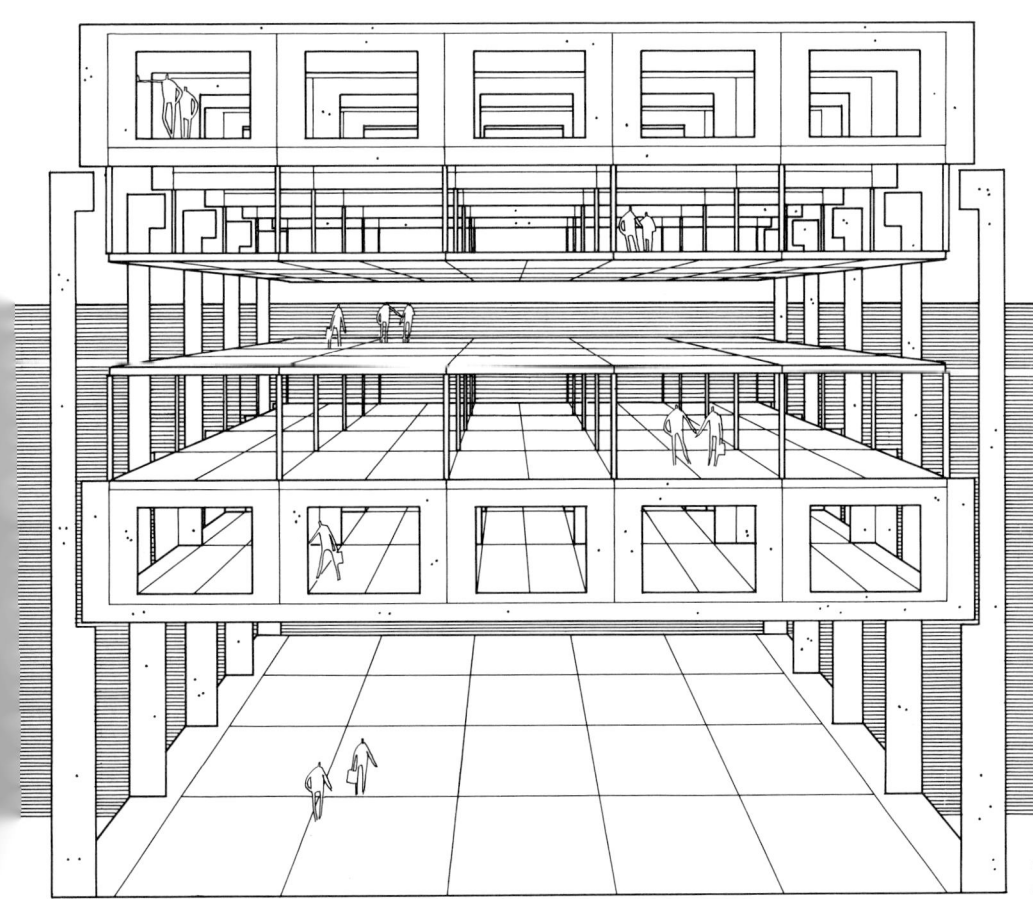

eingeschossiger Mehrfeld-Rahmen als Tragwerk für je 3 Ebenen
single-story multi-panel frame as support for each three floors

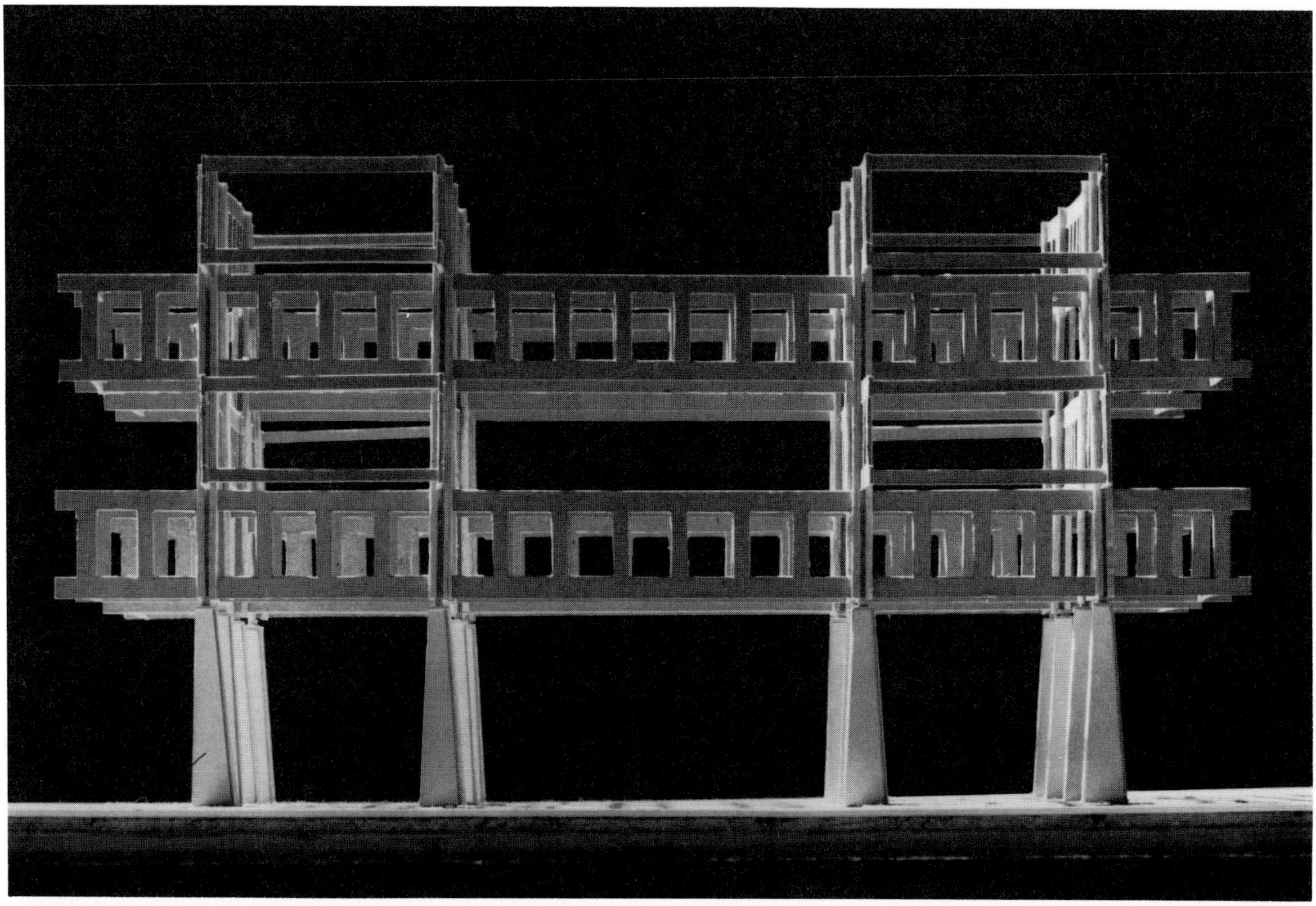

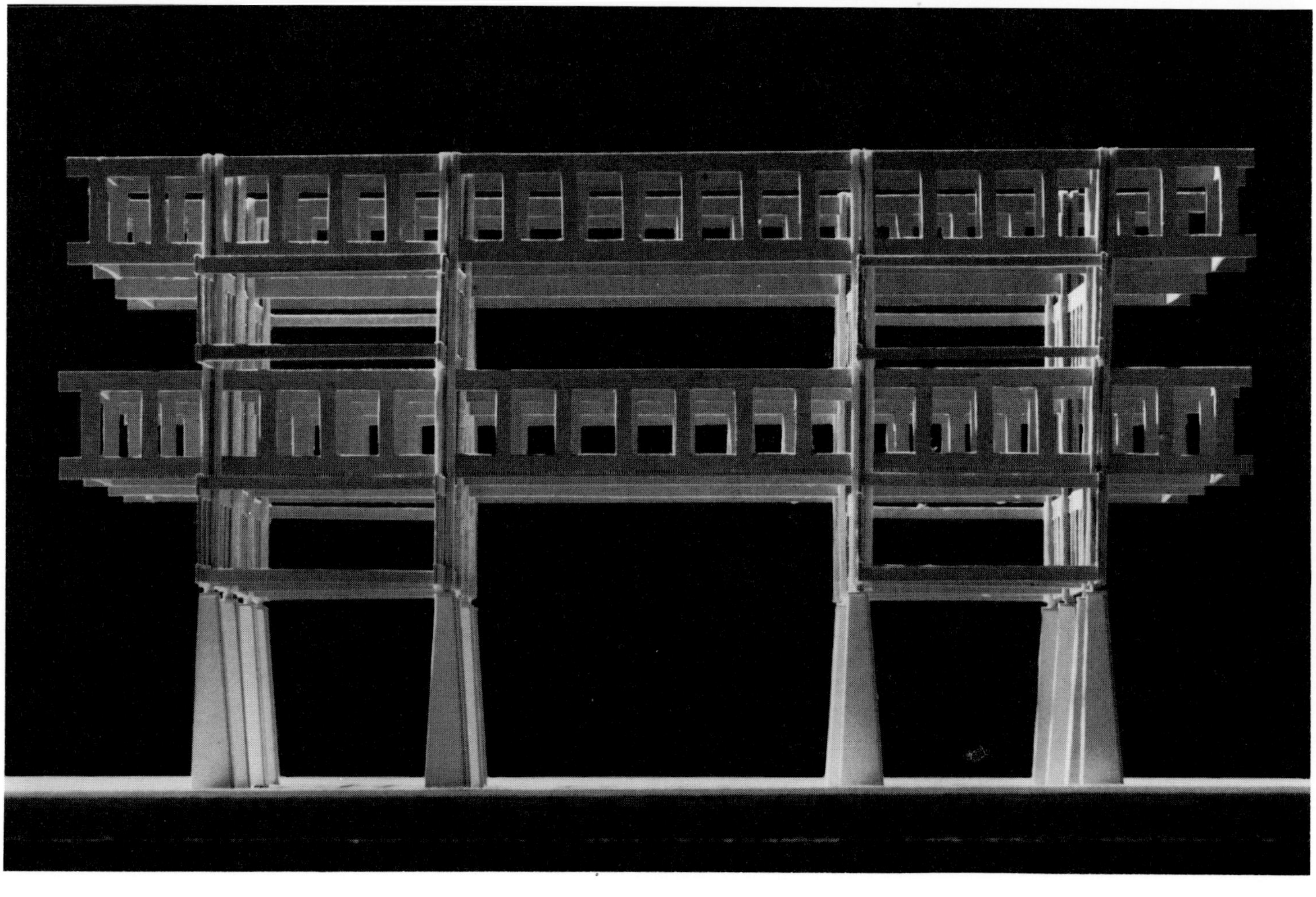

System aus übereinander-gesetzten Mehrfeldrahmen

system composed of stacked-up multipanel frames

Trägerraster- und Tragplattensysteme / beam grid and slab systems

Beziehung zwischen einfachem Parallelträger und Trägerraster
Lastabtragung in zwei Achsen

relationship between simple parallel beam and beam grid
biaxial load dispersal

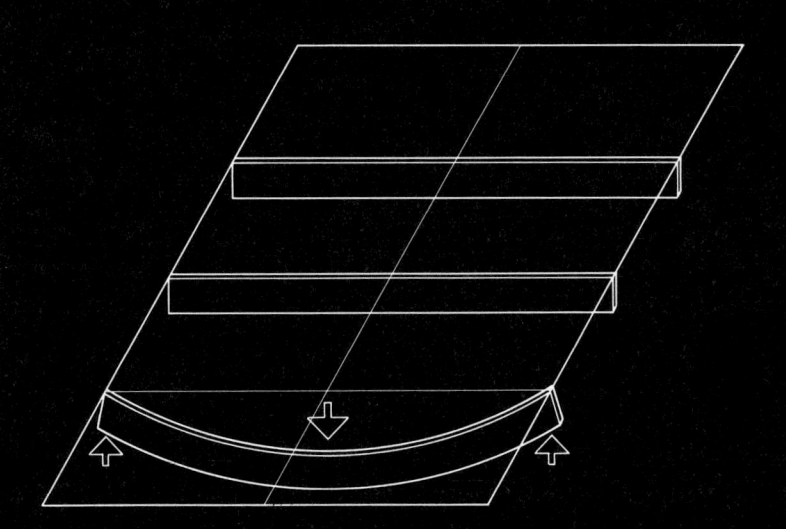

Im Parallelträger-System wird jeweils nur der von der Einzellast betroffene Träger deformiert. Die übrigen Parallelträger nehmen nicht am Widerstandsmechanismus gegen Einzellast teil.

in the parallel beam system only the one beam under load will be deflected. the other parallel beams do not participate in the resistance mechanism against single load.

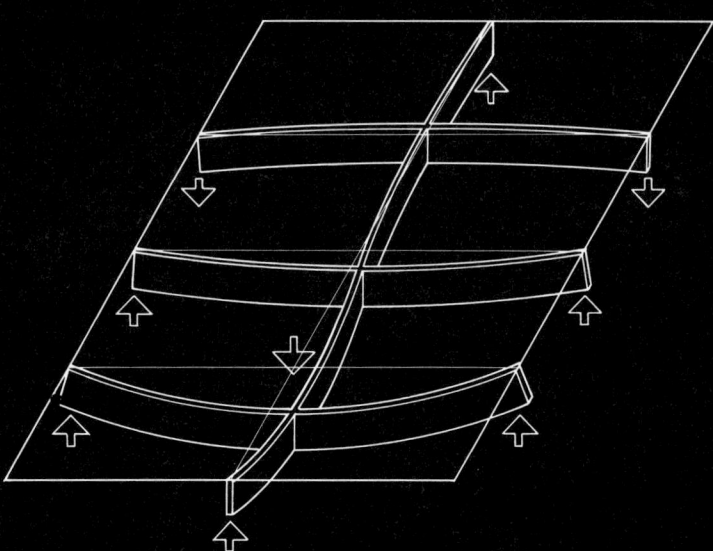

Durch Einfügen eines im rechten Winkel zu den Parallelträgern laufenden Querträgers wird ein Teil der Last auf die anderen Parallelträger abgetragen. Das gesamte System nimmt am Widerstandsmechanismus gegen Einzellast teil.

through insertion of a transverse beam at right angles to the parallel beams one part of the load is transmitted to the beams not directly loaded. thus the entire system is participating in the resistance mechanism against single load

Einfluß der Seitenlängen auf die Größe der zweiachsigen Lastabtragung
influence of side proportions upon magnitude of biaxial load dispersal

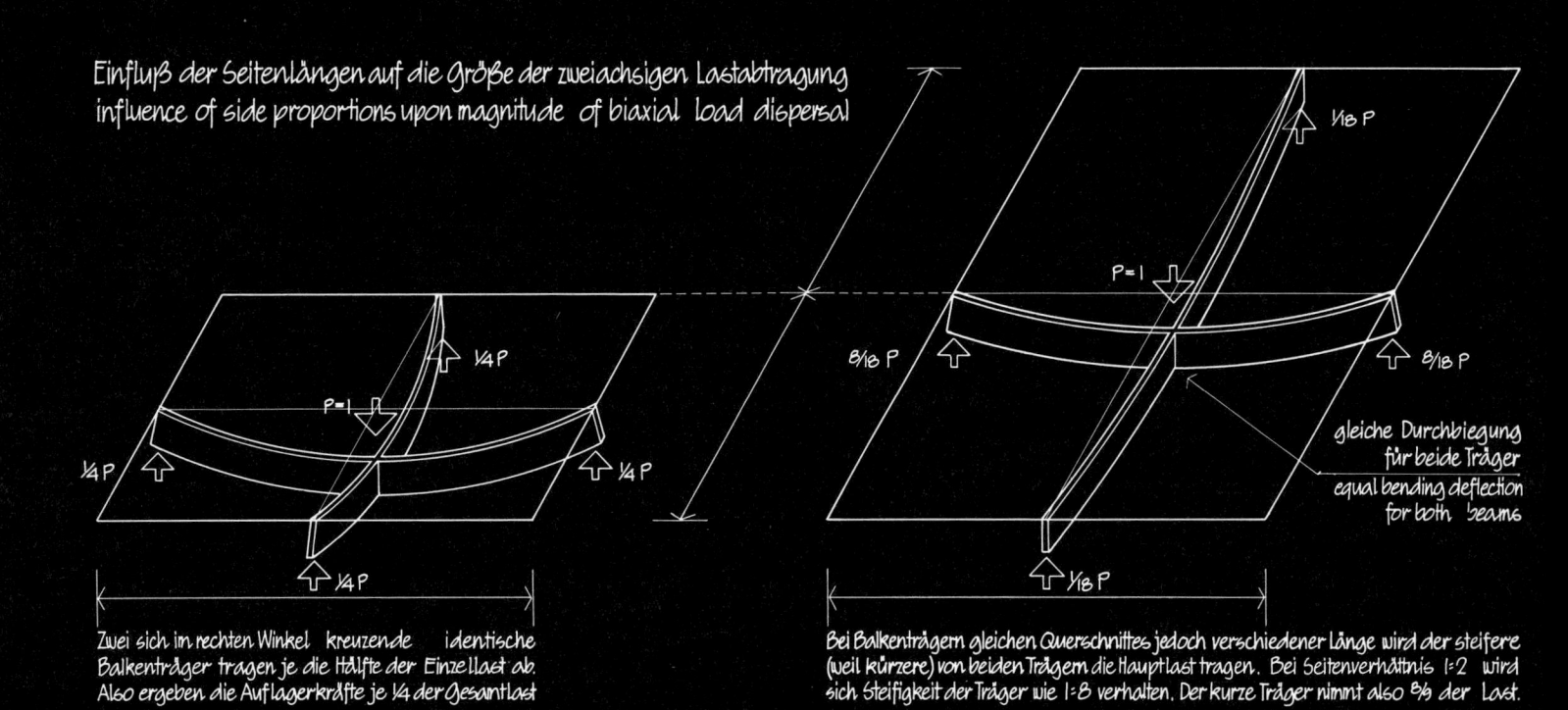

Zwei sich im rechten Winkel kreuzende identische Balkenträger tragen je die Hälfte der Einzellast ab. Also ergeben die Auflagerkräfte je ¼ der Gesamtlast

two identical beams at right angles to each other receive each one half of the total load. consequently each support reaction equals ¼ of the total load

Bei Balkenträgern gleichen Querschnittes jedoch verschiedener Länge wird der steifere (weil kürzere) von beiden Trägern die Hauptlast tragen. Bei Seitenverhältnis 1:2 wird sich Steifigkeit der Träger wie 1:8 verhalten. Der kurze Träger nimmt also 8/9 der Last.

if beams of same section have different length, the stiffer (because shorter) beam takes most of the load. if the ratio of the sides is 1:2, the stiffness of beams will have a ratio of 1:8. hence the shorter beam receives 8/9 of the total load.

gleiche Durchbiegung für beide Träger
equal bending deflection for both beams

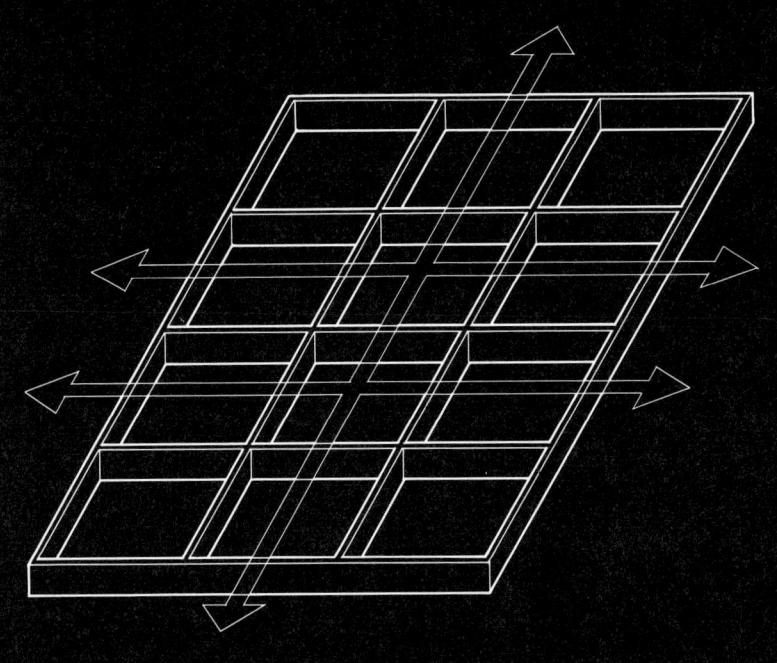

Trägerraster- und Tragplattensysteme / beam grid and slab systems

Zweiachsige Lastabtragung des fest verbundenen Trägerrasters
biaxial load dispersal of beam grid with rigid connections

Vorausgesetzt daß beide Trägerreihen annähernd gleiche Steifigkeit haben, wird Last durch Biegemechanismus jeweils in zwei Achsen abgetragen. Bei Einzellasten werden wegen der gegenseitigen Durchdringung auch die nicht direkt belasteten Träger deformiert. Dadurch wird Widerstandskraft erhöht.

provided that both sets of beams have approximately equal stiffness, load is dispersed by bending mechanism in two axes.   in the case of a point load condition, due to mutual interpenetration also the beams not directly under load deflect.   consequently bending resistance is increased.

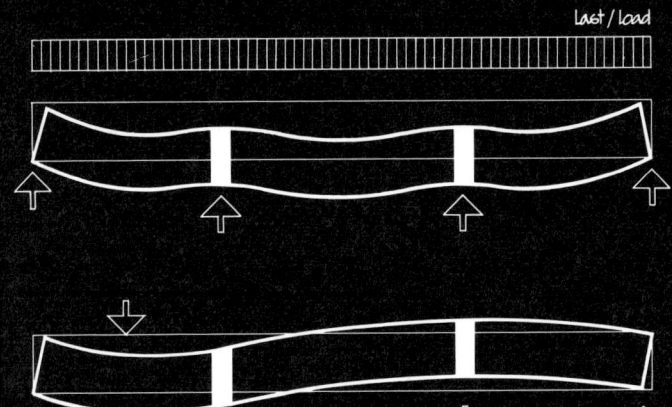

Wirkungsweise als Durchlaufträger   über flexiblen Stützen
behaviour of component as continuous beam on flexible supports

Der einzelne Träger im Trägerraster verhält sich wie ein Durchlaufträger, dessen Zwischenstützen jedoch flexibel sind. Bei einseitiger Belastung kann aufwärts gerichtete (= negative) Biegung entstehen.

the single beam in the beam grid acts as a continuous beam, of which the intermediate supports are flexible   under one-sided loading a reversal of bending deflection (= negative bending) can occur.

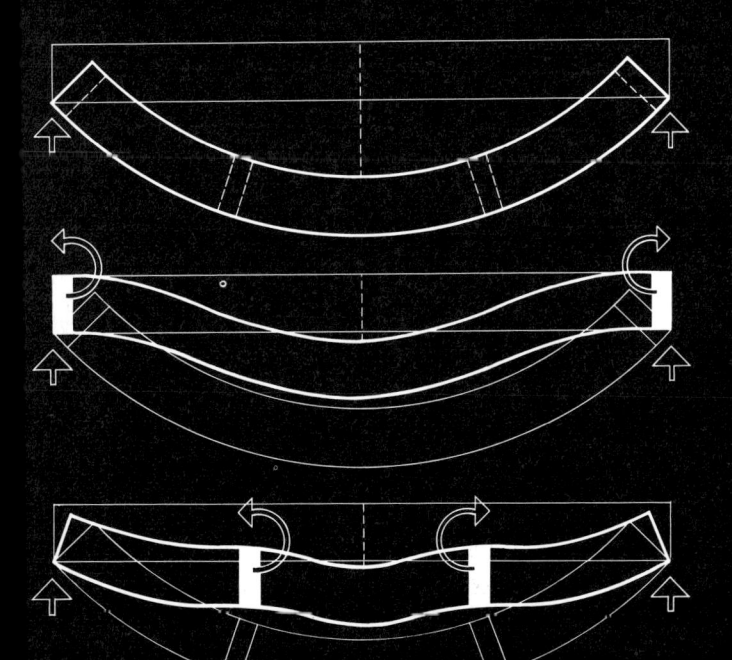

Zusätzliche Tragwirkung infolge Widerstand gegen Verdrehung
additional bearing action through resistance against twisting

Wegen der steifen Verbindungspunkte wird Randträger bei Durchbiegung des Querträgers mitgedreht. Widerstand des Randträgers gegen Verdrehung wirkt sich wie Einspannung aus und vermindert Durchbiegung des Querträgers

due to rigid intersections the edge beam is twisted by bending rotation of the ends of the transverse beam. resistance against twisting by the edge beam has effect of a fixed-end situation.   it reduces bending of cross beam

Wegen der steifen Kreuzungspunkte verursacht die Durchbiegung des einen Trägerquerschnittes jeweils die Verdrehung des winkelrecht dazu laufenden Querschnittes. Dadurch wird ein weiterer Widerstandsmechanismus aktiviert.

due to rigid intersections the bending deflection of one beam section causes the twisting of the beam section running crosswise.   through this another resistance mechanism against bending deflection is activated

Trägerraster- und Tragplattensysteme / beam grid and slab systems

Trägerraster für Grundrisse mit ungleichen Seitenlängen
beam grids for floor plans with unequal sides

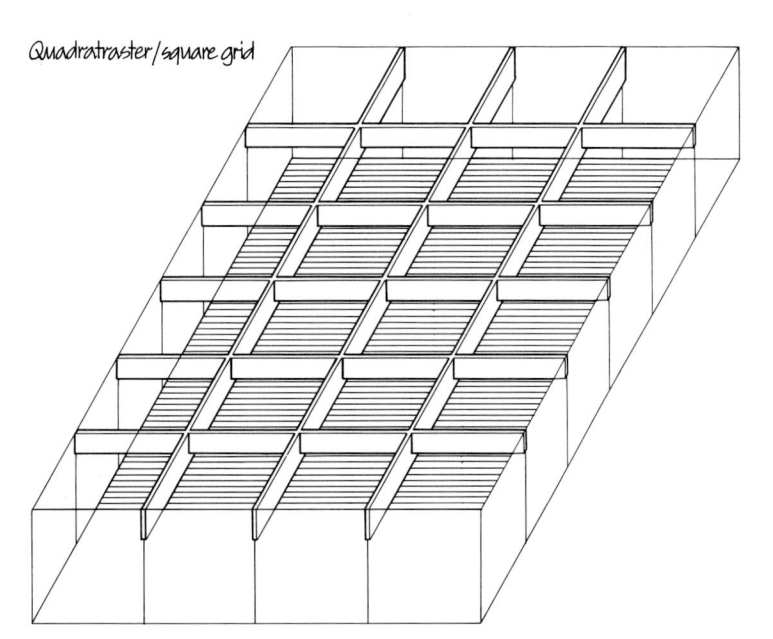

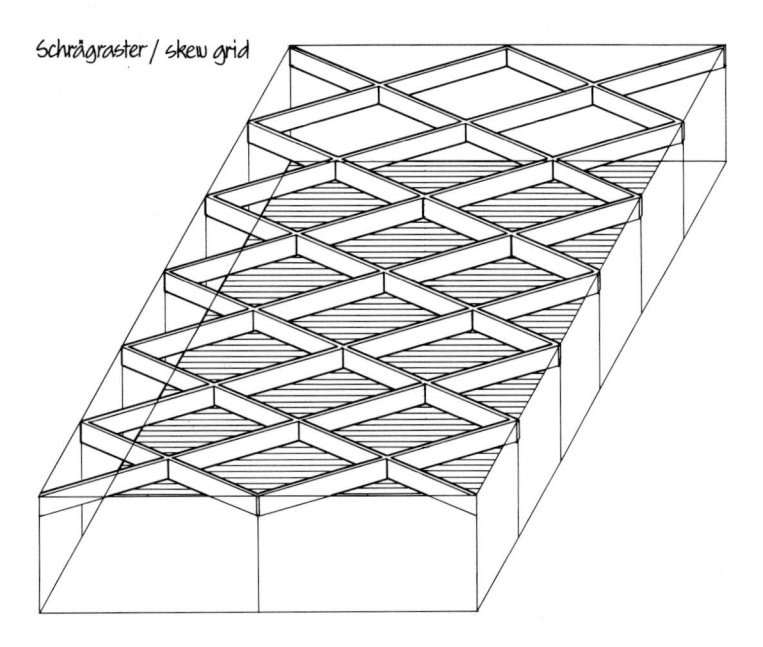

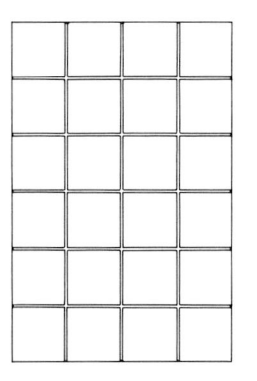

Quadratraster / square grid

Quadrat-(Rechteck-) raster
square (rectangular) grid

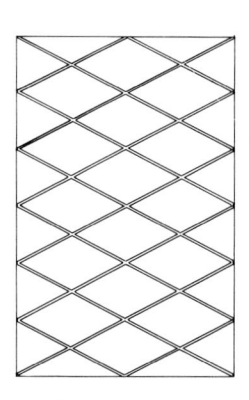

Schräg-(Diagonal-) raster
skew grid (diagrid)

Bei rechteckigen Grundrissen, deren eine Seite wesentlich größer ist als die andere, verlieren die Längsträger wegen verminderter Steifigkeit an Wirksamkeit. Um gleichmäßige Lastabtragung in zwei Achsen zu gewährleisten, müssen sie entsprechend versteift werden, bei Seitenverhältnis 1:2 um das Achtfache

in rectangular floor plans of which one side is markedly longer than the other the longitudinal beams due to diminished stiffness show loss of efficiency. in order to allow equal load dispersal in two axes, the long beams must be stiffened accordingly, i.e. if plan has ratio of 1:2, long beams must be eight times stiffer

Schrägraster / skew grid

Das Schrägraster vermeidet den Nachteil ungleicher Trägerlängen bei länglichen Grundrissen. Darüberhinaus wird infolge der kurzen Spannweiten an den Ecken ähnlich einer Einspannung zusätzliche Steifigkeit erreicht.

the skew grid avoids the disadvantage of unequal beam lengths in oblong floor plans. moreover because of shorter beam spans at the corners additional stiffness is achieved much like in a fixed end condition

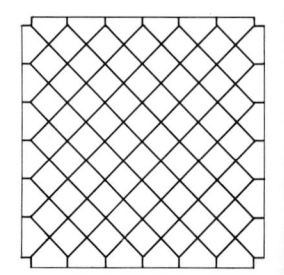

Diagonales Quadratraster / diagonal square grid

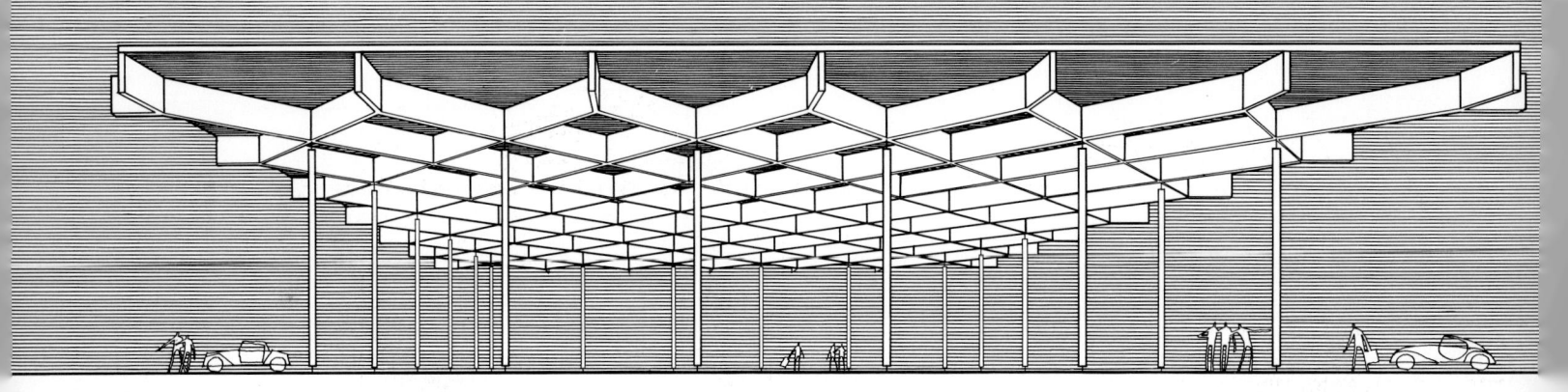

Tragmechanismus der ebenen vierseitig aufgelagerten Platte / bearing mechanism of simply supported slab

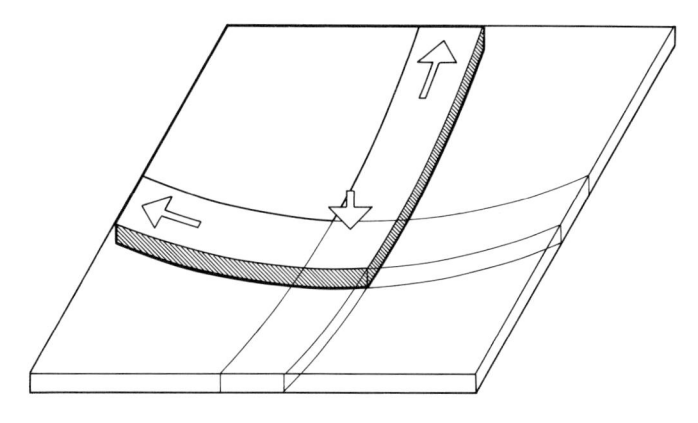

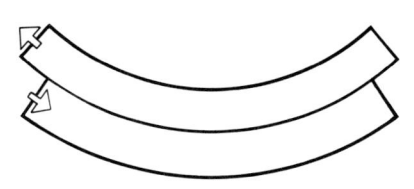

Widerstand gegen Biegung / resistance against bending

Durch Biegemechanismus (kombinierte Zug-, Druck- und Scherwirkung) wird Last wie beim Balkenträger nach den Auflagern abgetragen

through bending mechanism (combined action of tension, compression and shear) load is transmitted to the supports like in a beam

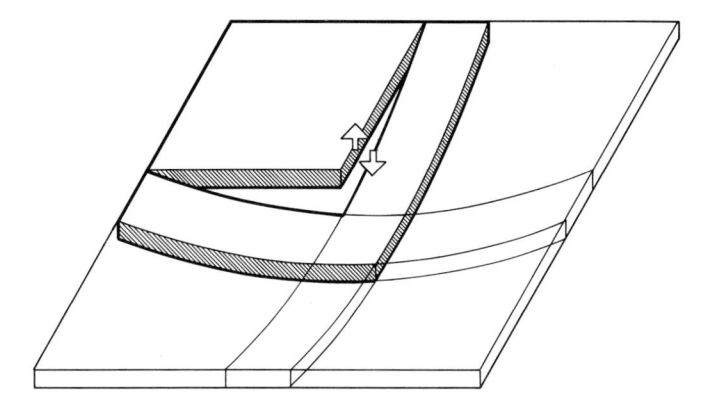

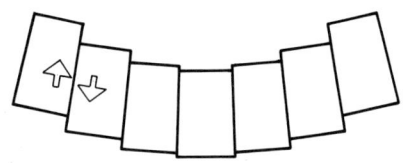

Widerstand gegen Scherkräfte / resistance against shear

Mittels senkrechter Scherkräfte wird Last vom durchgebogenen Streifen auf benachbarten Streifen übertragen und dadurch Lastverteilung auch bei Punktbelastung erreicht

through vertical shear load is transmitted from deflected strip to adjacent strip. by this mechanism load is distributed over the whole slab even in the case of a point load

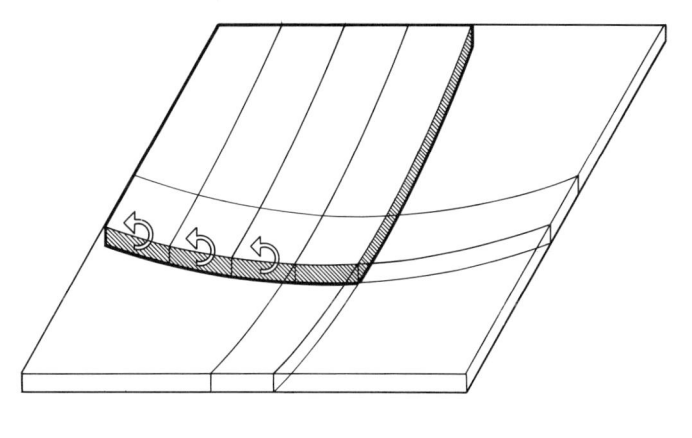

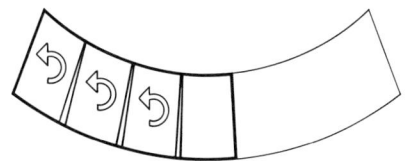

Widerstand gegen Verdrehung / resistance against twisting

Biegung des Querschnittes in einer Achse bewirkt gleichzeitig Verdrehung des Querschnittes in der anderen Achse. In der vierseitig aufgelagerten Platte werden 50% der Last durch Verdrehungswiderstand auf die Auflager abgeleitet

bending deflection of the strip section in one axis causes twisting of the strip section in the other axis. in the simply supported slab 50% of the load will be transmitted to supports by resistance against twisting

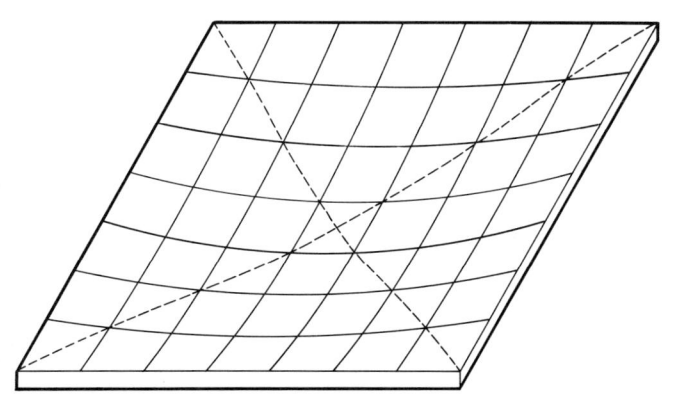

Die Eckenzonen der Platte weisen infolge zweier rechtwinklig zusammenlaufenden Randunterstützungen erhöhte Steifigkeit auf. Dadurch können sich die Diagonalstreifen der Platte mit ihren Enden nicht frei über den Auflagern drehen. Sie verhalten sich wie eingespannte Träger mit umgekehrter Durchbiegung an den Enden und mit größerem Tragvermögen

because at the corners two edge supports meet at right angles, the corner area of the plate shows increased stiffness. therefore the diagonal strips of the slab cannot rotate freely with their ends over the supports. they act much like fixed-end beams with reversed curvature at the ends and with increased bearing capacity

Flächenaktive Tragsysteme
Surface-active Structure Systems

4

Abgegrenzte, in der Form bestimmte Flächen sind Instrument und Kriterium der Raumdefinition. Flächen im Raum teilen den Raum. Indem sie ihn teilen, begrenzen sie ihn und bilden dadurch neuen Raum.

Flächen sind das wirksamste und eindeutigste geometrische Mittel, Raum zu definieren, von innen nach außen, von Ebene zu Ebene, von Raum zu Raum.

Wegen ihres Wesens, Raum zu bilden und zu bestimmen, sind Flächen die elementare Abstraktion, womit sich Architektur manifestiert, als Idee wie als Wirklichkeit.

Flächenelemente im Bauen können unter bestimmten Voraussetzungen tragende Funktionen ausüben: Flächenträger. Ohne zusätzliche Hilfsmittel können sich Flächenträger selbst frei über den Raum heben und dabei Lasten aufnehmen.

Flächenträger können zu Mechanismen zusammengefügt werden, die Kräfte umlenken: flächenaktive Tragsysteme. Konstruktive Kontinuierlichkeit der Elemente in zwei Achsen, d. h. Flächenwiderstand gegen Druck-, Zug- und Scherkräfte sind erste Voraussetzung und erstes Kennzeichen der flächenaktiven Tragsysteme.

Das Vermögen des Flächenträgers, Kräfte umzulenken, d. h. Lasten abzutragen, ist abhängig von der Lage der Fläche, bezogen auf die Richtung des Kraftangriffes.

Der Tragmechanismus eines Flächenträgers ist am wirksamsten, wenn die Fläche parallel zur Richtung des Kraftangriffes liegt (bei Schwerkräften senkrecht); er ist am schwächsten, wenn die Fläche lotrecht zum Kraftangriff liegt (bei Schwerkräften waagerecht).

Je nach der Richtung des Kraftangriffes werden in dem ebenen Flächenträger zwei unterschiedliche Widerstandsmechanismen oder deren Kombination betätigt: Plattenmechanismus bei Kraftangriff lotrecht zur Ebene, Scheibenmechanismus bei Kraftangriff parallel zur Ebene.

Während in horizontalen Flächenträgern die Tragfähigkeit bei Schwerkraftlasten mit größerwerdender Fläche sinkt (Plattenmechanismus), wächst in vertikalen Flächenträgern das Tragvermögen mit dem Maß der Flächenausdehnung (Scheibenmechanismus).

Durch Schrägstellung der Fläche zum Kraftangriff mittels Faltung oder Krümmung ist es möglich, den Gegensatz horizontaler Wirksamkeit in der Raumüberdeckung und vertikaler Wirksamkeit im Flächenwiderstand gegen Schwerkräfte zu überbrücken.

Die Formgebung der Fläche ist bestimmend für den Tragmechanismus flächenaktiver Systeme. Richtige Formgebung ist neben der Flächenkontinuierlichkeit zweite Voraussetzung und zweites Kennzeichen flächenaktiver Tragsysteme.

In flächenaktiven Tragsystemen ist es hauptsächlich die richtige Form, welche die angreifenden Kräfte umlenkt und in kleinen Einheitswerten gleichmäßig über die Fläche verteilt. Das Entwickeln der geeigneten Form für die Fläche — statisch, nutzungsmäßig und ästhetisch — ist schöpferischer Akt: Kunst.

Durch geeignete Formgebung wird der Mechanismus der formaktiven Tragwerke integriert: die Stützwirkung des Bogens und die Hängewirkung des Tragseiles.

Auch die Mechanismen der massenaktiven Tragsysteme, wie Durchlaufträger oder Gelenkrahmen, können mit dem Vokabular der Flächenträger ausgedrückt werden, ebenso wie die Mechanismen der formaktiven oder vektoraktiven Tragsysteme. Das bedeutet, daß alle Tragsysteme mit flächenaktiven Elementen interpretiert werden können und somit als Großstruktur für flächenaktive Tragsysteme in Frage kommen.

Bewahrung der Tragform durch Aussteifung von Flächenrand und Flächenprofil ist Bedingung für das Funktionieren des Tragmechanismus. Das Problem dabei ist, die aussteifenden Elemente so zu gestalten, daß kein abrupter Wechsel des Steifigkeitsgrades und der Verformungstendenz zwischen Fläche und Versteifer eintritt, der die Anschlußzone kritisch beanspruchen würde.

Flächenaktive Tragsysteme sind gleichzeitig Hülle des Innenraumes und Außenhaut des Baukörpers und bestimmen folglich innere Raumform und äußere Bauform. Sie sind daher endgültige Substanz des Baues sowie Kriterium für seine Qualität; als zweckmäßig-wirtschaftliche Maschine, als ästhetisch-bedeutungsvolle Form.

Wegen der Identität von Tragwerk und Bausubstanz erlauben flächenaktive Tragwerke weder Toleranz noch Unterscheidung zwischen Tragwerk und Bauwerk. Da Tragform nicht willkürlich ist, sind Raum und Form des Bauwerkes und mit ihnen der Wille des Architekten an das Gesetz der Mechanik gebunden.

Gestalten mit tragenden Flächen ist also Disziplin unterworfen. Jede Abweichung von der richtigen Form beeinträchtigt die Wirtschaftlichkeit des Mechanismus und mag sein Funktionieren überhaupt in Frage stellen.

Trotz der gemeinsamen Gesetzmäßigkeit, der jedes System aus Flächenträgern unterworfen ist, sind die Mechanismen der bekannten flächenaktiven Tragsysteme sehr zahlreich. Darüber hinaus sind in jedem dieser Mechanismen ungeachtet seiner typischen ‚Arbeitsweise' und seiner typischen Grundform unzählige Möglichkeiten für erfinderischen, originellen Entwurf enthalten.

Bauen mit tragenden Flächen setzt also Kenntnis um die Mechanismen der flächenaktiven Tragsysteme voraus: ihre ‚Arbeitsweise', ihre Geometrie, ihre Bedeutung für Form und Raum im Bauen.

Kenntnis der Möglichkeiten, wie mit raumbildenden Flächen ein sich selbst tragendes und lastenaufnehmendes Gefüge entwickelt werden kann, ist daher unerläßliche Wissensgrundlage für den entwerfenden Architekten.

Surfaces, finite and fixed in their form, are instrument and criterium in space definition. Surfaces in space divide space. While dividing it, they terminate it and thus form new space.

Surfaces are the most effective and most intelligible geometric means of defining space, from interior to exterior, from elevation to elevation, from space to space.

Surfaces, because of their nature to form and determine space, are the elementary abstraction through which architecture asserts itself, both as idea and as reality.

Surface elements in building, if given certain qualities can perform load-bearing functions: structural surfaces. Without additional help they can rise clear above space while carrying loads.

Structural surfaces can be composed to form mechanisms that redirect forces: surface-active structure systems. Structural continuity of the elements in two axes, i. e. surface resistance against compressive, tensile, and shear stresses are the first prerequisite and first distinction of surface-active structures.

The potential of the structural surface to make forces change direction, i. e. to carry loads, is dependent on the position of the surface in relation to the direction of the acting force.

The bearing mechanism of a structural surface is most effective, if the surface is parallel to the direction of the acting force (for gravitational forces vertical); it is weakest, if the surface is at right angles to the direction of the acting force (for gravitational forces horizontal).

In the flat structural surface dependent on the direction of the acting force, two different mechanisms of resistance or their combinations are set in motion: slab mechanism, if the acting force is directed at right angles to the surface; plate mechanism, if the acting force is directed parallel to the surface.

While in horizontal structural surfaces the bearing capacity under gravitational load decreases with increasing surface (slab mechanism), in vertical structural surfaces the bearing capacity increases together with the surface expansion (plate mechanism).

Through inclining the surface toward the direction of the acting force by means of folding or curving, it is possible to reconcile the opposites of horizontal efficiency in the coverage of space and vertical efficiency in the resistance against gravitational forces.

The shape of the surface determines the bearing mechanism of surface-active systems. Design of the correct form is next to surface continuity the second prerequisite and second distinction of surface-active structure systems.

In surface-active structures it is foremost the proper shape that redirects the acting forces and distributes them in small unit stresses evenly over the surface. The development of an efficient shape for the surface — from structural, utilitarian and aesthetic viewpoints — is a creative act: art.

Through design of an efficient shape for the surface, the mechanism of form-active structures is integrated: the support action of the arch, the suspension action of the cable.

Also the mechanisms of the bulk-active structure systems, such as continuous beam or hinged frames, can be expressed with the vocabulary of structural surfaces just as the mechanisms of the form-active or vector-active structure systems. That is to say, all structure systems can be interpreted with surface-active elements and thus may become superstructures for surface-active structure systems.

Preservance of structure form through stiffening of surface edge and surface profile is a condition for the functioning of the bearing mechanism. The difficulty here is to design the stiffening elements in a way that avoids any abrupt change of both rigidity and tendency of deflection which would critically stress the junction zone.

Surface-active structure systems are simultaneously the envelope of the internal space and hull of the external building and consequently determine form and space of the building. Thus, they are actual substance of the building and criterion of its quality: as a rational-efficient machine, as an aesthetic-significant form.

Because of the identity of structure and building substance surface-active structures permit neither tolerance nor distinction between structure and building. Since structure form is not arbitrary, the space and form of the building and with them the will of the architect are subjected to the laws of mechanics.

Design with structural surfaces then is submitted to discipline. Any deviation from the correct form infringes upon the economy of the mechanism and may jeopardize the functioning altogether.

Despite the common laws to which any system consisting of structural surfaces is subjected, the mechanisms of the known surface-active structure systems are many. Moreover, although each of these mechanisms has its typical way of functioning and its typical basic form, there are within each, innumerable possibilities for ingeneous original design.

Building with structural surfaces then requires knowledge of the mechanisms of surface active structure systems. Their way of functioning, their geometry, their significance for architectural form and space.

Knowledge of the possibilities of how to develop a self-supporting and load-carrying system consisting of space enclosing surfaces, therefore, is indispensable material of learning for the architect designer.

Prismatische Faltwerksysteme / prismatic folded structure systems

Dreifache Tragwirkung der einfach gefalteten Platte   threefold bearing action of singly folded plate

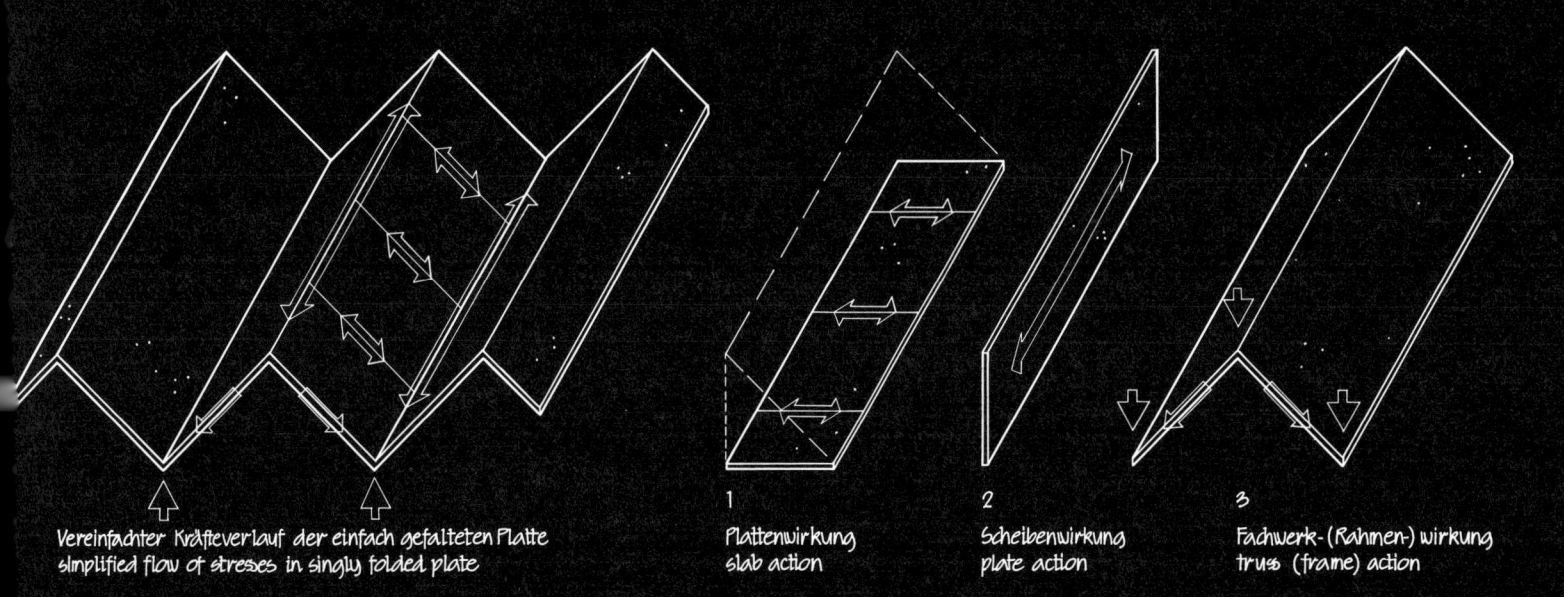

Vereinfachter Kräfteverlauf der einfach gefalteten Platte
simplified flow of stresses in singly folded plate

1 Plattenwirkung
slab action

2 Scheibenwirkung
plate action

3 Fachwerk- (Rahmen-) wirkung
truss (frame) action

Vorteile des einfachen Faltwerkes gegenüber der Rippendecke   advantages of single fold structure over rib-slab structure

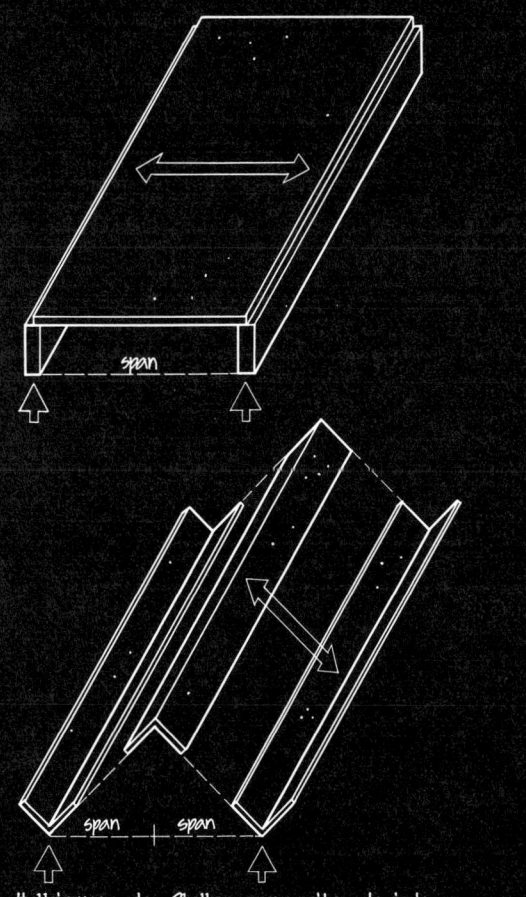

Halbierung der Plattenspannweite, da jede
Falte sich wie ein Auflager verhält
reduction of slab span to about half because
each fold acts as rigid support

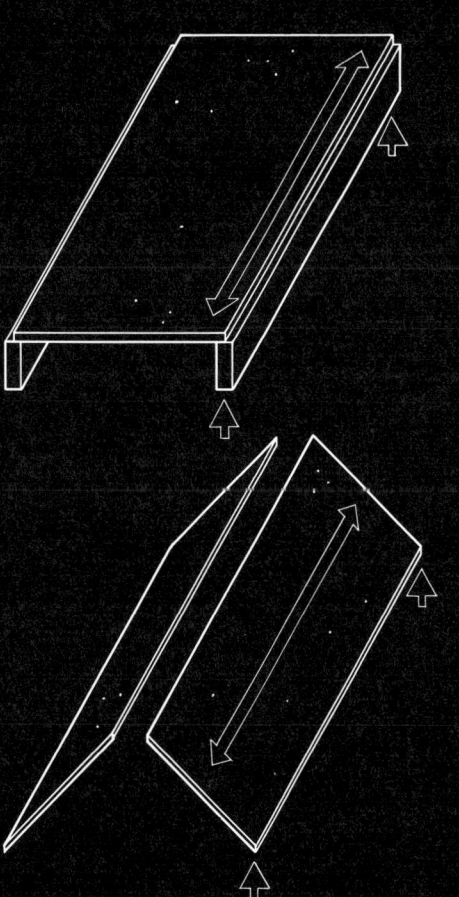

Ausschaltung von Rippen, da jede Fläche auch
als Scheibe (Träger) in Längsrichtung wirkt
elimination of ribs because each plane acts
also as beam in longitudinal direction

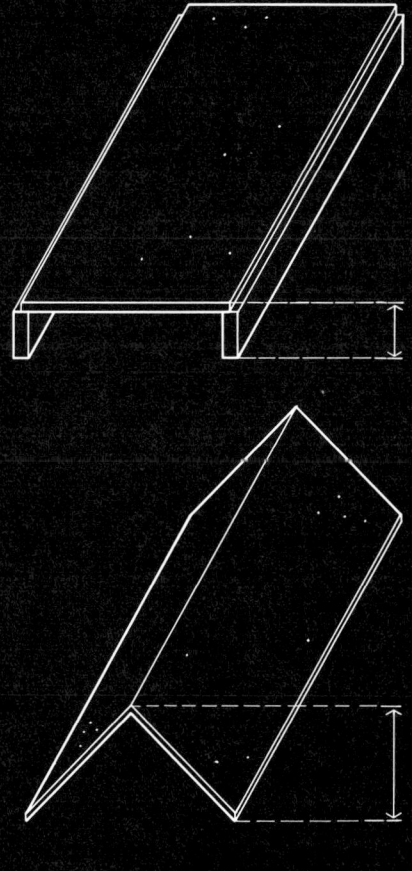

Vergrößerung des Tragvermögens durch
Vergrößerung der Konstruktionshöhe
increase of spanning capacity through
increase of construction height

Prismatische Faltwerksysteme / prismatic folded structure systems 152

Einfluß der Faltung auf Spannungsbild und Tragvermögen   influence of folding on stress distribution and span capacity

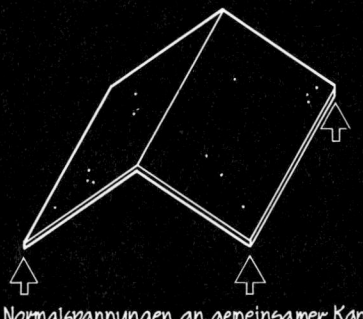

System mit 1 Falte
system with 1 fold

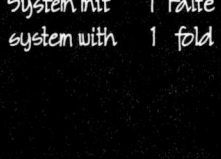

Normalspannungen an gemeinsamer Kante sind gleichgerichtet
Spannungsverteilung bleibt daher unverändert
edge stresses at fold have same tendency. stress distribution
thus remains unchanged

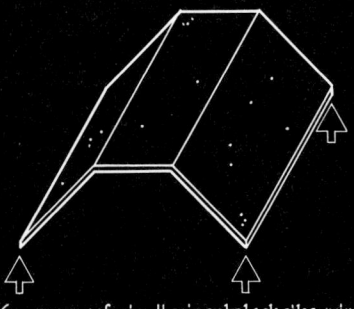

System mit 2 Falten
system with 2 folds

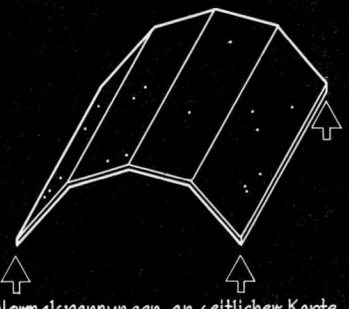

Spannungsfreie Horizontalscheibe wird mittels Scherkräfte
belastet. Dadurch werden die Randspannungen verringert
unstressed horizontal plate will be loaded by means of shear.
edge stresses therefore will be reduced

System mit 3 Falten
system with 3 folds

Normalspannungen an seitlicher Kante sind entgegengesetzt
und heben einander mittels Scherkraft weitgehend auf
edge stresses at side fold have opposite tendency. through
shear they largely compensate each other

System mit vielen Falten
system with many folds

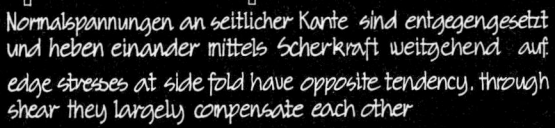

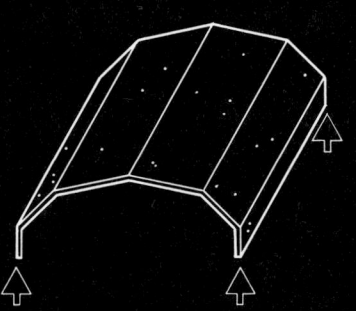

Normalspannungen werden weiterhin verteilt. Form und
Wirkungsweise nähern sich denen einer Zylinderschale
stresses are further distributed. form and behaviour
approach those of a cylindrical shell

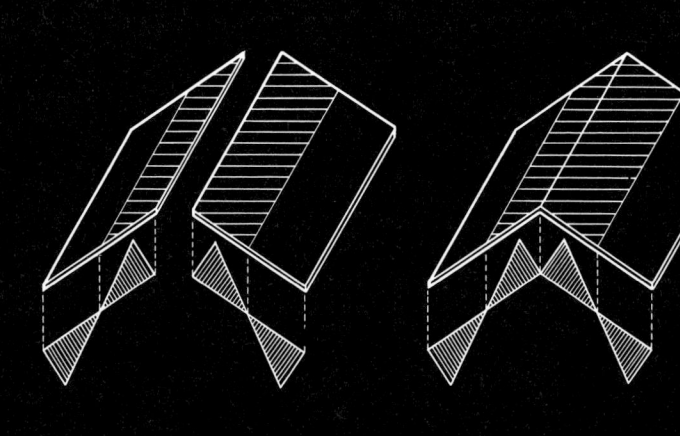

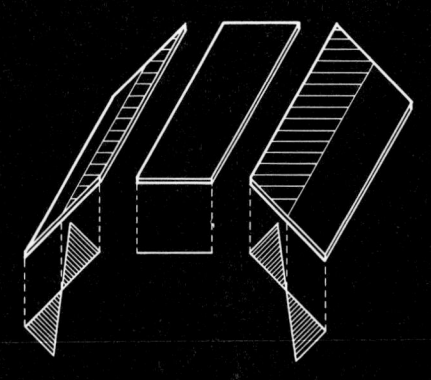

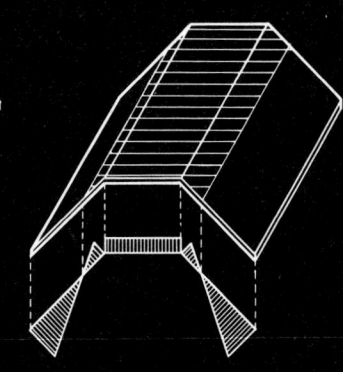

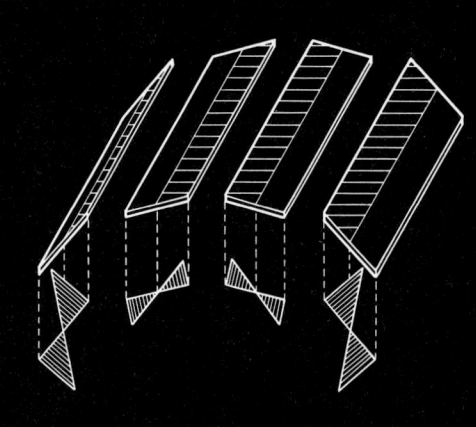

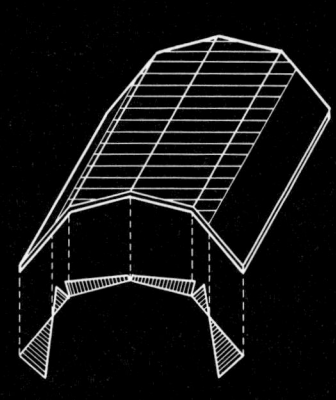

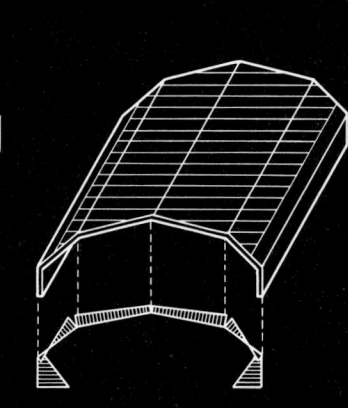

Prismatische Faltwerksysteme / prismatic folded structure systems

Aussteifung gegen kritische Verformung des Faltenprofiles
Standardformen für Querversteifer

stiffening against critical deformations of fold profile
typical forms of stiffeners

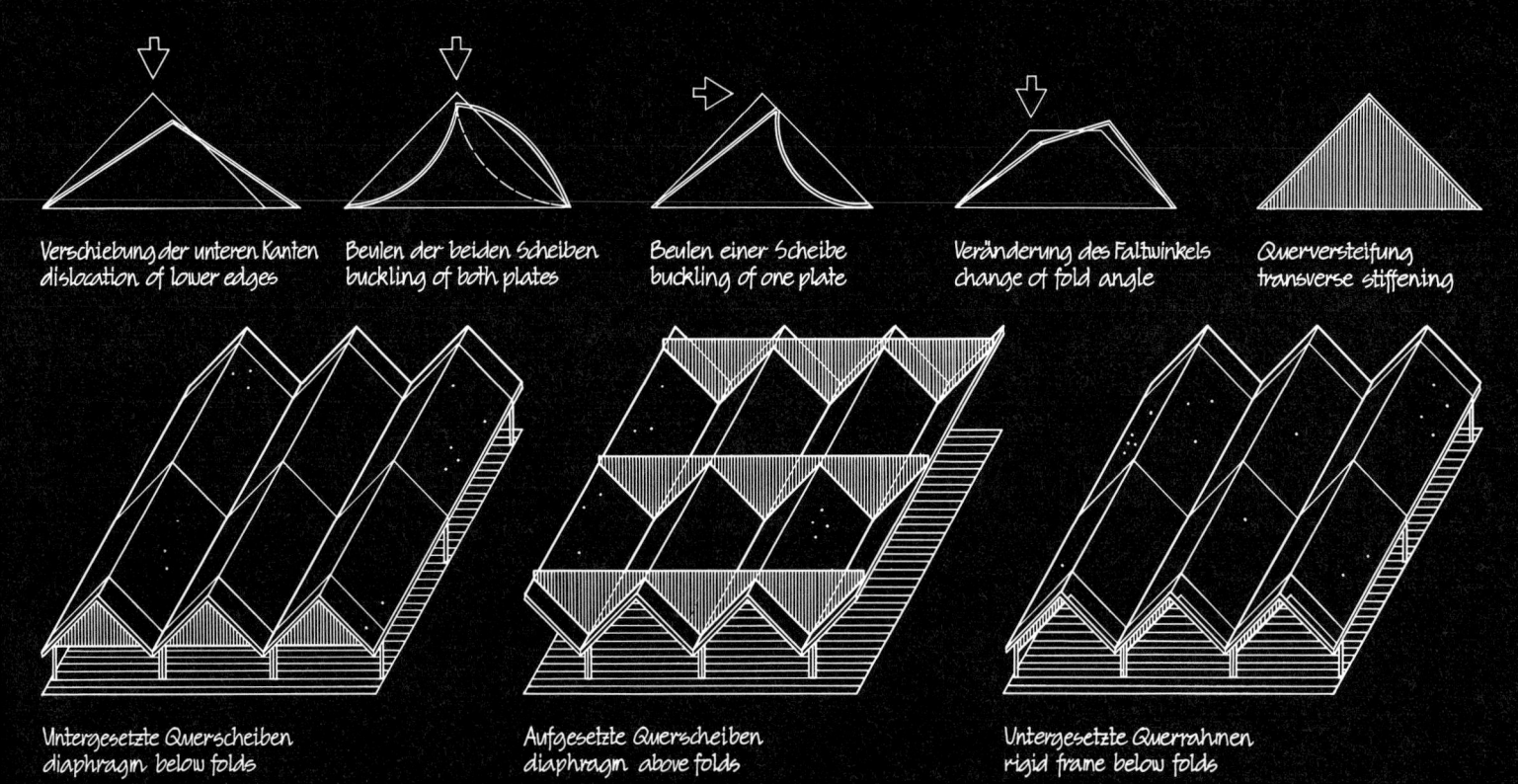

Verschiebung der unteren Kanten
dislocation of lower edges

Beulen der beiden Scheiben
buckling of both plates

Beulen einer Scheibe
buckling of one plate

Veränderung des Faltwinkels
change of fold angle

Querversteifung
transverse stiffening

Untergesetzte Querscheiben
diaphragm below folds

Aufgesetzte Querscheiben
diaphragm above folds

Untergesetzte Querrahmen
rigid frame below folds

Aussteifung gegen kritische Verformung des Außenrandes
Standardformen für Randversteifer

stiffening against critical deformations of free edge
typical forms of edge beam

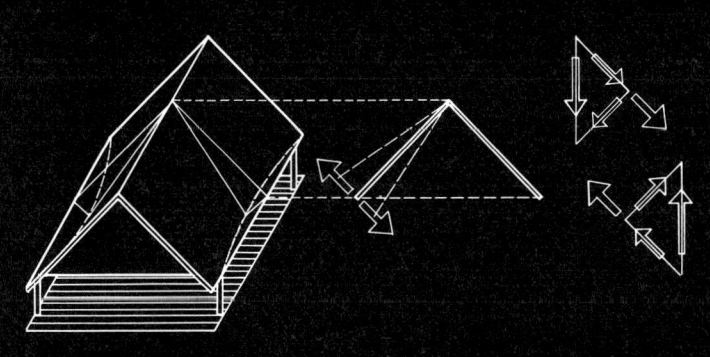

Verformung aufgrund von Kraftkomponenten senkrecht zur Ebene
deformation due to component stresses normal to plane

Randversteifung für steile Faltung
edge beam for steep folding

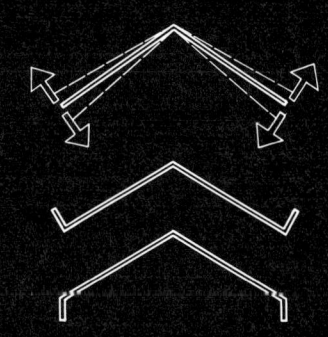

für flache Faltung
for shallow folding

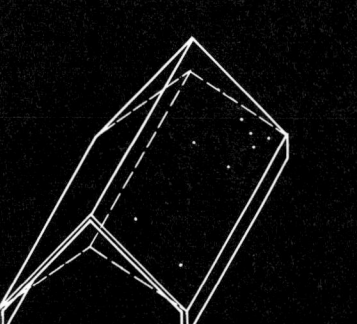

Senkrechter Versteifer: für flache Faltung
vertical beam: for shallow folding

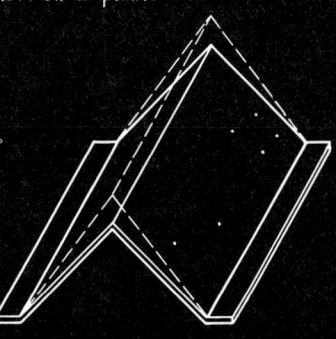

Horizontaler Versteifer: für steile Faltung
horizontal beam: for steep folding

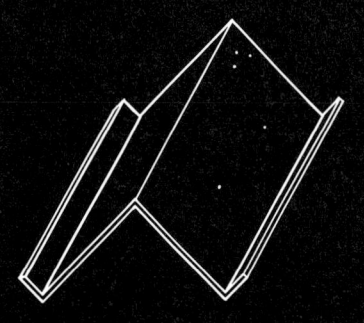

Senkrecht zur Ebene: am wirksamsten
beam normal to plane: most efficient

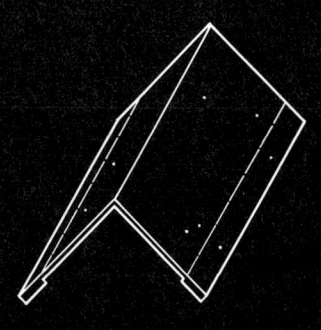

Randversteifer in Scheibenebene
edge beam integrated in plate

Prismatische Faltwerksysteme / prismatic folded structure systems 154

Flächen mit gegenläufiger Faltung
Gleiche Tiefe der Faltenprofile und gleiche Höhe über Boden

surfaces with counter-running folding
same depth of fold profiles and same elevation above ground

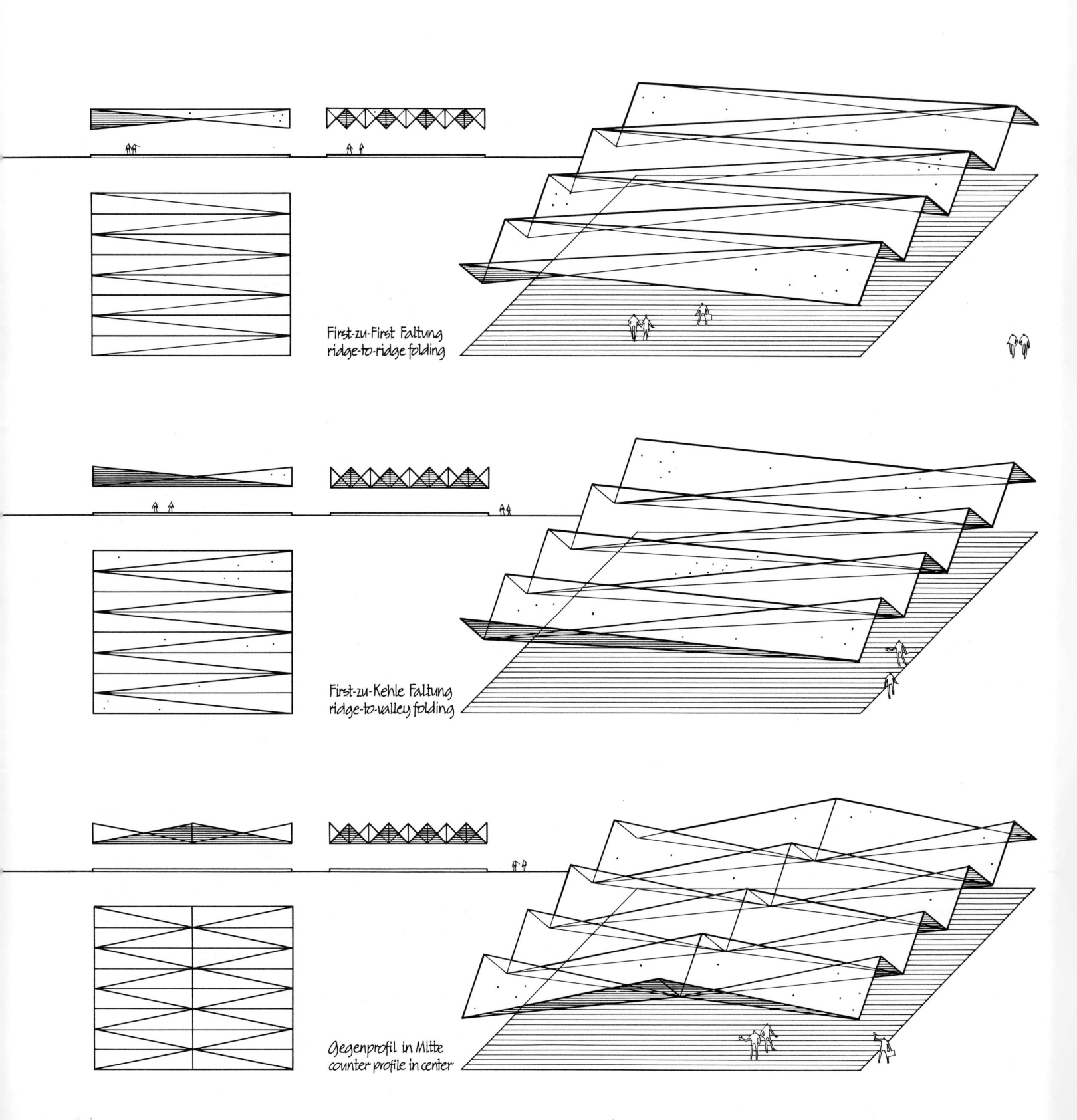

First-zu-First Faltung
ridge-to-ridge folding

First-zu-Kehle Faltung
ridge-to-valley folding

Gegenprofil in Mitte
counter profile in center

Prismatische Faltwerksysteme / prismatic folded structure systems

Flächen mit gegenläufiger Faltung
Mittelprofil erhöht über Randprofil. Gleiche Tiefe der Profile

surfaces with counter-running folding
center fold elevated over edge fold. identical depth of profiles

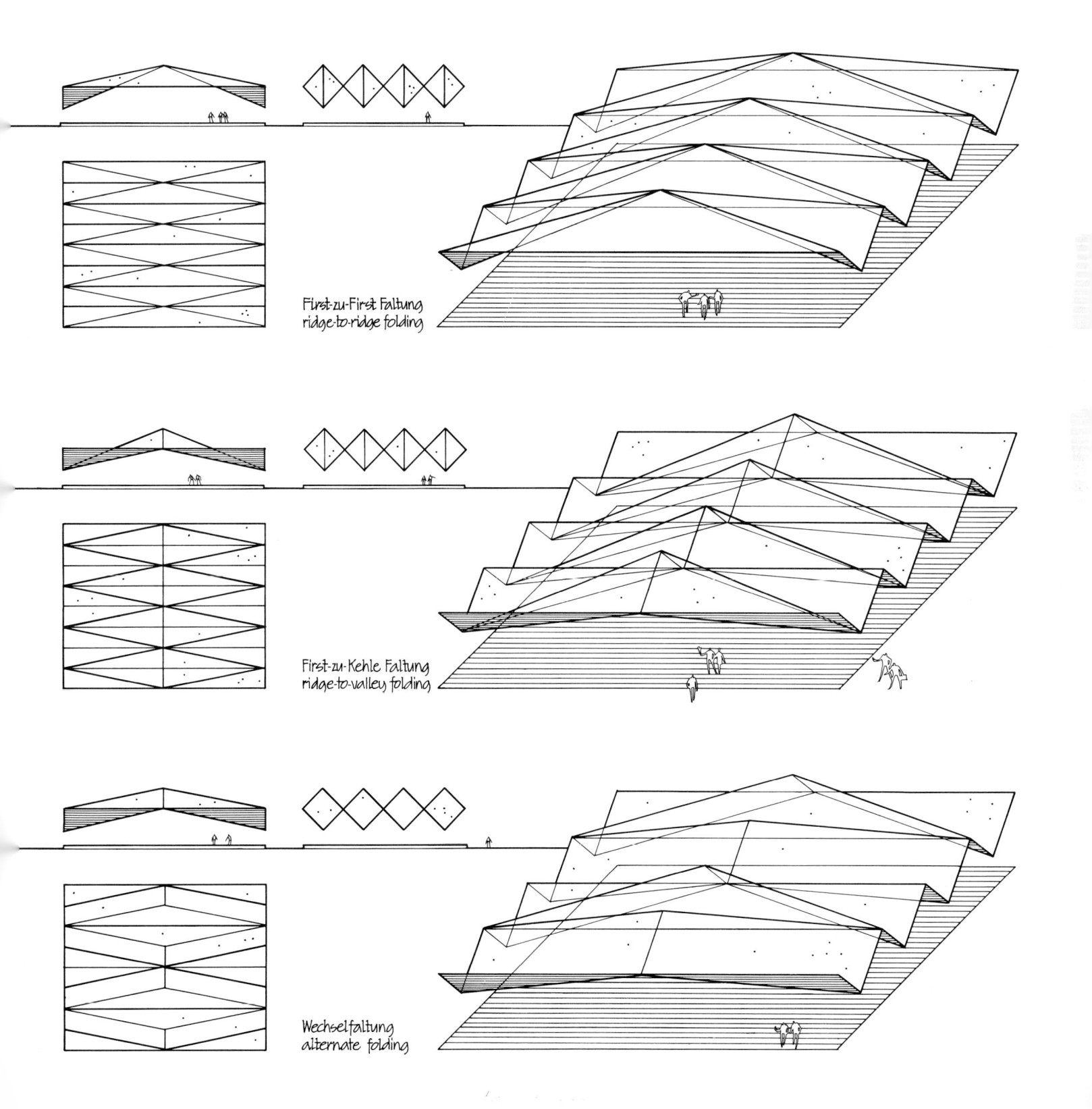

First-zu-First Faltung
ridge-to-ridge folding

First-zu-Kehle Faltung
ridge-to-valley folding

Wechselfaltung
alternate folding

Prismatische Faltwerksysteme / prismatic folded structure systems

Flächen mit konischer Faltung
Durchlaufendes Faltenprofil mit abgeflachter oberer Kante

surfaces with conical folding
continuous fold profile with upper edge cut by sloping plane

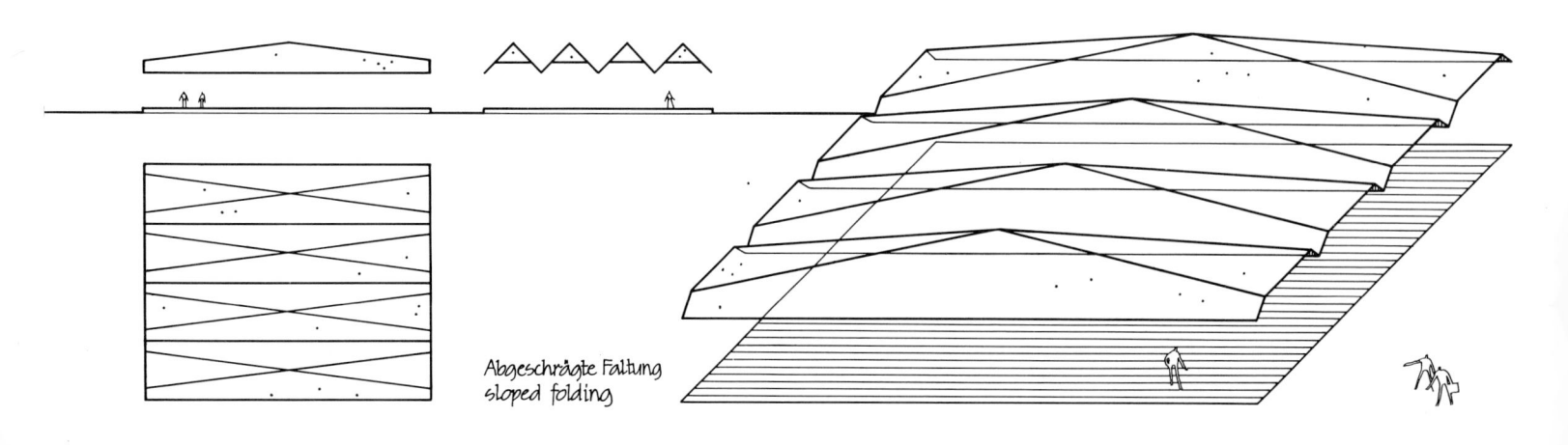

Abgeschrägte Faltung
sloped folding

Flächen mit gegenläufiger Faltung
Erhöhtes Mittelprofil mit größerer Profiltiefe als die des Randprofiles

surfaces with counter-running folding
elevated center profile with profile depth larger than that of edge profile

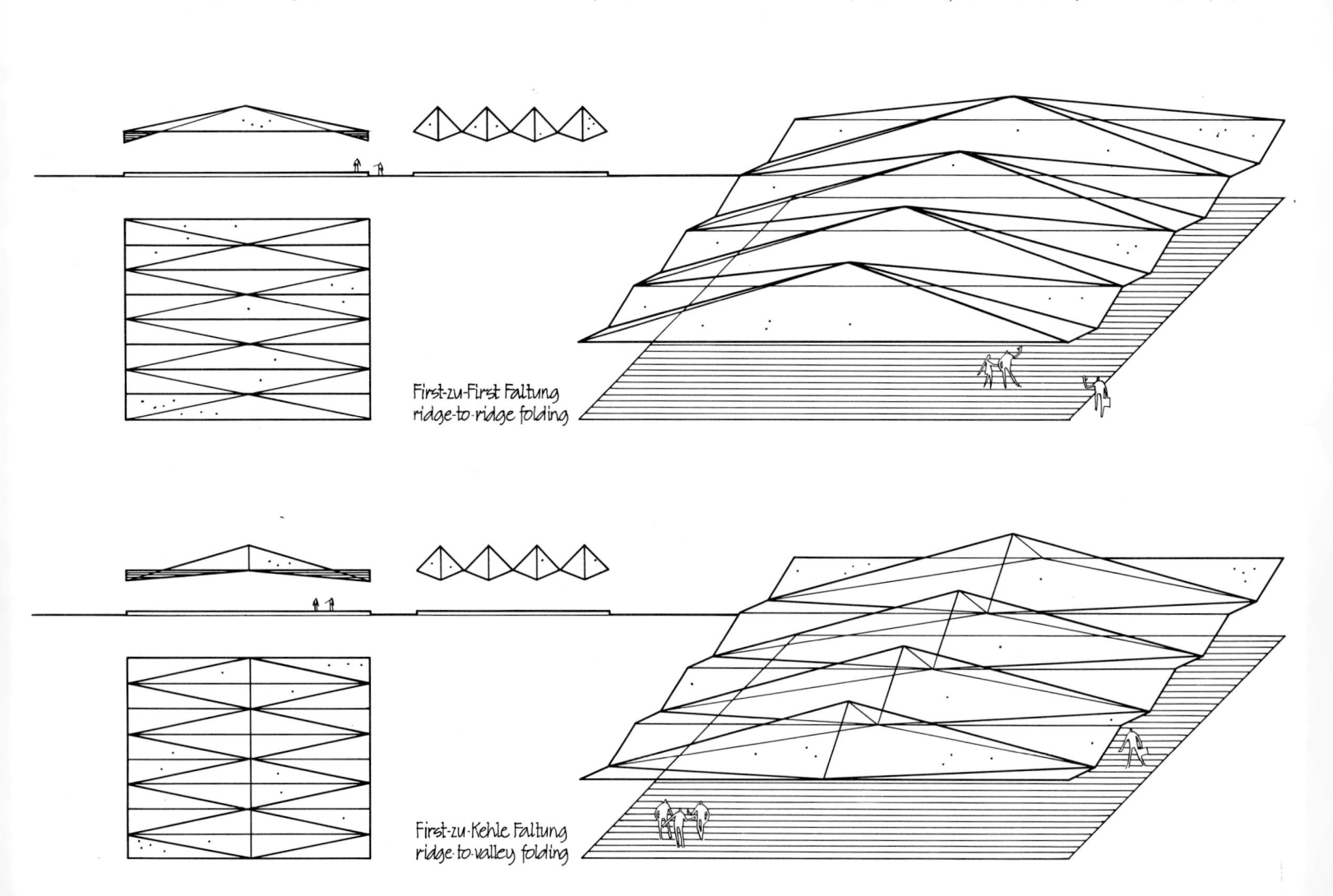

First-zu-First Faltung
ridge-to-ridge folding

First-zu-Kehle Faltung
ridge-to-valley folding

Prismatische Faltwerksysteme / prismatic folded structure systems

Lineare Tragsysteme aus gefalteten Flächen   linear structure systems composed of folded surfaces

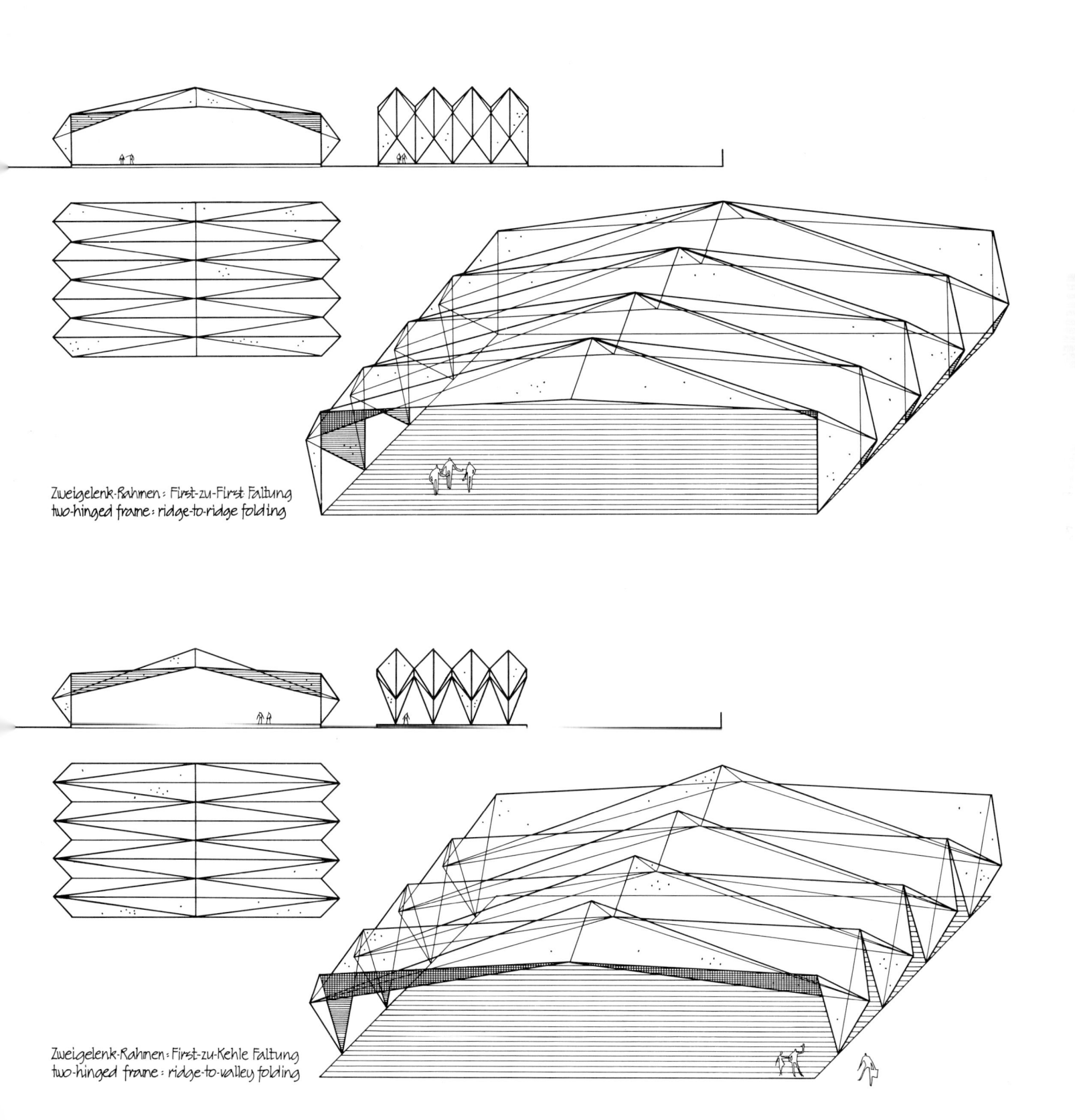

Zweigelenk-Rahmen: First-zu-First Faltung
two-hinged frame: ridge-to-ridge folding

Zweigelenk-Rahmen: First-zu-Kehle Faltung
two-hinged frame: ridge-to-valley folding

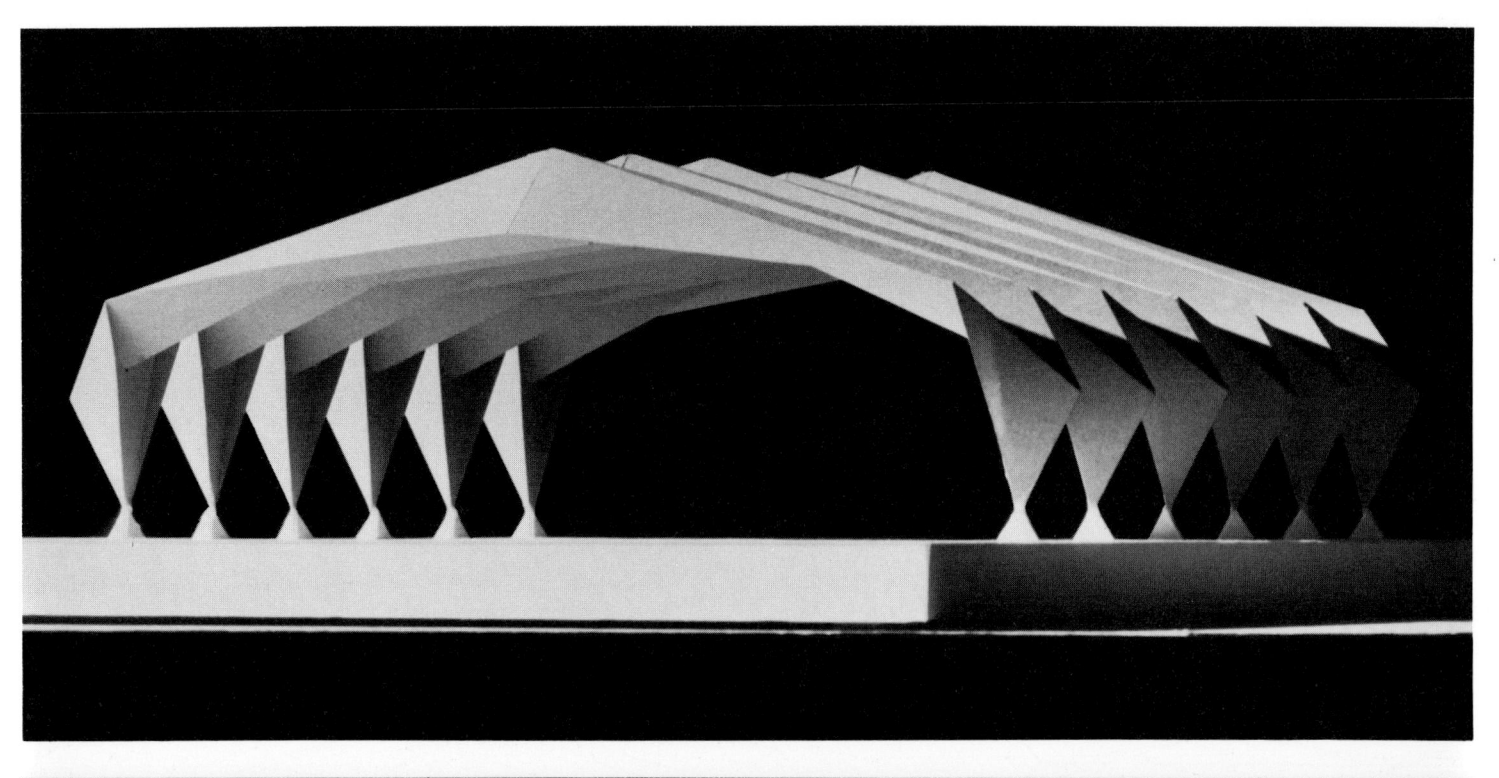

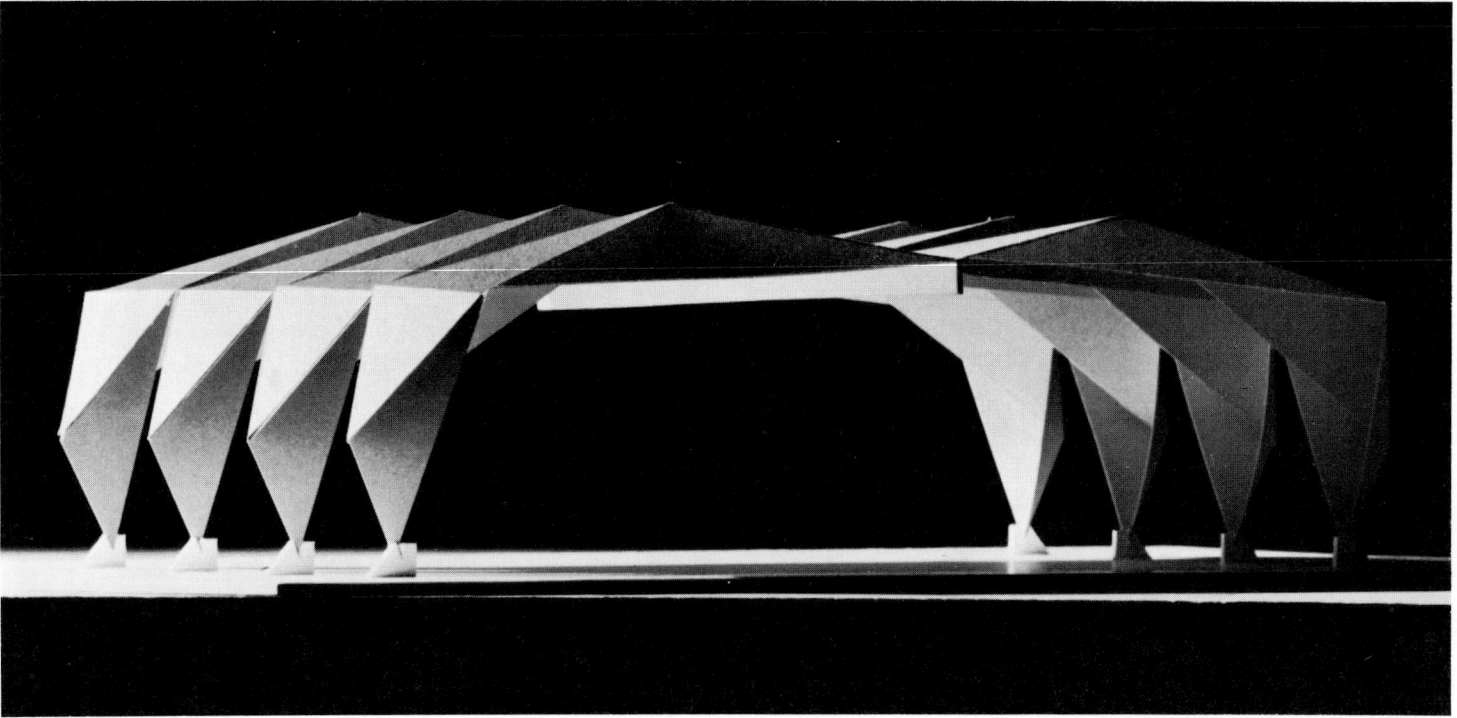

Prismatische Faltsysteme für Zweigelenk- und Dreigelenk-Rahmen

prismatic folding systems for two-hinged and three-hinged frames

Prismatische Faltwerksysteme / prismatic folded structure systems

Lineare Tragsysteme aus gefalteten Flächen — linear structure systems composed of folded surfaces

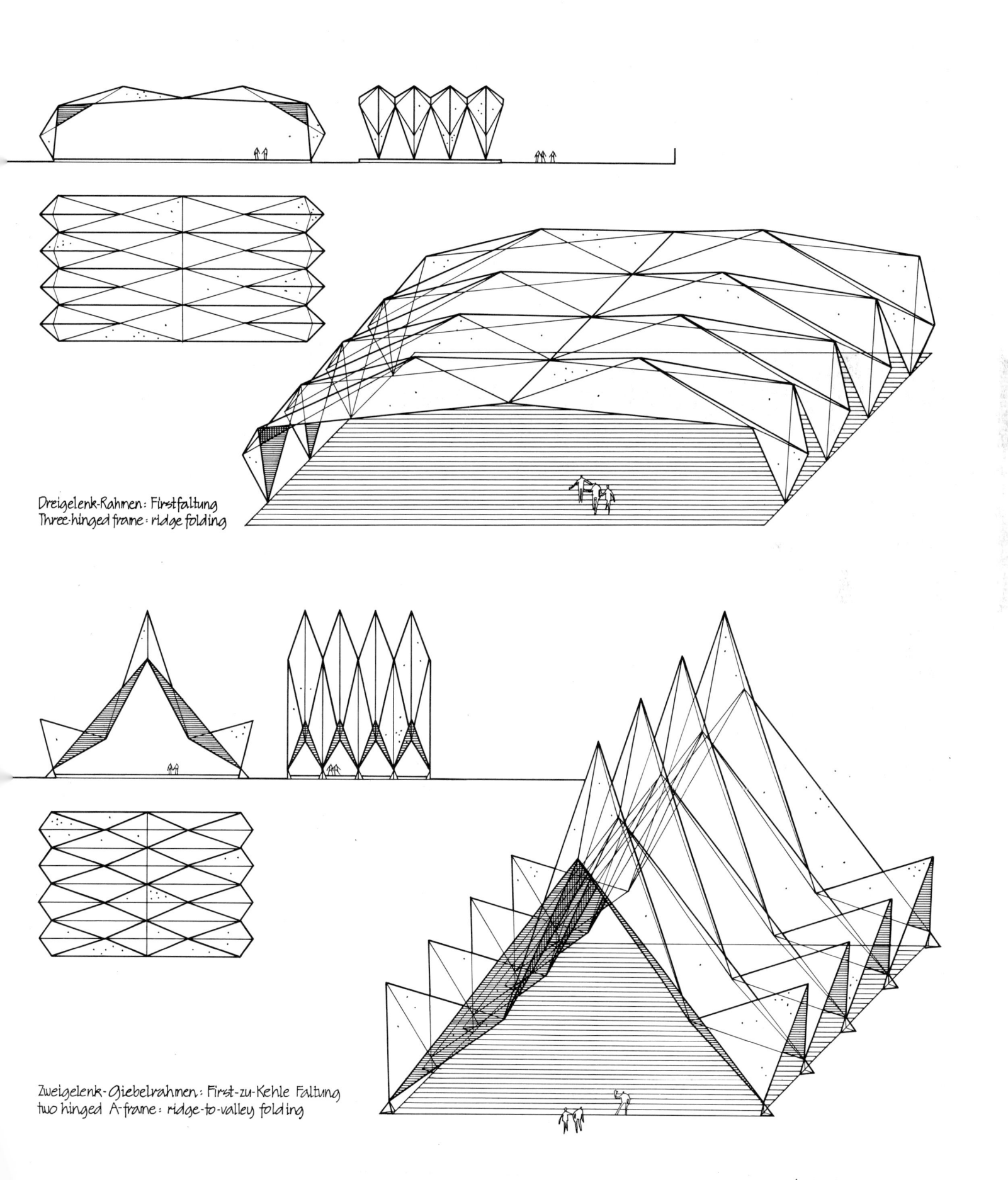

Dreigelenk-Rahmen: Firstfaltung
Three-hinged frame: ridge folding

Zweigelenk-Giebelrahmen: First-zu-Kehle Faltung
two hinged A-frame: ridge-to-valley folding

Oben:
Mehrgeschoß-System aus prismatisch gefalteten Zweigelenk-Rahmen

Rechts:
Prismatisches Faltsystem für Zweigelenk-Giebelrahmen

above:
multistory system composed of prismatic folded two-hinged frames

right:
prismatic folding system for two-hinged A-frame

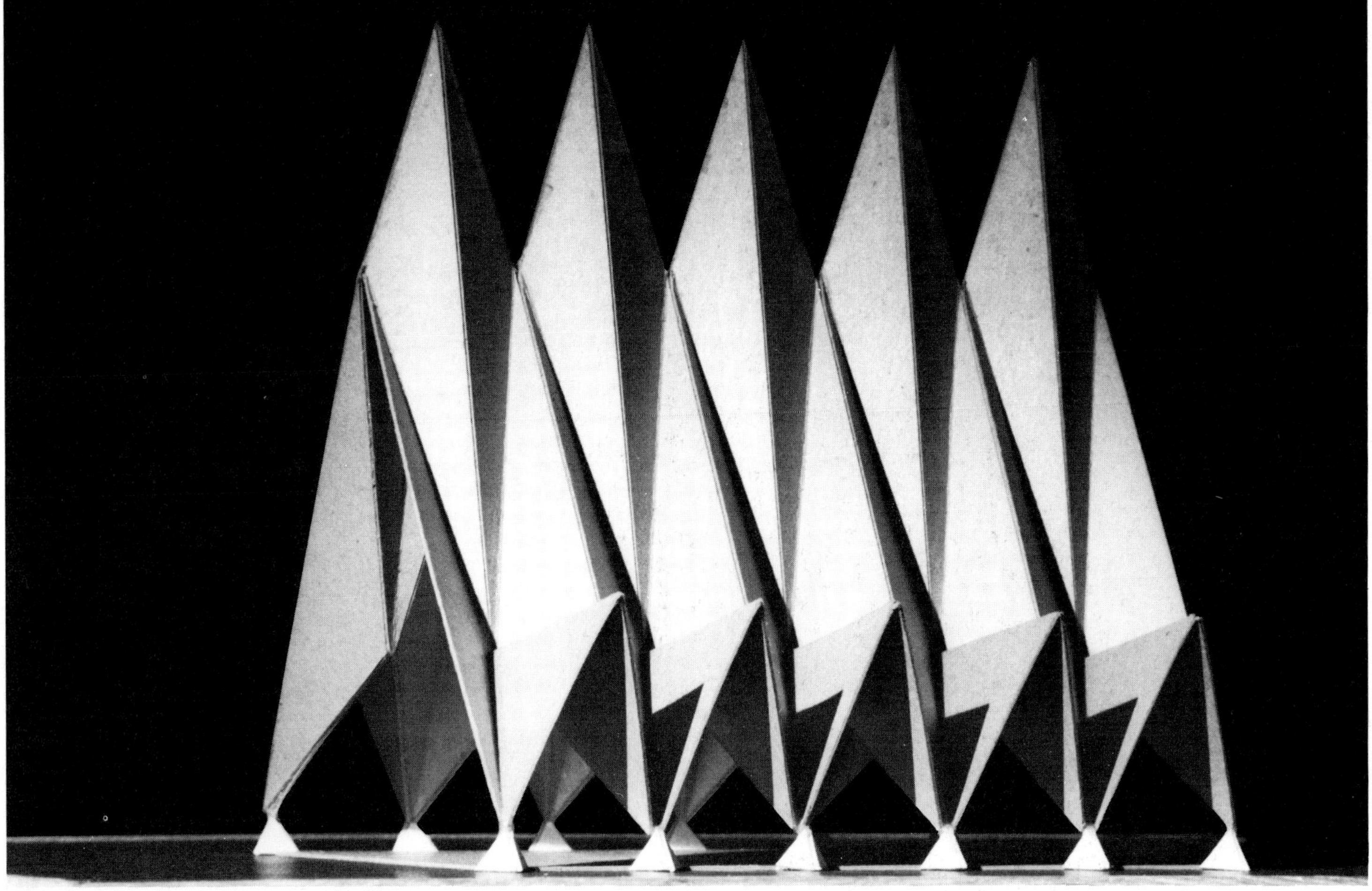

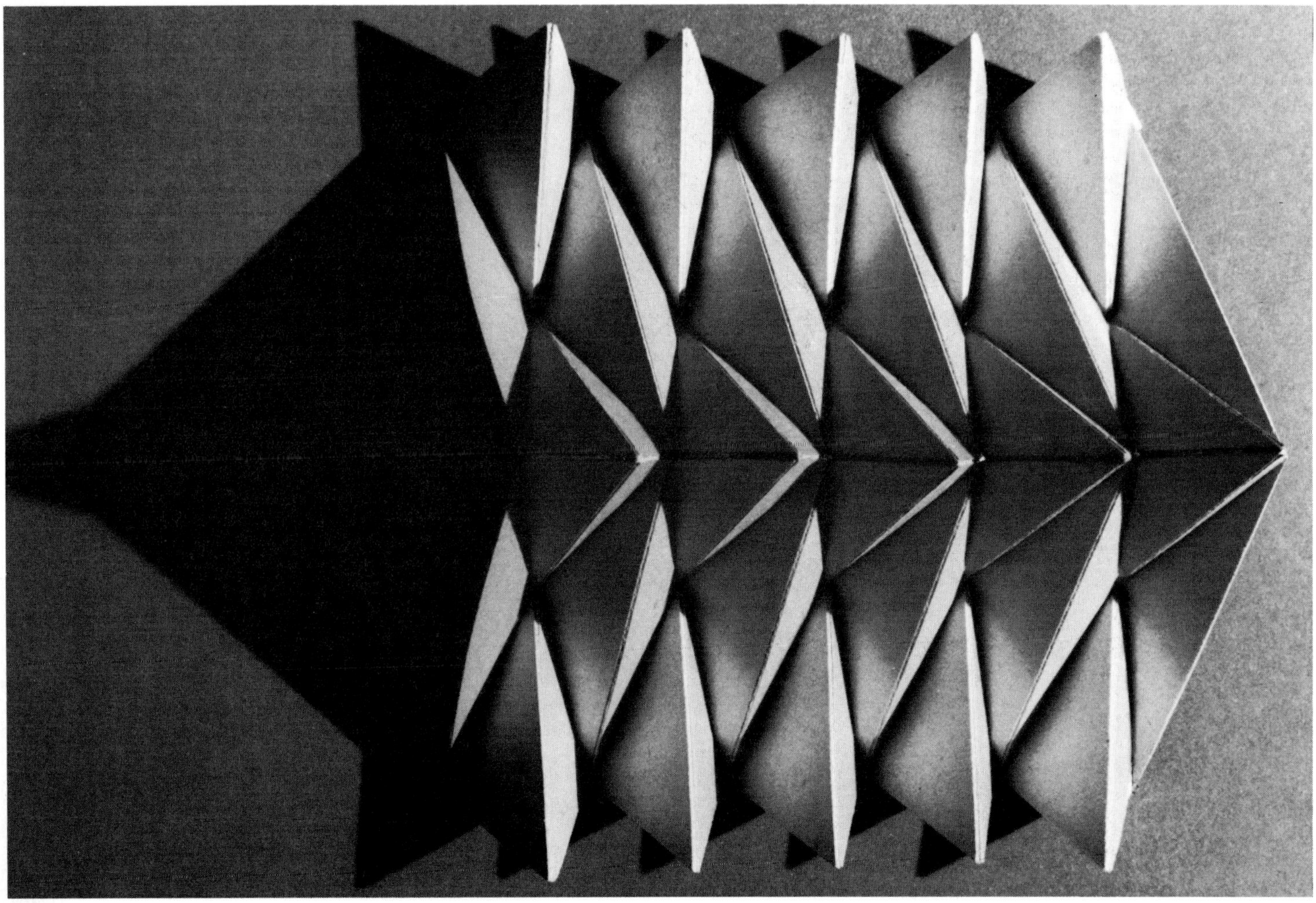

Oben:
Prismatisches Faltsystem für Dreigelenk-Bogen

Links und rechts:
Prismatisches Faltsystem für Steilbogen mit Scheitelgelenk

above:
prismatic folding system for three-hinged arch

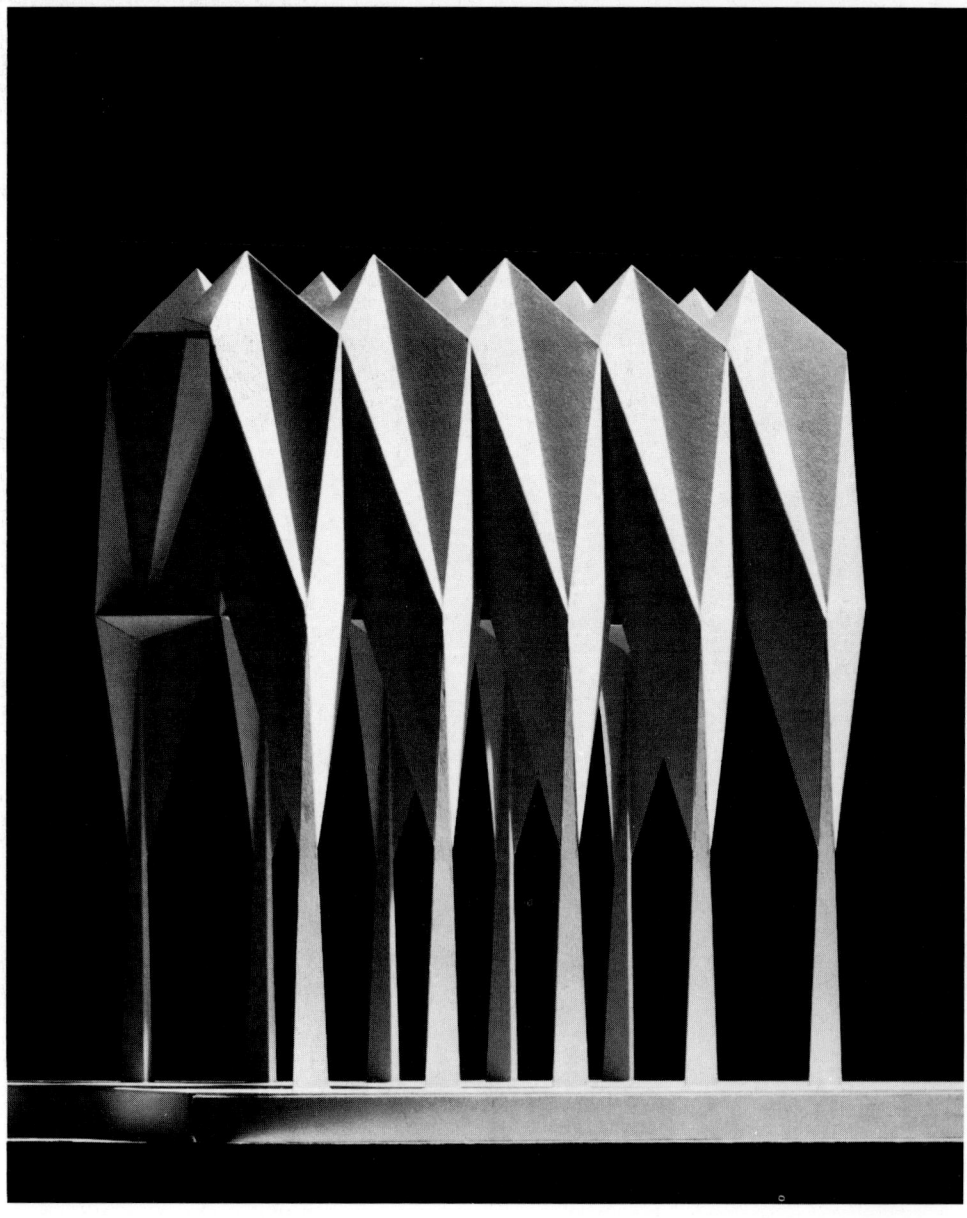

left and right:
prismatic folding system for steep arch with top hinge

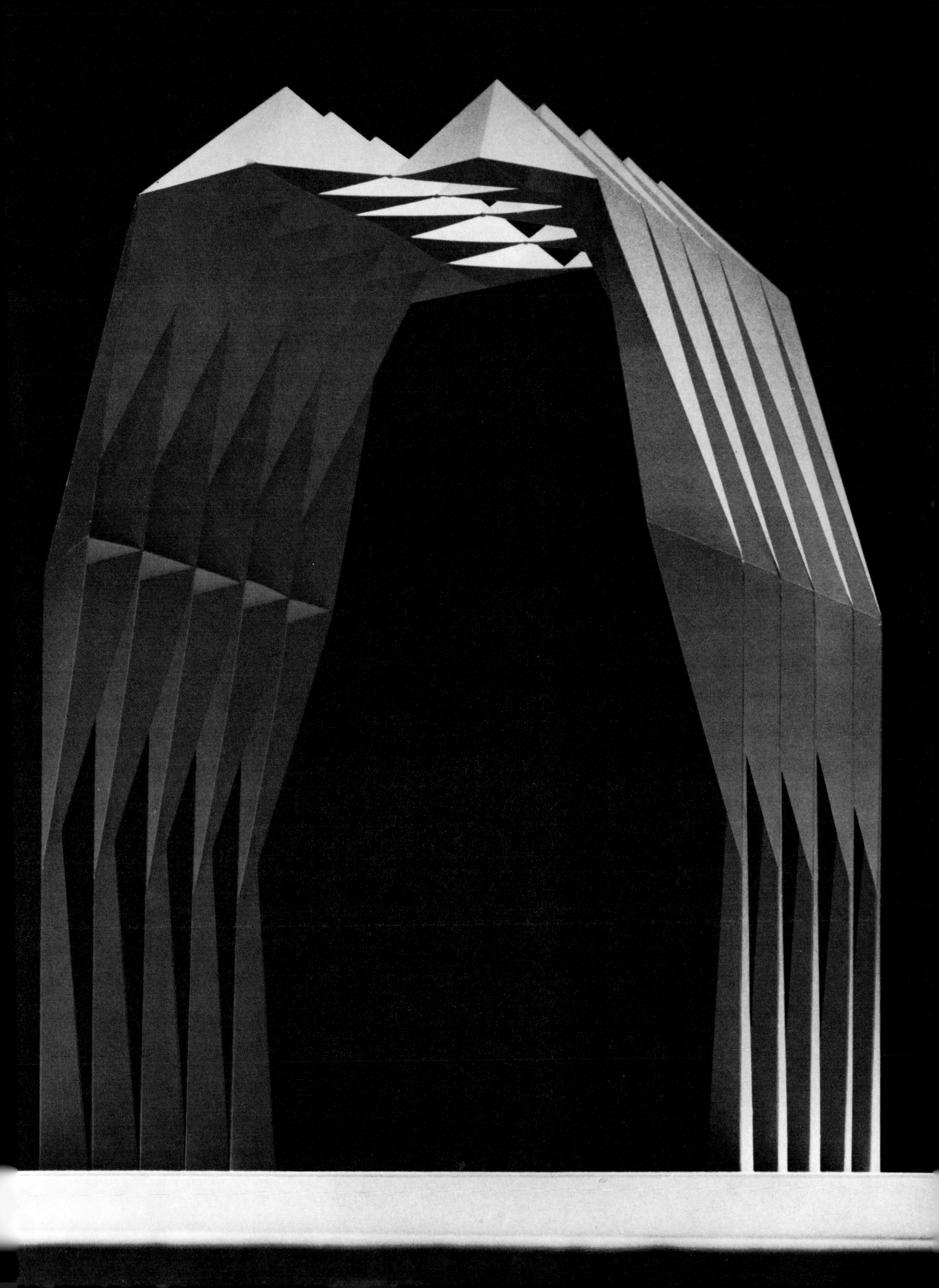

Prismatische Faltwerksysteme / prismatic folded structure systems

Lineare Tragsysteme aus gefalteten Flächen
linear structure systems composed of folded surfaces

Bogen mit Gelenk in Scheitel
arch with top hinge

Dreigelenk-Bogen
three-hinged arch

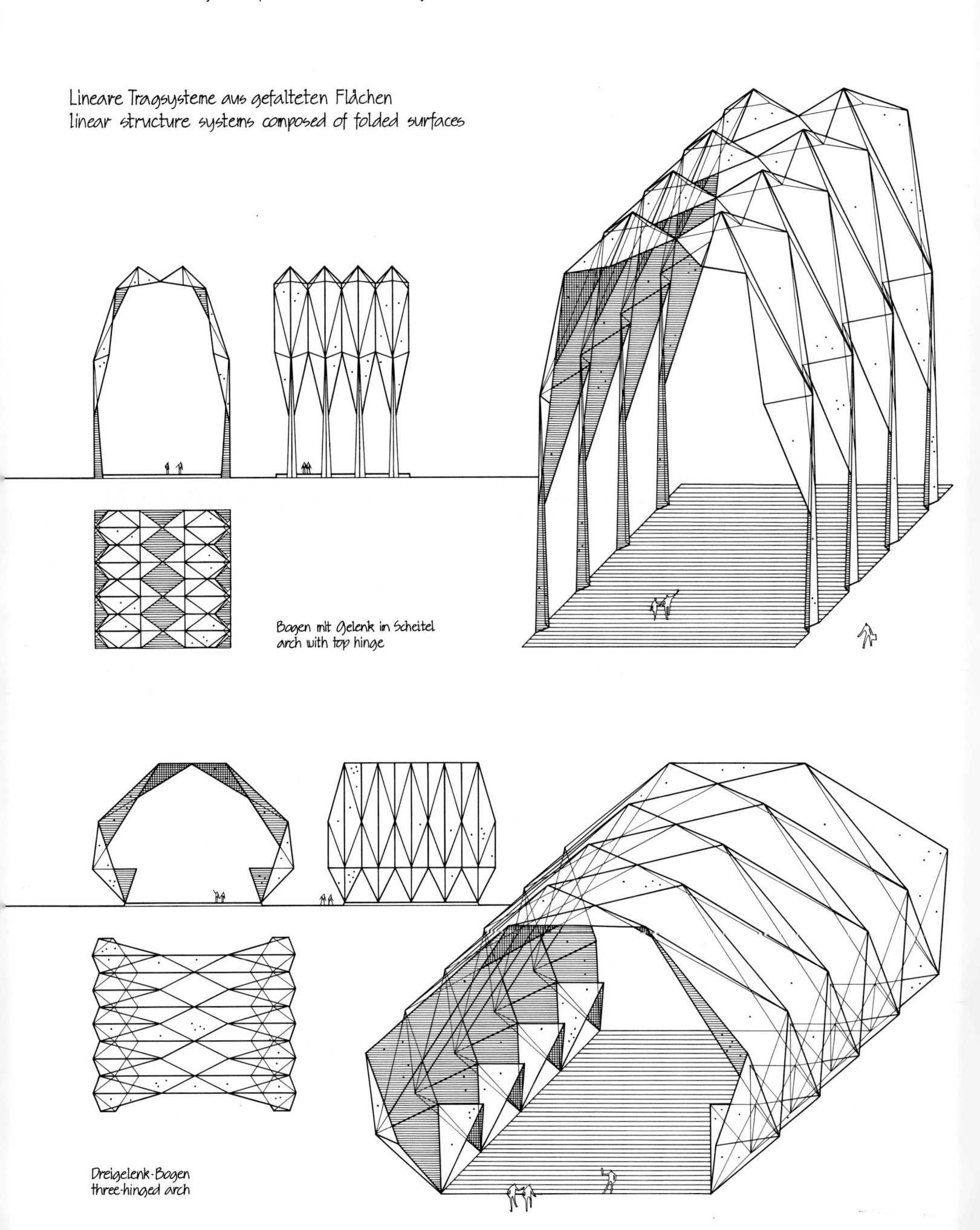

Prismatische Faltwerksysteme / prismatic folded structure systems

Tragsysteme aus sich durchdringenden Faltflächen
Einfach gefaltete Flächen über besonderer Grundriß-Geometrie

structure systems through interpenetration of folded surfaces
singly folded surfaces over special plan geometry

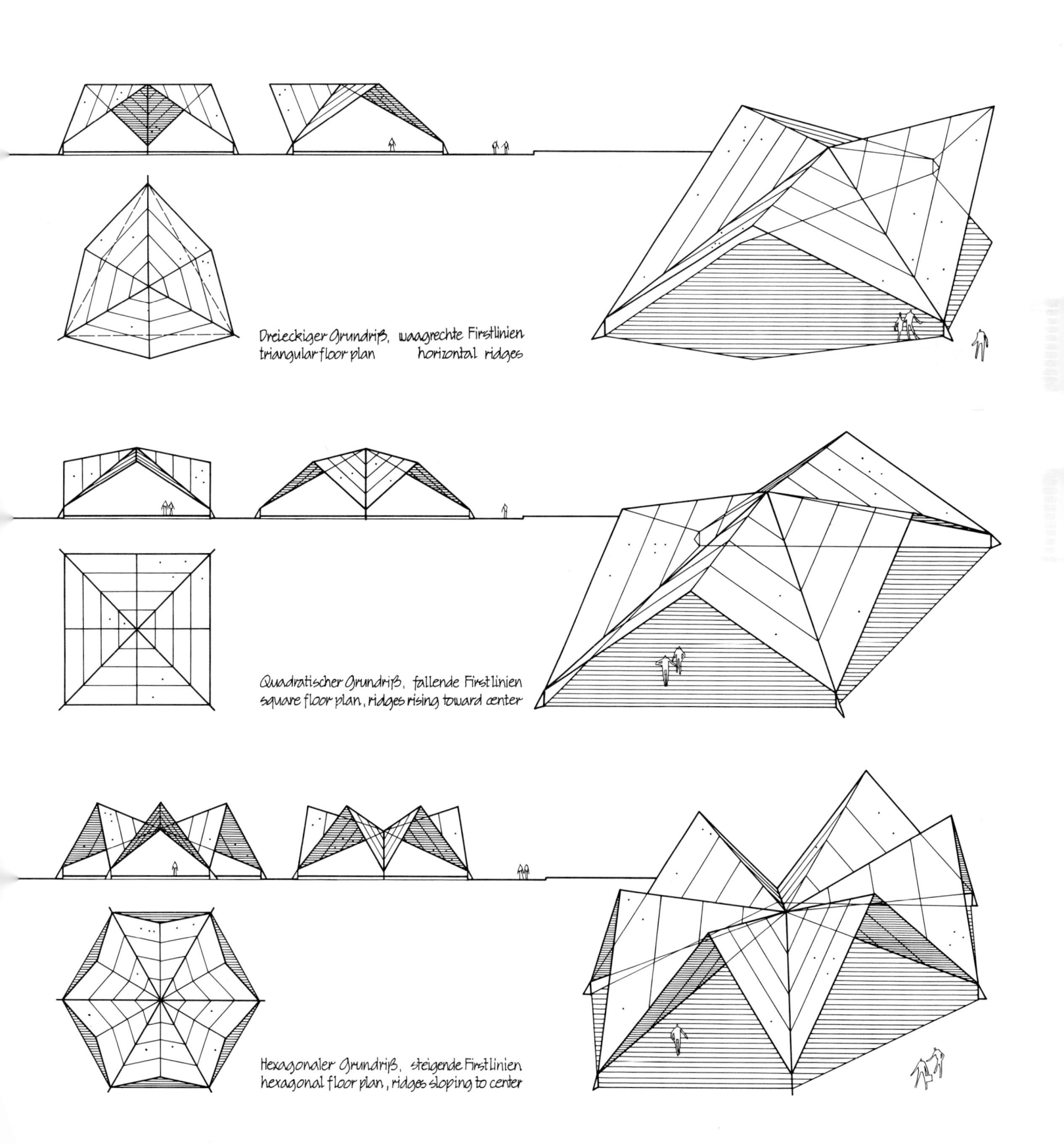

Dreieckiger Grundriß, waagrechte Firstlinien
triangular floor plan, horizontal ridges

Quadratischer Grundriß, fallende Firstlinien
square floor plan, ridges rising toward center

Hexagonaler Grundriß, steigende Firstlinien
hexagonal floor plan, ridges sloping to center

Prismatische Faltwerksysteme / prismatic folded structure systems

Tragsysteme aus sich durchdringenden Faltflächen
Kreuz-gefaltete Flächen diagonal über quadratischen Grundriß geführt

structure systems through interpenetration of folded surfaces
cross-folded surfaces spanned diagonally over square plan

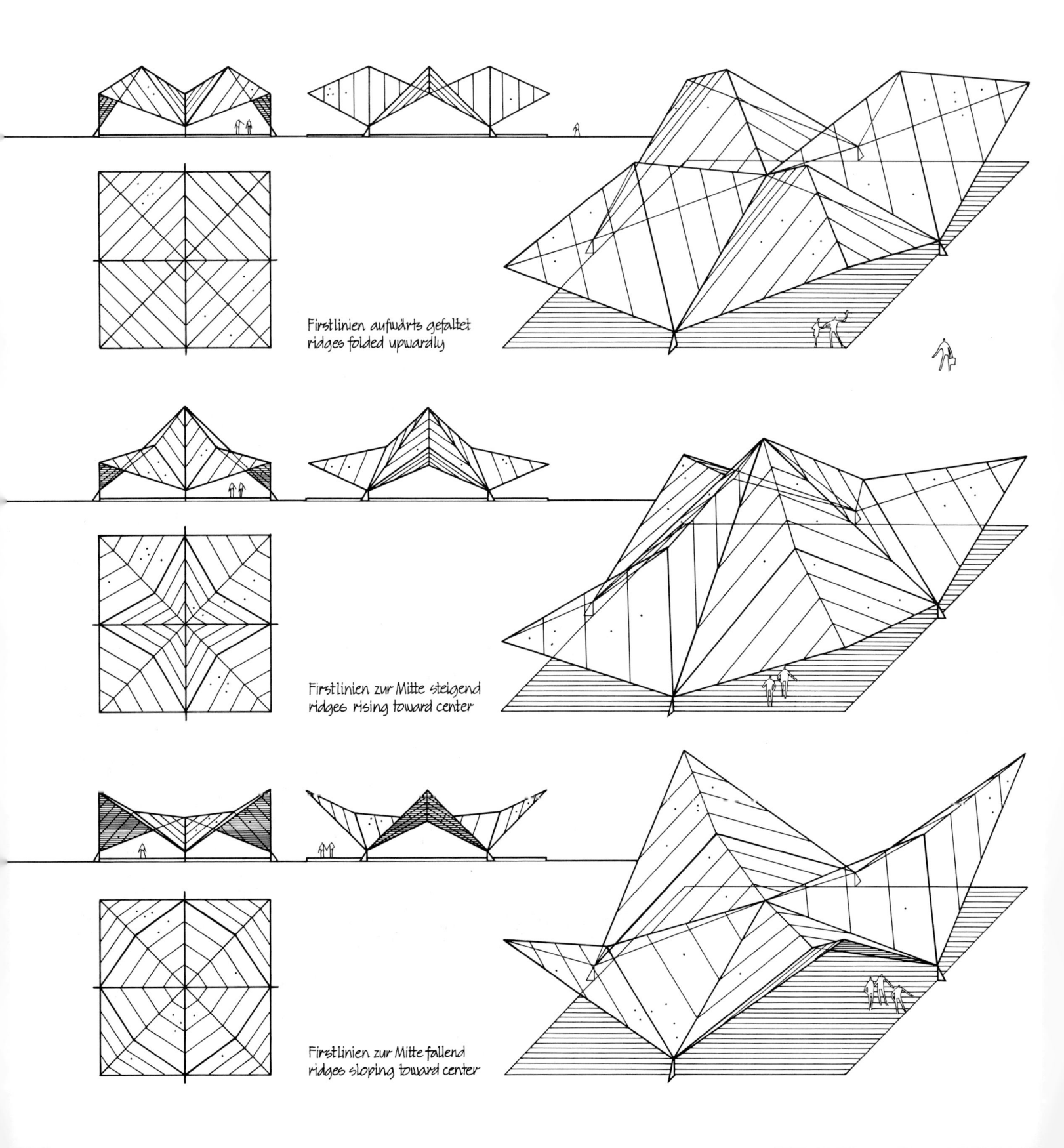

Firstlinien aufwärts gefaltet
ridges folded upwardly

Firstlinien zur Mitte steigend
ridges rising toward center

Firstlinien zur Mitte fallend
ridges sloping toward center

Prismatisches Faltsystem für radial angeordnete Gelenkbogen

prismatic folding system for hinged arches arranged radially

Prismatische Faltwerksysteme / prismatic folded structure systems

Tragsysteme aus sich durchdringenden Faltflächen / structure systems through interpenetration of folded surfaces

Komposition von kreuzweise gefalteten Flächen über quadratischen Grundrissen / composition of surfaces folded crosswise over square plan

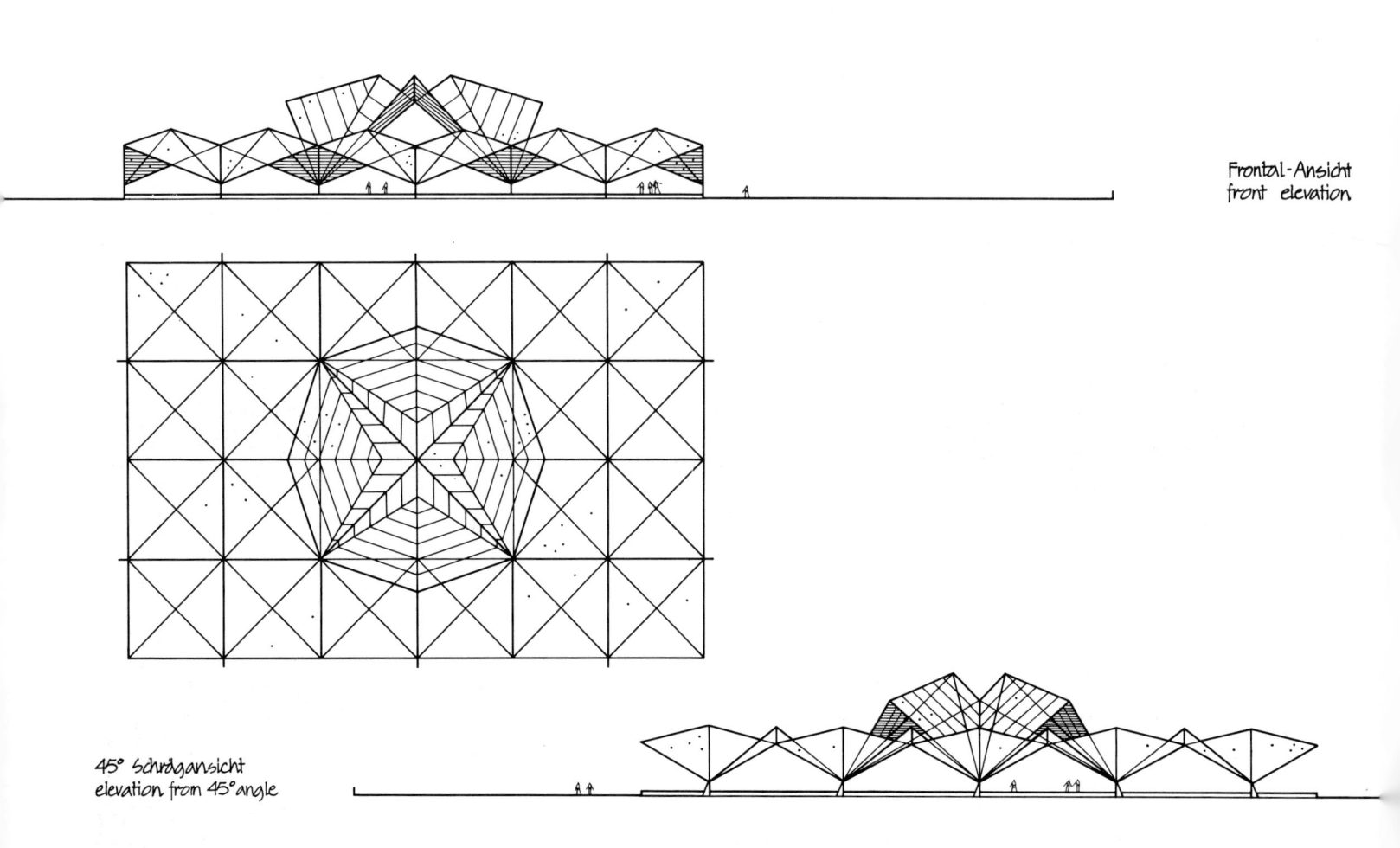

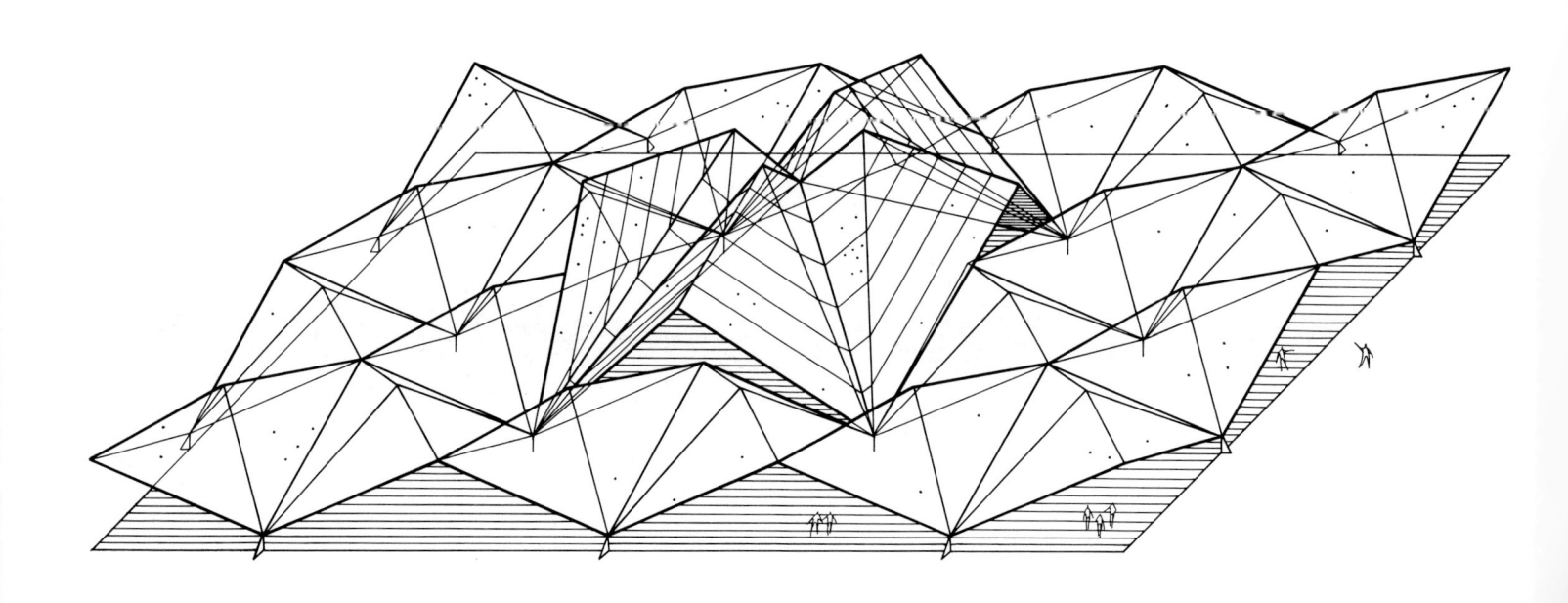

Frontal-Ansicht / front elevation

45° Schrägansicht / elevation from 45° angle

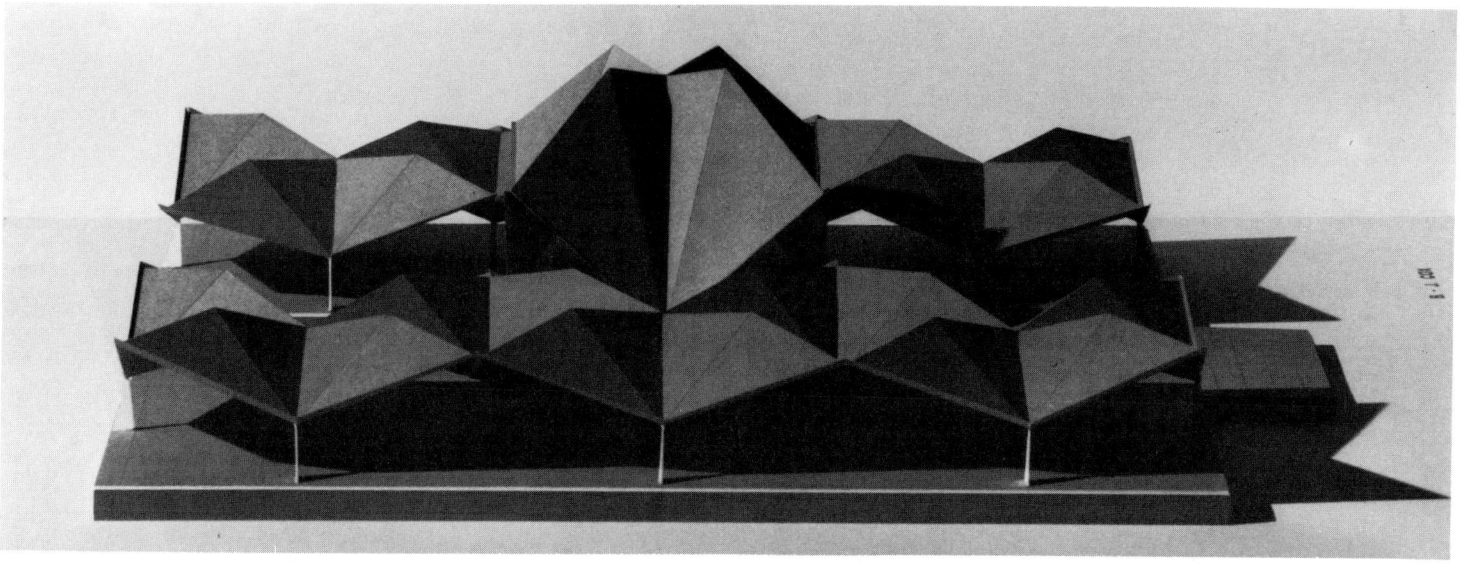

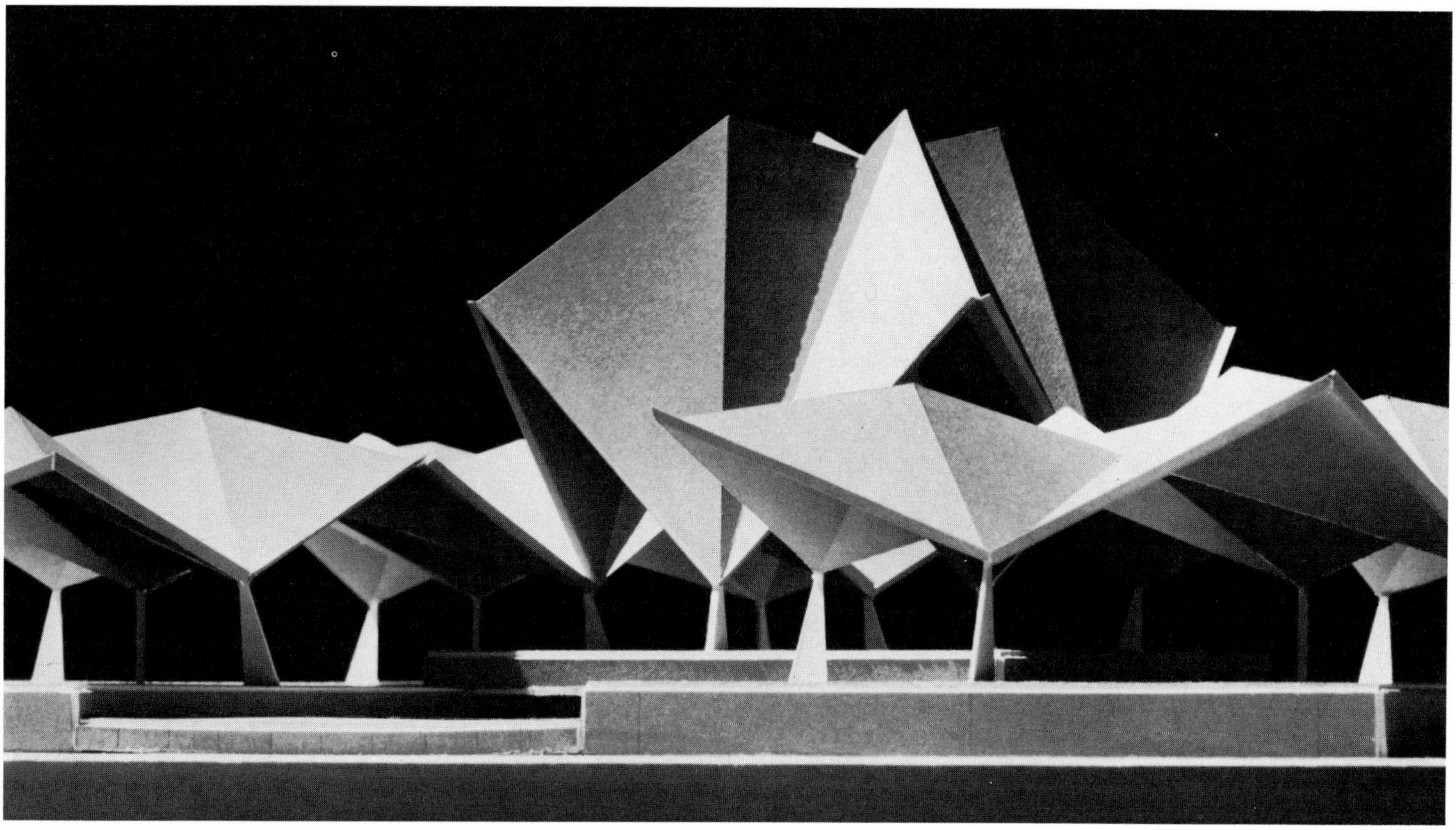

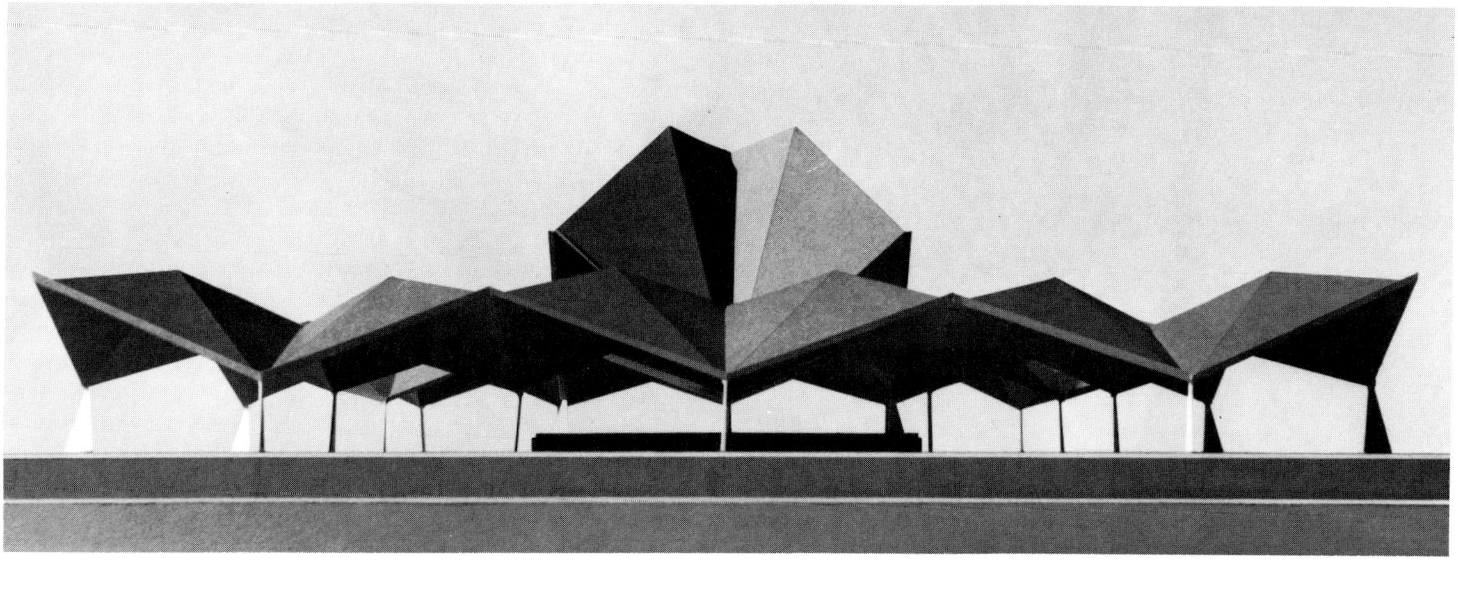

Seite 169 und 170:
Systeme aus kreuzgefalteten Flächen mit diagonaler Durchdringung

page 169 and 170:
systems composed of cross-folded surfaces intersecting diagonally

Pyramidische Faltwerksysteme / pyramidal folded structure systems

Dreifache Tragwirkung der pyramidisch gefalten Platte   threefold action of pyramidal folded plate

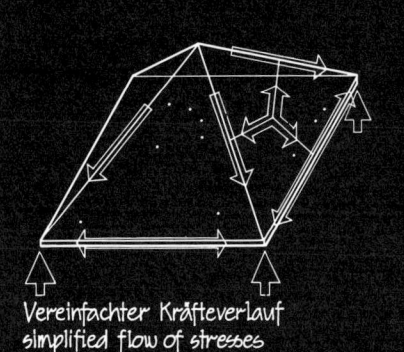

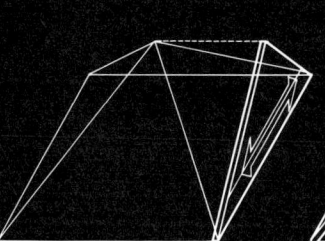

Vereinfachter Kräfteverlauf   Plattenwirkung   Scheibenwirkung   Fachwerk-(Rahmen-) wirkung
simplified flow of stresses   slab action   plate action   truss frame-action

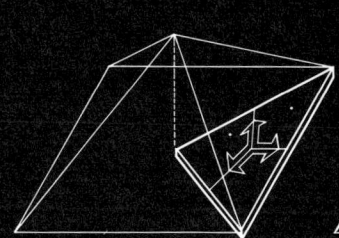

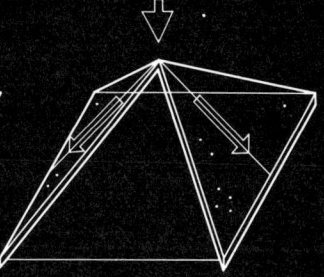

Integrale Aussteifung gegen Verformungen des Faltenprofiles   integral stiffening against deformations of fold profile

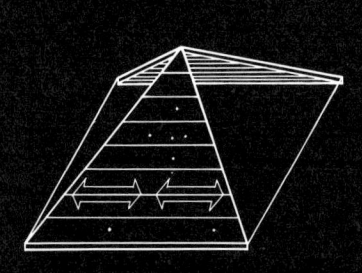

Jedes Paar gegenüberliegender Flächen wirkt   Verschiebung der unteren Kanten   Beulen der Einzelscheiben   Veränderung des Faltwinkels
als Versteifung für das andere Flächenpaar   dislocation of lower edges   buckling of plates   change of fold angle
each pair of opposite surfaces functions as
stiffener for the other pair of surfaces

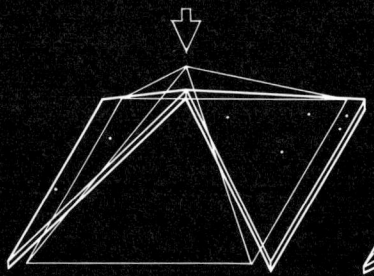

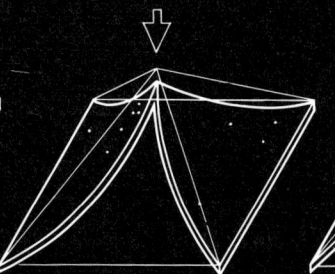

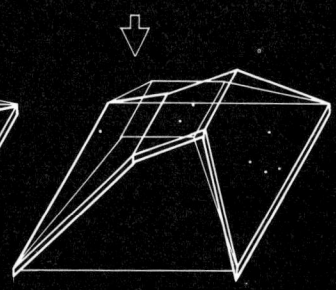

Versteifung gegen kritische Verformung des unteren Randes   stiffening against critical deformation of free edge

Bei steiler Neigung der Flächen horizontal gerichtete Hauptkomponente   Bei flacher Neigung der Flächen vertikal gerichtete Hauptkomponente
der Beulrichtung   horizontaler Randversteifer   der Beulrichtung   vertikaler Randversteifer
in planes with steep pitches major component of direction of buckling   in planes with shallow pitch major component of direction of buckling
is horizontal   horizontal stiffener is vertical   vertical stiffener

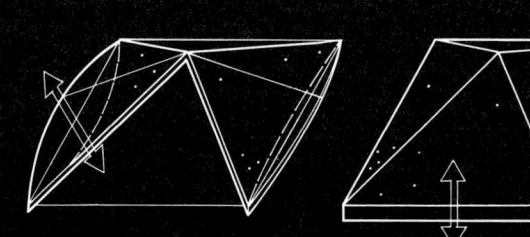

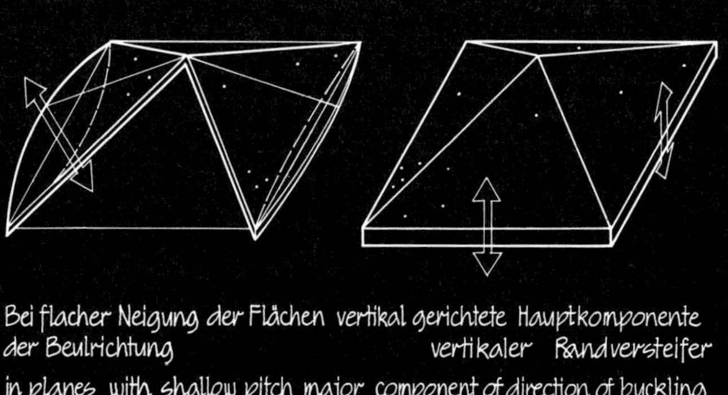

Pyramidisch gefaltete Flächen über besonderer Grundrißgeometrie / pyramidal folded surfaces over special plan geometry

dreieckiger Grundriß   triangular plan

quadratischer Grundriß   square plan

Faltsysteme mit gleichen Flächenteilen: Geometrie der Vielflächner   folding systems with equal units: geometry of polyhedra

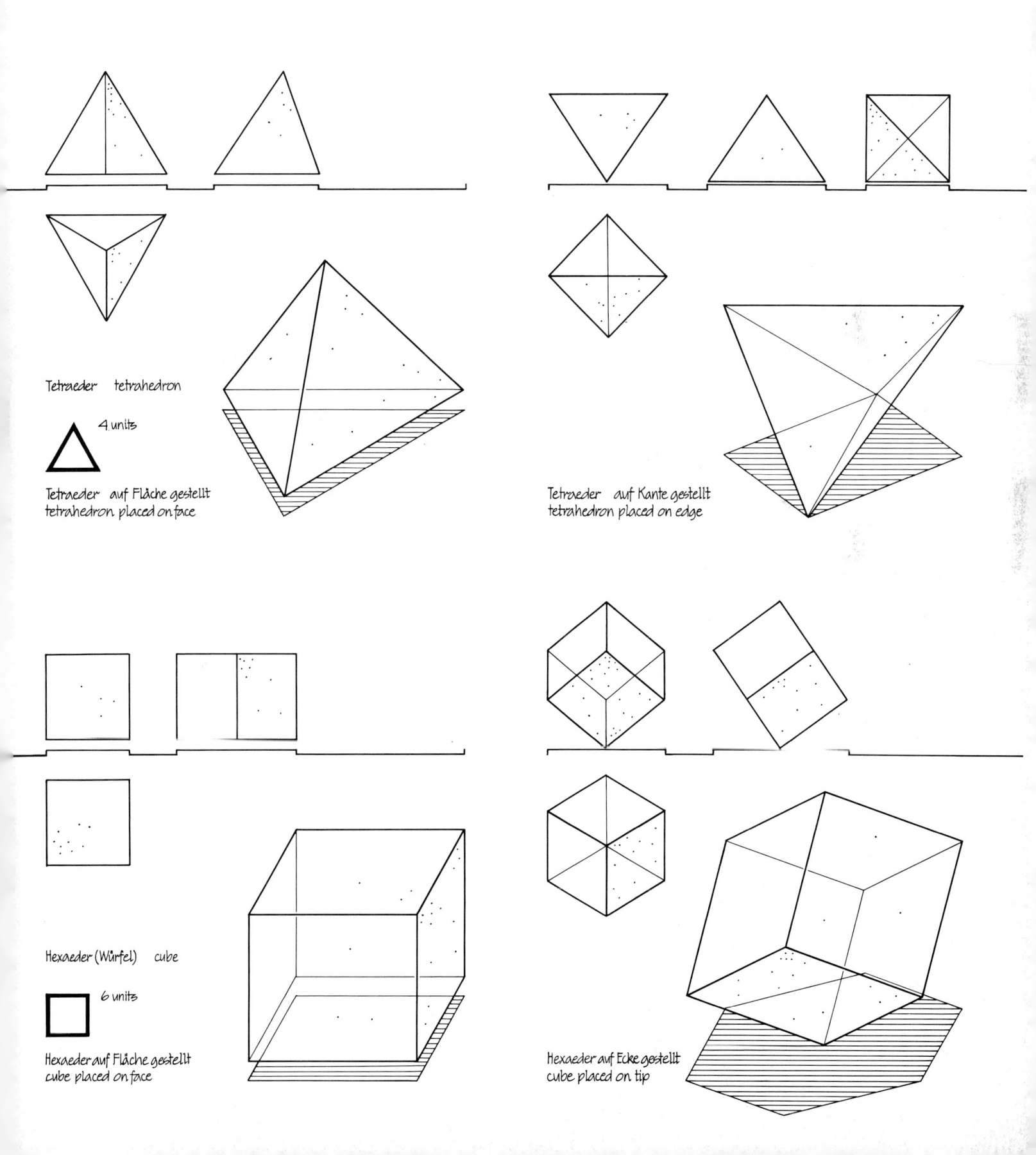

Tetraeder   tetrahedron

4 units

Tetraeder auf Fläche gestellt
tetrahedron placed on face

Tetraeder auf Kante gestellt
tetrahedron placed on edge

Hexaeder (Würfel)   cube

6 units

Hexaeder auf Fläche gestellt
cube placed on face

Hexaeder auf Ecke gestellt
cube placed on tip

Pyramidische Faltwerksysteme / pyramidal folded structure systems

174

Faltsysteme mit gleichen Flächenteilen: Geometrie der Vielflächner   folding systems with equal planar units: geometry of polyhedra

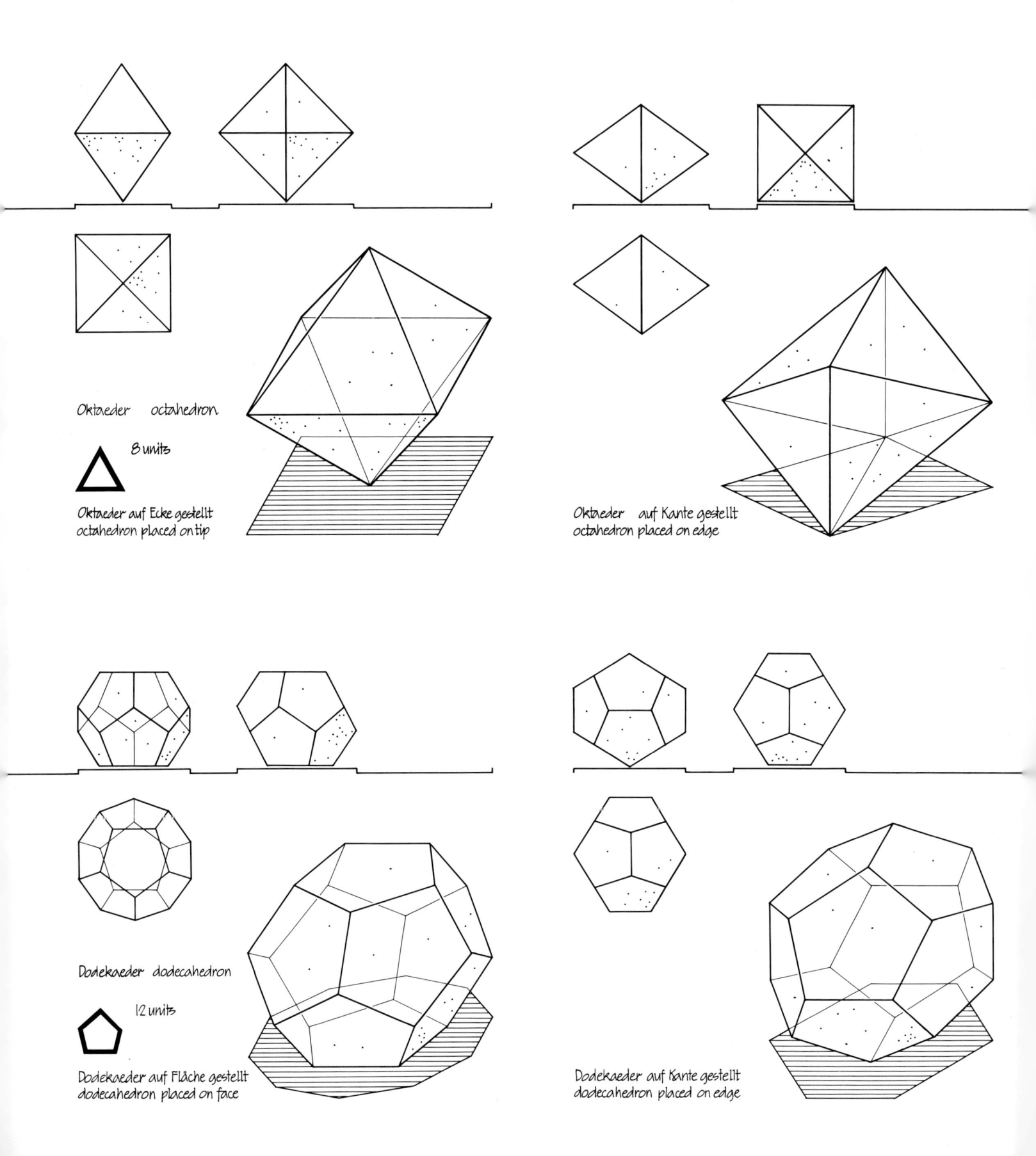

Oktaeder   octahedron

8 units

Oktaeder auf Ecke gestellt
octahedron placed on tip

Oktaeder auf Kante gestellt
octahedron placed on edge

Dodekaeder   dodecahedron

12 units

Dodekaeder auf Fläche gestellt
dodecahedron placed on face

Dodekaeder auf Kante gestellt
dodecahedron placed on edge

Pyramidische Faltwerksysteme / pyramidal folded structure systems

Faltsysteme mit gleichen Flächenteilen: Geometrie der Vielflächner   folding systems with equal planar units: geometry of polyhedra

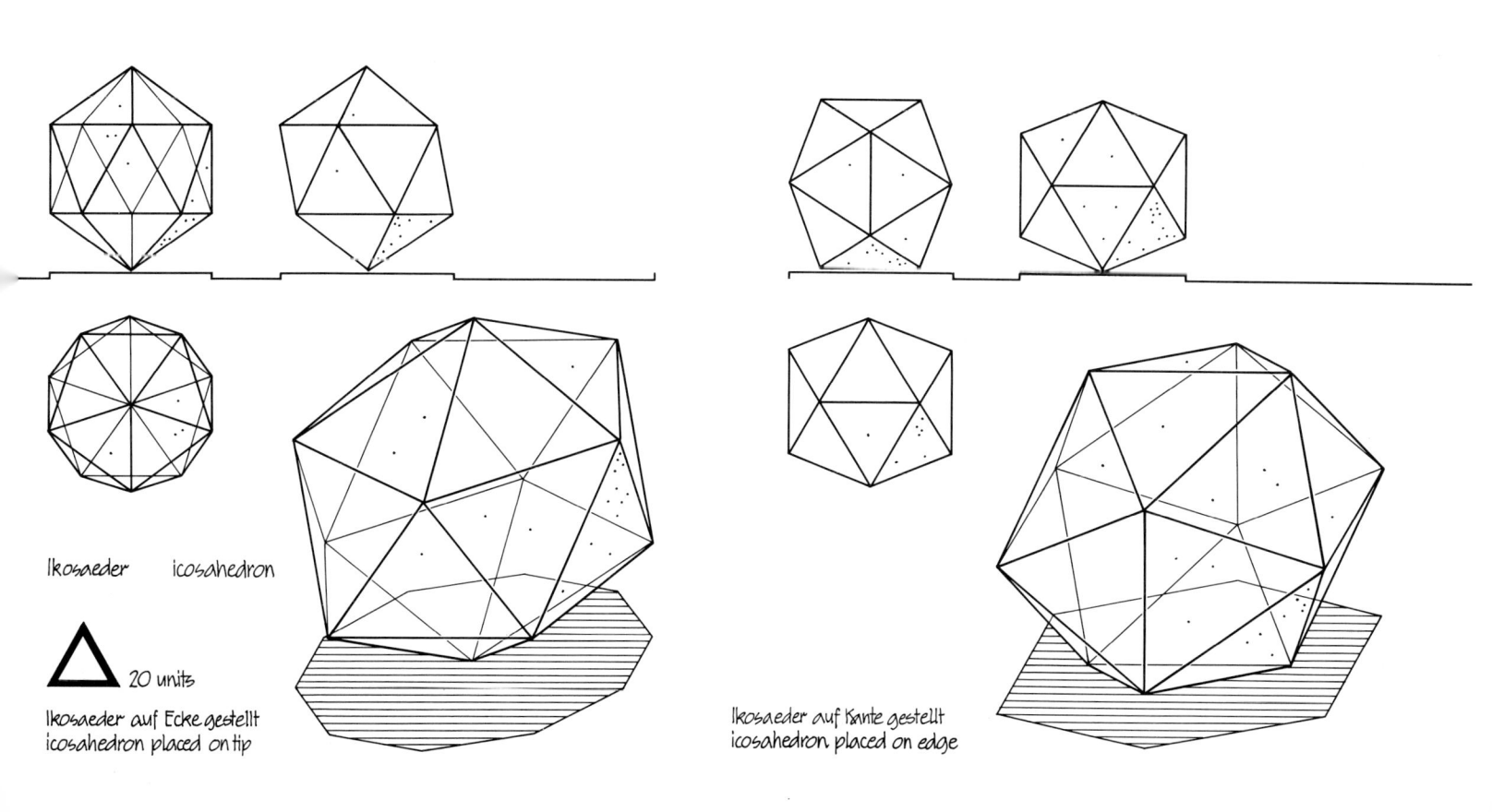

Ikosaeder   icosahedron

△ 20 units

Ikosaeder auf Ecke gestellt
icosahedron placed on tip

Ikosaeder auf Kante gestellt
icosahedron placed on edge

Pyramidische Faltwerksysteme / pyramidal folded structure systems

Faltsysteme mit gleichen Flächenteilen: Geometrie der Vielflächner   folding systems with equal planar units: geometry of polyhedra

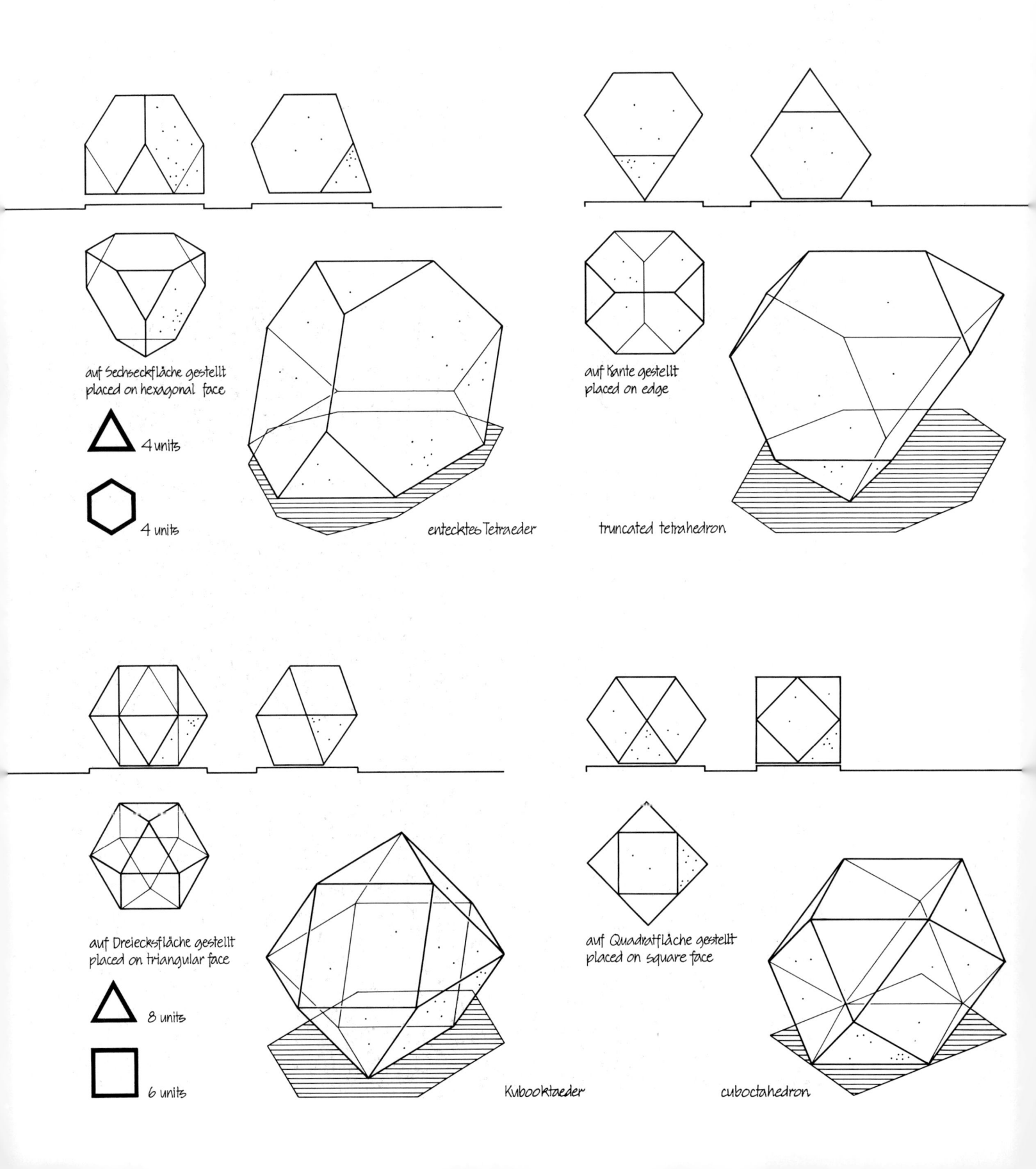

auf Sechseckfläche gestellt
placed on hexagonal face

△ 4 units
⬡ 4 units

entecktes Tetraeder   truncated tetrahedron

auf Kante gestellt
placed on edge

auf Dreiecksfläche gestellt
placed on triangular face

△ 8 units
□ 6 units

Kubooktaeder   cuboctahedron

auf Quadratfläche gestellt
placed on square face

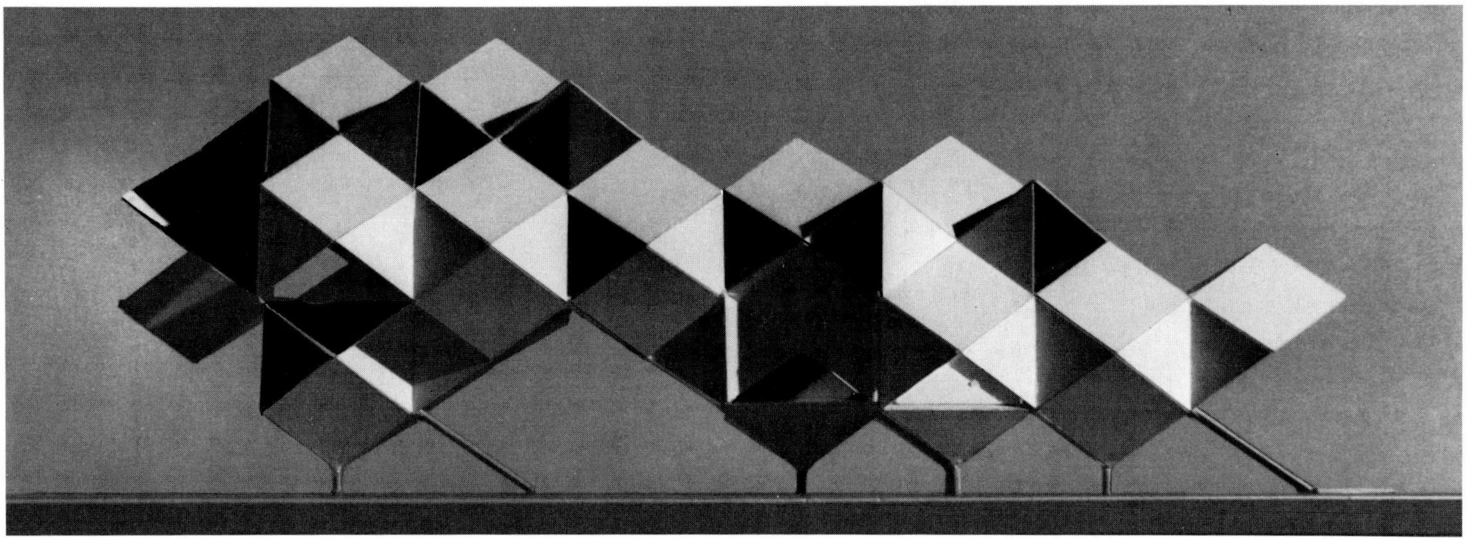

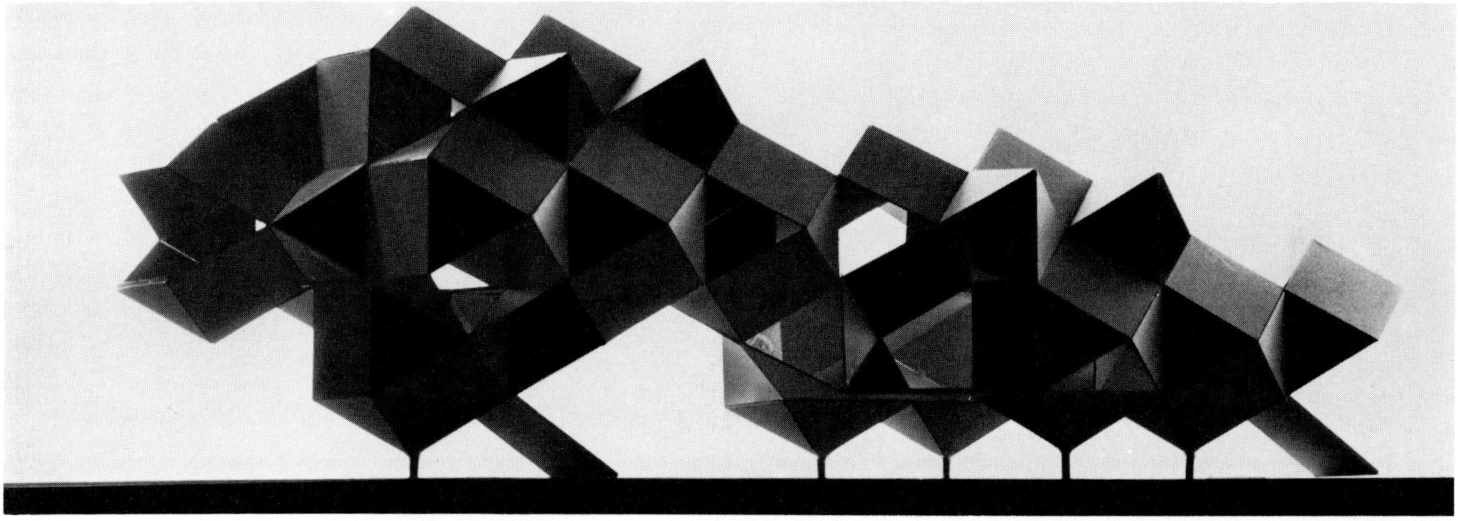

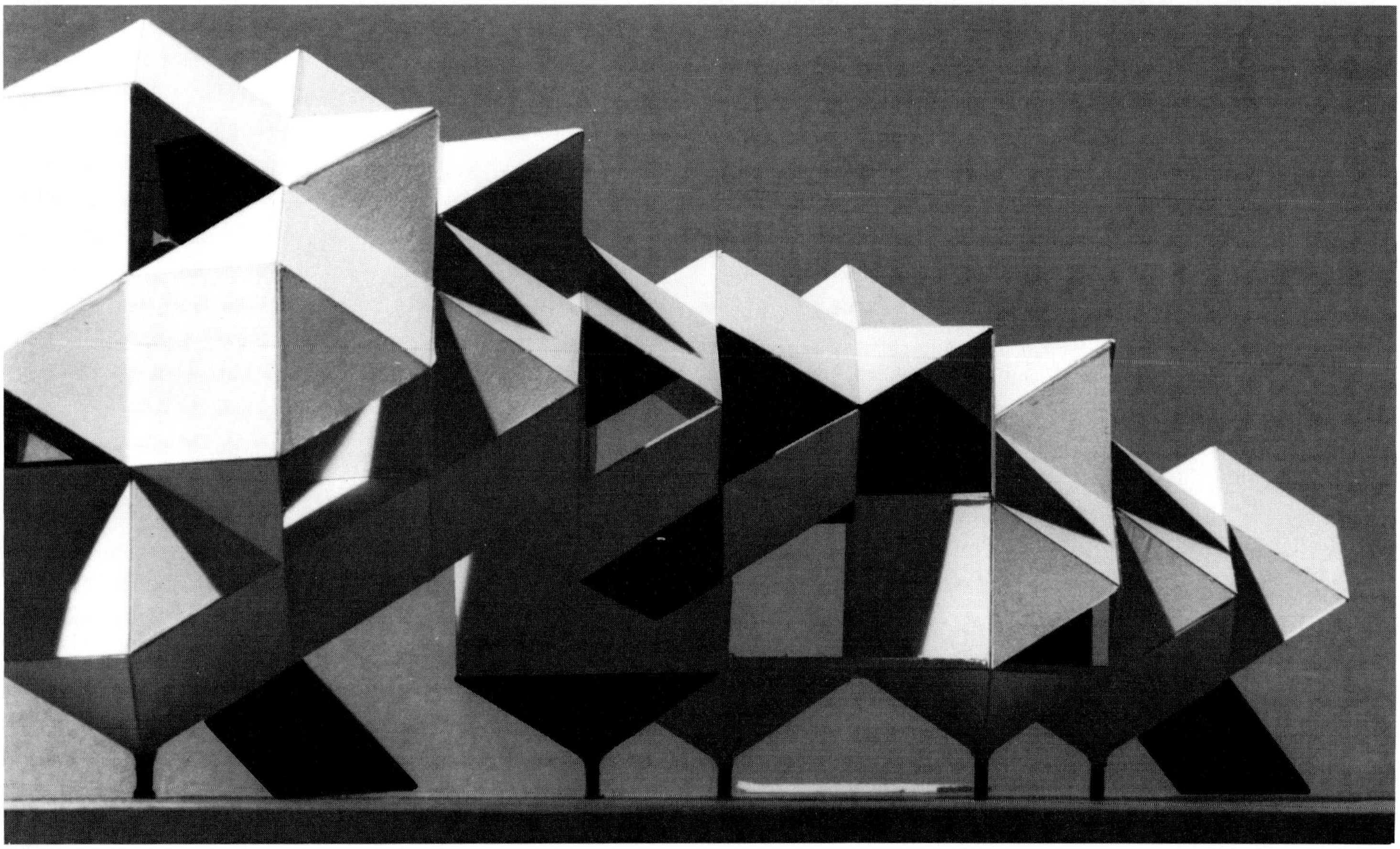

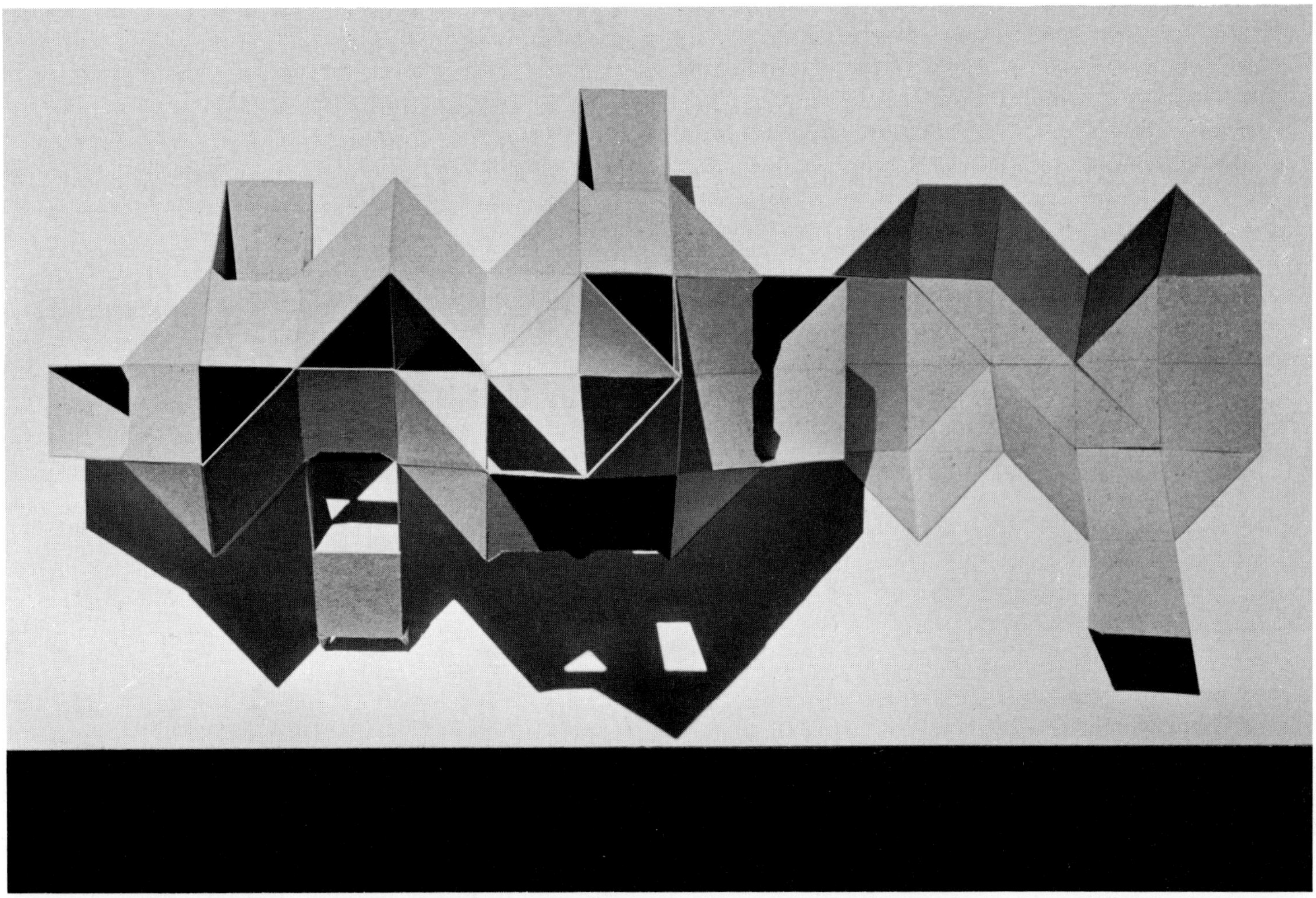

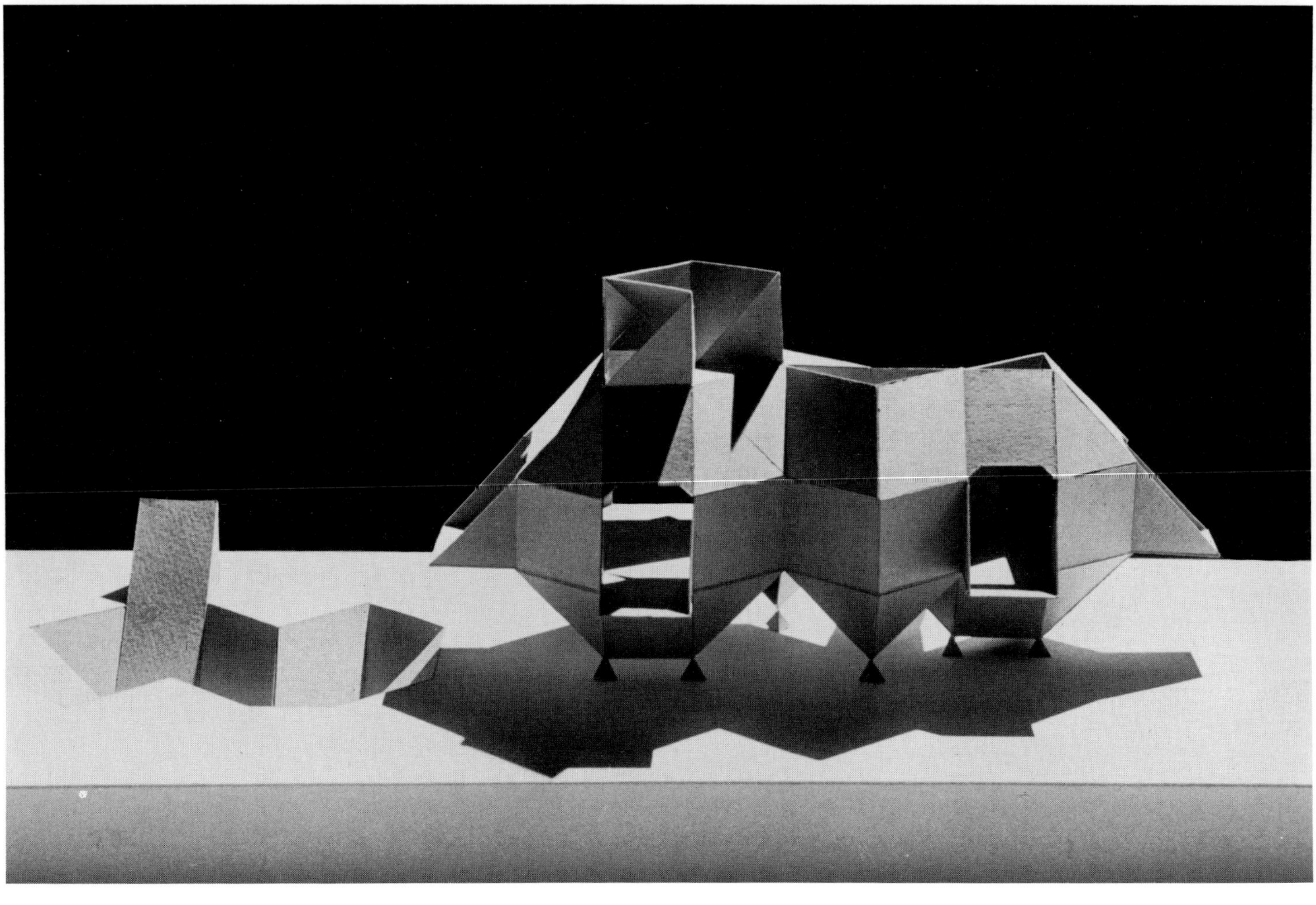

Oben und unten:
Pyramidisches Faltsystem mit zwei Flächengrößen auf Modul des enteckten und entkanteten Hexaeder

Seite 178:
Pyramidisches Faltsystem mit vier Flächengrößen auf quadratischem Grundrißraster

Seite 177:
Pyramidisches Faltsystem mit zwei Flächengrößen auf Kubooktaeder-Modul

above and below:
pyramidal folding system with two surface units on rhombi cuboctahedron module

page 178:
pyramidal folding system with four surface units on square grid plan

page 177:
pyramidal folding system with two surface units based on cuboctaeder modules

Pyramidische Faltwerksysteme / pyramidal folded structure systems

Faltsysteme mit gleichen Flächenteilen: Geometrie der Vielflächner   folding systems with equal planar units: geometry of polyhedra

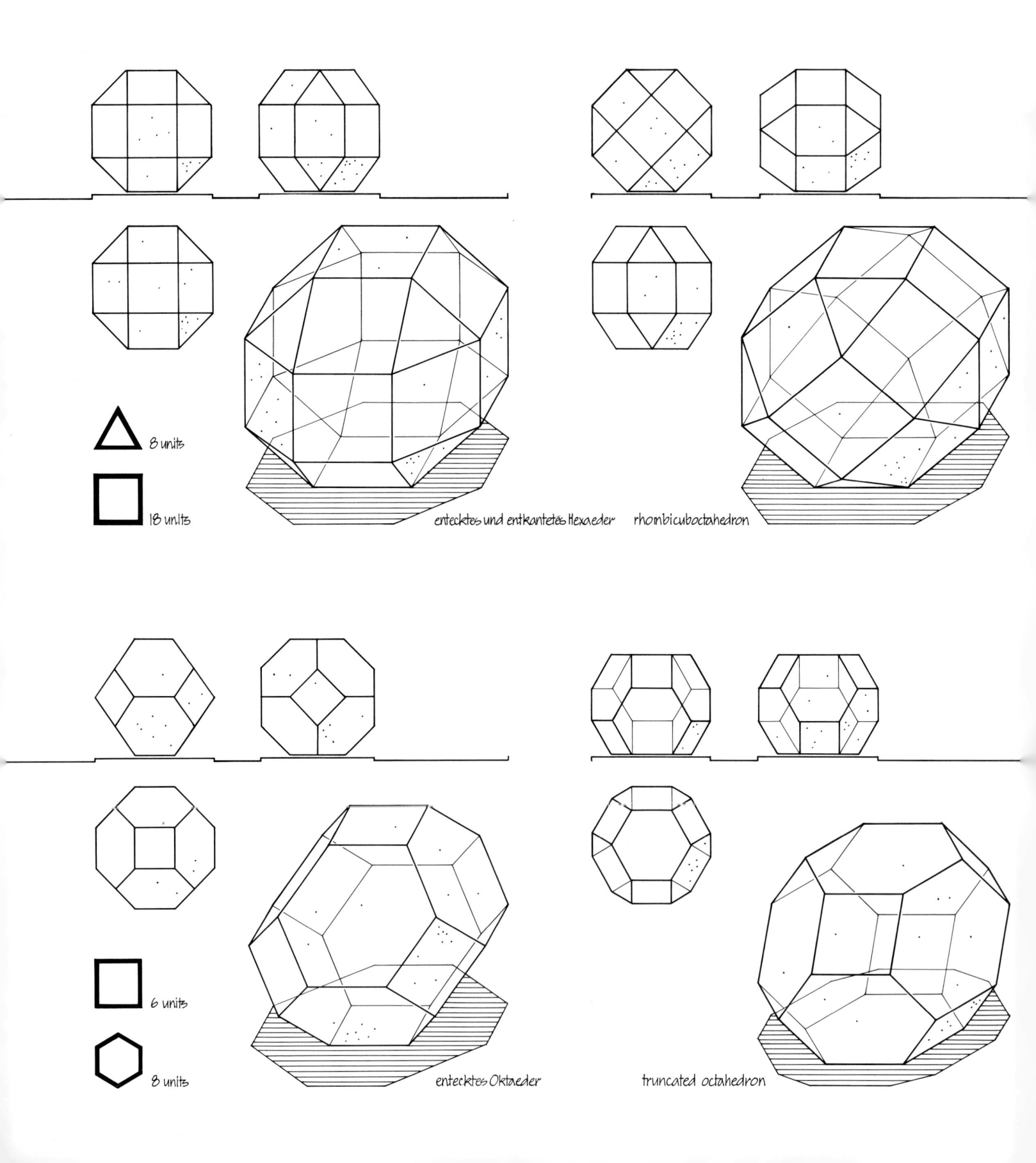

△ 8 units
□ 18 units

entecktes und entkantetes Hexaeder   rhombicuboctahedron

□ 6 units
⬡ 8 units

entecktes Oktaeder   truncated octahedron

181 Pyramidische Faltwerksysteme / pyramidal folded structure systems

Faltsysteme mit gleichen Flächenteilen: Geometrie der Vielflächner   folding systems with equal planar units: geometry of polyhedra

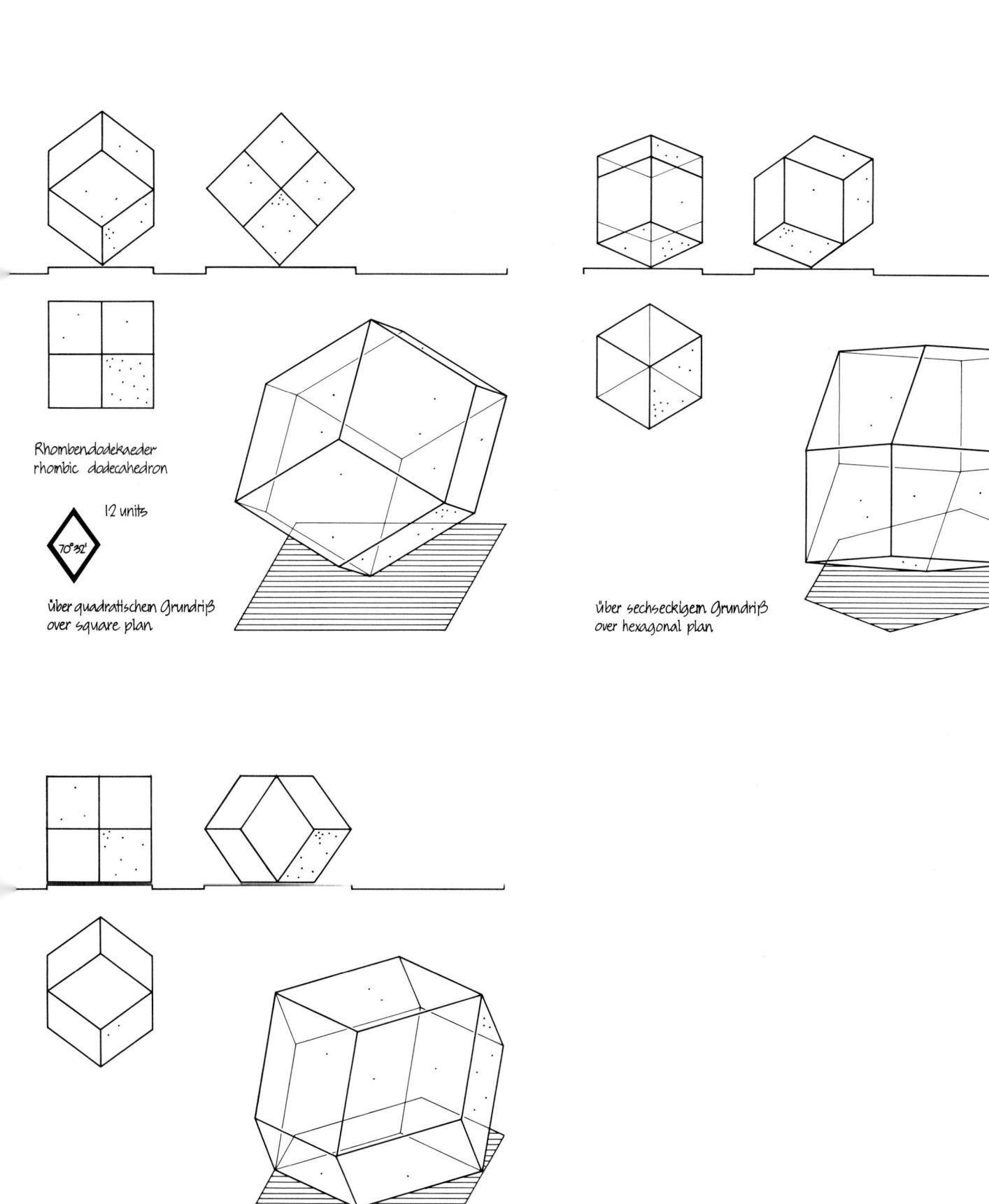

Rhombendodekaeder
rhombic dodecahedron

12 units
70°32'

über quadratischem Grundriß
over square plan

über sechseckigem Grundriß
over hexagonal plan

auf Fläche gestellt
placed on face

Pyramidische Faltwerksysteme / pyramidal folded structure systems

Faltsysteme mit gleichen Flächenteilen: Geometrie der Vielflächner   folding systems with equal planar units: geometry of polyhedra

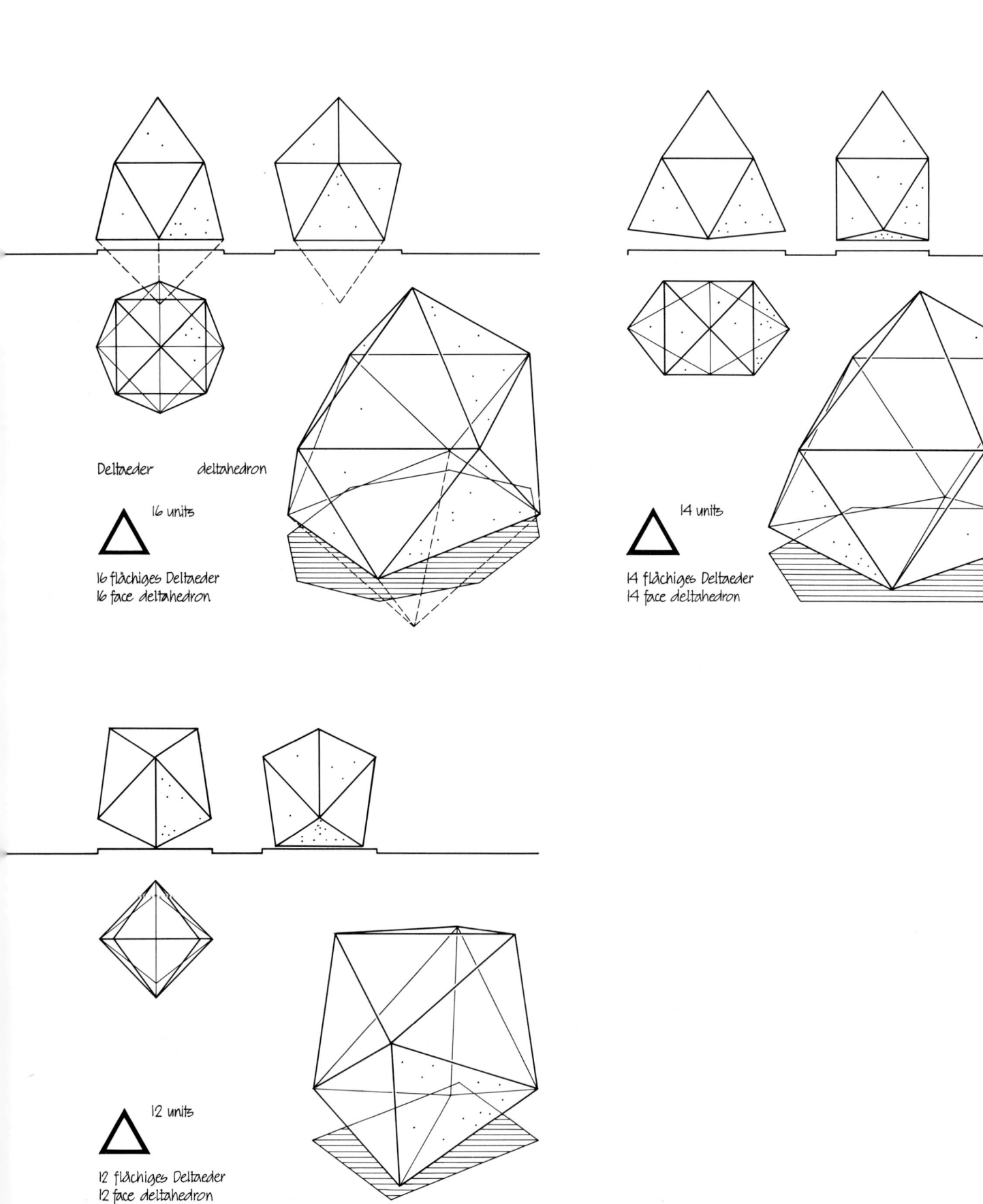

Deltaeder   deltahedron

16 units

16 flächiges Deltaeder
16 face deltahedron

14 units

14 flächiges Deltaeder
14 face deltahedron

12 units

12 flächiges Deltaeder
12 face deltahedron

Pyramidische Faltwerksysteme / pyramidal folded structure systems

Tragsysteme aus gefalteten Dreiecksflächen

structure systems of folded triangular surfaces

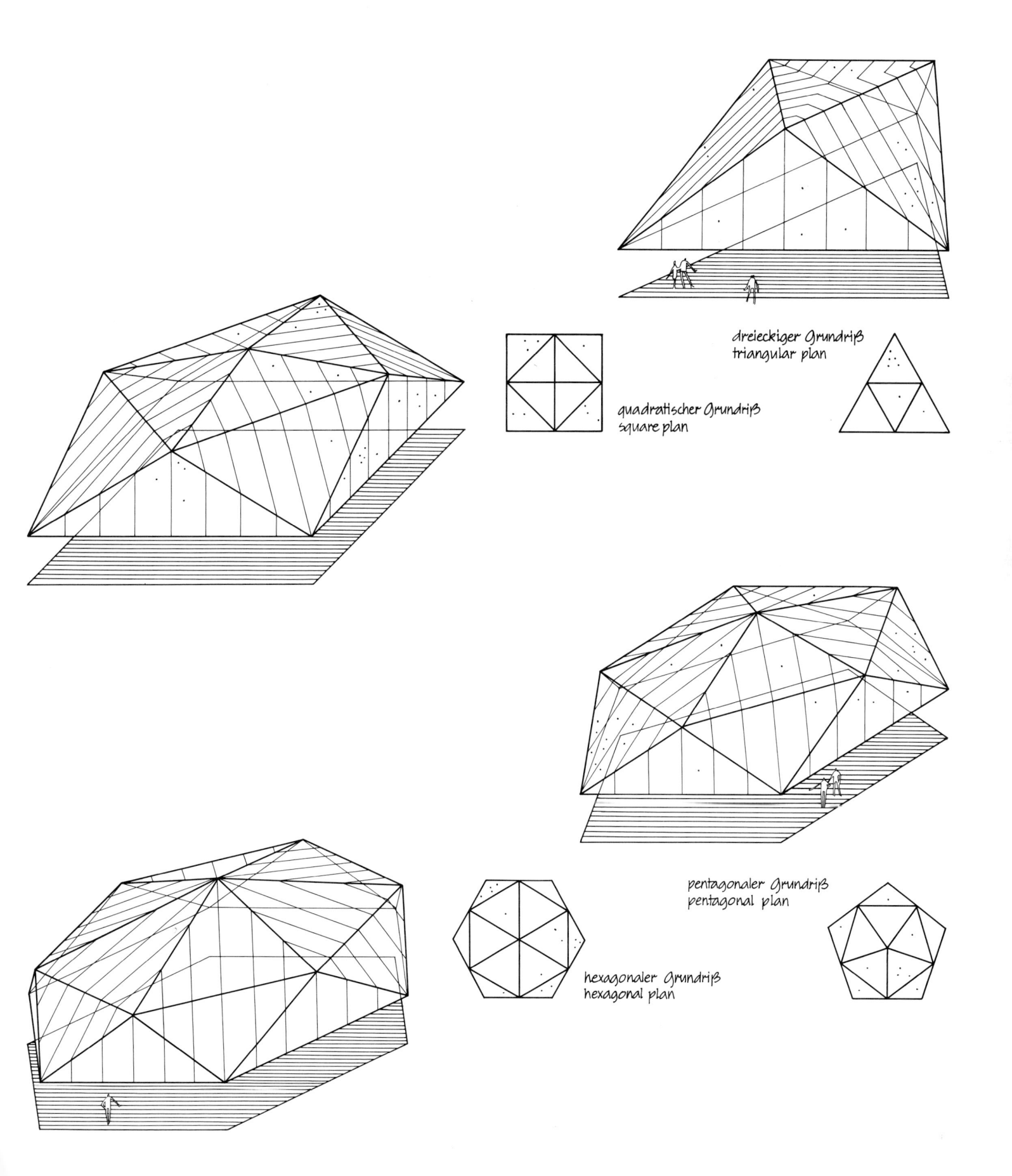

dreieckiger Grundriß
triangular plan

quadratischer Grundriß
square plan

pentagonaler Grundriß
pentagonal plan

hexagonaler Grundriß
hexagonal plan

Pyramidisches Faltsystem mit Dreiecksflächen

pyramidal folding system with triangular planes

Pyramidische Faltwerksysteme / pyramidal folded structure systems

Variationen für Faltung einer vorgegebenen Grundform
variations for folding a given basic structure form

Grundform: basic structure form:
doubly folded truncated pyramid
doppelt gefaltete abgestumpfte Pyramide

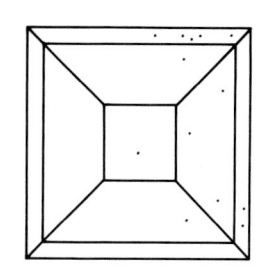

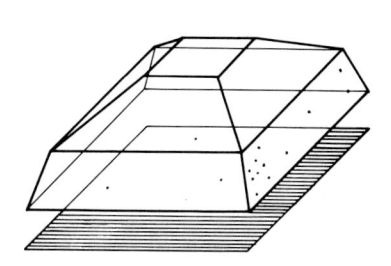

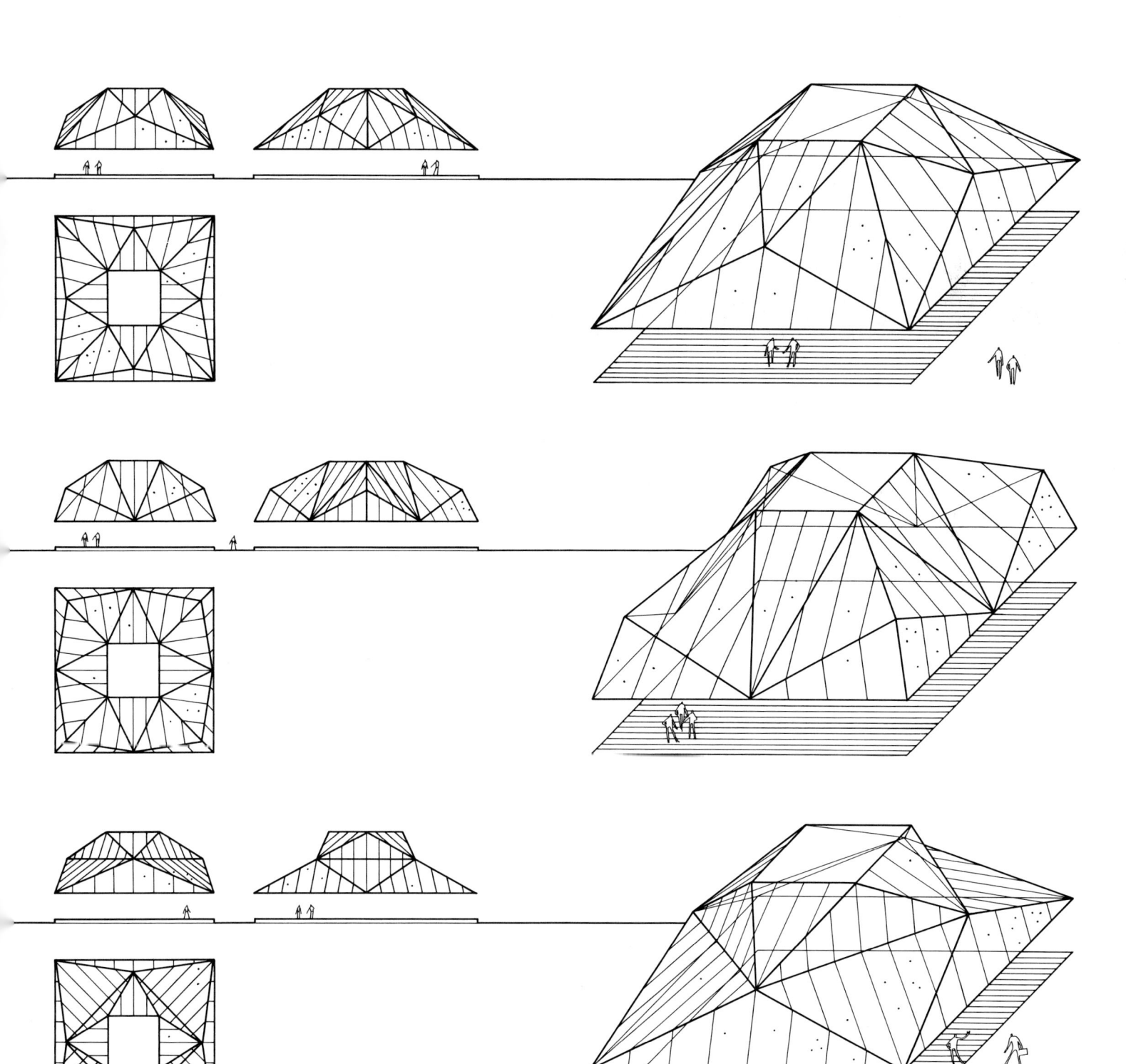

Einfach gekrümmte Schalensysteme / single curved shell systems

Dreifache Tragwirkung der einfach gekrümmten Schale / threefold bearing action of singly curved shell

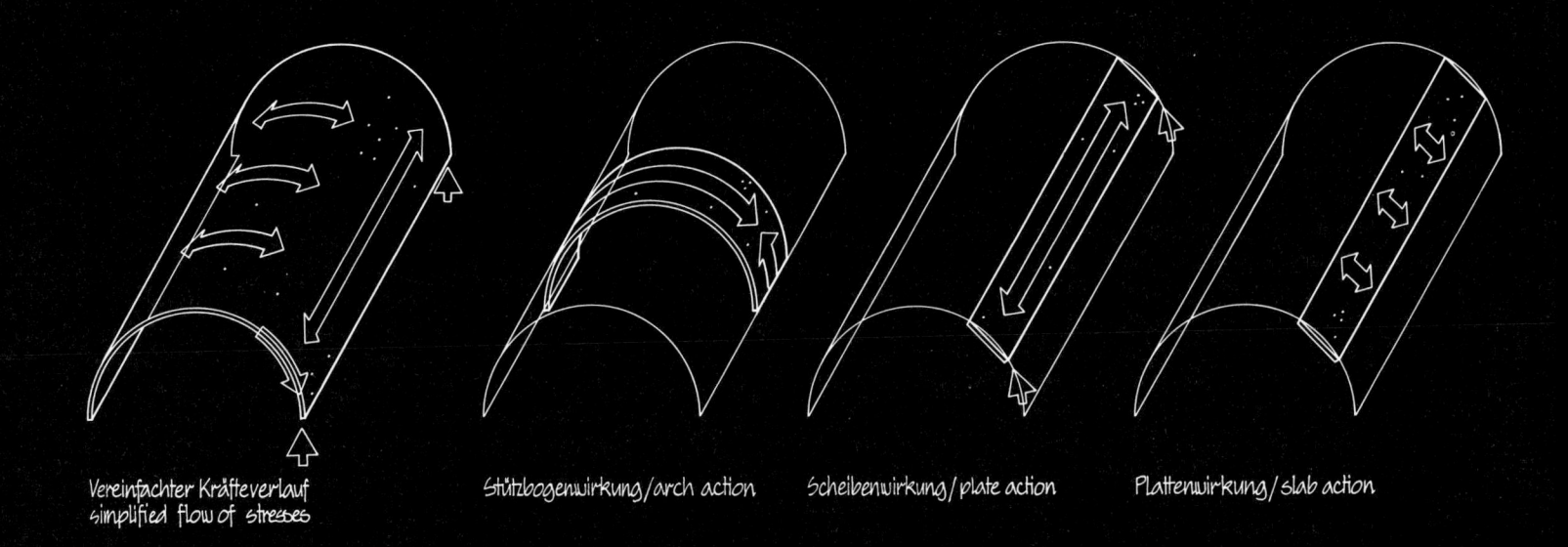

Vereinfachter Kräfteverlauf / simplified flow of stresses

Stützbogenwirkung / arch action

Scheibenwirkung / plate action

Plattenwirkung / slab action

Tragmechanismus der einfach gekrümmten Schale. Membrankräfte / bearing mechanism of singly curved shell membrane stresses

Deformation der Membrane / deflection of membrane

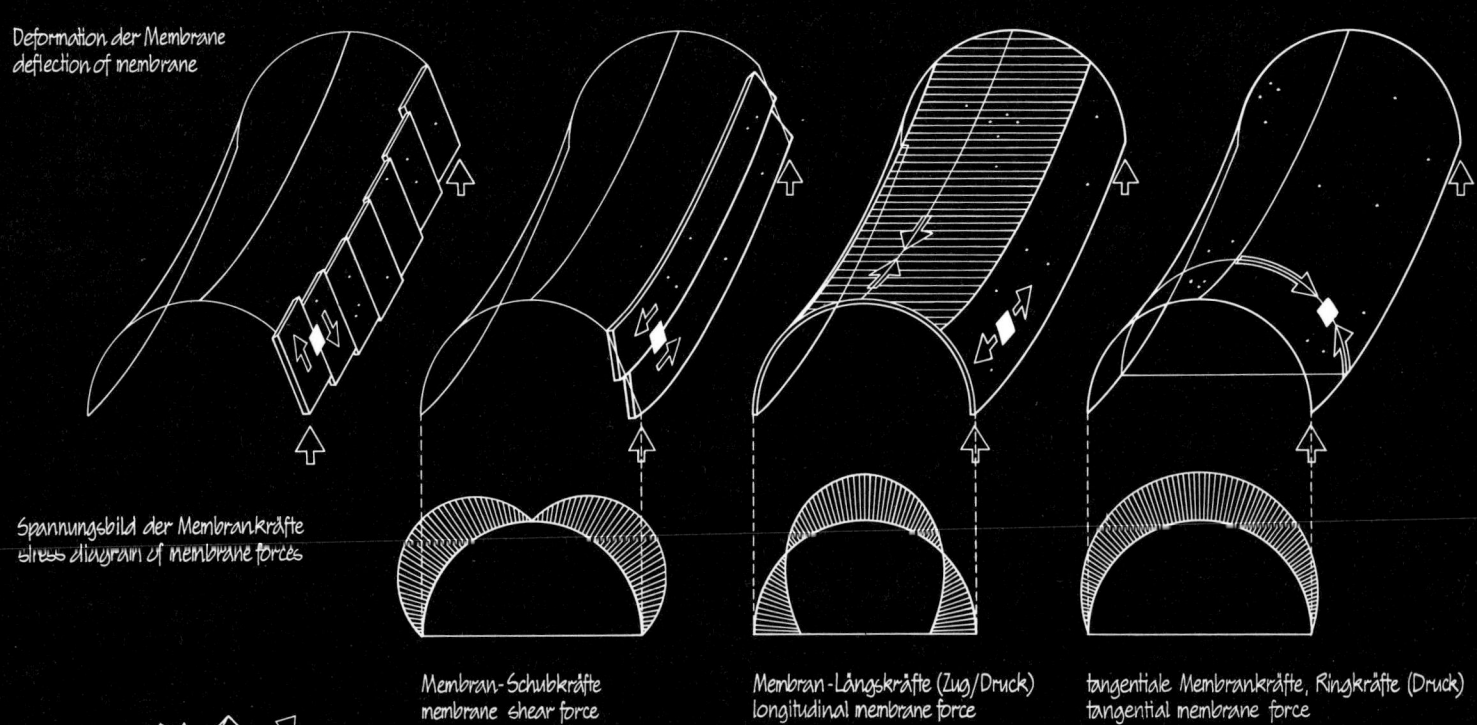

Spannungsbild der Membrankräfte / stress diagram of membrane forces

Membran-Schubkräfte / membrane shear force

Membran-Längskräfte (Zug/Druck) / longitudinal membrane force

tangentiale Membrankräfte, Ringkräfte (Druck) / tangential membrane force

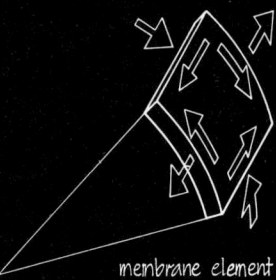

membrane element

Flächenelemente geben wie in einer über zwei feste Endbögen gespannten Plane so lange der Last nach, bis genügend Schub- und Normalkräfte innerhalb der Fläche aktiviert sind, um die Übertragung der Last auf die Endbögen zu besorgen

like in a canvas spanned between two rigid arches, the elements of the surface give way to the load, until sufficient shear and normal stresses have been generated to transmit the load to the final arches

Einfach gekrümmte Schalensysteme / single curved shell systems

Einfluß der Querschnitt-Krümmung auf Membran-Längswirkung / influence of transverse curvature upon longitudinal membrane action

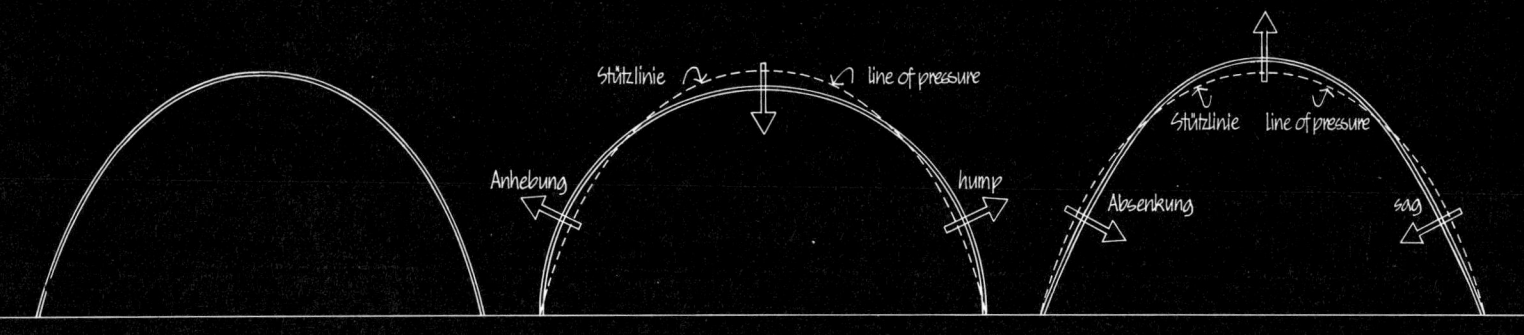

Stützlinie / line of pressure — Halbkreis / half circle — freie Abweichung / free deviation

Ist Querschnittskurve eine Stützlinie, wird gesamtes Eigengewicht auf Schalenränder abgetragen und Tragvermögen der Membrane in Längsrichtung nicht eingesetzt (Schub- und Längskräfte = 0). Nur durch Wahl einer Querschnittskurve abweichend von der Stützlinie wird Membrane in Längsrichtung beansprucht und zwar entsprechend dem Maße der Abweichung

if transverse curvature follows line of pressure, all the dead weight is chanelled to the shell edge and longitudinal bearing capacity of the membrane is not put into action (shear and longitudinal forces = 0). only through choice of curvature deviating from line of pressure, will the membrane be stressed longitudinally, magnitude will depend on degree of deviation

Aussteifung gegen kritische Verformung der Querschnitt-Profiles / stiffening against critical deflection of transverse profile
Standardformen für Querversteifer / typical forms of stiffeners

Eigengewicht / dead weight — Schneelast / snow load — Windlast / wind load — Einzellast / point load

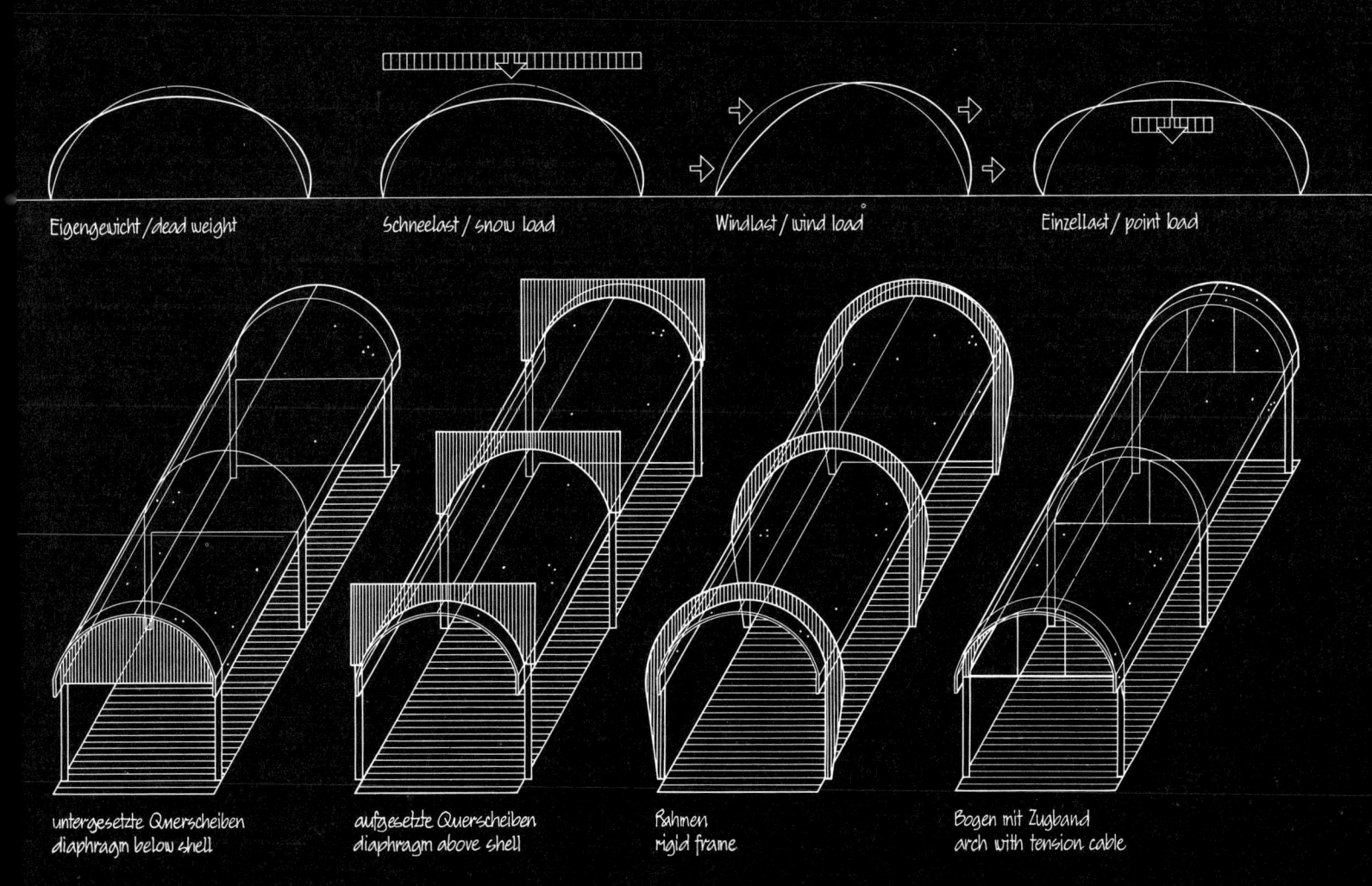

untergesetzte Querscheiben / diaphragm below shell — aufgesetzte Querscheiben / diaphragm above shell — Rahmen / rigid frame — Bogen mit Zugband / arch with tension cable

Einfach gekrümmte Schalensysteme / single curved shell systems

Längsaussteifung des freien Schalenrandes — Standardformen für Randversteifer

Randstörungen — boundary disturbances

Bei nicht senkrechter Endtangente wird am Schalenrand eine Auflagerkomponente frei, die den Rand auf Biegung beansprucht. Durch Längsversteifung des Randes wird die Komponente aufgenommen, doch tritt Biegestörung ein aufgrund Steifigkeitsdifferenz von Schale und Randglied

if final tangent is not vertical, the component reaction normal to the plane will introduce bending of edge. through longitudinal stiffening of edge the component force will be resisted, but due to difference in stiffness between shell and edge beam bending disturbances will be introduced

Randversteifer
edge beams

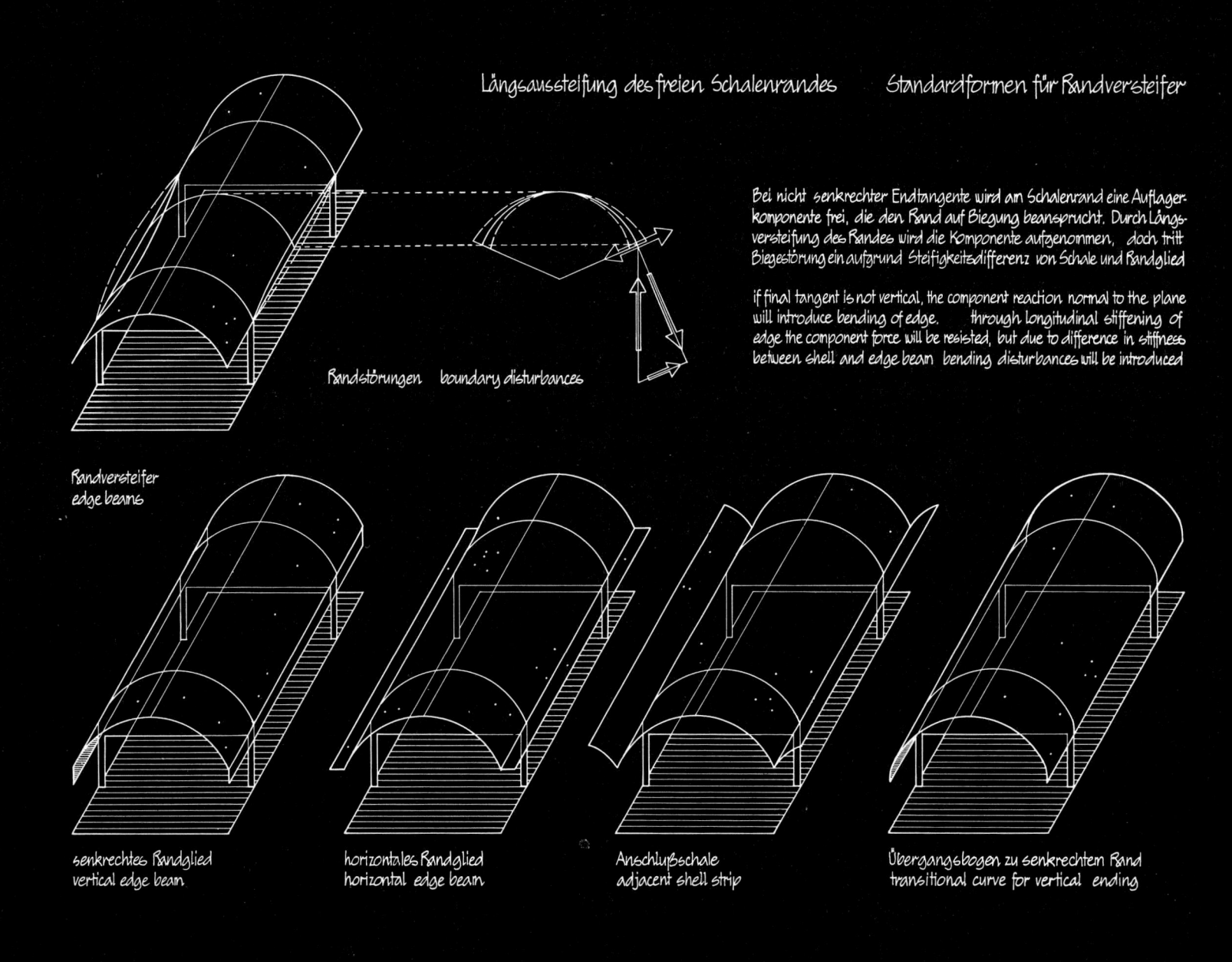

| senkrechtes Randglied | horizontales Randglied | Anschlußschale | Übergangsbogen zu senkrechtem Rand |
| vertical edge beam | horizontal edge beam | adjacent shell strip | transitional curve for vertical ending |

Biegestörung beim Querversteifer in langer und kurzer Zylinderschale — bending disturbance at transverse stiffener in long and short barrel shells

Ringkräfte (Druck-) bewirken Verkürzung der Querfasern und Absinken des Bogenscheitels. In Nähe der Querversteifer kann sich diese Verformung nicht einstellen und es entsteht Biegung. In der langen Tonnenschale ist Biegestörung auf schmale Endflächen beschränkt. In der kurzen Tonnenschale erstreckt sich Biegestörung wegen des größeren Radius und des näheren Binderabstandes über größeren Flächenanteil

arch forces (compression) produce shortening of transverse fibres and hence sag of the arch crown. in the neighbourhood of stiffeners displacement cannot take place and bending is introduced. in the long barrel shell bending is limited to the small fraction of its total length. in the short barrel shell because of the larger radius and the narrow spacing of stiffeners the bending disturbance extends over a larger portion of the surface

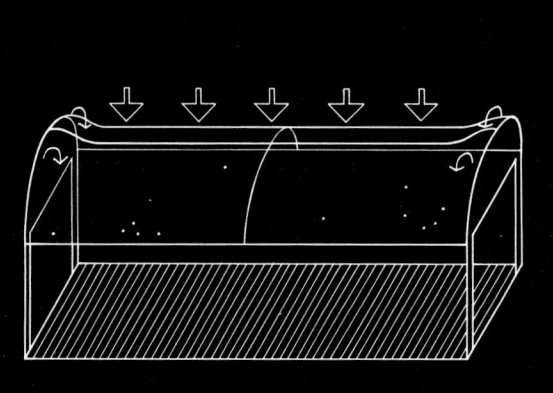

lange Tonnenschale / long barrel shell 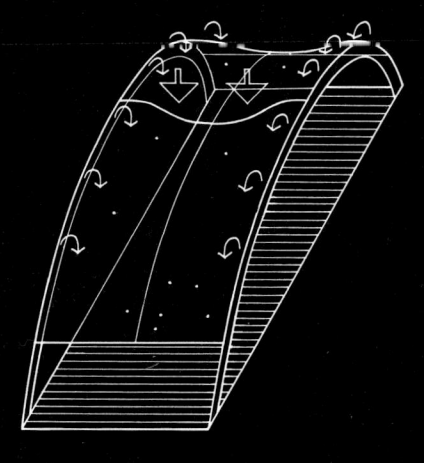   kurze Tonnenschale / short barrel shell

Einfach gekrümmte Schalensysteme / single curved shell systems

Unterschied zwischen langer Tonnenschale und kurzer Tonnenschale / difference between long barrel shell and short barrel shell

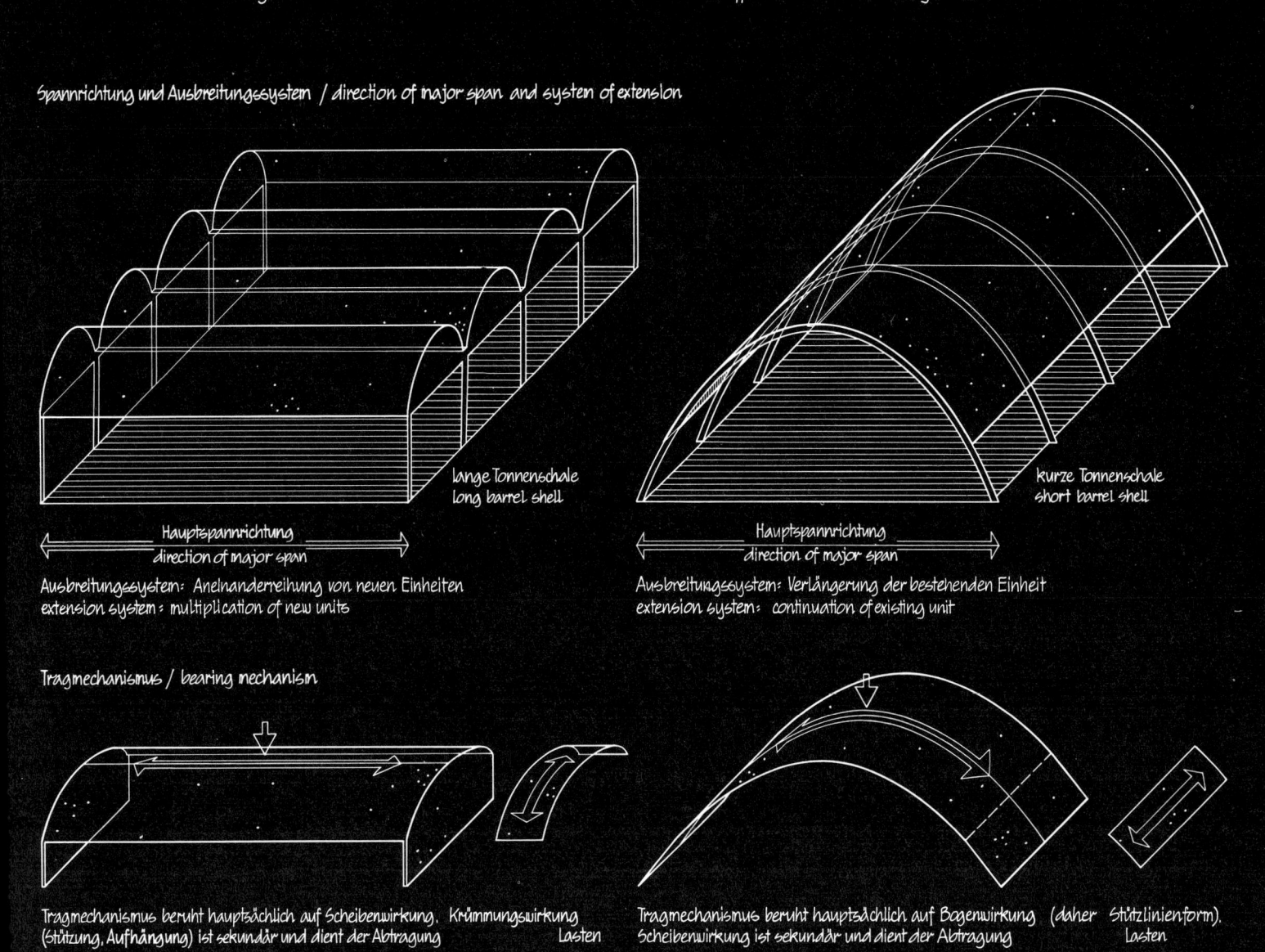

Spannrichtung und Ausbreitungssystem / direction of major span and system of extension

lange Tonnenschale / long barrel shell
Hauptspannrichtung / direction of major span
Ausbreitungssystem: Aneinanderreihung von neuen Einheiten
extension system: multiplication of new units

kurze Tonnenschale / short barrel shell
Hauptspannrichtung / direction of major span
Ausbreitungssystem: Verlängerung der bestehenden Einheit
extension system: continuation of existing unit

Tragmechanismus / bearing mechanism

Tragmechanismus beruht hauptsächlich auf Scheibenwirkung. Krümmungswirkung (Stützung, Aufhängung) ist sekundär und dient der Abtragung Lasten
bearing mechanism rests mainly upon plate action. arch action (or suspension action) is minor and serves to receive asymmetrical loads

Tragmechanismus beruht hauptsächlich auf Bogenwirkung (daher Stützlinienform). Scheibenwirkung ist sekundär und dient der Abtragung Lasten
bearing mechanism rests mainly upon arch action (therefore catenary form). plate action is minor and serves to receive asymmetrical loads

lange Tonnenschale / long barrel shell
kurze Tonnenschale / short barrel shell

Mit kürzerwerdender Tonne wird der Einfluß der Verformbarkeit des Querprofiles stärker, und die Vertikalprojektion der Längsspannungen ist nicht mehr geradlinig (wie im Balkenträger), sondern gekrümmt, und mag sogar im oberen Schalenbereich wieder Zug werden

as the barrel becomes shorter, the deformability of the transverse profile becomes more influential and the vertical projection of the longitudinal stresses is no longer straight-line (as in a beam) but curved and may even become tensile in the upper portion of the shell

Einfach gekrümmte Schalensysteme / single curved shell systems

Geometrie der Zylinderflächen / geometry of cylindrical surfaces

Erzeugende / generatrix
Leitkurve / directrix
Mantellinien

Flächensenkrechte / surface normal
Schnittebenen / planes of section
max Krümmung / max curvature
min Krümmung / min curvature

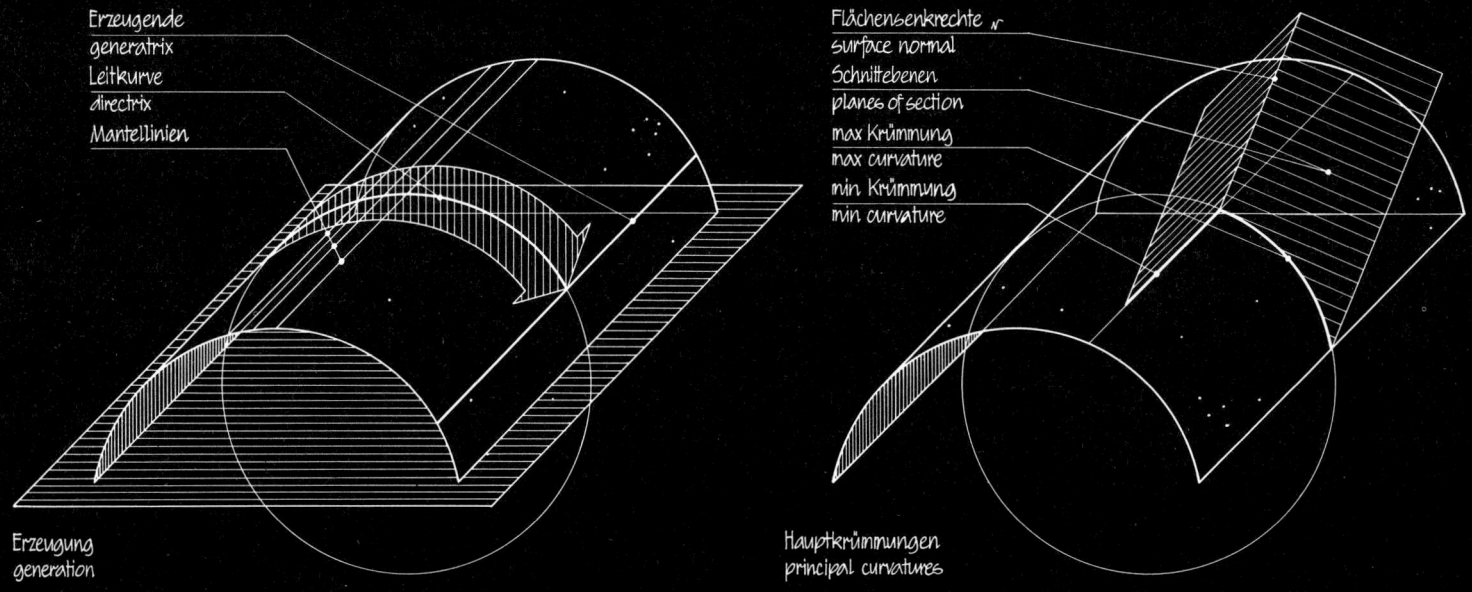

Erzeugung / generation

Fläche wird erzeugt durch Führung einer horizontalen Geraden (Erzeugende) auf einer Leitkurve, die in einer Ebene rechtwinklig zur Erzeugenden liegt

surface is generated by sliding a horizontal straight line (generatrix) along a curve (directrix) that lies in a plane at right angles to the generatrix

Hauptkrümmungen / principal curvatures

Die maximale Krümmung eines Punktes der Fläche ist durch Leitkurve gegeben, die minimale Krümmung durch die Erzeugende, d.h. sie ist Null

the maximum curvature of any point is given by the directrix, the minimum curvature is in direction of generator and equals zero

Reihung von Zylinderflächen zur Überspannung größerer Flächen / juxtaposition of cylindrical surfaces for covering larger areas

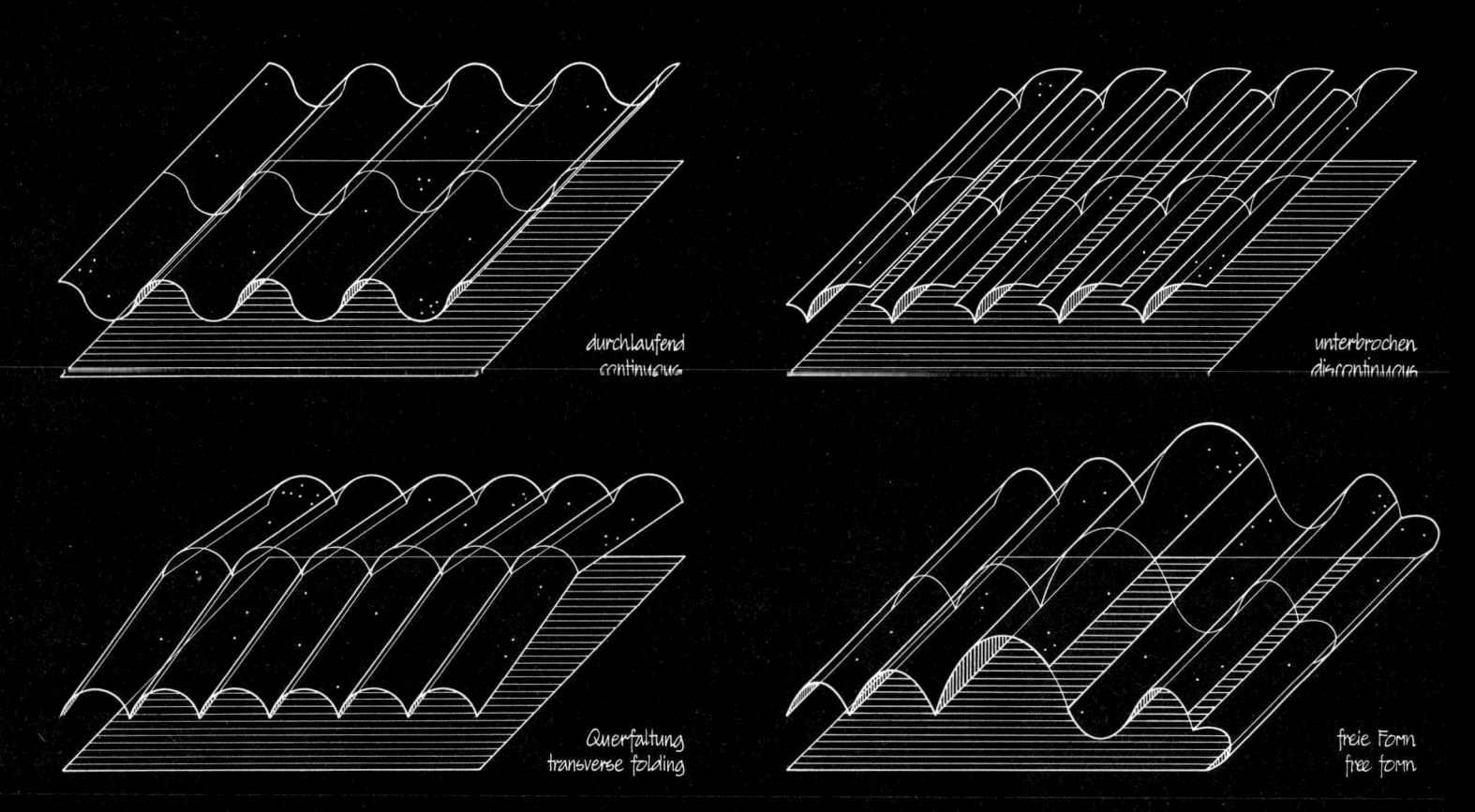

durchlaufend / continuous

unterbrochen / discontinuous

Querfaltung / transverse folding

freie Form / free form

Einfach gekrümmte Schalensysteme / single curved shell systems

Tragsysteme aus sich durchdringenden zylindrischen Flächen   structure systems through interpenetration of cylindrical surfaces

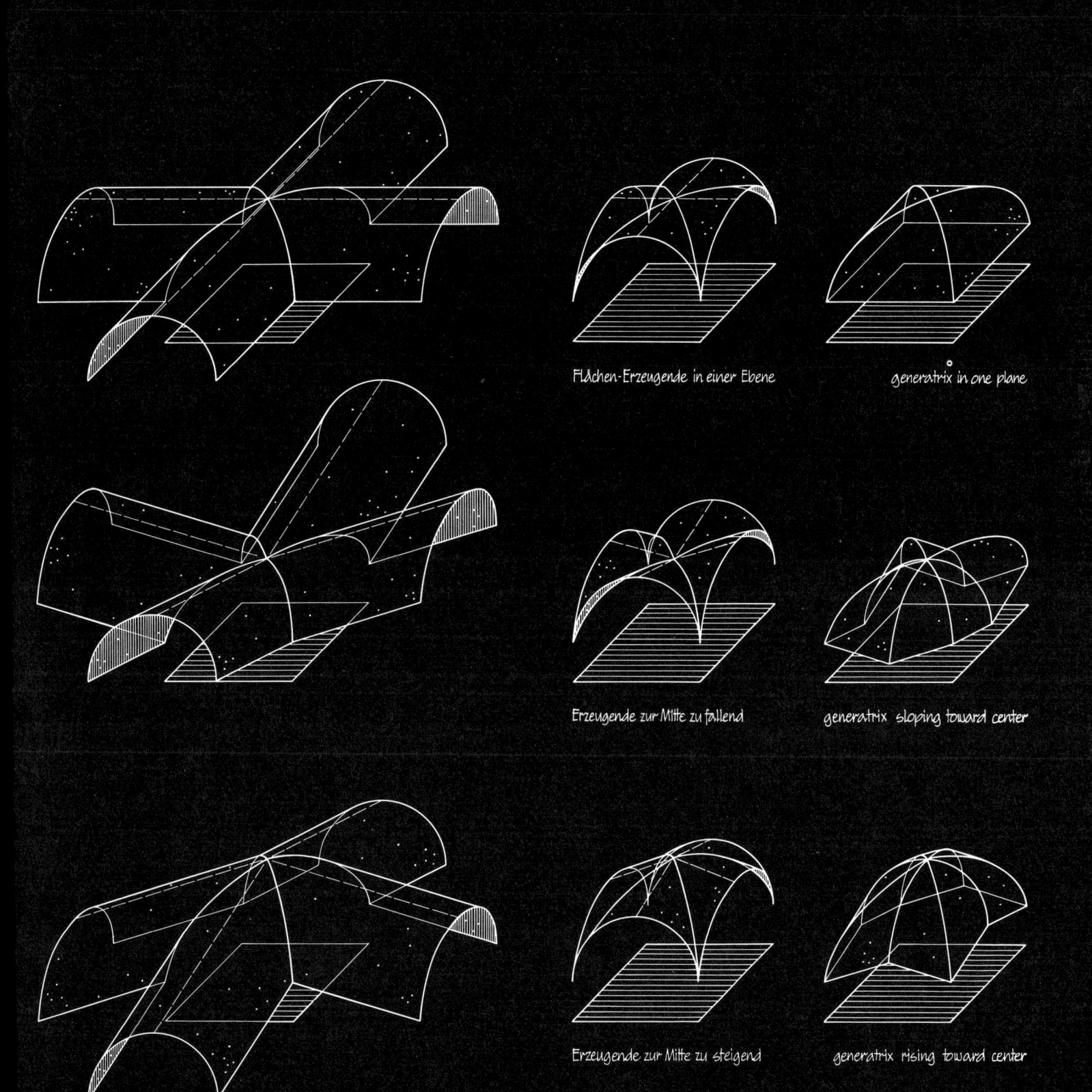

Flächen-Erzeugende in einer Ebene   generatrix in one plane

Erzeugende zur Mitte zu fallend   generatrix sloping toward center

Erzeugende zur Mitte zu steigend   generatrix rising toward center

Einfach gekrümmte Schalensysteme / single curved shell systems

Tragsysteme aus sich durchdringenden zylindrischen Flächen / structure systems through interpenetration of cylindrical surfaces

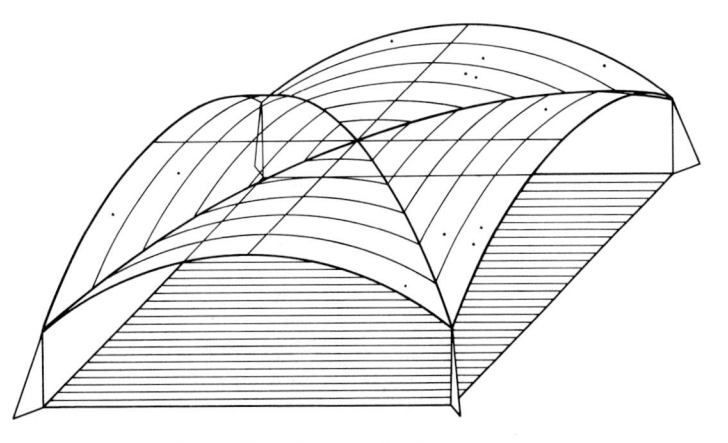

Flächenerzeugende in einer Ebene / generatrices in one plane

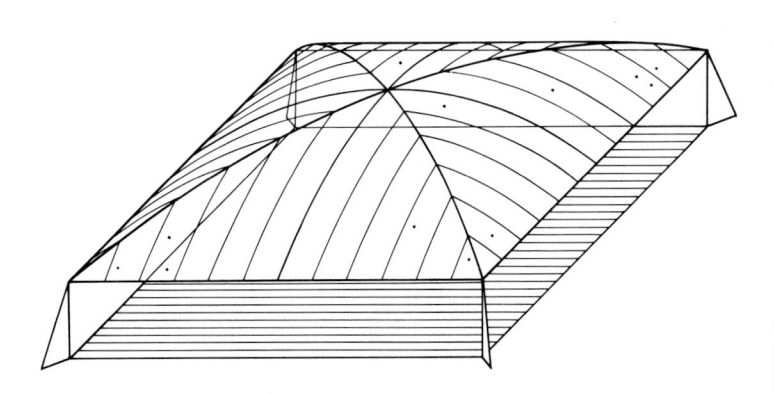

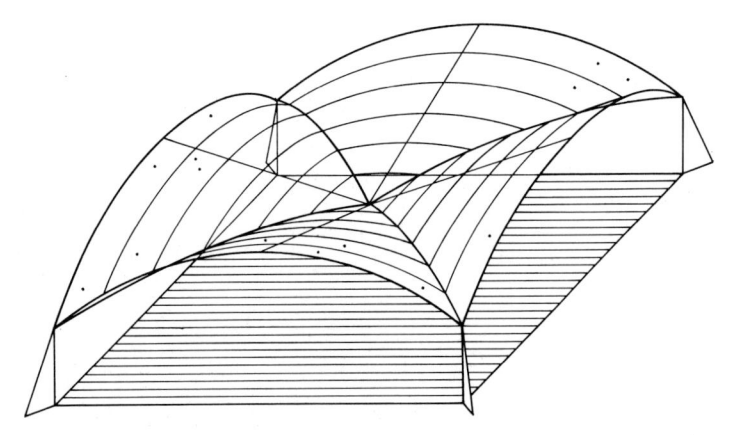

Flächenerzeugende zur Mitte zufallend / generatrices sloping toward center

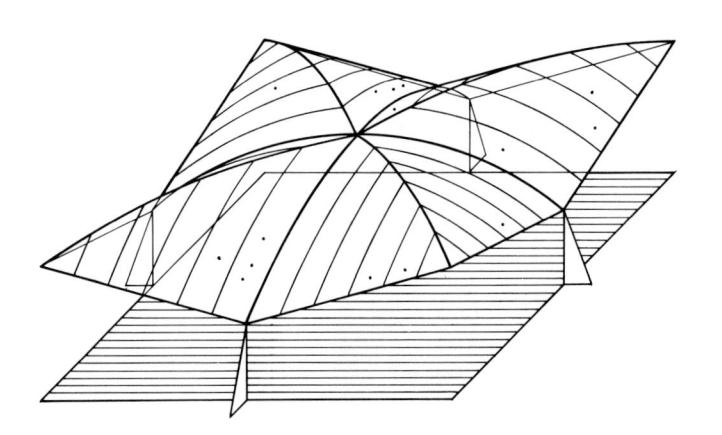

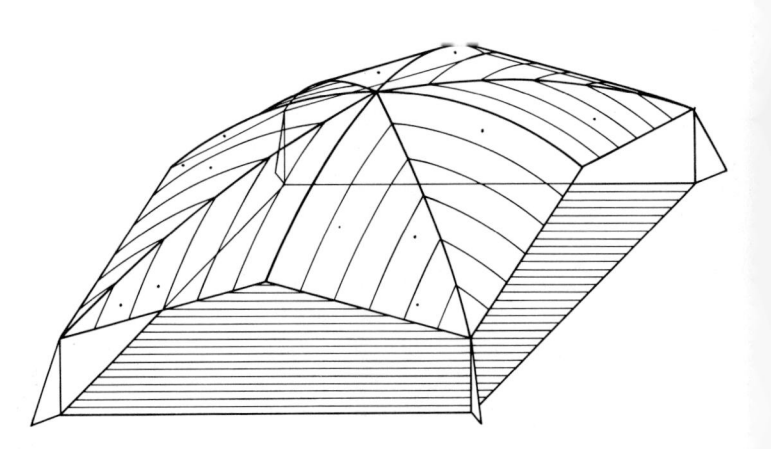

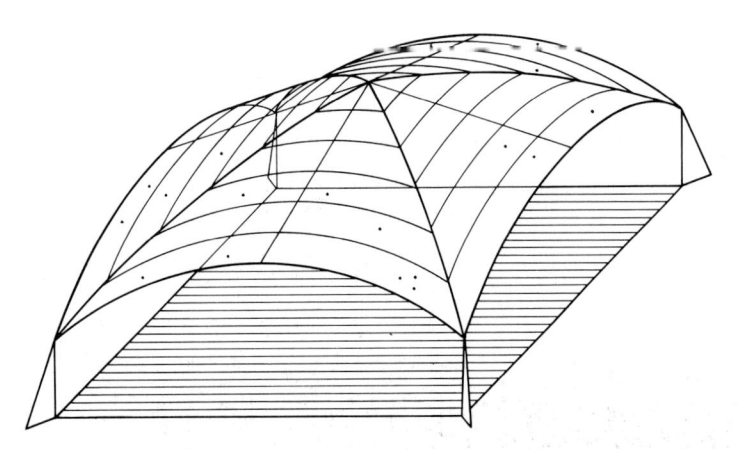

Flächenerzeugende zur Mitte hin ansteigend / generatrices rising toward center

Einfach gekrümmte Schalensysteme / single curved shell systems

Tragsysteme aus sich durchdringenden zylindrischen Flächen structure systems through interpenetration of cylindrical surfaces

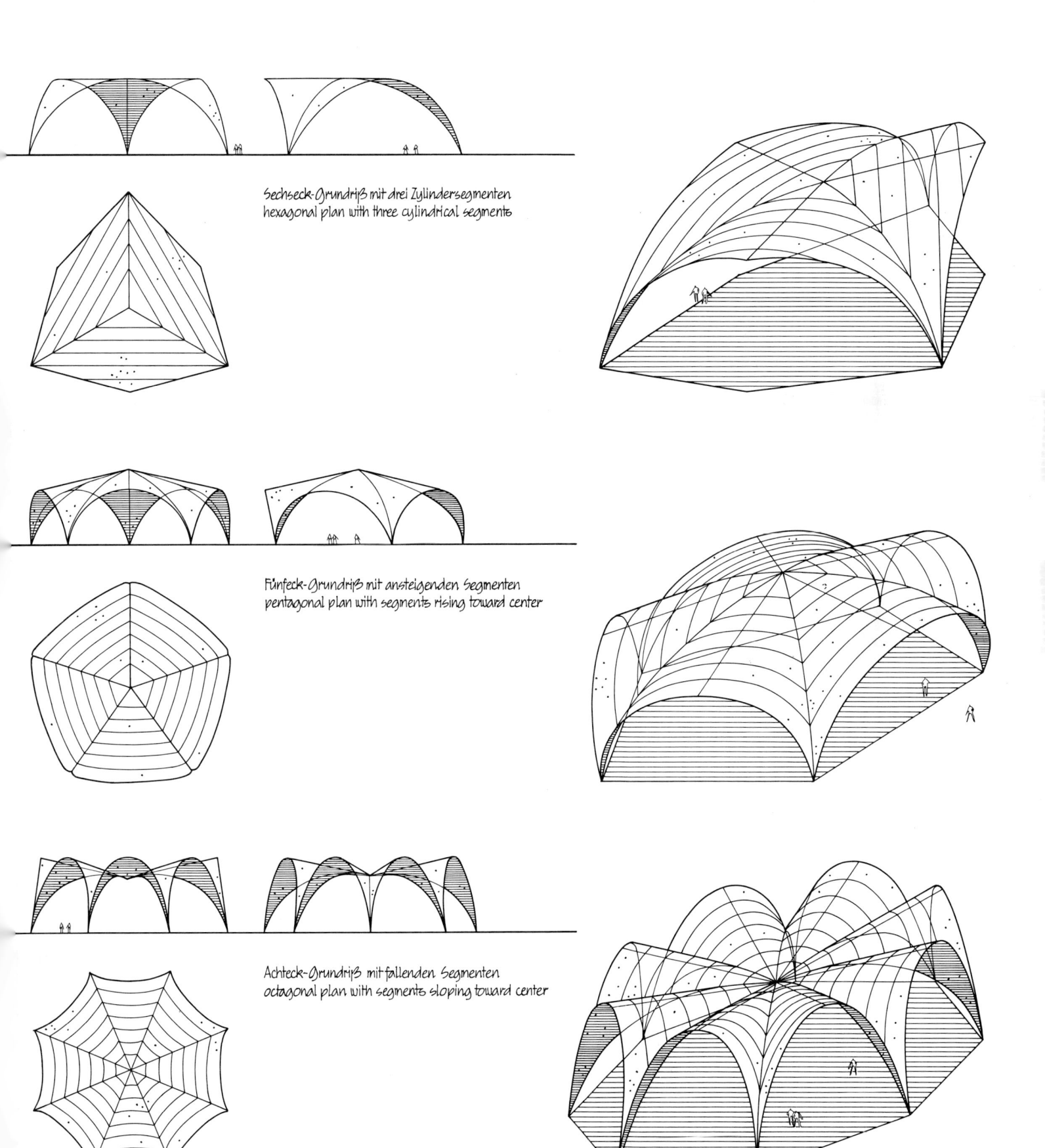

Sechseck-Grundriß mit drei Zylindersegmenten
hexagonal plan with three cylindrical segments

Fünfeck-Grundriß mit ansteigenden Segmenten
pentagonal plan with segments rising toward center

Achteck-Grundriß mit fallenden Segmenten
octagonal plan with segments sloping toward center

Schalensysteme aus sich durchdringenden Zylindersegmenten

shell systems composed of interpenetrating cylindrical segments

Einfach gekrümmte Schalensysteme / single curved shell systems

Tragsysteme aus Durchdringung gefalteter Zylinderflächen   structure systems through interpenetration of folded cylindrical surfaces

Sechseck-Grundriß: ansteigende Zylindersegmente
hexagonal plan: rising cylinder segments

Kreuzform-Grundriß: stehende Segmente
cross-shaped plan: upright segments

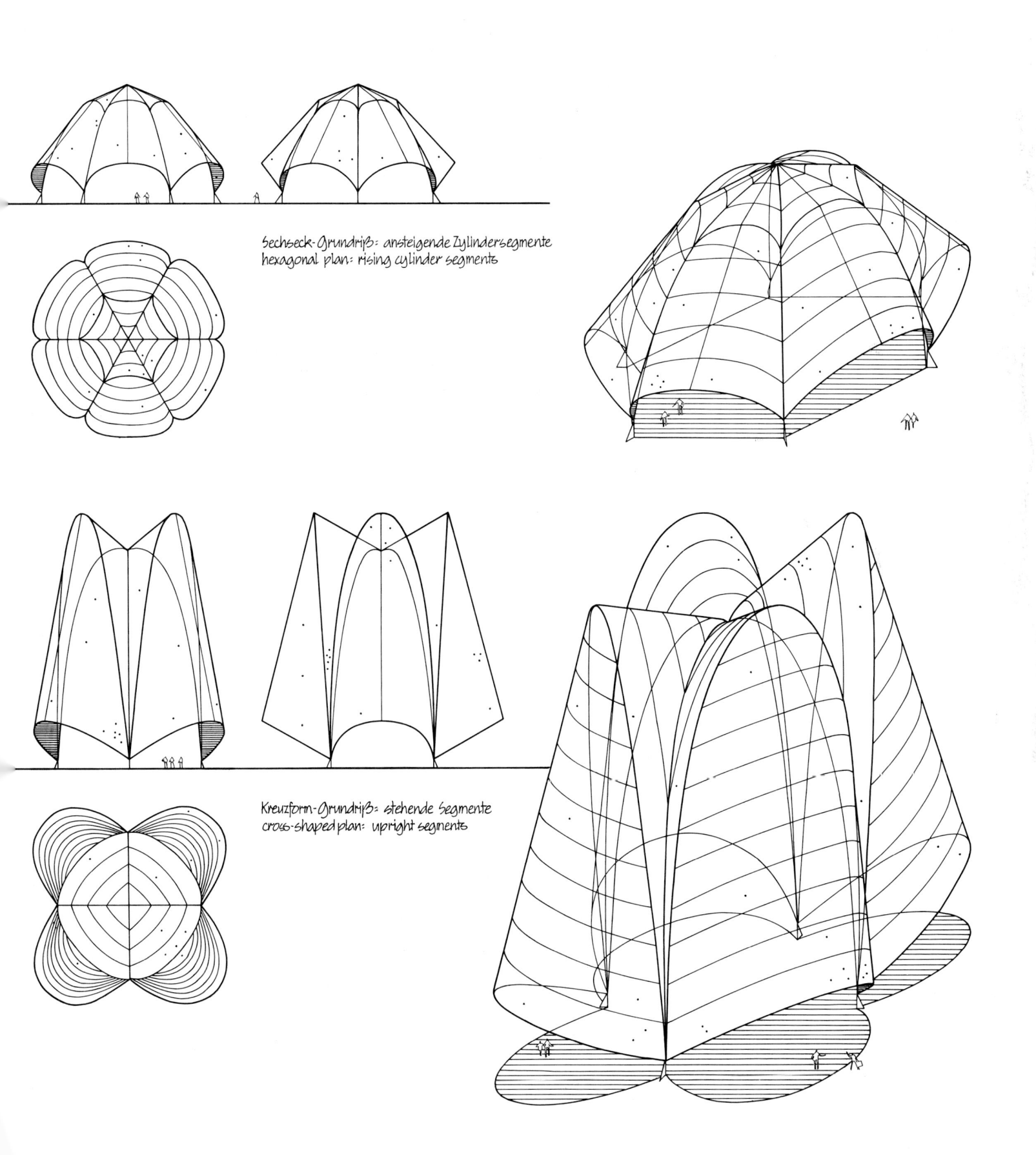

Einfach gekrümmte Schalensysteme / single curved shell systems

Tragsystem aus Durchdringung gefalteter Zylinderflächen
Komposition von sich diagonal kreuzenden Flächen über quadratischem Raster

structure systems through interpenetration of folded cylindrical surfaces
composition of cylindrical surfaces crossing diagonally over square grid plan

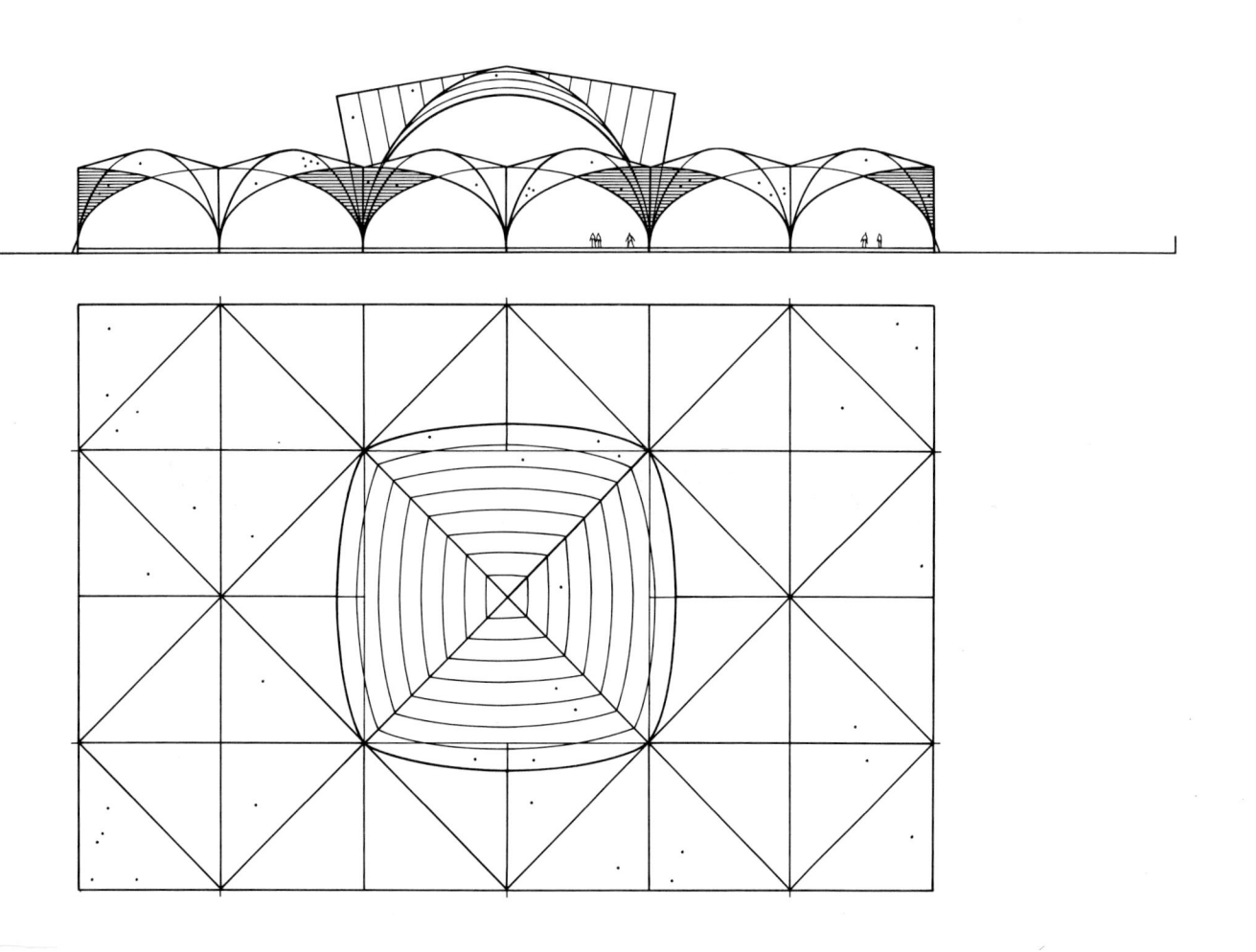

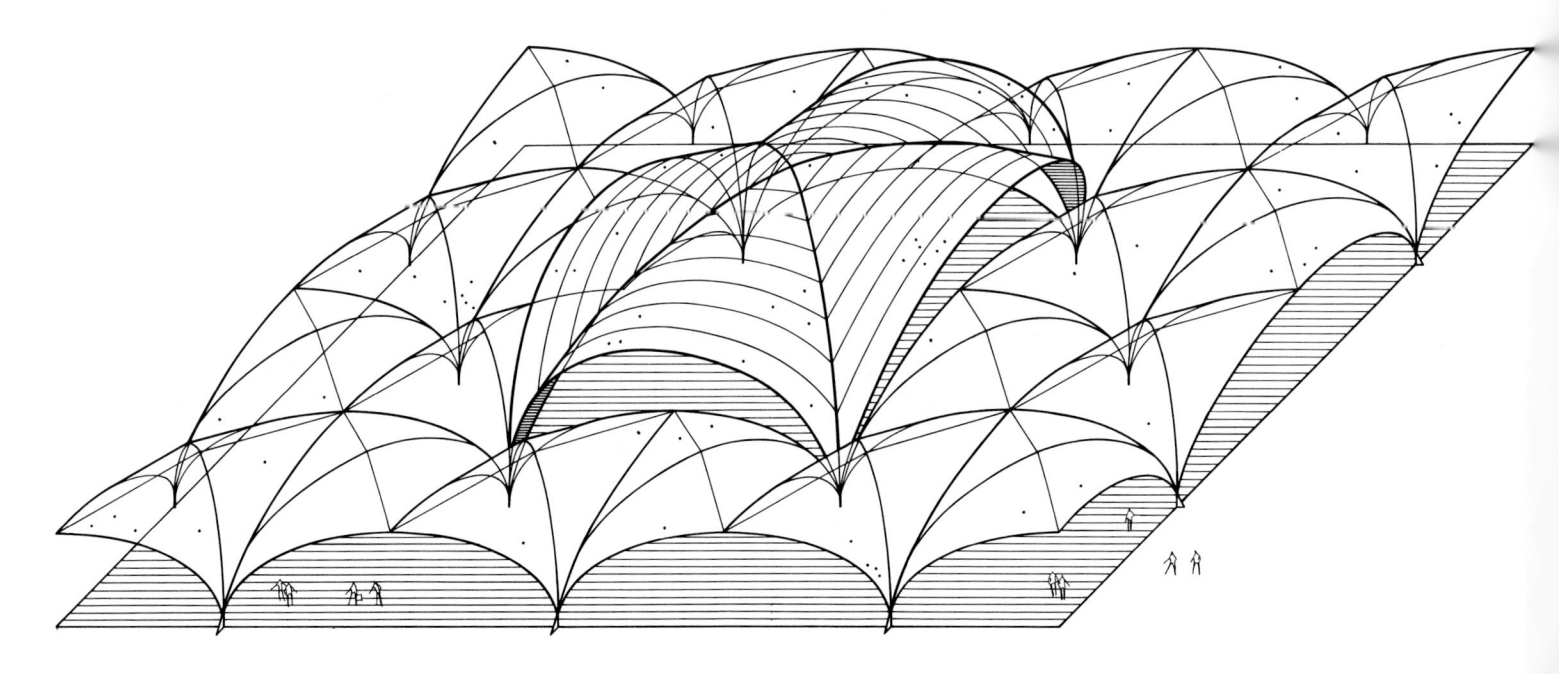

Einfach gekrümmte Schalensysteme / single curved shell systems

Lineare Tragsysteme aus gefalteten Zylinderflächen	linear structure systems composed of folded cylindrical surfaces

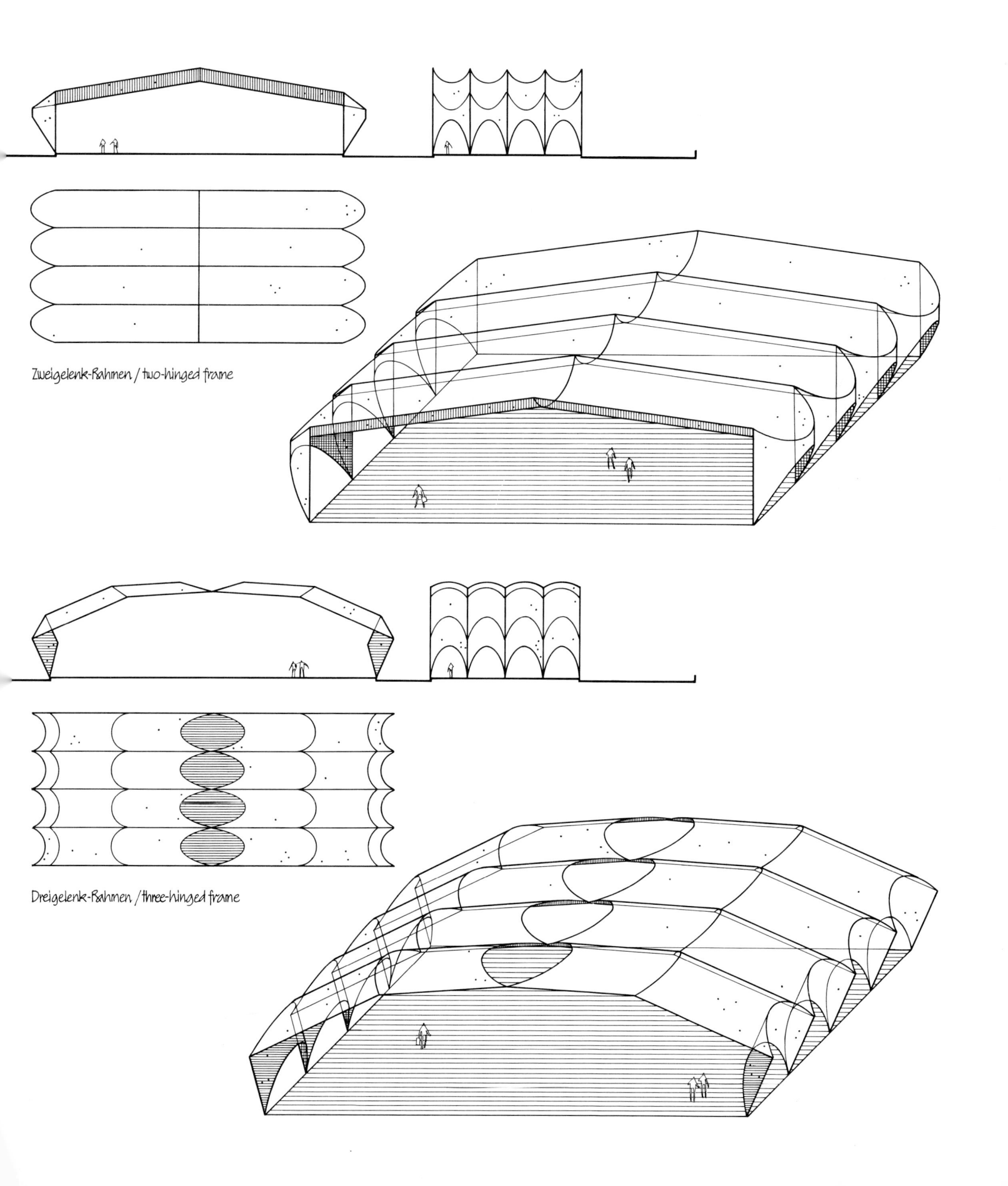

Zweigelenk-Rahmen / two-hinged frame

Dreigelenk-Rahmen / three-hinged frame

Einfach gekrümmte Schalensysteme / single curved shell systems

Lineare Tragsysteme aus gefalteten Zylinderflächen   linear structure systems composed of folded cylindrical surfaces

Zweigelenk-Bogen / two-hinged arch

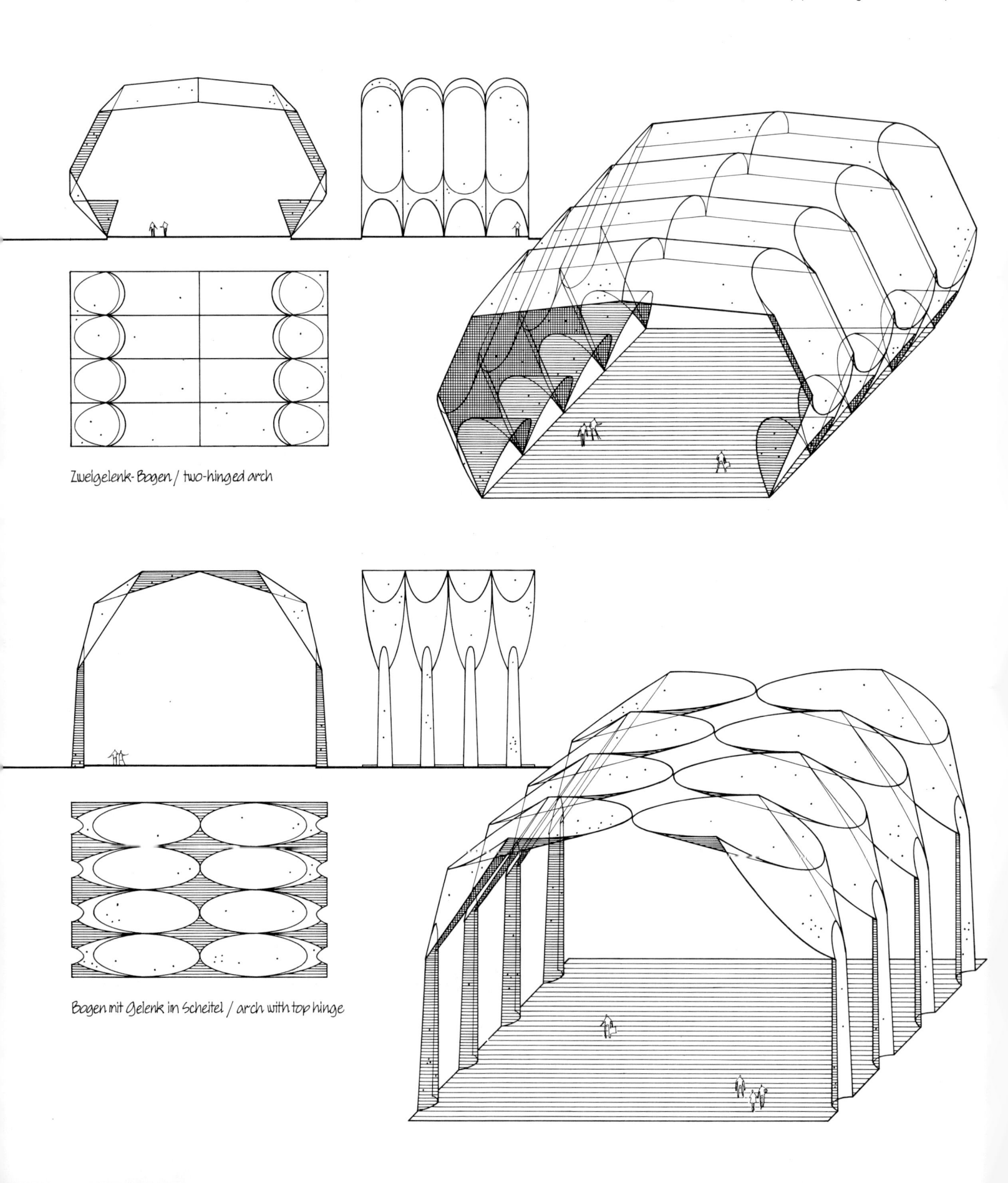

Bogen mit Gelenk im Scheitel / arch with top hinge

Einfach gekrümmte Schalensysteme / single curved shell systems

Lineare Tragsysteme aus gefalteten Zylinderflächen linear structure systems composed of folded cylindrical surfaces

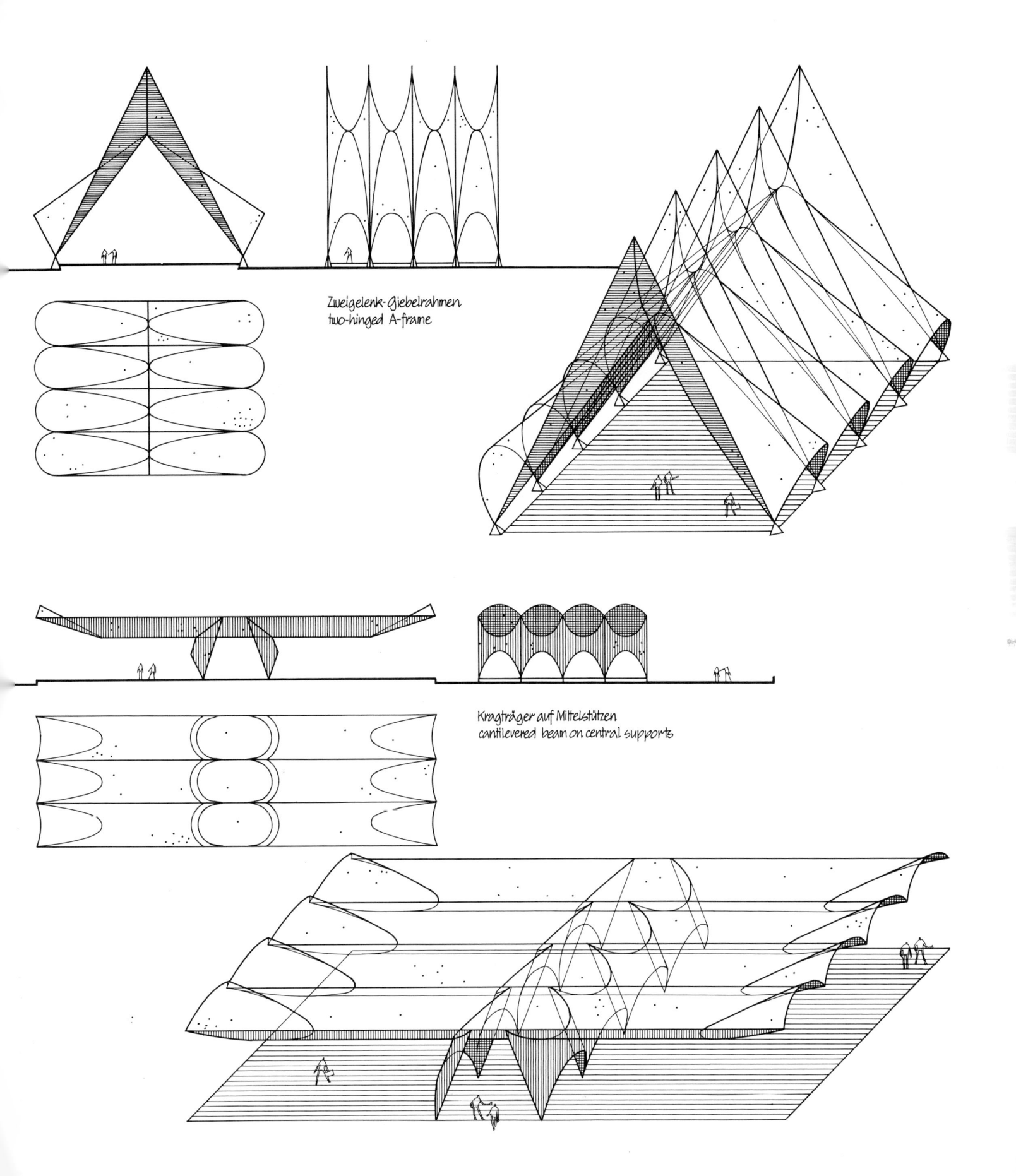

Zweigelenk-Giebelrahmen
two-hinged A-frame

Kragträger auf Mittelstützen
cantilevered beam on central supports

Rotationsschalensysteme / rotational shell systems

Tragmechanismus der Kugel-(Rotations-)Schale / bearing mechanism of spherical (rotational) shell

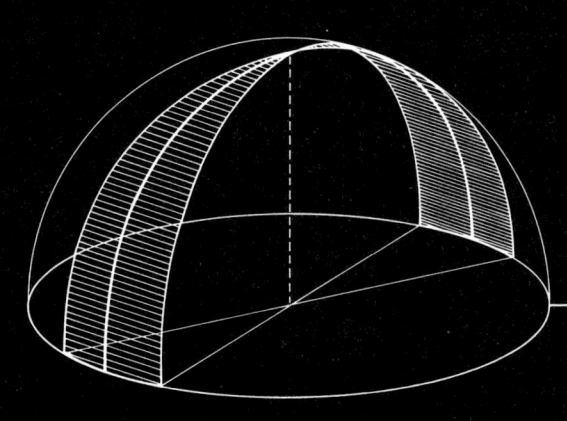

Aufteilung in Segmente — division into segments

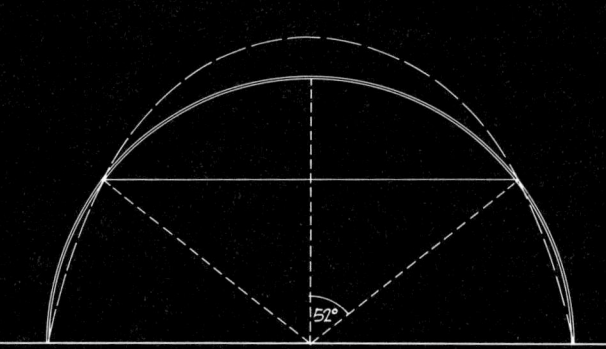

Querschnittskurve zweier gegenüberliegender Segmente fällt nicht mit der eigentlichen Stützlinie zusammen. Vorzeichen der Abweichung ändert sich in Höhe von 52° gemessen vom Scheitel
curvature of arch formed by two opposite segments differs from their actual pressure line. difference changes sign at 52° elevation measured from crown

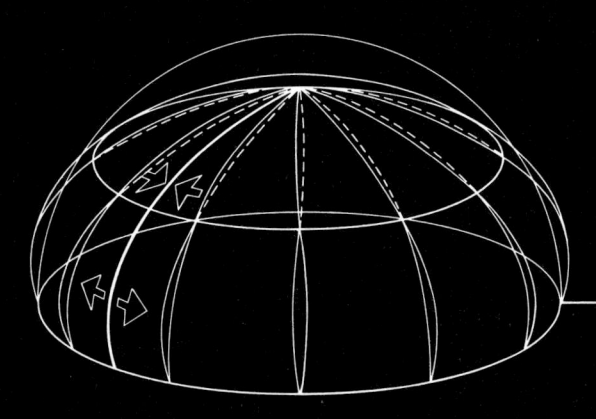

Deformation der Segmente — deflection of segments

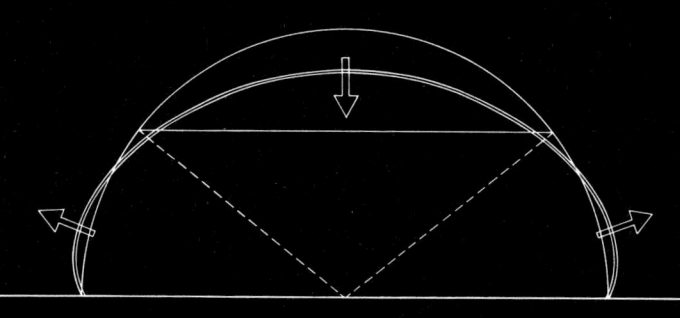

Oberteile der Segmente senken sich und überlappen mit ihren Kanten bei geringerwerdender Rundung. Unterteile drängen nach außen und klaffen auf bei größerwerdender Rundung
upper parts of segments sag and overlap at edges while reducing their curvature. lower parts bulge and split open while increasing their curvature

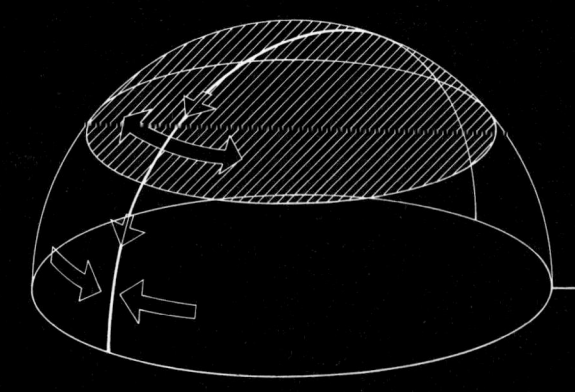

Wirkung der Ringform — effect of hoop form

Horizontale (Ring-)Kontinuierlichkeit widersetzt sich der Deformation, wobei sich der obere Teil wie eine Folge aufeinander geschichteter Druckringe verhält, der untere wie eine Folge von Zugringen
horizontal (hoop) continuity resists deflection while upper part acts like a series of horizontal compression rings and the lower part like a series tension rings

the potential of the spherical shell to develop ring forces prevents both inward and outward deflection of membrane caused by deviation from meridional line of pressure. this potential thus allows also cross profiles for rotational shells that are not circles

Das Vermögen der Kugelschale Ringkräfte zu bilden verhindert Ausweichen der Membrane nach innen oder außen, das durch Abweichung von der meridionalen Stützlinie entsteht. Dies Vermögen erlaubt also auch Querschnittsprofile für Rotationsschalen, die keine Kreise sind

Rotationsschalensysteme / rotational shell systems

Membrankräfte in Rotationsschalen unter symmetrischer Belastung / membrane forces in rotational shells under symmetrical loading

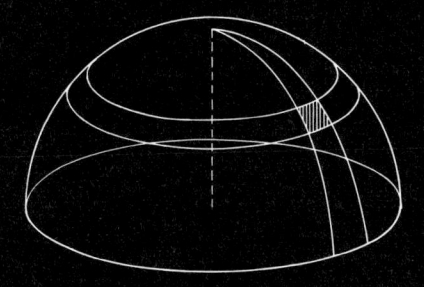

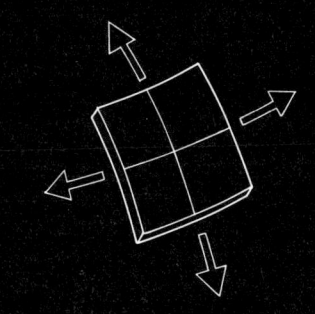

Das herausgeschnittene Schalenelement wird allein durch die Meridiankraft und die Ringkraft im Gleichgewicht gehalten. Wegen symmetrischer Belastung werden in keinem Querschnitt Scherkräfte erzeugt

the shell element will be kept in equilibrium solely by the meridional force and by the hoop force. because of symmetrical loading no shear will be developed in any section of shell

Kräfteverlauf in Kugelschalen unter symmetrischer Belastung / principal stress lines in spherical shells under symmetrical loading

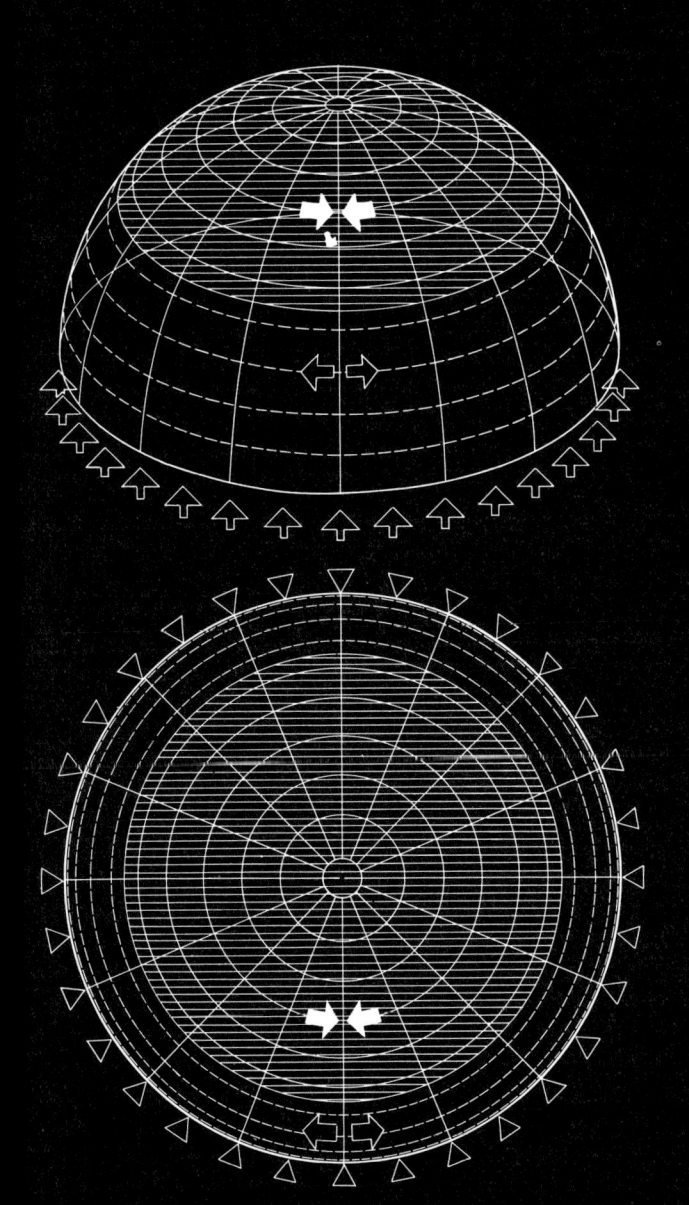

Kräfte verlaufen in Richtung der Meridiane und Breitenkreise
forces follow direction of meridians and parallels

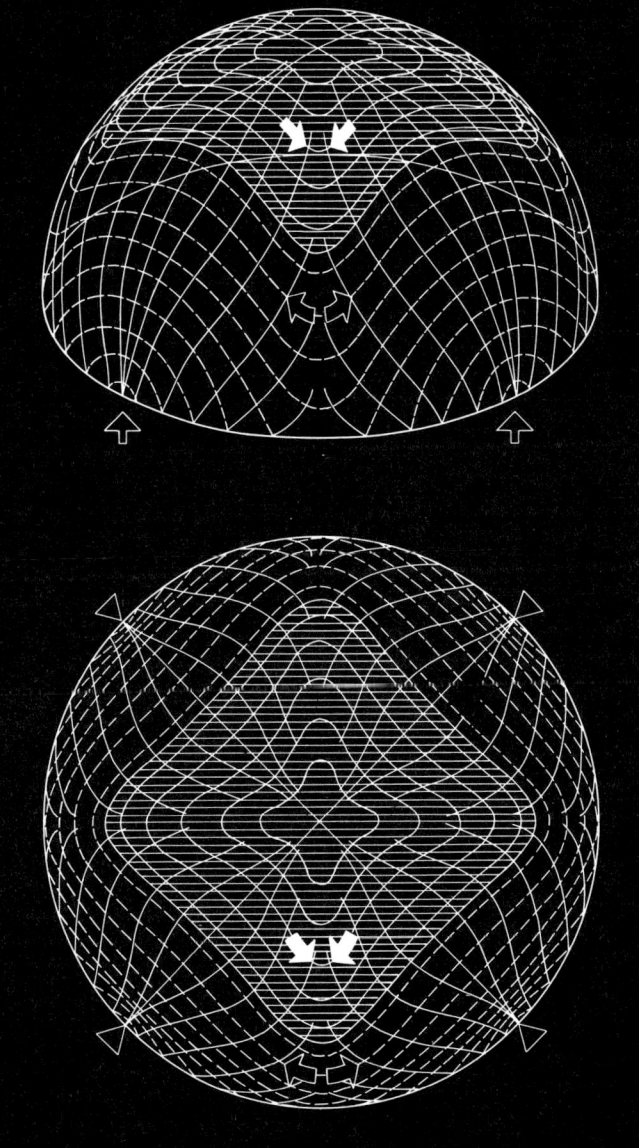

Richtungen der Meridian- und Ringkräfte sind magnetfeldartig verändert
directions of meridional and ring forces are deflected like in a magnetic field

Rotationsschalensysteme / rotational shell systems

Biegung des unteren Schalenrandes: Randstörungen
bending of lower edge: boundary disturbances

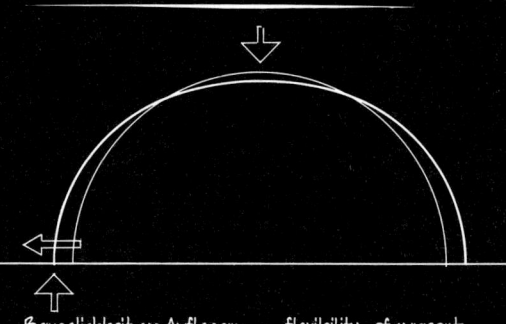

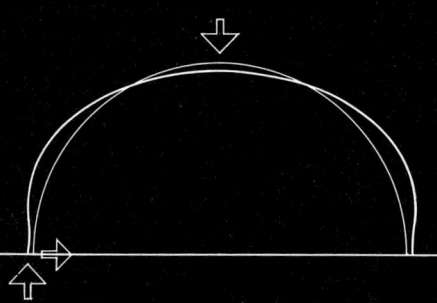

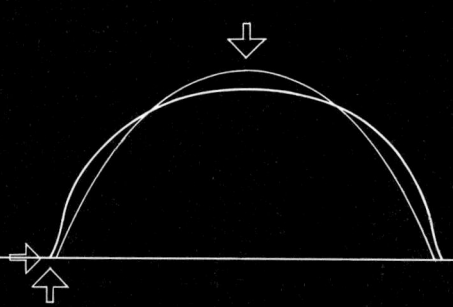

Beweglichkeit am Auflager — flexibility of supports
Reibungswiderstand — frictional resistance
horizontale Auflagerreaktion — horizontal reaction

Bei beweglichem Auflager kann sich Schalenrand ungehindert ausdehnen: Reine Membranspannungen. Wird jedoch die Bewegung durch Reibung des Auflagers eingeschränkt, entstehen Biegestörungen. Gleiches tritt ein, wenn bei nicht senkrechter Endtangente ein Fußring angeordnet ist, dessen Ausdehnung verschieden von der des unteren Schalenrandes ist.

with flexible supports lower edge of shell can expand freely: only membrane stresses. however, if this motion is obstructed by friction of the supports bending disturbance is introduced. the same will be the case when, for non-vertical final tangent of edge a ring beam is built in which the expansion differs from that of the lower edge of the shell

Reduzierung der Randstörungen durch Vorspannen des Fußringes
reduction of edge disturbances through prestressing of ring beam

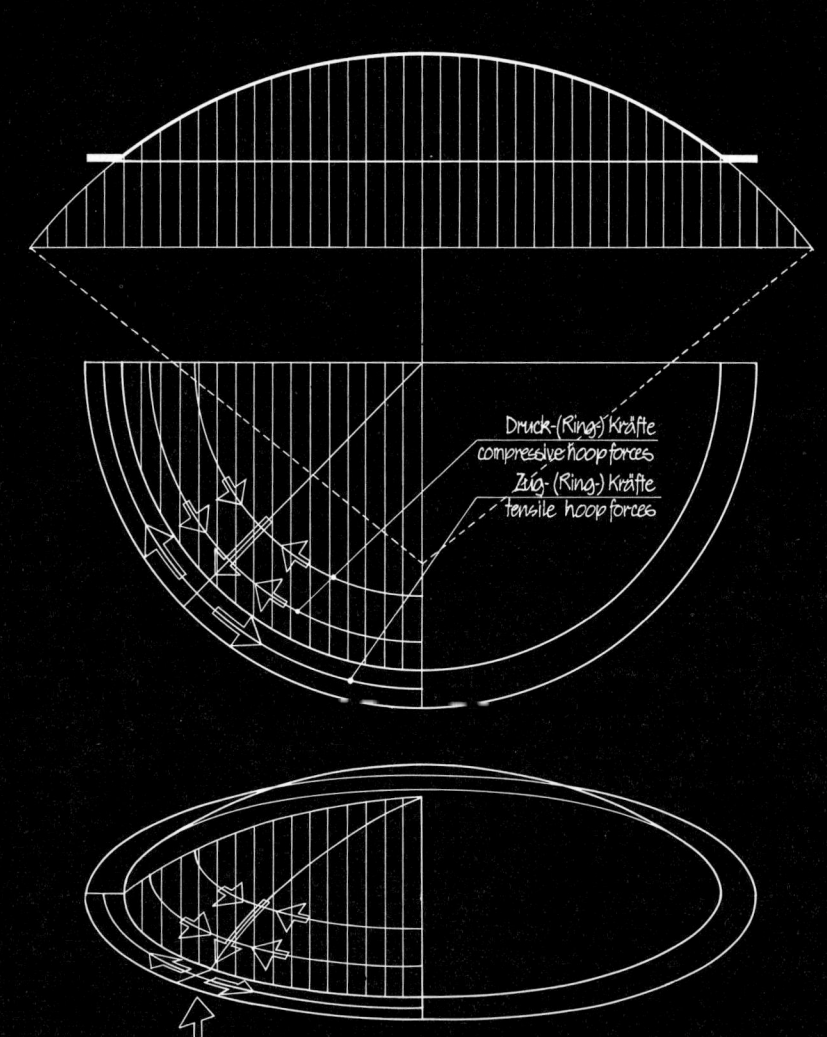

positive Deformation / positive deflection
negative Deformation / negative deflection

Druck-(Ring-)Kräfte / compressive hoop forces
Zug-(Ring-)Kräfte / tensile hoop forces

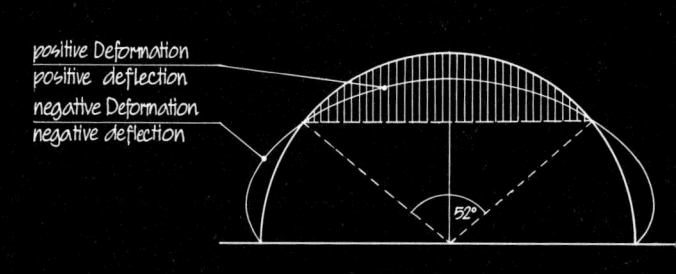

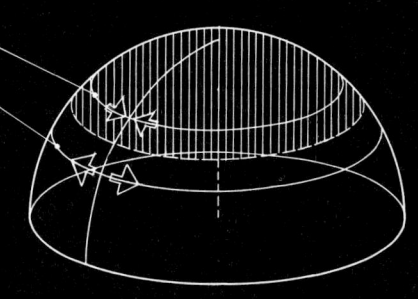

Gegensätzliche Ringverformung von unterem Schalenrand und Fußring aufgrund entgegengesetzter Ringkräfte
opposite hoop deflection of lower edge of shell and of ring beam caused by opposite direction of ring forces

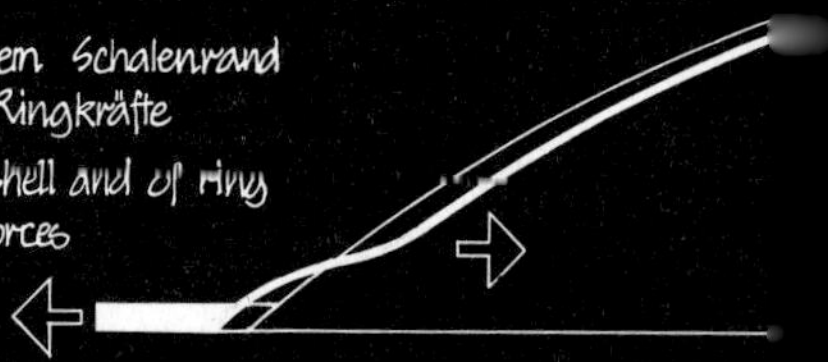

Gleichrichtung der Ringkräfte durch Vorspannen des Fußringes und damit Ausschaltung der gegensätzlichen Ringverformung
reversal of deflective direction in ring beam through prestressing and hence elimination of opposite hoop deflection

Ringkräfte der flachen Kugelschale mit Zugring am Schalenrand
hoop forces in low-rise spherical shell with tension ring at lower edge of shell

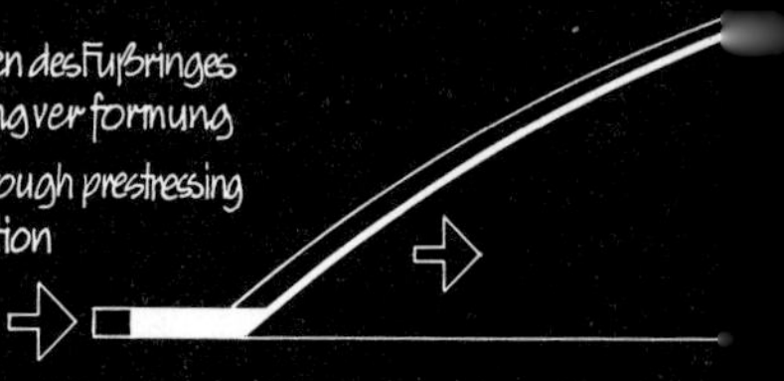

Reduzierung der Biegestörung im unteren Schalenrand
reduction of bending disturbance in lower edge of shell

Ausbildung der unteren Randzone bei flachen Kugelschalen / design of lower edge in low-rise spherical shell

Vorspannen von außengelegenem Ringträger / prestressing of base ring outside of shell
Zentrifugale Verformung des Zugringes wird umgekehrt und mit zentripetaler Schalenverformung gleichgerichtet
centrifugal deflection of tension ring will be reversed to follow centripetal hoop deflection of lower edge of shell

Ringverformung der Schale / hoop deflection of shell
Vorspannung / prestressing
Verformung des Randträgers / deflection of base ring

Vorspannen von innengelegenem Ringträger / prestressing of base ring inside of shell
Mechanismus zur Vermeidung von Randstörungen beruht wie oben auf Umkehrung der Verformungstendenz
mechanism for elimination of edge disturbances is based as above upon reversing the tendency of deflection

Ringverformung der Schale / hoop deflection of shell
Vorspannung / prestressing
Verformung des Randträgers / deflection of base ring

Senkrechtes Abschließen mit Übergangsbogen / vertical ending through transitional curve
Wechsel von zentripetaler auf zentrifugale Ringverformung erfolgt allmählich und innerhalb der Schale
change from centripetal to centrifugal hoop deflection occurs gradually and within the shell (as in hemisphere)

Ringverformung (Druckspannung) / hoop deflection (compression)
Übergangsbogen / transitional curve
Ringverformung (Zugspannung) / hoop deflection (tensile stressing)

Tangentiales Schrägstellen der Unterstützung / tangential inclining of supports
Ringverformung des Auflagers hat zentripetale Tendenz ebenso wie Ringverformung des unteren Schalenrandes
hoop deflection of supports have centripetal tendency just like the hoop deflection of lower edge of shell

Ringverformung der Schale / hoop deflection of shell
Ringverformung des Auflagers / hoop deflection of support

Rotationsschalensysteme / rotational shell systems

Geometrie der Rotationsflächen: Umdrehungskörper

geometry of rotational surfaces: solids of revolution

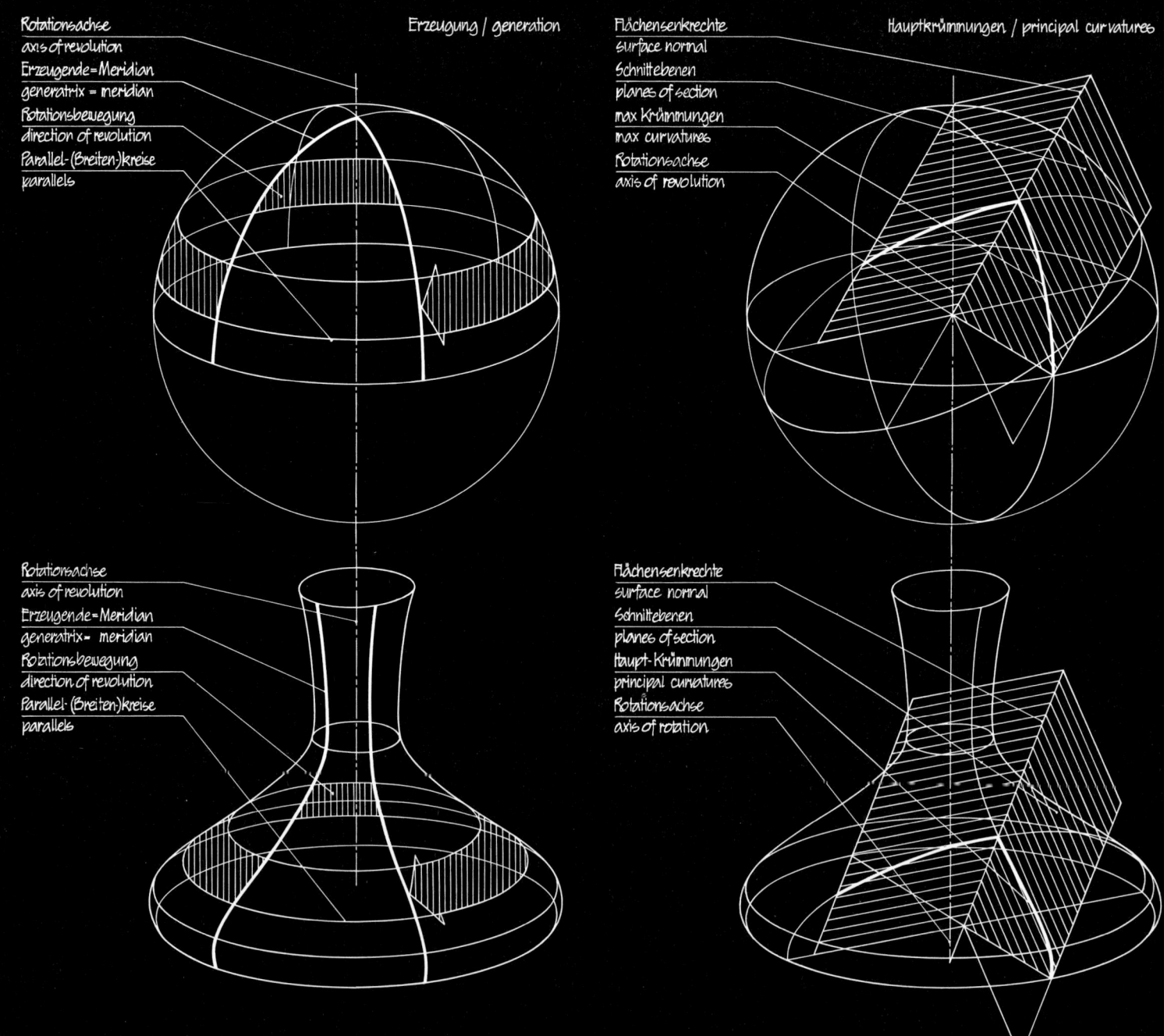

Rotationsachse
axis of revolution
Erzeugende = Meridian
generatrix = meridian
Rotationsbewegung
direction of revolution
Parallel- (Breiten-)kreise
parallels

Erzeugung / generation

Flächensenkrechte
surface normal
Schnittebenen
planes of section
max Krümmungen
max curvatures
Rotationsachse
axis of revolution

Hauptkrümmungen / principal curvatures

Rotationsachse
axis of revolution
Erzeugende = Meridian
generatrix = meridian
Rotationsbewegung
direction of revolution
Parallel- (Breiten-)kreise
parallels

Flächensenkrechte
surface normal
Schnittebenen
planes of section
Haupt-Krümmungen
principal curvatures
Rotationsachse
axis of rotation

Fläche wird erzeugt durch Rotation einer ebenen Kurve von geometrischer oder freier Form (Meridian) um eine senkrechte Achse. Alle horizontalen Schnittkurven sind Kreise
surface is generated by rotating a plane curve of geometric or free form, the generatrix, (meridian) around a vertical axis. all horizontal sectional curves are circles

Die eine Hauptkrümmung ist jeweils durch den Meridian gegeben, die andere durch den Schnitt mit einer Ebene, die durch die Flächensenkrechte senkrecht zur Meridianebene geht
one principal curvature of any point is given by the meridian; the other by the section with a plane going through the surface normal and being vertical to the meridional plane

Rotationsschalensysteme / rotational shell systems

Sonderformen der Rotationsflächen
special forms of rotational surfaces

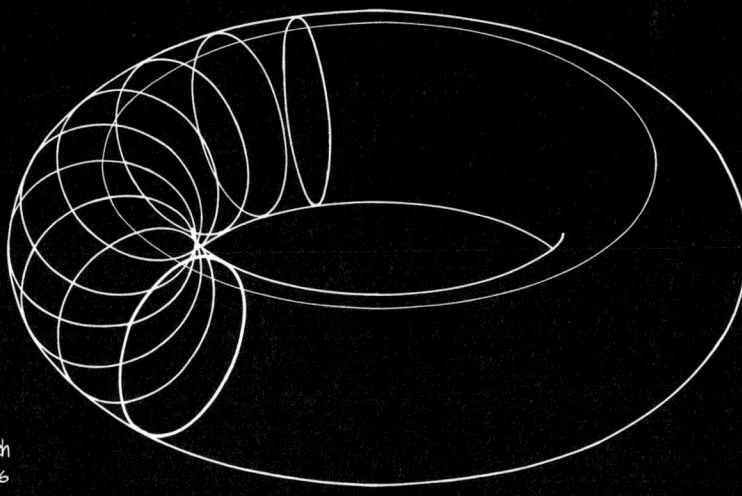

Ist die Erzeugende ein Kreis und liegt die Rotationsachse in der Ebene des Kreises, jedoch
tangential zu ihm oder außerhalb von ihm, so entsteht eine Kreisringfläche, ein Torus
When the generatrix is a circle and when the axis of rotation is in the plane of this circle
but either tangential to it or outside it, a torus is generated

Kreisringfläche   torus

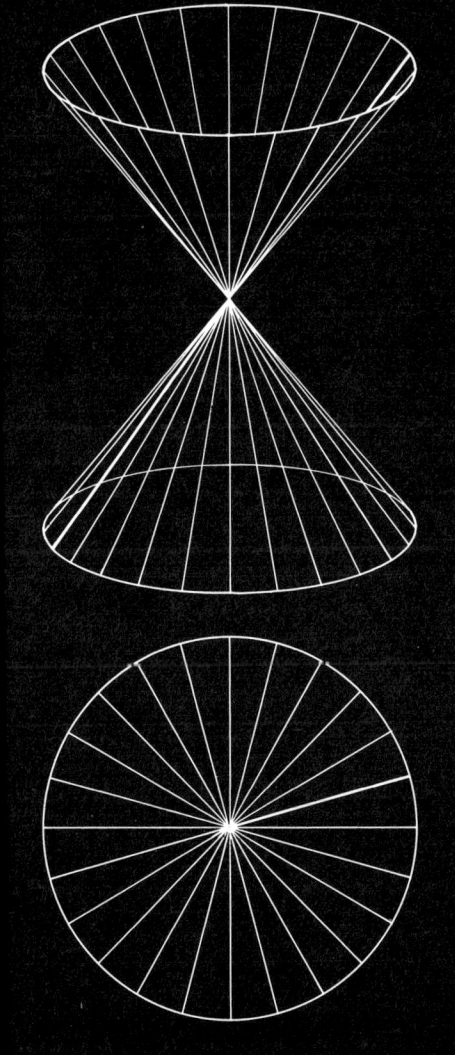

Zugekehrte Kegel   inverted cones    Hyperboloid   hyperboloid 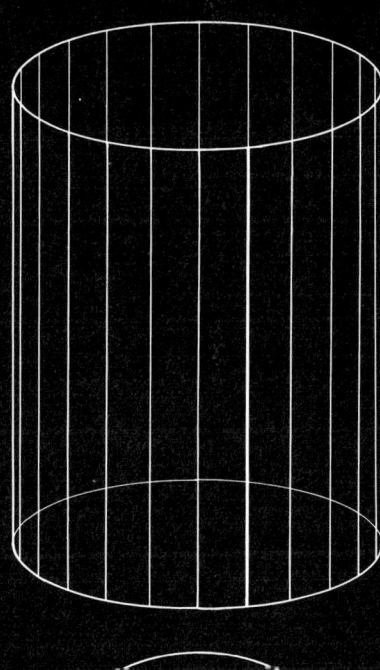   Kreiszylinder   circular cylinder

Ist die Erzeugende eine Gerade, so ergeben sich je nach ihrer räumlichen Stellung in
Bezug auf die Rotationsachse die typischen Flächen: Kegel, Hyperboloid oder Zylinder
When the generatrix is a straight line, dependant on its position in space in relation to
the axis of rotation, typical surfaces of cone, hyperboloid or cylinder will be generated

Rotationsschalensysteme / rotational shell systems

Torus-Ausschnitte für besondere Grundriß-Geometrie

torus sections for special plan geometry

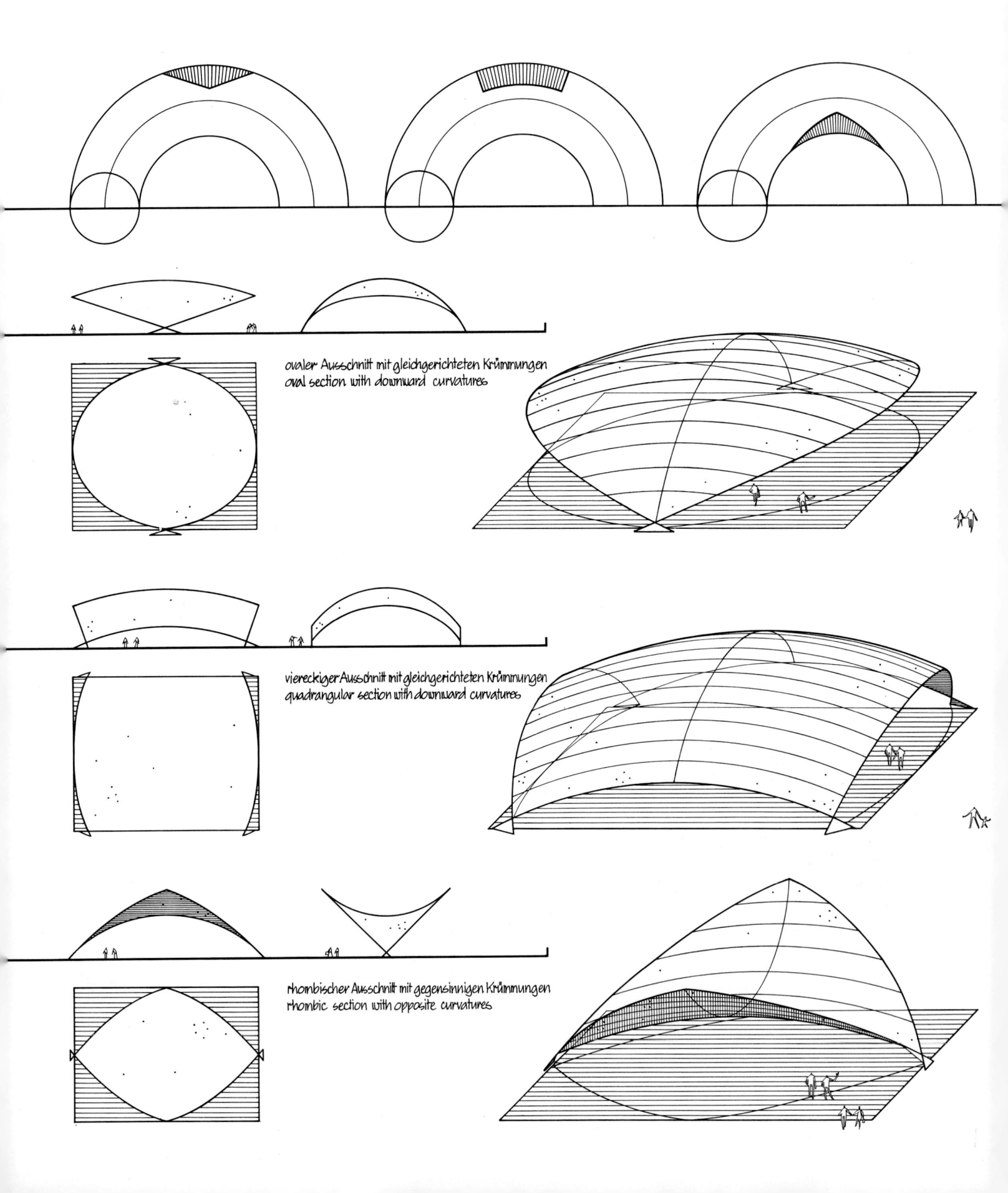

ovaler Ausschnitt mit gleichgerichteten Krümmungen
oval section with downward curvatures

viereckiger Ausschnitt mit gleichgerichteten Krümmungen
quadrangular section with downward curvatures

rhombischer Ausschnitt mit gegensinnigen Krümmungen
rhombic section with opposite curvatures

Rotationsschalensysteme / rotational shell systems

Halbkugelflächen für gradlinige Grundriß-Geometrie
hemispherical surfaces for straight-line plan geometry

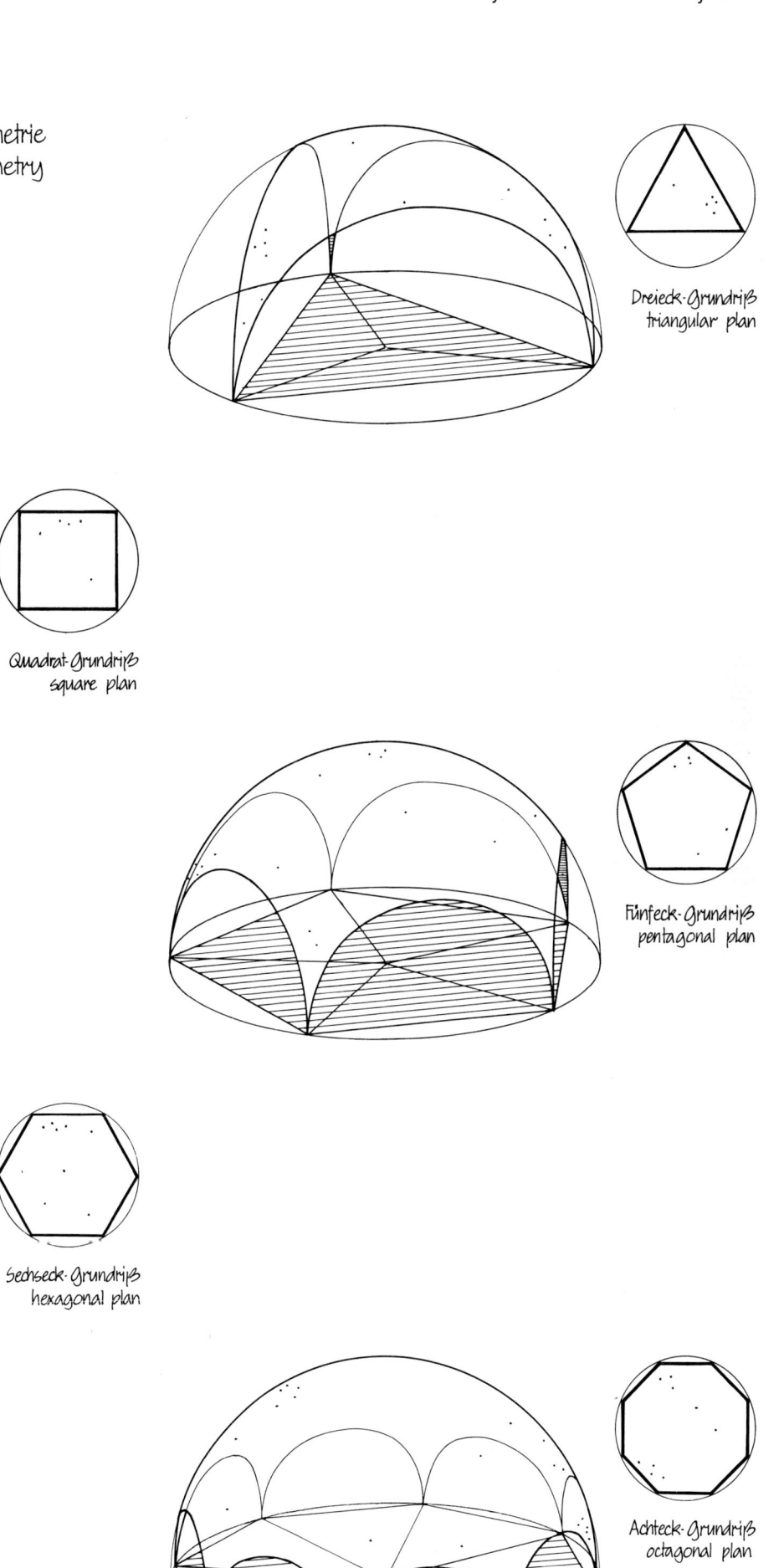

Dreieck-Grundriß
triangular plan

Quadrat-Grundriß
square plan

Fünfeck-Grundriß
pentagonal plan

Sechseck-Grundriß
hexagonal plan

Achteck-Grundriß
octagonal plan

Rotationsschalensysteme / rotational shell systems

Systeme der Raumbildung mit einer Kugelfläche — systems of defining space with one spherical surface

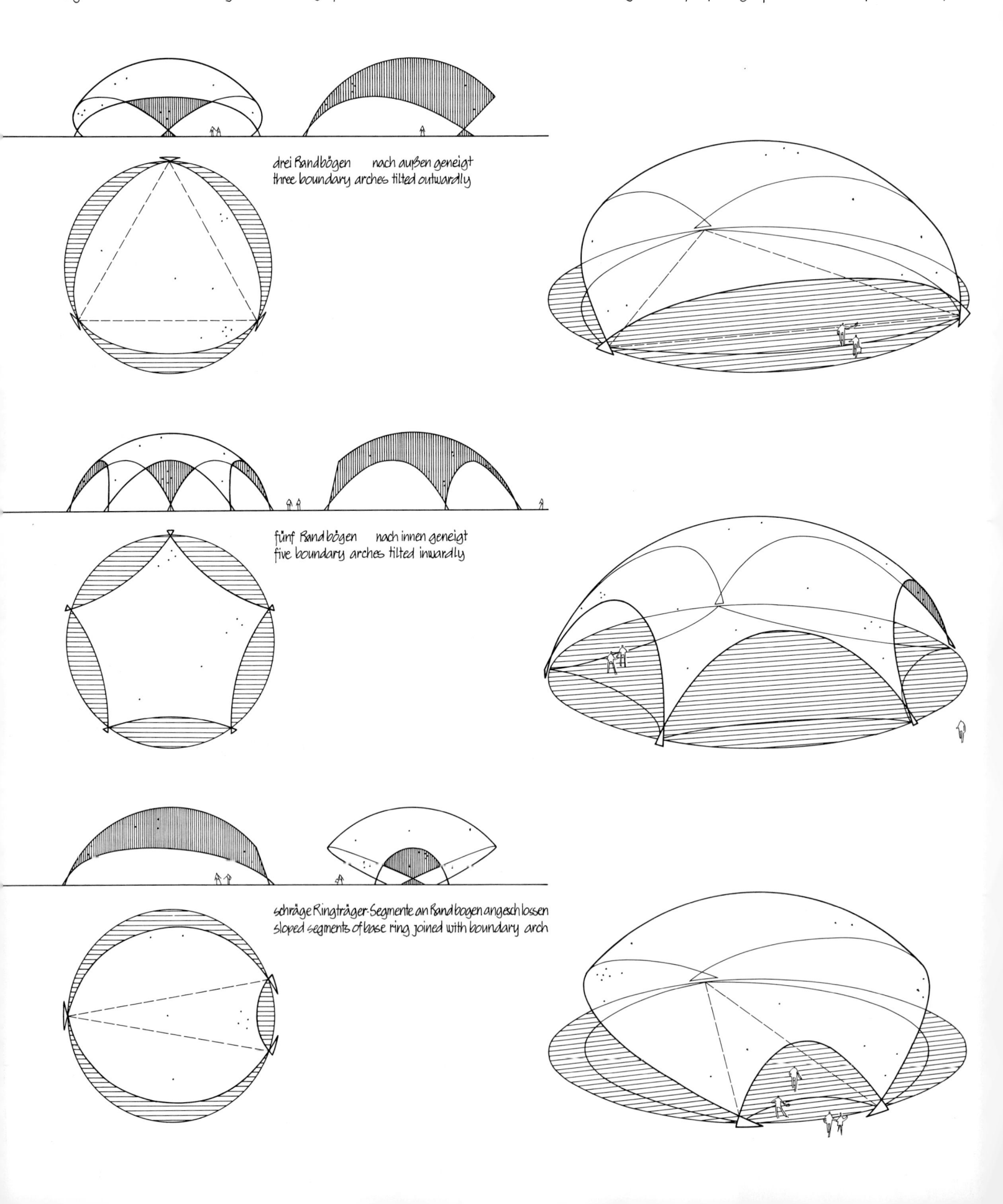

drei Randbögen nach außen geneigt
three boundary arches tilted outwardly

fünf Randbögen nach innen geneigt
five boundary arches tilted inwardly

schräge Ringträger-Segmente an Randbogen angeschlossen
sloped segments of base ring joined with boundary arch

Rotationsschalensysteme / rotational shell systems

Systeme der Raumbildung mit zwei Kugelflächen in Firstfaltung
systems of defining space with two spherical surfaces in ridge folding

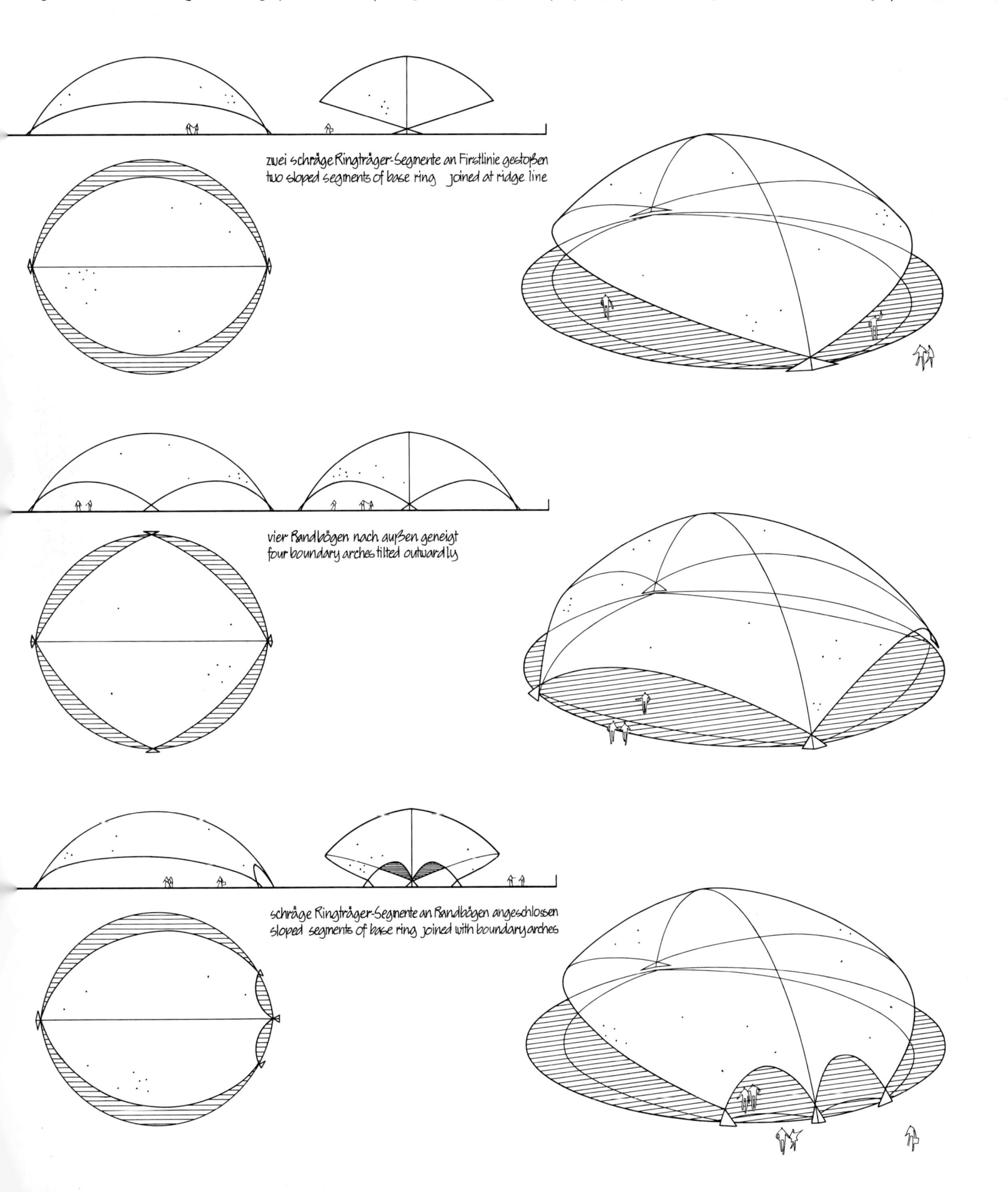

zwei schräge Ringträger-Segmente an Firstlinie gestoßen
two sloped segments of base ring joined at ridge line

vier Randbögen nach außen geneigt
four boundary arches tilted outwardly

schräge Ringträger-Segmente an Randbögen angeschlossen
sloped segments of base ring joined with boundary arches

Rotationsschalensysteme / rotational shell systems

Systeme der Raumbildung mit zwei Kugelflächen in Kehlverbindung   systems of defining space with two spherical surfaces joined in valley

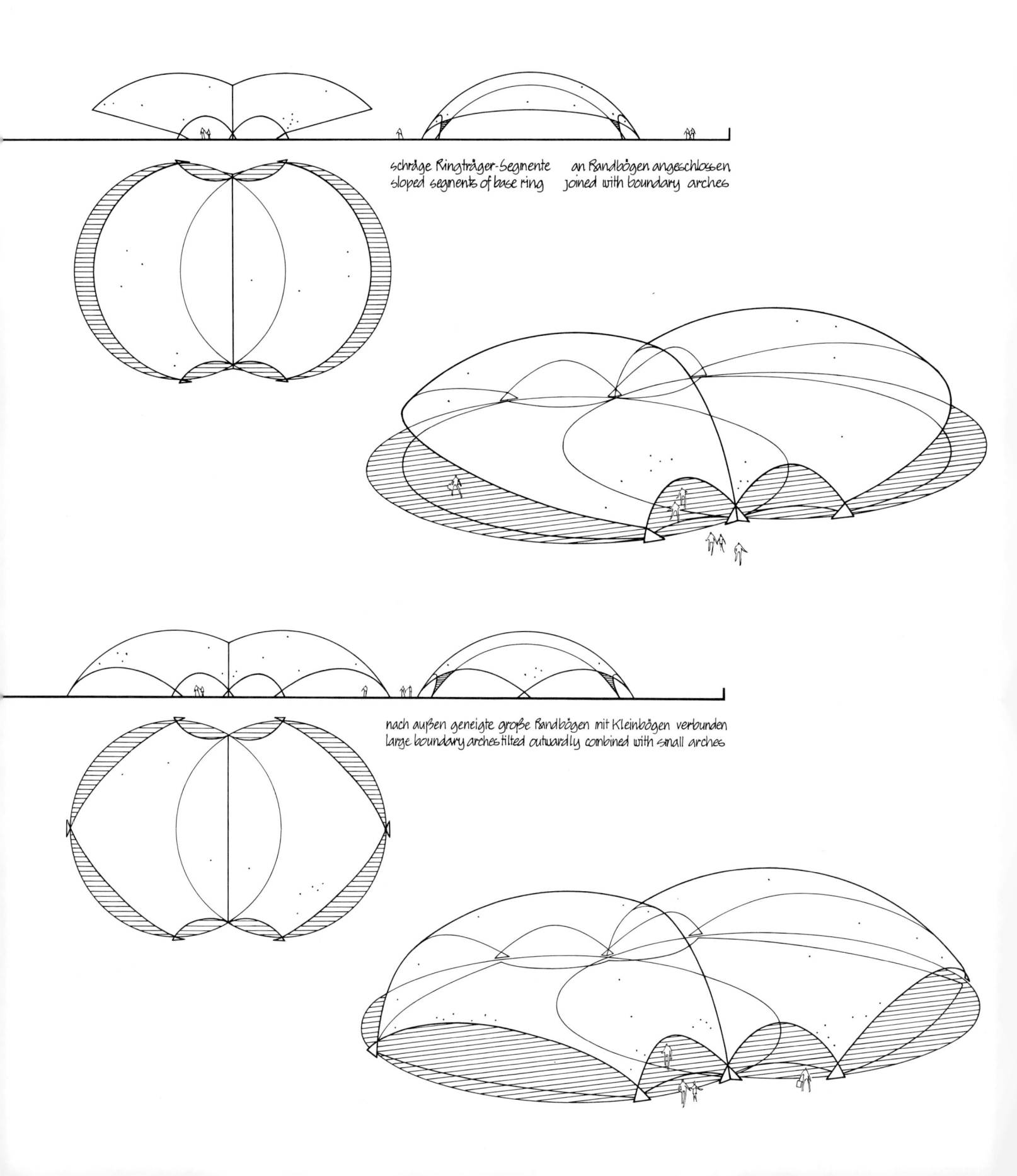

schräge Ringträger-Segmente   an Randbögen angeschlossen
sloped segments of base ring   joined with boundary arches

nach außen geneigte große Randbögen mit Kleinbögen verbunden
large boundary arches tilted outwardly combined with small arches

211 Rotationsschalensysteme / rotational shell systems

Systeme der Raumbildung mit zwei Kugelflächen in Kehlverbindung   systems of defining space with two spherical surfaces joined in valley

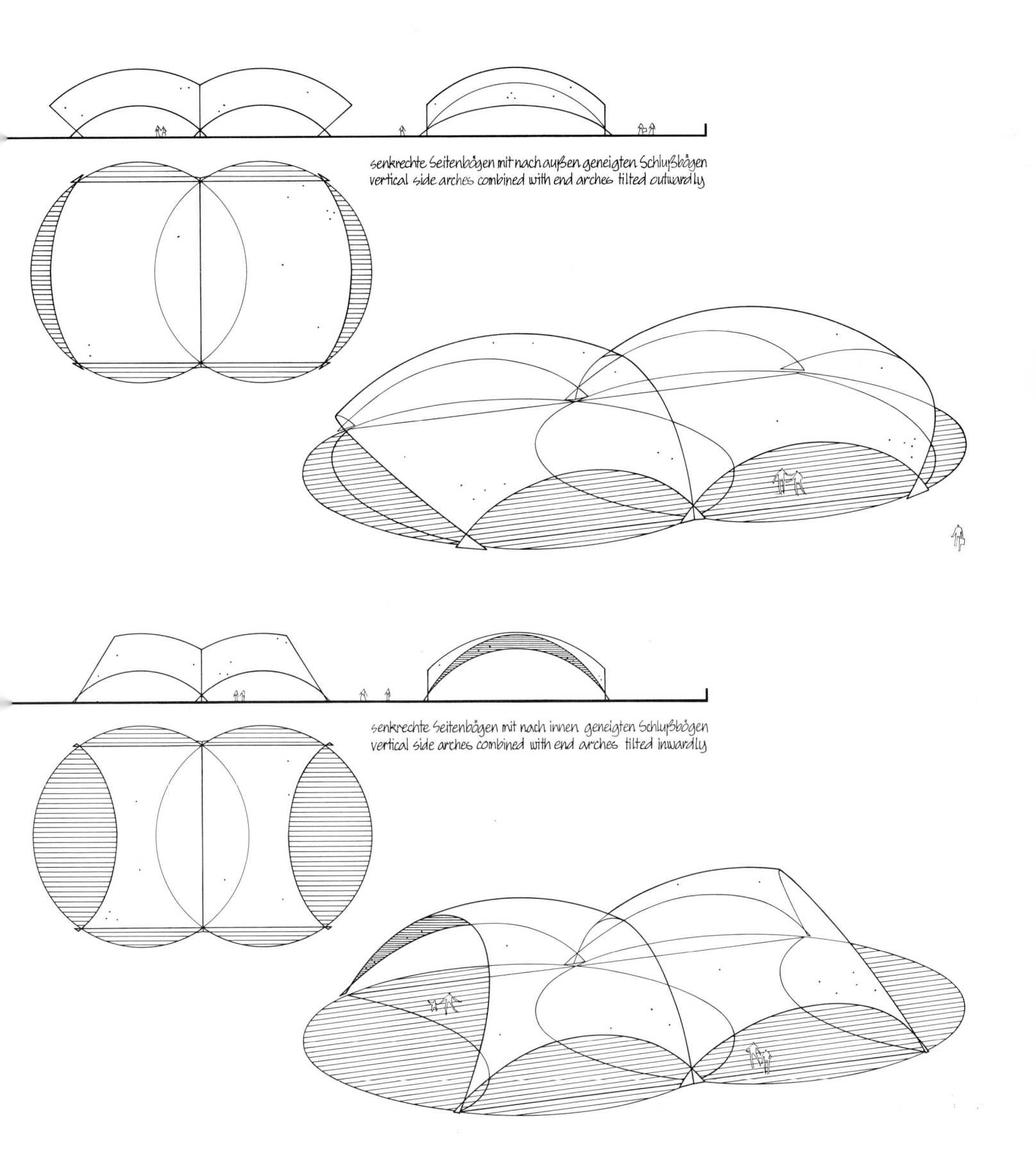

senkrechte Seitenbögen mit nach außen geneigten Schlußbögen
vertical side arches combined with end arches tilted outwardly

senkrechte Seitenbögen mit nach innen geneigten Schlußbögen
vertical side arches combined with end arches tilted inwardly

Rotationsschalensysteme / rotational shell systems

Systeme der Raumbildung mit Kugelflächen ungleicher Krümmung   systems of defining space with spherical surfaces of different curvature

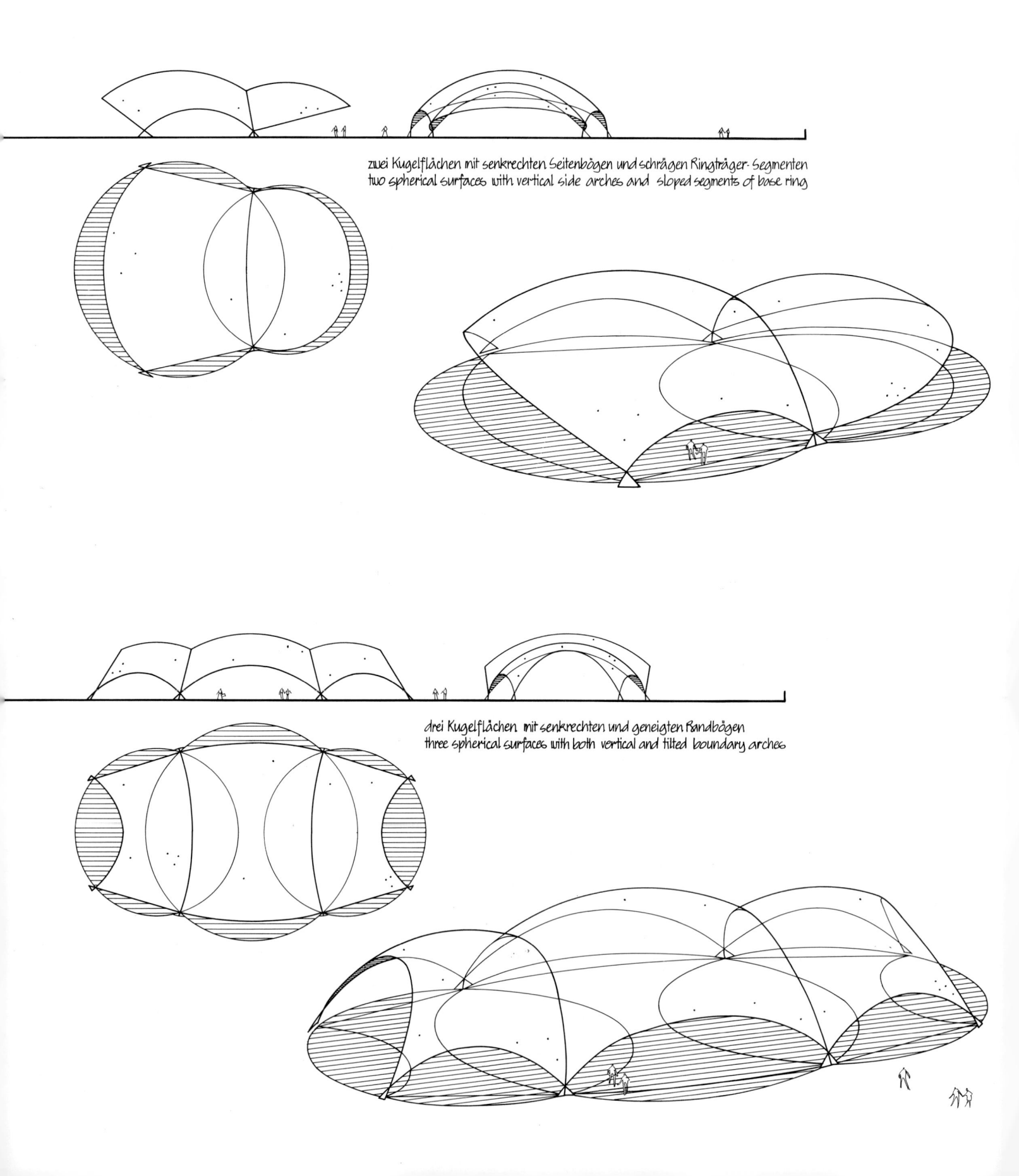

zwei Kugelflächen mit senkrechten Seitenbögen und schrägen Ringträger-Segmenten
two spherical surfaces with vertical side arches and sloped segments of base ring

drei Kugelflächen mit senkrechten und geneigten Randbögen
three spherical surfaces with both vertical and tilted boundary arches

Rotationsschalensysteme / rotational shell systems

Systeme der Raumbildung mit drei Kugelflächen in Kehlverbindung   systems of defining space with three spherical surfaces joined at valley

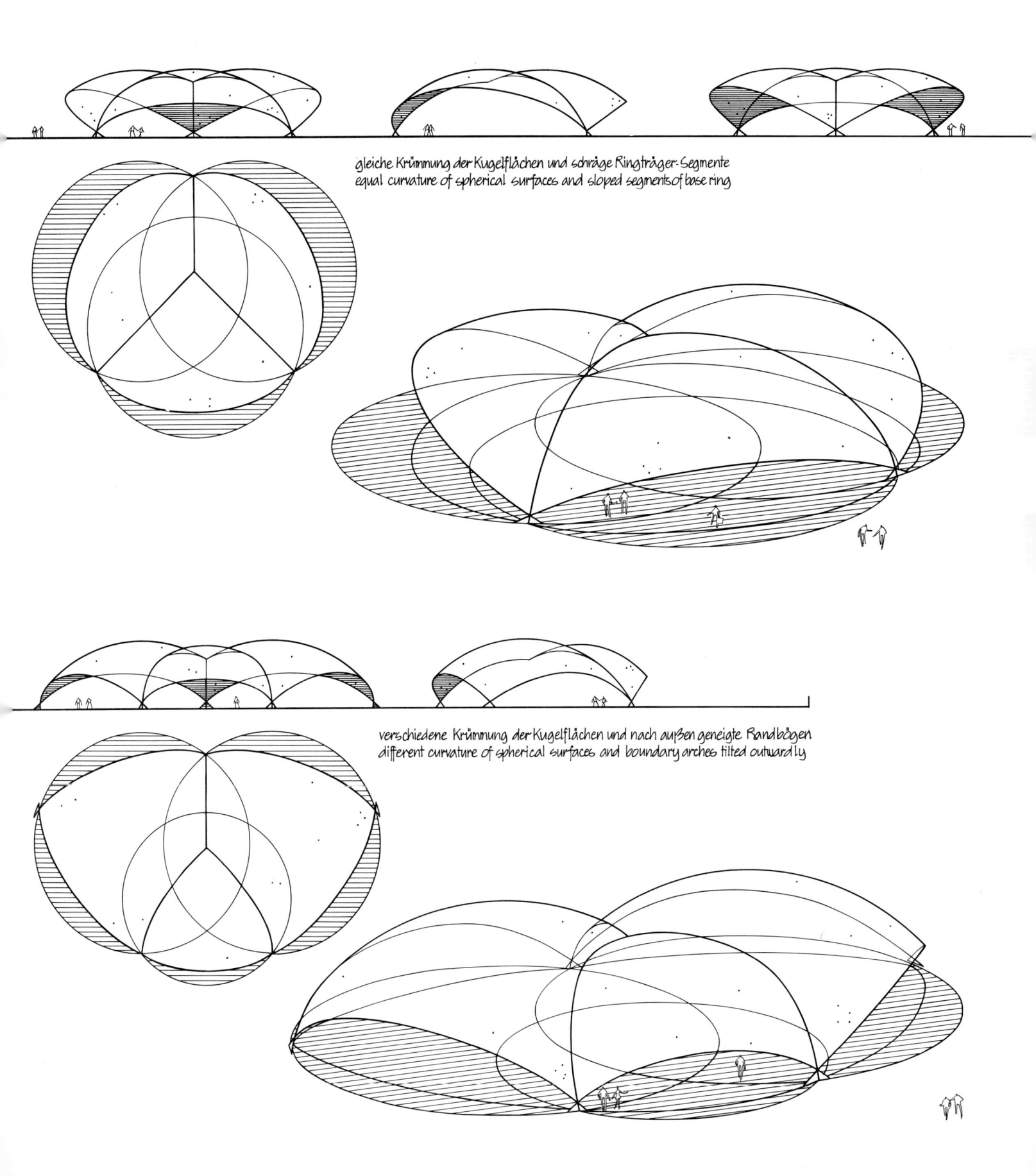

gleiche Krümmung der Kugelflächen und schräge Ringträger-Segmente
equal curvature of spherical surfaces and sloped segments of base ring

verschiedene Krümmung der Kugelflächen und nach außen geneigte Randbögen
different curvature of spherical surfaces and boundary arches tilted outwardly

Gegensinnig gekrümmte Schalensysteme / anticlastic shell systems 214

Geometrie und Tragmechanismus der Translationsschalen
geometry and bearing mechanism of translational shells

Flächenerzeugung: eine Translationsfläche entsteht, wenn eine ebene Kurve (Erzeugende) parallel zu sich selbst entlang einer anderen ebenen Kurve (Leitkurve) geführt wird, deren Ebene im allgemeinen rechtwinklig zur Ebene der Erzeugenden liegt.

surface generation: a translational surface is generated by moving a plane curve (generatrix) parallel to itself along another plane curve (directrix) that usually is in a plane at right angles to the plane of the generatrix

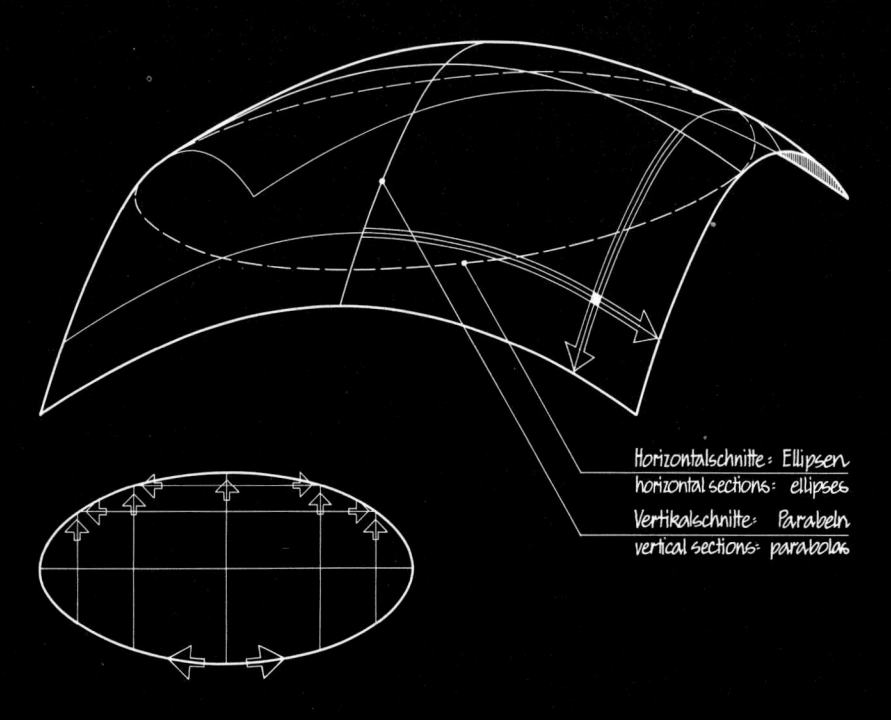

Elliptisches Paraboloid — elliptical paraboloid
synklastische (= gleichsinnig gekrümmte) Fläche
synclastic surface (= curvatures in same direction)

Lasten werden durch Bogenmechanismus in zwei Achsen auf Ränder abgetragen. Ränder müssen also den Bogenschub aufnehmen und dementsprechend versteift werden. Im Falle eines horizontalen unteren Abschlusses muß der Rand die Resultierenden der Bogenkräfte beider Achsen aufnehmen. Weil seine Form (Ellipse) der Kettenlinie für die sich aus Eigengewicht ergebenden Horizontalkräften nahekommt, bleibt der Randbalken weitgehend biegefrei.

loads are transmitted to boundary arches through arch mechanism in two axes. boundaries therefore must receive arch thrust and must be stiffened accordingly. in case of horizontal termination of lower edge the edge must receive the resultants from the arch forces of both axes. because its form (ellipse) approximates the funicular tension curve for horizontal components resulting from dead weight, the edge beam remains largely free of bending

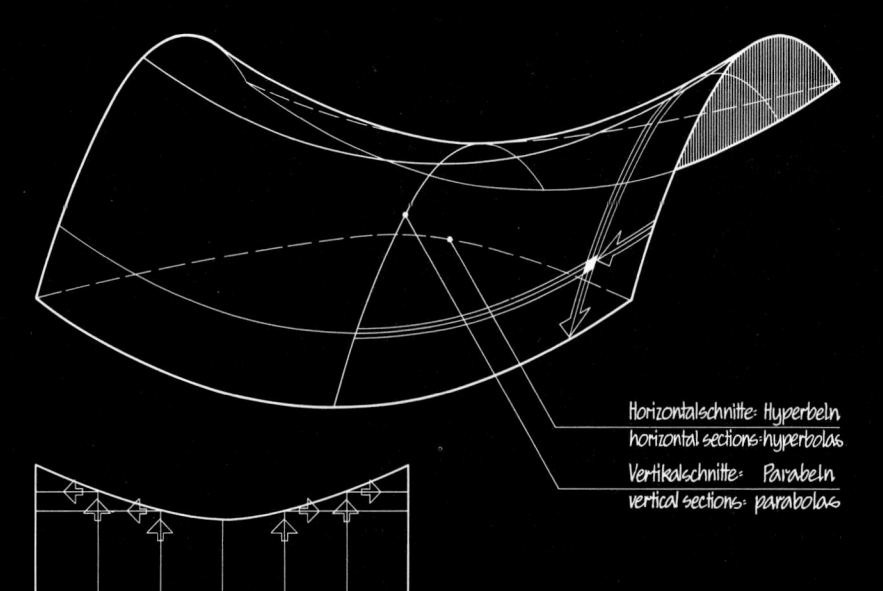

Horizontalschnitte: Ellipsen
horizontal sections: ellipses
Vertikalschnitte: Parabeln
vertical sections: parabolas

Hyperbolisches Paraboloid - 'hp' — hyperbolic paraboloid - 'hypar'
antiklastische (= gegensinnig gekrümmte / Sattel-) Fläche
anticlastic (saddle) surface (curvatures in opposite directions)

Lasten werden durch Bogenmechanismus in der einen Achse und Hängemechanismus in der anderen auf Ränder abgetragen. Ränder müssen also Bogenschub in der einen Achse und Hängezug in der anderen aufnehmen. Im Falle eines horizontalen unteren Abschlusses muß der untere Rand die Resultierenden aus Schub und Zug aufnehmen. Wegen seiner Bogenform (Hyperbel) kann Randträger diese Horizontalkräfte ohne größere Biegung auf Ecken abtragen

loads are transmitted to boundary arches through arch mechanism in the one axis and suspension mechanism in the other. boundaries therefore must receive arch thrust in the one axis and suspension pull in the other. in case of horizontal termination of lower edge, the edge must receive the resultants of both thrust and pull. because of its arch shape the edge beam can transmit these horizontal forces to the corners without major bending

Horizontalschnitte: Hyperbeln
horizontal sections: hyperbolas
Vertikalschnitte: Parabeln
vertical sections: parabolas

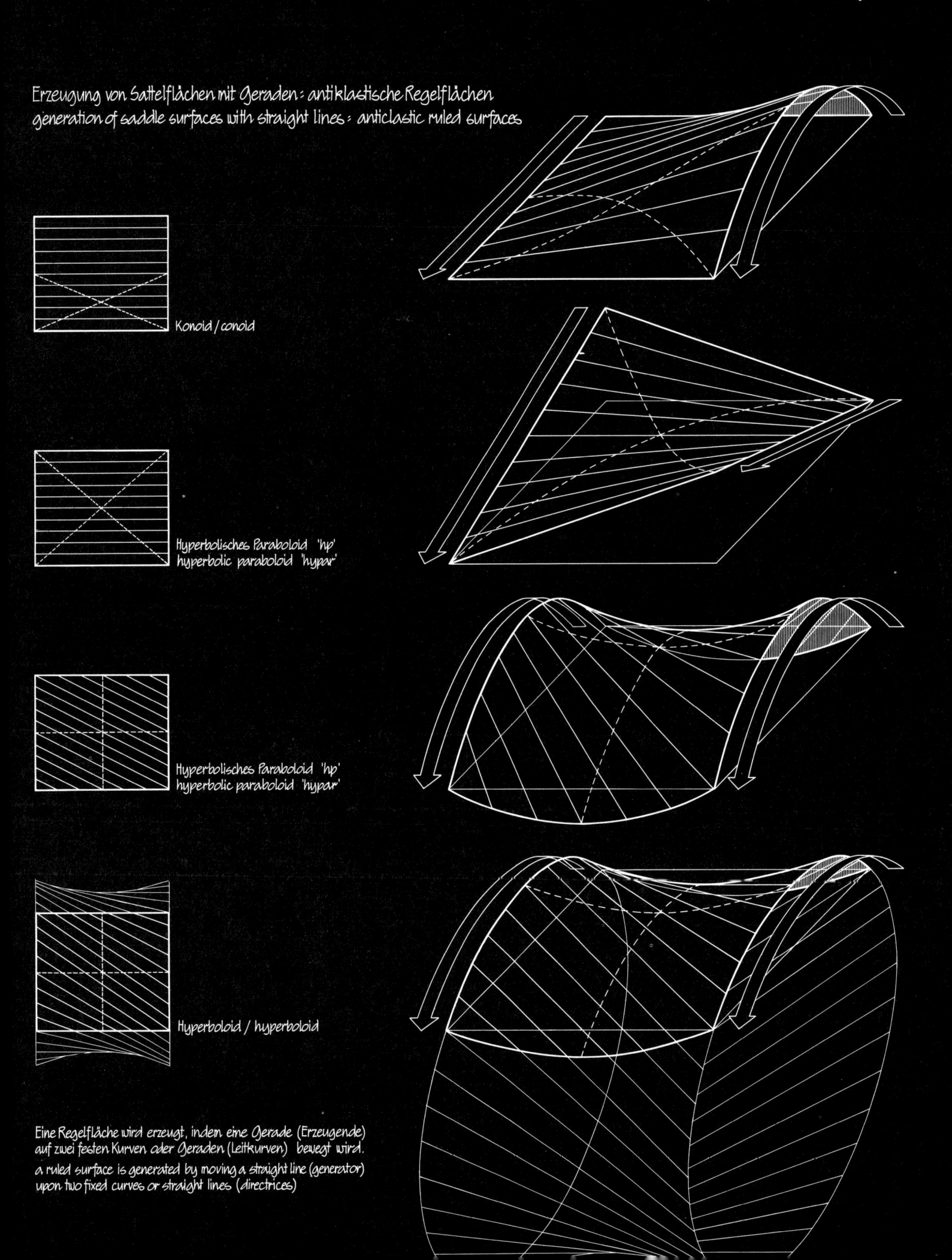

Gegensinnig gekrümmte Schalensysteme / anticlastic shell systems

Erzeugung von Sattelflächen mit Geraden: antiklastische Regelflächen
generation of saddle surfaces with straight lines: anticlastic ruled surfaces

Konoid / conoid

Hyperbolisches Paraboloid 'hp'
hyperbolic paraboloid 'hypar'

Hyperbolisches Paraboloid 'hp'
hyperbolic paraboloid 'hypar'

Hyperboloid / hyperboloid

Eine Regelfläche wird erzeugt, indem eine Gerade (Erzeugende)
auf zwei festen Kurven oder Geraden (Leitkurven) bewegt wird.

a ruled surface is generated by moving a straight line (generator)
upon two fixed curves or straight lines (directrices)

Gegensinnig gekrümmte Schalensysteme / anticlastic shell systems

Erzeugung von hp- (hyperbolisch-parabolischen) Flächen

generation of hypar (hyperbolic-paraboloidal) surfaces

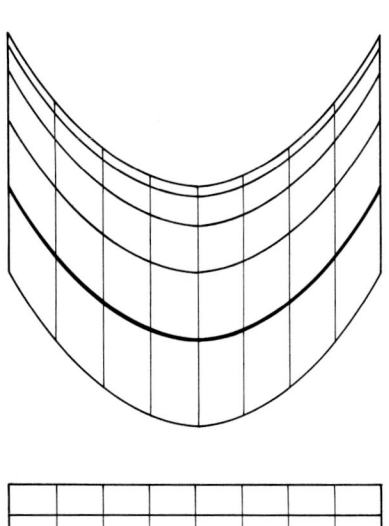

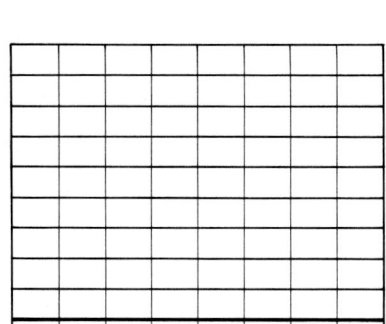

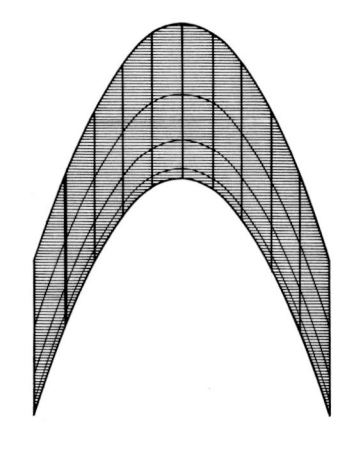

Erzeugung als Translationsfläche: hängende Parabel (Erzeugende) wird über stehende Parabel (Leitkurve) geführt, oder umgekehrt

generation as translational surface: hanging parabola (generatrix) is slid along upright parabola (directrix), or reversely

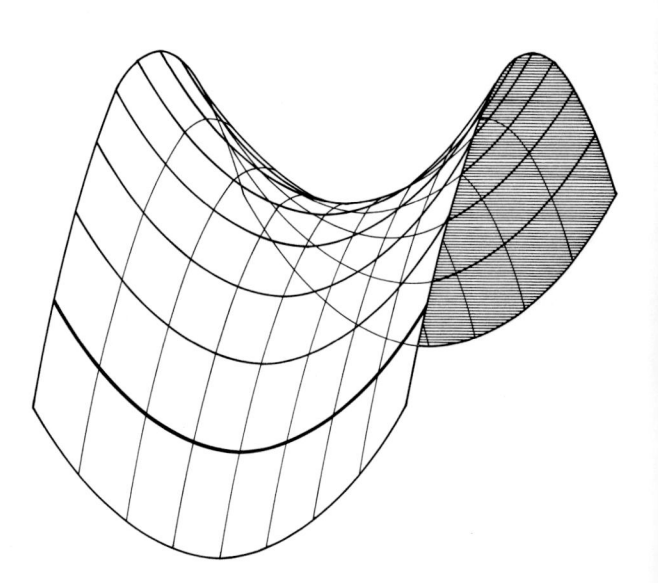

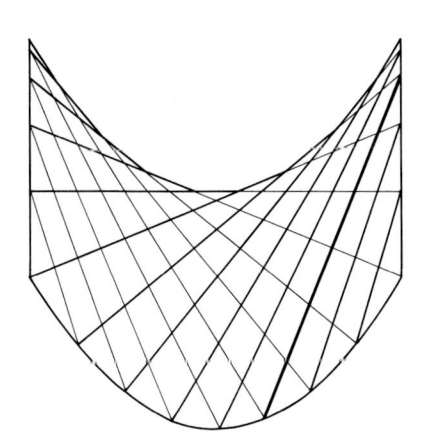

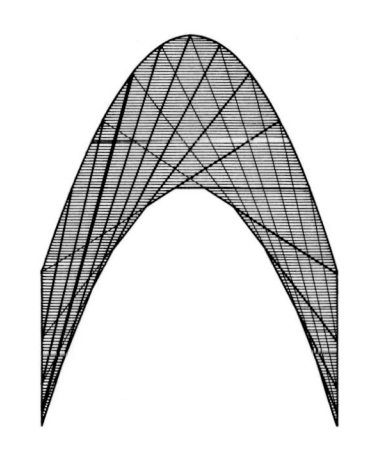

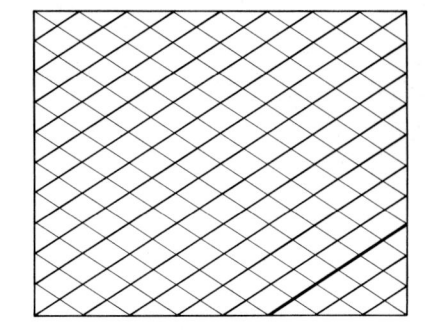

Erzeugung als Regelfläche: Gerade (Erzeugende) wird über zwei Parabeln oder zwei nicht in einer Ebene befindlichen Geraden (Leitkurven) geführt

generation as ruled surface: straight line (generatrix) is slid over two parabolas or over two straight lines (directrices) that are not in one plane

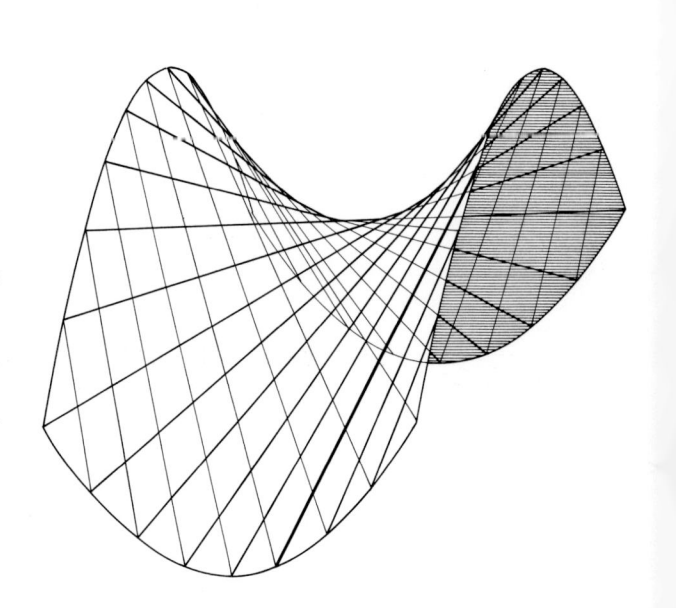

Schnittkurven der hp- (hyperbolisch-parabolischen) Flächen

sectional curves of hypar (hyperbolic paraboloidal) surfaces

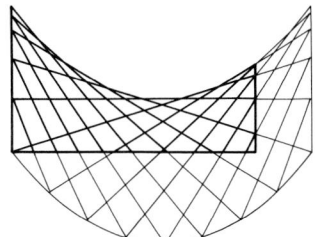

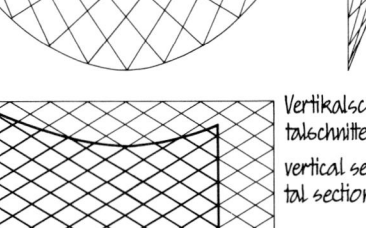

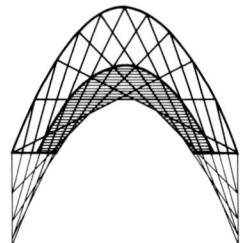

Vertikalschnitte ergeben Parabeln, Horizontalschnitte ergeben Hyperbeln

vertical sections produce parabolas, horizontal sections produce hyperbolas

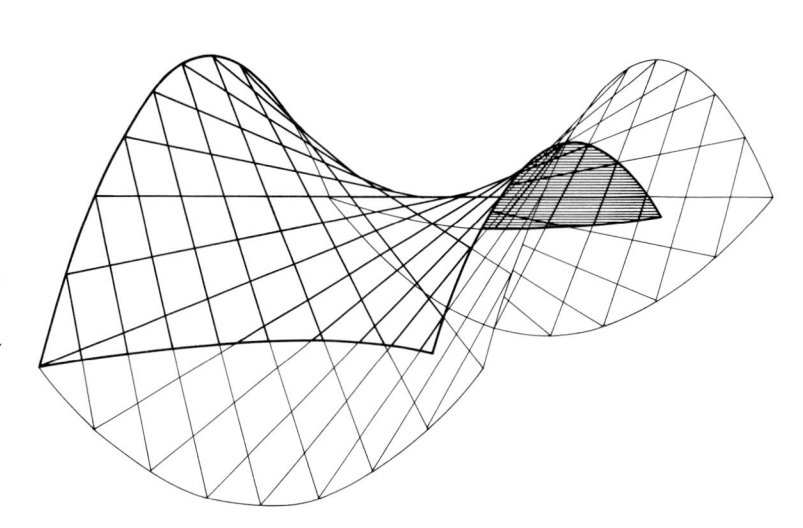

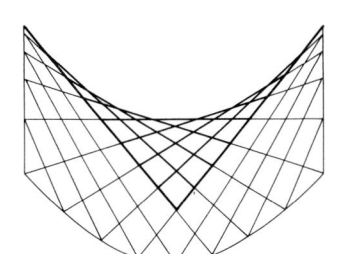

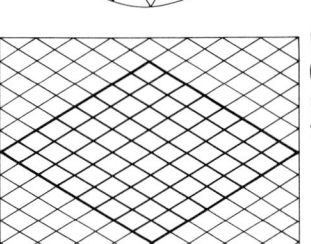

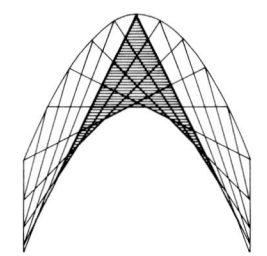

Vertikalschnitte parallel zur Erzeugenden (Deutung als Regelfläche) ergeben Gerade

vertical sections parallel to generatrix (interpretation as ruled surface) produce straight lines

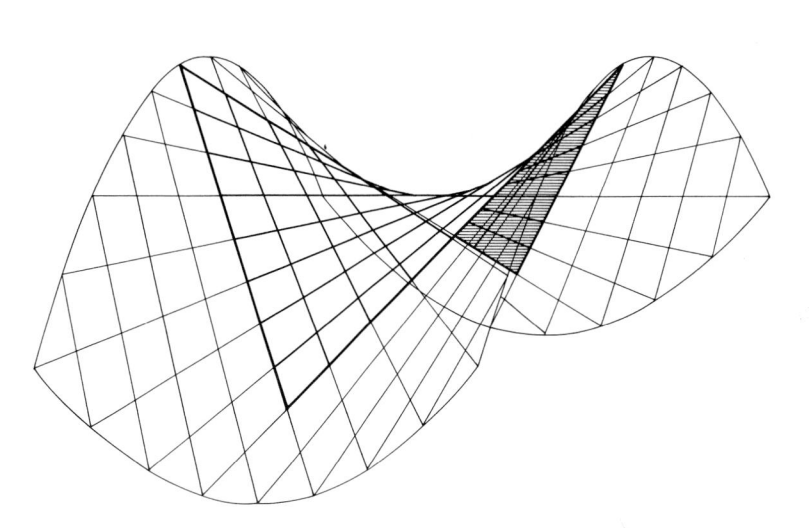

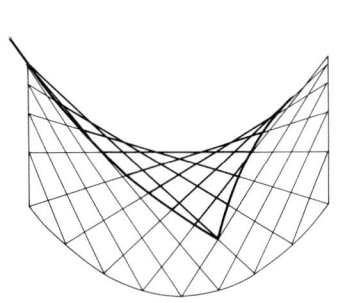

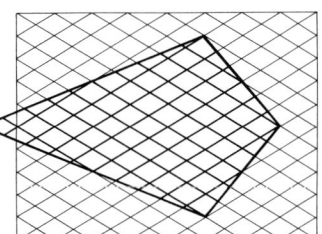

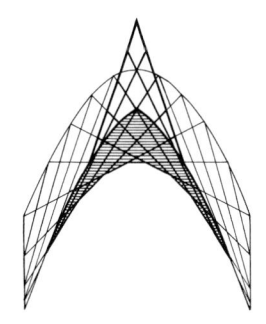

Vertikalschnitte im Winkel zur Erzeugenden ergeben konvexe und/oder konkave Parabeln

vertical sections with angle to generatrix produce convex and/or concave parabolas

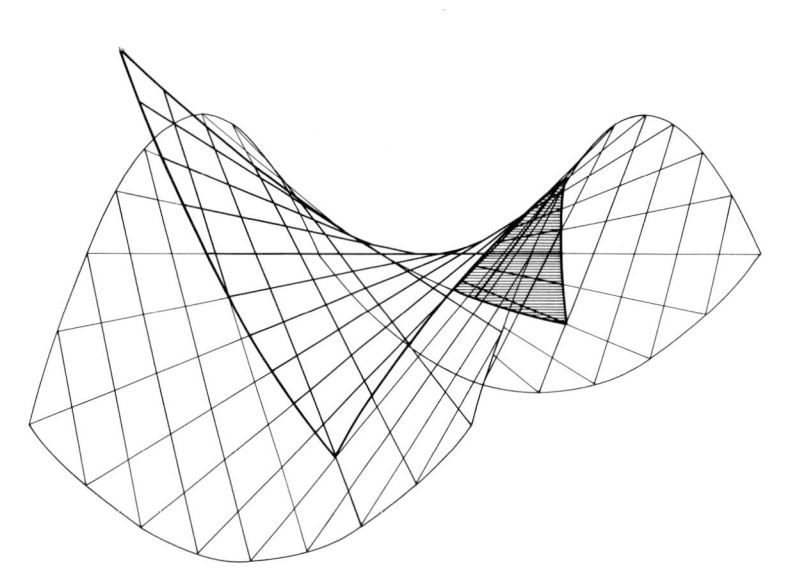

Gegensinnig gekrümmte Schalensysteme / anticlastic shell systems

Einfluß der hp-Achsenstellung im Raum auf Flächenform und Grundriß / influence of position of hypar axis in space on surface form and plan

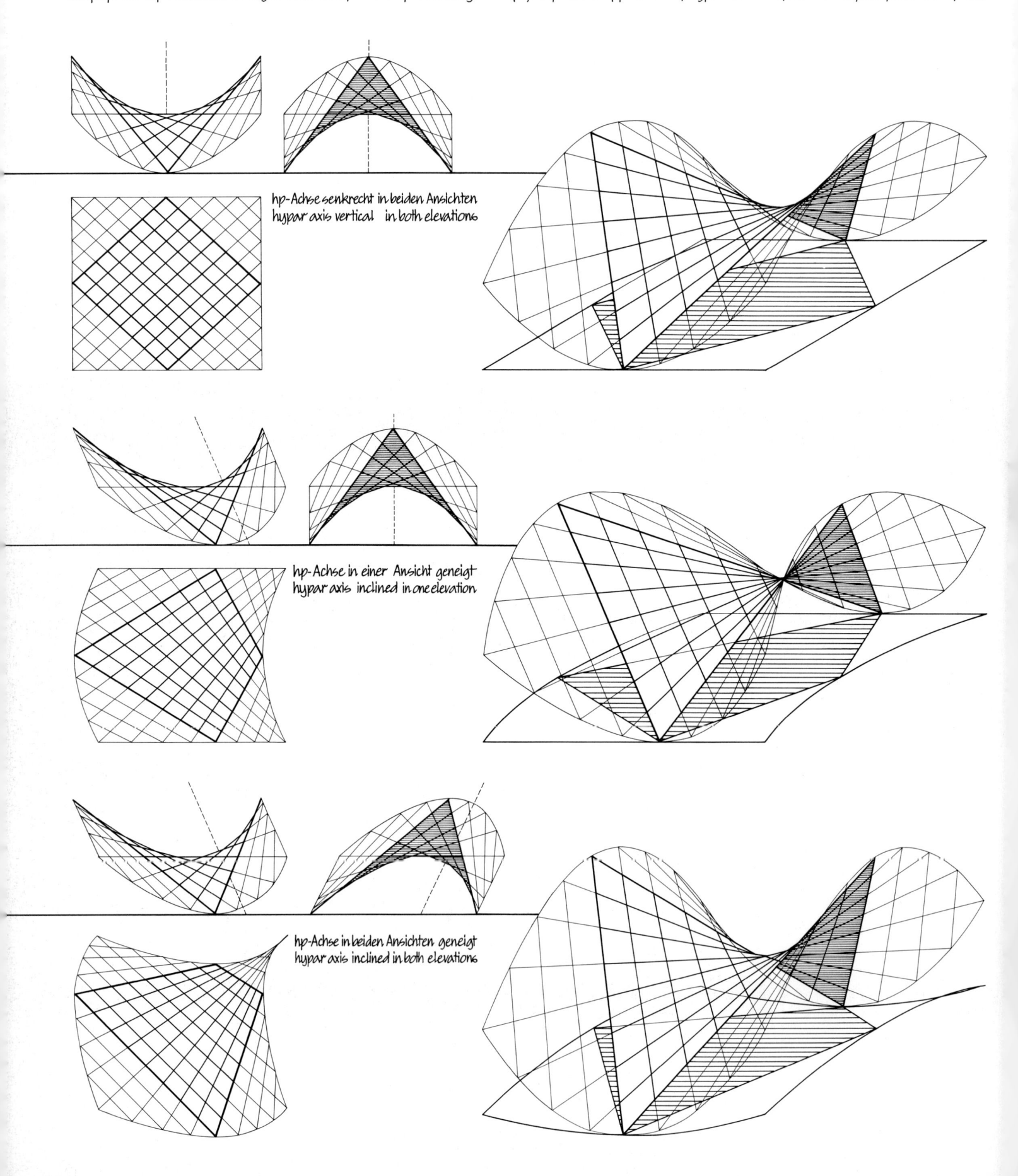

hp-Achse senkrecht in beiden Ansichten
hypar axis vertical in both elevations

hp-Achse in einer Ansicht geneigt
hypar axis inclined in one elevation

hp-Achse in beiden Ansichten geneigt
hypar axis inclined in both elevations

Gegensinnig gekrümmte Schalensysteme / anticlastic shell systems

Tragmechanismus der geradlinig begrenzten 'hp'-Fläche

bearing mechanism of straight edged 'hypar' surface

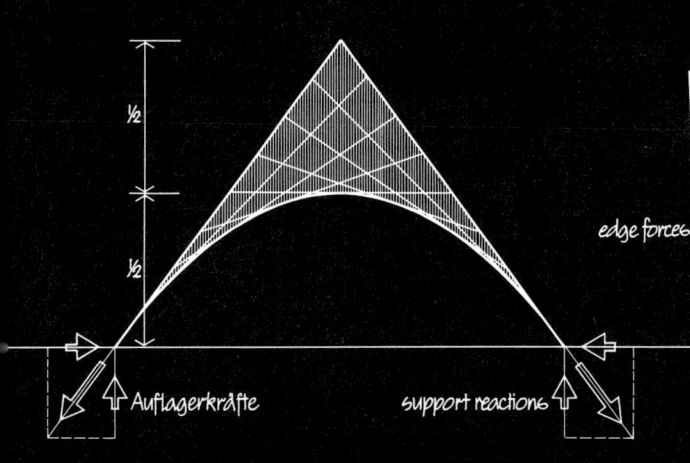

Bogenmechanismus
arch mechanism
Hängemechanismus
suspension mechanism

edge forces   Randkräfte

Auflagerkräfte   support reactions

Wegen der schrägen Richtung der Endresultierenden müssen die Auflager auch Horizontalschub aufnehmen

because of the inclination of the final resultant the supports must also receive horizontal thrust

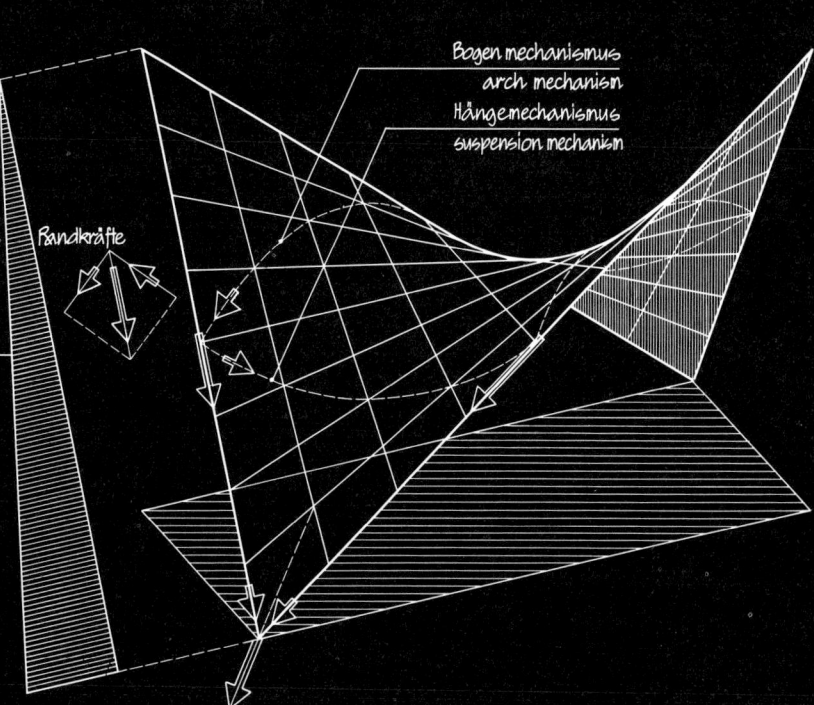

Die 'hp'-Schale funktioniert in einer Achse als Bogenmechanismus, in der anderen als Hängemechanismus. Während die Schale unter den Druckkräften in einer Achse sich verformt und sich anschickt nachzugeben, wird sie daran von den Zugkräften in der anderen Achse gehindert. Die Resultierende der Flächenkräfte wirkt in Richtung des Randes. Der Rand bleibt daher biegefrei

the 'hypar' shell functions in one axis as arch mechanism, in the other axis as suspension mechanism. thus while in one axis the shell deflects under compressive stresses and tends to give way, it is prevented from doing so by tensile stresses in the other axis. the resultant of the surface stresses acts in direction of the edge. consequently the edge remains free of bending.

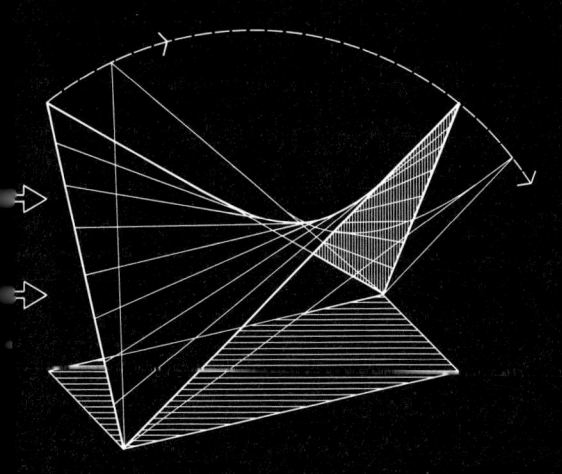

Stabilisierung gegen Kippen der Schale / stabilization against tilting of shell

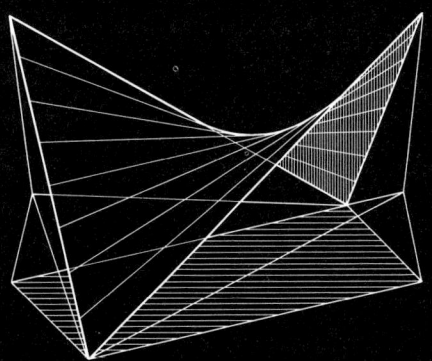

Verspannung der Hochpunkte mit Seilen
anchoring of high points with cables

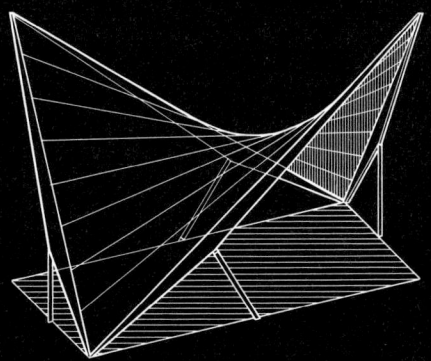

Abstützung der Randglieder mit Streben
buttressing of edge beams with struts

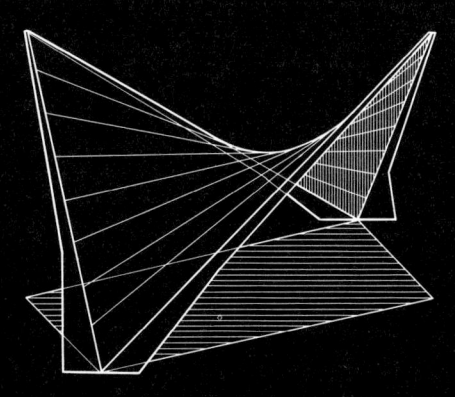

Einspannung der Fußpunkte in Fundament
rigid connection of base points with foundation

Gegensinnig gekrümmte Schalensysteme / anticlastic shell systems

Kompositionen mit 4 'hp'-Flächen über quadratischem Grundriß ○ compositions of 4 'hypar' surfaces over square plan

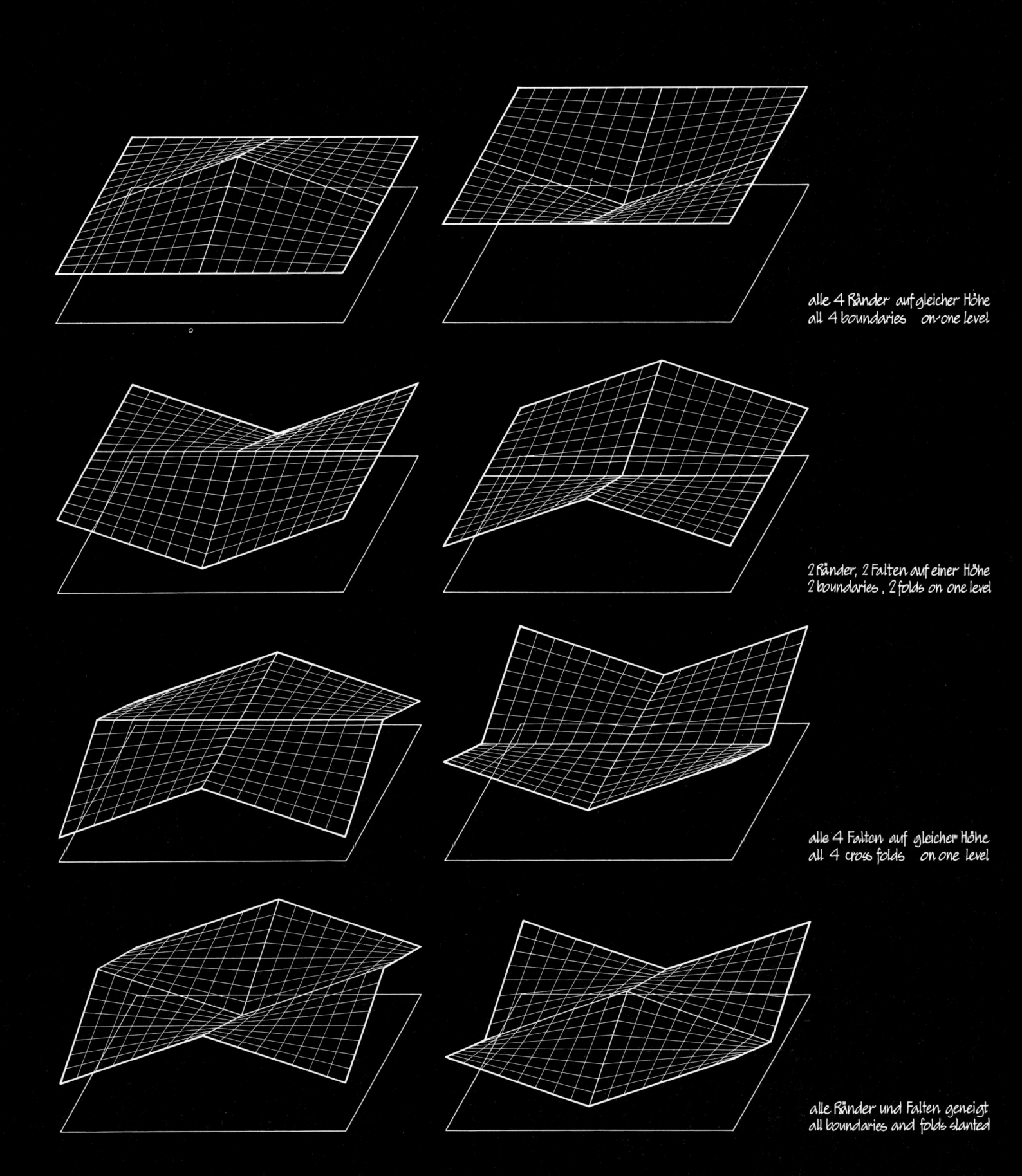

alle 4 Ränder auf gleicher Höhe
all 4 boundaries on one level

2 Ränder, 2 Falten auf einer Höhe
2 boundaries, 2 folds on one level

alle 4 Falten auf gleicher Höhe
all 4 cross folds on one level

alle Ränder und Falten geneigt
all boundaries and folds slanted

Gegensinnig gekrümmte Schalensysteme / anticlastic shell systems

Tragmechanismus der aus 4 'hp'- Flächen zusammengesetzten Systeme / bearing mechanism of systems composed of 4 'hypar' surfaces

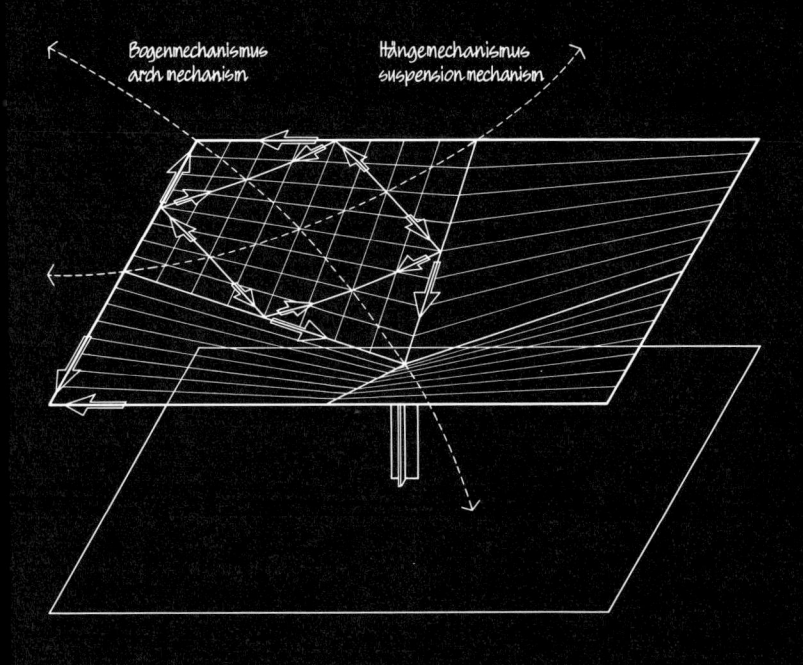

Bogenmechanismus / arch mechanism   Hängemechanismus / suspension mechanism

Die Resultierenden aus Bogenmechanismus und Hängemechanismus belasten die Ränder auf Zug und die Kehlfalten auf Druck. Am Auflager heben sich die Horizontalkomponenten der Endresultierenden gegenseitig auf.

the resultants of arch mechanism and suspension mechanism stress the edges with tension and the valley folds with compression. at the supports the horizontal components of the final resultants compensate each other

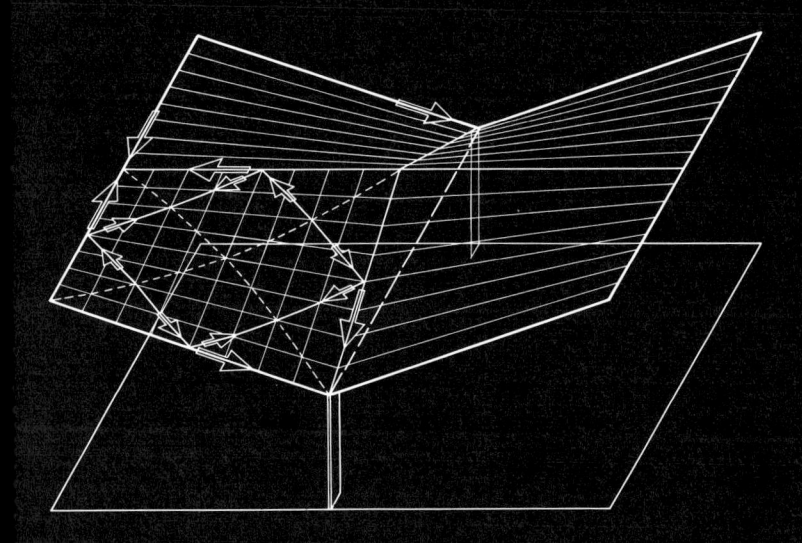

Die Resultierenden aus Bogenmechanismus und Hängemechanismus belasten die Ränder und Kehlfalten auf Druck und die Firstfalten auf Zug. An den Auflagern nimmt ein Zugband die Horizontalkomponente der Resultierenden auf.

the resultants of arch mechanism and suspension mechanism stress the edges and the valley folds with compression and the ridge fold with tension. at the supports a tie member receives the horizontal component of the resultant

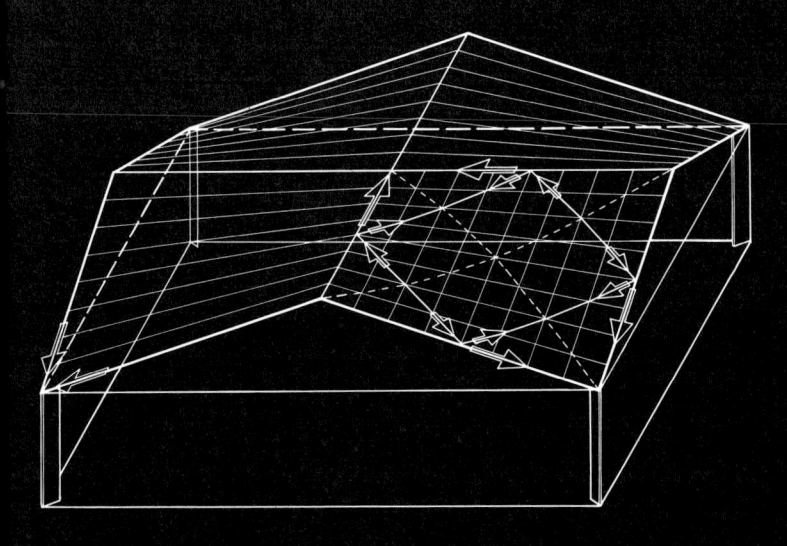

Die Resultierenden aus Bogenmechanismus und Hängemechanismus belasten sowohl die Ränder als auch die Firstfalten auf Druck. An den Auflagern nehmen Zugbänder die Horizontalkomponenten der Endresultierenden auf.

the resultants of arch mechanism and suspension mechanism stress both the edges and ridge folds with compression. at the supports tie members receive the horizontal component of the final resultant.

Gegensinnig gekrümmte Schalensysteme / anticlastic shell systems

Tragsysteme durch Komposition von geradlinig begrenzten 'hp'-Flächen / structure systems through composition of straight-edged 'hypar' surfaces

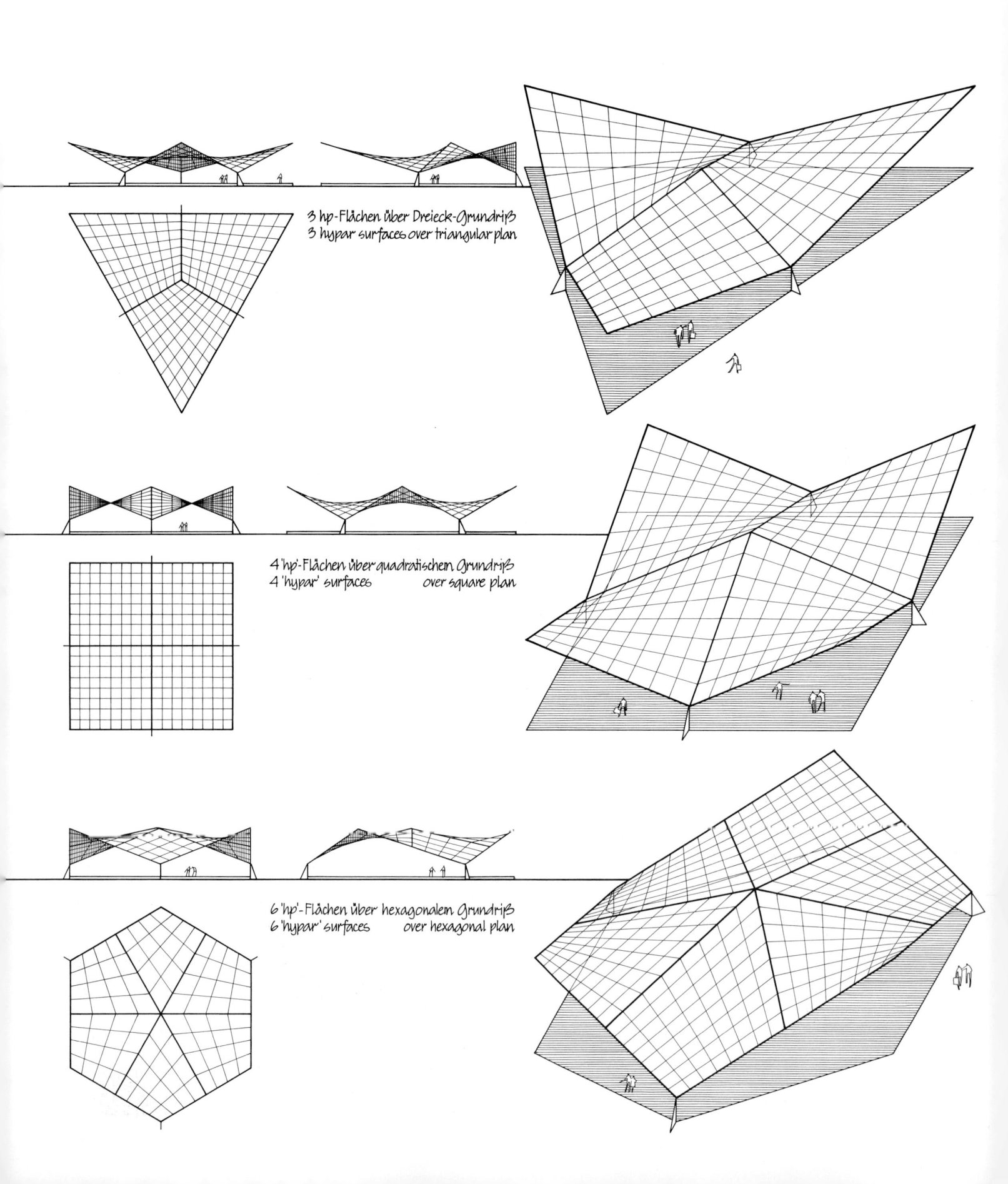

3 hp-Flächen über Dreieck-Grundriß
3 hypar surfaces over triangular plan

4 'hp'-Flächen über quadratischem Grundriß
4 'hypar' surfaces over square plan

6 'hp'-Flächen über hexagonalem Grundriß
6 'hypar' surfaces over hexagonal plan

Gegensinnig gekrümmte Schalensysteme / anticlastic shell systems

Tragsysteme aus einzelnen geradlinig begrenzten 'hp'-Flächen / structure systems composed of single straight-edged 'hypar' surfaces

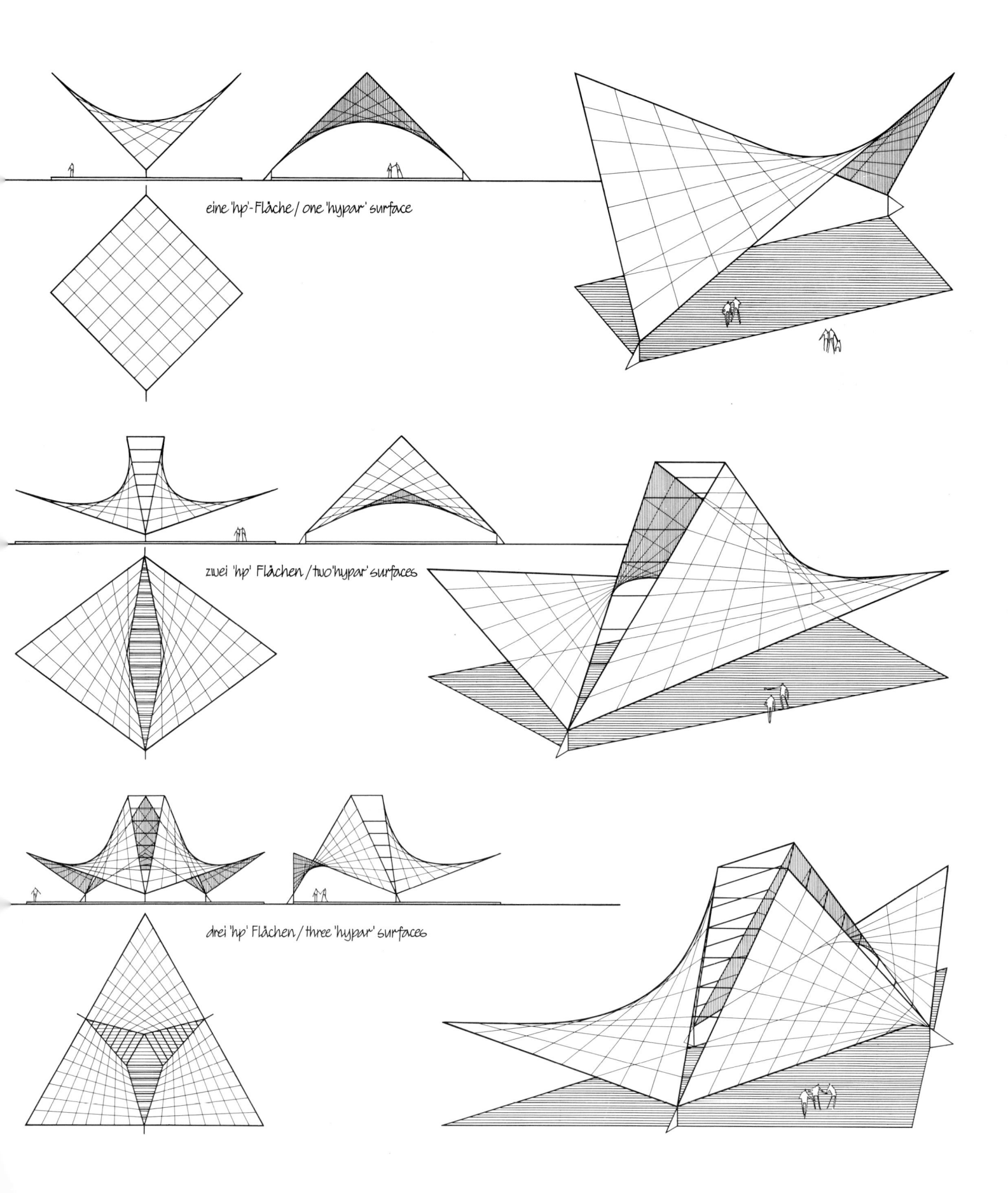

eine 'hp'-Fläche / one 'hypar' surface

zwei 'hp' Flächen / two 'hypar' surfaces

drei 'hp' Flächen / three 'hypar' surfaces

Seite 224, 225 und 226:
Schalensysteme zusammengesetzt aus 16 geradlinig begrenzten „hp"-Flächen

page 224, 225, and 226:
shell systems composed of 16 straight-edged 'hypar' surfaces

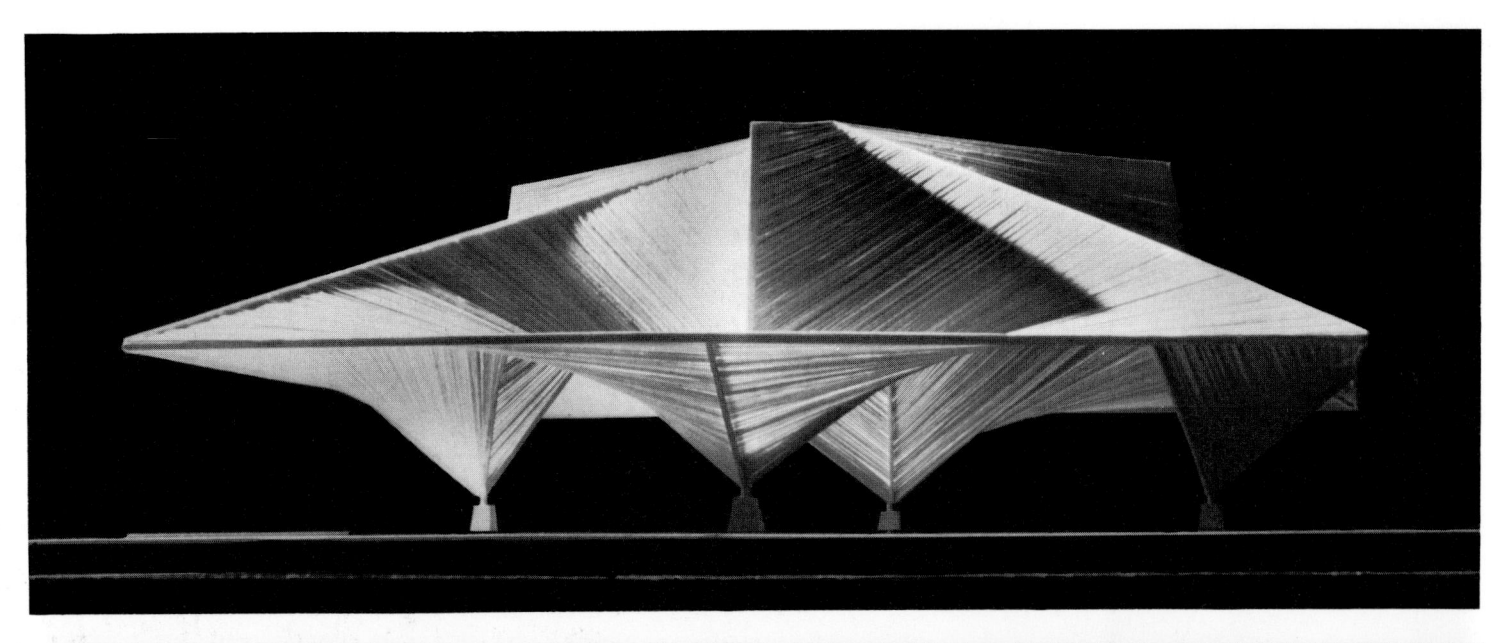

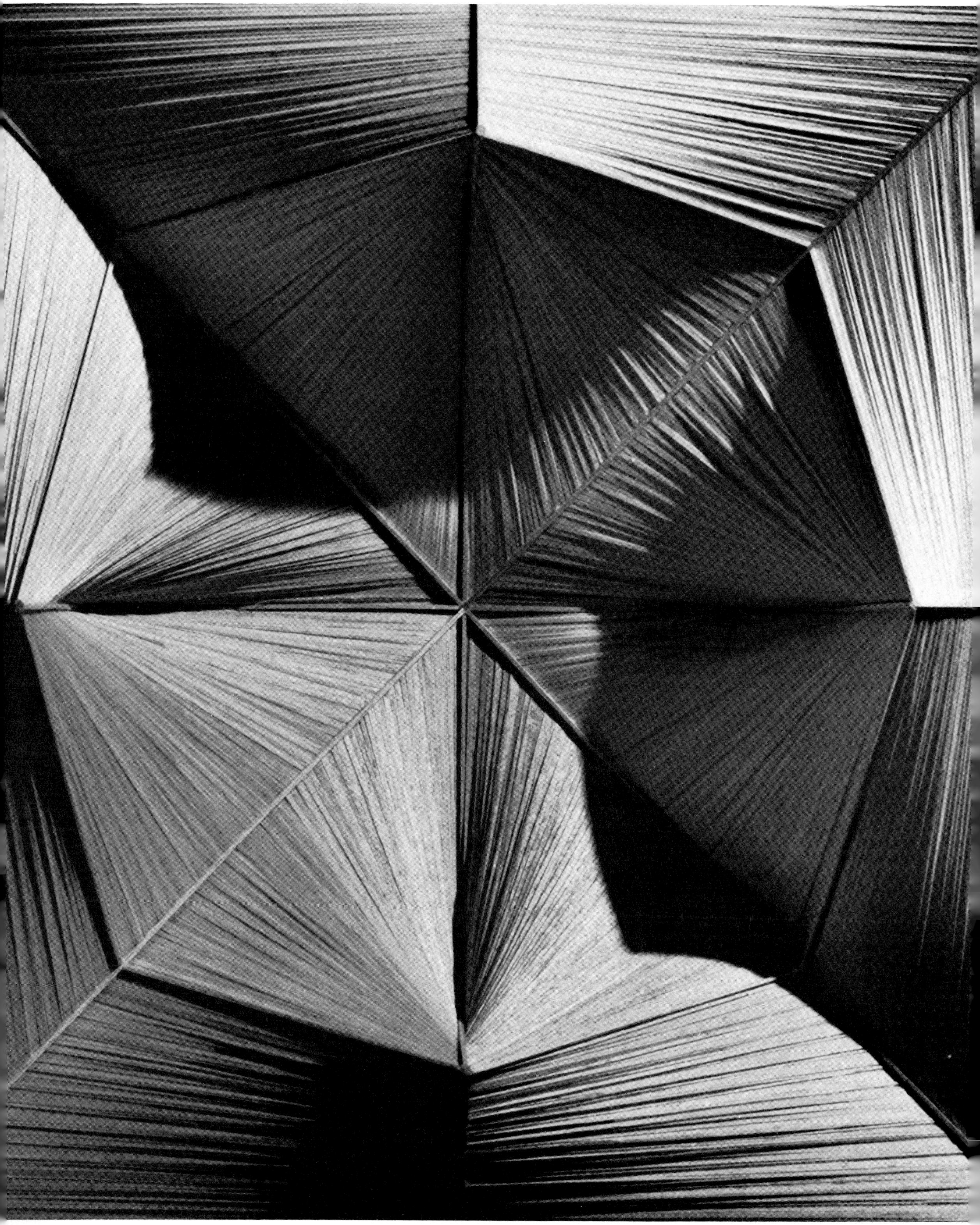

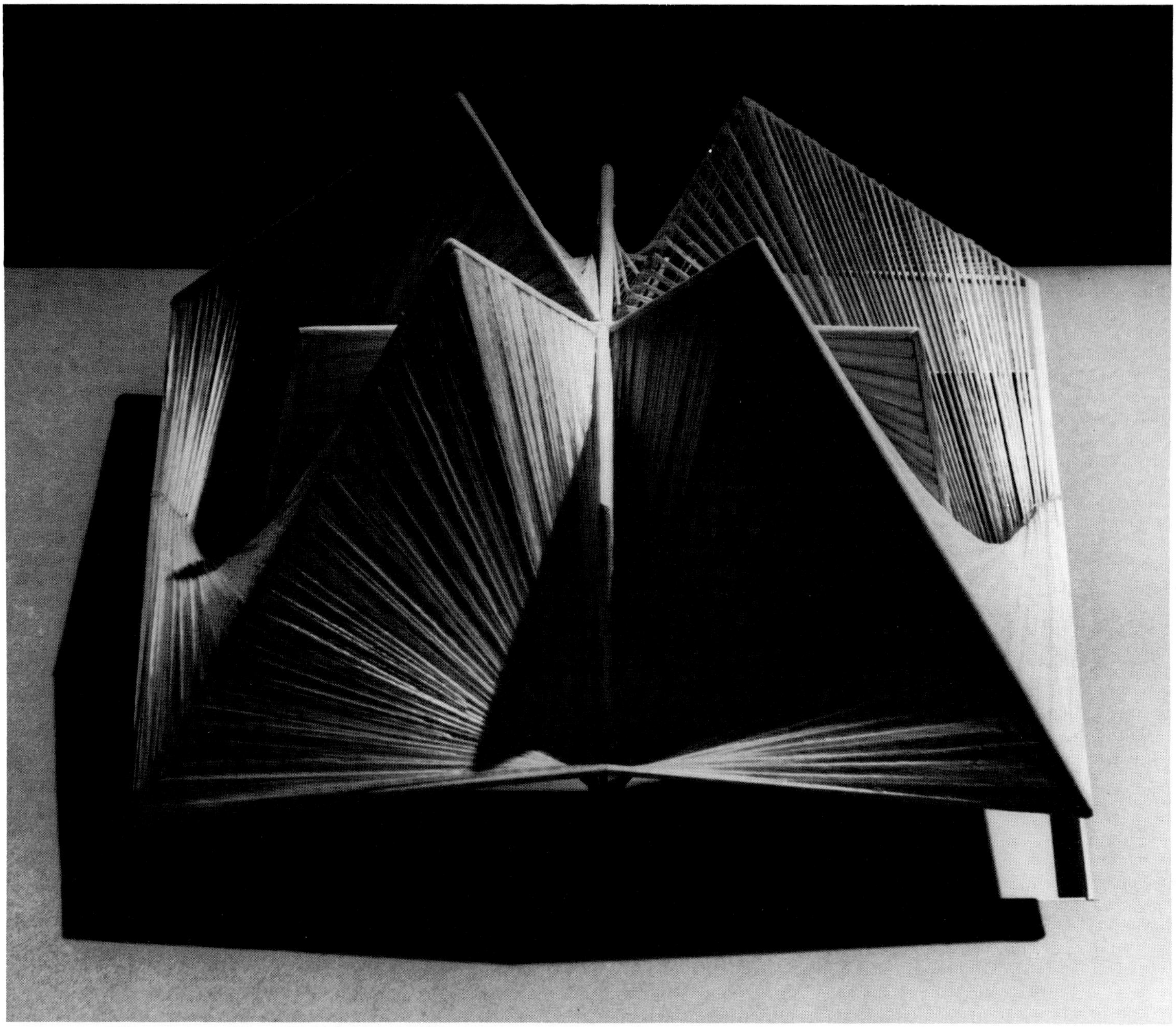

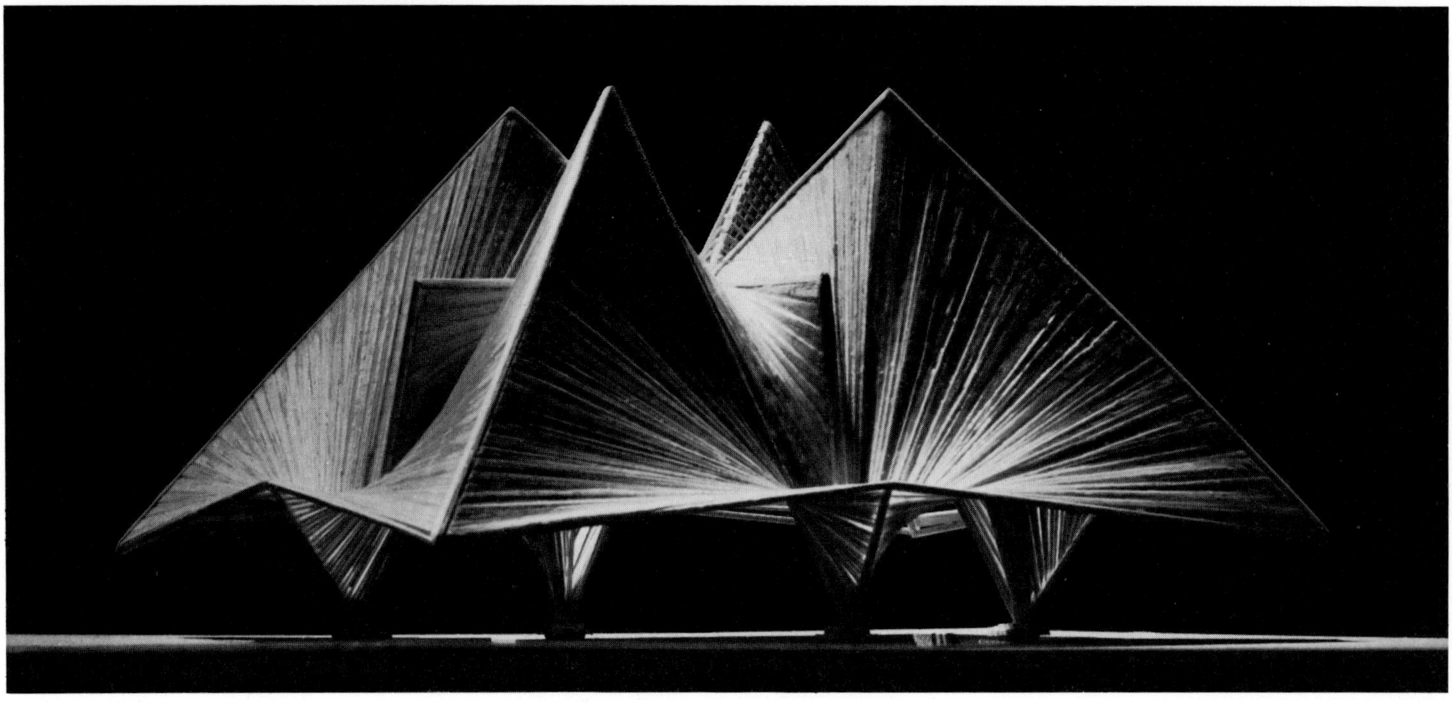

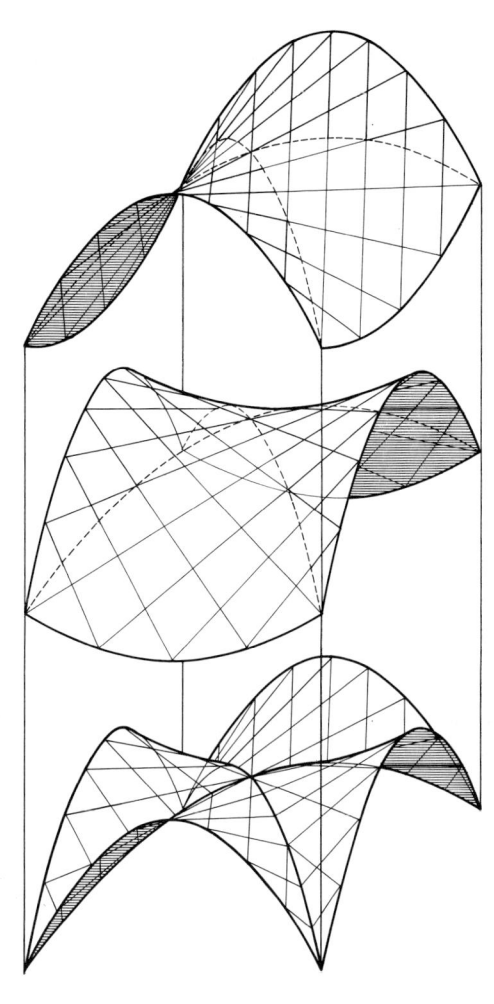

Gegensinnig gekrümmte Schalensysteme / anticlastic shell systems

Tragsysteme aus sich durchdringenden 'hp'-Flächen mit bogenförmigen Rändern
structure systems composed of interpenetrating 'hypar' surfaces with curved edges

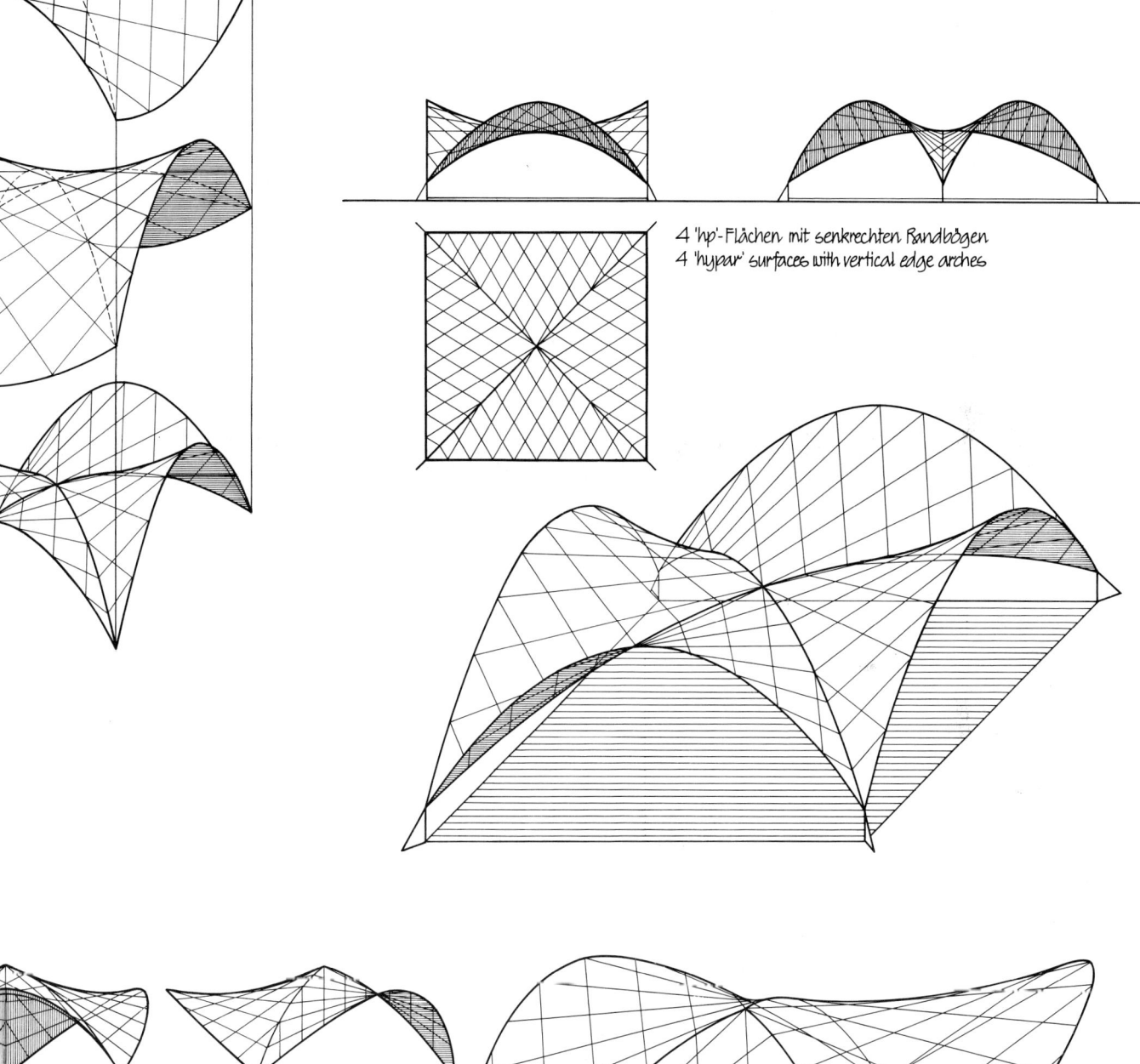

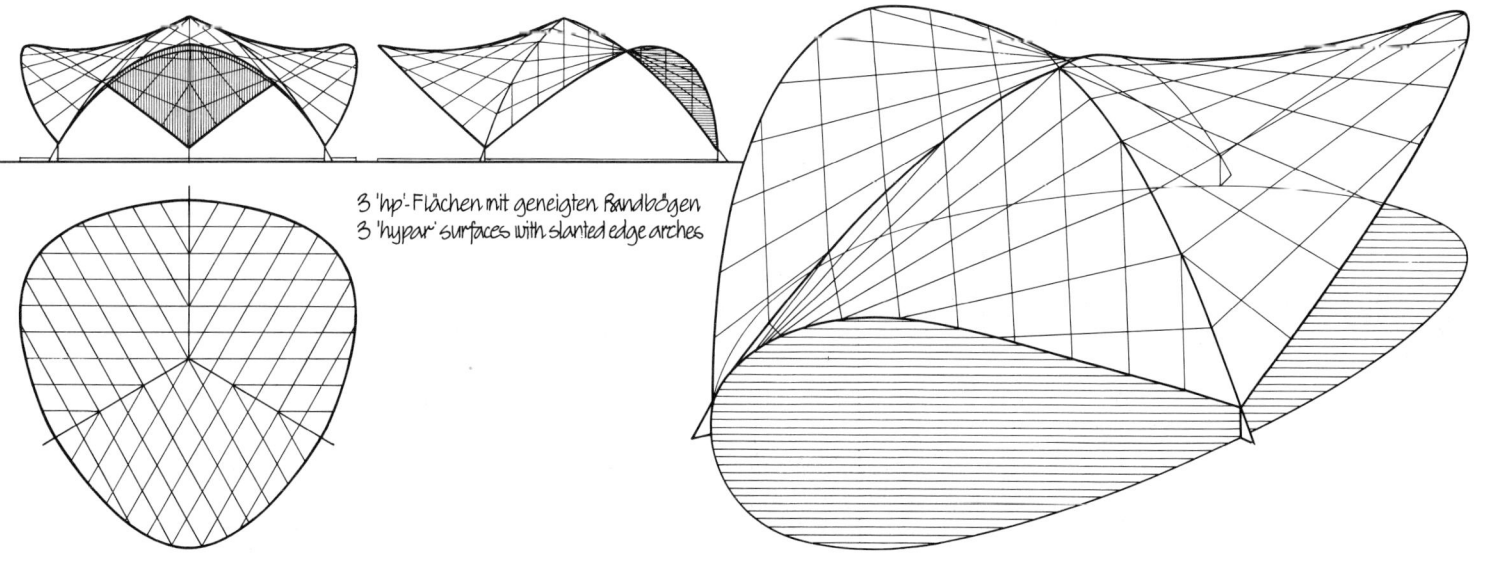

4 'hp'-Flächen mit senkrechten Randbögen
4 'hypar' surfaces with vertical edge arches

3 'hp'-Flächen mit geneigten Randbögen
3 'hypar' surfaces with slanted edge arches

Gegensinnig gekrümmte Schalensysteme / anticlastic shell systems

Systeme der Raumbildung mit geradlinig begrenzten 'hp'-Flächen
systems of defining space with straight edged 'hypar' surfaces

5 'hp'-Flächen / 5 'hypar' surfaces

5 'hp'-Flächen / 5 'hypar' surfaces

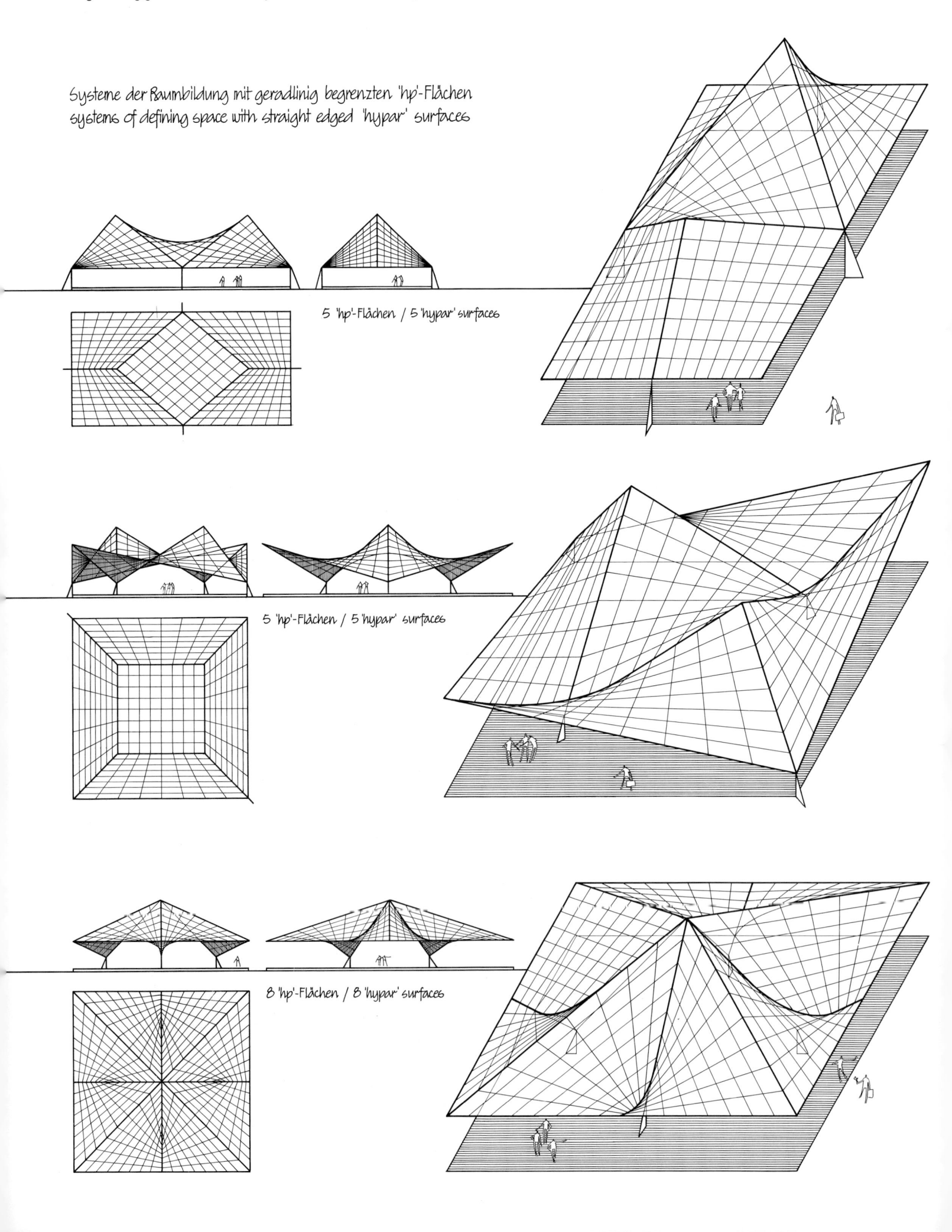

8 'hp'-Flächen / 8 'hypar' surfaces

Gegensinnig gekrümmte Schalensysteme / anticlastic shell systems

Systeme der Raumbildung mit geradlinig begrenzten 'hp'-Flächen
systems of defining space with straight edged 'hypar' surfaces

16 'hp'-Flächen
16 'hypar' surfaces

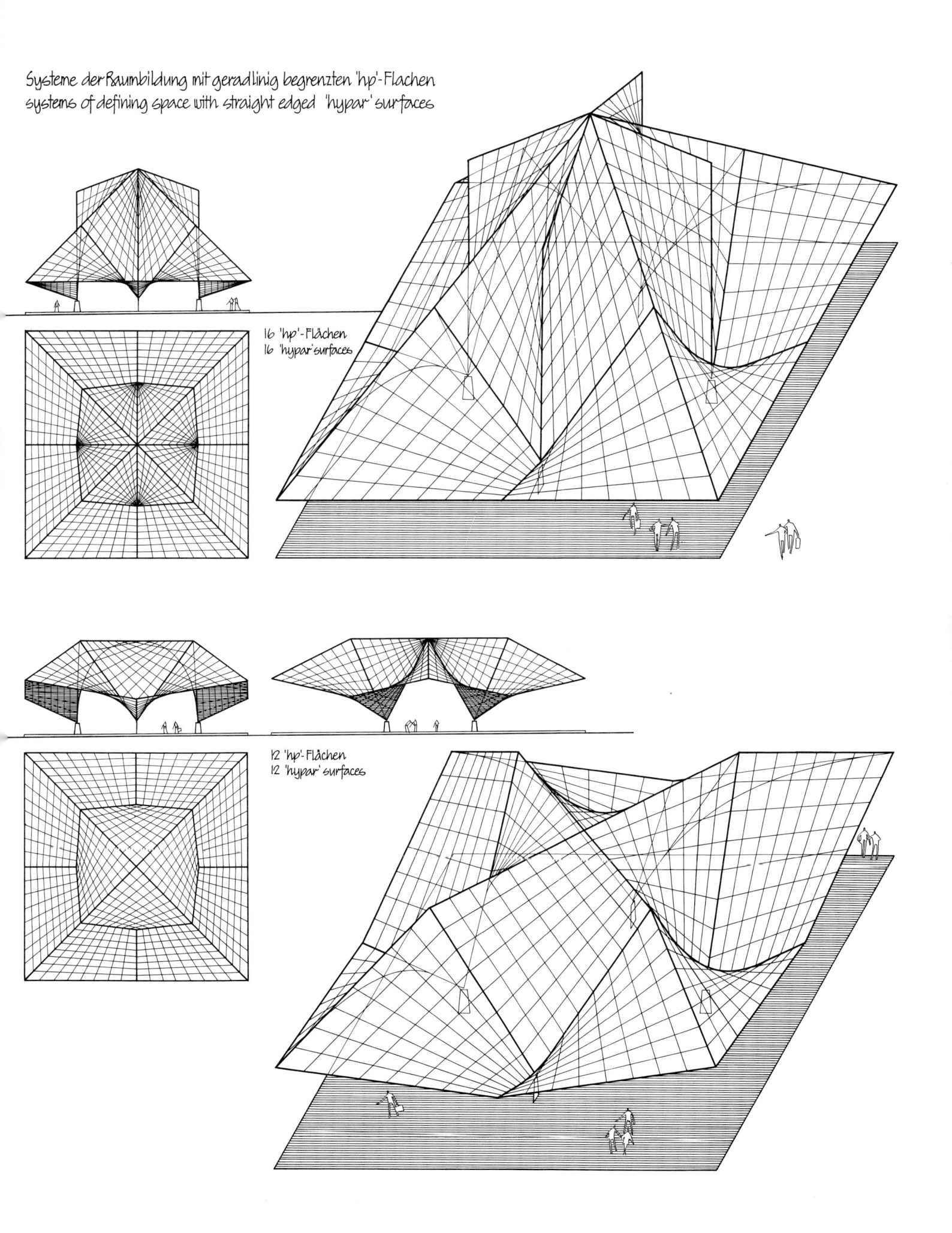

12 'hp'-Flächen
12 'hypar' surfaces

Seite 230 und 231:
Schalensysteme zusammengesetzt aus mehreren geradlinig begrenzten „hp"-Flächen

page 230 and 231:
shell systems composed of several straight-edged 'hypar' surfaces

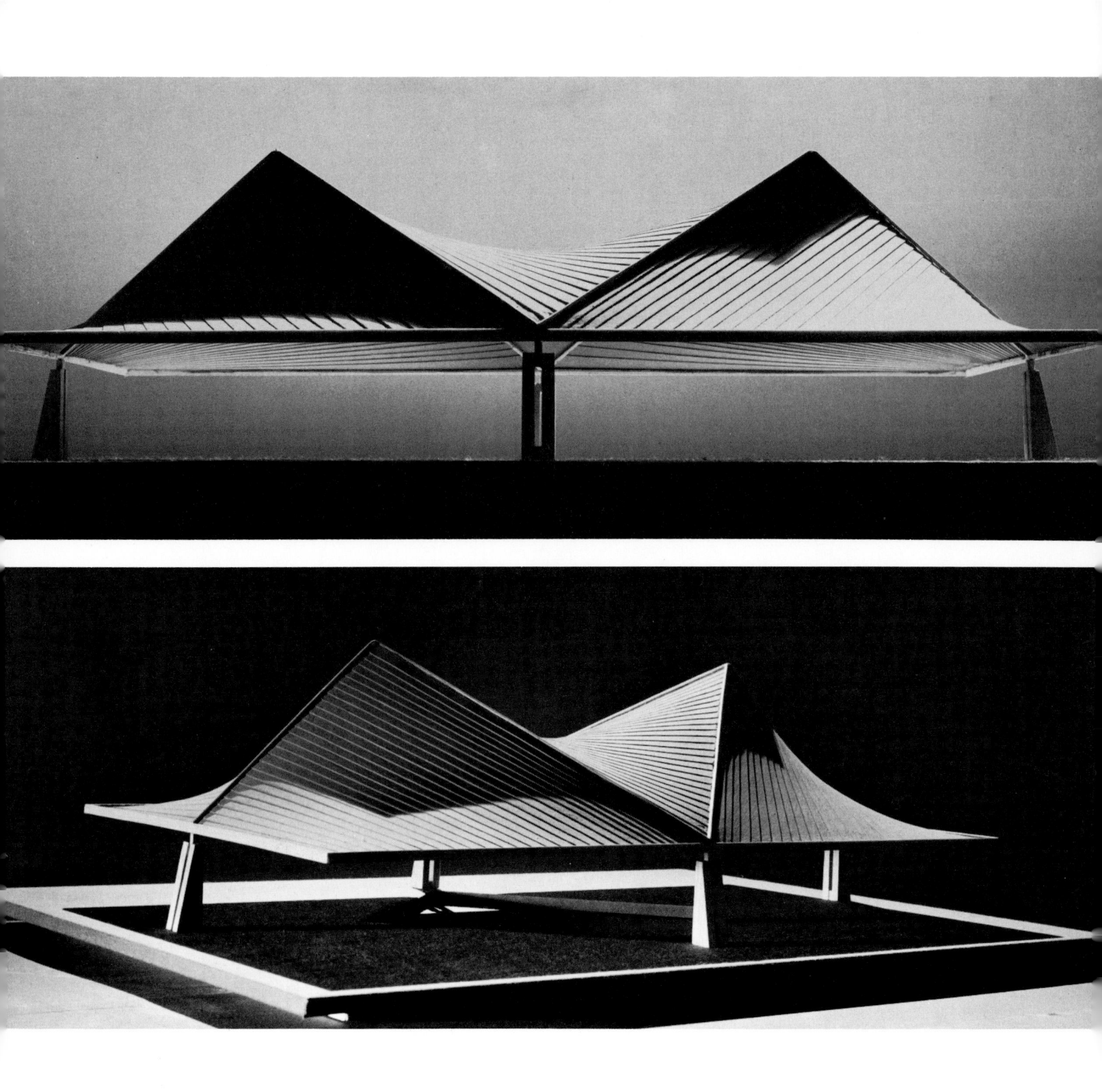

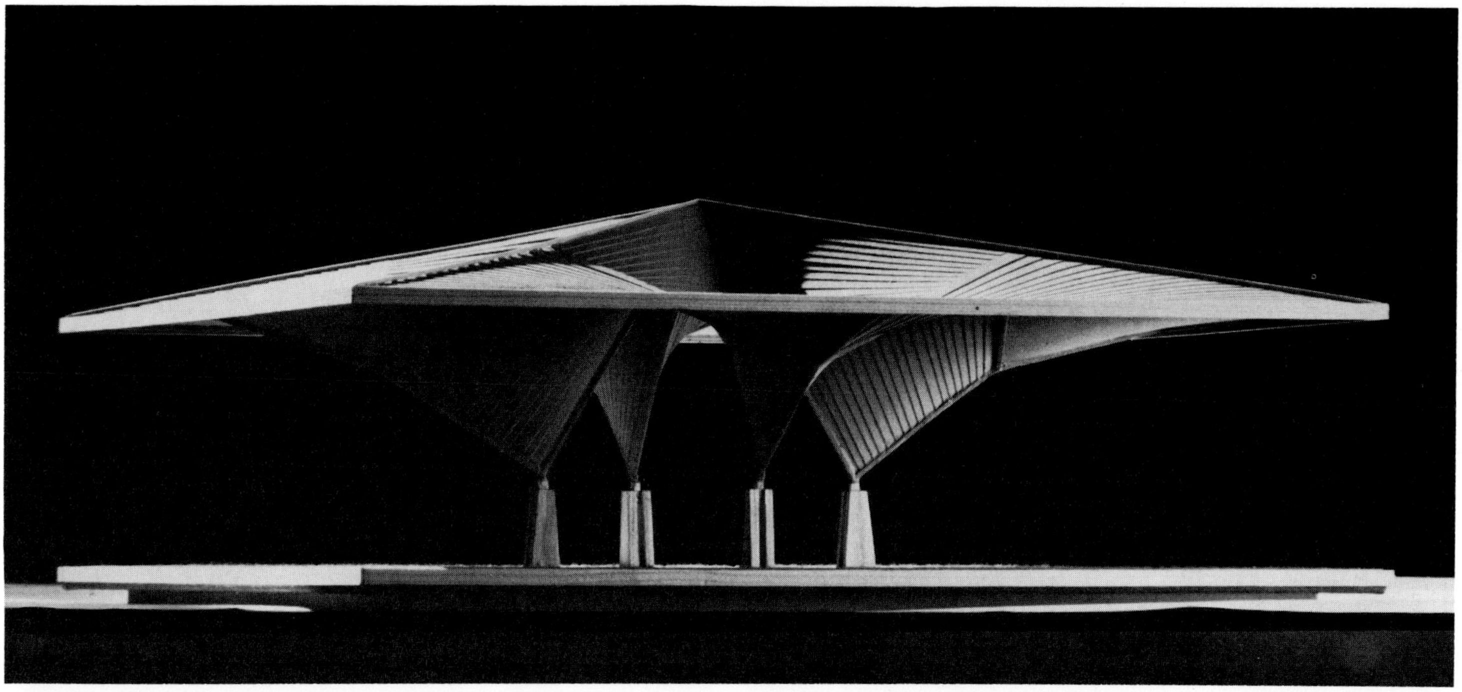

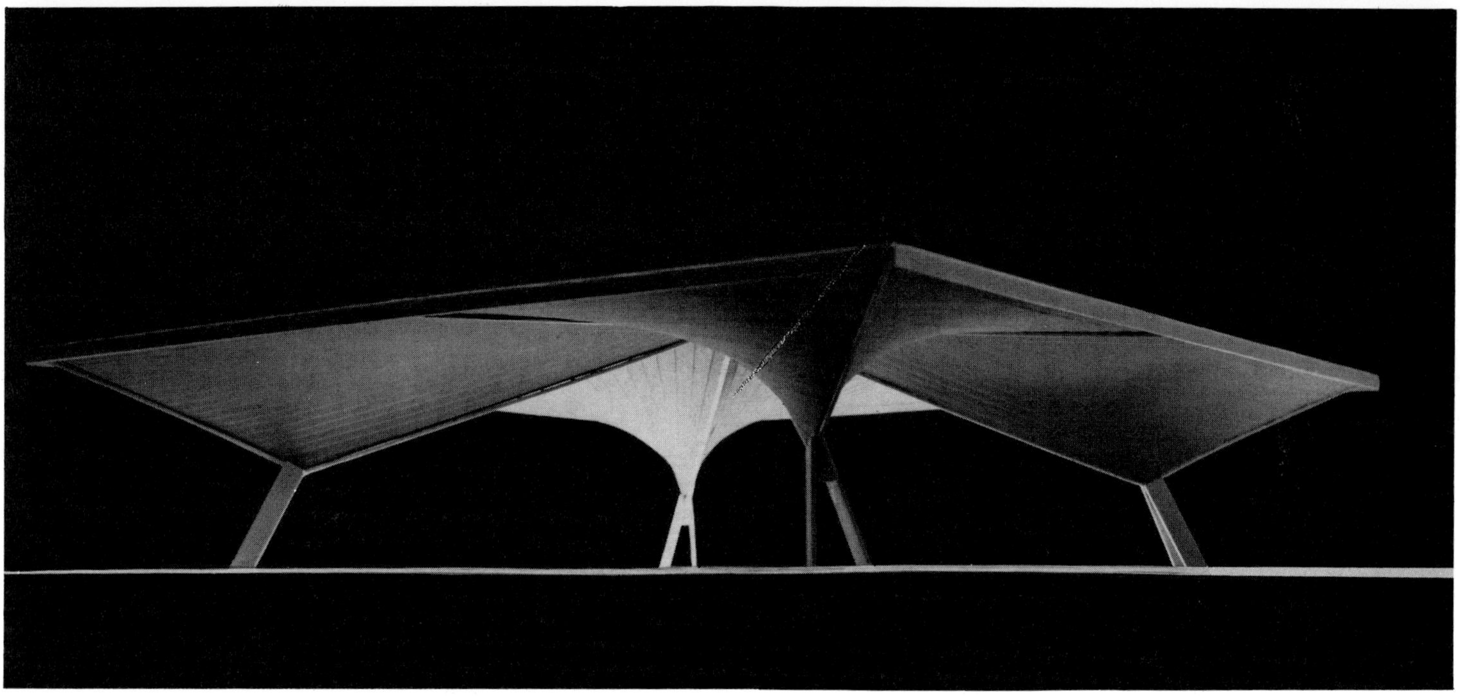

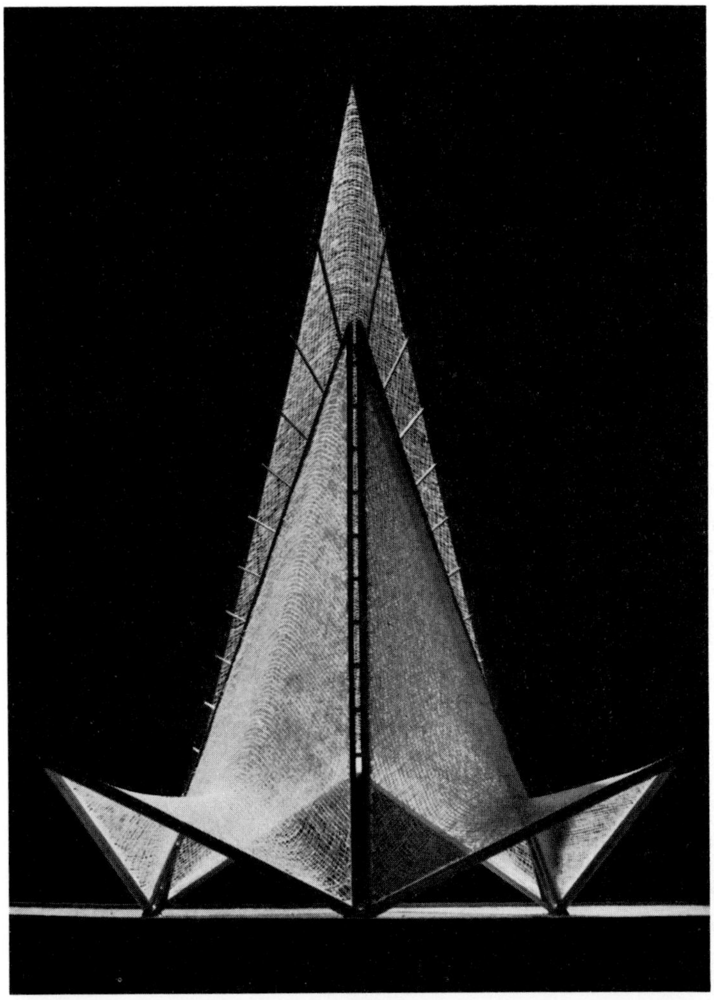
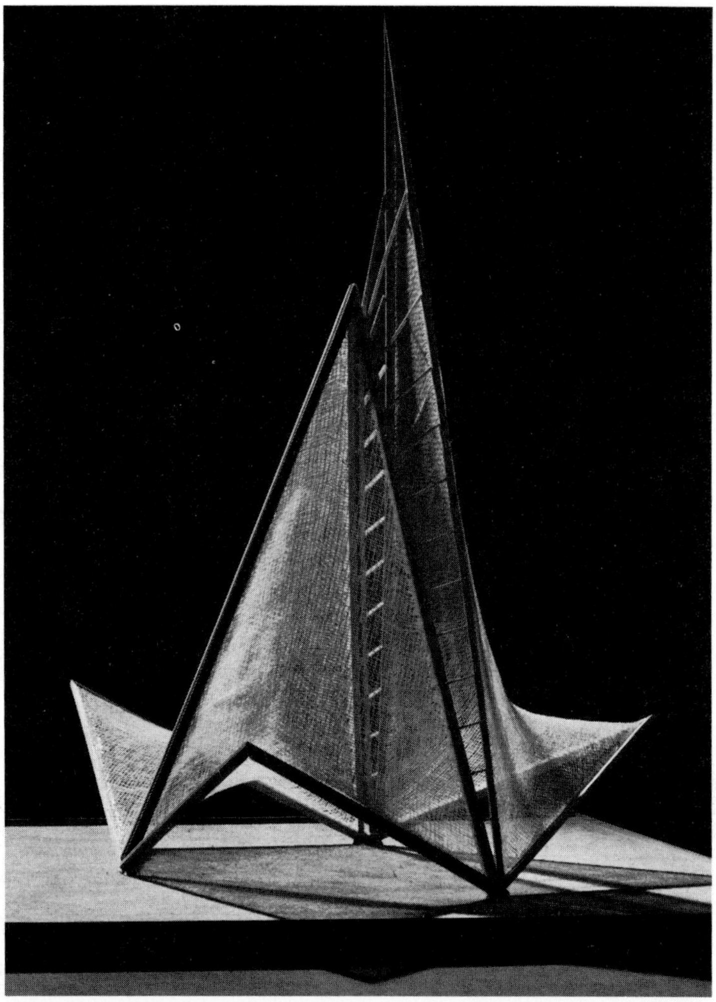
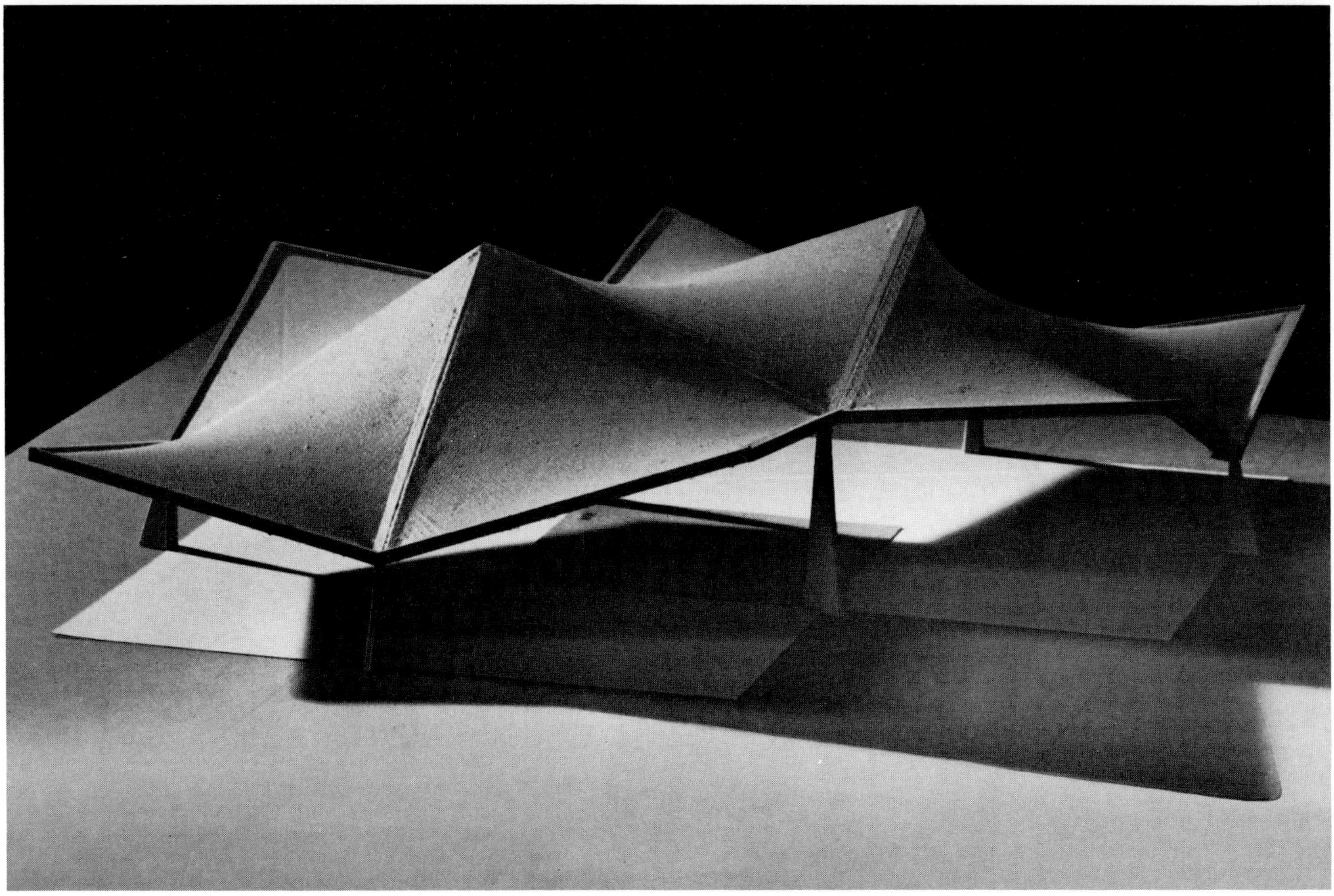

Seite 232 und 233:
Schalensysteme zusammengesetzt aus mehreren bogenförmig begrenzten „hp"-Flächen

page 232 and 233:
shell systems composed of several straight-edged 'hypar' surfaces

Gegensinnig gekrümmte Schalensysteme / anticlastic shell systems

Tragsysteme aus 'hp'-Flächen zur Überdachung von Großräumen   'hypar' structure systems for coverage of large scale spaces

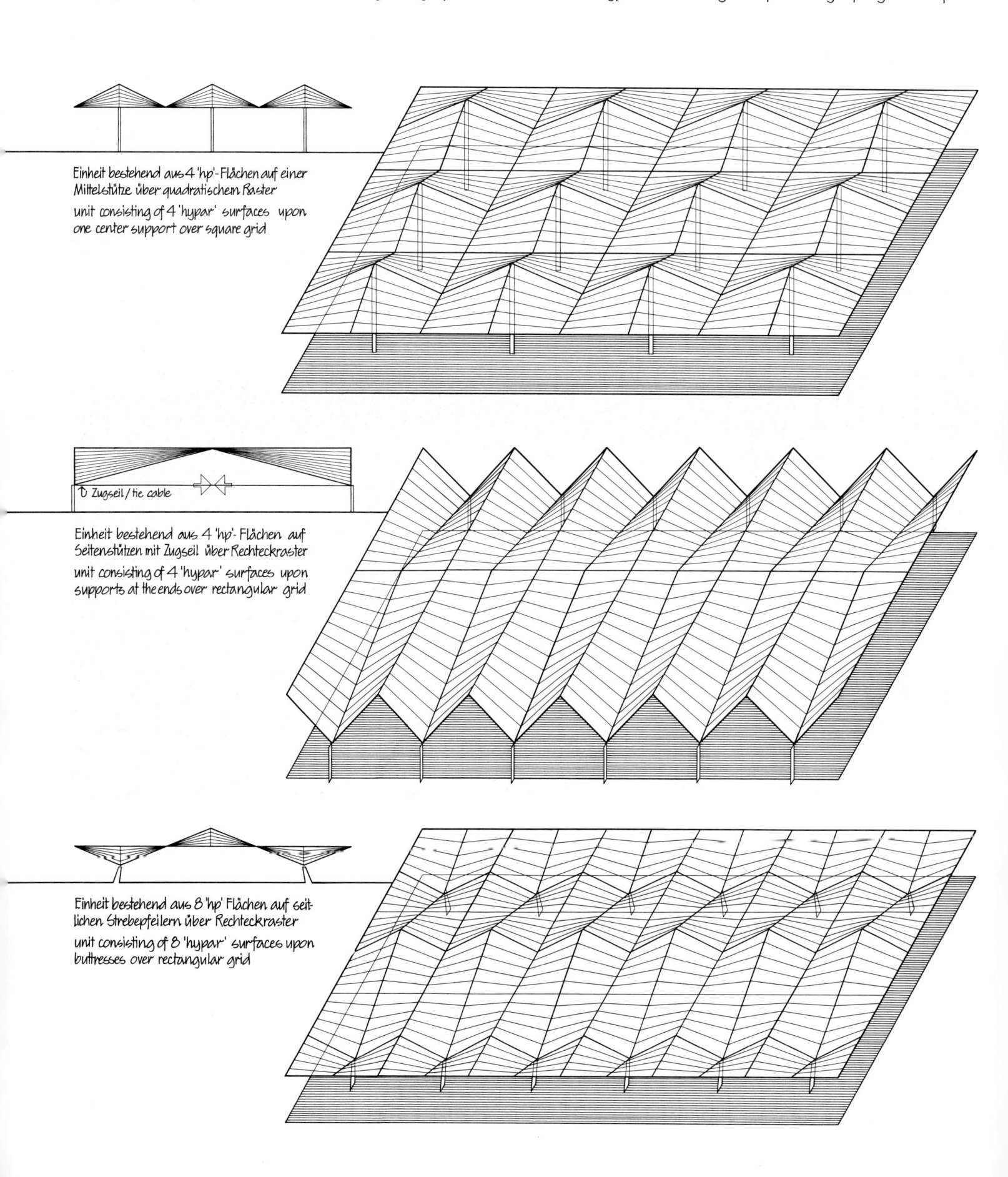

Einheit bestehend aus 4 'hp'-Flächen auf einer Mittelstütze über quadratischem Raster
unit consisting of 4 'hypar' surfaces upon one center support over square grid

Zugseil / tie cable

Einheit bestehend aus 4 'hp'-Flächen auf Seitenstützen mit Zugseil über Rechteckraster
unit consisting of 4 'hypar' surfaces upon supports at the ends over rectangular grid

Einheit bestehend aus 8 'hp'-Flächen auf seitlichen Strebepfeilern über Rechteckraster
unit consisting of 8 'hypar' surfaces upon buttresses over rectangular grid

Schalensysteme zusammengesetzt aus mehreren bogenförmig begrenzten „hp"-Flächen

shell systems composed of several 'hypar' surfaces with curved edges

Gegensinnig gekrümmte Schalensysteme / anticlastic shell systems

Tragsysteme für Großraumdächer mit Lichtbändern structure systems for large scale roofs with window strips

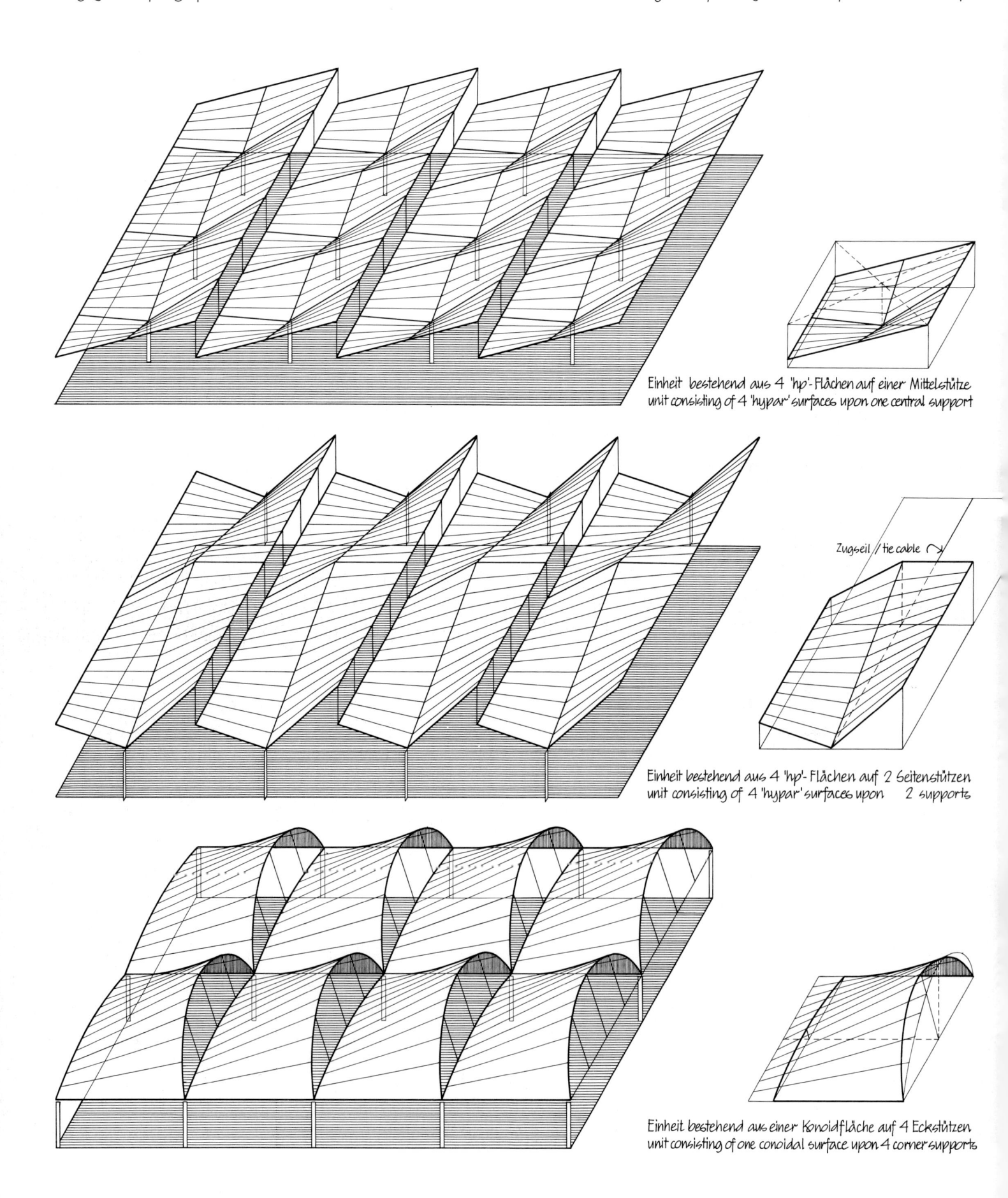

Einheit bestehend aus 4 'hp'- Flächen auf einer Mittelstütze
unit consisting of 4 'hypar' surfaces upon one central support

Zugseil / tie cable

Einheit bestehend aus 4 'hp'- Flächen auf 2 Seitenstützen
unit consisting of 4 'hypar' surfaces upon 2 supports

Einheit bestehend aus einer Konoidfläche auf 4 Eckstützen
unit consisting of one conoidal surface upon 4 corner supports

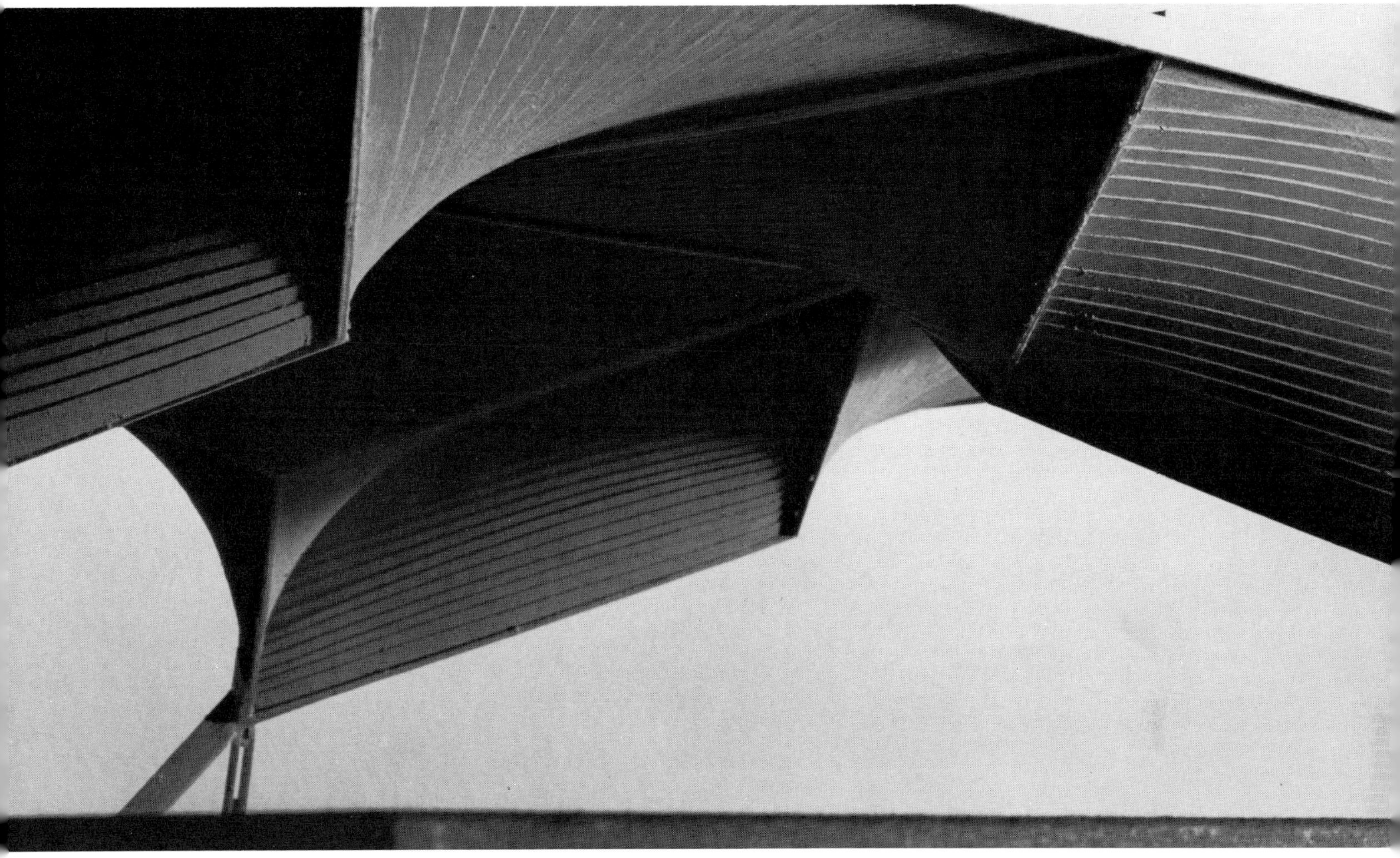

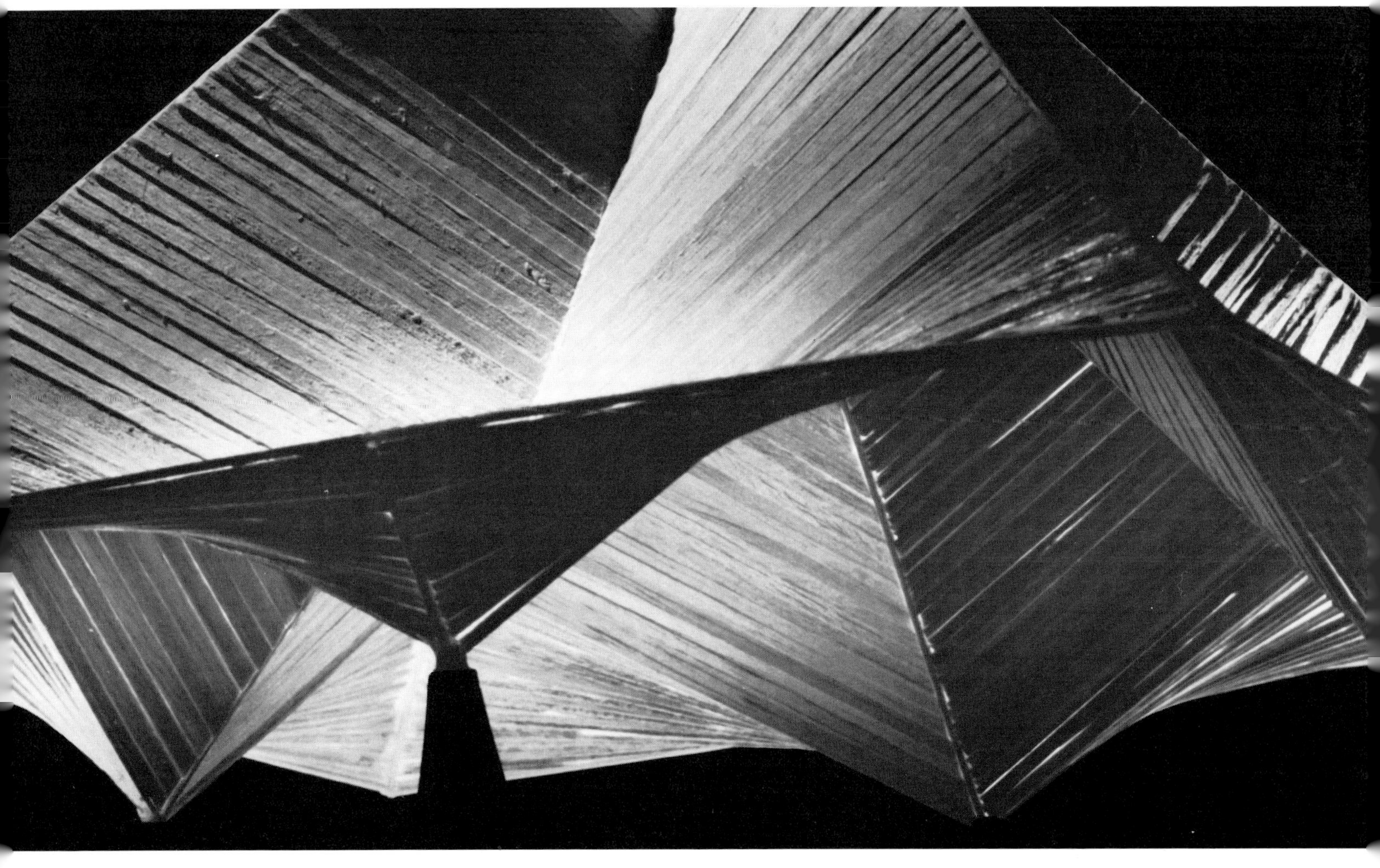

5

Senkrechte Tragsysteme
Vertical Structure Systems

Feste und steife Elemente, in vornehmlich senkrechter Ausdehnung, gegen seitliche Kräfte gesichert und fest im Boden verankert, können von in großer Höhe über dem Boden befindlichen horizontalen Nutzflächen Lasten sammeln und sie zu den Fundamenten abtragen: senkrechte Tragsysteme.

Tragsysteme, deren Hauptaufgabe darin besteht, aus übereinander geschichteten Horizontalebenen Lasten zu sammeln und sie senkrecht zum Boden abzuleiten, sind senkrechte Tragsysteme.

Senkrechte Tragsysteme sind gekennzeichnet durch die besonderen Systeme der Lastenbündelung, der Lastenabführung und der Seitenversteifung.

Senkrechte Tragsysteme bedienen sich für Kraftumlenkung und Kraftabtragung der Mechanismen der formaktiven, vektoraktiven, massenaktiven oder flächenaktiven Systeme. Sie besitzen selbst keinen eigentümlichen Wirkungsmechanismus.

Senkrechte Tragsysteme sind keine Folge aufeinandergesetzter Eingeschoßsysteme, noch können sie hinsichtlich ihres statischen Verhaltens als aufrecht gestellter Großkragarm vollständig erklärt werden. Sie sind homogene Systeme mit eigentümlichen Problemen und eigentümlichen Lösungen.

Aufgrund ihrer Höhenausdehnung und der dadurch vervielfachten Anfälligkeit gegenüber horizontaler Belastung ist Seitensteifigkeit wesentlicher Bestandteil des Entwerfens senkrechter Tragsysteme. Ab einer bestimmten Höhe über der Erde mag die Umlenkung horizontaler Kräfte das formbestimmende Merkmal des Entwurfes werden.

Senkrechte Tragsysteme sind Instrument und Ordnung für den Bau von Hochhäusern. In dieser Eigenschaft sind sie mitbestimmend in der Formgebung moderner Bauten und Städte.

Senkrechte Tragsysteme sind Voraussetzung und Mittel für Ausnutzung der dritten Dimension der Höhe im Städtebau. Die Anwendung senkrechter Tragsysteme wird sich daher in Zukunft nicht auf einzelne Bauten allein beschränken, sondern wird erweitert werden, um den urbanen Hochraum auch in der Breite zu erschließen.

Senkrechte Tragsysteme verlangen Kontinuierlichkeit der Elemente, die die Last zur Erde abtragen und damit Übereinstimmung der Punkte der Lastenbündelung für jedes Geschoß. Die Verteilung der Bündelungspunkte muß daher nicht nur durch Erwägungen statischer Zweckmäßigkeit, sondern auch durch Überlegungen der Flächennutzung bestimmt werden.

Senkrechte Tragsysteme können durch die unterschiedlichen Systeme der geschoßweisen Lastenbündelung unterschieden werden. Im Rastersystem sind die Bündelungspunkte gleichmäßig über den ganzen Grundriß verteilt, im Freispannsystem sind sie peripher angeordnet, und im Kragsystem liegt die lastensammelnde Zone zentral.

In Hochhäusern sind die Systeme der Lastenbündelung eng mit der Form und Gliederung des Grundrisses verhaftet. Die gegenseitige Abhängigkeit ist derart, daß die Systeme der Lastenbündelung ihrerseits entsprechende Systeme für Grundrisse von Hochhäusern bedingen.

Um geeignete Voraussetzungen für eine flexible Grundrißgestaltung der Geschosse und gute Möglichkeiten späterer Umdispositionen der einzelnen Räume in jedem Geschoß zu schaffen, zielt der Entwurf senkrechter Tragsysteme auf größtmögliche Reduzierung der lastabtragenden Elemente in Querschnitt und Anzahl.

Wegen der erforderlichen Kontinuierlichkeit der senkrechten Lastabtragung sind senkrechte Tragsysteme im allgemeinen durch fortlaufende vertikale Glieder gekennzeichnet, die ihrerseits zu höhenmäßig ungegliederten Fassaden geführt haben. Höhengliederung ist eines der ungelösten gestalterischen Probleme der vertikalen Tragsysteme.

Senkrechte Tragsysteme können trotz der logischen Vertikalität der lastabtragenden Teile auch mit nicht-senkrechten Elementen wirtschaftlich geplant werden. Das bedeutet, daß die Monotonie der geradlinig-senkrechten Aufrißkontur keine zwingende Eigenschaft senkrechter Tragsysteme ist.

Untersuchung der Möglichkeiten für Differenzierung und Gliederung des Vertikalschnittes senkrechter Tragsysteme ist eine vordringliche Aufgabe der Gegenwart.

Senkrechte Tragsysteme benötigen zur senkrechten Lastabtragung beträchtliche Querschnittmasse für die Stützen, die die nutzbare Geschoßfläche einschränkt. Durch Aufhängung statt Stützung der Stockwerke kann eine erhebliche Querschnittreduzierung der lastabtragenden Elemente erreicht werden, doch erfordert diese indirekte Lastabtragung ein übergeordnetes Tragsystem für die endgültige Lastableitung zur Erde.

Senkrechte Tragsysteme, in denen die Horizontalflächen wegen Querschnittverminderung der lastabtragenden Elemente aufgehängt sind, ähneln Brückenkonstruktionen, in denen die endgültige Sammlung und Ableitung der Lasten über Pylone erfolgt.

Aufgrund der Notwendigkeit, den Querschnitt der lastabtragenden Elemente für eine optimale Flächennutzung auf ein Minimum zu beschränken, sind alle raumbildenden Elemente, die für die Funktion des Hochhauses notwendig sind, potentielle Trägerquerschnitte: Treppenhäuser, Aufzugschächte, Installationskanäle, Außenhäute.

Optimaler Entwurf senkrechter Tragsysteme integriert die für den Hochhausorganismus erforderlichen Wandungsquerschnitte der senkrechten Zirkulation. Senkrechte Tragsysteme sind daher untrennbar mit den technisch-dynamischen Lebensadern der Hochhäuser verbunden.

Entwurf senkrechter Tragsysteme setzt also die umfassende Kenntnis nicht nur der Mechanismen aller Tragsysteme voraus, sondern erfordert wegen der Abhängigkeit von Grundrißgliederung und wegen der Integrierung ausbautechnischer Elemente ein tiefes Wissen um die inneren Zusammenhänge aller ein Bauwerk bestimmenden Faktoren.

Solid rigid elements in predominantly vertical extension, secured against lateral stresses and firmly anchored to the ground, can collect loads from horizontal planes in high altitude above the ground and transfer them to the foundations: vertical structure systems.

Structure systems, of which the main task is to collect loads from horizontal planes stacked upon one another and to vertically transmit them to the base, are vertical structure systems.

Vertical structure systems are characterized by the particular systems of load collection, load transfer, and lateral stabilization.

Vertical structure systems employ for redirection and transmittance of forces systems of form-active, vector-active, bulk-active, or surface-active mechanisms. They have no indigenous working mechanism of their own.

Vertical structure systems are not a sequence of stacked up, single-story systems, nor can they, as to their structural behaviour, be fully explained as a supercantilever turned up. They are homogeneous systems with unique problems and unique solutions.

Due to their extension in height and hence their multiplied susceptibility to horizontal loading, lateral stabilization is an essential component of the design of vertical structure systems. From a certain height above ground the redirection of horizontal forces may become the form-determining factor of the design.

Vertical structure systems are instrument and order for the construction of highrise buildings. In this capacity they are codeterminant in shaping modern buildings and cities.

Vertical structure systems are requisite and vehicle for utilizing the third dimension of height in city planning. In the future therefore the use of vertical structure systems will not be confined to single buildings alone, but will be expanded to make accessible the urban high space also in breadth.

Vertical structure systems require continuity of the elements that transport the load to the ground and hence necessitate congruency of the points of load collection for each story. The distribution of load-collecting points, therefore, has to be determined not only by considerations of structural efficiency but also by those of floor utilization.

Vertical structure systems can be distinguished by the different systems of storywise load collection. In the bay system the collecting points are evenly distributed over the whole floor plan, in the freespan system they are arranged peripherally, and in the cantilever system the load collecting zone is centrally located.

In highrise buildings the systems of load collection are intimately interlocked with configuration and organisation of the floor plan. The interdependence is such that the systems of load collection themselves produce corresponding systems of floor plans for highrise buildings.

In order to provide suitable conditions for a flexible floor plan and good possibilities for later reorganisation of individual rooms in each floor, the design of vertical structure systems aims at the greatest possible reduction of load-transmitting vertical elements in section and number.

Because of the necessary continuity of the vertical load transmittance, vertical structure systems generally are characterized by continuous vertical members that by themselves have led to façades not articulated in their height extension. Height articulation is one of the unsolved design problems of vertical structure systems.

Vertical structure systems, despite their logical verticality of load-transmitting parts, can be economically designed also with non-vertical elements. This means that the monotony of the straight-line vertical elevation contour is not a compelling quality of vertical structure systems.

Investigation of the possibilities for differentiation and articulation of the vertical section of highrise structures is an imminent task of the present. Here a largely unused potential for the design of highrise buildings remains to be uncovered.

Vertical structure systems require for vertical load transport considerable sectional column bulk which infringes upon the usable floor area. Through suspension of the stories instead of their support, a sizeable reduction in the section of load-transmitting elements can be achieved. However, this indirect load transfer necessitates a superimposed structure system for the final load transport to the ground.

Vertical structure systems in which the horizontal planes are suspended for reduction in sectional bulk of the load-transmitting elements, are very similar to bridge constructions in which the final load collection and load transport is taken over by pylons.

Due to the necessity to cut down on the section of load transmitting elements for an optimum use of floor space, all space defining elements that are necessary for the function of the highrise building are potential structural sections: stair wells, elevator shafts, installation ducts, exterior skins.

Optimal design of vertical structure systems integrates all material sections of the vertical circulatory enclosures that are basic ingredients of the highrise organism. Vertical structure systems therefore are inseparably connected with the technical-dynamic life veins of highrise buildings.

Design of vertical structure systems then presupposes comprehensive knowledge not only of the mechanisms of all structure systems, but because of the interdependence with the floor plan organization and because of the integration of the technical building equipment, necessitates a deep understanding of the inner correlations of all factors that determine a building.

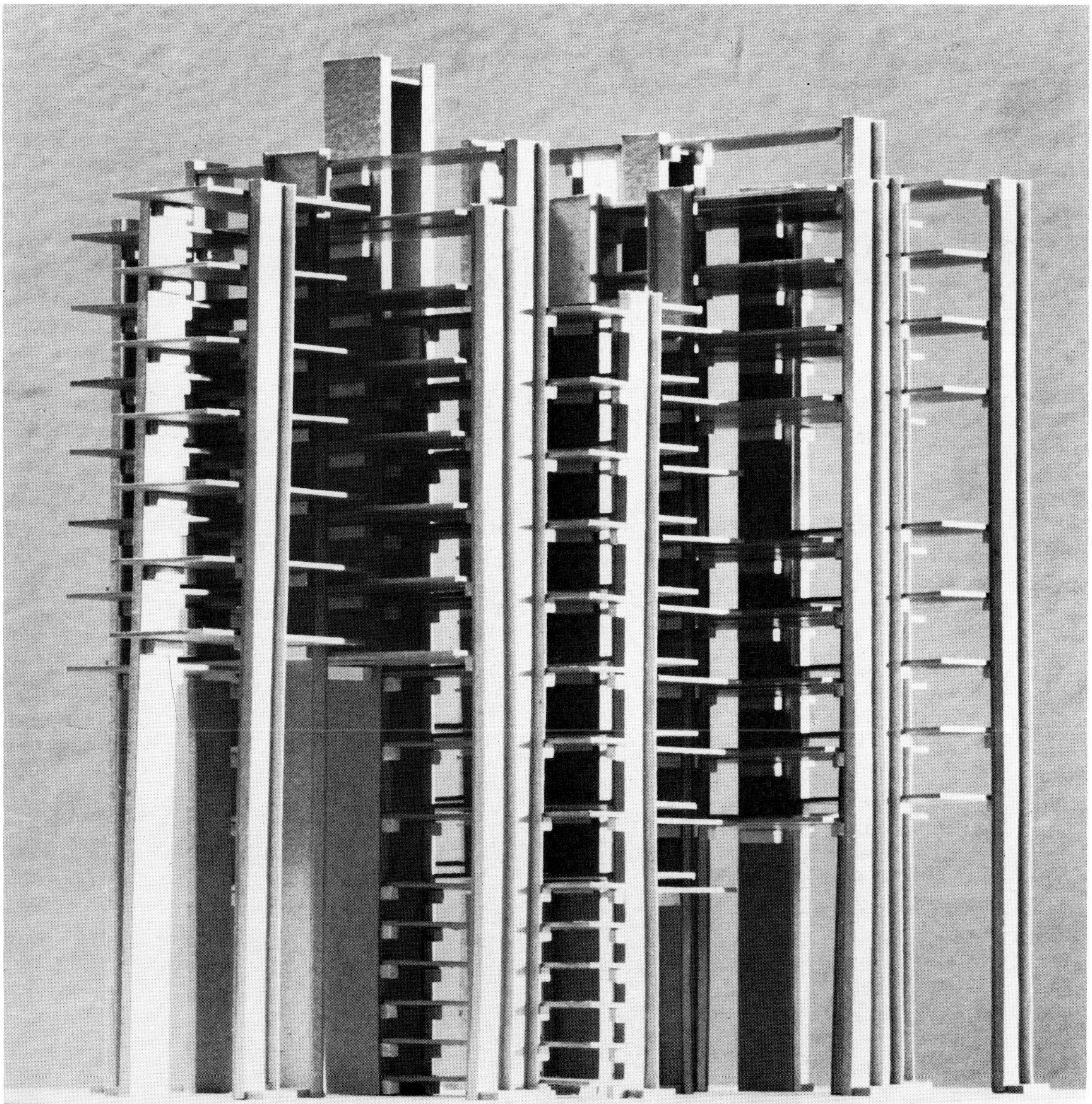

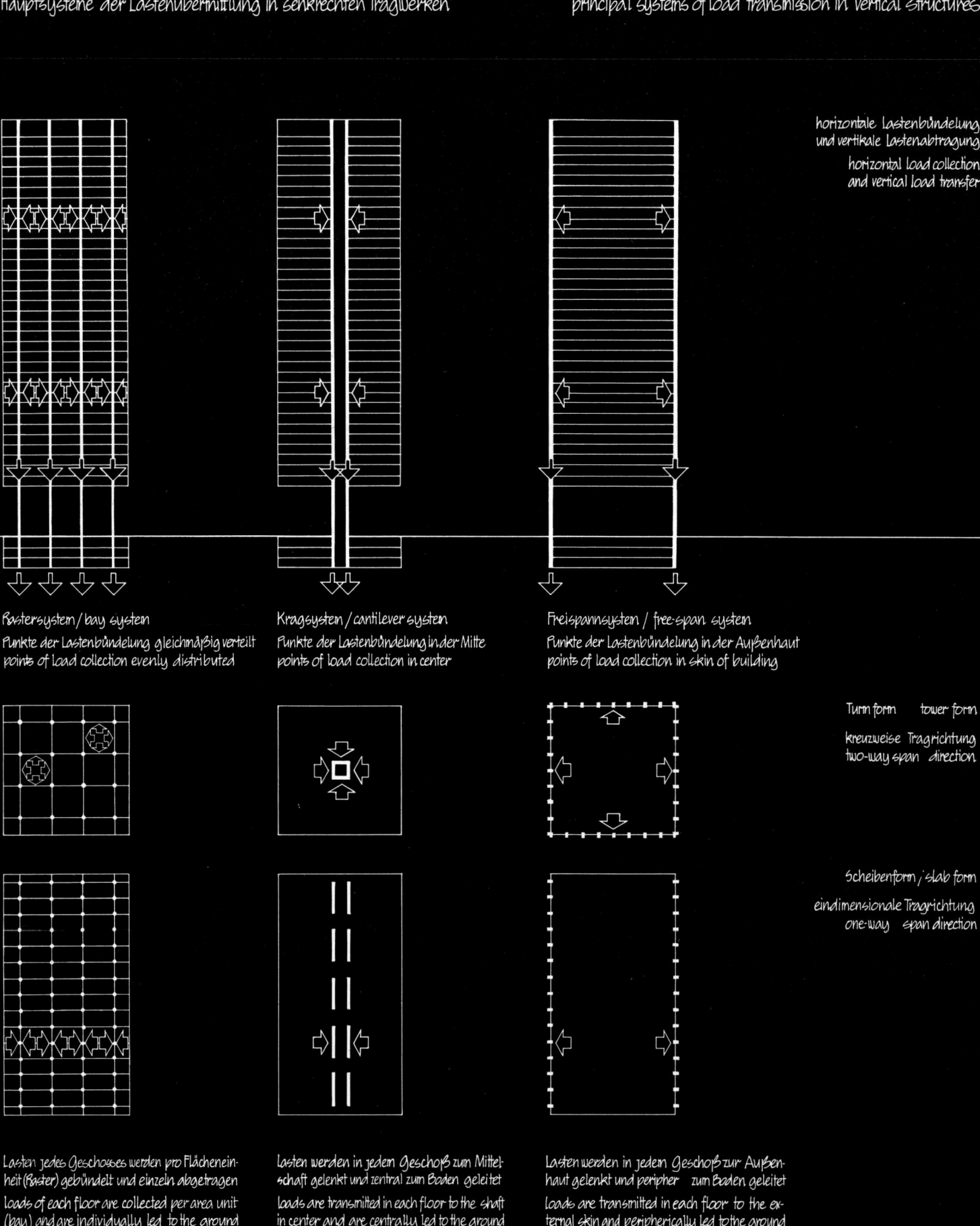

Hauptsysteme der Lastenübermittlung in senkrechten Tragwerken — principal systems of load transmission in vertical structures

horizontale Lastenbündelung
und vertikale Lastenabtragung

horizontal load collection
and vertical load transfer

Rastersystem / bay system
Punkte der Lastenbündelung gleichmäßig verteilt
points of load collection evenly distributed

Kragsystem / cantilever system
Punkte der Lastenbündelung in der Mitte
points of load collection in center

Freispannsystem / free-span system
Punkte der Lastenbündelung in der Außenhaut
points of load collection in skin of building

Turmform   tower form

kreuzweise Tragrichtung
two-way span direction

Scheibenform / slab form

eindimensionale Tragrichtung
one-way span direction

Lasten jedes Geschosses werden pro Flächeneinheit (Raster) gebündelt und einzeln abgetragen

loads of each floor are collected per area unit (bay) and are individually led to the ground

Lasten werden in jedem Geschoß zum Mittelschaft gelenkt und zentral zum Boden geleitet

loads are transmitted in each floor to the shaft in center and are centrally led to the ground

Lasten werden in jedem Geschoß zur Außenhaut gelenkt und peripher zum Boden geleitet

loads are transmitted in each floor to the external skin and peripherically led to the ground

Systeme der Lastenübermittlung / systems of load transmission

Kombinierte Systeme der Lastenübermittlung in senkrechten Tragwerken

composite systems of load transmission in vertical structures

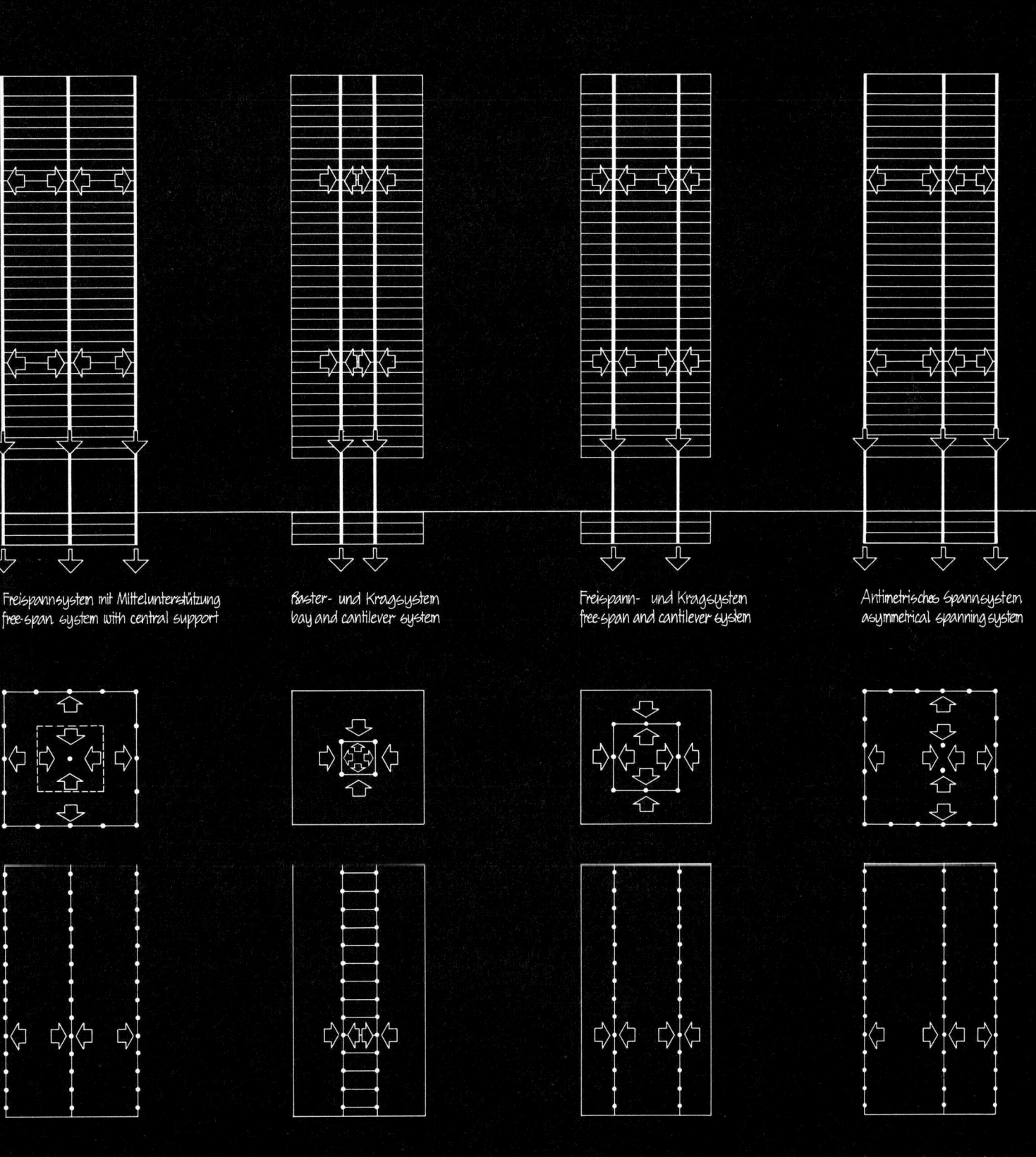

Freispannsystem mit Mittelunterstützung
free-span system with central support

Raster- und Kragsystem
bay and cantilever system

Freispann- und Kragsystem
free-span and cantilever system

Antimetrisches Spannsystem
asymmetrical spanning system

Lasten jedes Geschosses werden teils zur Mitte teils auf die Außenwände abgetragen

loads of each floor are directed partly to the center, partly to the exterior walls

Lasten werden nach innen auf die Punkte eines zentralen Bündelungsrasters abgetragen

loads are transmitted inwardly to the points of a central bay system of load collection

Lasten werden sowohl von Mitte wie von Seiten zu den Zwischen-Sammelpunkten abgetragen

loads are transmitted to intermediate points of collection both from the middle and from the sides

Lasten werden unterschiedlich auf die Sammelpunkte abgetragen

loads are unequally transmitted to the points of collection

Systeme der Lastenübermittlung / systems of load transmission

Systeme der indirekten senkrechten Lastabtragung bei Rasterbündelung / systems of indirect vertical load transmission in bay-type collection

Hänge-Systeme in senkrechten Tragwerken / suspension systems in vertical structures

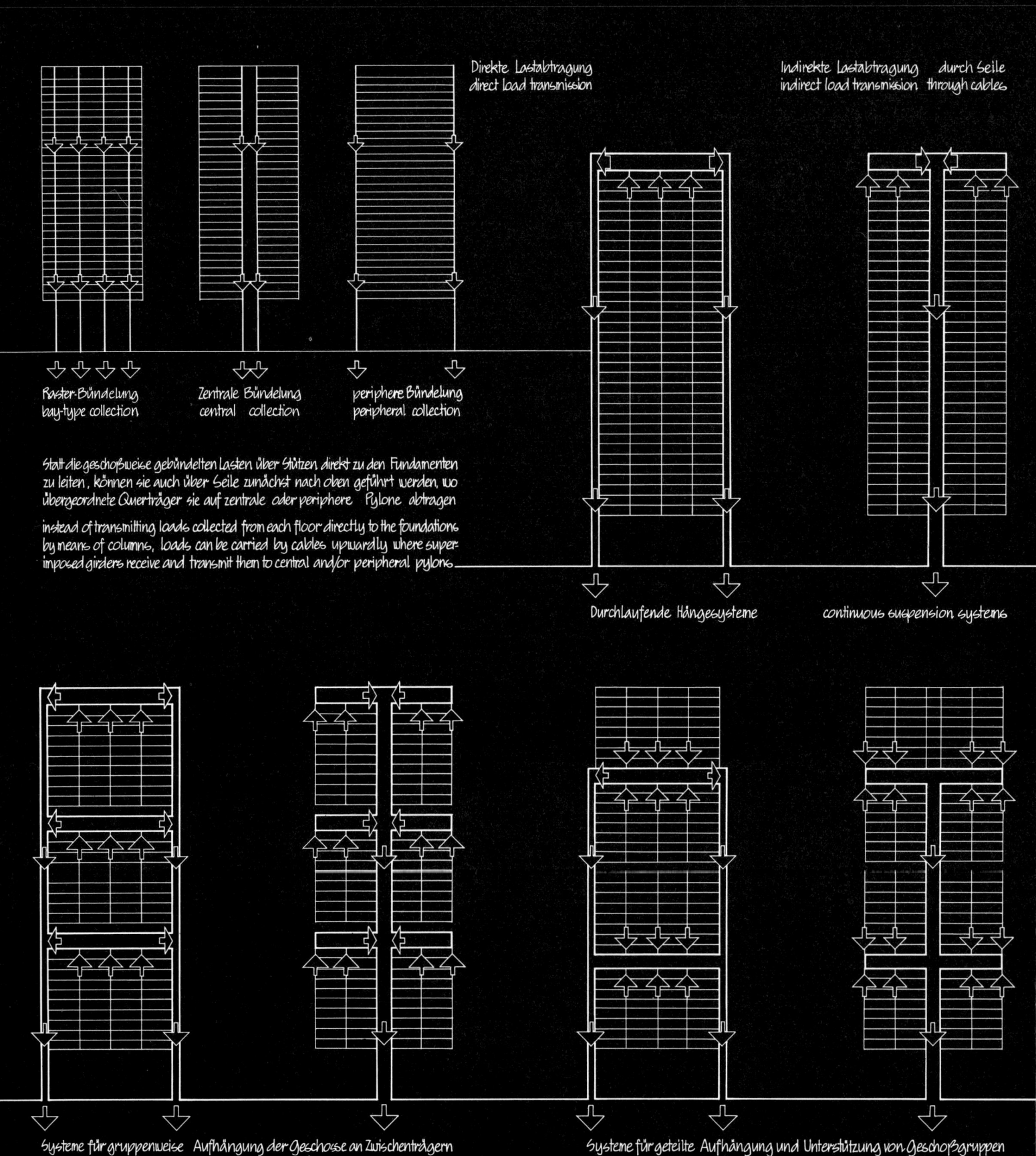

Direkte Lastabtragung
direct load transmission

Indirekte Lastabtragung durch Seile
indirect load transmission through cables

Raster-Bündelung
bay-type collection

Zentrale Bündelung
central collection

periphere Bündelung
peripheral collection

Statt die geschoßweise gebündelten Lasten über Stützen direkt zu den Fundamenten zu leiten, können sie auch über Seile zunächst nach oben geführt werden, wo übergeordnete Querträger sie auf zentrale oder periphere Pylone abtragen

instead of transmitting loads collected from each floor directly to the foundations by means of columns, loads can be carried by cables upwardly where superimposed girders receive and transmit them to central and/or peripheral pylons

Durchlaufende Hängesysteme — continuous suspension systems

Systeme für gruppenweise Aufhängung der Geschoße an Zwischenträgern
systems for groupwise suspension of floors from intermediate girders

Systeme für geteilte Aufhängung und Unterstützung von Geschoßgruppen
systems for combined suspension and support of separate floor groupings

245　Systeme der Lastenübermittlung / systems of load transmission

Vollgeschoß-Trägersysteme bei indirekter vertikaler Lastabtragung　　full-story girder systems for indirect vertical load transmission

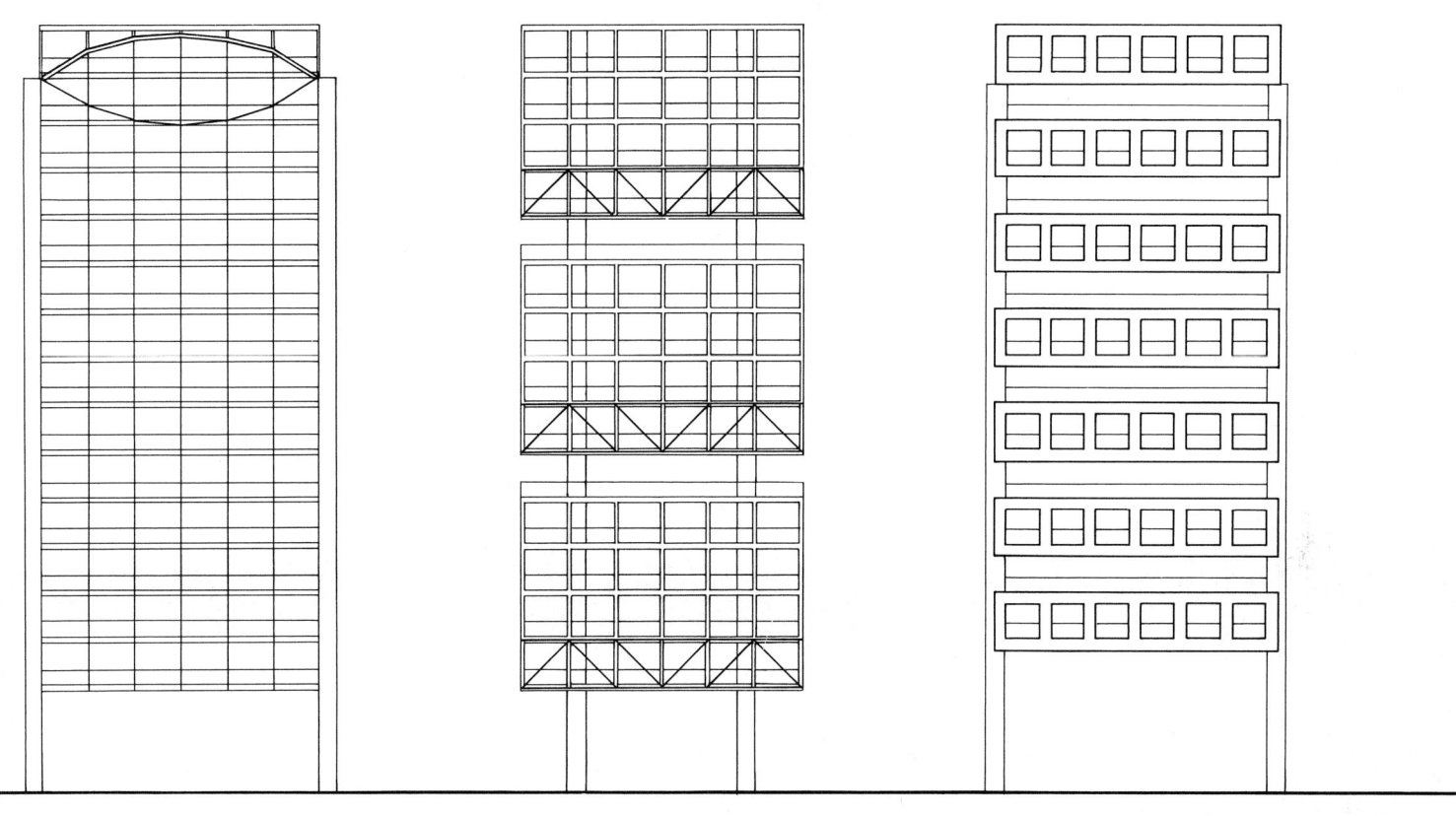

formaktiver Stockwerkträger: / form-active story girder:
Stützbogen/Hängeseil-Träger mit abgehängten Geschossen
arch/suspension cable combination with hung floors

vektoraktiver Stockwerkträger: / vector-active story girder
Fachwerkträger mit aufgesetzten Geschoßgruppen
trussed girders each supporting several floors atop

massenaktiver Stockwerkträger: / bulk-active story girder:
Mehrfeldrahmen-Träger mit stützenfreien Zwischengeschossen
multi-panel frames with unobstructed intermediate floors

Systeme der Stützenlast-Abfangung über Erdgeschoß　　systems of receiving column loads above ground floor

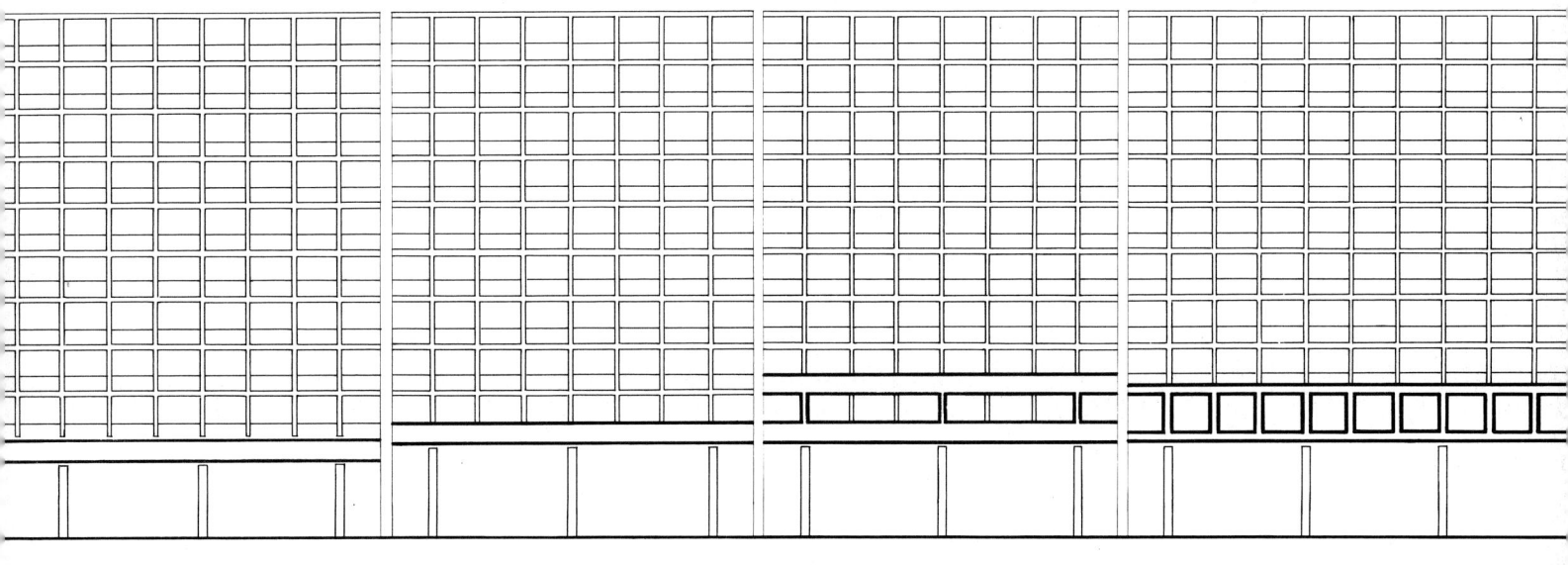

Unterzug-Abfangträger
spandrel beam below floor slab

Brüstungs-Abfangträger
spandrel beam above floor slab

Brüstungsträger in zwei Geschossen
spandrel beam in two stories

Mehrfeldrahmen-Abfangträger
multi-panel frame as spandrel beam

Systeme für Grundriß und Aufriß / systems for plan and elevation

246

Typische Turmformen aus quadratischem Grundriß entwickelt

typical tower forms developed from a square plan

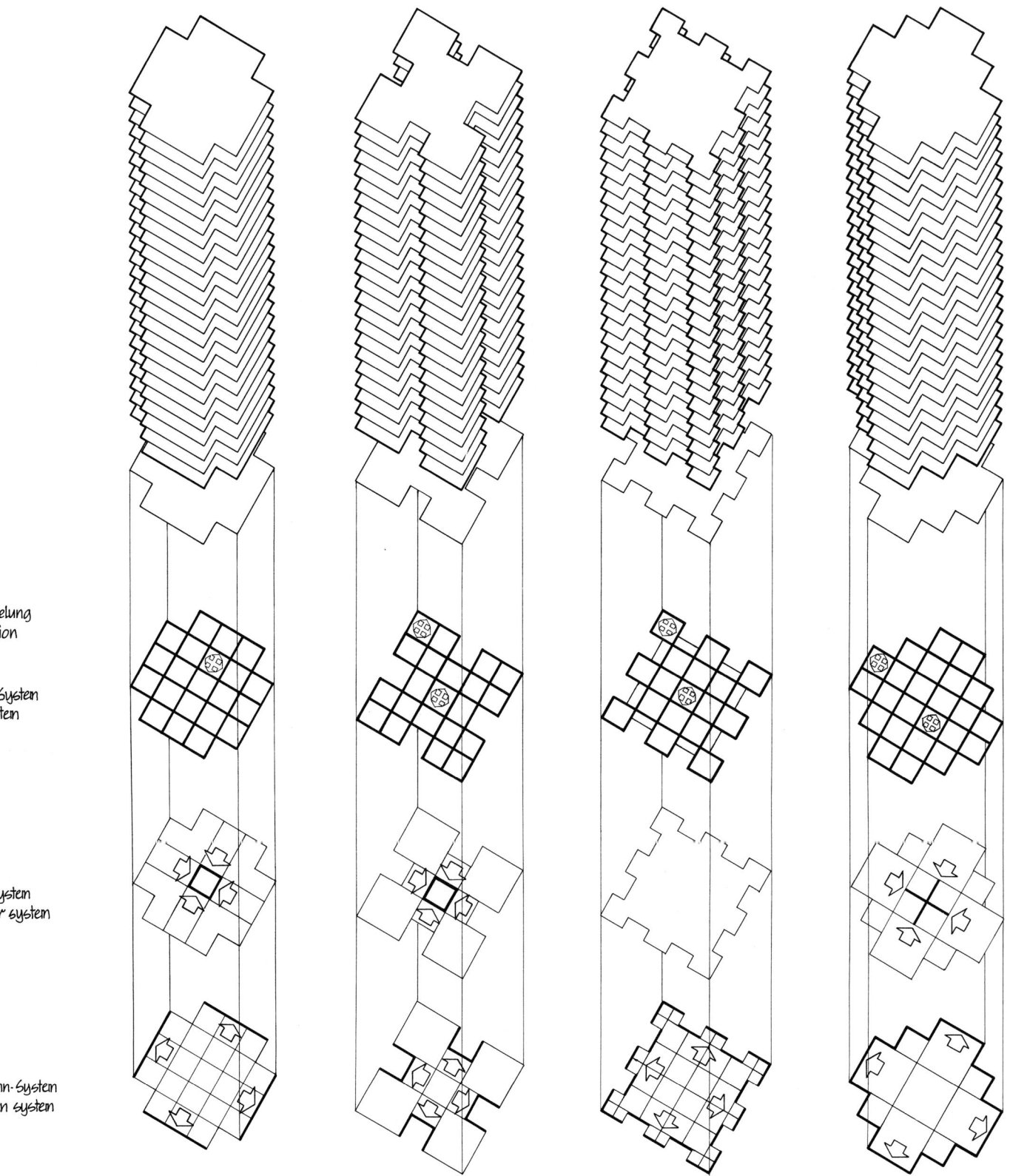

Lastenbündelung
load collection

als Raster-System
as bay system

als Krag-System
as cantilever system

als Freispann-System
as free-span system

247 Systeme für Grundriß und Aufriß / systems for plan and elevation

Turmformen aus kreisförmigem Grundriß entwickelt   tower forms developed from circular plan

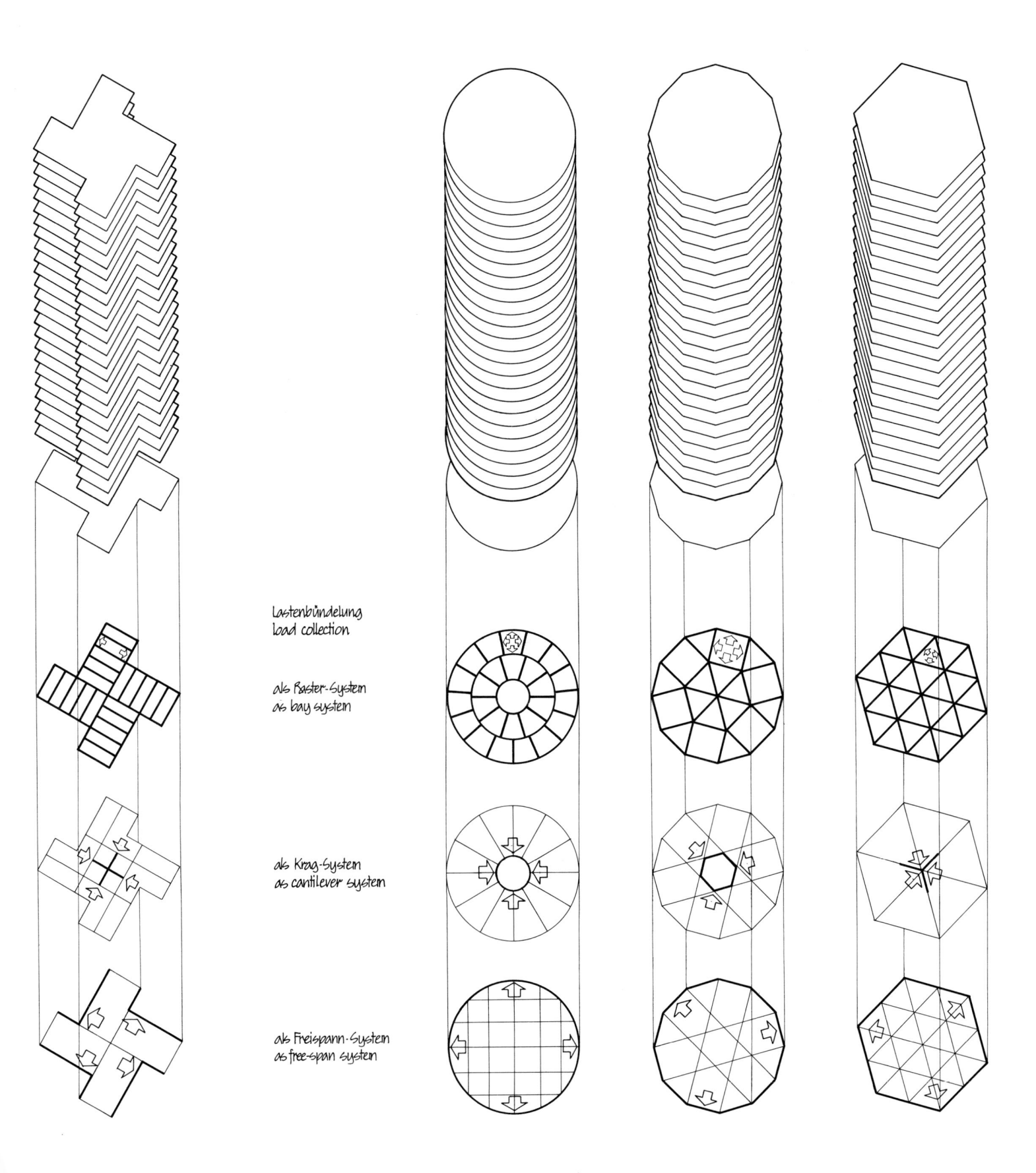

Lastenbündelung
load collection

als Raster-System
as bay system

als Krag-System
as cantilever system

als Freispann-System
as free-span system

Systeme für Grundriß und Aufriß / systems for plan and elevation 248

Typische Scheibenformen aus rechteckigem Grundriß entwickelt   typical slab forms developed from rectangular plan

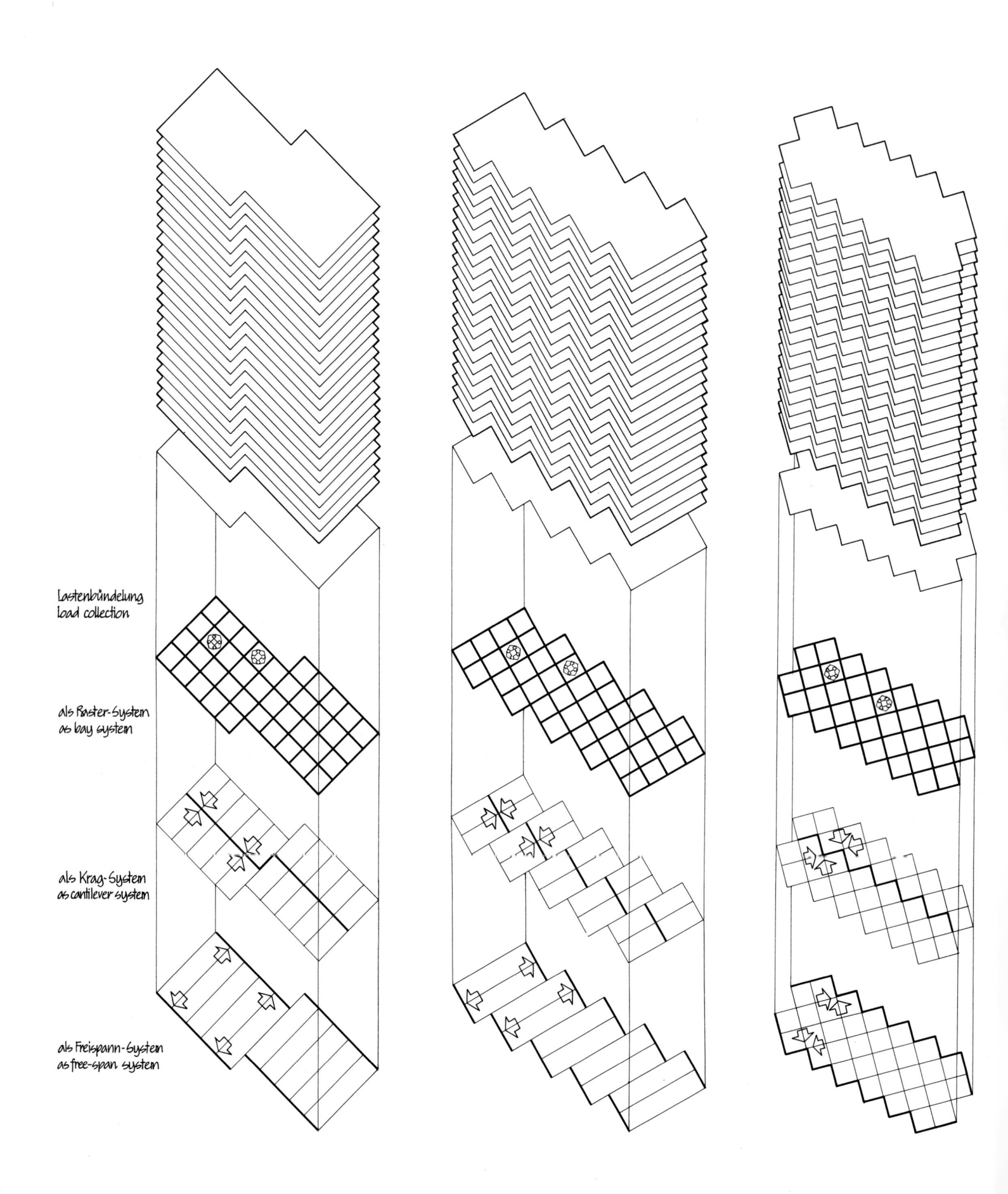

Lastenbündelung / load collection

als Raster-System / as bay system

als Krag-System / as cantilever system

als Freispann-System / as free-span system

Systeme für Grundriß und Aufriß / systems for plan and elevation

Scheibenformen aus gekrümmtem Grundriß entwickelt

slab forms developed from curved floor plan

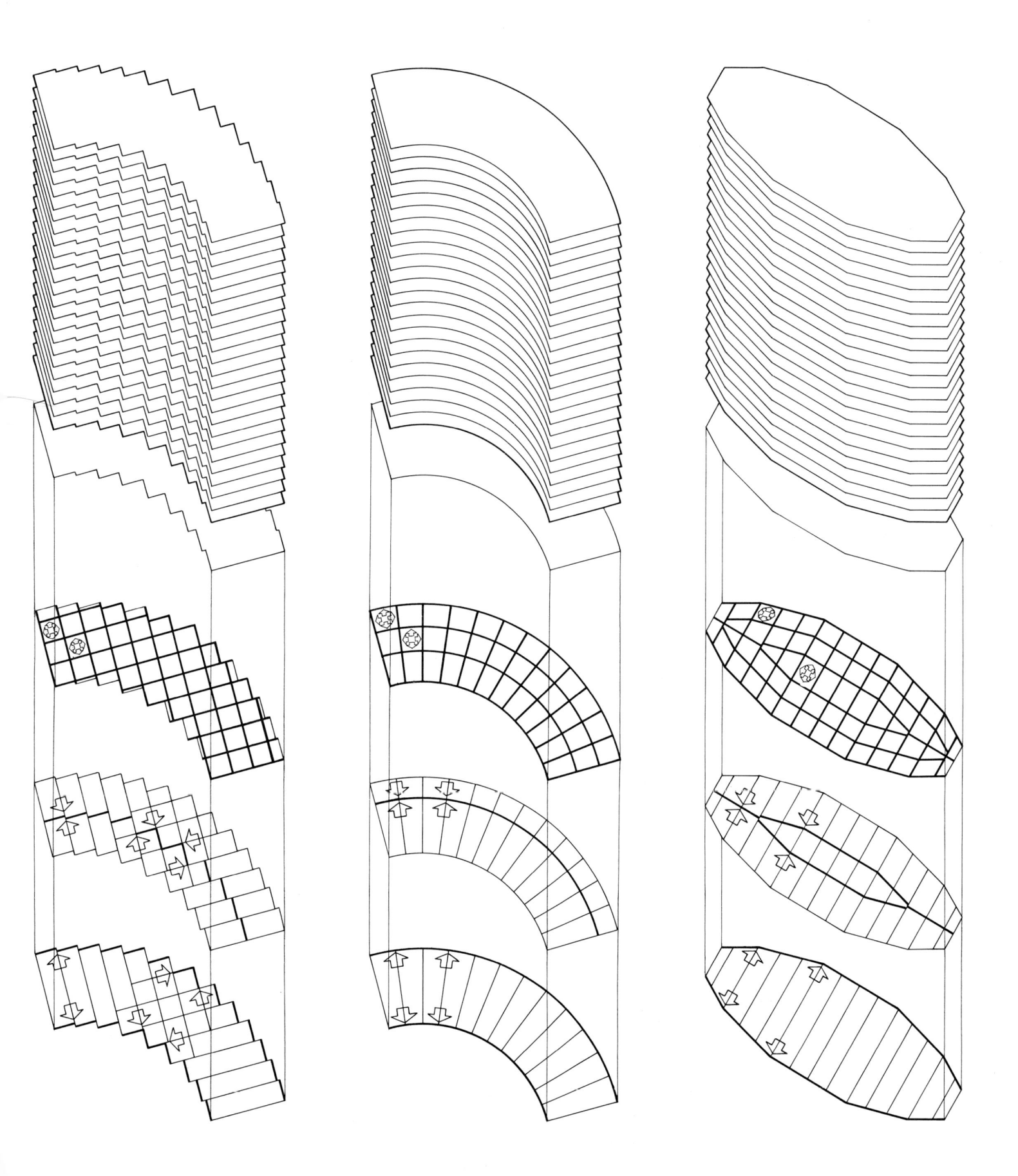

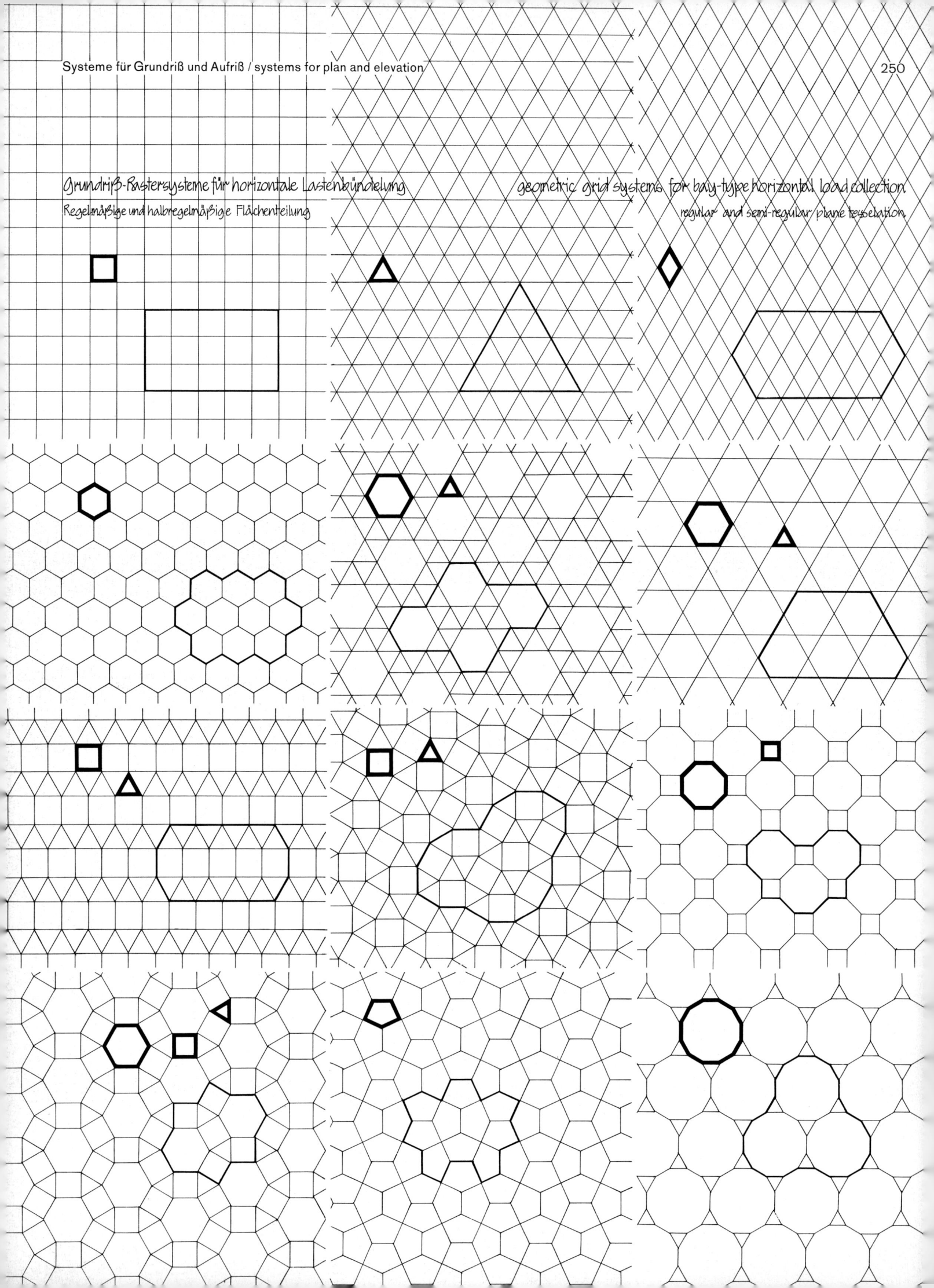

Systeme für Grundriß und Aufriß / systems for plan and elevation 250

Grundriß-Rastersysteme für horizontale Lastenbündelung   geometric grid systems for bay-type horizontal load collection
Regelmäßige und halbregelmäßige Flächenteilung   regular and semi-regular plane tessellation

Senkrechte Lastenabtragung in quadratischen Rastersystemen

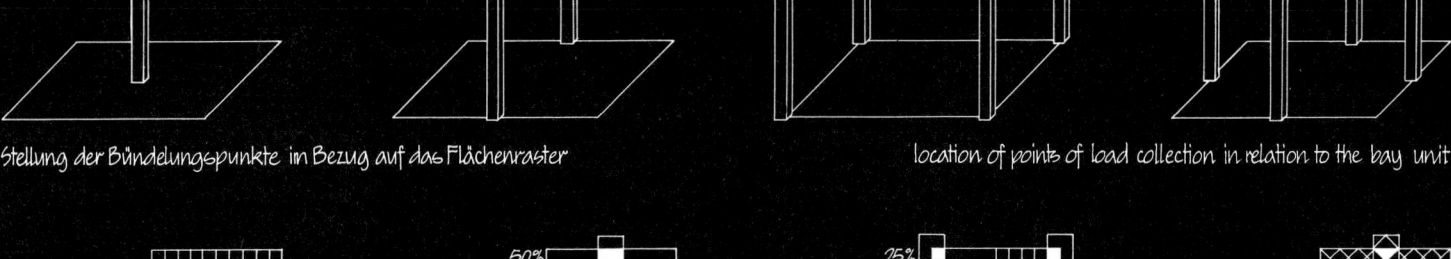

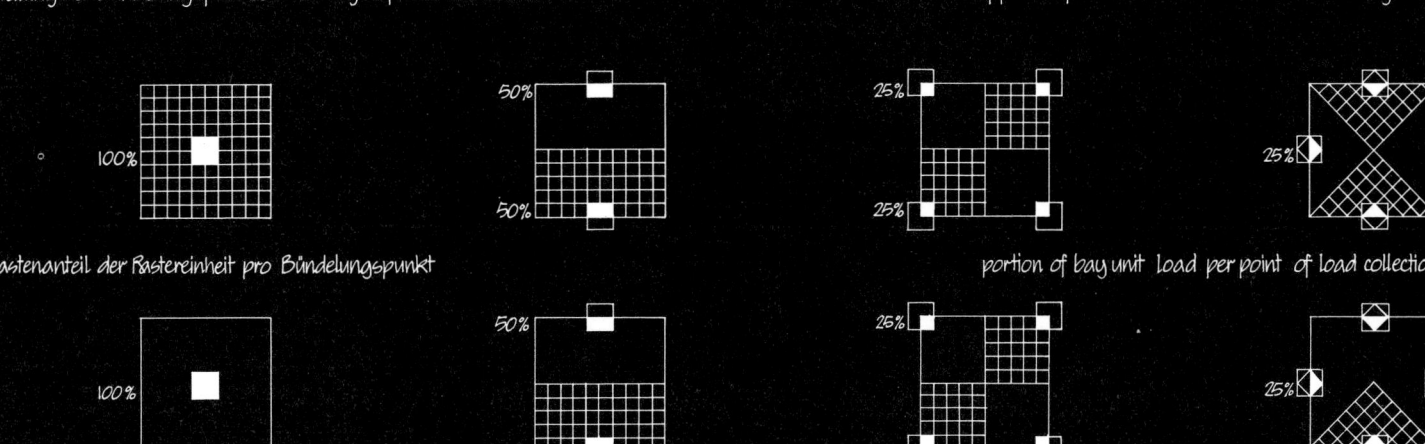

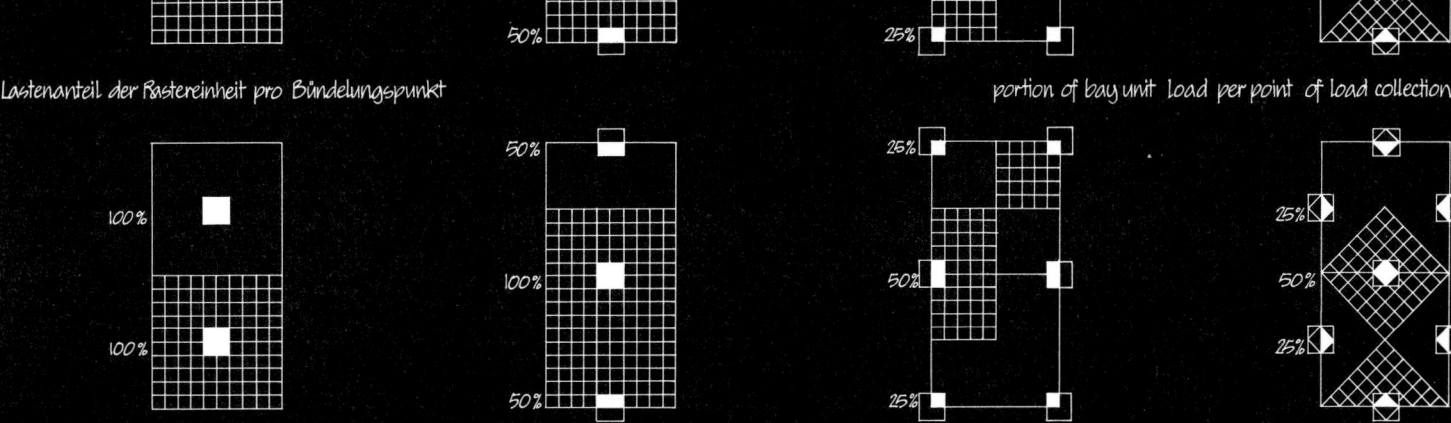

vertical load transmission in square bay systems

Stellung der Bündelungspunkte im Bezug auf das Flächenraster

location of points of load collection in relation to the bay unit

Lastenanteil der Rastereinheit pro Bündelungspunkt

portion of bay unit load per point of load collection

100%

50% / 50%

25% / 25% / 25% / 25%

25% / 25% / 25% / 25%

100% / 100%

50% / 100% / 50%

25% / 50% / 25% / 25%

25% / 50% / 25%

Rastersystem mit Lastabtragung und Seitenversteifung durch gleichmäßig verteilte flächenaktive Vertikalelemente

bay system with load transmittance and lateral stabilization through surface-active vertical elements unevenly distributed

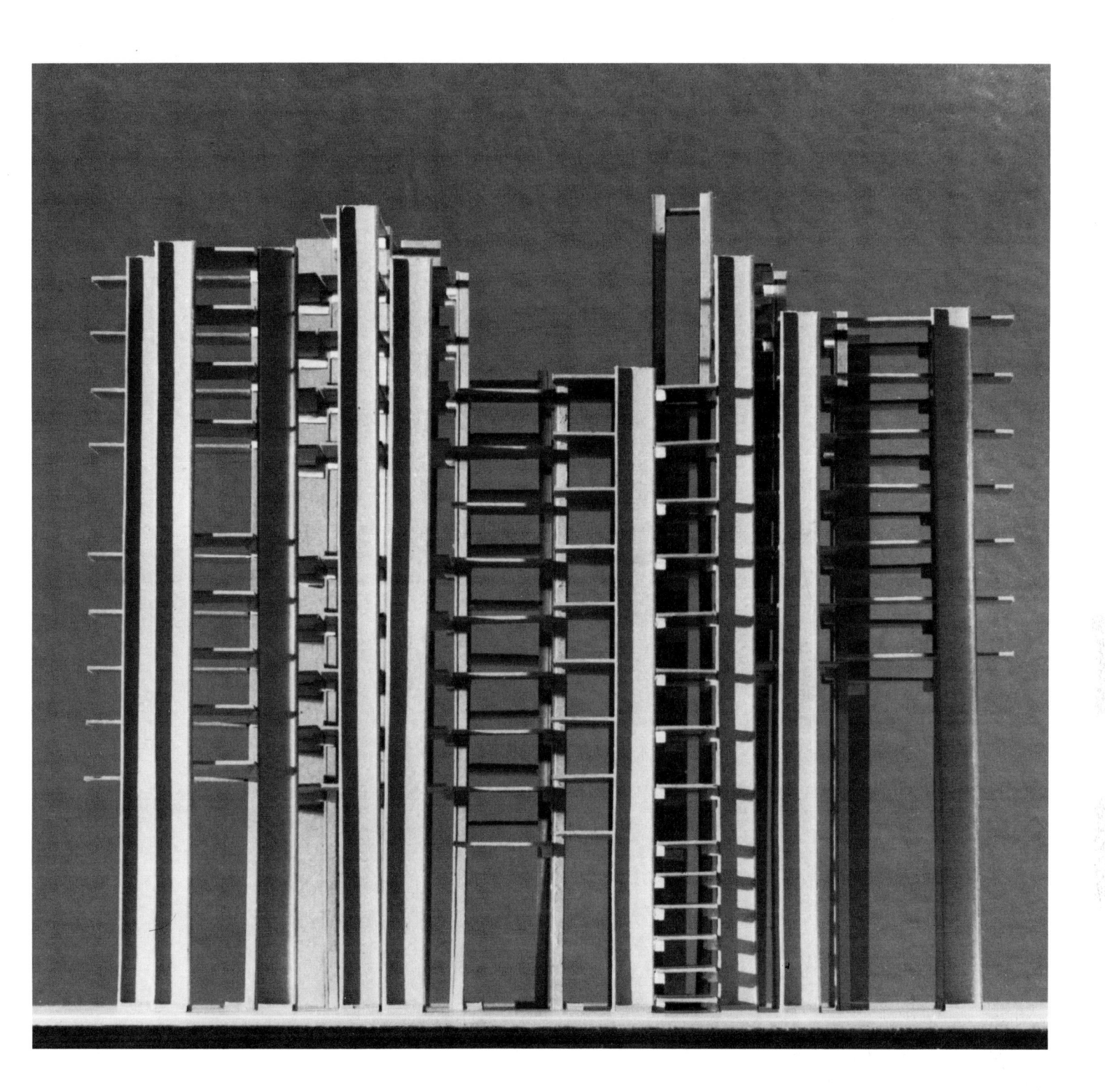

Rastersystem mit Lastabtragung und Seitenversteifung durch ungleichmäßig verteilte flächenaktive Vertikalelemente

bay system with load transmittance and lateral stabilization through surface-active vertical elements evenly distributed

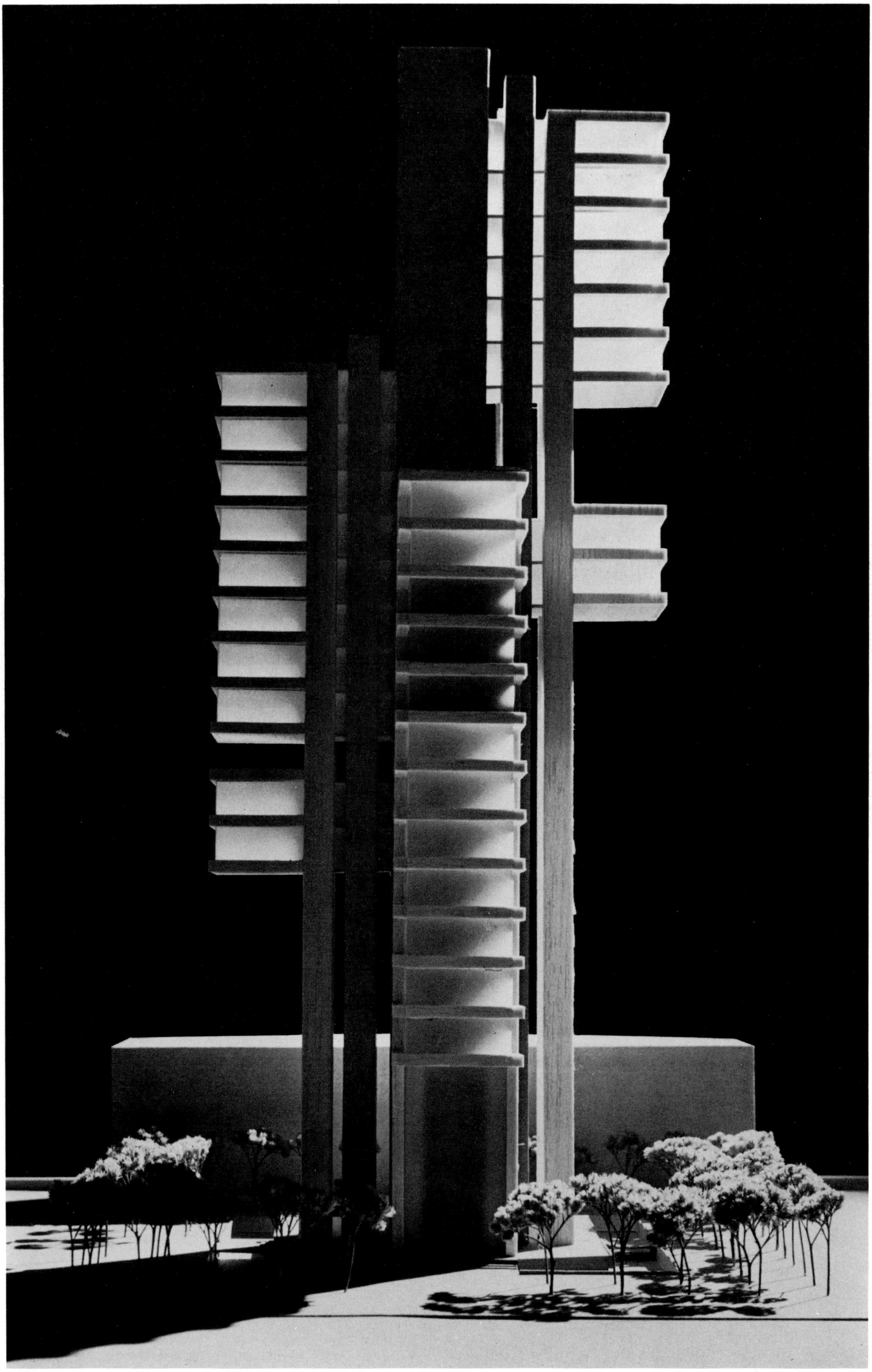

Oben:
Kragsystem mit Lastabtragung und Seitenversteifung durch symmetrisch angeordnete Zentralschäfte

Links:
Kragsystem mit Lastabtragung und Seitenversteifung durch asymmetrisch angeordnete Zentralschäfte

above:
cantilever system with load transmittance and lateral stabilization through symmetrical central shafts

left:
cantilever system withbad transmittance and lateral stabilization through central shafts arranged asymmetrically

Systeme für Grundriß und Aufriß / systems for plan and elevation

Typische Querschnittformen für Raster-Systeme / typical cross sections for bay systems

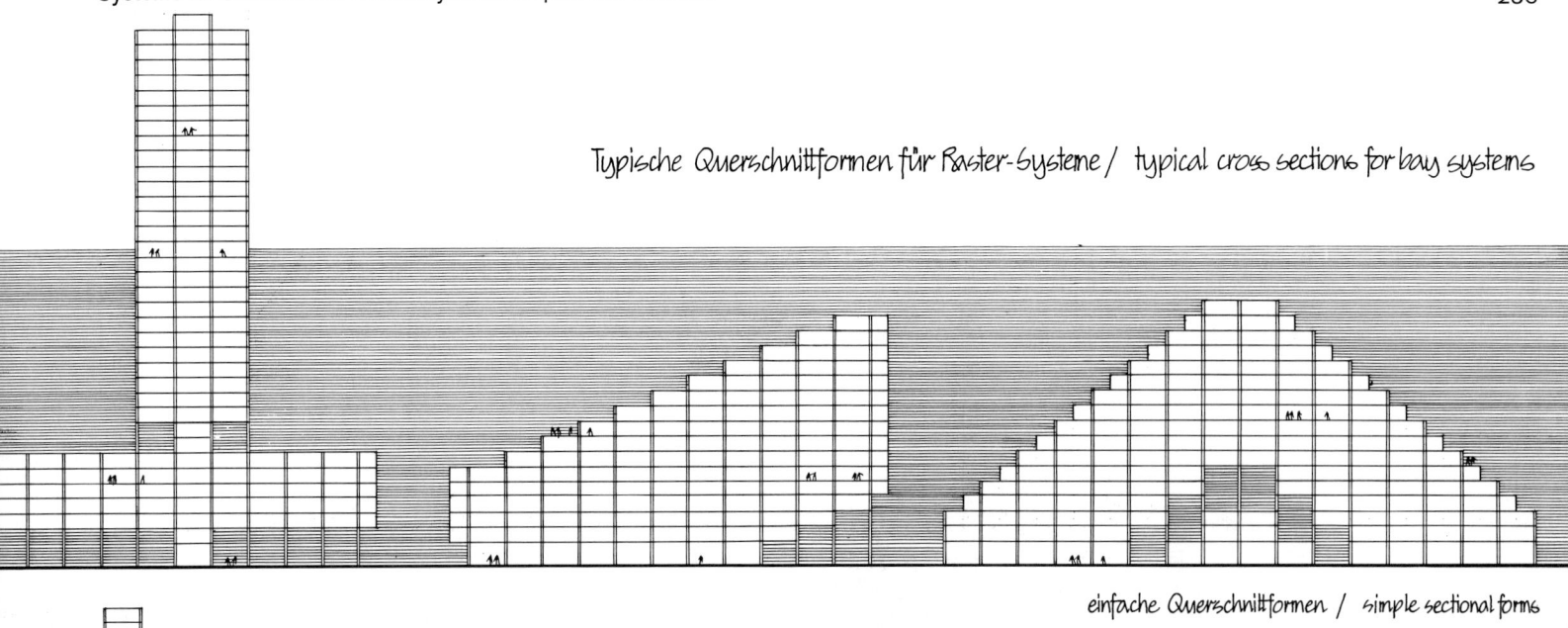

einfache Querschnittformen / simple sectional forms

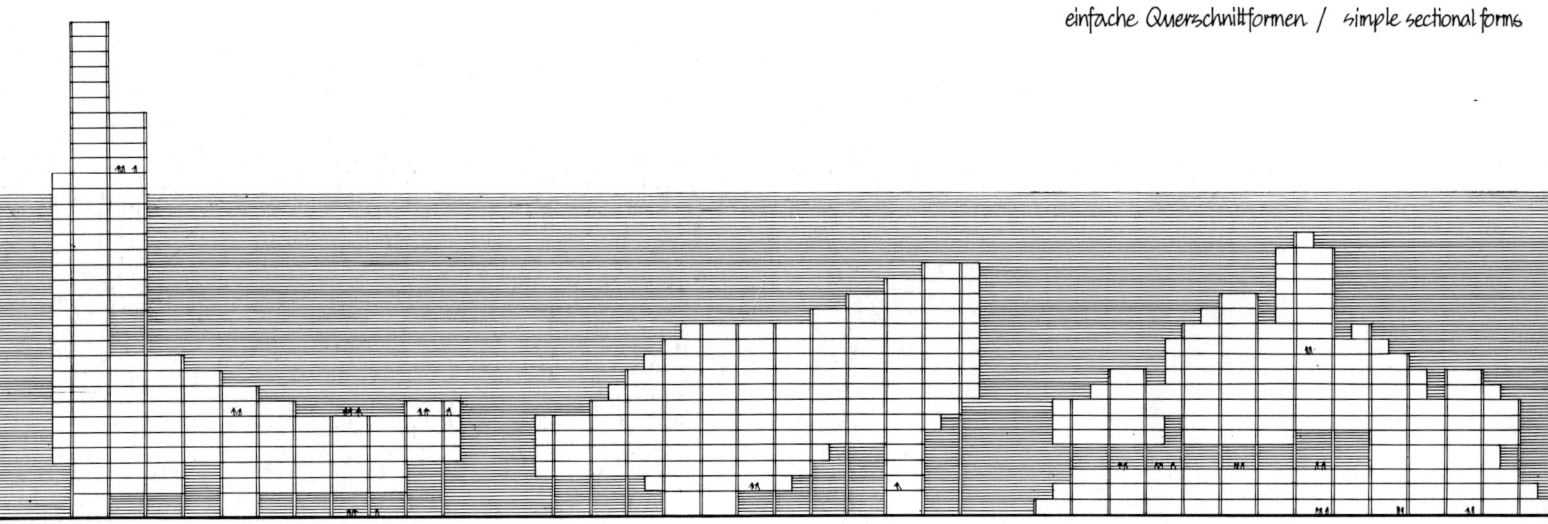

aufgelöste Querschnittformen / complex sectional forms

Typische Querschnittformen für Krag-Systeme / typical cross sections for cantilever systems

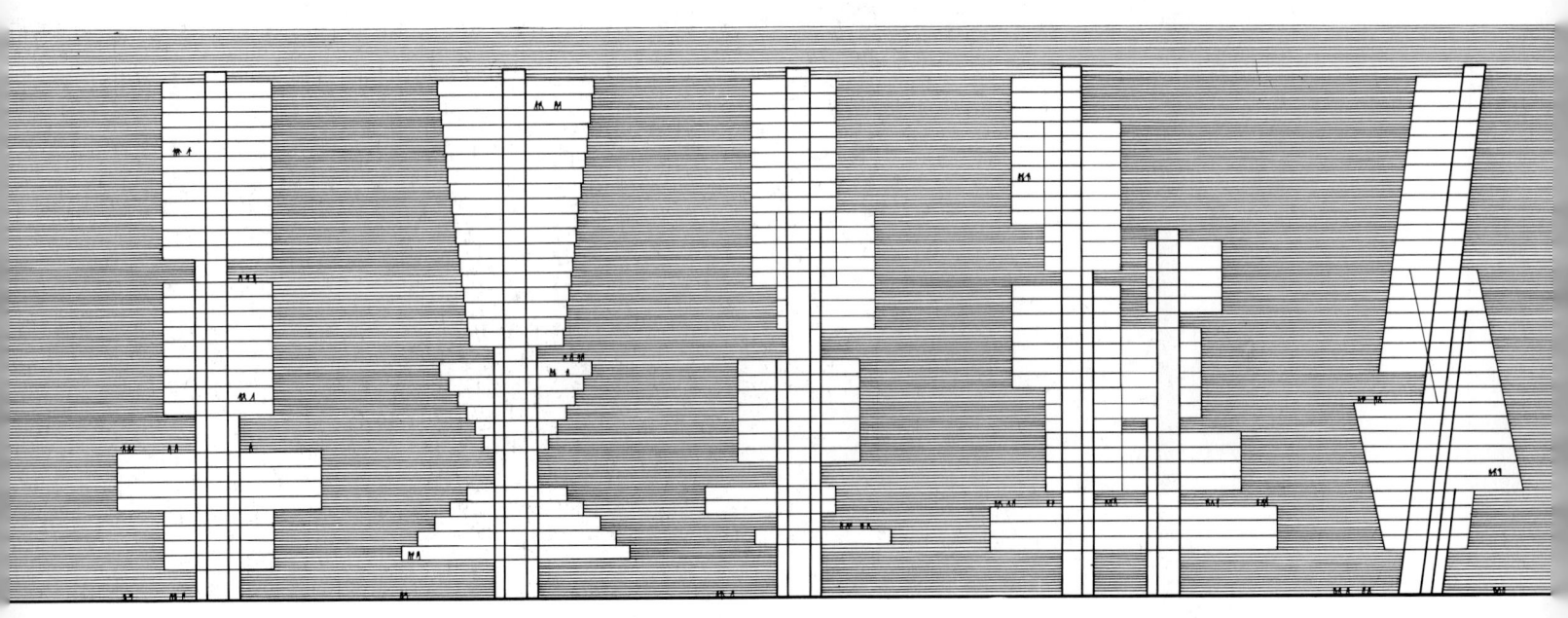

einfache Querschnittformen / simple sectional forms

aufgelöste Querschnittformen / complex sectional forms

Systeme für Grundriß und Aufriß / systems for plan and elevation

Typische Querschnittsformen für Freispann-Systeme   typical cross sections for free-span systems

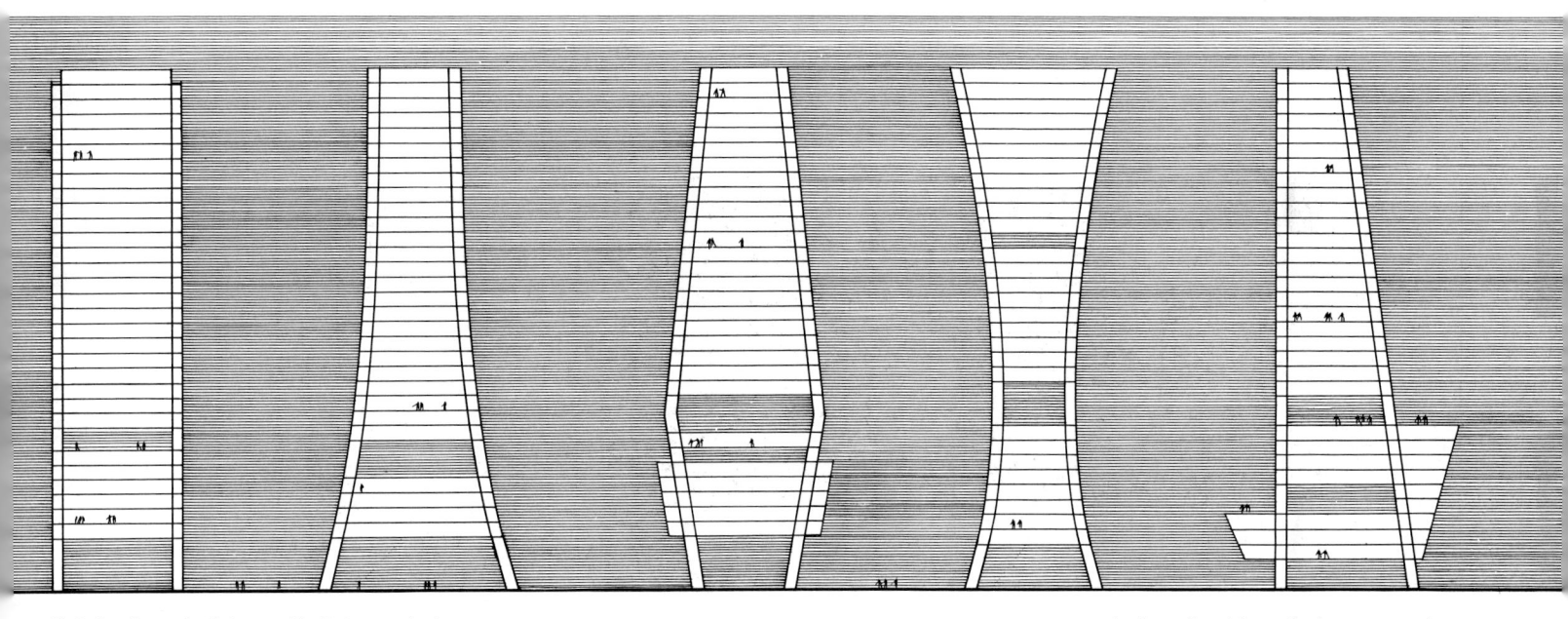

Einfache Querschnittsformen für Freispann-Systeme   simple sectional forms for free-span systems

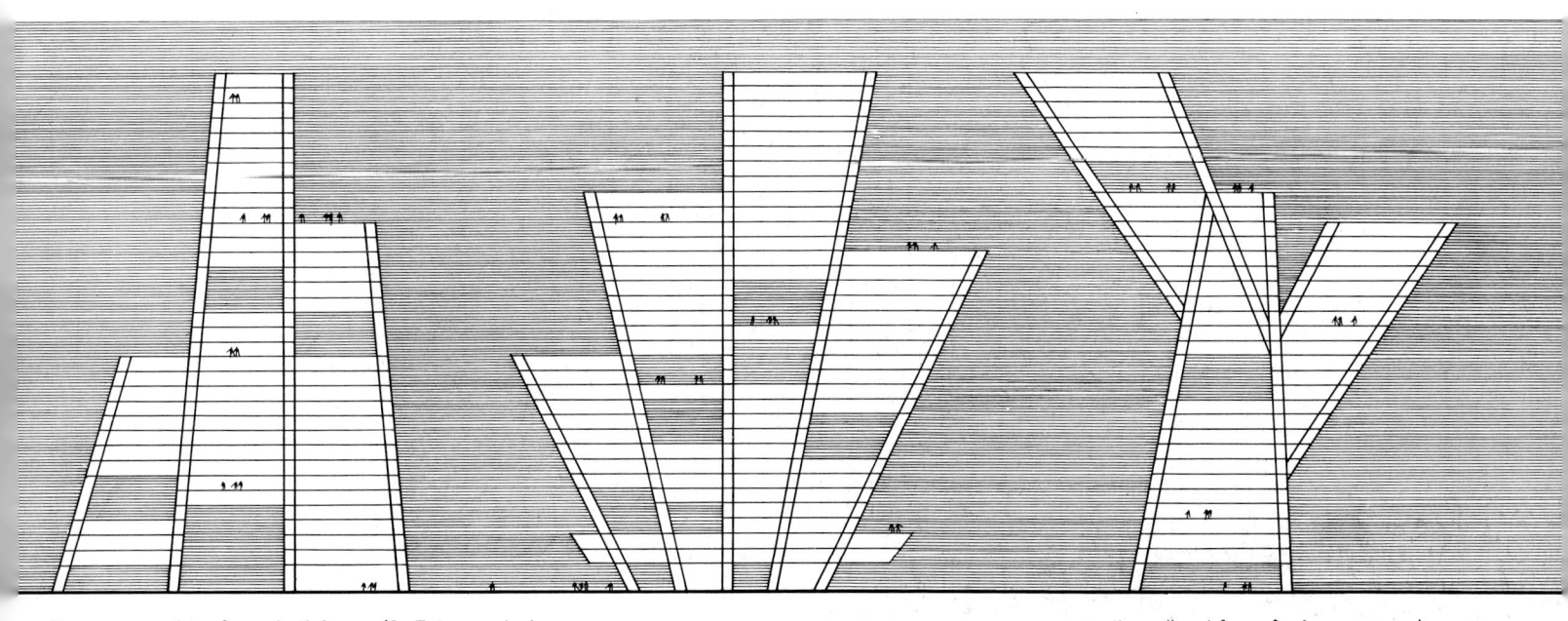

Zusammengesetzte Querschnittsformen für Freispann-Systeme   composite sectional forms for free-span systems

Umlenkungssysteme für Horizontalkräfte / systems for redirection of horizontal forces

Kritische Belastungen und Deformationen in senkrechten Tragsystemen / critical loads and deflections in vertical structure systems

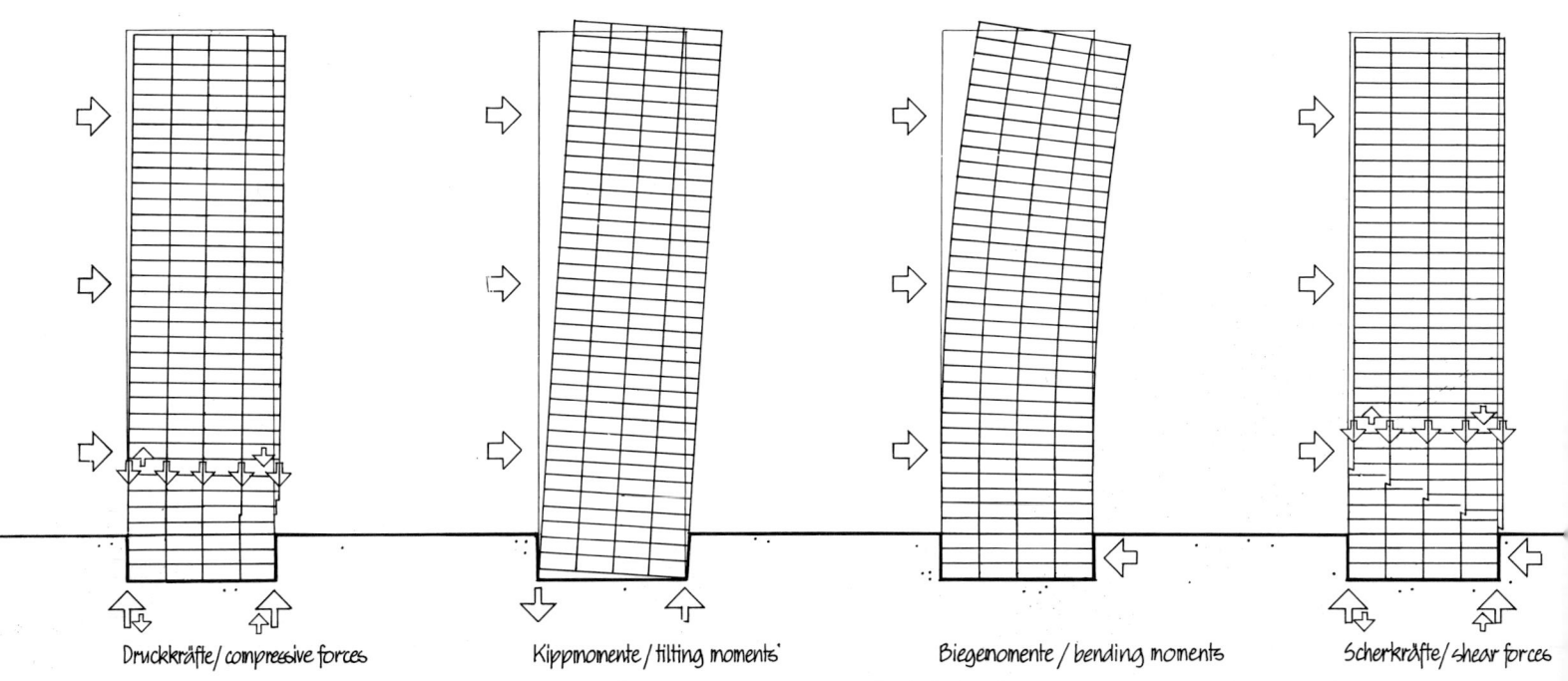

Druckkräfte / compressive forces   Kippmomente / tilting moments   Biegemomente / bending moments   Scherkräfte / shear forces

Die für den Entwurf eines senkrechten Tragsystems entscheidenden Belastungen ergeben sich aus Überlagerung von Eigengewicht, Verkehrslast und Wind. Sie bilden zusammen eine Schrägkraft, die umso schwieriger auf die Fundamente umzulenken ist, je flacher sie wird

the loads decisive for the design of a vertical structure system result from superimposing dead weight, live load and wind. they combine for a slant force. the less the angle of this force is, the greater is the difficulty of transmitting it to the ground

Tragmechanismus bei seitlicher Belastung / bearing mechanism for lateral loads

Vergleich mit Mechanismus eines Kragträgers
comparison with mechanism of a cantilevered beam

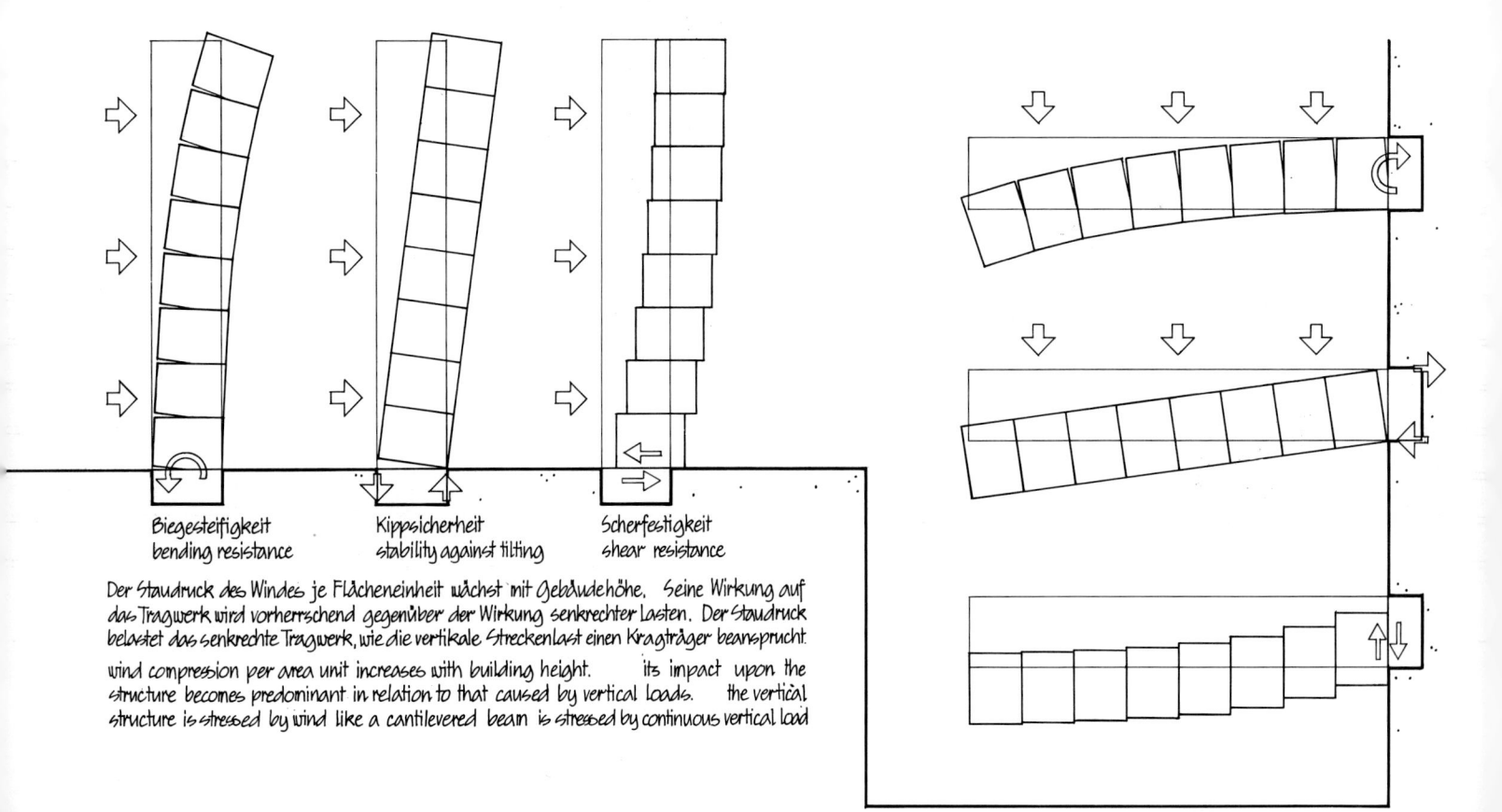

Biegesteifigkeit / bending resistance   Kippsicherheit / stability against tilting   Scherfestigkeit / shear resistance

Der Staudruck des Windes je Flächeneinheit wächst mit Gebäudehöhe. Seine Wirkung auf das Tragwerk wird vorherrschend gegenüber der Wirkung senkrechter Lasten. Der Staudruck belastet das senkrechte Tragwerk, wie die vertikale Streckenlast einen Kragträger beansprucht.

wind compression per area unit increases with building height. its impact upon the structure becomes predominant in relation to that caused by vertical loads. the vertical structure is stressed by wind like a cantilevered beam is stressed by continuous vertical load

Umlenkungssysteme für Horizontalkräfte / systems for redirection of horizontal forces

Additive und integrale Umlenkungssysteme für Windkräfte — additive and integral systems for transmission of wind loads

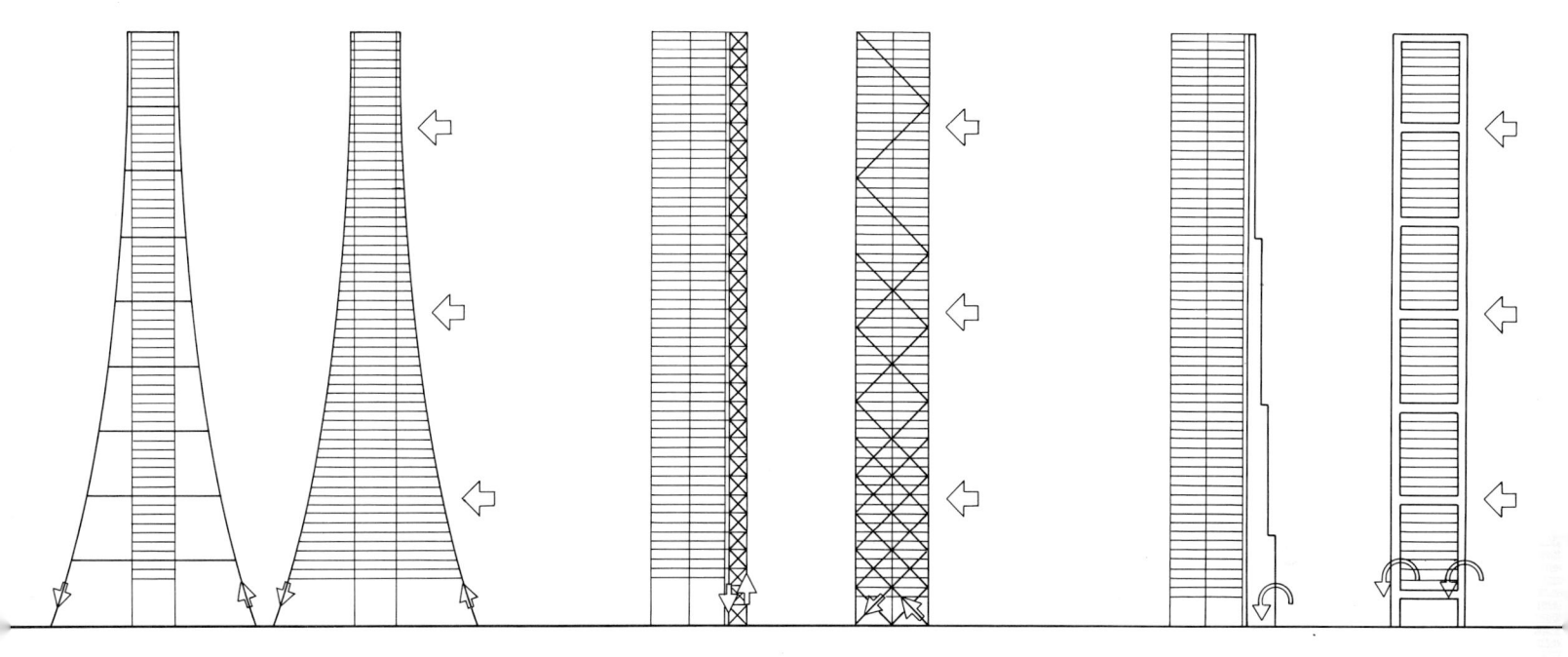

Bogen-(Seil-) System / arch (cable) system

Fachwerk-System / truss system

Biege-System / bending system

Systeme der Windaussteifung in rasterförmigen Tragwerken — systems of lateral (wind) stabilization in bay-type structures

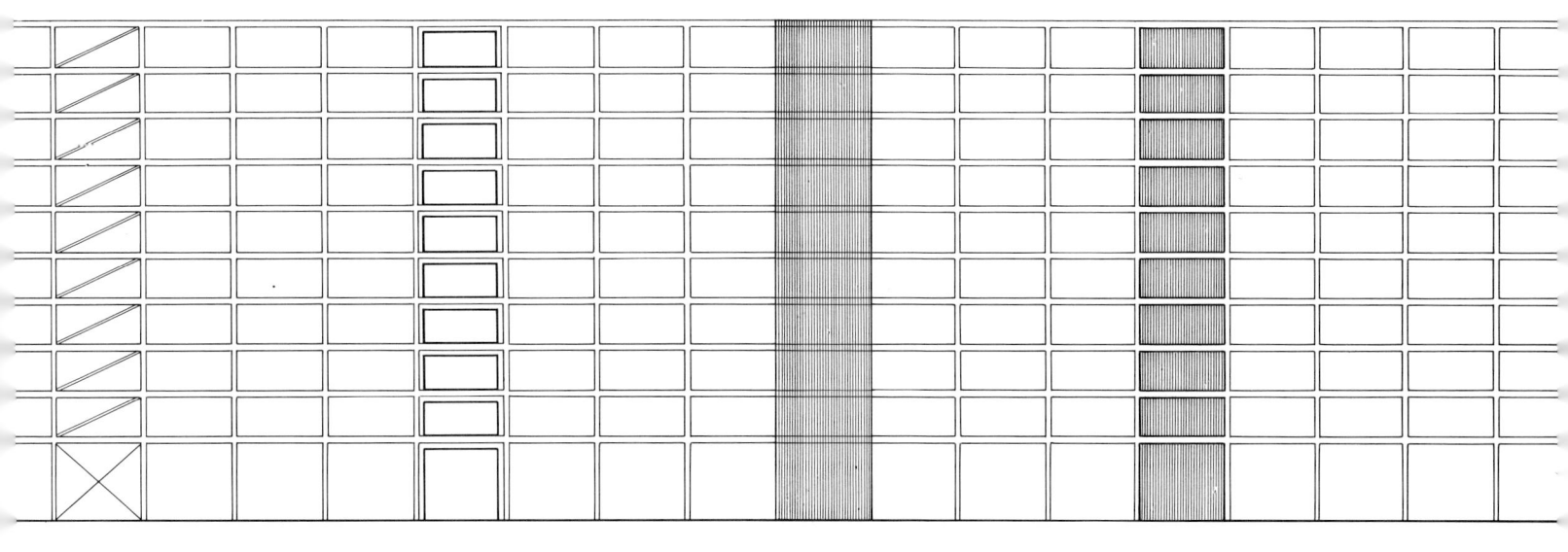

Windstreben (vektor-aktives System)
wind bracing (vector-active system)

Windrahmen (massen-aktives System)
wind frame (bulk-active system)

Windscheibe (flächen-aktives System)
shear wall (surface-active system)

Windausfachung (flächen-aktives System)
frame diaphragm (surface-active system)

Umlenkungssysteme für Horizontalkräfte / systems for redirection of horizontal forces

Einbeziehung der Windaussteifung in die Grundrißgestaltung · integration of wind bracing in the design of floor plan

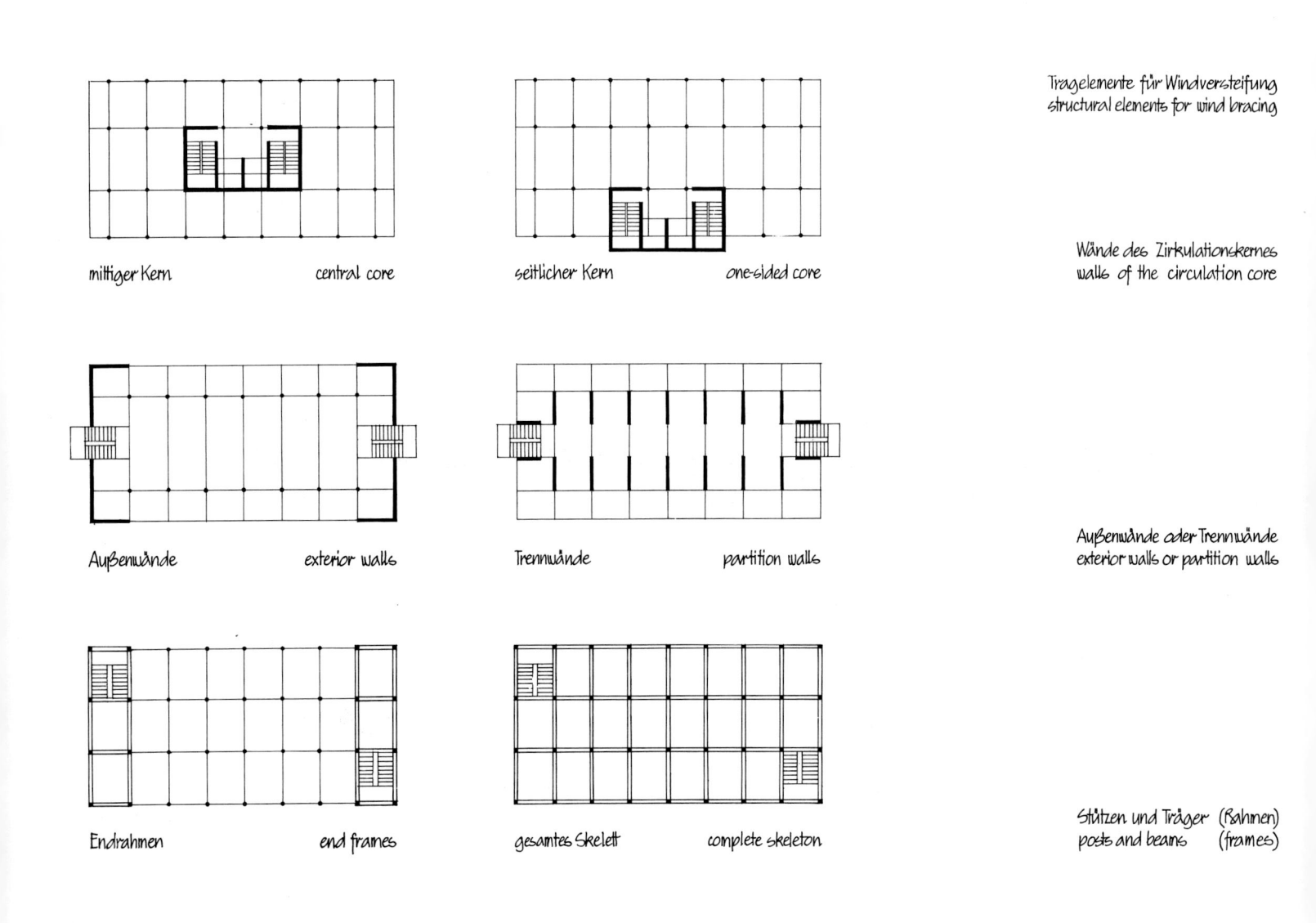

		Tragelemente für Windversteifung / structural elements for wind bracing
mittiger Kern — central core	seitlicher Kern — one-sided core	Wände des Zirkulationskernes / walls of the circulation core
Außenwände — exterior walls	Trennwände — partition walls	Außenwände oder Trennwände / exterior walls or partition walls
Endrahmen — end frames	gesamtes Skelett — complete skeleton	Stützen und Träger (Rahmen) / posts and beams (frames)

Umlenkungssysteme für Horizontalkräfte / systems for redirection of horizontal forces

Windaufnahme in Längs- und Querrichtung
(bezogen auf Grundrisse der vorhergehenden Seite)

wind resistance in longitudinal and transverse direction
(related to floor plans of preceding page)

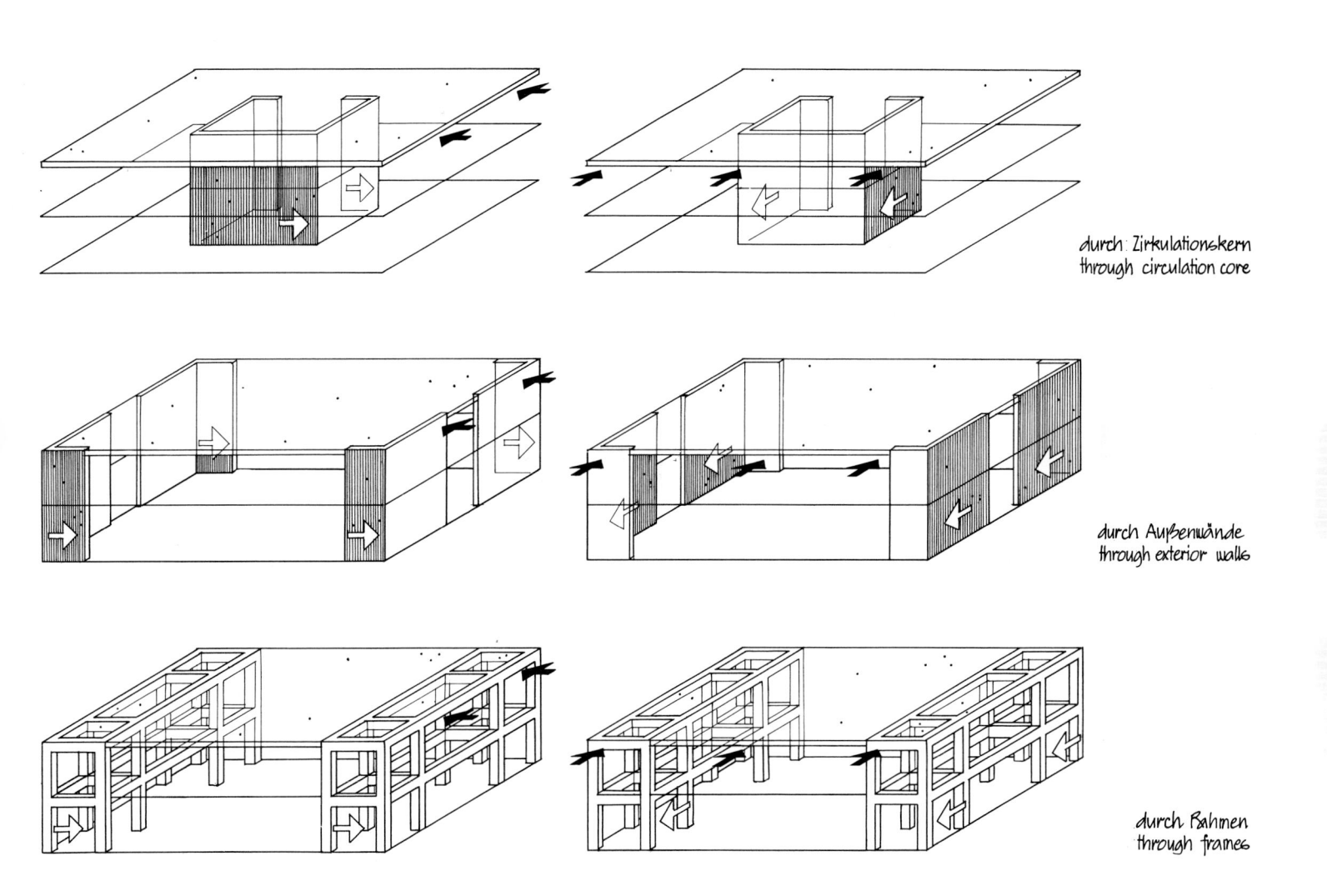

durch Zirkulationskern
through circulation core

durch Außenwände
through exterior walls

durch Rahmen
through frames

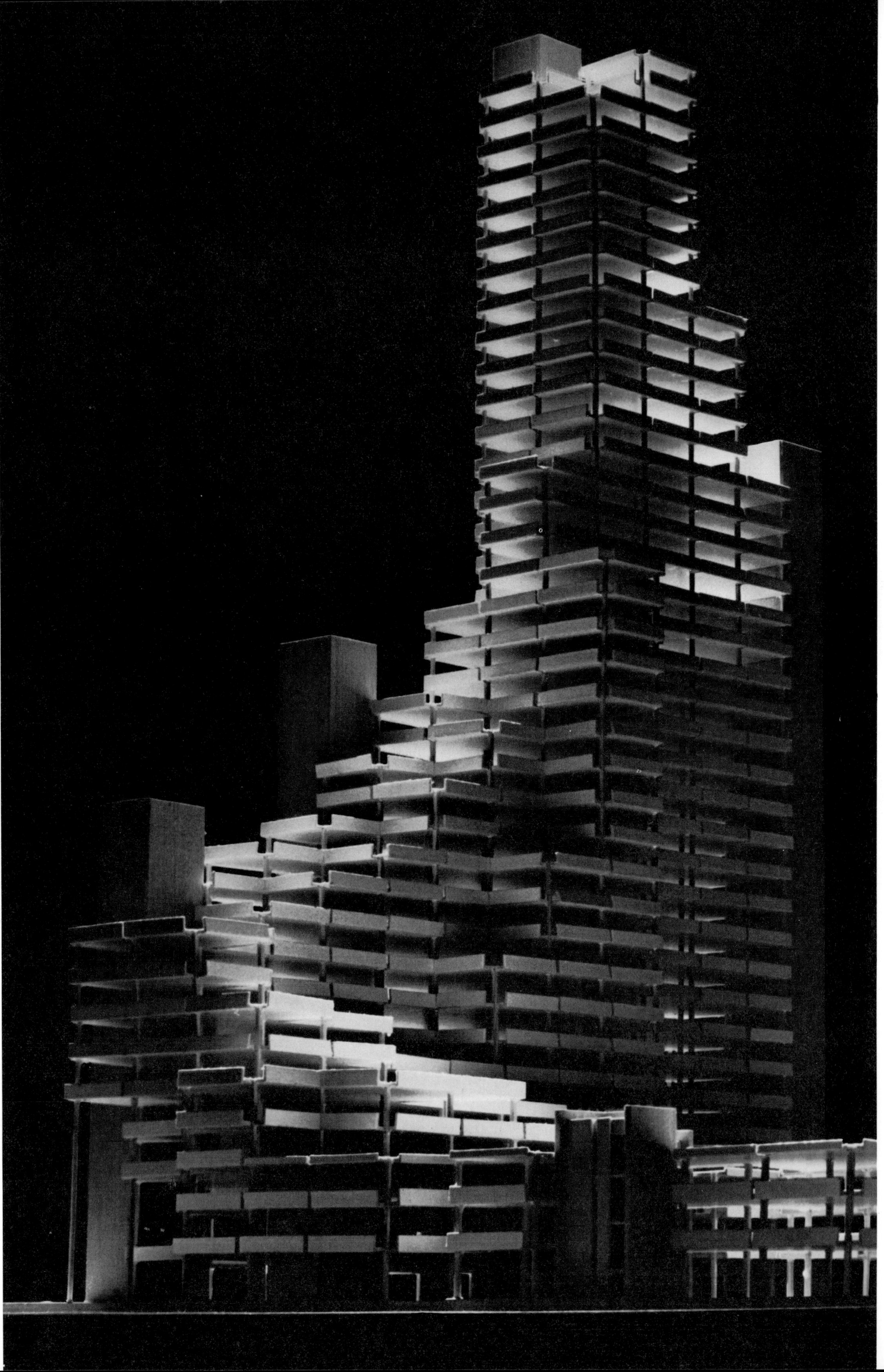

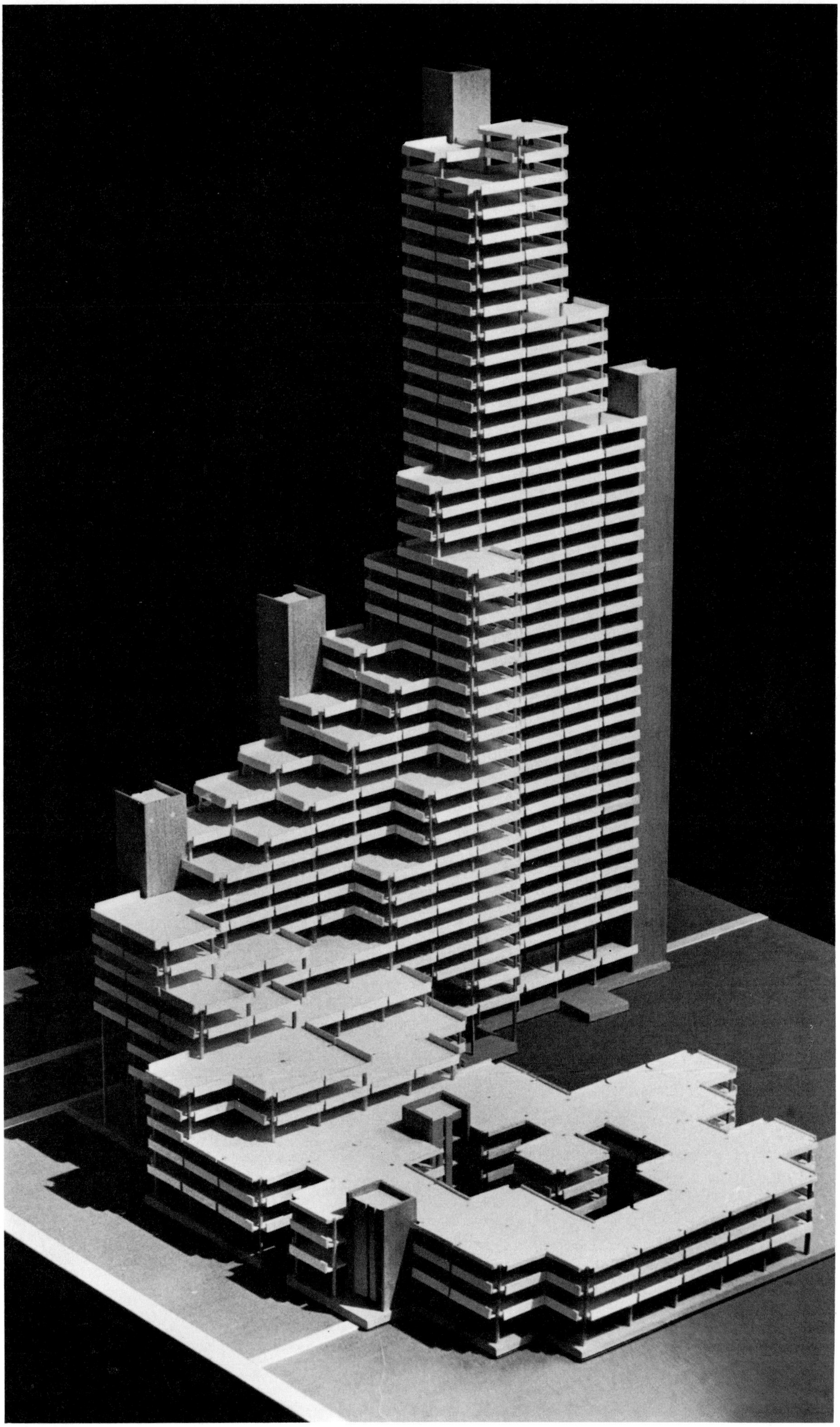

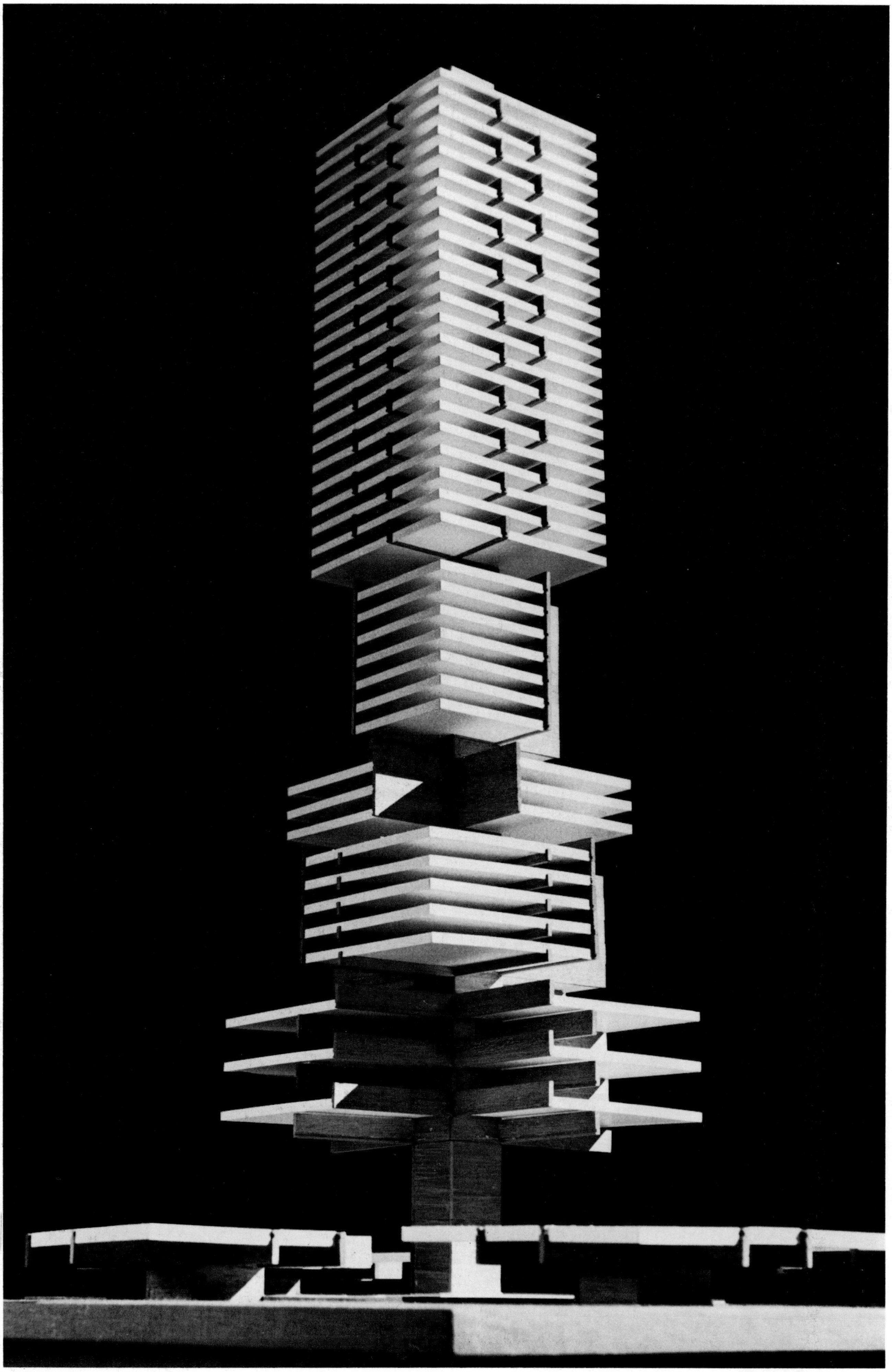

Seite 262 und 263:
Rastersystem mit Lastabtragung durch Stützen und Seitenversteifung durch senkrechte Schäfte

Seite 264 und 265:
Kragsystem mit Lastabtragung und Seitenversteifung durch zentralen Schaft

page 262 and 263:
bay system with load transmittance through columns and lateral stabilization through vertical shafts

page 264 and 265:
cantilever system with load transmittance and lateral stabilization by central shaft

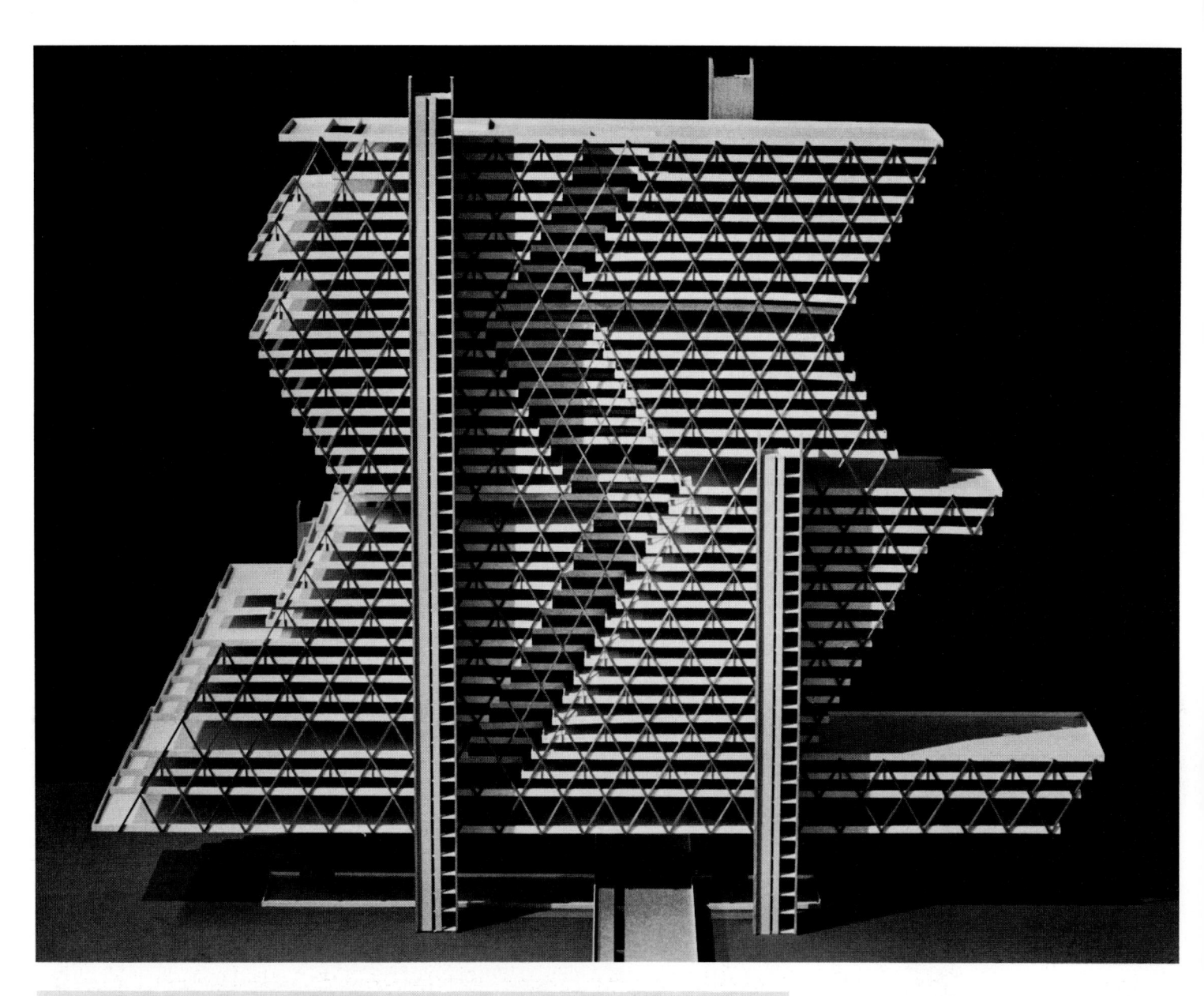

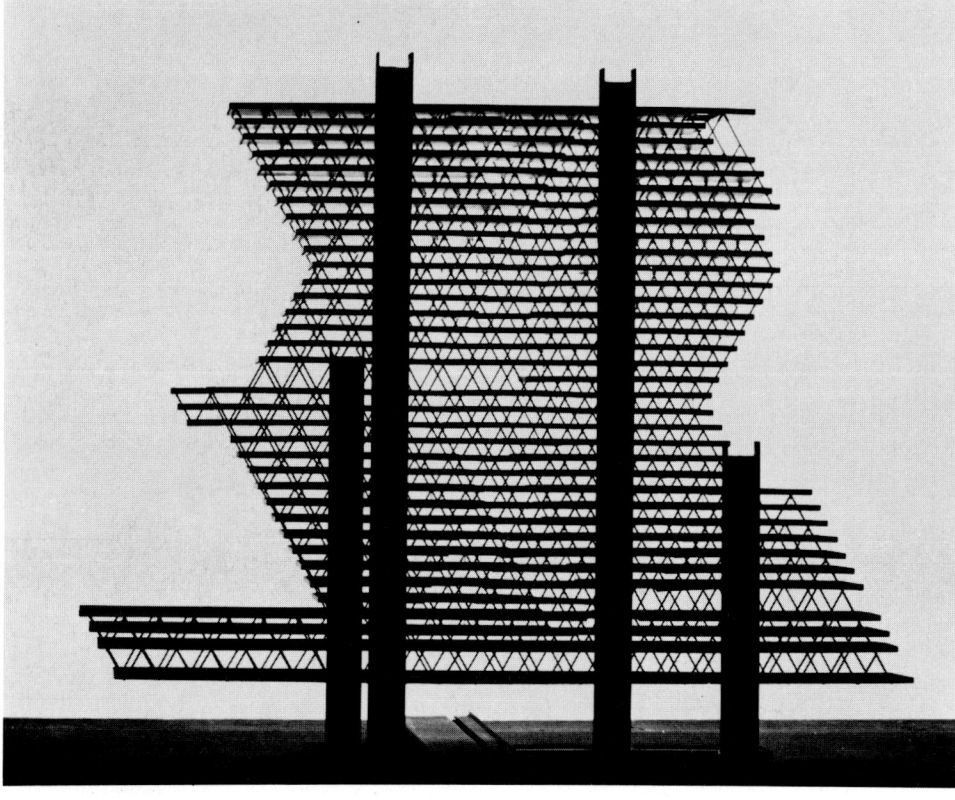

Seite 266 und 267:
Freispannsystem mit vektoraktiver Lastabtragung und Seitenversteifung durch seitliche Schäfte

page 266 and 267:
freespan-system with vector-active load transmittance and lateral stabilization by exterior shafts

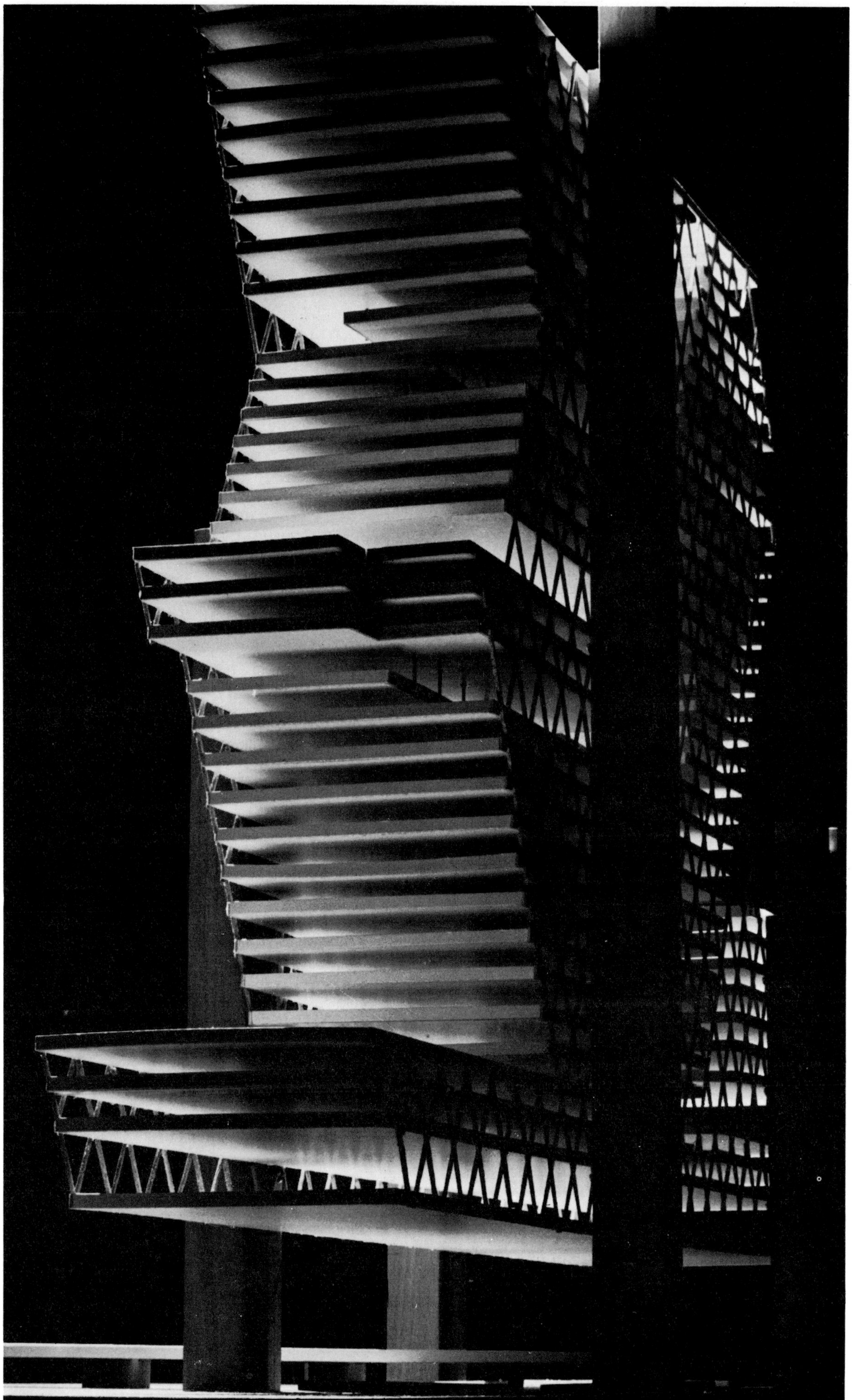

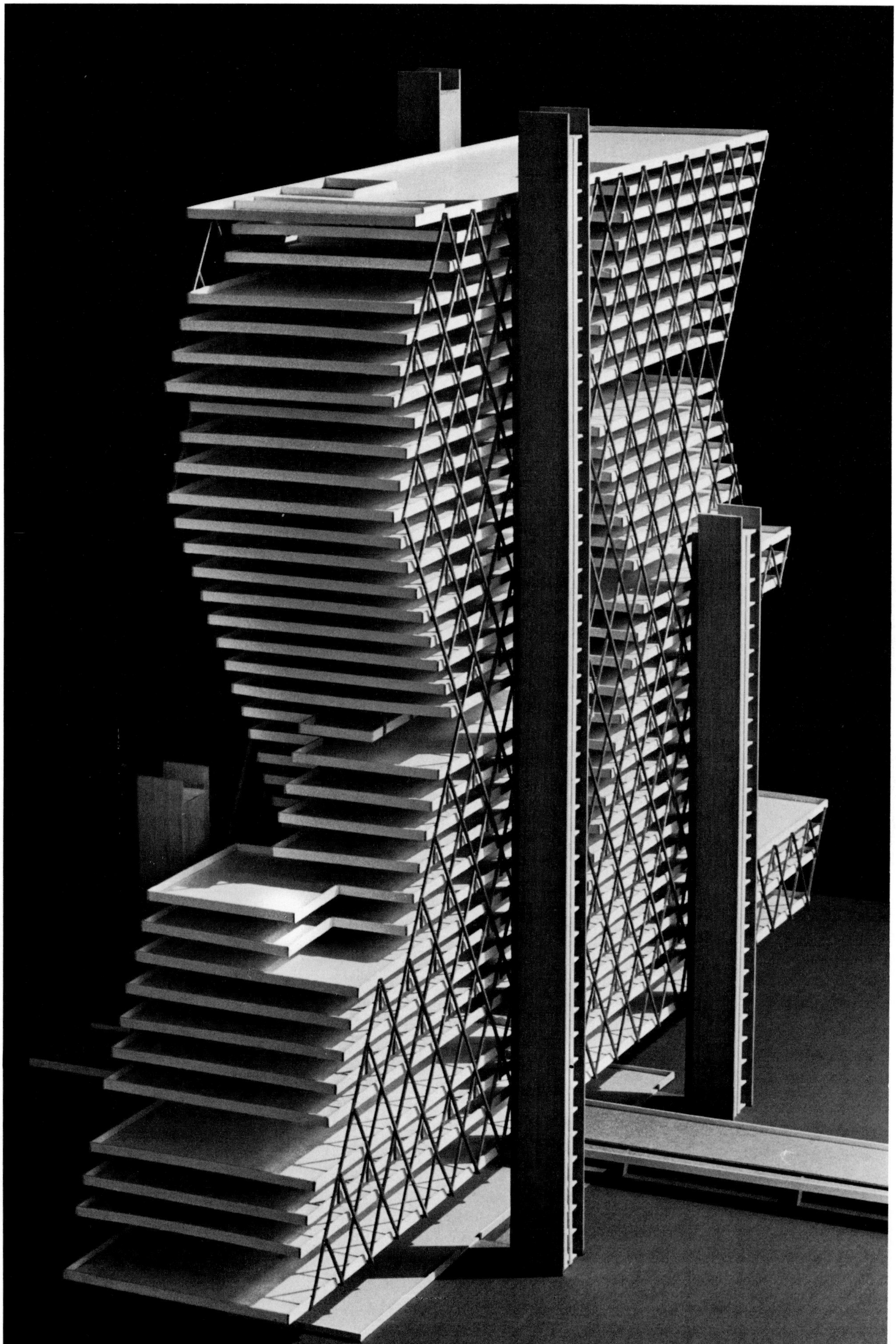

| Neue Wege in der Planung von Tragkonstruktionen
Beitrag von Hannskarl Bandel | New Concepts in Structural Design
Article by Hannskarl Bandel |

In den letzten Jahren haben sich bemerkenswerte Fortschritte und bedeutsame Veränderungen hinsichtlich der Planung von Tragwerken abgezeichnet. Neben der Entwicklung neuer Baustoffe, der Anwendung neuartiger Konstruktionstechniken, der Hilfe von Computern und schließlich der Aufstellung von fortschrittlichen Planungsgrundlagen rührt die größte Anregung für ein neues Zeitalter der Baustatik von der Aufgeschlossenheit und Bereitschaft der Architekten her, die logische Form und die Schönheit gut proportionierter Tragkonstruktionen auszudrücken.

Bessere Baustoffe

Jeder Fortschritt in der Baustatik ist eng mit der Entwicklung besserer Baustoffe verbunden. Verbesserung von Baustoffen zielt im besonderen darauf hin, Festigkeit zu erhöhen und Gewicht zu reduzieren oder im Idealfalle eine Kombinierung von beiden zu erreichen. Ein hervorragendes Beispiel dafür ist Aluminium. Bei einem Gewicht von nur einem Fünftel desjenigen von Stahl ist bereits die Festigkeit von normalem Baustahl erreicht. Die Leichtigkeit des Aluminiums zusammen mit hoher Festigkeit und hervorragendem Korrosionswiderstand sind wichtige Vorteile und sind Ursache für den weit verbreiteten Gebrauch von Aluminium. Aber auch die Festigkeitssteigerung besonderer Stahlsorten ist in den letzten Jahren ebenfalls beachtlich. Hier ist das Belastungsvermögen im Vergleich zu gewöhnlichem Baustahl mehr als verdoppelt worden.

Größere Festigkeiten und leichtere Gewichte wurden auch durch eingehende Untersuchungen von Beton, Mauerwerk und verleimtem Holz erzielt. Als Wichtigstes ist aber auf diesem Gebiet die Entwicklung der glasfaserverstärkten Kunststoffe anzusehen. Denn aufgrund ihres geringen Eigengewichtes, ihrer leichten Formbarkeit, ihres Korrosionswiderstandes und ihrer Dauerhaftigkeit haben sie eine neue Welt für architektonische und konstruktive Gestaltung erschlossen.

Vorgespannte Tragsysteme

Neben der Entwicklung besserer Baustoffe ist die größte Veränderung in der Planung

In recent years impressive progress and important changes have taken place in the structural design of buildings. Besides the development of new materials, the application of modern construction techniques, the help of computers, and the conception of advanced design principles, the greatest stimulus for a new era in structural design is the interest and willingness of architects to express the logical form and beauty of a well-proportioned structure.

Better building materials

Any progress in engineering is tightly bound to the development of better materials. Improvement of materials is specifically aimed at increasing strength or reducing weight, or, ideally, achieving a combination of both. An outstanding example of this is aluminum. With a weight ratio of only one-fifth, that of steel, the strength of common steel has been matched. The lightness of aluminum, combined with strength and excellent resistance to corrosion are important advantages and are the reasons for the widespread use of aluminum. But the increase in the strength of special steels in recent years is also remarkable, as these have more than doubled their stress capacities compared with regular structural steel.

Greater strengths and lighter weights have also resulted from intensive research into concrete, masonry, and laminated wood. But most important of all, the development of fibreglass reinforced plastic materials has opened a completely new world of architectural and structural design, due to their lightness, moldability, corrosion resistance, and durability.

Stressed structural systems

Next to the development of better materials, the greatest change in structural design re-

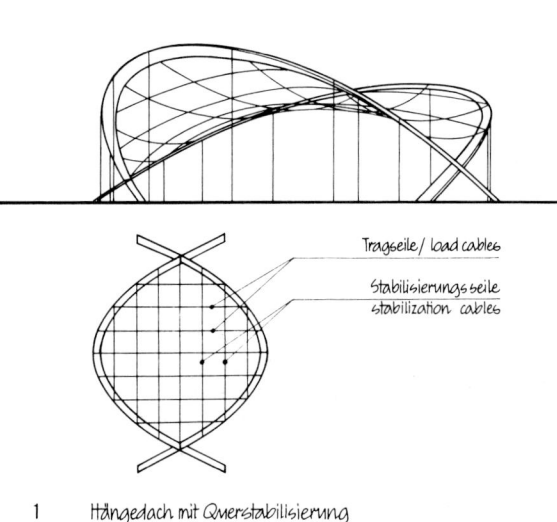

1 Hängedach mit Querstabilisierung / hung roof with transverse stabilization
 — Tragseile / load cables
 — Stabilisierungsseile / stabilization cables

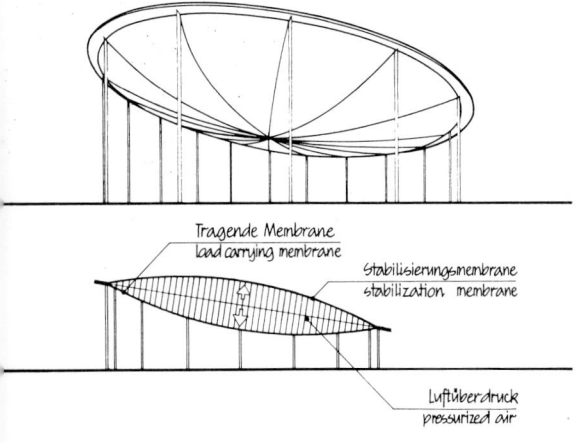

2 Doppelmembran-Konstruktion / double membrane structure
 — Tragende Membrane / load carrying membrane
 — Stabilisierungsmembrane / stabilization membrane
 — Luftüberdruck / pressurized air

von Tragwerken durch die neue Technik, Stahlbeton vorzuspannen, erfolgt. Diese Technik wurde hauptsächlich aufgrund der Festigkeitserhöhung des Stahls ermöglicht, die gleichzeitig auch die praktische und wirtschaftliche Durchführbarkeit gewährleistete. Hochwertige Stahleinlagen spannen den Beton vor und versetzen ein sonst nur Druckspannungen aufnehmendes Material in die Lage, auch einen guten Teil Zugspannungen aufzunehmen. Es ist eine bekannte Tatsache, daß durch das Vor- und Nachspannen des Betons insbesondere im modernen Brückenbau Spannweiten erzielt wurden, die vorher für Beton als unmöglich gegolten haben. Aber auch im Entwurf von Gebäuden sind durch die Anwendung von vorgespannten Systemen die Stützenabstände mehr als verdoppelt worden. Tatsächlich hat der Bedarf an vorgespannten Trägern verschiedenster Art eine neue Industrie ins Leben gerufen, die fast mit den Walzwerken der Stahlindustrie vergleichbar ist.

Eine besondere Methode des Vorspannens der jüngeren Zeit ist das Vorspannen von Seildächern oder das Aufblasen von Membrankonstruktionen (Fig. 1 und 2). Beide Arten von Tragwerken werden in zunehmendem Maße dazu verwandt, große Flächen zu überspannen, die von Stützen unbehindert bleiben müssen. Wie im Falle von Beton das Vorspannen eine Rissebildung durch Zugspannungen verhindert, so wird durch das Vorspannen von Seilen oder Membranen genügend Zugkraft erzeugt, um Kinkenbildung des Seiles oder Faltenbildung der Membrane unter Drucklast zu vermeiden.

Sowohl vorgespannte Seilwerke wie pneumatische Doppelmembrankonstruktionen sind sehr neue Systeme. Doch da, wo sie in einigen wenigen Fällen angewandt wurden, haben sie bereits ihre Wirksamkeit und Wirtschaftlichkeit bewiesen. Zukünftige Versuche, insbesondere hinsichtlich des Materials für die Membranen, werden sicherlich die Anwendung dieser Systeme erweitern.

Verbundtragwerke

Fast gleichzeitig mit dem Vorspannen wurde die Technik entwickelt, Baustoffe mit unter-

sulted from the new technique of stressing concrete. This technique was developed and made practical and economical mainly due to the increased strength of steel. High-strength steel wires prestress the concrete and thus enable a material normally used in compression to withstand large amounts of tensional stresses that would otherwise lead to destruction. It is well known that the procedure of pre- or post-tensioning, especially in modern bridge designs, has led to the realization of spans which were previously considered impossible in concrete. Also in the design of buildings by using stressed systems, column spacings have been more than doubled. The demand for prestressed beams of various kinds has in fact generated a new industry for prefabricated structural members, which is almost comparable to the rolling mills of the stell industry.

A more recent and unique method of prestressing is the stressing of cable roofs or the inflation of balloon structures (Fig. 1 and 2). Both types of structures are being used with increasing frequency to cover large areas which must be unobstructed by intermediate supports. Just as in the case of concrete the prestressing prevents rupture under tensional stresses, so the prestressing of cables or of a balloon induces sufficient tension to avoid kinking of a cable or wrinkling of a balloon skin under compression loads.

Structures with stressed cables and balloon skins are new systems, but they have already proved their efficiency and economy in the few cases where they have been used. Future design and research, especially with regard to the materials of balloon skins, will certainly widen their use.

Composite structures

The practice of combining materials of different load carrying characteristics into one

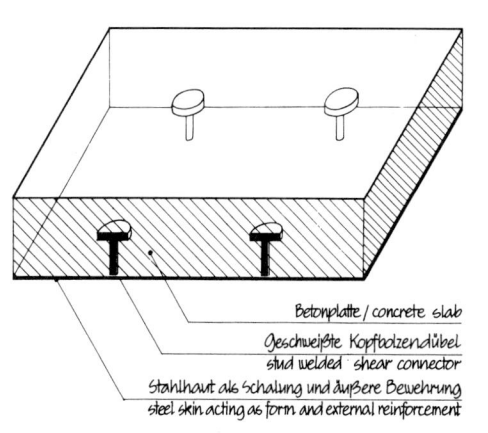

3 Verbund-Tragplatte / composite floor slab

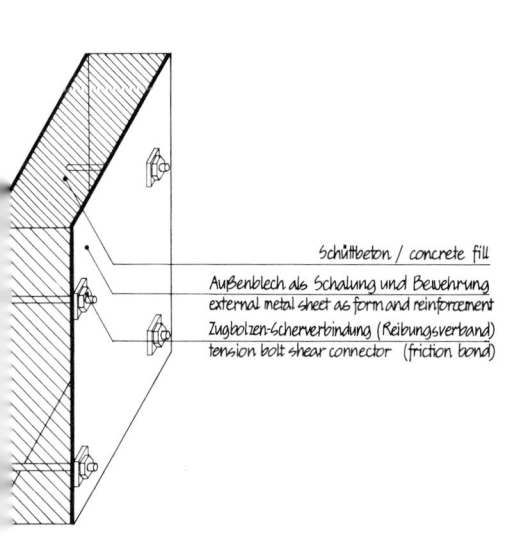

Betonplatte / concrete slab
Geschweißte Kopfbolzendübel / stud welded shear connector
Stahlhaut als Schalung und äußere Bewehrung / steel skin acting as form and external reinforcement

Verbund-Tragscheibe / composite wall plate

Schüttbeton / concrete fill
Außenblech als Schalung und Bewehrung / external metal sheet as form and reinforcement
Zugbolzen-Scherverbindung (Reibungsverband) / tension bolt shear connector (friction bond)

schiedlichen lastaufnehmenden Merkmalen zu einem einzigen Trägerglied zu kombinieren. Die üblichste Kombination ist die einer Betonplatte im Druckzustand und eines Stahlprofils im Zugzustand, die zusammen einen Verbundträger bilden. Jedoch werden in der Zukunft die Kombinationen von vielen anderen Baustoffen zu sehen sein, wie z. B. die Kombination von Glasfaser oder Stahlseilen mit Kunststoffen.

Bisher sind Stahl und Beton ausschließlich zu Balkenquerschnitten kombiniert worden, doch könnten mit gleicher Wirksamkeit auch Platten-, Scheiben- und Schalenquerschnitte konstruiert werden. Ein Stahlblech unter einer Betonplatte könnte gleichzeitig als Dauerschalung wie als äußere Bewehrung wirken (Fig. 3). In Schalen und Scheiben könnten entweder zwei äußere Bleche zusammen mit geschüttetem Beton oder ein inneres Blech mit von außen angespritzten Betonlagen einen Querschnitt bilden, der imstande ist, sowohl Zug- als auch Druckspannungen aufzunehmen (Fig. 4). Zugkräfte würden durch das Blech und Druckkräfte von dem Beton aufgenommen werden, wobei gleichzeitig das Beulen des dünnen Blechs verhindert würde.

Verbundtragwerke haben allgemein zur Einsparung von Material geführt und größere Steifigkeit und Verringerung der Deformationen aufgewiesen. Die Verbundwirkung zwischen Beton-Stahlscheiben ist in verschiedenen Tragkonstruktionen dadurch erreicht worden, daß ein Reibungsverband mit hochleistungsfähigen Spannschrauben die konventionellen Scherverbindungen ersetzt.

Schalen

Schalen sind so verbreitet, daß sie fast als das Symbol für das Bauen dieses Jahrhunderts angesehen werden können. Schalenentwürfe in der Zukunft haben jedoch zwei Einschränkungen zu überwinden, die ihren Gebrauch bisher betroffen haben. Eine dieser Einschränkungen ist die Tatsache, daß Schalen fast ausschließlich als raumüberdeckende Dächer gebaut wurden. Das Prinzip, Lasten durch Formgebung des Elementes entsprechend der resultierenden Schubrich-

structural member was developed almost simultaneously with prestressing. The most common combination is that of a concrete slab in compression and a steel beam in tension, forming together a composite girder. The future will bring the combination of many other materials besides those of steel and concrete, such as fibre glass or steel wires with plastics.

Steel and concrete have been combined almost exclusively for girder sections only, but slab, plate and shell sections could be constructed with similar efficiency. A steel skin under a concrete slab would act simultaneously as permanent form and as external reinforcement (Fig. 3). In shells and walls either two exterior metal skins with a concrete fill, or one interior metal skin with a gunite concrete outside coating, form a section which is able to take both tensional and compressive stresses (Fig. 4). The tension is resisted by the concrete, thus also preventing the buckling of the thin metal sheet.

The use of composite structures has in general led to saving of material, greater stiffness and reduction of deflection. The composite action between concrete and steel plates have more recently been achieved in various structures by using the friction bond of high tension bolts to replace conventional shear connectors.

Shells

Shells have become so popular that they could almost be looked upon as a symbol for building in this century.

However, future shell designs have to overcome two limitations which have affected their use. One of these limitations is that shells have been built almost exclusively as space covering roofs. The principle of carrying loads by shaping the member according to the resultant thrust line of the load

tung der Last aufzunehmen, kann nicht nur für senkrechte Dachlasten, sondern auch für senkrechte Deckenlasten oder sogar für horizontale Lasten, wie Wind oder Erddruck, angewandt werden.

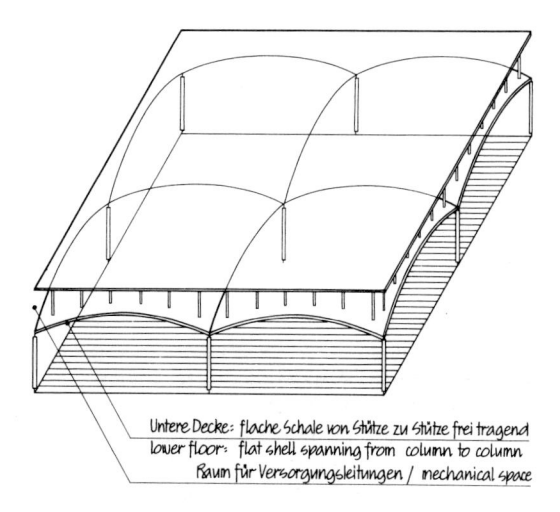

Die Elemente des technischen Ausbaues verlangen mehr und mehr Raum und gleichfalls einen freien Zugang zu diesem Raum; dies führt zu Systemen mit doppelten Decken. Eine dieser Decken könnte leicht als flache Einzelschale konstruiert werden, die direkt von Stütze zu Stütze spannt (Fig. 5), oder als faltwerkähnliche Schalenreihe, die von Unterzug zu Unterzug spannt. Zum Beispiel könnte ein vorgefertigter ‚T'-Träger ebensogut als vorgefertigter ‚V'-Faltträger ausgeführt werden, der wahrscheinlich Kosten sparen und gleichzeitig einen Schacht für Versorgungsleitungen schaffen würde (Fig. 6). Schalen könnten auch die Form von Decken in Großbauten bestimmen. So könnten beispielsweise kugel- oder kegelförmige Schalen das Haupttribünendeck für Stadiumarenen mit ihren charakteristischen schrägen Tribünen bilden (Fig. 7).

Hauptsächlich senkrechte Kräfte werden auch in Fundamenten aufgenommen, und so sind in einigen kürzlich erstellten Bauwerken ebenfalls schon Schalen oder Faltwerke als Fundamente zur Verwendung gekommen. Was die Aufnahme horizontaler Lasten in den Fundamenten angeht, so ist es erstaunlich, daß Stützmauern immer noch als Kragträger entworfen werden, während es doch auf der Hand liegt, daß gekrümmte schalenartige Wände viel widerstandsfähiger gegen horizontalen Erddruck wären (Fig. 8).

Betrachtet man jedoch Schalen auch als tragende Elemente, die imstande sind, Windlasten oder horizontale seitliche Lasten aufzunehmen, dann öffnet sich ein neues Feld für die Planung von Hochhäusern. Denn anstatt diese Kräfte in der konventionellen Art mit Rahmen oder Fachwerken aufzunehmen, können sie auch durch Schalen oder gefaltete Scheiben abgeleitet werden (Fig. 9).

Erstaunlicherweise ist die Anwendung von Schalen auch noch in anderer Weise eingeschränkt worden. Abgesehen von einigen we-

can be used not only for vertical roof loads, but also for vertical floor loads or even horizontal loads like wind or soil pressures.

The elements of mechanical engineering are demanding more and more space, and also free access to this space, which is leading to the use of double floor systems. One of these floors could easily be constructed as a shallow single shell, spanning directly from column to column (Fig. 5), or as a multiple, folded plate-like shell, spanning from beam to beam. For instance, a precast 'T' beam could also be a precast 'V' slab, which would probably save material and at the same time allow for an ideal, completely hidden duct serving mechanical needs (Fig. 6). Shells could also form floors constructed on a larger scale. Conical or spherical shells, for instance, could form the main floor for stadium type arenas with their characteristically sloped seating (Fig. 7).

Predominantly vertical forces are also to be resisted in foundations, and thus a few recently built structures also employ shells or folded plates as their foundations. With regard to horizontal loads in foundations, it is surprising that retaining walls are still designed as cantilever beams, whereas it is evident that curved, shell-like walls would be much more efficient in resisting horizontal soil pressure (Fig. 8).

By considering shells also as structural members capable of carrying wind loads or horizontal seismic loads a new field in the design of tall buildings is uncovered. Instead of taking these forces in the conventional way by frames or trusses, shells and folded plates can form either the interior cores or even outside face walls of buildings (Fig. 9).

The use of shells has been limited, surprisingly, in another way. Except for a few wooden shells, the only material used has been concrete. In any shell system of double curvature of varying sign, certain directions of the shell are predominantly stressed under tension, and therefore the use of compression material like concrete is not at all desirable. The means commonly used to take the tensional stresses in these direct-

5 Doppeltes Deckenschalensystem / double floor shell system

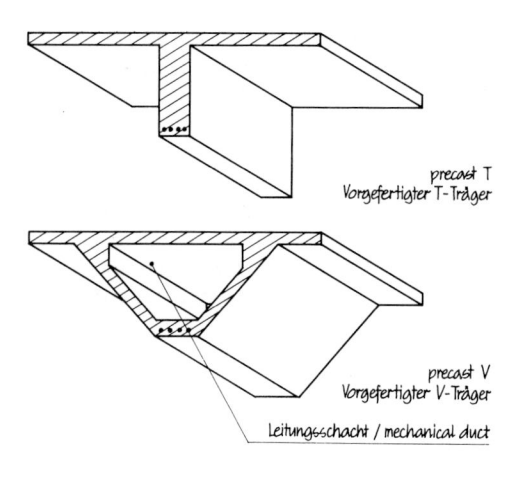

6 Vorgefertigte Trägerelemente / precast beam units

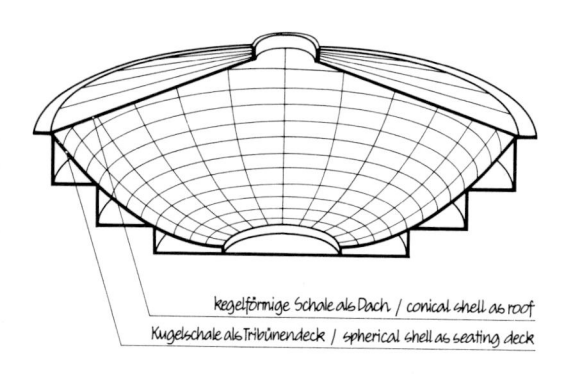

7 Kombinierte Dach- und Tribünenschalen / combined roof and seating shells

Erdanker / earth anchor

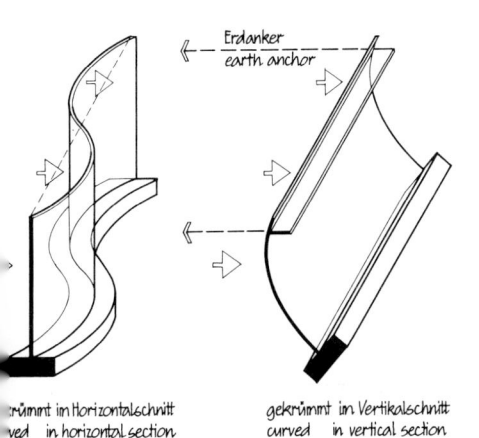

gekrümmt im Horizontalschnitt / curved in horizontal section
gekrümmt im Vertikalschnitt / curved in vertical section

Schalenartige Stützmauern / shell-like retaining walls

Schale als Rückgrat für Hochhäuser
shell as backbone for highrise structures

nigen Holzschalen ist das einzige bisher verwandte Material der Beton geblieben. In jedem Schalensystem mit doppelter Krümmung von unterschiedlichem Vorzeichen werden jedoch bestimmte Richtungen der Schale vornehmlich auf Zug beansprucht; daher ist ein nur zur Aufnahme von Druckkräften geeignetes Material wie Beton gar nicht so wünschenswert. Die übliche Methode, um die Zugspannungen in diesen Richtungen aufzunehmen, ist, den Beton zu bewehren oder vorzuspannen. Eine bessere Methode wäre allerdings, ein Zugmaterial wie Stahl in diesen Richtungen allein zu haben, um auf diese Weise das schwere Gewicht von Beton zu vermeiden. Andererseits würde die Konstruktion einer Schale aus Stahlblechen allein sofort das Problem des Beulens in den Richtungen der Druckkräfte aufwerfen.

Das Beulen kann immer dadurch vermieden werden, daß Versteifer vorgesehen oder daß die Bleche gerippt werden. Sofern Schalensysteme mit zweiachsiger Druckrichtung verwandt werden, kann man einen äußerst leichten und wirksamen Querschnitt schaffen, indem zwei gerippte Flächen in einer Weise zusammengefügt werden, daß ihre Rippungen senkrecht zueinander verlaufen. Wenn zudem der Zwischenraum zwischen den beiden gerippten Flächen mit einer Schaumstoff-Wärmedämmung gefüllt wird, dann ist ein gleichwertiger Schalenquerschnitt geschaffen mit vergleichsweise vielleicht nur einem Zehntel des Gewichts von konventionellen Betonschalen (Fig. 10). In naher Zukunft werden auch vorgeformte Glasfasertragscheiben zur Anwendung kommen, die hohl und ausgesteift wie Eierkartons zu Schalen zusammengeschlossen werden; sie werden das gegenwärtige Monopol des Betons in Frage stellen.

Membranen

Schalen in reinem Zugzustand sind Membranen. Wenn sie aus geeignetem Material hergestellt werden, wird sich ein äußerst wirtschaftliches System ergeben, das für verschiedene Typen von Tragwerken verwandt werden kann. Vorausgesetzt, daß ein Material mit genügender Festigkeit entwickelt werden kann, werden die Membranen kon-

ions is to reinforce or post-tension the concrete. However, the most ideal way would be to use solely a tension material like steel in these positions, thus avoiding the heavy weight of the concrete. On the other hand constructing a shell from steel sheets alone, immediately raises the problem of buckling of the metal skin in the direction of the compressive stresses.

The buckling can of course be prevented by providing stiffeners or better by corrugating the metal sheets. Corrugating is easily done, and is inexpensive. If shell systems are used with biaxial compression, an extremely light and efficient section can be created by assembling two corrugated sheets in such a way that their corrugations are perpendicular to each other. If the space between the two corrugated sheets is, in addition, filled with a foam insulation, then a comparable and equivalent shell section is created with perhaps only one-tenth of the weight of conventional concrete shells (Fig. 10).

In the near future premolded fiber glass panels will be used, hollow and stiffened like egg crates, locked together into shells, challenging the present monopoly of concrete.

Membranes

Shells in pure tension are membranes. If they are constructed of a proper material, an extremely economical system will result which can be used for various types of structures. When fabrics are developed with sufficient strength, membranes will replace conventional hung roofs consisting of a series of cables and decking.

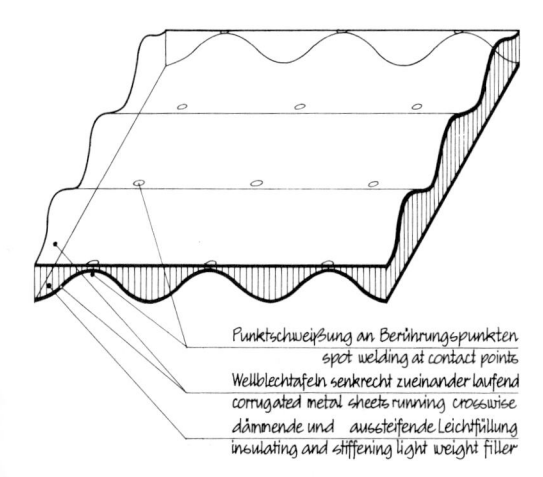

10 Wellblech-Schalenteil / corrugated metal shell section

11 Membran-Wasserturm / membrane water tower

ventionelle Hängedächer ersetzen, die aus einer Serie von Seilen und Deckelementen bestehen.

Membranen sind auch geeignet zum Gebrauch von Behältern, wie etwa für Schwimmbecken, und können sogar bei Verwendung in größerem Maßstab Stützmauern oder Staudämme ersetzen. Von besonderem Interesse ist die logische Strukturform der Membranen. Sie hängt allein von den Last- und Auflagerbedingungen ab, da von der Membrane keine Biegemomente, sondern nur axiale Zugkräfte aufgenommen werden können (Fig. 11).

Kontinuum

Außer den verschiedenen vorerwähnten Aspekten ist wahrscheinlich die bemerkenswerteste und wichtigste Entwicklung in der Planung moderner Tragkonstruktionen die Suche nach einem Weg, die verschiedenen Elemente eines Tragwerkes in ein einziges vielgliedriges, integriertes, widerstandsfähiges Ganzes — ein Kontinuum — zu koordinieren. Die Gründe dieser Entwicklung sind:

1. Wirtschaftlichkeit: ein Minimumaufwand an Material wird sich ergeben.
2. Größerer Sicherheitsfaktor: die integrierten Konstruktionsglieder helfen einander; auf diese Weise wird das Stadium der endgültigen Ausschöpfung des Tragvermögens bei einer viel höheren Belastung erreicht.
3. Elektronische Computer: Computer haben eine neue Dimension erschlossen für numerische Berechnungen; sie werden zu besserem Verständnis des inneren Verhaltens solcher integraler Tragwerke führen.
4. Bauingenieure: als Folge einer neuen Freiheit und eines besseren Einvernehmens mit den Architekten sind die Bauingenieure befähigt, neue und bessere Tragkonstruktionen zu schaffen.

Statt jedem Glied eines Tragwerkes eine einzelne, isolierte und spezifische Aufgabe zu erfüllen zu geben, wie beispielsweise einer Platte, die senkrechte Last durch Biegung zu den Trägern zu leiten, einem Träger, die Reaktionen der Platte auf die Stüt-

Membranes are also suitable for use as containers, such as water tanks, and on larger scale, could even replace retaining walls or dams. Membranes can be reinforced by almost any material, but especially by steel wires, to achieve the required higher strength. Of special interest is the logical shape of membranes, which depends solely on the loading and the form of the supports, because no bending moments, but only axial tension can be absorbed. Some shapes have a very futuristic look and their architectural expression can be uncommon and inspiring (Fig. 11).

Continuum

In addition to the various aspects described above, probably the most remarkable and important development in modern engineering is the search for a way to combine the different elements of a structure into one complex but integrated load-resisting whole — a continuum. The reasons for this trend in design are:

1. Economy: A minimum amount of material will result.
2. Greater safety factor: The integrated members help each other, thus the stage of final exhaustion of load carrying capacity is reached at a much higher load.
3. Electronic computers: Computers have opened a new dimension for numerical calculations, leading to better understanding of the internal action of such integral structures.
4. Engineers: The desire of engineers to create new and better structures after having experienced a new freedom and understanding with contemporary architects.

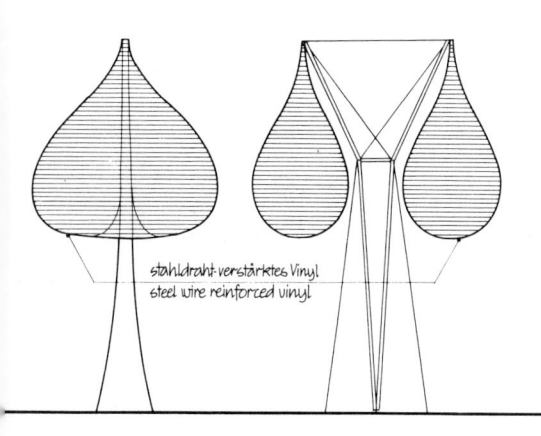

Instead of giving each structural member a single, isolated and specific task to perform, such as a slab to carry the vertical load by bending to the beams, such as a beam to carry the reaction of the slab to the column, and such as a column to carry the load of the beams to the foundation, the continuum attempts to unite all structural members and by means of firm connections,

zen zu übertragen, und einer Stütze, die Last der Träger auf das Fundament abzutragen, macht das Kontinuum den Versuch, alle konstruktiven Glieder zu vereinigen und mittels fester Verbindungen das einzelne Konstruktionsglied als ein in alle Richtungen hin lastenabtragendes Element in einem Gesamttragwerk zu gebrauchen.

Das Prinzip kann ziemlich gut durch das Beispiel einer orthotropischen Brückenplatte deutlich gemacht werden (Fig. 12). Das Blech der Deckenplatte wird für sechs verschiedene Funktionen in Anspruch genommen. Als Platte, die von Aussteifungsrippe zu Aussteifungsrippe spannt, trägt sie die örtlichen Lasten auf die Rippen ab, und zwar durch Biegung und teilweise axiale Zugspannungen. Als der Flansch dieser Rippen wird die Platte jedoch auch axial in quer dazu verlaufender Richtung beansprucht. Als Flansch eines horizontalen Querträgers wird die Platte ein drittes Mal beansprucht. Schließlich als Teilflansch des Hauptbinders wird die Platte ein viertes Mal beansprucht. Darüber hinaus werden Scherkräfte in einer fünften und sechsten Funktion aufgenommen, zum Beispiel als ein horizontaler Windsteg zwischen den Hauptträgern oder als Scheibe, die die unterschiedliche Durchbiegung der Hauptträger ausgleicht.

Übertragung des Prinzips des Kontinuums auf eine einfache Dachkonstruktion aus Metallabdeckung, Pfetten, Stahlfachwerkträgern und Windstreben bedeutet Umgestaltung des Materials des oberen Fachwerkgurtes in ein Blech, welches gleichzeitig alle die vier vorgenannten Funktionen erfüllen wird. Es ist klar, daß Berücksichtigung des Beulens eine Rippung dieses Blechs erfordern wird. Im Falle von konventionellen Stahlkuppeln, bestehend aus radialen Rippen, kreisförmigen Rippen, Diagonalen, Unterkonstruktionen, Pfetten und Metallabdeckung, wird ein modernes Kontinuum die Materialien von all diesen Gliedern mit erheblichen Einsparungen zu einer einzigen lastaufnehmenden Haut vereinigen (Fig. 13). Dies kann nur durchgeführt werden, indem entweder eine metallene Haut verwandt oder eine vorgefertigte tragende Betonhaut an einem leichten Stahlskelett angebracht wird, welches die

to use a single structural member as a multi-directional load carrying element in an overall structure.

This principle seems to be fairly well illustrated by the example of an orthotropic bridge plate (Fig. 12). The metal sheet of the deck plate is stressed in six different functions. Spanning from stiffening rib to stiffening rib, the plate carries local loads to the ribs, by bending and partially by axial tension. As the flange of these ribs, the plate is stressed axially, however, in a perpendicular direction. As the flange of a horizontal transverse beam, the plate is stressed a third time. Finally, as the partial flange of the main girders, the plate is stressed a fourth time. In addition, shear stresses are absorbed in a fifth and sixth function, for instance as a horizontal wind-web between the main girders, or as a shear panel equalizing differential deflection of the main girders.

Transposing the principle of a continuum to a simple roof structure consisting of metal deck, purlins, steel truss, and wind bracing, means reshaping the material of the truss chord into a metal sheet which will fulfill simultaneously all the four functions of deck, purlins, partial truss and bracing. It is evident that buckling considerations will require corrugation of such a metal sheet. In the case of conventional steel domes consisting of radial ribs, circular ribs, diagonals, sub-framing, purlins and metal deck, a modern continuum design will combine the materials of all these members, with substantial savings, to a load-carrying skin (Fig. 13). This can be done either by using a metal skin or by attaching a precast structural concrete skin to a minimal steel skeleton, which would have the double function of outside panel reinforcement and partial erection scaffolding for a precast dome (Fig. 14).

be inferior to a uniform hanging sail of

The continuum principle makes even new structural systems such as hung roofs or space structures appear old-fashioned. Concentrating the cross-sectional area in one cable and bridging the space between the cables by a second element, a deck, must

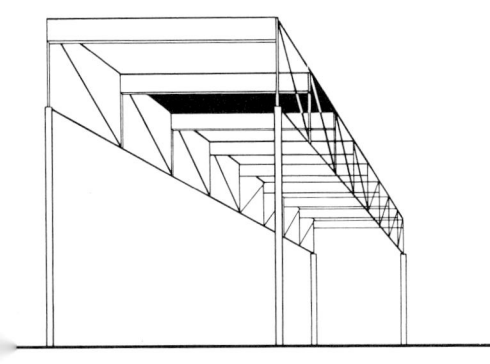

Orthotropische Brückenplatte / orthotropic bridge plate

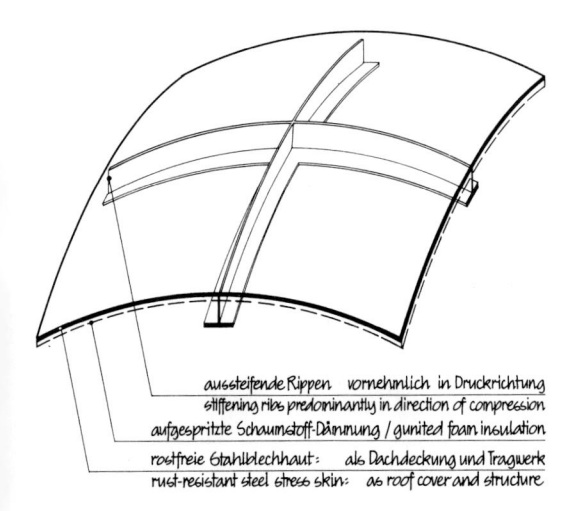

13 Integrierte Stahlschale / integrated steel shell

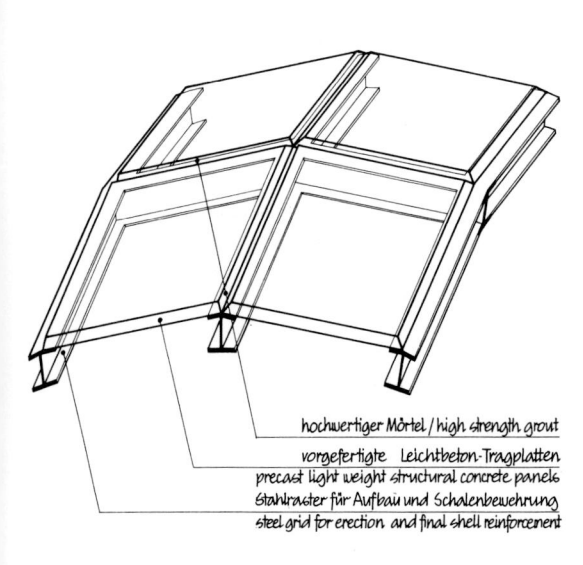

aussteifende Rippen vornehmlich in Druckrichtung
stiffening ribs predominantly in direction of compression
aufgespritzte Schaumstoff-Dämmung / gunited foam insulation
rostfreie Stahlblechhaut: als Dachdeckung und Tragwerk
rust-resistant steel stress skin: as roof cover and structure

14 Beton-Stahl-Verbundschale / concrete-steel composite shell

hochwertiger Mörtel / high strength grout
vorgefertigte Leichtbeton-Tragplatten
precast light weight structural concrete panels
Stahlraster für Aufbau und Schalenbewehrung
steel grid for erection and final shell reinforcement

doppelte Funktion einer Bewehrung für die äußeren Scheiben und eines Teiles des Lehrgerüstes für die Errichtung der vorgefertigten Kuppel haben würde (Fig. 14).

Das Prinzip des Kontinuums läßt sogar so neue Tragsysteme wie Hängedächer oder Raumtragwerke veraltet erscheinen. Ein System, in dem die tragende Querschnittsfläche in einem Seil konzentriert ist und der Zwischenraum zwischen den Seilen durch ein zweites Element, die Deckenplatte, überbrückt wird, muß einem gleichförmigen, hängenden Segel aus Stoff unterlegen sein. Solch ein Tuch vereinigt die Funktion von Seilen und Abdeckung und gewährt darüber hinaus eine mehrachsige Lastabtragung, die immer überlegen ist.

Das Kontinuum erfordert gleichfalls die Integrierung der Ebenen von Dachkonstruktionen, Wandkonstruktionen, Bodenkonstruktionen und Fundamenten. Das Kombinieren dieser Ebenen bringt verborgene und gewöhnlich vernachlässigte, doch im allgemeinen erstaunlich große Resteigenschaften der Bauelemente zum Tragen. Die Festigkeit, die solchen kombinierten Flächen innewohnt, läßt Einzelsysteme, die für besondere Lastfälle wie Wind oder Erdbeben vorgesehen sind, überflüssig werden. Zum Beispiel werden Wände von Gebäuden, anstatt nur atmosphärische Trennscheiben zu sein, zu konstruktiven Gliedern, nicht unähnlich den Fachwerken, Mehrfeldrahmen oder Schalen. Demzufolge werden Wände und ihre Öffnungen neues architektonisches Überdenken erfordern, welches dann seinerseits wieder die zukünftige Arbeit des Bauingenieurs befruchten wird.

Die Suche nach einer Vervollkommnung des Kontinuums wird also einen engen Ideenaustausch zwischen den beiden Berufen des Architekten und Ingenieurs erfordern. Denn schließlich wird das wirksamste Tragsystem äußere Form und inneren Raum des Baues einfach diktieren. Aus diesem Grunde ist es wahrscheinlich, daß neue Wege in der Planung von Tragkonstruktionen folgerichtig auch die architektonische Gestaltung beeinflussen und somit zu neuen Möglichkeiten im Entwerfen von Bauten führen.

be inferior to a uniform hanging sail of fabric material. Such a sheet combines the function of cables and deck and in addition allows for a multi-directional transfer of loads, which is always superior. Similar considerations also apply to three-dimensional space trusses.

The continuum also postulates an integration between the planes of roof structures, wall structures, floor structures, and foundations. Combining these planes brings into action hidden, usually neglected, but generally amazingly large residual load-bearing capacities. The strength inherent in such combined planes makes single member systems provided for special loads, such as wind or seismic loads, superfluous. Instead of being only atmospheric dividers, walls of buildings will become structural members, such as trusses, multi-panel frames, or curved shells. Consequently, walls and their window openings will require new architectural thinking which then will again inspire future engineering.

The search for perfection of the continuum will necessitate an intimate exchange of ideas between the two professions of architects and engineers. After all the most efficient structural system will almost dictate the outside form and the interior space of the resulting building. It therefore is likely that new concepts in structural design will logically influence architectural creation as a whole and thus will lead to new concepts in the architectural design of buildings.

Inhalt

1
Formaktive Tragsysteme
Tragsysteme im einfachen Spannungszustand

27 Seilsysteme

Tragmechanismus und Tragform
Einfache Parallelsysteme
Stabilisierung der Tragseile
Vorgespannte Systeme mit gleichgerichteter Stabilisierung (Parallel- und Rotationssysteme)
Vorgespannte Systeme mit querlaufender Stabilisierung (gegensinnig gekrümmte Seilnetze)
Ringaufbausysteme

52 Zeltsysteme

Systeme mit äußerer Unterstützung
Systeme mit innengelegenen Stützbögen
Systeme mit innengelegener Unterstützung
Systeme mit abwechselnden Unterstützungs- und Abspannpunkten
Systeme zur Konstruktion von Hochpunkten

60 Pneusysteme

Tragmechanismus und Tragform
Seilverstärkte Innendrucksysteme
Innendrucksysteme mit innengelegenen Abspannpunkten
Rippenverstärkte Innendrucksysteme
Doppelmembransysteme (Kissensysteme)

66 Bogensysteme

Tragmechanismus und Tragform
Systeme für Horizontalschub-Aufnahme
Deformation der Gelenkbögen
Zweigelenkbogen-Systeme
Dreigelenkbogen-Systeme
Gestaltungsmöglichkeiten

2
Vektoraktive Tragsysteme
Tragsysteme im zusammenwirkenden Zug- und Druckzustand

79 Ebene Fachwerk-Systeme

Fachwerkmechanismus
Wirkung der Gitterstäbe
Grundformen
Gestaltungsmöglichkeiten
Anwendung für andere Tragsysteme
Weitgespannte Systeme

90 Gekrümmte Fachwerk-Systeme

Tragmechanismus
Systeme für einfach gekrümmte Flächen
Systeme für doppelt gekrümmte Flächen
Systeme für Kugelflächen

102 Raumfachwerk-Systeme

Tragmechanismus
Prismatische Raumfachwerk-Systeme
Pyramidische Raumfachwerk-Systeme
Gestaltungsmöglichkeiten

3
Massenaktive Tragsysteme
Tragsysteme im Biegezustand

115 Trägersysteme

Tragmechanismus
Einfache Träger, Kragträger, Durchlaufträger
Einfluß der Auflagerbedingungen
Einfluß der Kontinuierlichkeit
Gestaltungsmöglichkeiten

122 Rahmensysteme

Tragmechanismus und Tragform
Zweigelenk- und Dreigelenk-Rahmensysteme
Horizontale und vertikale Rahmensysteme
Umkehr- und Doppelsysteme der Gelenkrahmen
Systeme für Voll- und Mehrfeld-Rahmen
Mehrgeschoß-Rahmensysteme

144 Trägerraster- und Tragplattensysteme

Mechanismus des Trägerrasters
Rastersysteme
Gestaltungsmöglichkeiten
Mechanismus der Tragplatte

4
Flächenaktive Tragsysteme
Tragsysteme im Flächenspannungszustand

151 Prismatische Faltwerk-Systeme

Tragmechanismus
Bestandteile
Faltsysteme
Anwendung für lineare Tragsysteme
Systeme aus Durchdringung gefalteter Flächen

171 Pyramidische Faltwerk-Systeme

Tragmechanismus
Geometrie der Vielflächner
Faltsysteme

186 Einfach gekrümmte Schalen-Systeme

Tragmechanismus
Lange und kurze Zylinderschale
Geometrie der Zylinderflächen
Systeme aus Durchdringung zylindrischer Flächen
Anwendung für lineare Tragsysteme

200 Rotationsschalen-Systeme

Tragmechanismus
Systeme der Randausbildung
Geometrie der Rotationsflächen
Sonderformen
Systeme der Raumbildung mit Kugelflächen

Contents

1
Form-active Structure Systems
Structure systems in single stress condition

27 Cable systems

Bearing mechanism and structure form
Simple parallel systems
Stabilization of suspension cables
Prestressed systems with suspension and stabilization in one direction (parallel and rotational systems)
Prestressed systems with transverse stabilization (cable nets with curvatures of different sign)
Systems with ring-type buildup

52 Tent systems

Systems with exterior supports
Systems with interior arches
Systems with interior supports
Systems with support and anchor points alternating
Systems for construction of high points

60 Pneumatic systems

Bearing mechanism and structure form
Inside pressure systems reinforced by cables
Inside pressure systems with interior anchor points
Inside pressure systems reinforced by membrane ribs
Double membrane systems (pillow systems)

66 Arch systems

Bearing system and structure form
Systems for reception of horizontal thrust
Deflection of hinged arches
Two-hinged arch systems
Three-hinged arch systems
Design possibilities

214 Gegensinnig gekrümmte Schalensysteme

Erzeugung von Translations- und Regelflächen
Tragmechanismus der „hp"-Flächen
Geometrie der „hp"-Flächen
Gestaltungsmöglichkeit mit geradlinig begrenzten „hp"-Flächen
„hp"-Flächen mit bogenförmigen Rändern
Systeme der Raumbildung mit „hp"-Flächen

5
Senkrechte Tragsysteme

242 Systeme der Lastenübermittlung

Rastersysteme
Kragsysteme
Freispannsysteme

246 Systeme für Grundriß und Aufriß

Turmsysteme
Scheibensysteme
Grundrißrastersysteme
Typische Querschnittsformen

258 Umlenkungssysteme für Windkräfte

Additive und integrale Systeme
Einfluß auf Grundrißgestaltung

2
Vector-active Structure Systems
Structure systems in coactive tension and compression

79 Flat truss systems

    Truss mechanism
    Action of web members
    Basic forms
    Design possibilities
    Application for other structure systems
    Longspan systems

90 Curved truss systems

    Bearing mechanism
    Systems for singly curved surfaces
    Systems for doubly curved surfaces
    Systems for spherical surfaces

102 Space truss systems

    Bearing mechanism
    Prismatic space truss systems
    Pyramidal space truss systems
    Design possibilities

3
Bulk-active Structure Systems
Structure systems in bending

115 Beam systems

    Bearing mechanism
    Simple beam, cantilevered beam, continuous beam
    Influence of support conditions
    Influence of continuity
    Design possibilities

122 Frame systems

    Bearing mechanism and structure form
    Two-hinged, three-hinged frame systems
    Horizontal and vertical frame systems
    Reverse and doubled systems of hinged frames
    Systems for complete frames and multi-panel frames
    Systems for multistory frames

144 Beam grid and slab systems

    Mechanism of beam grid
    Grid systems
    Design possibilities
    Slab mechanism

4
Surface-active Structure Systems
Structure systems in surface stress condition

151 Prismatic folded structure systems

    Bearing mechanism
    Components
    Folding systems
    Application for linear structure systems
    Systems with intersecting folded surfaces

171 Pyramidal folded structure systems

    Bearing mechanism
    Geometry of polyhedra
    Folding systems

186 Singly curved shell systems

    Bearing mechanism
    Long and short barrel shell
    Geometry of cylindrical surfaces
    Systems with intersecting cylindrical surfaces
    Application for linear structure systems

200 Rotational shell systems

    Bearing mechanism
    Systems of edge design
    Geometry of rotational surfaces
    Special forms
    Systems of defining space with spherical surfaces

214 Anticlastic shell systems

    Generation of translational and ruled surfaces
    Bearing mechanism of 'hypar' surfaces
    Geometry of 'hypar' surfaces
    Design possibilities with straight-edged 'hypar' surfaces
    'Hypar' surfaces with curved edges
    Systems of defining space with 'hypar' surfaces

5
Vertical Structure Systems

242 Systems of load transmission

    Bay systems
    Cantilever systems
    Free-span systems

246 Systems for plan and elevation

    Tower systems
    Slab systems
    Grid systems for floor plans
    Typical cross sections

258 Systems for redirection of wind forces

    Additive and integral systems
    Influence on floor plan

Literaturverzeichnis
Bibliography

Ambrose, James: Structures Primer. Los Angeles, Cal. 1963
Anderson, Lawrence: The Architect in the Next Fifty Years. Lunenburg, Vt.; Journal of Architectural Education 1961
Angerer, Fred: Bauen mit tragenden Flächen. München 1960. (Surface Structures in Building, New York 1961)
Bill, Max: Robert Maillart, Brücken und Konstruktionen. Zürich 1965
Catalano, Eduardo: Structures of Warped Surfaces. Raleigh, N. C.; Student Publication vol. 10, no. 1
Caminos, Horacio: Two Surfaces of Revolution. Raleigh, N. C.; Student Publication vol. 11, no. 1
Caminos — Gallo — Guarnieri: Two Types of Membranal Structures. Raleigh, N. C.; Student Publication vol. 6, no. 3
Contini, Edgardo: Design and Structure. New York; Progressive Architecture 1958
Cundy — Martyn — Rollett: Mathematical Models. London 1951
Faber, Colin: Candela — the Shell Builder. New York 1963. (Candela und seine Schalenbauten. München 1964)
Feininger, Andreas: Anatomy of Nature. New York 1956
Haas, I. M.: Prestressed Shells. Raleigh, N. C.; Student Publication vol. 9, no. 2
Hart, Franz: Skelettbauten. München 1956
Hart, Franz: Kunst und Technik der Wölbung. München 1965
Heidegger, Martin: Die Frage nach der Technik. Tübingen 1954
Hilbert — David — Cohn-Vossen: Anschauliche Geometrie. Göttingen 1932. (Geometry and the Imagination. New York 1952)
Howard, Seymour: Structural Forms. New York; Architectural Record 1951 — 1961
Joedicke, Jürgen: Bürobauten. Stuttgart 1959
Joedicke, Jürgen: Schalenbau. Stuttgart 1962
Klinckowstroem, Carl Graf von: Geschichte der Technik. München — Zürich 1959
Marks, Robert W.: The Dymaxion World of Buckminster Fuller. New York 1960
Maskowski, Z. S.: Raumtragwerke. Berlin; Bauwelt 1965
Mengeringhausen, Max: Raumfachwerke. Stuttgart; Deutsche Bauzeitung 1962
Michaels, Leonard: Contemporary Structure in Architecture. New York 1950
Mitchell — Neal — Axelbank: The Teaching of Engineering. Lunenburg, Vt.; Journal of Architectural Education 1961
Nervi, Pier Luigi: Structures. New York 1956
Nervi, Pier Luigi: Neue Strukturen. Stuttgart 1963
Norris — Wilbur: Elementary Structural Analysis. New York 1960
Ortega y Gasset, José: Betrachtungen über die Technik. Stuttgart 1949
Otto, Frei: Das Hängende Dach, Gestalt und Struktur. Berlin 1954
Otto, Frei: Lightweight Structures. Berkeley, Cal., 1962
Parker — Gay — MacGuire: Materials and Methods of Architectural Construction. New York 1932, 1958
Pflüger, Alf: Elementare Schalenstatik. Berlin — Göttingen — Heidelberg 1960. (Elementary Statics of Shells. New York 1961)
Rapp, Robert: Space Structures in Steel. New York 1961
Roland, Conrad: Frei Otto — Spannweiten. Berlin — Frankfurt 1965
Salvadori, Mario: Thin Shells. New York; Architectural Record 1954
Salvadori, Mario: Teaching Structures to Architects. Greenville, S. C.; Journal of Architectural Education 1958
Salvadori, Mario with Heller, Robert: Structure in Architecture. Englewood Cliffs, N. J., 1963
Schadewaldt, Wolfgang: Natur — Technik — Kunst. Göttingen — Berlin — Frankfurt 1960
Siegel, Curt: Strukturformen der Modernen Architektur. München 1960. (Structure and Form in Modern Architecture, New York 1961)
Straub, Hans: Die Geschichte der Bauingenieurkunst. Basel 1949
Torroja, Eduardo: Philosophy of Structures. Berkeley — Los Angeles 1953. (Logik der Form. München 1961)
Torroja, Eduardo: The Structures of Eduardo Torroja. New York 1958
Torroja, Eduardo — Benito, Carlos: Experimental Testing of Thin Shells by Means of Reduced Scale Models. Raleigh, N. C.; Student Publication vol. 9, no. 2
Wachsmann, Konrad: Wendepunkte im Bauen. Wiesbaden 1959. (The Turning Point of Building. New York 1961)
Withey, M. O. — Washa, G. W.: Materials of Construction. New York 1954
Zuk, William: Concepts of Structure. New York 1963